Windows Server 2022 系统与网站配置实战

戴有炜 著

清華大學出版社
北 京

内容简介

本书秉持作者一贯理论兼具实践的写作风格，以新版的 Windows Server 2022 系统与网站配置实践为主题，辅以大量的实例演示，介绍从基础功能到高级配置，全面覆盖文件权限、磁盘管理、网站架设等实用技术。书中通过虚拟环境和云配置，达成一台计算机即可拥有完整的网络学习环境；独家解析网站知识，包括 SSL 安全连接、高可用性 Web Farm 配置，助你构建稳定可靠的网站。作者凭借多年实战经验，分享实际操作心得和技巧，让你轻松部署高可用性的系统环境。

无论你是 IT 专业人士、系统管理员还是系统维护渴望提升技能的学习者，本书都将成为你的不可或缺的参考书；亦可作为高等院校相关专业和技术培训班的教学用书，更可作为微软认证考试的参考用书。

图书在版编目（CIP）数据

Windows Server 2022 系统与网站配置实战 /戴有炜著. —北京：清华大学出版社，2023.9
ISBN 978-7-302-64372-2

Ⅰ. ①W… Ⅱ. ①戴… Ⅲ. ①Windows 操作系统－网络服务器 Ⅳ. ①TP316.86

中国国家版本馆 CIP 数据核字（2023）第 149811 号

责任编辑：赵　军
封面设计：王　翔
责任校对：闫秀华
责任印制：沈　露
出版发行：清华大学出版社
网　　址：http://www.tup.com.cn，http://www.wqbook.com
地　　址：北京清华大学学研大厦 A 座　　邮　　编：100084
社 总 机：010-83470000　　邮　　购：010-62786544
投稿与读者服务：010-62776969，c-service@tup.tsinghua.edu.cn
质 量 反 馈：010-62772015，zhiliang@tup.tsinghua.edu.cn

印 装 者：三河市少明印务有限公司
经　　销：全国新华书店
开　　本：190mm×260mm　　印　　张：36.75　　字　　数：991 千字
版　　次：2023 年 9 月第 1 版　　印　　次：2023 年 9 月第 1 次印刷
定　　价：148.00 元

产品编号：100260-01

序

感谢读者长久以来的支持与爱护！

由《Windows Server 2022 系统与网站配置实战》与《Windows Server 2022 Active Directory 配置实战》组成一套书，这两本 Windows Server 2022 书籍仍然是采用我一贯的编写风格，也就是从读者的角度出发，以实践为导向进行写作。我花费了相当多的时间在不断测试与验证书中所叙述的内容，并结合多年的教学经验，以最易于理解的方式进行编写，希望能够协助您迅速掌握 Windows Server 2022 的知识。

本套书的宗旨是希望通过清晰的实践操作，让读者充分了解 Windows Server 2022，并能够轻松管理 Windows Server 2022 的网络环境。因此，本套书不仅提供了清晰的理论解说，还提供了丰富的范例。对于那些准备参加微软认证考试的读者来说，本套书更是不可或缺的实践参考书籍。

学习网络操作系统，实践是至关重要的。只有通过实际演练书中所介绍的各项技术，才能够充分了解并掌控它们。因此，建议读者利用 Microsoft Hyper-V、VMware Workstation 或 Oracle VirtualBox 等提供虚拟环境的软件，来搭建书中的网络测试环境。

本套书内容丰富扎实。相信它们能满足读者的期望，为读者在学习 Windows Server 2022 方面提供最大的帮助。

戴有炜

序

目 录

第 1 章 Windows Server 2022 概述........1

1.1 Windows Server 2022 版本........2
1.2 Windows 网络架构........2
1.2.1 工作组架构的网络........2
1.2.2 域架构的网络........3
1.2.3 域中计算机的种类........4
1.3 TCP/IP 通信协议简介........5
1.3.1 IP地址........5
1.3.2 IP类别........6
1.3.3 子网掩码........7
1.3.4 默认网关........8
1.3.5 私有IP的使用........9

第 2 章 安装 Windows Server 2022........10

2.1 安装前的注意事项........11
2.1.1 Windows Server 2022的安装选择........11
2.1.2 Windows Server 2022的系统需求........11
2.1.3 选择磁盘分区........13
2.2 安装或升级为 Windows Server 2022........15
2.2.1 使用U盘启动计算机与安装........16
2.2.2 在现有的Windows系统内安装........17
2.3 启动与使用 Windows Server 2022........18
2.3.1 启动与登录........18
2.3.2 锁定、注销与关机........20

第 3 章 Windows Server 2022 基本环境........22

3.1 屏幕的显示设置........23
3.2 计算机名与 TCP/IP 设置........23

3.2.1 更改计算机名与工作组名 24
3.2.2 TCP/IP的设置与测试 25
3.3 安装 Windows Admin Center 29
3.4 连接 Internet 与激活 Windows 系统 30
3.4.1 连接Internet 30
3.4.2 激活Windows Server 2022 31
3.5 Windows Defender 防火墙与网络位置 32
3.5.1 网络位置 32
3.5.2 解除对某些程序的阻止 33
3.5.3 Windows Defender防火墙的高级安全设置 33
3.6 环境变量的管理 35
3.6.1 查看现有的环境变量 36
3.6.2 更改环境变量 36
3.6.3 环境变量的使用 37
3.7 其他的环境设置 38
3.7.1 硬件设备的管理 38
3.7.2 虚拟内存 39

第 4 章 本地用户与组账户 41

4.1 内置的本地账户 42
4.1.1 内置的本地用户账户 42
4.1.2 内置的本地组账户 42
4.1.3 特殊的组账户 43
4.2 本地用户账户的管理 43
4.2.1 建立本地用户账户 43
4.2.2 修改本地用户账户 45
4.2.3 其他的用户账户管理工具 45
4.3 密码的更改、备份与还原 46
4.3.1 创建密码重置盘 47
4.3.2 重置密码 48
4.3.3 未制作密码重置盘怎么办 49
4.4 本地组账户的管理 50

第 5 章 搭建虚拟环境 51

5.1 Hyper-V 的硬件需求 52

5.2 安装 Hyper-V 52
5.2.1 安装Hyper-V角色 53
5.2.2 Hyper-V的虚拟交换机 54
5.3 创建虚拟交换机与虚拟机 54
5.3.1 创建虚拟交换机 54
5.3.2 创建Windows Server 2022虚拟机 56
5.4 创建更多的虚拟机 62
5.4.1 差异虚拟硬盘 62
5.4.2 创建使用“差异虚拟硬盘”的虚拟机 62
5.5 通过 Hyper-V 主机连接 Internet 65
5.6 在 Microsoft Azure 云搭建虚拟机 67
5.6.1 申请免费账号 67
5.6.2 创建虚拟机 68
5.6.3 将英文版Windows Server 2022中文化 74
5.6.4 Azure的基本管理 77

第 6 章 建立 Active Directory 域 81

6.1 Active Directory 域服务 82
6.1.1 Active Directory的适用范围 82
6.1.2 名称空间 82
6.1.3 对象与属性 83
6.1.4 容器与组织单位 83
6.1.5 域树 84
6.1.6 信任 85
6.1.7 域林 85
6.1.8 架构 86
6.1.9 域控制器 86
6.1.10 轻量级目录访问协议 87
6.1.11 全局编录 88
6.1.12 站点 88
6.1.13 域功能级别与林功能级别 90
6.1.14 目录分区 90
6.2 建立 Active Directory 域 91
6.2.1 建立域的必要条件 92
6.2.2 创建网络中的第一台域控制器 92

6.2.3 检查DNS服务器内的记录是否完备 96
6.2.4 建立更多的域控制器 98
6.3 将 Windows 计算机加入或脱离域 100
6.3.1 将Windows计算机加入域 100
6.3.2 用已加入域的计算机登录 103
6.3.3 脱离域 105
6.4 管理 Active Directory 域用户账户 105
6.4.1 内置的Active Directory管理工具 105
6.4.2 其他成员计算机内的Active Directory管理工具 107
6.4.3 创建组织单位与域用户账户 108
6.4.4 用新用户账户登录域控制器测试 112
6.4.5 域用户个人信息的设置 116
6.4.6 限制登录时段与登录计算机 116
6.5 管理 Active Directory 域组账户 118
6.5.1 域内的组类型 118
6.5.2 组的使用范围 118
6.5.3 域组的建立与管理 119
6.5.4 AD DS内置的域组 120
6.6 提高域与林功能级别 122
6.7 Active Directory 回收站 123
6.8 删除域控制器与域 126

第 7 章 文件权限与共享文件夹 132

7.1 NTFS 与 ReFS 权限的种类 133
7.1.1 基本文件权限的种类 133
7.1.2 基本文件夹权限的种类 133
7.2 用户的有效权限 134
7.2.1 权限是可以被继承的 134
7.2.2 权限是有累加性的 134
7.2.3 “拒绝”权限的优先级高于允许权限 134
7.3 权限的设置 135
7.3.1 分配文件与文件夹的权限 135
7.3.2 不继承父文件夹的权限 136
7.3.3 特殊权限的分配 137
7.3.4 用户的有效访问权限 139

7.4 文件与文件夹的所有权 140
7.5 文件复制或移动后权限的变化 140
7.6 文件的压缩 142
7.6.1 NTFS压缩 142
7.6.2 压缩的（zipped）文件夹 143
7.7 加密文件系统 145
7.7.1 对文件与文件夹加密 145
7.7.2 授权其他用户可以读取加密的文件 146
7.7.3 备份EFS证书 147
7.8 磁盘配额 147
7.8.1 磁盘配额的特性 147
7.8.2 磁盘配额的设置 147
7.8.3 监控每个用户的磁盘配额使用情况 149
7.9 共享文件夹 150
7.9.1 共享文件夹的权限 150
7.9.2 用户的共享文件夹权限 151
7.9.3 将文件夹共享与停止共享 152
7.9.4 隐藏共享文件夹 154
7.9.5 访问网络共享文件夹 154
7.9.6 连接网络计算机的身份验证机制 156
7.9.7 用网络驱动器来连接网络计算机 158
7.10 卷影副本 159
7.10.1 网络计算机如何启用“共享文件夹的卷影副本”功能 159
7.10.2 客户端访问“卷影副本”内的文件 160

第 8 章 搭建打印服务器 162

8.1 打印服务器概述 163
8.2 设置打印服务器 164
8.2.1 安装USB、IEEE 1394即插即用打印机 164
8.2.2 安装网络接口打印机 165
8.2.3 将现有的打印机设置为共享打印机 166
8.2.4 利用“打印管理”来创建打印机服务器 167
8.3 用户如何连接网络共享打印机 167
8.3.1 连接与使用共享打印机 167
8.3.2 使用Web浏览器来管理共享打印机 169

8.4 共享打印机的高级设置 170

8.4.1 设置打印优先级 170

8.4.2 设置打印机的打印时间 172

8.4.3 设置打印机池 173

8.5 打印机权限与所有权 174

8.6 利用分隔页来分隔打印文件 175

8.6.1 创建分隔页文件 175

8.6.2 选择分隔页文件 177

8.7 管理等待打印的文件 178

8.7.1 暂停、继续、重新开始、取消打印某份文件 178

8.7.2 暂停、继续、取消打印所有文件 178

8.7.3 更改文件的打印优先级与打印时间 178

第 9 章 组策略与安全设置 180

9.1 组策略概述 181

9.2 本地计算机策略实例演练 181

9.2.1 计算机配置实例演练 181

9.2.2 用户配置实例演练 182

9.3 域组策略实例演练 183

9.3.1 组策略基本概念 183

9.3.2 域组策略实例演练 184

9.3.3 组策略例外排除 190

9.4 本地安全策略 191

9.4.1 账户策略的设置 192

9.4.2 本地策略 195

9.5 域与域控制器安全策略 197

9.5.1 域安全策略的设置 198

9.5.2 域控制器安全策略的设置 199

9.6 审核资源的使用 200

9.6.1 审核策略的设置 200

9.6.2 审核登录事件 202

9.6.3 审核对文件的访问行为 203

9.6.4 审核对打印机的访问行为 205

9.6.5 审核对AD DS对象的访问行为 205

第 10 章　磁盘系统的管理........209

10.1　磁盘概述........210

10.1.1　MBR磁盘与GPT磁盘........210

10.1.2　基本磁盘与动态磁盘........211

10.2　基本卷的管理........215

10.2.1　压缩卷........216

10.2.2　安装新磁盘........217

10.2.3　新建主分区........217

10.2.4　磁盘的格式化、添加卷标、转换文件系统与删除........220

10.2.5　更改驱动器号和路径........220

10.2.6　扩展卷........221

10.3　动态磁盘的管理........222

10.3.1　将基本磁盘转换为动态磁盘........223

10.3.2　简单卷........224

10.3.3　扩展简单卷........226

10.3.4　跨区卷........227

10.3.5　带区卷........230

10.3.6　镜像卷........233

10.3.7　RAID-5卷........245

10.4　移动磁盘设备........252

10.4.1　将基本磁盘移动到另一台计算机内........252

10.4.2　将动态磁盘移动到另一台计算机内........252

第 11 章　分布式文件系统........254

11.1　分布式文件系统概述........255

11.1.1　DFS的架构........255

11.1.2　复制拓扑........257

11.1.3　DFS的系统需求........258

11.2　分布式文件系统实例演练........258

11.2.1　安装DFS的相关组件........258

11.2.2　建立新的命名空间........260

11.2.3　创建文件夹........262

11.2.4　复制组与复制设置........264

11.2.5　复制拓扑与复制计划设置........267

11.2.6　从客户端来测试DFS功能是否正常........268

11.2.7 添加多台命名空间服务器 269
11.3 客户端的引用设置 270
11.3.1 缓存持续时间 271
11.3.2 设置引用列表中目标服务器的先后顺序 271
11.3.3 客户端故障回复 272

第 12 章 系统启动的疑难排除 273

12.1 选择“最近一次的正确配置”来启动系统 274
12.1.1 适用“最近一次的正确配置”的场合 274
12.1.2 不适用“最近一次的正确配置”的场合 275
12.1.3 使用“最近一次的正确配置” 275
12.2 安全模式与其他高级启动选项 276
12.3 备份与恢复系统 278
12.3.1 备份与恢复概述 278
12.3.2 备份磁盘 278
12.3.3 恢复文件、磁盘或系统 285

第 13 章 使用 DHCP 自动分配 IP 地址 292

13.1 主机 IP 地址的设置 293
13.2 DHCP 的工作原理 294
13.2.1 向DHCP服务器申请IP地址 294
13.2.2 更新IP地址租约 294
13.2.3 自动专用IP地址 295
13.3 DHCP 服务器的授权 296
13.4 DHCP 服务器的安装与测试 296
13.4.1 安装DHCP服务器 297
13.4.2 设置IP作用域 299
13.4.3 测试客户端能否租用到IP地址 301
13.4.4 客户端的其他配置 303
13.5 IP 作用域的管理 303
13.5.1 一个子网只能建立一个IP作用域 304
13.5.2 设置租期期限 304
13.5.3 建立多个IP作用域 305
13.5.4 保留特定IP地址给客户端 306
13.5.5 多台DHCP服务器拆分作用域的高可用性 307

13.5.6 互相备份的DHCP服务器 307
13.6 DHCP 的选项设置 308
13.7 DHCP 中继代理 311

第 14 章　解析 DNS 主机名 316

14.1 DNS 概述 317
14.1.1 DNS域名空间 317
14.1.2 DNS区域 319
14.1.3 DNS服务器 320
14.1.4 “缓存”服务器 320
14.1.5 DNS的查询模式 321
14.1.6 反向查询 322
14.1.7 动态更新 322
14.1.8 缓存文件 322
14.2 DNS 服务器的安装与客户端的设置 323
14.2.1 DNS服务器的安装 323
14.2.2 DNS客户端的设置 324
14.2.3 使用HOSTS文件 325
14.3 创建 DNS 区域 326
14.3.1 DNS区域的类型 327
14.3.2 创建主要区域 328
14.3.3 在主要区域内创建资源记录 329
14.3.4 新建辅助区域 335
14.3.5 建立反向查找区域与反向记录 339
14.3.6 子域与委派域 343
14.4 DNS 的区域的设置 348
14.4.1 更改区域类型与区域文件名 348
14.4.2 SOA与区域传输 349
14.4.3 名称服务器的设置 350
14.4.4 区域传送的相关设置 351
14.5 动态更新 352
14.5.1 启用DNS服务器的动态更新功能 352
14.5.2 DNS客户端的动态更新设置 352
14.6 求助于其他 DNS 服务器 354
14.6.1 “根提示”服务器 354

14.6.2 转发器的设置 355

14.7 检测 DNS 服务器 357

14.7.1 监视DNS设置是否正常 357

14.7.2 使用nslookup命令来查看记录 358

14.7.3 清除DNS缓存 360

第 15 章 架设 IIS 网站 361

15.1 环境设置与安装 IIS 362

15.1.1 环境设置 362

15.1.2 安装“Web服务器（IIS）” 364

15.1.3 测试IIS网站是否安装成功 364

15.2 网站的基本设置 366

15.2.1 网页存储位置与默认首页 366

15.2.2 新建default.htm文件 368

15.2.3 HTTP重定向 369

15.3 物理目录与虚拟目录 370

15.3.1 物理目录实例演练 370

15.3.2 虚拟目录实例演练 372

15.4 网站的绑定设置 374

15.5 网站的安全性 375

15.5.1 添加或删除IIS网站的角色服务 375

15.5.2 验证用户的账户与密码 376

15.5.3 通过IP地址来限制连接 378

15.5.4 通过NTFS或ReFS权限来增加网页的安全性 380

15.6 远程管理 IIS 网站与功能委派 380

15.6.1 IIS Web服务器的设置 380

15.6.2 执行管理工作的计算机的设置 384

第 16 章 PKI 与 https 网站 387

16.1 PKI 概述 388

16.1.1 公钥加密法 388

16.1.2 公钥验证法 389

16.1.3 https网站安全连接 390

16.2 证书颁发机构概述与根 CA 的安装 391

16.2.1 CA的信任 392

16.2.2 AD CS的CA种类 392
16.2.3 安装Active Directory证书服务与搭建根CA 393
16.3 https 网站证书实例演练......400
16.3.1 让网站与浏览器计算机信任CA 401
16.3.2 在网站计算机上创建证书申请文件 401
16.3.3 证书的申请与下载 405
16.3.4 安装证书 408
16.3.5 测试https连接......411
16.4 证书的管理 414
16.4.1 CA的备份与还原 415
16.4.2 管理证书模板 415
16.4.3 自动或手动颁发证书 416
16.4.4 吊销证书与CRL......417
16.4.5 导出与导入网站的证书 420
16.4.6 续订证书 422

第 17 章 Web Farm 与网络负载平衡 424

17.1 Web Farm 与网络负载平衡概述......425
17.1.1 Web Farm的架构 425
17.1.2 网页内容的存储地点 426
17.2 Windows 系统的网络负载平衡概述 428
17.2.1 Windows NLB的容错功能 429
17.2.2 Windows NLB的关联性......429
17.2.3 Windows NLB的操作模式 430
17.2.4 IIS的共享设置 435
17.3 IIS Web 服务器的 Web Farm 实例演练 435
17.3.1 Web Farm的软硬件需求 436
17.3.2 准备网络环境与计算机 437
17.3.3 DNS服务器的设置 438
17.3.4 文件服务器的设置 439
17.3.5 Web服务器Web1的设置 441
17.3.6 Web服务器Web2的设置 443
17.3.7 共享网页与共享设置 443
17.3.8 创建Windows NLB群集 451
17.4 Windows NLB 群集的高级管理 458

第 18 章 路由器与网桥的设置 462
18.1 路由器的原理 463
18.1.1 普通计算机的路由表 463
18.1.2 路由器的路由表 467
18.2 设置 Windows Server 2022 路由器 470
18.2.1 启用Windows Server 2022路由器 472
18.2.2 查看路由表 474
18.2.3 添加静态路由 475
18.3 筛选器的设置 479
18.3.1 入站筛选器的设置 479
18.3.2 出站筛选器的设置 480
18.4 动态路由 RIP 482
18.4.1 RIP路由器概述 482
18.4.2 启用RIP路由器 484
18.4.3 RIP路由接口的设置 485
18.4.4 RIP路由筛选器 487
18.4.5 与邻接RIP路由器的相互作用 487
18.5 网桥的设置 488
第 19 章 网络地址转换 491
19.1 NAT 的功能与原理 492
19.1.1 NAT的网络架构 492
19.1.2 NAT的IP地址 494
19.1.3 NAT的工作原理 494
19.2 NAT 服务器的设置 497
19.2.1 路由器、固接式xDSL或电缆调制解调器环境的NAT设置 497
19.2.2 非固接式xDSL环境的NAT设置 501
19.2.3 内部网络包含多个子网 508
19.2.4 添加NAT网络接口 509
19.2.5 内部网络的客户端设置 510
19.2.6 连接错误排除 511
19.3 DHCP 分配器与 DNS 中继代理 512
19.3.1 DHCP分配器 512
19.3.2 DNS中继代理 513

19.4 开放 Internet 用户访问内部服务器 514
19.4.1 端口映射 514
19.4.2 地址映射 516
19.5 Interne 连接共享 518

第 20 章 Server Core、Nano Server 与 Container 521

20.1 Server Core 服务器概述 522
20.2 Server Core 服务器的基本设置 522
20.2.1 更改计算机名与IP设置值 524
20.2.2 激活Server Core服务器 524
20.2.3 加入域 525
20.2.4 添加本地用户与组账户 525
20.2.5 将用户加入本地Administrators组 526
20.3 在 Server Core 服务器内安装角色和功能 526
20.3.1 查看所有角色和功能的状态 526
20.3.2 安装DNS服务器角色 527
20.3.3 安装DHCP服务器角色 528
20.3.4 安装其他常见的角色 529
20.4 Server Core 服务器应用兼容性按需功能（FOD） 531
20.5 远程管理 Server Core 服务器 534
20.5.1 通过服务器管理器来管理Server Core服务器 534
20.5.2 通过MMC管理控制台来管理Server Core服务器 538
20.5.3 通过远程桌面来远程管理Server Core服务器 540
20.6 容器与 Docker 541
20.6.1 安装Docker 543
20.6.2 部署第一个容器 544
20.6.3 Windows基础镜像文件 546
20.6.4 复制文件到Docker容器 550
20.6.5 自定义镜像文件 551
20.6.6 使用Windows Admin Center管理容器与映像 552

附录 A IPv6 基本概念 555

A.1 IPv6 地址的表示法 556
A.1.1 省略前导0 556
A.1.2 连续的0区块可以缩写 557

A.1.3 IPv6的前缀......557

A.2 IPv6 地址的分类......557

A.2.1 单播地址......558

A.2.2 多播地址......564

A.2.3 任播地址......566

A.3 IPv6 地址的自动设置......567

A.3.1 自动设置IPv6地址的方法......567

A.3.2 自动设置IPv6地址的状态分类......567

第 1 章　Windows Server 2022 概述

Windows Server 2022 可以帮助信息部门的 IT 人员搭建功能强大的网站、应用程序服务器、高度虚拟化的云环境与容器，无论是大型、中型还是小型的企业网络，都可以利用 Windows Server 2022 的强大管理功能与安全措施来简化网站与服务器的管理、改善资源的可用性、减少成本支出、并保护企业的应用程序和数据，让 IT 人员可以更轻松有效地管理网站、应用程序服务器与云环境。

- Windows Server 2022版本
- Windows网络架构
- TCP/IP通信协议简介

1.1 Windows Server 2022版本

Windows Server 2022 提供了多种发行版本与虚拟化的环境，它分为以下三个版本：

- Windows Server Standard Edition：这是最基本的版本之一，允许搭建最多两台虚拟机。
- Windows Server Datacenter Edition：比Standard版本更高级的版本，允许搭建无限数量的虚拟机。
- Windows Server Datacenter：Azure Edition：这是功能最强的版本，专为Azure云端建立虚拟机而设计。它提供了一些额外的功能，例如**热补丁**（hot patching），支持Azure虚拟机在安装更新后不需要重新启动；还有SMB over QUIC，可以安全地通过Internet访问Azure云虚拟机内共享的文件，而无须搭建虚拟专用网（VPN）。

1.2 Windows网络架构

我们可以利用 Windows 系统来搭建网络，以便将资源共享给网络上的用户。Windows 网络架构大致可分为工作组架构（workgroup）、域架构（domain）以及包含前两者的混合架构。此外，我们还可以利用 Azure AD Connect 将域架构的目录服务 Active Directory 与云端的 Azure Active Directory 整合在一起。

工作组架构是一种分布式的管理模式，适用于小型网络。而域架构则是一种集中式的管理模式，适用于各种不同规模的网络。接下来，我们将详细说明工作组架构与域架构之间的差异。

1.2.1 工作组架构的网络

工作组是由通过网络连接在一起的多台计算机组成的（见图 1-2-1）。这些计算机可以共享其内部的文件、打印机等资源，供网络上的用户访问与使用。工作组架构的网络也被称为**对等网络**（peer-to-peer），因为网络上每台计算机的地位都是平等的，资源与管理分散在各个计算机上。工作组架构的网络具有以下三个主要特点：

- 每台Windows计算机都有一个**本地安全账户数据库**，称为Security Accounts Manager（SAM）。如果用户想要访问每台计算机内的资源，那么系统管理员则需要在每台计算机的SAM数据库内创建用户账户。例如，如果用户Peter希望访问每台计算机内的资源，管理员则需要在每台计算机的SAM数据库中创建Peter账户，并设置这些账户

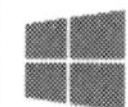

的权限。在这种架构下，账户与权限管理工作相对烦琐。例如，当用户需要修改其账户密码时，就需要在每台计算机上都修改该用户账户的密码。

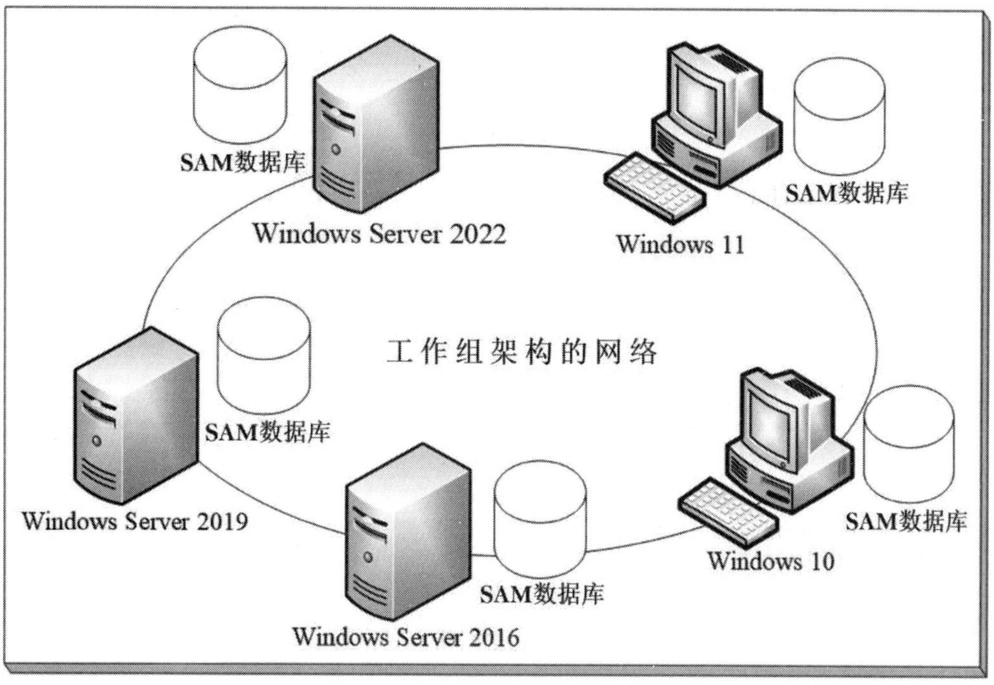

图 1-2-1

- 工作组内可以包含不同级别的计算机，例如Windows 11、Windows 10等客户端等级的计算机，也可以包含Windows Server 2022、Windows Server 2019等服务器级别的计算机。
- 如果企业内部的计算机数量不多的话，例如10台或20台计算机，那么可以选择采用工作组架构的网络。

1.2.2　域架构的网络

域也是由通过网络连接在一起的多台计算机组成的（见图 1-2-2），它们可以共享计算机内的文件、打印机等资源，供网络用户访问与使用。与工作组架构不同的是，域内的所有计算机共享一个集中式的目录数据库（directory database），其中包含整个域内所有用户的账户和相关数据。提供目录数据库的添加、删除、修改与查询等目录服务（directory service）的组件被称为**Active Directory 域服务**（Active Directory Domain Services，AD DS）。目录数据库存储在**域控制器**（domain controller）内，而只有服务器等级的计算机才可以扮演域控制器的角色。

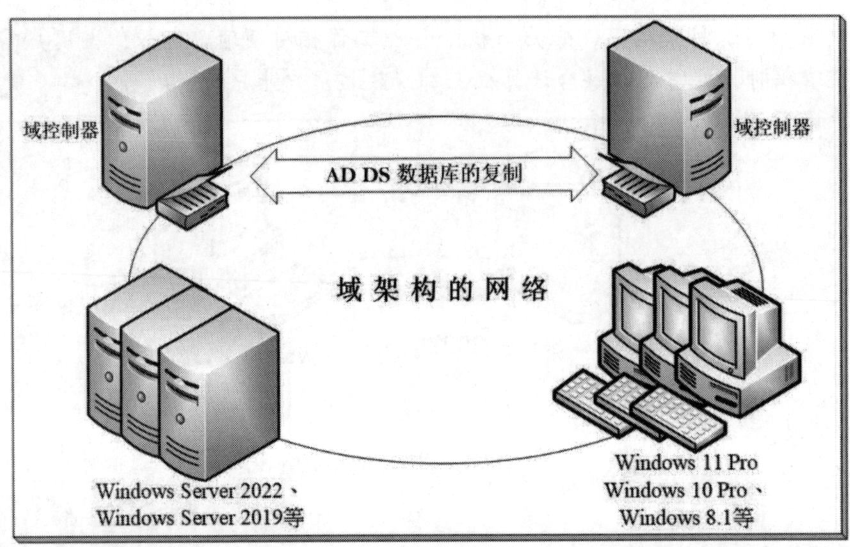

图 1-2-2

1.2.3 域中计算机的种类

域中的计算机成员如下：

- **域控制器（domain controller）**：服务器等级的计算机才可以扮演域控制器，例如Windows Server 2022 Datacenter、Windows Server 2019 Datacenter等。

  一个域内可以有多台域控制器，通常情况下它们的地位是平等的。每台域控制器都存储着一份几乎完全相同的AD DS数据库（目录数据库）。当在其中一台域控制器内新建了一个用户账户后，此账户会被存储在该台域控制器的AD DS数据库中，之后会自动被复制到其他域控制器的AD DS数据库中，这样可以确保所有域控制器中的AD DS数据库保持同步。

  当用户在域内某台计算机登录时，其中一台域控制器会根据其AD DS数据库内的账户数据来审核用户输入的账户名与密码是否正确。如果正确，用户就可以成功登录；反之，如果账户名或密码错误，则被拒绝登录。

  多台域控制器可提供容错能力，例如，如果其中一台域控制器发生故障，其他域控制器仍然可以继续提供服务。此外，多台域控制器还可以改善用户登录效率，因为它们可以共同分担审核用户登录身份（账户名与密码）的工作。

- **成员服务器（member server）**：当服务器等级的计算机加入域后，用户就可以使用AD DS内的用户账户在这些计算机上登录，否则只能使用本地用户账户来登录。这些加入域的服务器被称为**成员服务器**，它们没有AD DS，也不负责验证“域”用户的账户名与密码，而是将这些请求转发给域控制器进行审核。成员服务器可以是以下版本的Windows Server操作系统：

  - Windows Server 2022 Datacenter/Standard
  - Windows Server 2019 Datacenter/Standard

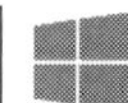

- Windows Server 2016 Datacenter/Standard

如果上述服务器没有被加入域，则它们被称为**独立服务器**（stand-alone server）或**工作组服务器**（workgroup server）。但无论是独立服务器还是成员服务器，它们都有一个**本地安全账户数据库**（SAM），系统可以用它来验证本地用户（非域用户）的身份。

- 其他比较常用的Windows计算机，例如：
  - Windows 11 Enterprise/Pro/Education
  - Windows 10 Enterprise/Pro/Education
  - Windows 8.1（8）Enterprise/Pro

  当上述客户端计算机加入域后，用户就可以使用AD DS内的账户在这些计算机上登录，否则只能使用本地账户登录。

可以将 Windows Server 2022、Windows Server 2019 等独立服务器或成员服务器升级为域控制器，也可以将域控制器降级为独立服务器或成员服务器。

一些只具备基础功能的桌面版 Windows 操作系统，例如 Windows 11 Home、Windows 10 Home 无法加入域，因此只能使用本地用户账户登录。

1.3 TCP/IP通信协议简介

网络上计算机之间互相传递的信号只是一连串的“0”与“1”，这一连串的电子信号到底代表什么意义，彼此之间需要使用一套同样的规则来解释，才能够互相沟通，就好像人类用“语言”来互相沟通一样，这个计算机之间的通信规则被称为**通信协议**（protocol），而 Windows 网络依赖最深的通信协议是 TCP/IP。

TCP/IP 通信协议是目前最完整并且被广泛支持的通信协议，它让不同网络架构、不同操作系统的计算机之间可以相互通信，例如 Windows Server 2022、Windows 11、Linux 主机等。它也是 Internet 的标准通信协议，更是 AD DS 所必须采用的通信协议。

每一台连接在网络上的计算机可以被称为是一台**主机**（host），主机与主机之间的通信会涉及三个最基本的要素：**IP 地址**、**子网掩码**与**网关**。

1.3.1 IP 地址

每一台主机都有唯一的 IP 地址，就好像住家的门牌号码一样。IP 地址不但可以用来识别网络中的每一台主机，而且其地址结构中还隐含着在网络之间传送数据的路由信息。

IP 地址占用 32 位（bit），一般是以 4 个十进制数来表示，每一个数字称为一个 octet（8

位组）。octet 与 octet 之间以点（dot）隔开，例如 192.168.1.31。

> 此处所介绍的 IP 地址是目前使用最为广泛的 IPv4，它共占用 32 个位，Windows 系统也支持 IPv6，它共占用 128 个位（参见附录 A）。

这个 32 位的 IP 地址内包含了**网络标识符**与**主机标识符**两部分：

- **网络标识符（Network ID）**：每一个网络都有一个唯一的网络标识符，换句话说，位于相同网络内的每一台主机都拥有相同的网络标识符。
- **主机标识符（Host ID）**：相同网络内的每一台主机都有一个唯一的主机标识符。

如果该网络是直接通过路由器来连接 Internet，则需要为此网络申请网络标识符，使得整个网络内所有的主机都使用相同的网络标识符，然后再为该网络内每一台主机分配一个唯一的主机标识符，这样网络上每一台主机就都会有一个唯一的 IP 地址（网络标识符+主机标识符）。可以向 ISP（互联网服务提供商）申请网络标识符。

如果此网络并未通过路由器来连接 Internet，则可以自行选择任何一个可用的网络标识符，无需申请，但是网络内各主机的 IP 地址不能相同。

1.3.2 IP 类别

传统的 IP 地址被分为 Class A、B、C、D、E 五个类别，其中只有 Class A、B、C 三个类别的 IP 地址可供一般主机来使用（见表 1-3-1），每种类别所支持的 IP 数量都不相同，以便满足各种不同大小规模的网络需求。IP 地址共占用 4 个字节（byte），表 1-3-1 中将 IP 地址的各字节以 W.X.Y.Z 的形式来加以说明。

表 1-3-1 IP 地址的类别及形式说明

IP 地址类别	网络标识符	主机标识符	W 值可为	可支持的网络数量	每个网络可支持的主机数量
A	W	X.Y.Z	1～126	126	16 777 214
B	W.X	Y.Z	128～191	16 384	65 534
C	W.X.Y	Z	192～223	2 097 152	254

- Class A的网络，其网络标识符占用一个字节（W），W的范围为1到126，共可提供126个Class A的网络。主机标识符共占用X、Y、Z三个字节（24个位），此24个位可支持$2^{24}-2=16\ 777\ 216-2=16\ 777\ 214$台主机（减2的原因是分别保留了全0和全1的地址）。
- Class B的网络，其网络标识符占用两个字节（W、X），W的范围为128到191，它可提供（191 – 128 + 1）×256 = 16 384个Class B的网络。主机标识符共占用Y、Z两个

字节，因此每个网络可支持$2^{16}-2=65\ 536-2=65\ 534$台主机。

- Class C的网络，其网络标识符占用三个字节（W、X、Y），W的范围为192到223，它可提供（223 – 192 + 1）×256×256 = 2 097 152个Class C的网络。主机标识符占用一个字节（Z），每个网络可支持$2^8-2=254$台主机（同样保留了全0和全1的地址）。

在设置主机的 IP 地址时请注意以下的事项：

- **网络标识符不能是127**：网络标识符127是供**环回测试**（loopback test）使用的，可用来检查网卡与驱动程序的工作是否正常。不能将它分配给主机使用。通常127.0.0.1这个IP地址用来代表主机本身。
- **每一个网络的第1个IP地址代表网络本身、最后一个IP地址代表广播地址（broadcast address），因此实际可分配给主机的IP地址将减少2个**：例如如果所申请的网络标识符为203.3.6，它共有203.3.6.0到203.3.6.255共256个IP地址，但203.3.6.0是用来代表这个网络的（因此一般会说其网络标识符为4个字节的203.3.6.0）；而203.3.6.255是保留给广播使用的（255代表广播）。例如，发送消息到203.3.6.255这个地址，表示将该消息广播给网络标识符为203.3.6.0网络内的所有主机。

图 1-3-1 为 Class C 的网络示例，其网络标识符为 192.168.1.0，图中 5 台主机的主机标识符分别为 1、2、3、21 和 22。

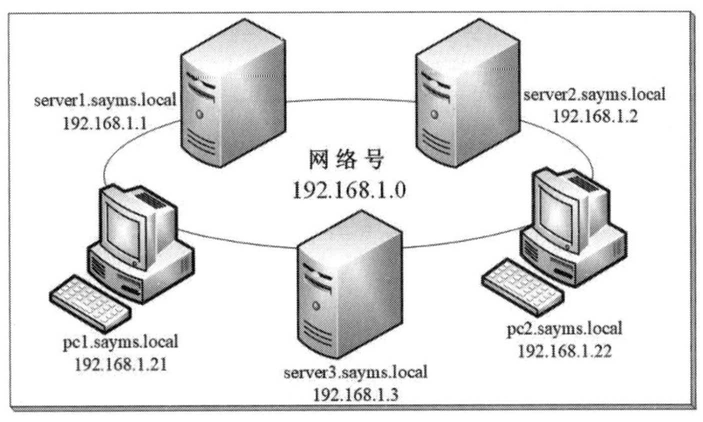

图 1-3-1

1.3.3 子网掩码

子网掩码也占用 32 位，与 IP 地址相同。当 IP 网络上两台主机通信时，它们利用子网掩码来确定双方的网络标识符，进而判断彼此是否在相同的网络内。

表 1-3-2 中为各类网络默认的子网掩码值，其中值为 1 的位用来表示网络标识符，值为 0 的位用来表示主机标识符，例如某台主机的 IP 地址为 192.168.1.3，其二进制值为 11000000.10101000.00000001.00000011，而子网掩码为 255.255.255.0，其二进制值为

11111111.11111111.11111111.00000000，则计算其网络标识符的原则是：将 IP 地址与子网掩码两个值中相对应的位进行 AND（与）逻辑运算（见图 1-3-2），所得结果 192.168.1.0 就是网络标识符。

表 1-3-2 IP 地址的类别及默认的子网掩码值

IP 地址类别	默认子网掩码（二进制）	默认子网掩码（十进制）
A	11111111 00000000 00000000 00000000	255.0.0.0
B	11111111 11111111 00000000 00000000	255.255.0.0
C	11111111 11111111 11111111 00000000	255.255.255.0

192.168.1.3 →	11000000	10101000	00000001	00000011
255.255.255.0 →	11111111	11111111	11111111	00000000
AND后的结果 →	11000000	10101000	00000001	00000000
	(192)	(168)	(1)	(0)

图 1-3-2

如果 A 主机的 IP 地址为 192.168.1.3、子网掩码为 255.255.255.0，B 主机的 IP 地址为 192.168.1.5、子网掩码为 255.255.255.0，则 A 主机与 B 主机的网络标识符都是 192.168.1.0，表示它们是在同一个网络内，因此可以直接相互通信，不需要借助于路由设备。

前面所叙述的 Class A、B、C 是按类别式划分的，而目前普遍采用的是无类别的 CIDR（Classless Inter-Domain Routing）划分法，它在表示 IP 地址与子网掩码时有所不同，例如网络标识符为 192.168.1.0、子网掩码为 255.255.255.0，则会使用 192.168.1.0/24 来代表此网络，其中 24 代表子网掩码中位值为 1 的数量为 24 个；同理，若网络标识符为 10.120.0.0、子网掩码为 255.255.0.0，则会使用 10.120.0.0/16 来代表此网络。

1.3.4 默认网关

当某台主机需要与同一个 IP 子网内的主机（网络标识符相同）通信时，可以直接将数据发送给该主机。但是，如果要与不同子网内的主机（网络标识符不同）进行通信，则需要先将数据发送给路由设备，再由路由设备负责发送给目标主机，即通过路由设备进行转发。一般情况下，主机只需要事先将**默认网关**指定为路由设备的 IP 地址即可。路由设备负责将数据转发给目标主机。

以图 1-3-3 为例，图中甲、乙两个网络是通过路由器来连接的。当甲网络的主机 A 要与乙网络的主机 B 通信时，由于主机 A 的 IP 地址为 192.168.1.1、子网掩码为 255.255.255.0、网络标识符为 192.168.1.0，而主机 B 的 IP 地址为 192.168.2.10、子网掩码为 255.255.255.0、网络标识符为 192.168.2.0，故主机 A 可以判断出与主机 B 是位于不同的子网内，因此会将数据发送给其默认网关，也就是 IP 地址为 192.168.1.254 的路由器，然后再由路由器负责将数

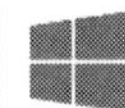

据转发给主机 B。

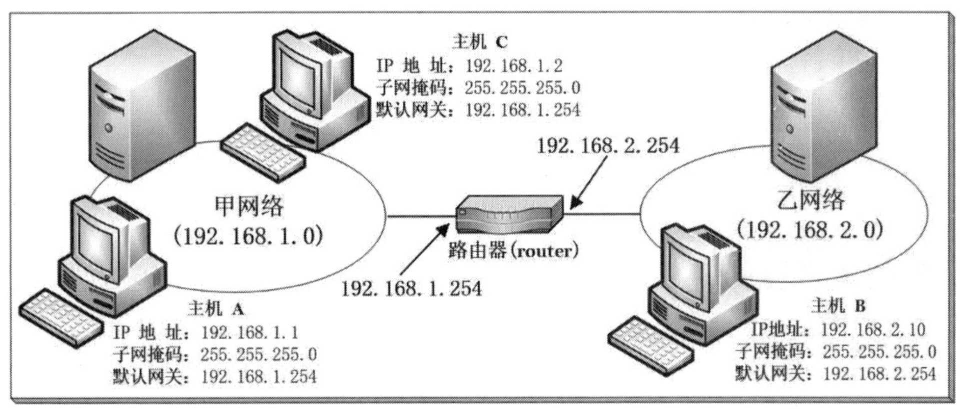

图 1-3-3

1.3.5 私有 IP 的使用

前面提到 IP 类别中的 Class A、B、C 是可供主机使用的 IP 地址。在这些 IP 地址中，有一些是被归类为**私有 IP**（private IP）（见表 1-3-3），各公司可以自行选用适合的私有 IP，而且不需要申请，因此可以节省网络建设的成本。

表 1-3-3　私有 IP 地址范围

网络标识符	子网掩码	IP 地址范围
10.0.0.0	255.0.0.0	10.0.0.1～10.255.255.254
172.16.0.0	255.240.0.0	172.16.0.1～172.31.255.254
192.168.0.0	255.255.0.0	192.168.0.1～192.168.255.254

不过私有 IP 仅限于公司内部的局域网络使用，虽然它可以让内部计算机相互通信，但是无法直接与外界计算机通信。如果需要连接外部网络并进行上网、收发电子邮件等操作，则需要使用具备网络地址转换（Network Address Translation，NAT）功能的设备，例如 IP 共享设备、宽带路由器等。这些设备能够将局域网内的私有 IP 地址转换为公共 IP 地址，从而使内部计算机能够与外界通信。

除了私有 IP 地址外，其他地址被称为**公有 IP 地址**（public IP address），例如 220.135.145.145。使用公有 IP 的计算机可以直接通过路由器与外界通信，因此这些计算机可以用于搭建商业网站，让外部用户直接访问。公有 IP 地址需要事先申请。

当 Windows 计算机的 IP 地址设置采用自动获取的方式，但因某些原因无法获取到 IP 地址，该计算机会通过自动专用 IP 地址（Automatic Private IP Addressing，APIPA）机制为自己分配一个临时 IP 地址，该 IP 地址的网络标识符为 169.254.0.0，例如 169.254.49.31。但该 IP 地址只能够用于与同一网络内的其他 IP 地址（即 169.254.x.x 格式）的计算机通信。

第 2 章　安装 Windows Server 2022

本章将介绍安装 Windows Server 2022 前必备的基本知识、如何安装 Windows Server 2022，接着说明如何登录、注销、锁定与关闭 Windows Server 2022。

- 安装前的注意事项
- 安装或升级为Windows Server 2022
- 启动与使用Windows Server 2022

2.1 安装前的注意事项

2.1.1 Windows Server 2022 的安装选择

Windows Server 2022 提供三种安装选择：

- **包含桌面体验的服务器**：它会安装标准的图形用户界面，并支持所有的服务与工具。由于包含图形用户界面（GUI），因此用户可以通过友好的窗口与管理工具来管理服务器。
- **Server Core**：它可以降低管理需求、减少硬盘容量占用以及减少被攻击面。由于Server Core没有窗口管理界面，只能使用Windows PowerShell、**命令提示符**（command prompt）或通过远程计算机来管理此服务器。有的服务在**Server Core**中并不支持，因此除非有图形化界面或特殊服务的需求，否则使用Server Core是微软**建议**的选项。
  另外，为了提高应用程序的兼容性，让某些具有交互性操作需求的应用程序可以正常在Server Core环境下运行，微软提供了一个名为**Server Core应用程序兼容性FOD**（Feature-on-Demand，可选安装）的功能，它也支持一些图形界面的管理工具。
- **Nano Server**：类似于Server Core，但明显较小，适用于云环境，没有本地登录功能。Windows Server 2022仅在容器（container）内支持Nano Server。

2.1.2 Windows Server 2022 的系统需求

如果要在计算机内安装并使用 Windows Server 2022，此计算机的硬件配置需符合表 2-1-1 所示的基本需求。需要特别说明的事，以下说明同时适用于**包含桌面体验的服务器、Server Core 与 Nano Server**）。

表 2-1-1　安装 Windows Server 2000 的硬件配置需求

组件	需求（附注）
处理器（CPU）	最少 1.4GHz、64 位；支持 NX 与 DEP；支持 CMPXCHG16B、LAHF/SAHF 与 PREFETCHW；支持 SLAT（EPT 或 NPT）
内存（RAM）	最少 2GB（包含桌面体验的服务器，建议用 ECC 内存）
硬盘	最少 32GB，不支持 IDE 硬盘（PATA 硬盘）

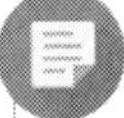

① 实际需求根据计算机设置、所安装的应用程序、所扮演的角色以及所安装的功能数量的多少而可能需要增加。

② 本书中的许多示例需要使用多台计算机来练习，此时可以利用 Windows Server 2022 内置的 Hyper-V 来搭建虚拟的测试网络与计算机（详见第 5 章）。

可以到微软网站上下载 coreinfo.exe 程序（假设存储到 C:\coreinfo），然后选中左下角的**开始**图标⊞，再右击➲Windows PowerShell（管理员），➲切换到 C:\coreinfo 目录，➲输入**.\coreinfo** 命令来查看计算机的 CPU 是否支持表 2-1-1 中所列功能。例如，从图 2-1-1 中可以看出计算机支持 64 位与 NX，而从图 2-1-2 中可以看出支持 CMPXCHG16B(CX16)与 LAHF/SAHF。

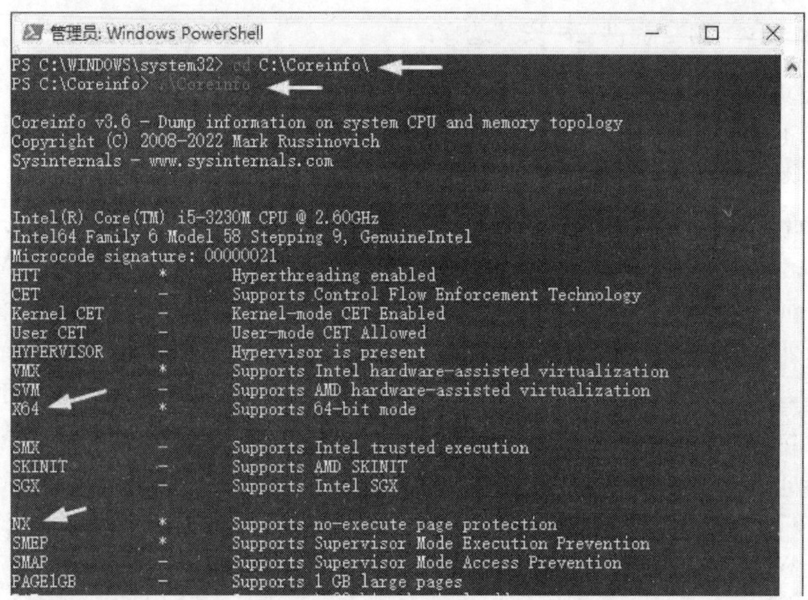

图 2-1-1

```
管理员: Windows PowerShell
CMOV        *   Supports CMOVcc instruction
CLFSH       *   Supports CLFLUSH instruction
CX8         *   Supports compare and exchange 8-byte instructions
CX16        *   Supports CMPXCHG16B instruction
BMI1        -   Supports bit manipulation extensions 1
BMI2        -   Supports bit manipulation extensions 2
ADX         -   Supports ADCX/ADOX instructions
DCA         -   Supports prefetch from memory-mapped device
F16C        *   Supports half-precision instruction
FXSR        *   Supports FXSAVE/FXSTOR instructions
FFXSR       -   Supports optimized FXSAVE/FSRSTOR instruction
MONITOR     *   Supports MONITOR and MWAIT instructions
MOVBE       -   Supports MOVBE instruction
ERMSB       *   Supports Enhanced REP MOVSB/STOSB
PCLMULDQ    *   Supports PCLMULDQ instruction
POPCNT      *   Supports POPCNT instruction
LZCNT       -   Supports LZCNT instruction
SEP         *   Supports fast system call instructions
LAHF-SAHF   *   Supports LAHF/SAHF instructions in 64-bit mode
HLE         -   Supports Hardware Lock Elision instructions
RTM         -   Supports Restricted Transactional Memory instructions

DE          *   Supports I/O breakpoints including CR4.DE
```

图 2-1-2

从图 2-1-3 中可以看出支持 PREFETCHW，从图 2-1-4 中执行**.\coreinfo/v（当前系统为 64 位时执行.\coreinfo64 /v）**的结果可以看出支持 SLAT。

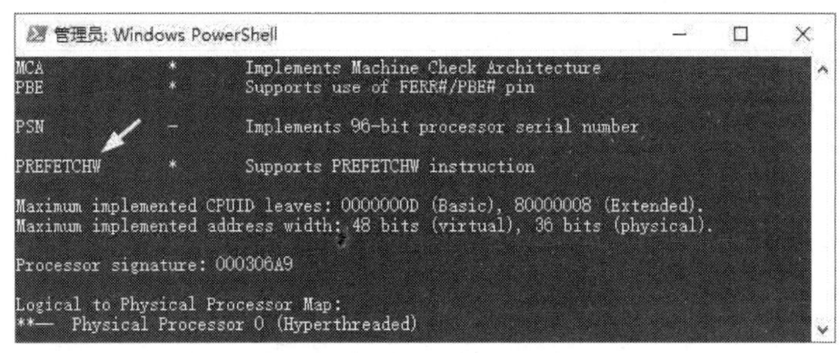

图 2-1-3

```
管理员: Windows PowerShell
PS C:\Coreinfo> .\Coreinfo64.exe /v

Coreinfo v3.6 - Dump information on system CPU and memory topology
Copyright (C) 2008-2022 Mark Russinovich
Sysinternals - www.sysinternals.com

Note: Coreinfo must be executed on a system without a hypervisor running for
accurate results.

Intel(R) Core(TM) i5-3230M CPU @ 2.60GHz
Intel64 Family 6 Model 58 Stepping 9, GenuineIntel
Microcode signature: 00000021
HYPERVISOR      *       Hypervisor is present
VMX             -       Supports Intel hardware-assisted virtualization
EPT             -       Supports Intel extended page tables (SLAT)
URG             -       Supports Intel unrestricted guest
```

图 2-1-4

2.1.3　选择磁盘分区

在磁盘（硬盘）具备存储数据的能力之前，需要将其分割成一个或数个磁盘分区（partition），每个磁盘分区都是一个独立的存储单位。在安装过程中选择要安装 Windows Server 2022 的磁盘分区（以下假设为 MBR 磁盘，详见第 10 章）：

- 如果磁盘并未经过分区（例如全新磁盘），如图2-1-5左图所示，则可以将整个磁盘视为一个磁盘分区，并选择将Windows Server 2022安装到此分区（会被安装到**Windows**文件夹内）。不过，因为安装程序会自动建立一个系统保留分区（详细内容见第10章），因此最终的结果如图2-1-5右图所示。

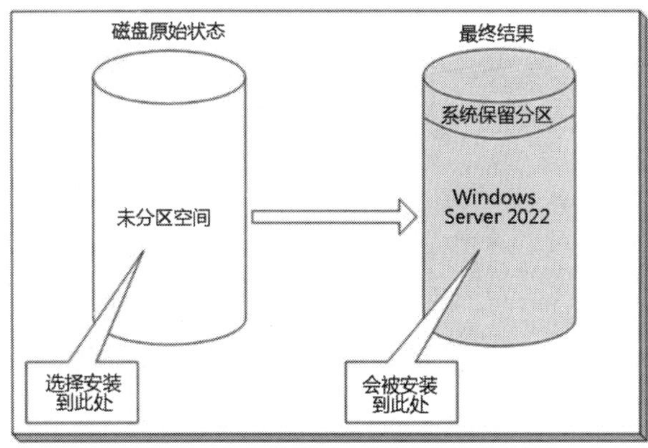

图 2-1-5

- 可以将一个未分区磁盘的部分空间划分出一个磁盘分区，然后将Windows Server 2022安装到此分区。不过安装程序还会自动建立一个系统保留分区，如图2-1-6所示。图中最终结果中，剩余未分区的空间可以用作数据存储分区或安装另外一套操作系统。

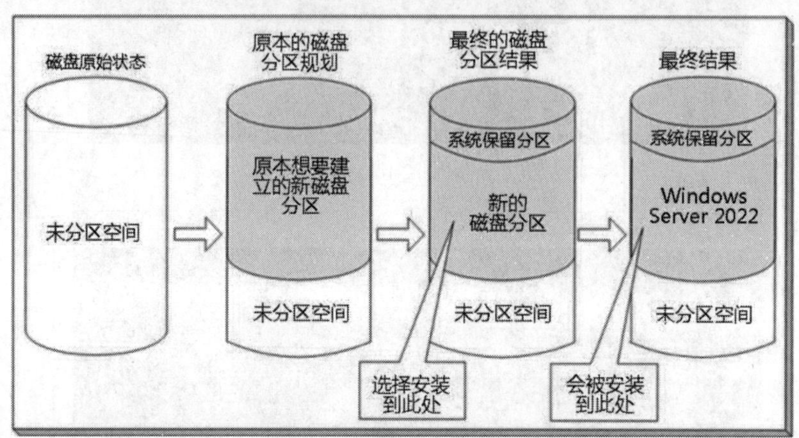

图2-1-6

- 当磁盘分区内已经安装了其他操作系统时，例如Windows Server 2019，如果要将Windows Server 2022安装到此分区，则可以进行如下操作（见图2-1-7）：
  - **对旧版 Windows 系统升级**：此时旧版系统会被 Windows Server 2022 取代，同时原来大部分的系统配置会被保留在 Windows Server 2022 系统内，一般的数据文件（非操作系统文件）也会被保留。
  - **不对旧版 Windows 系统升级**：此磁盘分区内原有文件会被保留，虽然旧版系统已经无法使用，不过此系统所在的文件夹（一般是 Windows）会被移动到 Windows.old 文件夹内。而新的 Windows Server 2022 会被安装到此磁盘分区的 Windows 文件夹内。

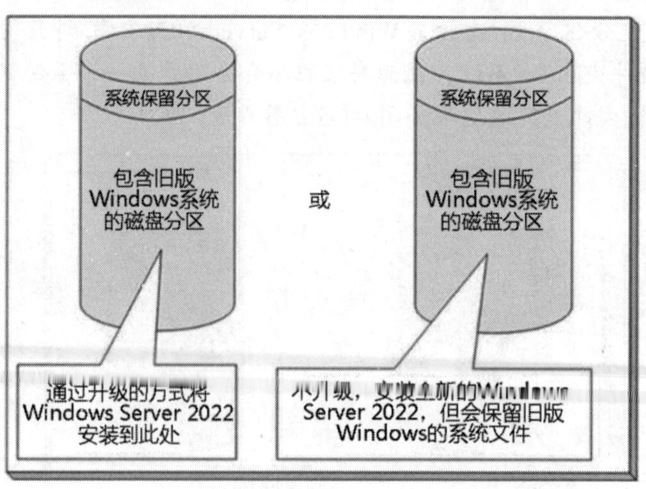

图2-1-7

如果在安装过程中将现有磁盘分区删除或格式化，则该分区内的现有数据都将丢失。

- 虽然磁盘内已经安装了其他Windows系统，不过如果该磁盘内尚有其他未分区空间，则可以将Windows Server 2022安装到此未分区空间的Windows文件夹内，如图2-1-8所示。此方式在启动计算机时，可选择Windows Server 2022或原有的其他Windows系统，这就是所谓的**多重引导**（multiboot）设置。

磁盘分区需要被格式化成适当的文件系统后，才能在其中安装操作系统与存储数据。常见的文件系统包含 NTFS、ReFS、FAT32、FAT 与 exFAT 等。需要注意的是，Windows Server 2022 只能安装到 NTFS 格式的磁盘内，其他格式的磁盘只能用来存储数据。

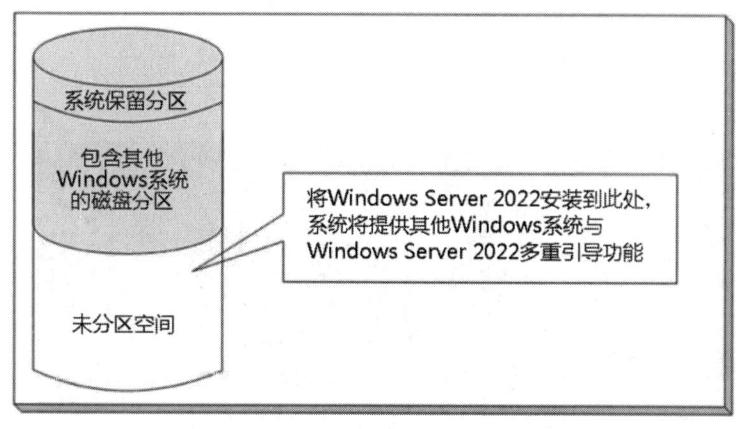

图 2-1-8

2.2　安装或升级为Windows Server 2022

可以选择全新安装 Windows Server 2022 或将现有的旧版本 Windows 系统升级（以下主要是针对具备图形界面的“桌面体验的服务器”来说明）。

- **全新安装**：利用包含Windows Server 2022安装文件的可启动U盘（或DVD）来启动计算机并执行U盘内的安装程序。如果磁盘内已经有旧版Windows系统，则也可以先启动此系统，然后插入U盘来执行其中的安装程序；也可以直接执行Windows Server 2022 ISO文件内的安装程序。
- **将现有的旧版Windows操作系统升级**：先启动旧版本的Windows系统，然后插入包含Windows Server 2022安装文件的U盘（或DVD）来执行其中的安装程序；也可以直接执行Windows Server 2022 ISO文件内的安装程序。

2.2.1 使用 U 盘启动计算机与安装

这种安装方式只能进行全新安装，无法进行升级安装。首先准备好包含 Windows Server 2022 安装文件的可启动 U 盘（或 DVD），然后依照以下步骤来安装 Windows Server 2022。

可以上网找工具程序来制作包含 Windows Server 2022 安装文件的可启动 U 盘，例如 Rufus、Windows USB/DVD Download Tool 等。

STEP 1 将 Windows Server 2022 安装文件的可启动 U 盘插入计算机的 USB 插槽。

STEP 2 将计算机的 BIOS 设置改为从 USB 来启动计算机，重新启动计算机后就会执行 U 盘内的安装程序（开启计算机的电源后，按 Delete 键或 F2 键可进入 BIOS 设置界面，然后选择从 U 盘启动计算机）。

STEP 3 在图 2-2-1 的界面中直接单击下一页按钮后单击现在安装按钮。

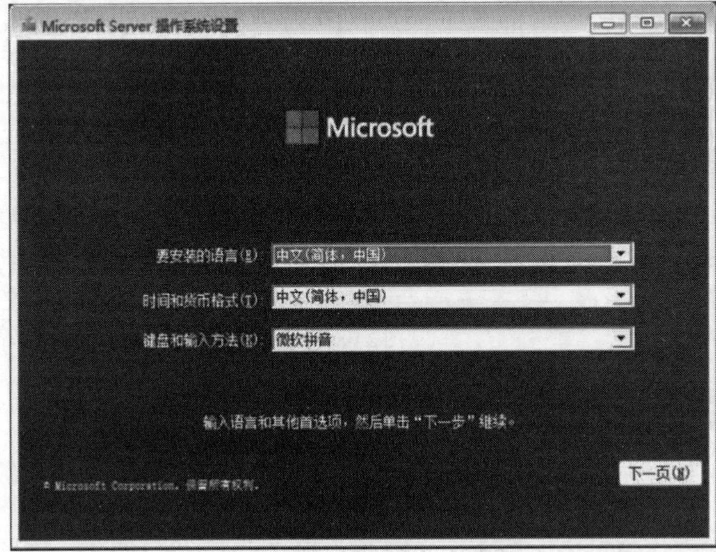

图 2-2-1

STEP 4 在激活 Microsoft Server 操作系统设置界面，输入产品密钥后单击下一页按钮，或是单击**我没有产品密钥来试用此产品**。

STEP 5 在图 2-2-2 中选择要安装的版本后单击下一页按钮（此处我们选择 Windows Server 2022 Datacenter（Desktop Experience））。

STEP 6 在**适用的声明和许可条款**界面中勾选**我接受 Microsoft 软件许可条款**后单击下一页按钮。

STEP 7 在图 2-2-3 中单击**自定义：仅安装 Microsoft Server 操作系统（advanced(C)）**。

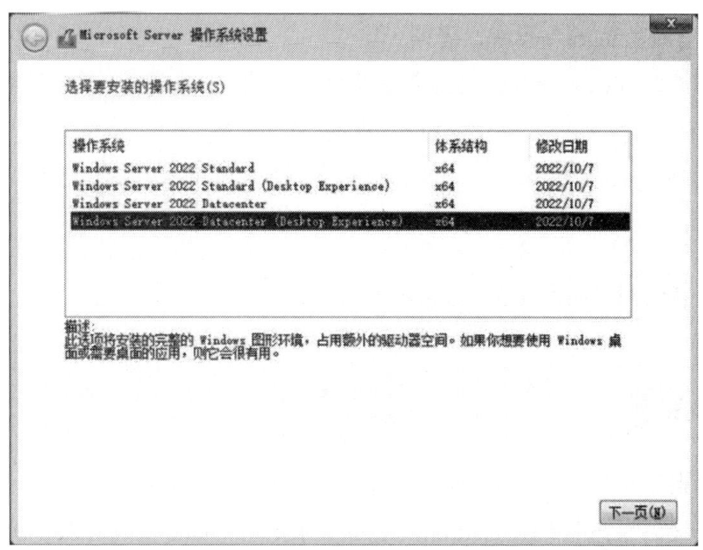

图 2-2-2

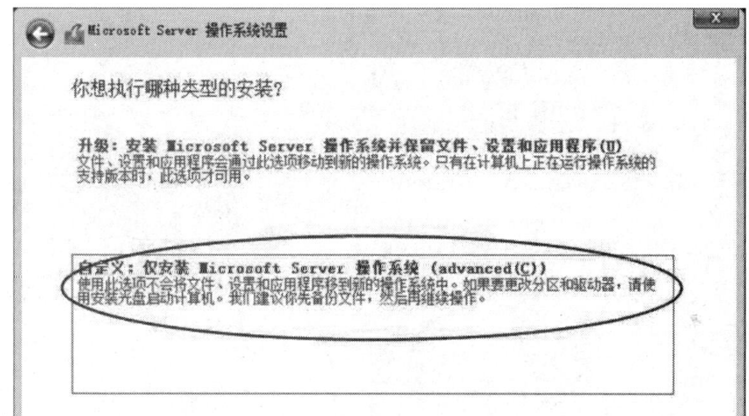

图 2-2-3

STEP 8　在**操作系统的安装位置**界面中直接单击下一页按钮以便开始安装 Windows Server 2022。

如果需要安装厂商提供的驱动程序才能访问磁盘，请在安装界面中单击**加载驱动程序**；若单击**新建**，可以建立主分区；单击**格式化**、**删除**，则会执行对现有磁盘分区的格式化或删除。

2.2.2　在现有的 Windows 系统内安装

这种安装方式既可以用来升级安装，也可以用来全新安装，不过主要是用来升级安装，因此以下说明以升级安装为主。请准备好包含 Windows Server 2022 安装文件的 ISO 文件或可启动 U 盘（或 DVD），然后按照以下步骤来安装 Windows Server 2022。

STEP 1　启动现有的 Windows 系统、登录。

STEP 2　插入包含 Windows Server 2022 安装文件的 U 盘（或 DVD），让系统自动执行 U 盘内的安装程序；也可以手动直接执行 ISO 文件内的安装程序 **setup.exe**。

STEP 3　接下来的步骤与前面利用 U 盘来启动计算机以及安装操作系统类似，此处不再赘述。

2.3　启动与使用Windows Server 2022

2.3.1　启动与登录

安装完成后会自动重新启动。在第一次启动 Windows Server 2022 时，会出现如图 2-3-1 所示的页面来要求设置系统管理员 Administrator 的密码（单击密码右侧图标可显示所输入的密码），设置好后单击完成按钮。

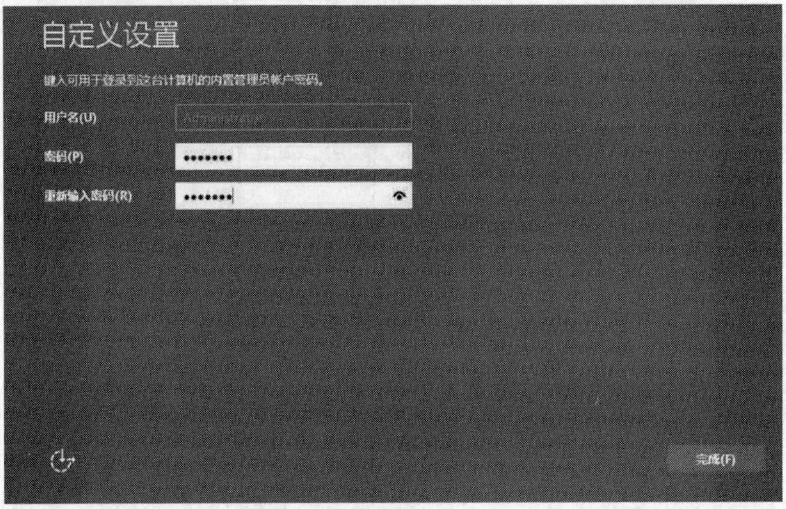

图 2-3-1

用户的密码默认需至少 6 个字符、不可包含用户账户名称或全名，还有至少要包含 A～Z、a～z、0～9、特殊字符（例如!、$、#、%）等 4 组字符中的 3 组，例如 12abAB 是一个有效的密码，而 123456 则是无效的密码。

接下来请按照图 2-3-2 的要求按 Ctrl+Alt+Delete 组合键（先按 Ctrl+Alt 组合键不放，再按 Delete 键），接着在图 2-3-3 的界面中输入系统管理员（Administrator）的密码，最后按 Enter 键登录（sign in）。登录成功后会出现如图 2-3-4 所示的**服务器管理器**界面。

图 2-3-2

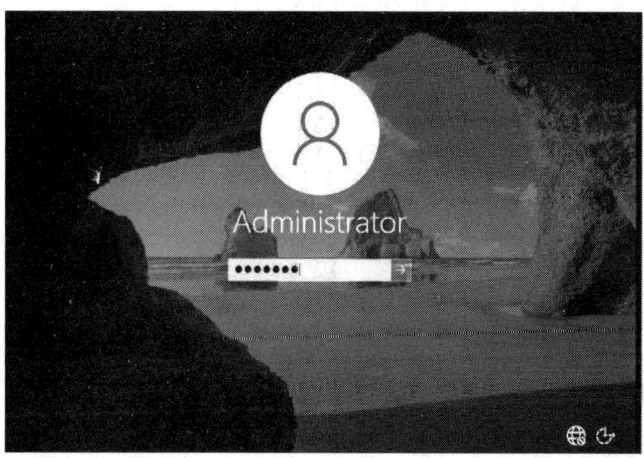

图 2-3-3

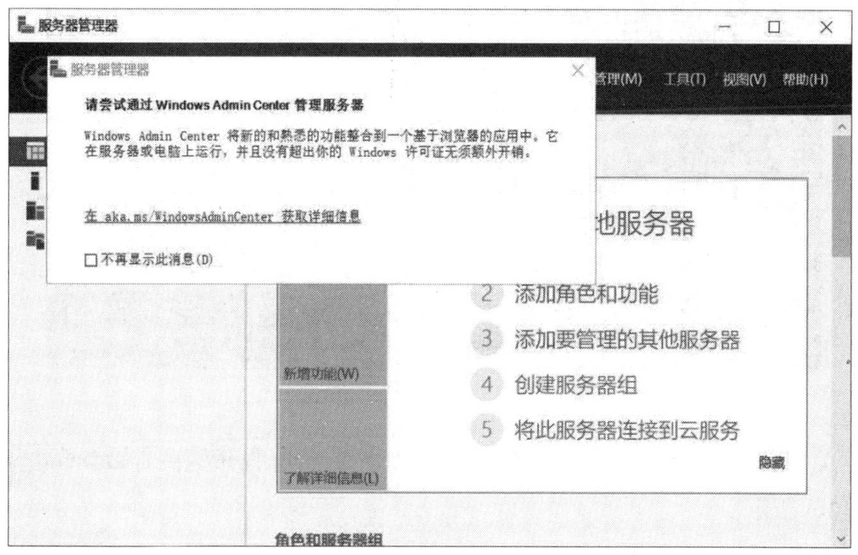

图 2-3-4

① 可以利用**服务器管理器**来管理系统；图 2-3-4 中提示了可以通过浏览器的管理工具 **Windows Admin Center**。

② 如果已经关闭**服务器管理器**，可以通过单击左下角**开始**图标⊞➲服务器管理器来重新打开。

③ 也可以通过自定义的**微软管理控制台**（Microsoft Management Console，MMC）来管理系统，具体步骤是：按⊞+R键➲输入 **MMC**➲单击确定按钮➲选择**文件**菜单➲添加/删除管理单元➲在列表中选择所需的工具。

2.3.2 锁定、注销与关机

如果暂时不想使用此计算机，但又不能将此计算机关闭，可以选择锁定或注销。单击左下角的**开始**图标⊞，然后单击图 2-3-5 中代表用户账户的人头图标：

- **锁定**：锁定期间所有的应用程序都仍然会继续执行。如果要解除锁定，以便继续使用此计算机，需要重新输入密码。
- **注销**：注销会结束当前正在运行的应用程序。之后如果要继续使用此计算机，必须重新登录。

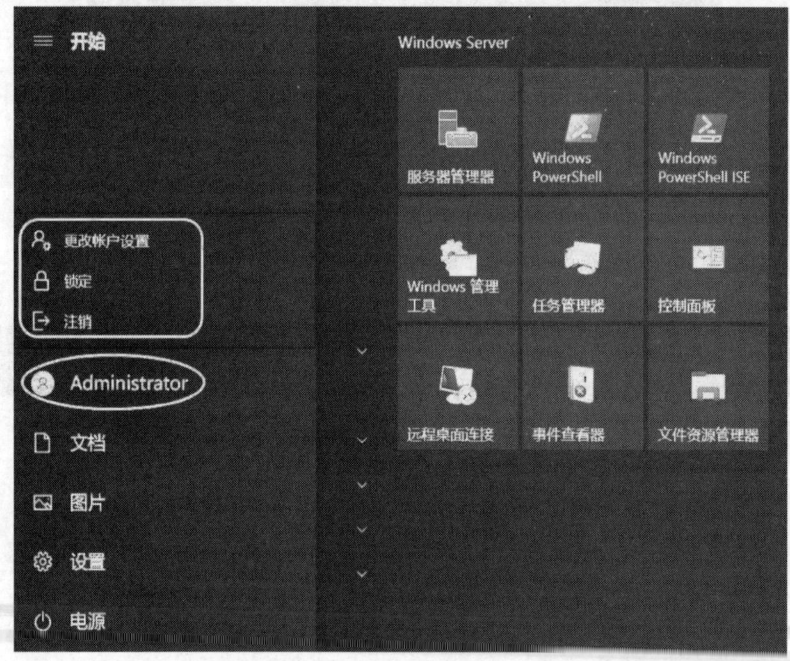

图 2-3-5

如果要关闭计算机或重新启动计算机，则单击左下角的**开始**图标⊞➲单击选**关机**或**重启**，如图 2-3-6 所示。

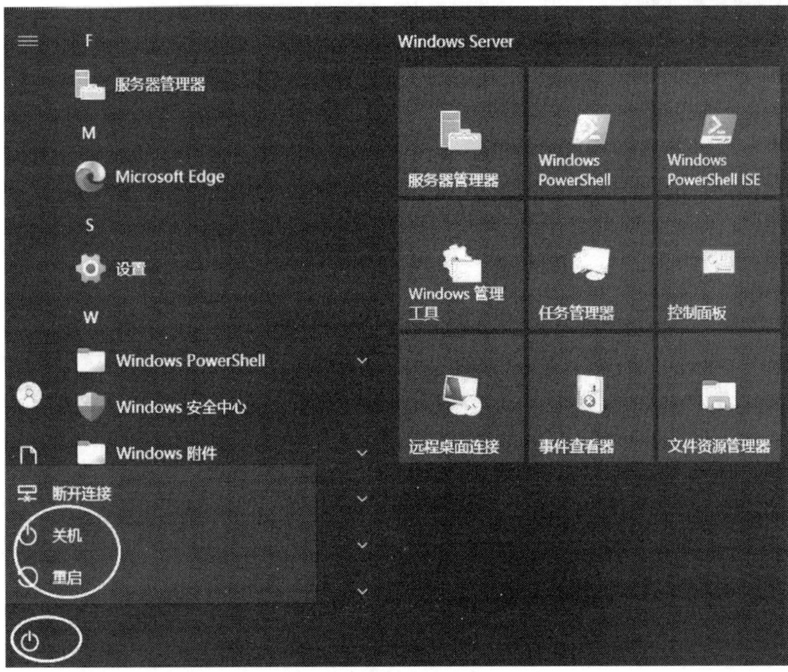

图 2-3-6

也可以直接按 Ctrl+Alt+Delete 组合键，然后在图 2-3-7 所示的界面选择**锁定**、**注销**等功能，或单击右下角的**关机**图标。

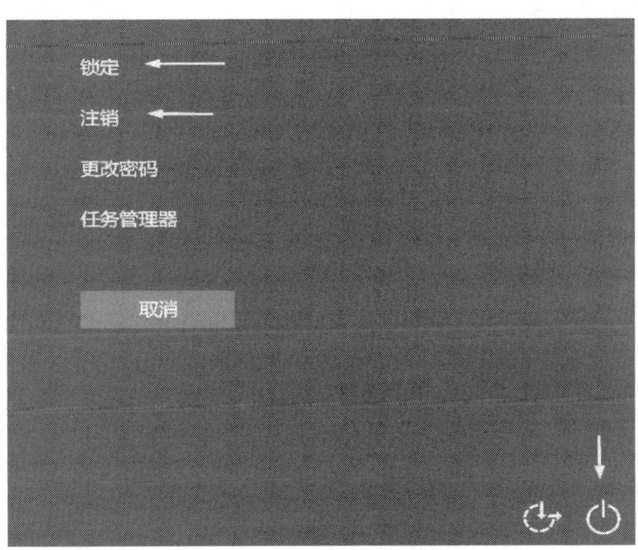

图 2-3-7

第 3 章　Windows Server 2022 基本环境

本章将介绍如何设置 Windows Server 2022 的基本环境，以便熟悉并掌握基本的服务器管理能力。

- 屏幕的显示设置
- 计算机名称与TCP/IP设置
- 安装Windows Admin Center
- 连接Internet与启用Windows系统
- Windows Defender 防火墙与网络位置
- 环境变量的管理
- 其他的环境设置

3.1　屏幕的显示设置

通过对显示设置做适当的调整，可以让显示器得到最佳的显示效果，提高观看屏幕的舒适度，保护眼睛。

屏幕上所显示的字符由一个一个点所组成，这些点被称为**像素**（pixel）。我们可以自行调整水平与垂直的显示点数，例如水平 1920 点、垂直 1080 点，此时我们将其称为“分辨率为 1920×1080”，分辨率越高，画面越细腻，影像与对象的清晰度越佳。每一个**像素**所能够显示的颜色多寡，取决于使用多少位（bit）来显示 1 个**像素**。例如，若用 16 位来显示 1 个**像素**，那么 1 个**像素**可以有 2^{16} =65 536 种颜色；同理，32 位可以有 2^{32} = 4 294 967 296 种颜色。

如果要调整显示分辨率或文字的大小等设置，具体的步骤为：右击桌面空白处➲显示设置➲然后通过图 3-1-1 所示的选项。如果要同时修改屏幕分辨率、显示颜色与屏幕更新频率，则可以单击图 3-1-1 下方的**高级显示设置**➲显示器 1 的显示适配器属性。

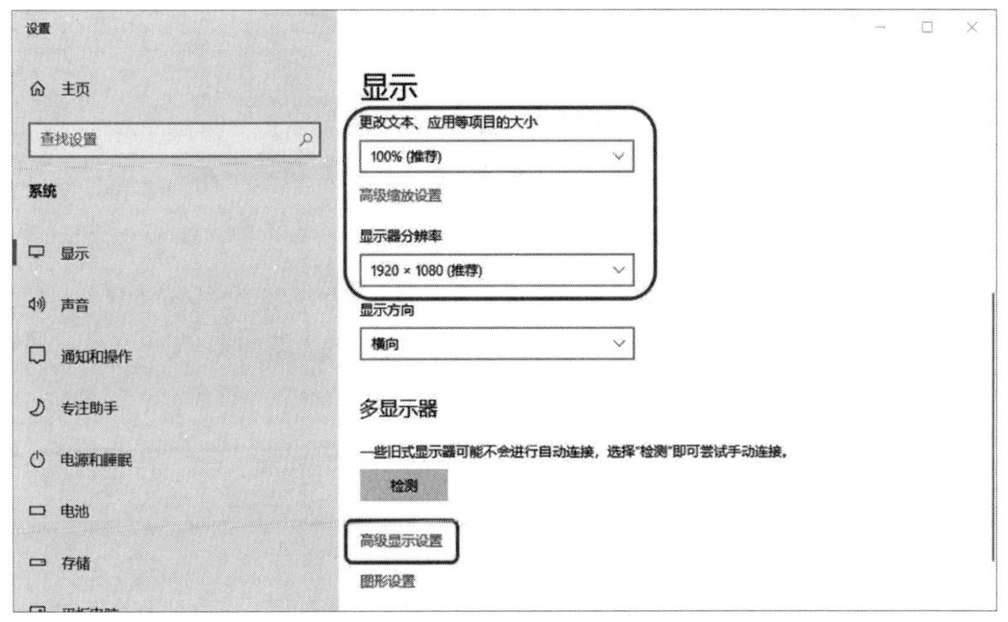

图 3-1-1

3.2　计算机名与TCP/IP设置

计算机名与 TCP/IP 的 IP 地址都是用来识别计算机的信息，它们是计算机之间相互通信所需要的基本信息。

3.2.1 更改计算机名与工作组名

每一台计算机的计算机名必须是唯一的，不应该与网络上其他计算机重复。虽然系统会自动设置计算机名，不过建议将此计算机名改为易于识别的名称。每一台计算机所隶属的工作组名称默认都是 WORKGROUP。更改计算机名或工作组名的方法如下所示。

STEP 1 单击左下角的**开始**图标⊞➲服务器管理器（先关闭关于 Windows Admin Center 的说明窗口）➲单击图 3-2-1 中**本地服务器**右侧由系统自动设置的计算机名➲单击前景图的更改按钮。

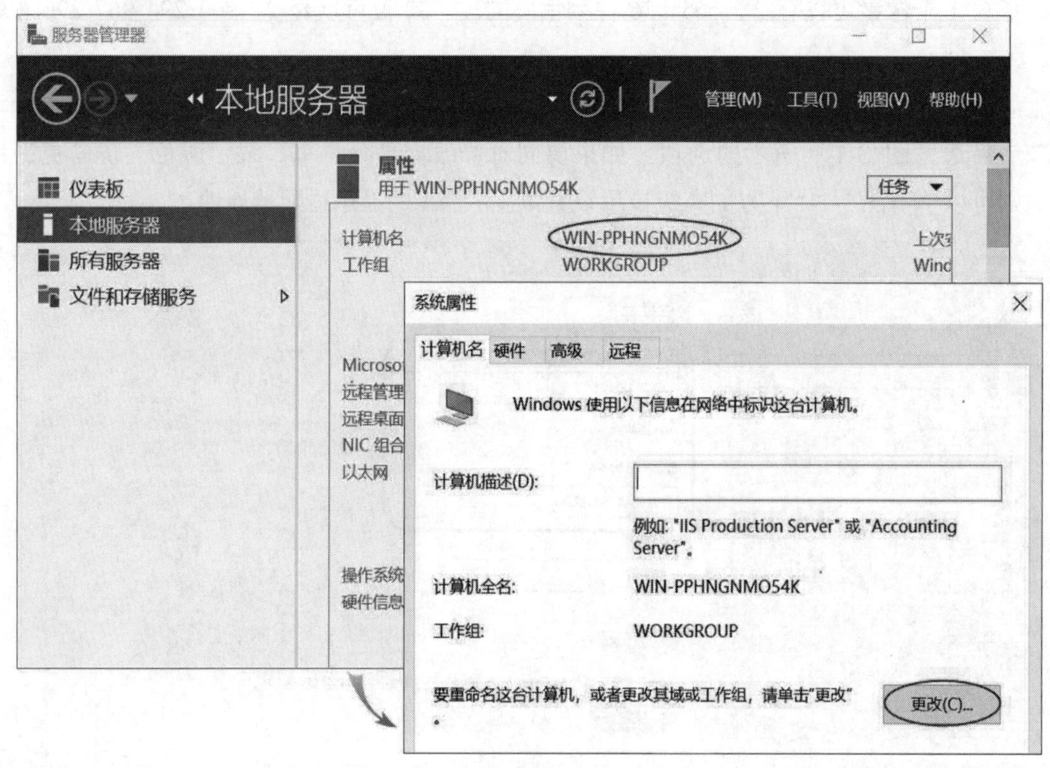

图 3-2-1

Windows 11、Windows 10 更改计算机名的方法为：选中左下角的**开始**图标■（或⊞），再右击➲系统➲重命名这台计算机。

STEP 2 更改图 3-2-2 中的**计算机名**后单击确定按钮（图中并未更改**工作组**名），按照提示重新启动计算机后，这些更改才会生效。

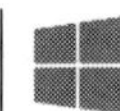

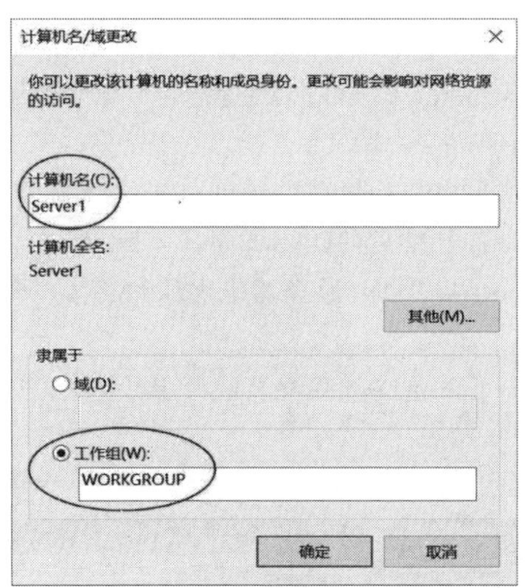

图 3-2-2

3.2.2　TCP/IP 的设置与测试

一台计算机如果要与网络上其他计算机通信，还需要有适当的 TCP/IP 设置值，例如正确的 IP 地址。一台计算机取得 IP 地址的方式有两种：

- **自动获取IP地址**：这是默认设置，此时计算机会自动向DHCP服务器租用IP地址，这台服务器可能是一台计算机，也可能是一台具备DHCP服务器功能的代理服务器（NAT）、宽带路由器、无线基站等。
  如果找不到DHCP服务器，此计算机会采用Automatic Private IP Addressing（APIPA）机制自动为自己分配一个符合169.254.0.0/16格式的IP地址。不过，此时此计算机仅能够与同一个网络内也是使用169.254.0.0/16格式的计算机通信。
- **手动设置IP地址**：这种方式会增加系统管理员的负担，而且手动设置容易出错，适合于需要固定IP地址的企业内部服务器使用。

1. 设置 IP 地址

STEP 1　打开**服务器管理器**➲单击图 3-2-3 中**本地服务器**右侧**以太网**的设置值➲双击图中的以太网。

STEP 2　在图 3-2-4 中单击**属性**按钮➲Internet 协议版本 4（TCP/IPv4）➲属性。

STEP 3　在图 3-2-5 中设置 IP 地址、子网掩码、默认网关与首选 DNS 服务器等。设置完成后依次单击确定按钮和关闭按钮来结束设置。

- **IP地址**：可按照计算机所在的网络环境进行设置，或按照图进行设置。
- **子网掩码**：请按照计算机所在的网络环境来设置，如果IP地址设置成图中的192.168.8.1，则可以输入255.255.255.0，或在IP地址输入完成后直接按Tab键，系统会自动填入子网掩码的默认值。

- **默认网关**：位于内部局域网的计算机若要通过路由器或代理服务器（NAT）来连接Internet，此处请输入路由器或代理服务器的局域网IP地址（LAN IP地址），假设是192.168.8.254，否则保留空白即可。
- **首选DNS服务器**：位于内部局域网的计算机若要上网，此处请输入DNS服务器的IP地址，它可以是企业自行搭建的DNS服务器、Internet上任一台可提供服务的DNS服务器（例如图中是Google的DNS服务器IP地址8.8.8.8）或代理服务器的局域网IP地址（LAN IP地址）等。
- **备用DNS服务器**：如果首选DNS服务器故障且没有响应，则会自动改用此处的DNS服务器。

图 3-2-3

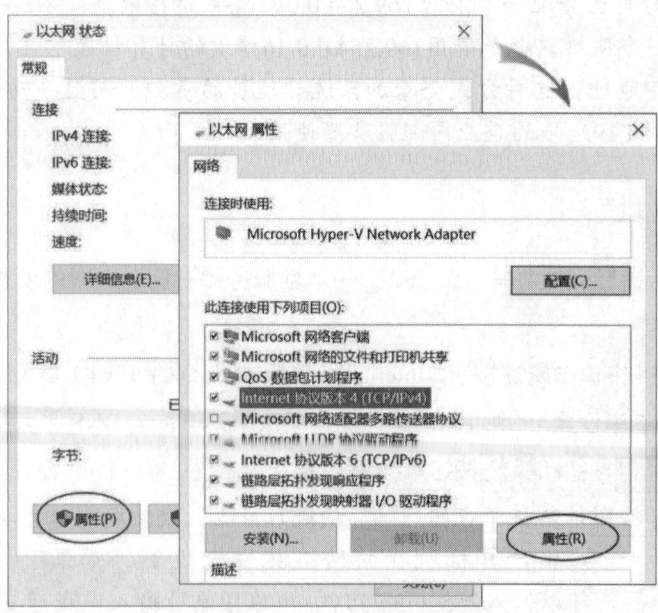

图 3-2-4

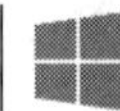

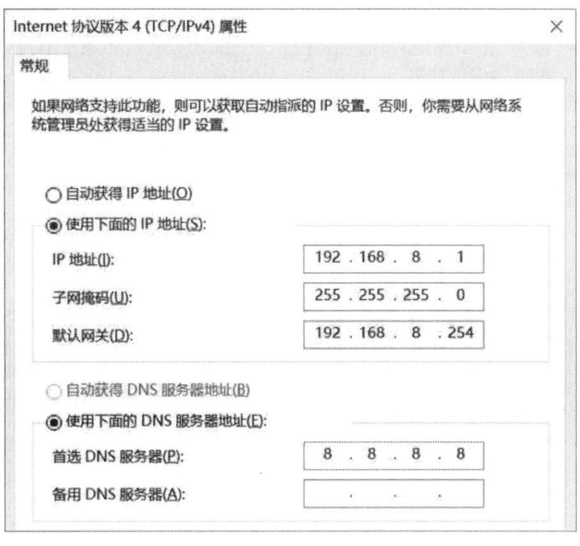

图 3-2-5

2. 查看 IP 地址的设置值

如果 IP 地址是自动获取的，我们可能想要知道所租用的 IP 设置值是什么？即使 IP 地址是手动设置的，所设置的 IP 地址也不一定就是可用的 IP 地址，例如 IP 地址已经被其他计算机先占用了。这时，我们可以通过图 3-2-6 的**服务器管理器**来查看 IP 地址的设置值（此例中为 192.168.8.1）。

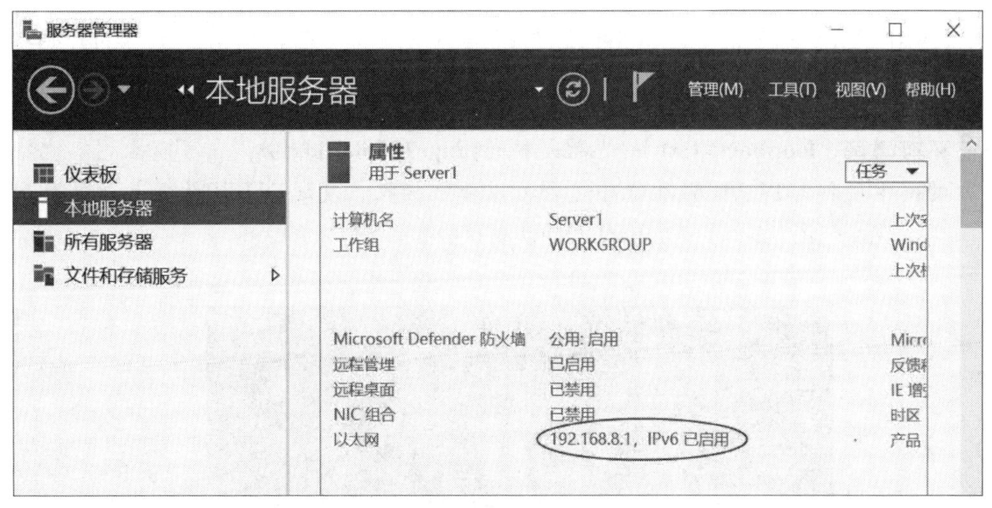

图 3-2-6

若要查看更详细的信息，单击图 3-2-6 中圈起来的部分➲双击**以太网**➲单击**详细信息**按钮➲，就可看到 IP 地址的详细设置值（见图 3-2-7），从图中还可以看到网卡的物理地址（MAC address）为 00-15-5D-79-B0-00。

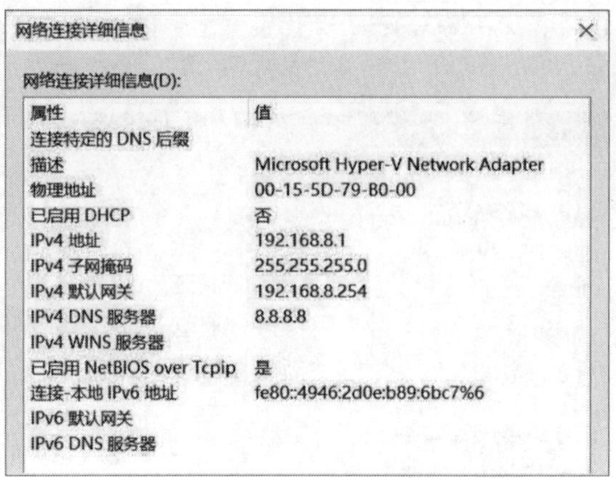

图 3-2-7

① 如果 IP 地址与同一网络内另一台计算机的 IP 地址相同（或冲突），且该计算机先启动了，则系统会另外分配 169.254.0.0/16 格式的 IP 地址给当前计算机使用，且在图 3-2-6 中圈起来处会显示**多个 IPv4 地址**信息（单击该处可查看细节）。

② 也可以单击左下角的**开始**图标⊞➲Windows PowerShell，然后执行 **ipconfig** 或 **ipconfig /all** 来查看 IP 地址设置值（如果 IP 地址发生冲突，则表示另一台计算机已经使用了此 IP 地址，且目前使用的 IP 地址为**自动设置 IPv4 地址**字段的 IP 地址。

3. 使用 Ping 命令来排错

可以使用 Ping 命令来检测网络问题与找出不正确的设置。单击左下方的**开始**图标⊞➲Windows PowerShell，然后执行：

- **环回测试（loopback test）**：也就是执行**ping 127.0.0.1**命令，它可以检测本地计算机的网卡硬件与TCP/IP驱动程序是否可以正常接收、发送TCP/IP数据包。如果正常，会出现类似图3-2-8的回复界面（自动测试4次）。

```
管理员: Windows PowerShell
PS C:\Users\Administrator> ping 127.0.0.1

正在 Ping 127.0.0.1 具有 32 字节的数据:
来自 127.0.0.1 的回复: 字节=32 时间<1ms TTL=128
来自 127.0.0.1 的回复: 字节=32 时间<1ms TTL=128
来自 127.0.0.1 的回复: 字节=32 时间<1ms TTL=128
来自 127.0.0.1 的回复: 字节=32 时间<1ms TTL=128

127.0.0.1 的 Ping 统计信息:
    数据包: 已发送 = 4, 已接收 = 4, 丢失 = 0 (0% 丢失),
往返行程的估计时间(以毫秒为单位):
    最短 = 0ms, 最长 = 0ms, 平均 = 0ms
PS C:\Users\Administrator>
```

图 3-2-8

- 测试与同一个网络内其他计算机是否可以正常通信。例如，若另一台计算机的IP地址为192.168.8.2，此时请输入**ping 192.168.8.2**，如果可以正常通信，则应该会有如图3-2-9所示的回复，不过因为其他计算机的**Windows Defender防火墙**默认已经开启，

它会阻止此数据包，因此可能会出现如图3-2-10所示的**请求超时**的界面。

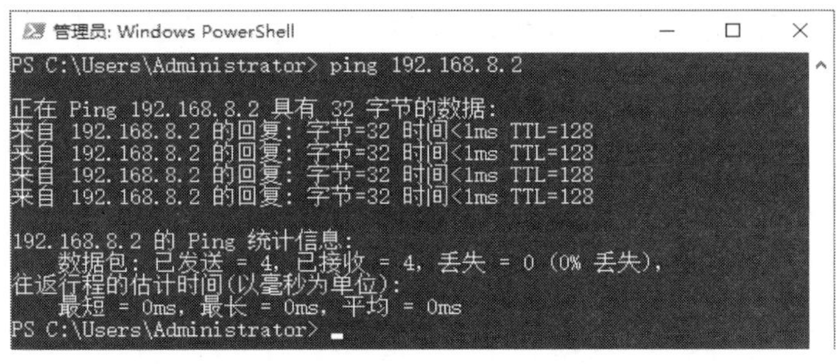

图 3-2-9

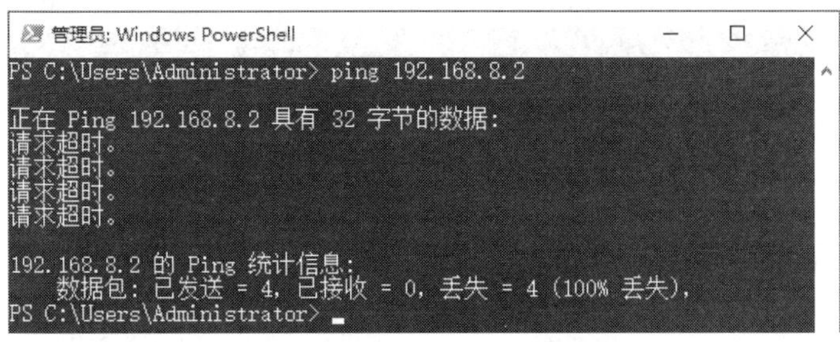

图 3-2-10

- Ping默认网关的IP地址。它可以检测当前计算机是否能够与默认网关正常通信，只有与默认网关正常通信之后才可以通过默认网关来与其他网络的计算机通信。

3.3　安装Windows Admin Center

除了**服务器管理器**之外，现在又添加了一个浏览器界面的管理工具——Windows Admin Center。在启动**服务器管理器**时，会有一个该管理工具的使用提示（见图 3-3-1）。可以通过单击图中的链接来下载与安装该工具。

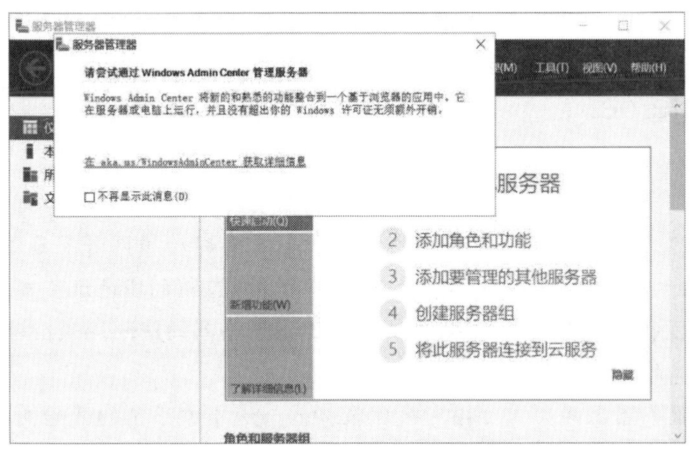

图 3-3-1

通过 Microsoft Edge 下载 Windows Admin Center，下载完成后采用默认值安装即可。安装完成后可以到 Windows 计算机（Windows 11）上打开浏览器（支持 Microsoft Edge 与 Google Chrome），然后输入 **https://服务器的名称或 IP 地址/**，例如 **https://192.168.8.1/**（如果出现此网站不安全的提示信息，可以不加理会，继续单击**高级➲继续访问 192.168.8.1（不安全）**）。接着输入用户账号（例如 Administrator）与密码，单击需要管理的服务器（例如 server1）…，然后便可以如图 3-3-2 所示来管理服务器 server1，例如可以通过界面右上方的**编辑计算机 ID** 来更改计算机名、工作组名等。

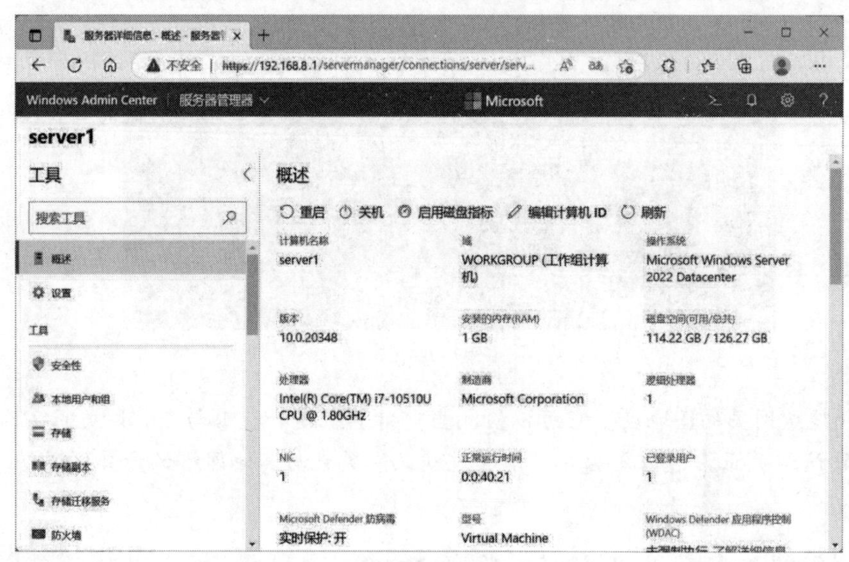

图 3-3-2

3.4 连接Internet与激活Windows系统

Windows Server 2022 安装完成后，需执行激活程序以获得完整的功能。然而，为了执行激活操作，计算机需要先连接到 Internet。

3.4.1 连接 Internet

计算机需要通过以下几种方式来连接 Internet：

- 通过路由器或NAT上网：如果计算机位于企业内部局域网并且通过路由器或NAT来连接Internet，则需将其**默认网关**指定到路由器或NAT的IP地址（参考图3-2-5）。还需要在**首选DNS服务器**处，输入企业内部DNS服务器的IP地址或Internet上任何一台处于工作状态的DNS服务器的IP地址。
- 通过代理服务器上网：需要指定代理服务器，选中左下角的**开始**图标⊞，右击➲运行➲输入control后，单击确定按钮➲网络和Internet➲Internet选项➲单击**连接**选项卡下的

局域网设置按钮➲输入企业内部的代理服务器的主机名或IP地址、端口号（图3-4-1中仅是示例）。如果代理服务器支持Web Proxy Autodiscovery Protocol（WPAD），则还可以勾选**自动检测设置**。

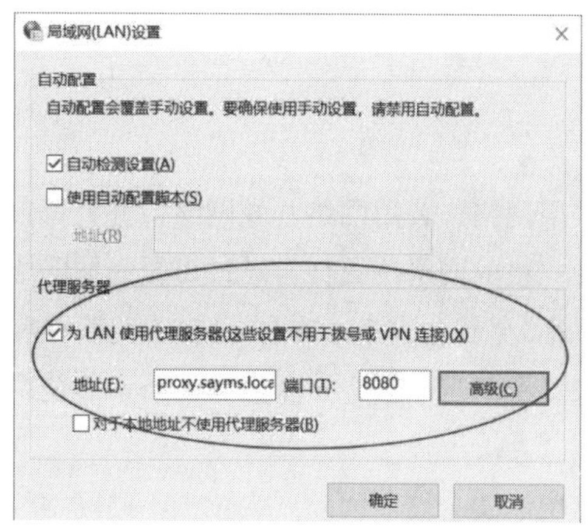

图 3-4-1

- 通过ADSL或VDSL上网：如果想要通过ADSL或VDSL非固定式上网，需要创建一个连接来连接ISP（如中国电信）与上网：选中右下方任务栏的**网络**图标并右击➲打开网络和Internet设置➲网络和共享中心➲单击**设置新的连接或网络**➲单击**连接到**Internet后单击下一步按钮➲单击**宽带（PPPoE）**➲输入用来连接ISP的账号与密码，然后单击连接按钮就可以连接ISP与上网。

3.4.2 激活 Windows Server 2022

Windows Server 2022 安装完成后需执行激活程序，否则有些用户个性化功能无法使用，例如无法更改背景、颜色等。激活 Windows Server 2022 的方法，打开**服务器管理器**➲通过单击**本地服务器**右侧的**产品 ID** 处的状态值（目前是**未激活**，见图 3-4-2）来输入产品密钥与激活。

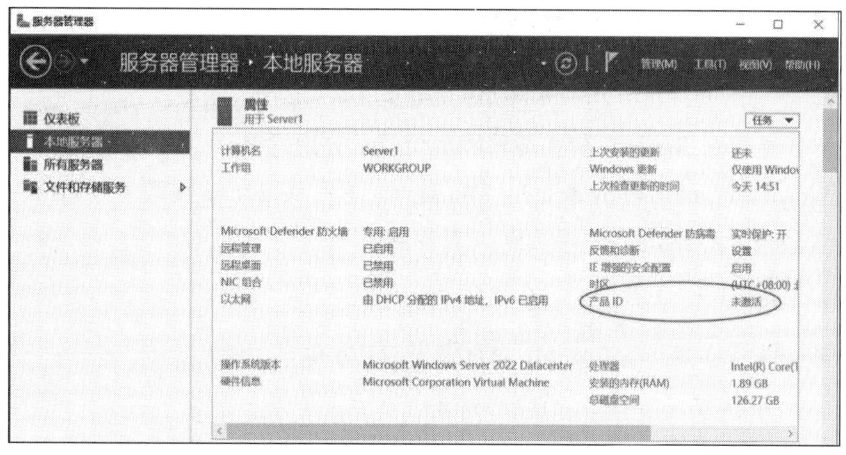

图 3-4-2

3.5 Windows Defender防火墙与网络位置

内置的 **Windows Defender 防火墙**可以保护计算机，避免遭受恶意软件的攻击。

3.5.1 网络位置

系统将网络位置分为**专用网络**、**公用网络**与**域网络**，并且可以自动识别计算机所在的网络位置。例如，加入域的计算机的网络位置会自动被设置为**域网络**。我们可以通过单击左下角的**开始**图标⊞➲**设置**图标⚙➲更新和安全（Windows 11 为**隐私和安全性**）➲Windows 安全中心➲防火墙和网络保护来查看网络位置。如图 3-5-1 所示的**使用中**字样，表示此计算机所在的网络位置为**公用网络**。

为了提高计算机在网络内的安全性，因此要为位于不同网络位置的计算机设置不同的防火墙规则。例如，位于公用网络的计算机，其防火墙的设置较为严格，而位于专用网络的计算机的防火墙则较为宽松。

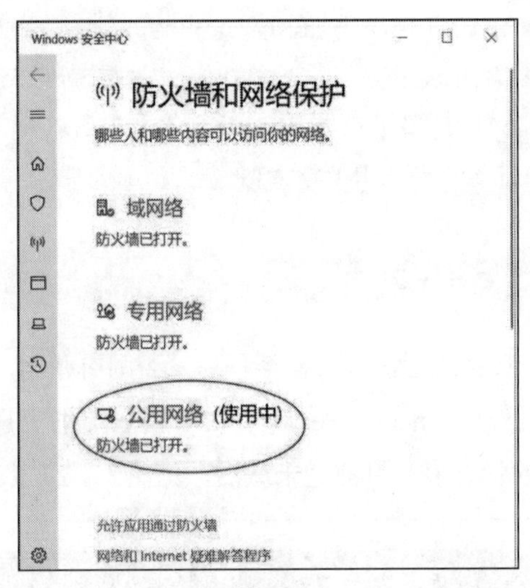

图 3-5-1

如果要自行更改网络位置，例如要将网络位置从**公用网络**修改为**专用网络**，可以单击左下角的**开始**图标⊞➲Windows PowerShell（Windows 11 为 **Windows 终端**），然后先执行以下命令来取得网络名称（见图 3-5-2），例如通常是**网络**：

```
Get-NetConnectionProfile
```

接着再执行以下命令来将此网络的设置变更为 Private：

```
Set-NetConnectionProfile -Name "网络" -NetworkCategory Private
```

系统默认已经针对每一个网络设置来启用 **Windows Defender 防火墙**，它会阻止其他计

算机来与这台计算机的相关通信。若要更改设置，则可以单击图 3-5-1 中的**域网络**、**专用网**或**公用网络**来进行相应的更改。

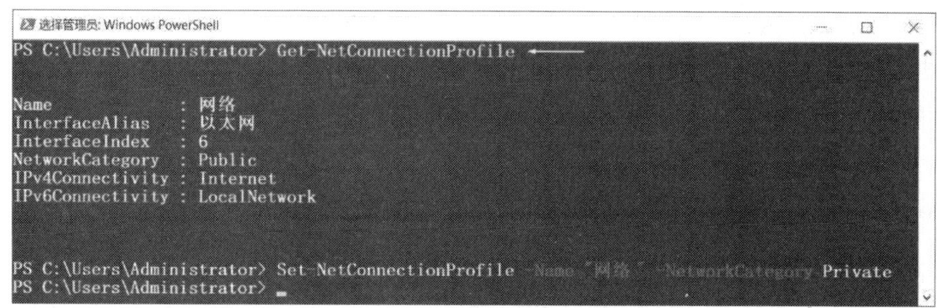

图 3-5-2

3.5.2 解除对某些程序的阻止

Windows Defender 防火墙在默认情况下会阻止传入连接，不过可以通过单击图 3-5-1 下方的**允许应用通过防火墙**来解除对某些程序的阻止，例如如果要允许网络上其他用户来访问当前计算机内的共享文件与打印机，则需要勾选图 3-5-3 中**文件和打印机共享**，并且可以分别设置**专用网络**与**公用网络**（若此计算机已经加入网域，则还会有**域网络**可供选择）。

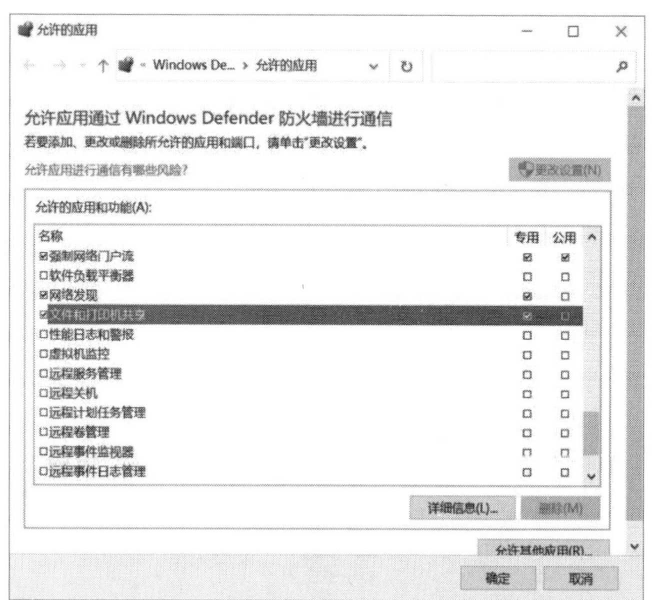

图 3-5-3

3.5.3 Windows Defender 防火墙的高级安全设置

如果要进一步设置防火墙规则，可以通过**高级安全 Windows Defender 防火墙**：单击图 3-5-1 中的**高级设置**，之后可由图 3-5-4 左侧看出它可以同时针对入站与出站连接来分别设置访问规则（图中的**入站规则**与**出站规则**）。

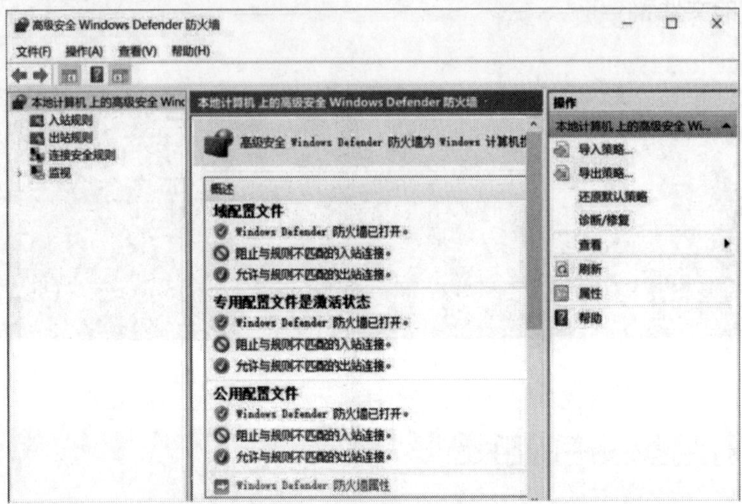

图 3-5-4

不同的网络位置可以有不同的 Windows Defender **防火墙**规则设置，同时也有不同的配置文件，而这些配置文件可通过以下的方法来更改，选中图 3-5-4 左侧的**本地计算机上的高级安全 Windows Defender 防火墙**，右击➲属性，如图 3-5-5 所示，图中针对域、专用与公用网络位置的入站与出站连接分别有不同设置值，这些设置值包含：

- **阻止（默认值）**：阻止防火墙规则没有明确允许连接的所有连接。
- **阻止所有连接**：阻止全部连接，无论是否有防火墙规则明确允许的连接。
- **允许**：允许连接，但有防火墙规则明确阻止的连接除外。

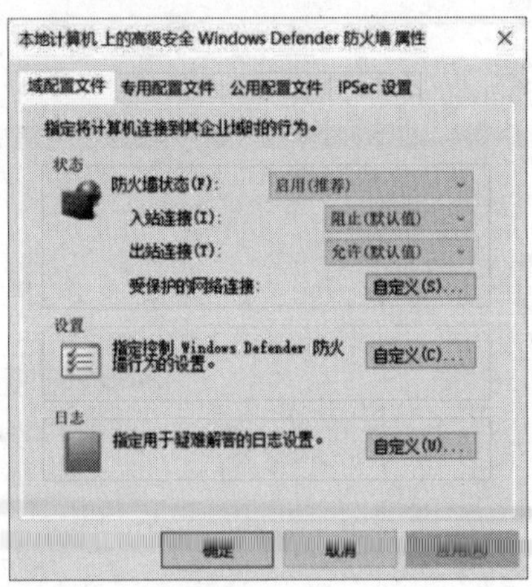

图 3-5-5

可以针对特定程序或流量来开放或阻止。例如，防火墙默认是启用的，因此网络上其他用户无法利用 Ping 命令来与当前的计算机通信。如果要开放，可通过**高级安全 Windows**

Defender 防火墙的**入站规则**来开放 ICMP Echo Request 数据包：单击图 3-5-4 左侧的**入站规则**➲单击中间下方的**文件和打印机共享（回显请求 – ICMPv4-In）**➲勾选**已启用**（见图 3-5-6）。

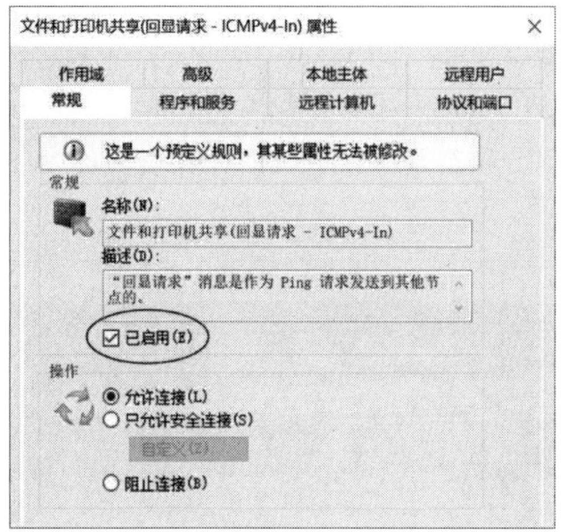

图 3-5-6

如果要开放的服务或应用程序未列在列表中，可在此处通过新建规则来开放。例如，如果此计算机是 Web 服务器，则需要让其他用户来连接此网站，可通过单击图 3-5-7 中**新建规则**来建立一个开放端口号码为 80 的规则。如果安装了系统内置的“Web 服务器（IIS）”，则系统会自动新建规则来开放端口 80。

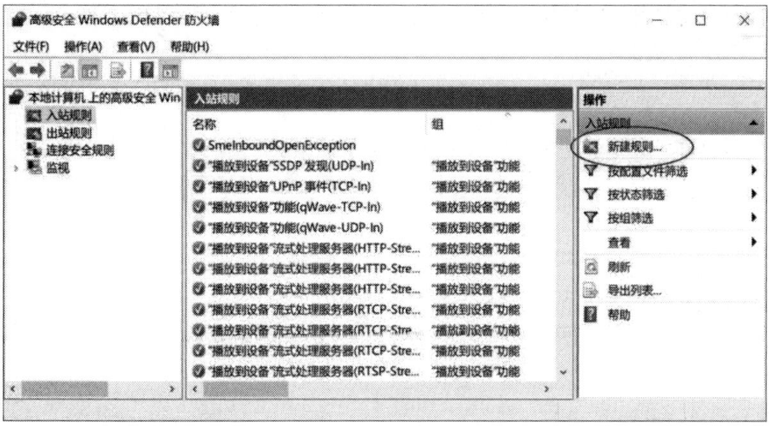

图 3-5-7

3.6　环境变量的管理

环境变量（environment variable）会影响计算机如何执行程序、查找文件、分配内存空间等工作方式。

3.6.1 查看现有的环境变量

可以通过单击左下角的**开始**图标⊞➲Windows PowerShell➲执行 **dir env:**或 **Get-Childitem env:** 命令，来查看现有的环境变量，如图 3-6-1 所示。图中每一行都有一个环境变量，左边 Name 为环境变量名称，右边 Value 为环境变量值。例如，通过环境变量 COMPUTERNAME 和 USERNAME，我们可以分别得知此计算机的计算机名称为 SERVER1、登录的用户为 Administrator。

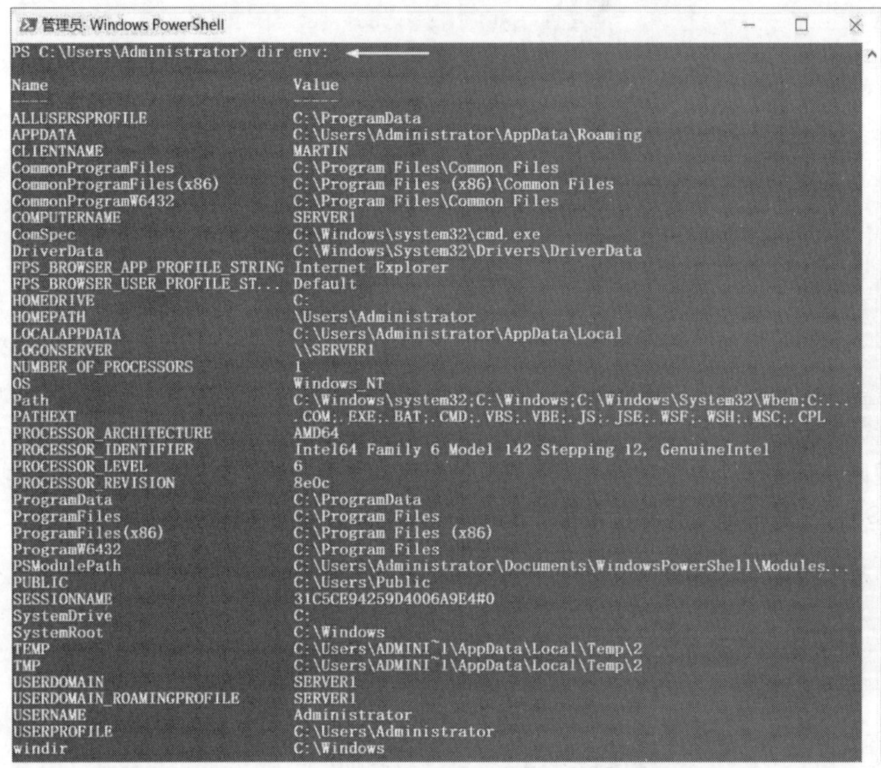

图 3-6-1

也可以按⊞+R键➲执行 cmd 来打开**命令提示符**窗口，然后通过 **SET** 命令来查看环境变量。

3.6.2 更改环境变量

环境变量分为以下两类：

- **系统变量**：它会被应用到每一个在此计算机登录的用户，也就是所有用户的工作环境内都会有这些变量。只有具备系统管理员权限的用户，才有权利更改系统变量。建议不要随便修改此处的变量，以免影响系统的正常工作环境。
- **用户变量**：每一个用户可以拥有自己专属的用户变量，这些变量只会被应用到该用

户，不会影响到其他用户。

如果要更改环境变量，选中左下角的**开始**图标⊞，再右击➲系统➲单击右侧的**高级系统设置**➲单击环境变量按钮，然后通过图 3-6-2 所示的窗口来修改，图中上、下半部分别为用户变量区域（此处是 Administrator）与系统变量区域。

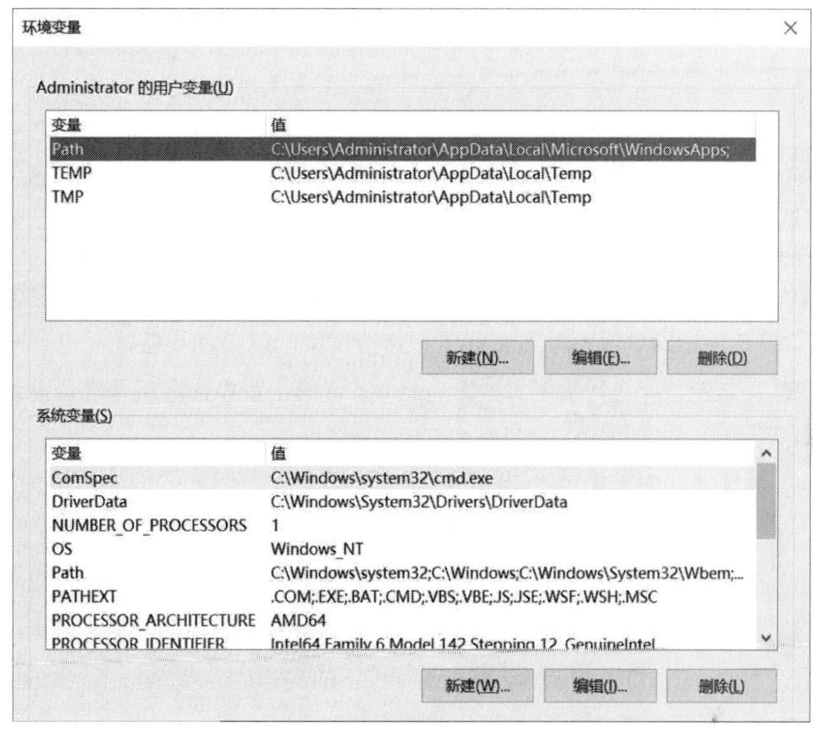

图 3-6-2

计算机在应用环境变量时，会先应用系统变量，再应用用户变量。如果这两个区域内都有相同变量，则以用户变量优先。例如，系统变量区域内有一个变量 TEST=SYS，用户变量列表内也有一个变量 TEST=USER，则最后的结果是 TEST=USER。

变量 PATH 是一个例外：用户变量区域中的 PATH 变量会被附加在系统变量区域中的 PATH 变量之后。例如，系统变量区域内的 PATH= C:\WINDOWS\system32，用户变量区域内的 PATH= C:\Tools，则最后的结果为 PATH=C:\WINDOWS\system32；C:\Tools（系统在查找可执行文件时，是根据 PATH 的文件夹路径，按路径的先后顺序来查找文件）。

3.6.3　环境变量的使用

在 Windows PowerShell 中使用环境变量，可在环境变量前加上**$env:**，例如图 3-6-3 中的 **$env:username** 代表当前登录的用户账户名（Administrator）。

图 3-6-3

3.7 其他的环境设置

3.7.1 硬件设备的管理

系统支持 Plug and Play（PnP，即插即用）功能，它会自动检测新安装的设备（例如网卡）并安装其所需的驱动程序。如果新硬件设备无法被自动检测到，则可以尝试单击左下角的**开始**图标⊞➲**设置**图标⚙➲设备➲添加蓝牙和其他设备，以添加设备。

也可以通过单击左下角的**开始**图标⊞➲Windows 管理工具➲计算机管理➲**设备管理器**来管理设备。

还可以在**设备管理器**界面中选中服务器名称，右击➲扫描检测硬件改动来扫描是否有新安装的设备；也可以选中某设备再右击来将该设备禁用或卸载。

在更新某设备的驱动程序后，如果发现此新驱动程序无法正常工作时，可以将之前正常的驱动程序再安装回来，此功能称为**回退驱动程序**（driver rollback）。其操作步骤为：在**设备管理器**界面中选中该设备后右击➲属性➲**驱动程序**选项卡下的回退驱动程序按钮，如图 3-7-1 所示。

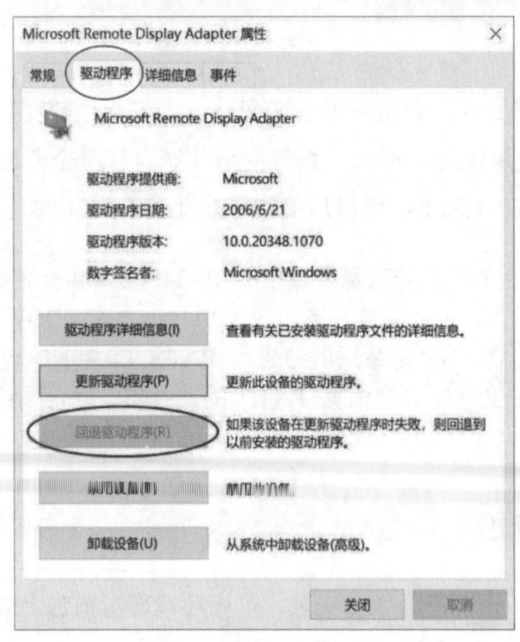

图 3-7-1

驱动程序经过签名后，可以确保要安装的驱动程序是安全的。当安装驱动程序时，如果该驱动程序未经过签名、数字签名无法被验证是否有效或驱动程序内容被篡改过，系统会显示警告信息。建议不要安装未经过签名或数字签名无法被验证是否有效的驱动程序，除非确认该驱动程序确实来自发行厂商。

3.7.2　虚拟内存

当计算机的物理内存（RAM）不足时，系统会通过将部分硬盘（磁盘）空间虚拟成内存的方式来提供更多内存给应用程序或服务。系统会建立一个名为 pagefile.sys 的文件作为虚拟内存的存储空间，此文件也被称为**页面文件**。

因为虚拟内存是通过硬盘来提供的，如果硬盘是普通传统硬盘，因其访问速度比内存慢很多，因此若经常发生内存不足的情况，建议给系统安装更多的内存，以免计算机运行效率被硬盘拖慢。

虚拟内存的设置过程，选中左下角的**开始**图标⊞，再右击➲系统➲高级系统设置➲单击**性能**处的设置按钮➲**高级**选项卡➲单击更改按钮，如图 3-7-2 所示。

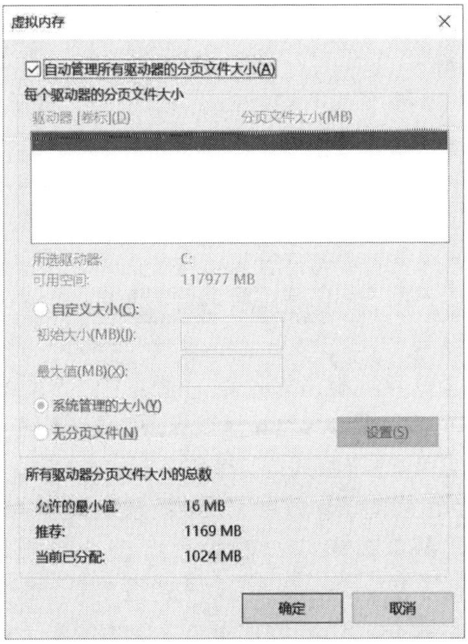

图 3-7-2

系统默认会自动管理所有磁盘的页面文件，并将文件保存在 Windows 系统安装磁盘的根文件夹中，例如 C：\盘中。页面文件大小有初始大小与最大值，初始大小容量用完后，系统会自动扩大，但不会超过最大值。我们也可以自行设置页面文件大小，或将页面文件同时建立在多个物理磁盘内以提高页面文件的工作效率。

页面文件 pagefile.sys 是受保护的系统文件。想要查看它，操作步骤为：单击**文件资源管理器**图标➲单击上方**查看**菜单➲单击右侧**选项**图标➲**查看**选项卡➲点选**显示隐藏的文件、文件夹和磁盘驱动器**，取消勾选**隐藏受保护的操作系统文件**。之后在 C：\盘下才看得到它（见图 3-7-3）。

图 3-7-3

① 如果计算机拥有多个显示端口，则可以连接多个显示器来扩大工作桌面，具体的设置方法为：选中桌面空白处后右击➲显示设置。

② 可以通过**任务管理器**来查看或管理计算机内的应用程序、性能、用户与服务等，而打开**任务管理器**的方法为：按 Ctrl+Alt+Delete 组合键➲任务管理器，或右击下方的任务栏➲任务管理器。

③ 为确保计算机的安全性并拥有良好效能，请定期更新系统，定期更新系统的方法为：单击左下角的**开始**图标➲单击**设置**图标➲更新和安全➲Windows 更新。

④ 传统磁盘（HDD）使用一段时间后，存储在磁盘内的文件可能会零零散散的分布在磁盘内，从而影响到磁盘的访问效率，因此建议定期整理磁盘，定期整理方法为：打开**文件资源管理器**➲选中任一磁盘后右击➲属性➲单击**工具**选项卡下的优化按钮，然后选择要整理的磁盘，可以先通过单击分析按钮来了解该磁盘分散的程度，然后通过单击优化按钮来整理磁盘。固态磁盘（SSD）不需要执行整理操作，但也可以执行检查工作，其途径与上述步骤相同。

第 4 章　本地用户与组账户

每个用户在使用计算机前都必须先执行登录操作，而登录时需要输入正确的用户账户名与密码。另外，如果能够有效地利用组来管理用户权限，那可以减轻许多网络管理的负担。

- 内置的本地账户
- 本地用户账户的管理
- 密码的更改、备份与还原
- 本地组账户的管理

4.1 内置的本地账户

第 1 章中，我们介绍了每台 Windows 计算机都有一个**本地安全账户数据库**（SAM），用户在使用计算机前都必须登录该计算机，提供有效的用户账户名与密码，这个用户账户是建立在**本地安全账户数据库**内的，被称为**本地用户账户**，而建立在此数据库内的组则被称为**本地组账户**。

4.1.1 内置的本地用户账户

以下是两个常用的系统内置用户账户：

- **Administrator**（**系统管理员**）：它拥有最高的管理权限，可以用于执行整台计算机的管理工作，例如创建用户与组账户等。此账户无法被删除，但为了安全起见，建议将其改名。
- **Guest**（**访客**）：它是供没有账户的用户临时使用的账户，具有很少的权限。此账户无法被删除，但可以将其改名。此账户默认处于禁用状态。

4.1.2 内置的本地组账户

系统内置的本地组已经被赋予了一些权限，目的是让它们具备管理本地计算机或访问本地资源的能力。在此基础上，如果一个用户账户加入本地组内，那么该账户就会具备该本地组所拥有的权限。以下列出一些常用的本地组：

- **Administrators**：该组内的用户具备系统管理员的权限，这些用户拥有对这台计算机最高级别的控制权，可以执行对整台计算机的管理工作。内置的系统管理员Administrator就隶属于该组，且无法将它从该组内删除。
- **Backup Operators**：该组内的用户可以使用Windows Server Backup工具来备份与还原计算机内的文件，即使该用户没有权限访问这些文件。
- **Guests**：该组内的用户无法永久改变其桌面的工作环境，当他们登录时，系统会为他们建立一个临时的工作环境（临时的用户配置文件），而注销时，此临时的环境将被删除。该组的默认成员是Guest用户账户。
- **Network Configuration Operators**：该组内的用户可以执行常规的网络配置工作，例如更改IP地址，但不能安装、删除驱动程序与服务，也不能执行与网络服务器（例如DNS、DHCP服务器）配置有关的工作。
- Remote Desktop Users：该组内的用户可以使用远程桌面远程登录本地计算机。
- **Users**：该组内的用户只拥有一些基本权限，例如执行应用程序、使用本地打印机等，但不能共享文件夹给其他的网络用户，也不能关机等。所有新建的本地用户账

户都会自动加入此组中。

4.1.3 特殊的组账户

特殊组账户中的成员是无法改变的。以下列出几个常见的特殊组：

- **Everyone**：所有用户都属于该组。如果启用了Guest账户，当没有本地账户的用户通过网络登录本地计算机时，该组会自动允许使用Guest账户连接。
- **Authenticated Users**：凡是使用有效用户账户登录到该计算机的用户，都属于该组。
- **Interactive**：凡是在本地登录（通过按Ctrl+Alt+Delete组合键登录）的用户，都属于该组。
- **Network**：凡是通过网络登录到该计算机的用户，都属于该组。

4.2 本地用户账户的管理

系统默认只有 Administrators 组内的用户才有权限管理用户账户与组账户，因此可以使用属于该组的 Administrator 账户登录以执行下面的操作。

4.2.1 建立本地用户账户

我们可以使用**本地用户和组**来创建本地用户账户，具体步骤是：单击左下角的**开始**图标⊞➲Windows 管理工具➲计算机管理（本地）➲系统工具➲本地用户和组➲在图 4-2-1 背景图中选中**用户**后右击➲新用户➲在前景图中输入相关数据➲单击创建按钮。

图 4-2-1

- ***用户名***：是用户登录时需要输入的账户名称。

- **全名、描述**：用户的完整名称、用来描述此用户的说明性文字。
- **密码、确认密码**：设置用户账户的密码。所输入的密码会以黑点来显示，以避免被人看到，必须再一次输入密码来确认所输入的密码是正确的。

① 密码中英文字母大小写是被视为不同的字符，例如 abc12#与 ABC12#是不同的密码。此外，如果密码为空，则系统默认该用户账户只能从本地登录，无法从网络登录（无法从其他计算机使用该账户来连接）。

② 用户密码默认必须至少为 6 个字符，且不能包含用户账户名称或全名。此外，密码必须包含以下 4 组字符中的 3 组：A～Z、a～z、0～9、特殊字符（例如!、$、#、%）。例如，12abAB 是有效的密码，而 123456 是无效的密码。

- **用户下次登录时须更改密码**：表示用户在下次登录时，系统会强制用户修改密码。这个操作可以确保用户废弃旧的密码，采用新的密码。

如果用户是通过网络登录的，那么不需要勾选此复选框，否则用户将无法登录，因为用户通过网络登录时无法更改密码。

- **用户不能更改密码**：它可防止用户更改密码。如果未勾选此复选框，用户可按Ctrl+Alt+Delete组合键➲更改密码，来修改自己的账户密码。
- **密码永不过期**：除非勾选此复选框，否则系统默认42天后会强制要求用户更改密码（可通过**账户策略**来更改此默认值，见第9章）。
- **账户已禁用**：该选项可防止用户利用此账户登录，例如预先为新入职员工创建的账户，但该员工尚未报到，或某位请长假的员工的账户，都可以利用此选项暂时将该账户禁用。被禁用的账户前面会有一个向下的箭头↓符号。

用户账户创建好之后，请注销，然后在图 4-2-2 中单击此新账户，以便练习使用此账户来登录。完成练习后，再注销、改用 Administrator 登录。

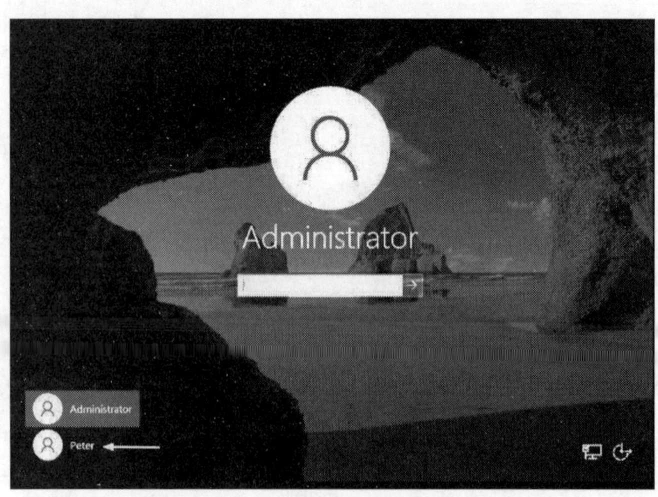

图 4-2-2

4.2.2 修改本地用户账户

如图 4-2-3 所示选中用户账户后右击，然后通过界面中的选项来更改用户账户的密码、删除用户账户、重命名用户账户等。

图 4-2-3

系统会为每一个用户账户创建一个唯一的安全标识符（security identifier，SID），并使用 SID 来标识该用户的。例如，在文件权限列表中，记录该用户所具有的权限是通过 SID 而不是用户账户名称来记录的。尽管如此，在**文件资源管理器**中查看这些列表时，为了方便我们查找，系统仍然显示用户账户名称。

当删除一个账户后，即使再次新建一个名称相同的账户，系统会为这个新账户分配一个全新的 SID，它与原账户的 SID 不同，因此这个新账户不会拥有原账户的权限。

如果是重命名账户，由于 SID 不会改变，因此用户原来所拥有的权限不会受到影响。例如，当某员工离职时，可以暂时禁用其用户账户，等到新员工来接替他的工作时，再将此账户改为新员工的名称、重新设置密码与相关的个人信息，然后重新启用此账户。

4.2.3 其他的用户账户管理工具

其他的用户账户可通过单击左下角的**开始**图标⊞➲控制面板➲用户账户➲用户账户➲管理其他账户（见图 4-2-4）的方法来管理用户账户，它与前面所使用的**本地用户和组**各有特色。

还可以使用如图 4-2-5 所示的 Windows Admin Center（参考 3.3 节的说明）来执行用户账户与组账户的管理工作。

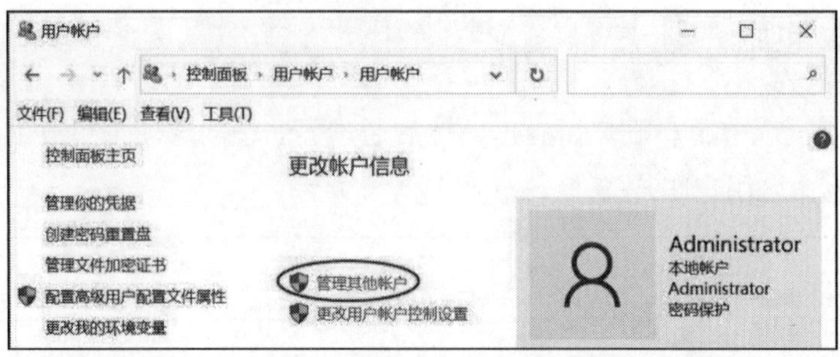

图 4-2-4

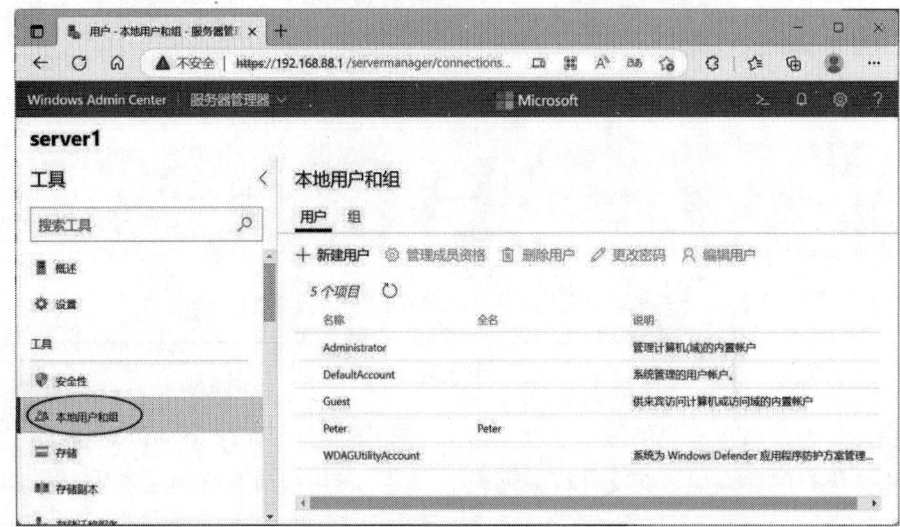

图 4-2-5

4.3 密码的更改、备份与还原

本地用户如果要更改密码，可以在登录完成后按 Ctrl+Alt+Delete 组合键，然后在如图 4-3-1 所示的窗口中单击**更改密码**。

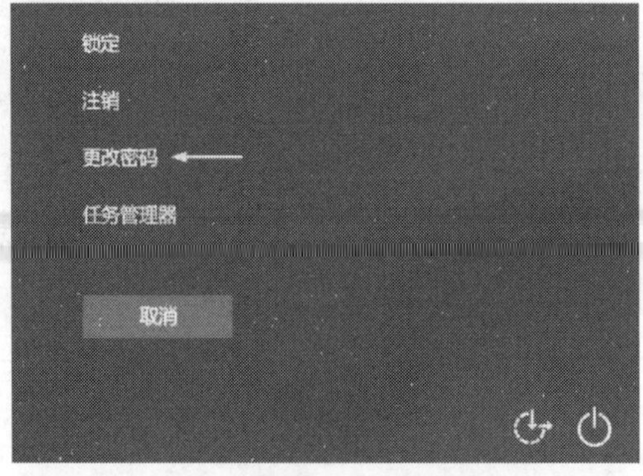

图 4-3-1

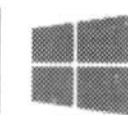

如果用户在登录时忘记密码而无法登录时该怎么办呢？他应该事先就制作**密码重置盘**，此重置盘在忘记密码时就可以派上用场。

4.3.1 创建密码重置盘

可以使用移动磁盘（以下以 U 盘为例）来制作密码重置盘。

STEP 1 在计算机上插入已经格式化的 U 盘。如果尚未格式化，请先打开**文件资源管理器**➲选中 U 盘后右击➲格式化。

STEP 2 以需要创建密码重置盘的用户登录，登录完成后，可单击左下角的**开始**图标⊞➲控制面板➲用户账户➲用户账户➲单击左侧**创建密码重置盘**（见图 4-3-2）。

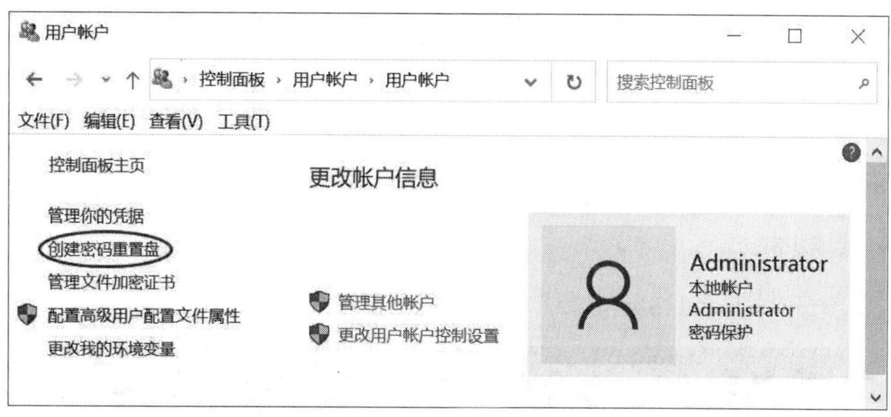

图 4-3-2

STEP 3 出现**欢迎使用忘记密码向导**的界面时，请直接单击下一步按钮（无论更改过多少次密码，都只需制作一次**密码重置盘**，然后保管好**密码重置盘**，因为任何人得到它，都可以重设系统的密码，进而访问相关的私密数据。

STEP 4 在图 4-3-3 中选择可移动磁盘（U 盘）。

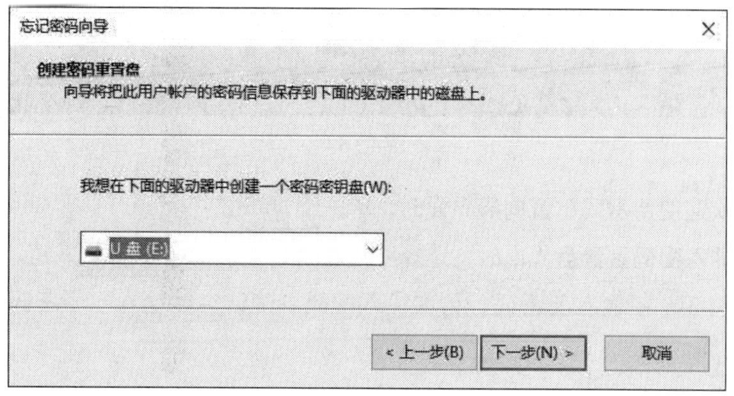

图 4-3-3

STEP 5　在图 4-3-4 中输入当前用户账户密码，单击下一步按钮，完成后续的步骤。

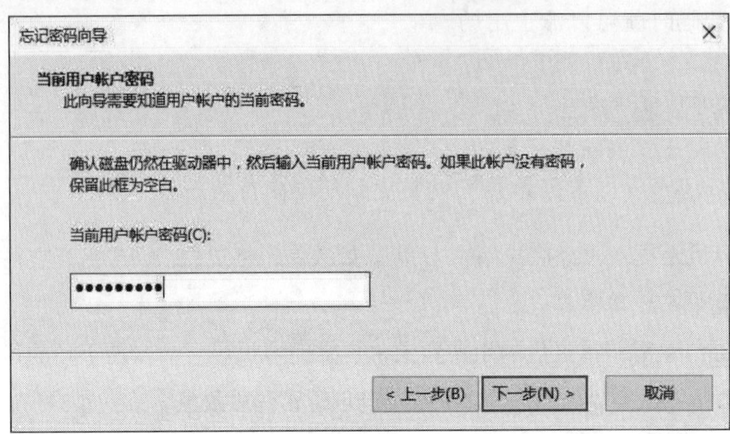

图 4-3-4

4.3.2　重置密码

如果用户在登录时忘记密码，此时就可以使用 4.3.1 节所制作的**密码重置盘**来重新设置一个新密码，具体步骤如下：

STEP 1　在登录、输入错误的密码后，单击图 4-3-5 中的**重置密码**。

图 4-3-5

STEP 2　出现**欢迎使用密码重置向导**界面时，单击下一步按钮。

STEP 3　出现**插入密码重置盘**界面时，选择所插入的 U 盘后单击下一步按钮。

STEP 4　在图 4-3-6 中输入新密码，再次输入密码以确认，并输入一个密码提示，随后单击下一步按钮。

图 4-3-6

STEP 5　继续完成之后的步骤，然后使用新密码登录。

4.3.3 未制作密码重置盘怎么办

如果用户忘记了密码，也未事先制作**密码重置盘**，此时需要请系统管理员来为用户设置新密码（无法查出旧密码），具体步骤是：单击左下角的**开始**图标⊞➲Windows 管理工具➲计算机管理➲系统工具➲本地用户和组➲用户➲选中用户账户后右击➲设置密码，之后会出现如图 4-3-7 所示的警告信息，提醒应该在用户未制作**密码重置盘**的情况下才使用这种方法，因为密码更改后，该用户将无法再访问某些受保护的数据，例如被该用户加密的文件、使用该用户的公钥加密过的电子邮件等。

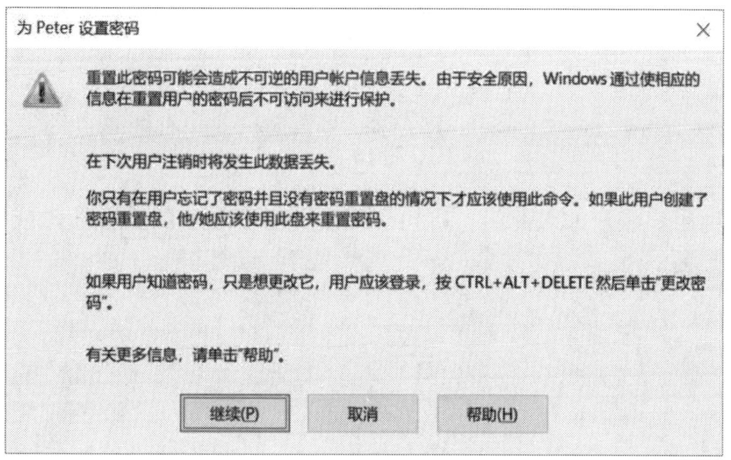

图 4-3-7

如果系统管理员 Administrator 自己忘记密码，也未制作**密码重置盘**，该怎么办？此时可使用另外一个具备系统管理员权限的用户账户（属于 Administrators 组）来登录与更改 Administrator 的密码，但是请记住事先创建这个具备系统管理员权限的用户账户，以备不时之需。

4.4 本地组账户的管理

如果能有效使用组来管理用户的权限，则能够减轻许多管理负担。例如当针对**业务部**设置权限后，**业务部**内的所有用户都会自动继承此权限，不需要针对每个用户进行单独设置。创建本地组账户的方法是：单击左下角的**开始**图标⊞➲Windows 管理工具➲计算机管理➲选中**组**后右击➲新建组➲设置该组的名称（例如**业务部**）➲单击添加按钮将用户加入此组中➲单击创建按钮（见图 4-4-1）。

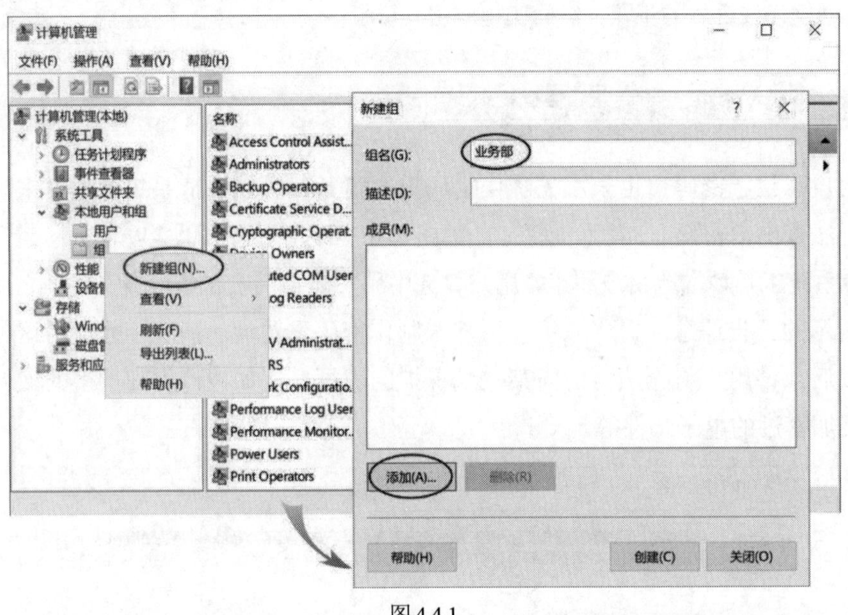

图 4-4-1

如果要将其他用户账户加入此组，则可以双击此组➲单击添加按钮，或是双击用户账户➲隶属于➲单击添加按钮。

第 5 章　搭建虚拟环境

在学习本书的过程中，最好拥有一个包含多台计算机的网络环境来练习与验证书中所介绍的内容。然而，一般读者要同时准备多台计算机可能有困难，不过现在可以使用虚拟化软件（例如 Windows 11、Windows 10 或 Windows Server 2022 等内置的 Hyper-V），搭建这样的测试环境。此外，本章还将介绍如何在微软的云服务平台 Microsoft Azure 上创建虚拟机。

- Hyper-V的硬件需求
- 安装Hyper-V
- 创建虚拟交换机与虚拟机
- 创建更多的虚拟机
- 通过Hyper-V主机连接Internet
- 在Microsoft Azure云服务平台创建虚拟机

5.1 Hyper-V的硬件需求

如果要使用 Hyper-V 的虚拟技术来搭建测试环境，请准备一台具有足够快的 CPU（中央处理器）、内存和硬盘容量足够大的物理计算机。在该计算机上，使用 Hyper-V 来搭建多个虚拟机与虚拟交换机（以前被称为“虚拟网络”），然后在虚拟机中安装所需的操作系统，例如 Windows Server 2022、Windows 11 等。

除了服务器级别的操作系统（例如 Windows Server 2022 等）支持 Hyper-V 之外，客户端的 Windows 11、Windows 10、Windows 8.1 也支持 Hyper-V（但 Windows 的基础版本不支持 Hyper-V，例如家庭版）。这台物理计算机除了 CPU 需要 64 位之外，Hyper-V 还有以下主要需求：

- 支持**二级地址转换**（Second Level Address Translation，SLAT）。
- 支持**虚拟机监视器模式扩展**（VM Monitor Mode extensions）。
- 在BIOS（Basic Input/Output System）内打开**硬件虚拟化技术支持**，也就是开启Intel VT（Intel Virtualization Technology）或AMD-V（AMD Virtualization）。
- 在BIOS内需要打开**数据执行保护**（data execution prevention，DEP），也就是Intel XD bit（execute disable bit）或AMD NX bit（no execute bit）。

可以在打开 Windows PowerShell 后，使用 **systeminfo** 命令来查看当前计算机是否符合 Hyper-V 的要求。执行后，在输出的最后即可查看，如图 5-1-1 所示。

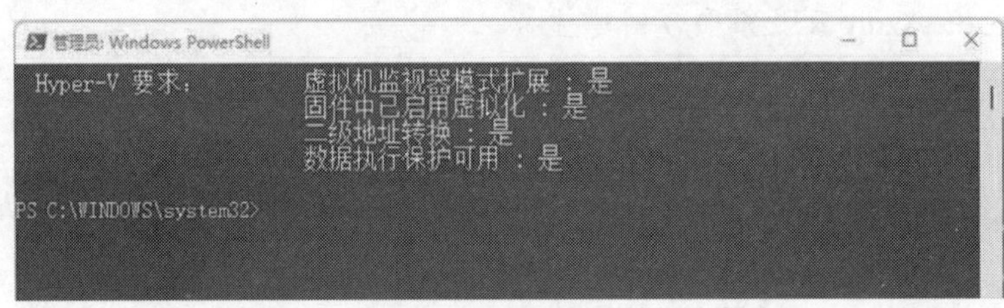

图 5-1-1

5.2 安装Hyper-V

本书以 Windows 10 为例来说明如何安装 Hyper-V。选中左下角的**开始**图标⊞，再右击➲应用和功能➲单击**相关设置**下方的**命令和功能**➲单击**启用或关闭 Windows 功能**➲勾选 Hyper-V 后单击**确定**按钮，如图 5-2-1 所示。

这台安装 Hyper-V 的物理计算机被称为**主机**（host），它的操作系统被称为**主机操作系统**，而虚拟机内所安装的操作系统被称为**客户机操作系统**。

图 5-2-1

5.2.1 安装 Hyper-V 角色

在 Windows Server 2022 内安装 Hyper-V，则需要单击左下角的**开始**图标⊞➲服务器管理器➲单击**仪表板**处的**添加角色和功能**➲持续单击下一步按钮，直到出现如图 5-2-2 所示的**选择服务器角色**界面时再勾选 **Hyper-V**➲单击添加功能按钮➲持续单击下一步按钮……。也可以使用 Windows Admin Center 来安装 Hyper-V，如图 5-2-3 所示。

图 5-2-2

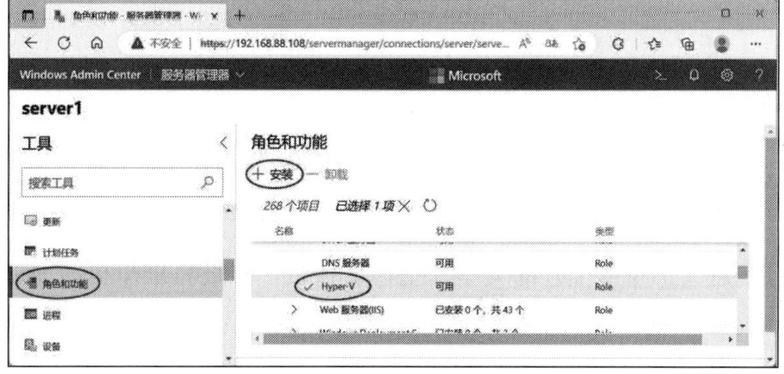

图 5-2-3

5.2.2 Hyper-V 的虚拟交换机

Hyper-V 支持创建以下三种类型的虚拟交换机（参见图 5-2-4 中的示例）：

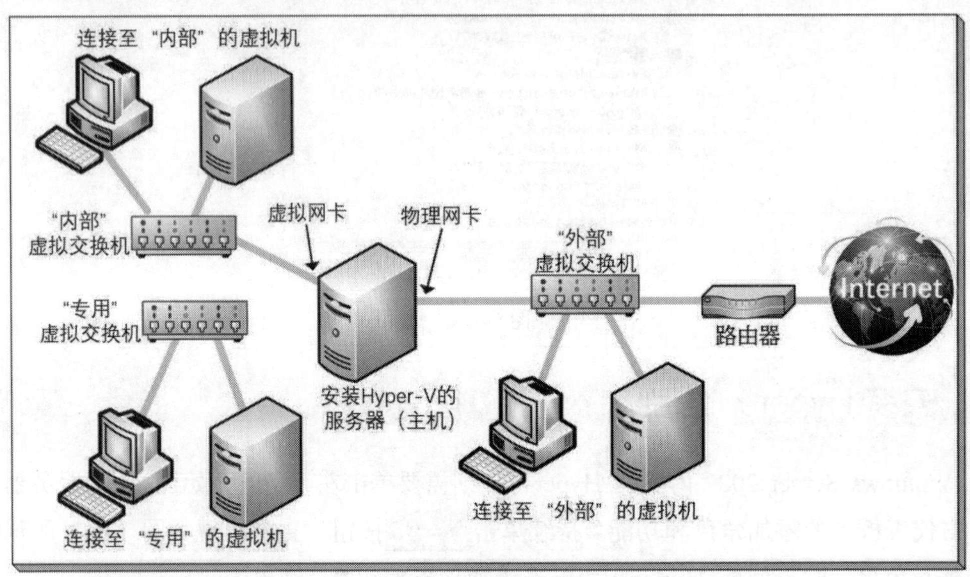

图 5-2-4

- **“外部”虚拟交换机**：它所连接的网络就是主机物理网卡所连接的网络。如果将虚拟机的虚拟网卡连接到此虚拟交换机，则它们可以与连接在这个交换机上的其他计算机通信（包含主机），并且还可以访问Internet。如果主机有多块物理网卡，则可以针对每一块网卡各创建一个外部虚拟交换机。
- **“内部”虚拟交换机**：连接在这个虚拟交换机上的计算机之间可以相互通信（包含主机），但是无法与其他网络内的计算机通信。同时，它们也无法连接Internet，除非在主机启用NAT或路由器功能。可以创建多个内部虚拟交换机。
- **“专用”虚拟交换机**：连接在这个虚拟交换机上的计算机之间可以相互通信，但是并不能与主机通信，也无法与其他网络内的计算机通信（图5-2-4中的主机并没有网卡连接在此虚拟交换机上）。可以创建多个专用虚拟交换机。

5.3 创建虚拟交换机与虚拟机

5.3.1 创建虚拟交换机

我们将练习创建一个隶属于**外部**类型的虚拟交换机，然后将虚拟机的虚拟网卡连接到该虚拟交换机。

STEP 1 单击左下角的**开始**图标⊞➲Windows 管理工具➲Hyper-V 管理器。

STEP 2　单击主机名右侧的**虚拟交换机管理器...**，如图 5-3-1 所示。

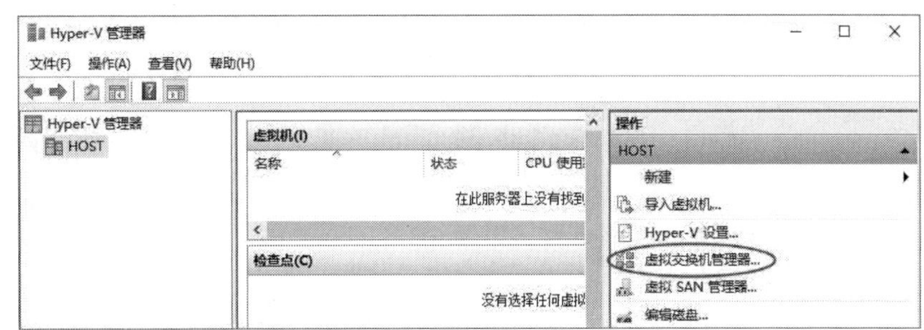

图 5-3-1

STEP 3　选择**外部**后单击创建虚拟交换机按钮，如图 5-3-2 所示。

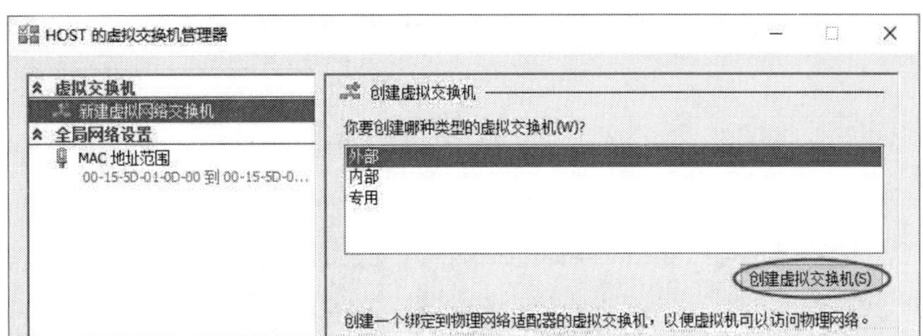

图 5-3-2

STEP 4　在如图 5-3-3 所示的窗口中，为该虚拟交换机命名（例如图中的**对外链接的虚拟交换机**）、在**外部网络**处选择一块物理网卡，以便将该虚拟交换机连接到此网卡所在的网络。完成选择后单击确定按钮，出现提示界面提醒网络会暂时断开连接时单击是（Y）按钮。

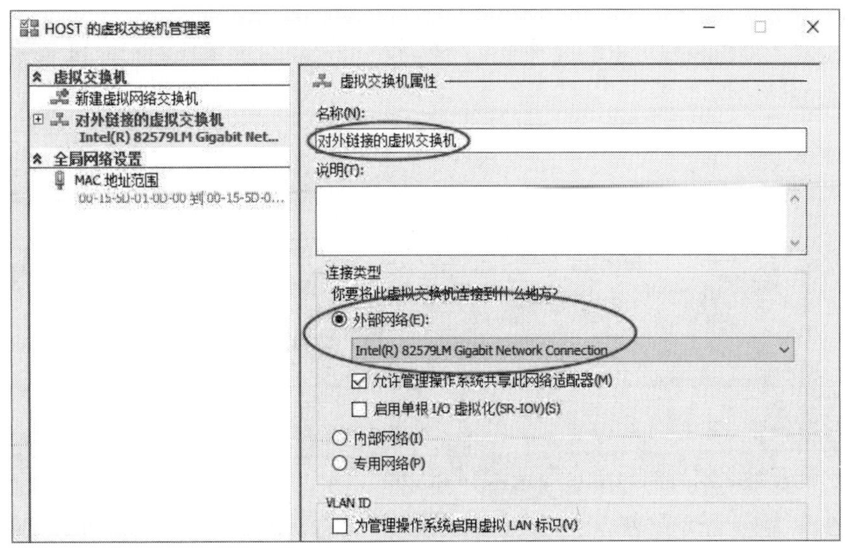

图 5-3-3

STEP 5　Hyper-V 会在主机内创建一个连接到该虚拟交换机的网络连接，可以通过后续操作来查看：选中左下角的**开始**图标⊞，再右击➲网络连接➲单击**以太网**➲更改适配器选项。如图 5-3-4 中的连接“**vEthernet (对外链接的虚拟交换机)**”。如果要使用这台主机与其他计算机通信，请设置此 vEthernet 连接的 TCP/IP 配置值，而不是设置物理网卡的连接（图中的**以太网**），因为此时，物理网卡连接已经被设置为**虚拟交换机**（可以通过双击**以太网**➲属性来查看，如图 5-3-5 所示）。

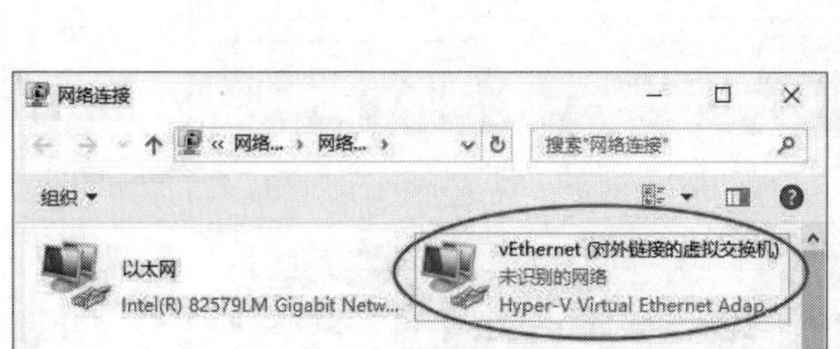

图 5-3-4

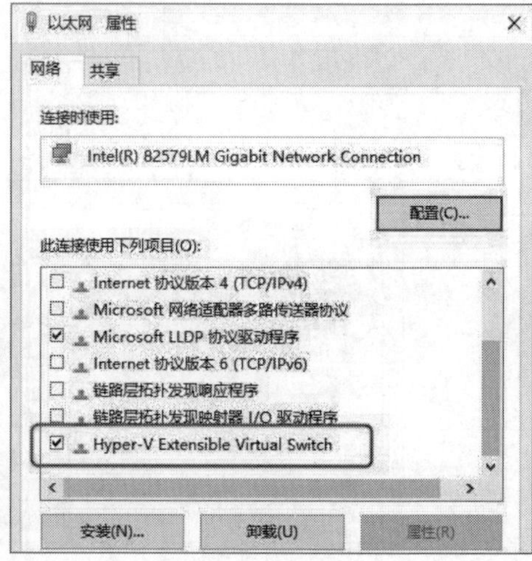

图 5-3-5

5.3.2 创建 Windows Server 2022 虚拟机

接下来，我们将创建一个包含 Windows Server 2022 Datacenter 的虚拟机。请先准备好 Windows Server 2022 Datacenter 的 ISO 文件。

STEP 1　选中主机名后右击➲新建➲虚拟机，也可以单击右侧**操作**窗口的**新建**➲虚拟机，如图 5-3-6 所示。

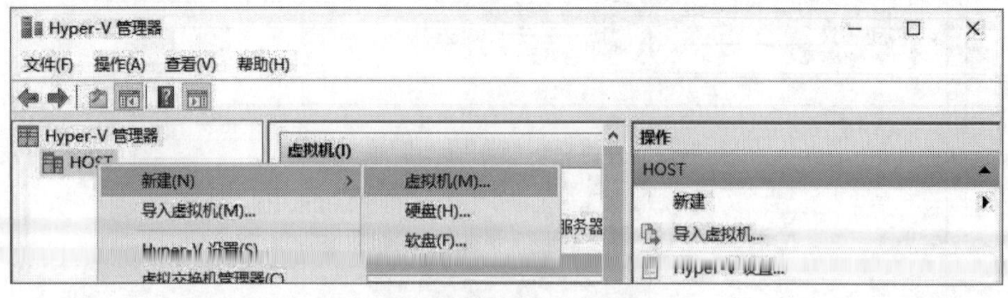

图 5-3-6

STEP 2　出现**开始之前**界面时单击下一步按钮。

STEP 3　在图 5-3-7 所示的窗口中为该虚拟机设置一个好记的名称（例如 WinS2022Base），随

后单击下一步按钮（该虚拟机的配置文件默认会被存储到 C:\ProgramData\Microsoft\Windows\Hyper-v 文件夹，可通过下方的选项来更改文件夹）。

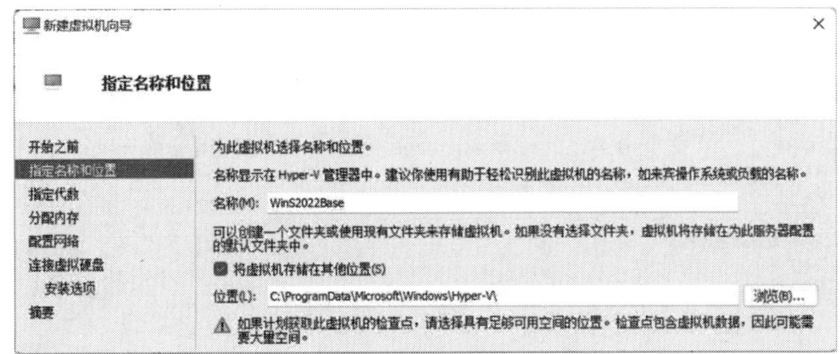

图 5-3-7

STEP 4　在图 5-3-8 所示的窗口中，我们可以选择与旧版 Hyper-V 兼容的第一代，或拥有新功能的第二代，然后单击下一步按钮（以下选择第二代）。

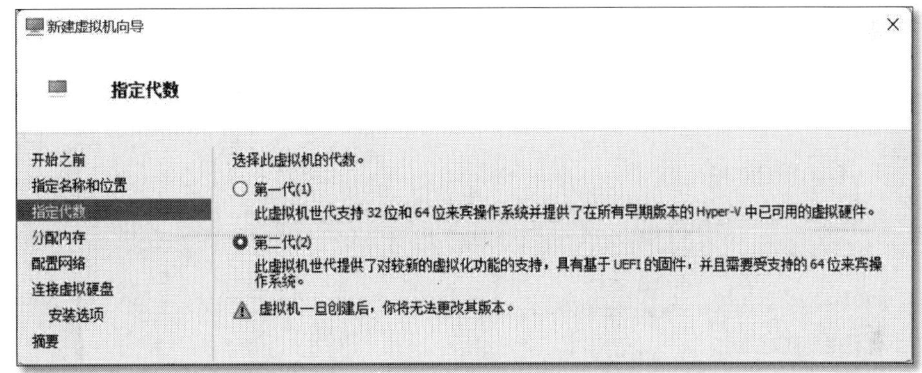

图 5-3-8

STEP 5　在图 5-3-9 所示的窗口中，指定要分配给该虚拟机的内存容量，然后单击下一步按钮（可勾选图中的**为此虚拟机使用动态内存**复选框，以便让系统视实际需要来自动调整要分配多少内存给虚拟机使用，但是最多不能超过**启动内存**的设置值）。

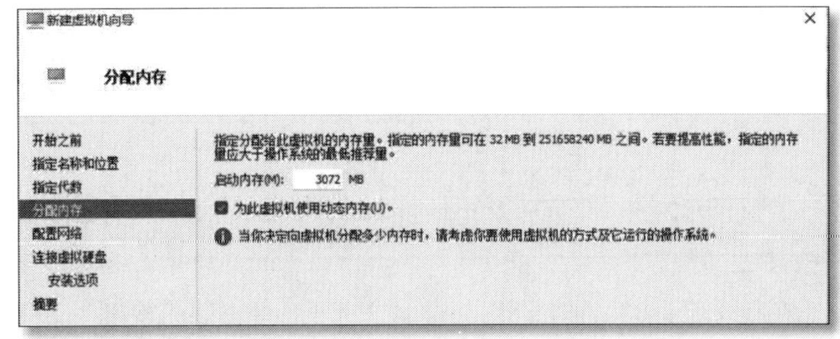

图 5-3-9

STEP 6 在图 5-3-10 所示的窗口中将虚拟网卡连接到适当的虚拟交换机，随后单击下一步按钮，将其连接到之前所创建的第 1 个虚拟交换机**对外链接的虚拟交换机**。

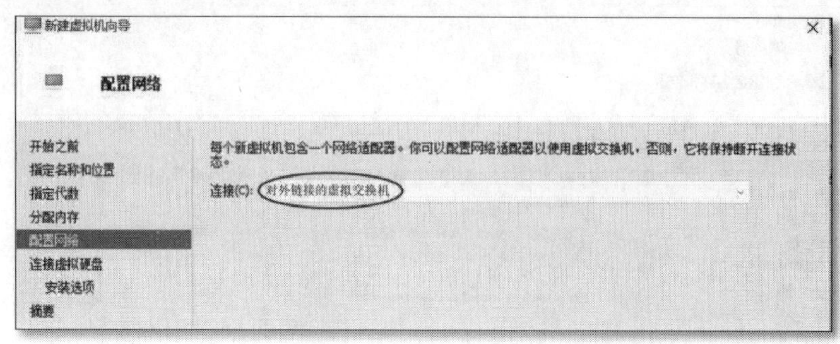

图 5-3-10

STEP 7 在图 5-3-11 所示的窗口中单击下一步按钮即可。这是用来设置分配给虚拟机使用的虚拟硬盘，包含文件名（扩展名为.vhdx）、存储位置与容量。图中显示的是默认值，它的容量是由系统动态调整的，最大可自动扩充到 127GB。虚拟硬盘文件的默认存储位置是 C:\Users\Public\Documents\Hyper-V\Virtual Hard Disks。

图 5-3-11

STEP 8 在图 5-3-12 所示的窗口中选择 Windows Server 2022 的 ISO 文件进行安装，随后单击下一步按钮。

STEP 9 确认**正在完成新建虚拟机向导**界面中的设置无误后单击完成按钮。

STEP 10 图 5-3-13 所示的窗口中的 WinS2022Base 就是我们所创建的虚拟机，双击此虚拟机

WinS2022Base。

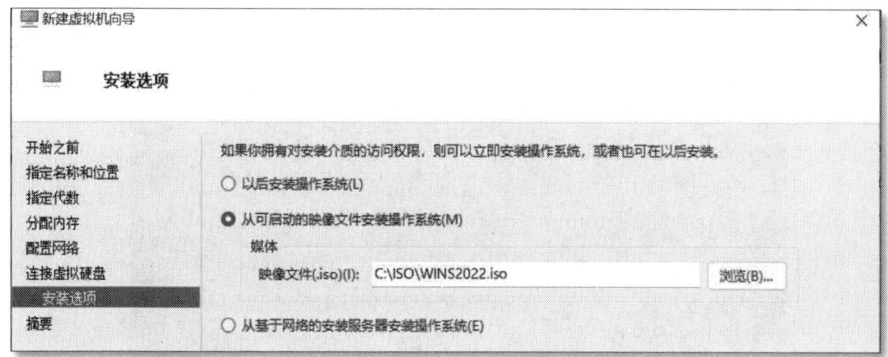

图 5-3-12

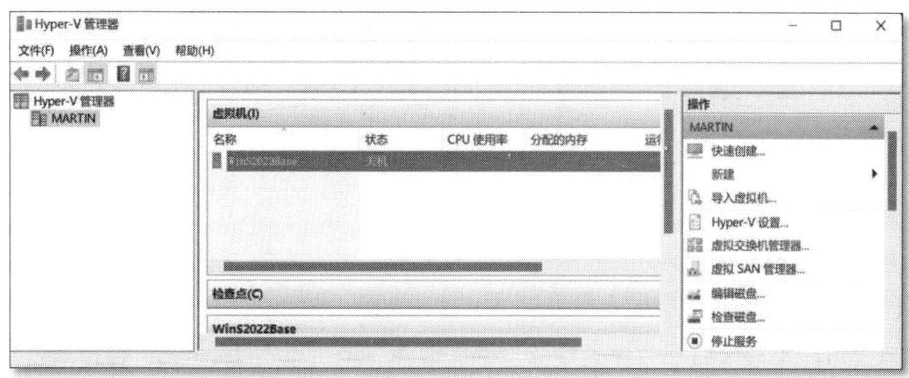

图 5-3-13

STEP 11　单击**启动**按钮来启动此虚拟机，如图 5-3-14 所示。

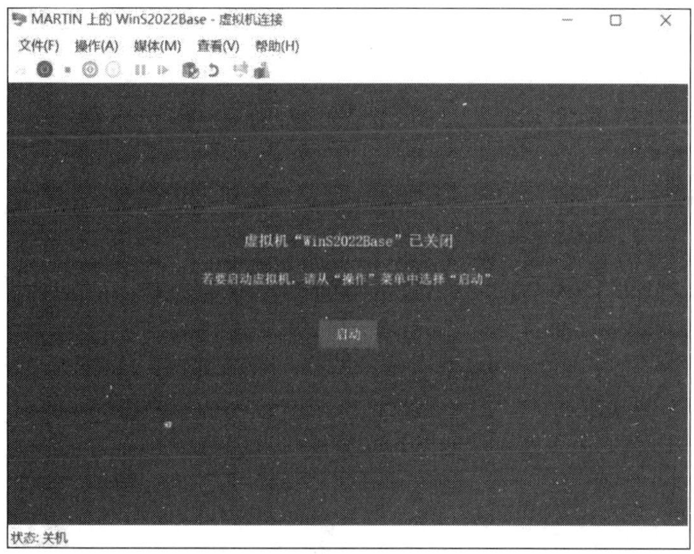

图 5-3-14

STEP 12 开始安装 Windows Server 2022（以下省略安装步骤，读者可参考 2.2 节的说明），如图 5-3-15 所示。

图 5-3-15

在安装过程中，如果无法顺利将鼠标指针移动到窗口外，可以先按 Ctrl+Alt+← 组合键（被称为**鼠标释放键**），再移动鼠标指针即可。另外，可能有些显卡驱动程序的快捷键会占用这 3 个键，此时可先按 Ctrl+Alt+Delete 组合键，再单击 取消 按钮，之后就可以在主机操作鼠标了，建议将此类显卡驱动程序的快捷键功能取消。也可以在 **Hyper-V 管理器**窗口界面单击右侧的 **Hyper-V 设置…**来更改**鼠标释放键**。通过按 Ctrl+Alt+End 组合键可以来模拟虚拟机内按 Ctrl+Alt+Delete 组合键的操作。

之后只要执行STEP 10 与STEP 11的方法就可以启动此虚拟机。如果想要让主机与虚拟机之间相互复制文件和文字，则需要启用**增强会话模式**：单击 Hyper-V 设置（见图 5-3-16），然后在图 5-3-17 所示的窗口中勾选即可。

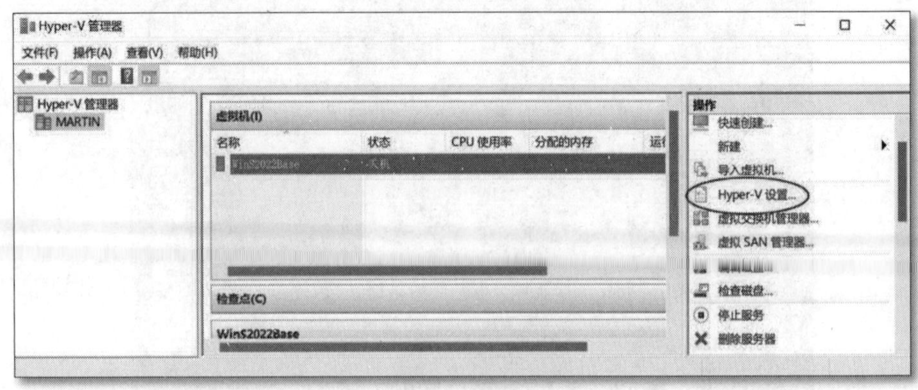

图 5-3-16

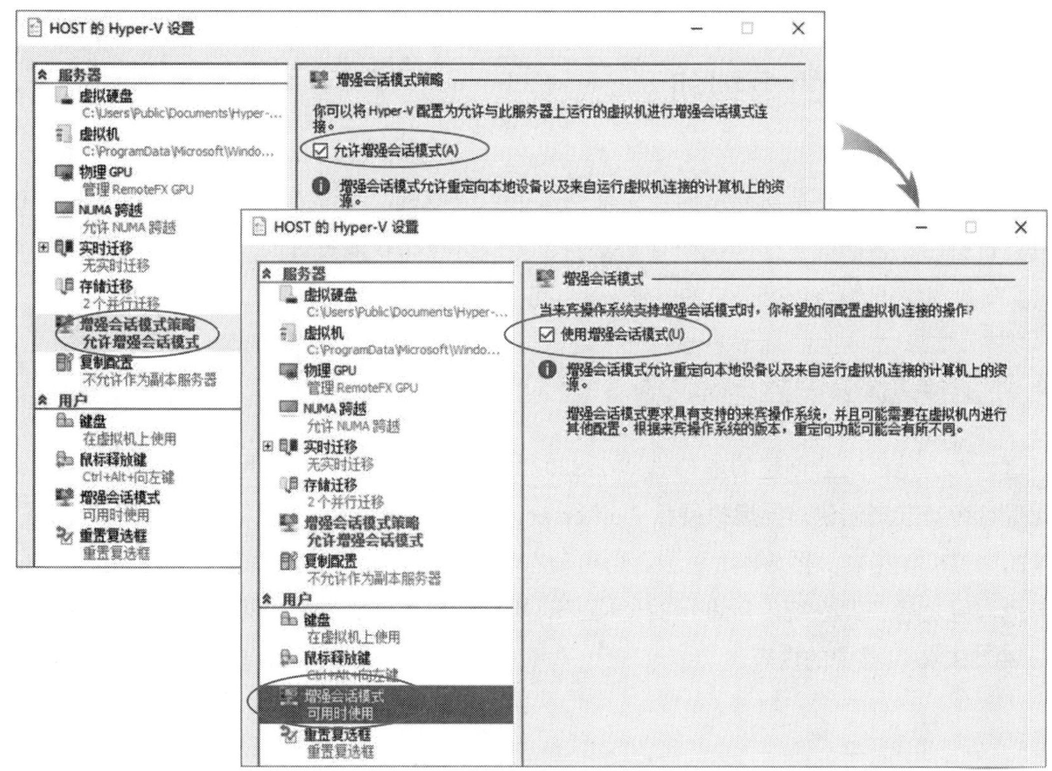

图 5-3-17

以后启动虚拟机时，Hyper-V 都会要求设置它的显示分辨率，如图 5-3-18 所示，可以通过**显示选项**功能来保存设置，这样在下次启动虚拟机时就不会出现此界面了。

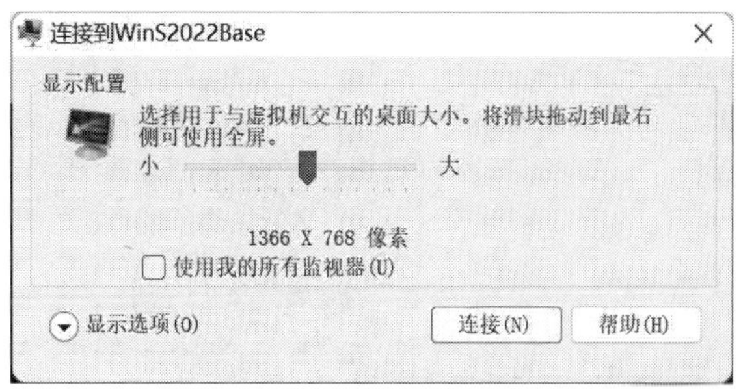

图 5-3-18

① 如果要在**增强会话模式**与**基本会话模式**之间切换，可以单击虚拟机窗口上方的**查看➲增强会话**。

② 如果虚拟机的窗口大小无法调整，则可试着切换到**增强会话模式**。

③ 也可以将虚拟机的状态存储起来之后再关闭虚拟机，这样在下一次要使用此虚拟机时，就可以直接将其恢复成为关闭前的状态。存储虚拟机状态的方法为：单击虚拟机窗口上方的**操作**菜单➲保存。

5.4 创建更多的虚拟机

可以重复使用前一节所介绍的步骤来创建更多虚拟机，不过采用这种方法时，每一个虚拟机会占用比较多的硬盘空间，而且重复创建虚拟机也比较浪费时间。本节将介绍另外一种省时又省硬盘空间的创建虚拟机的方法。

5.4.1 差异虚拟硬盘

这种方法是将之前创建的虚拟机 WinS2022Base 的虚拟硬盘当作**母盘**（parent disk），并以此母盘为基准来创建**差异虚拟硬盘**（differencing virtual disk），然后将此差异虚拟硬盘分配给新的虚拟机使用，如图 5-4-1 所示。当启动右侧的虚拟机时，它仍然会使用 WinS2022Base 的母盘，但之后在此系统内所进行的任何变动都只会被存储到差异虚拟硬盘中，并不会影响 WinS2022Base 母盘中的内容。

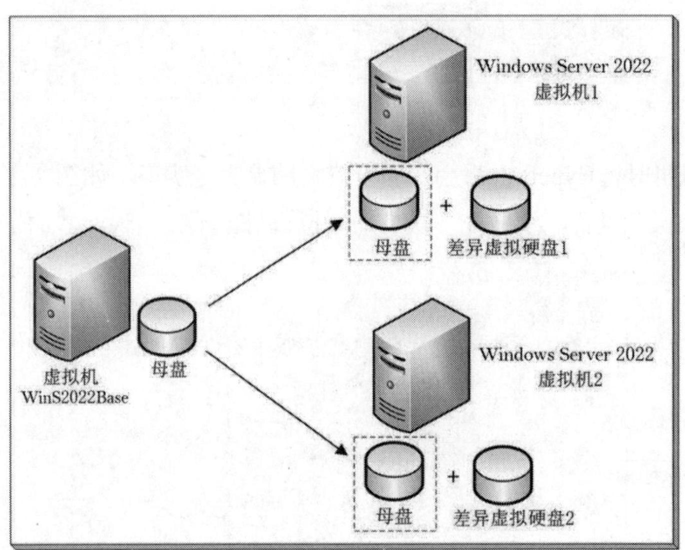

图 5-4-1

如果**母盘**的 WinS2022Base 虚拟机被启动过，那么其他使用**差异虚拟硬盘**的虚拟机将无法启动。如果**母盘**文件故障或丢失，则其他使用**差异虚拟硬盘**的虚拟机也将无法启动。

5.4.2 创建使用“差异虚拟硬盘”的虚拟机

以下将 WinS2022Base 虚拟机的虚拟硬盘作为母盘来制作差异虚拟硬盘，并创建使用此差异虚拟硬盘的虚拟机 Server1（先将 WinS2022Base 虚拟机关机），创建步骤如下：

STEP 1　选中主机名后右击➲新建➲硬盘，如图 5-4-2 所示。

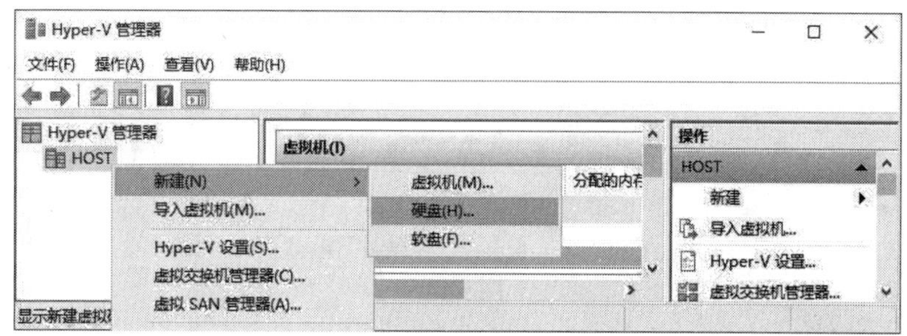

图 5-4-2

STEP 2　出现**开始之前**界面时单击下一步按钮。

STEP 3　在**选择磁盘格式**界面中选择默认的 VHDX 格式单击下一步按钮。

STEP 4　在图 5-4-3 中选择**差异**后单击下一步按钮。

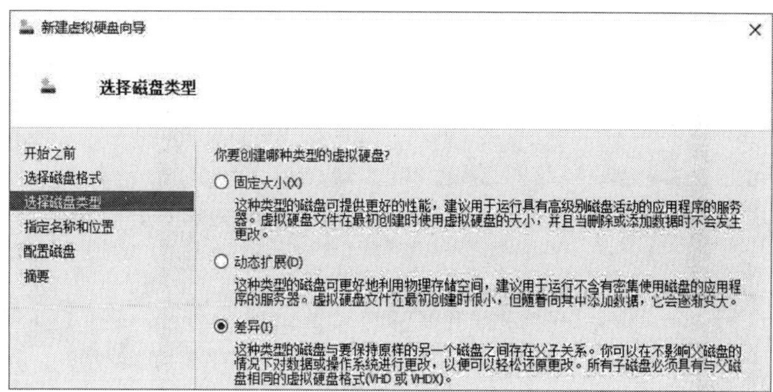

图 5-4-3

STEP 5　在图 5-4-4 中为此虚拟硬盘命名（例如 Server1.vhdx），然后单击下一步按钮。虚拟硬盘文件默认的存储位置为 C:\Users\Public\Documents\Hyper-V\Virtual Hard Disks。

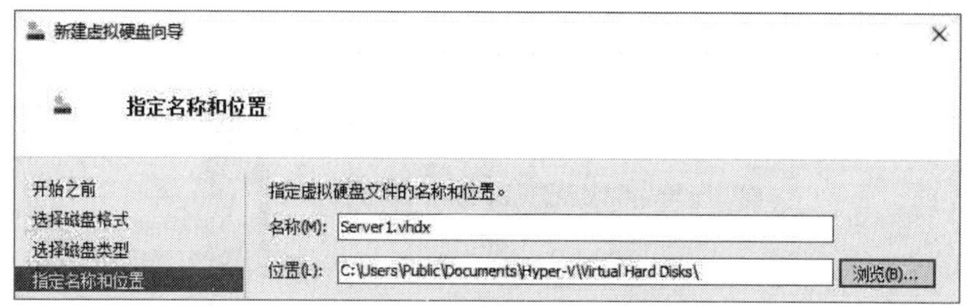

图 5-4-4

STEP 6　在图 5-4-5 中选择要作为**母盘**的虚拟硬盘文件，也就是 WinS2022Base.vhdx。

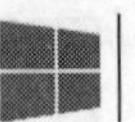

图 5-4-5

STEP 7　出现**正在完成新建虚拟硬盘向导**界面时单击完成按钮。

STEP 8　接下来将创建一个使用差异虚拟硬盘的虚拟机，创建方法为：选中主机名后右击➲新建➲虚拟机，后面的步骤与**创建 Windows Server 2022 虚拟机**相同，但是在图 5-4-6 中需要选择差异虚拟硬盘 Server1.vhdx。

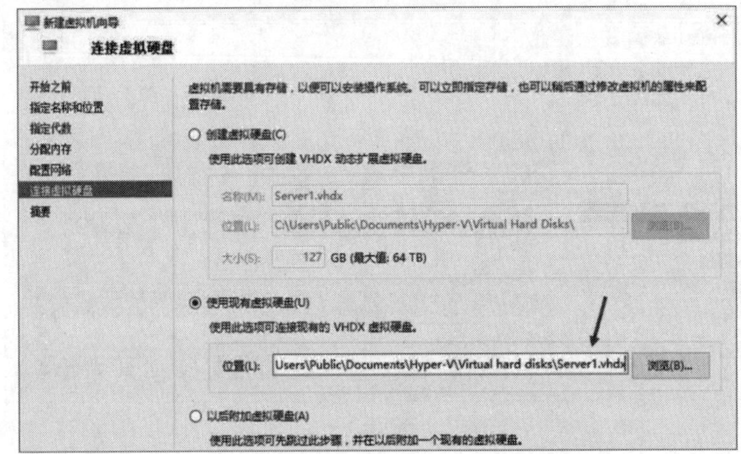

图 5-4-6

STEP 9　图 5-4-7 所示为创建完成后的界面，启动此虚拟机并登录。

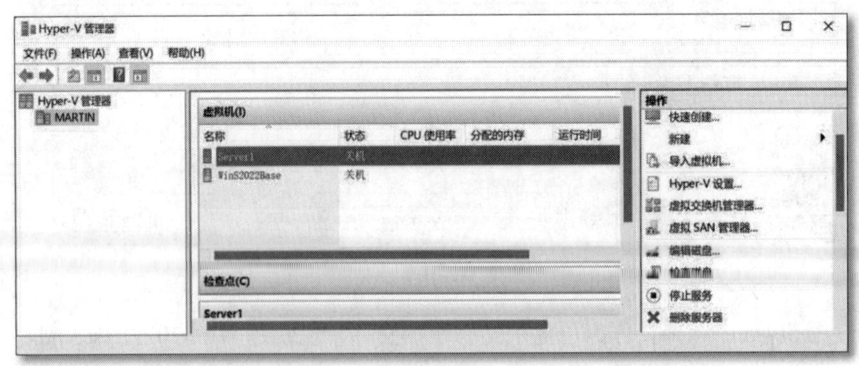

图 5-4-7

STEP 10　由于此新虚拟机的硬盘是利用 WinS2022Base 制作出来的，因此其 SID 等具备唯一性

的信息与 WinS2022Base 相同。建议执行 sysprep.exe 来更改此虚拟机的 SID 等信息，否则在某些情况下会有问题，例如两台 SID 相同的计算机无法同时加入域。打开 Windows PowerShell，然后执行 C:\Windows\System32\Sysprep\sysprep.exe。注意，需要勾选**通用**才会更改 SID，如图 5-4-8 所示。

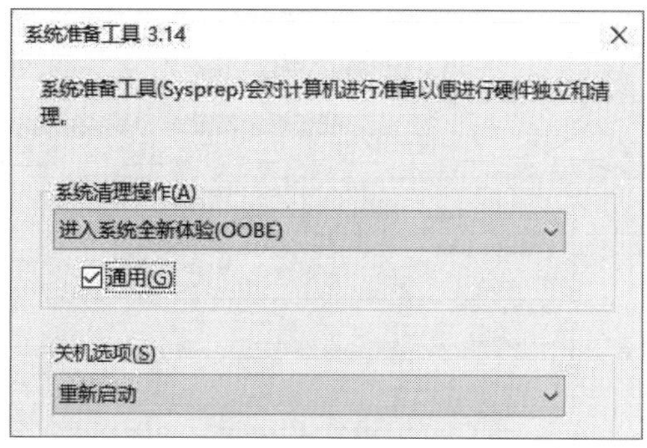

图 5-4-8

5.5　通过Hyper-V主机连接Internet

前面已经介绍了如何新建一个属于**外部**类型的虚拟交换机。如果虚拟机的虚拟网卡连接到这个虚拟交换机，就可以通过外部网络来连接 Internet。

如果新建属于**内部**类型的虚拟交换机，Hyper-V 也会自动为主机创建一个连接到这个虚拟交换机的网络连接。如果虚拟机的网卡也是连接在这个交换机，这些虚拟机就可以与 Hyper-V 主机通信，但无法通过 Hyper-V 主机来连接 Internet。为了连接 Internet，需要启用 Hyper-V 主机的 NAT（网络地址转换）或 ICS（Internet 连接共享）。这样，这些虚拟机就可以通过 Hyper-V 主机连接 Internet，如图 5-5-1 中粗箭头标示的路径。

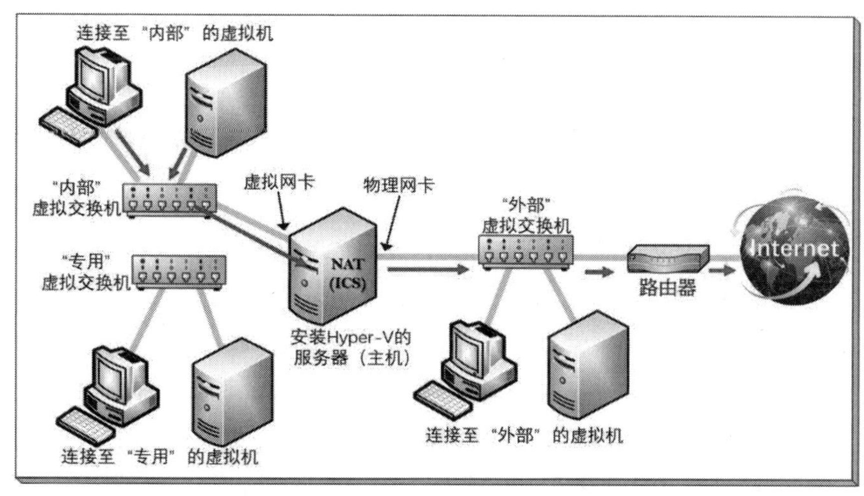

图 5-5-1

新建**内部**虚拟交换机的方法为：打开 **Hyper-V 管理器**➲单击主机名➲单击右侧**虚拟交换机管理器**➲选择**内部**➲单击创建虚拟交换机按钮➲在前景图中为此虚拟交换机命名（例如**内部虚拟交换机**）后单击确定按钮，如图 5-5-2 所示。

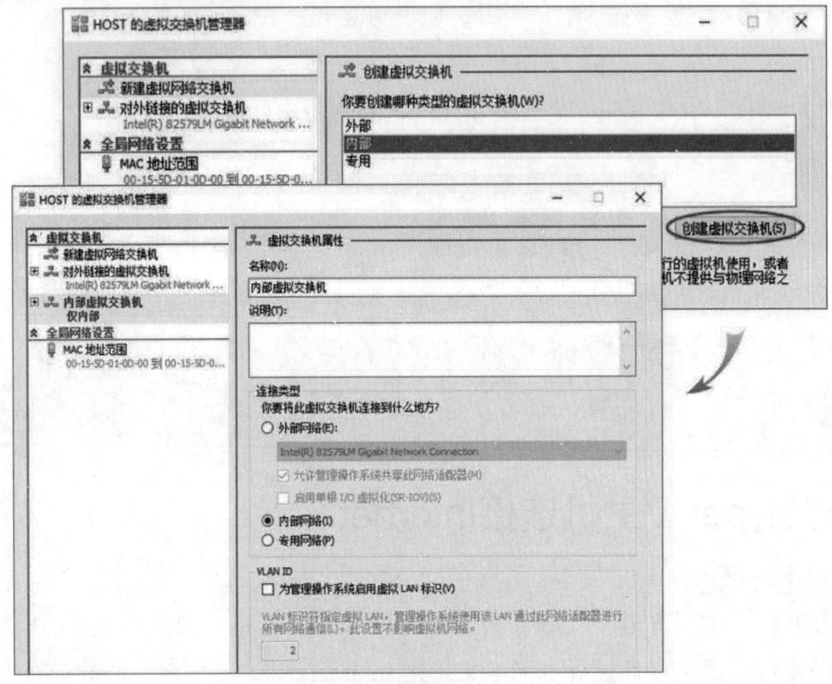

图 5-5-2

完成后，系统会为 Hyper-V 主机新建一个连接到这个虚拟交换机的网络连接，如图 5-5-3 所示的 **vEthernet（内部虚拟交换机）**。

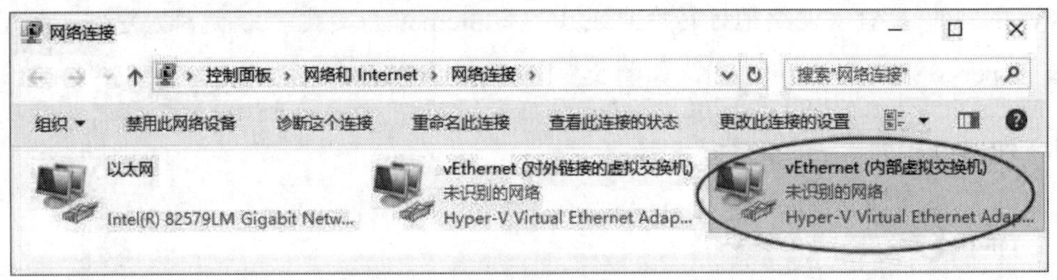

图 5-5-3

如果要让连接在此内部虚拟交换机的虚拟机可以通过 Hyper-V 主机上网，只需启用连接 **vEthernet（对外链接的虚拟交换机）**的 **Internet 连接共享**（ICS）即可：选中 **vEthernet（对外链接的虚拟交换机）**后右击➲属性➲勾选**共享**选项卡下的选项，如图 5-5-4 所示。

系统会将 Hyper-V 主机的 **vEthernet（内部虚拟交换机）**连接的 IP 地址更改为 192.168.137.1（见图 5-5-5）。因此，连接到**内部虚拟交换机**的虚拟机的 IP 地址也必须采用 192.168.137.x/24 的格式，并且**默认网关**必须设置为 192.168.137.1。由于 **Internet 连接共享**

（ICS）具有分配分配 IP 地址的 DHCP 功能，因此**内部虚拟交换机的**虚拟主机的 IP 地址设置为自动获取即可，无需手动设置。

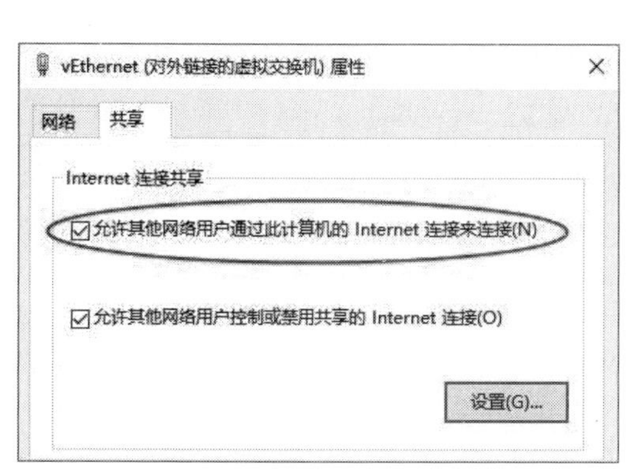

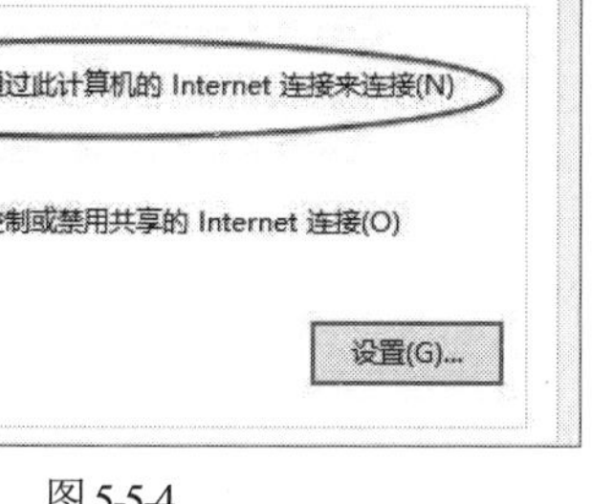

图 5-5-4

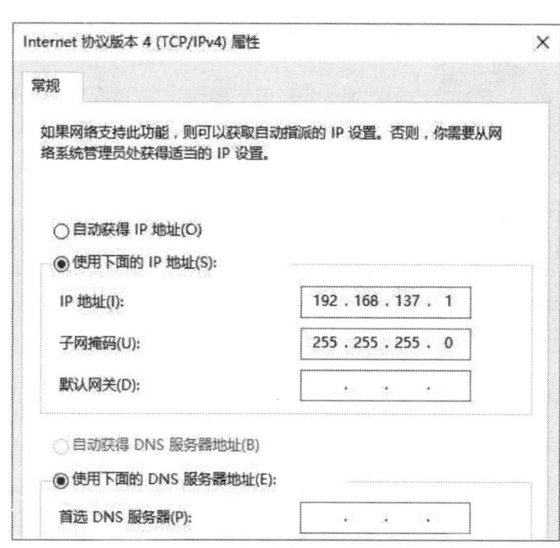

图 5-5-5

5.6　在Microsoft Azure云搭建虚拟机

传统上，企业通常会将各项服务部署在企业内部机房中，例如服务器、存储设备、数据库、网络和软件服务等。然而，随着云计算的不断普及，越来越多的企业开始采用云服务，以降低硬件成本、减少电费支出、节约机房空间、提高管理效率以及减轻 IT 人员的管理负担。

云计算的基本项目之一是虚拟机。本节将介绍如何在 Microsoft Azure 云上创建一个包含 Windows Server 2022 的虚拟机。

5.6.1　申请免费账号

我们可以申请 Microsoft Azure 账号，当前的免费账号可以在前 12 个月内享有价值 200 美元的使用某些热门服务的免费额度，30 天内可以使用所有服务以及超过 55 种永久免费使用的服务。在试用免费额度用完或 30 天使用期限到期时，必须继续订阅，才可以继续使用收费服务。如果要查看虚拟机的详细收费数据，可以访问以下估算网站：

https://azure.microsoft.com/zh-cn/pricing/calculator/

然后单击**产品**选项卡下的**计算**➲单击右侧**虚拟机**➲待出现**虚拟机已添加**提示时单击**查看**或往下滚动窗口➲在**层**选项处选择所需价格层次➲在**实例**处选择所需虚拟机（参考图 5-6-1，图中信息仅供参考，随时可能发生变化）。

图 5-6-1

单击图 5-6-1 右上角的**免费账户的**按钮可以申请免费账户，或者通过网址 https://azure.microsoft.com/zh-cn/free/来单击**免费开始使用**（需要准备信用卡）。

5.6.2 创建虚拟机

完成账户申请后，就可以开始使用 Microsoft Azure 云资源了，具体操作步骤如下：

STEP 1 开启浏览器，利用 http://portal.azure.com/ 登录 Microsoft Azure。

STEP 2 单击页面中的**虚拟机**按钮，如图 5-6-2 所示。

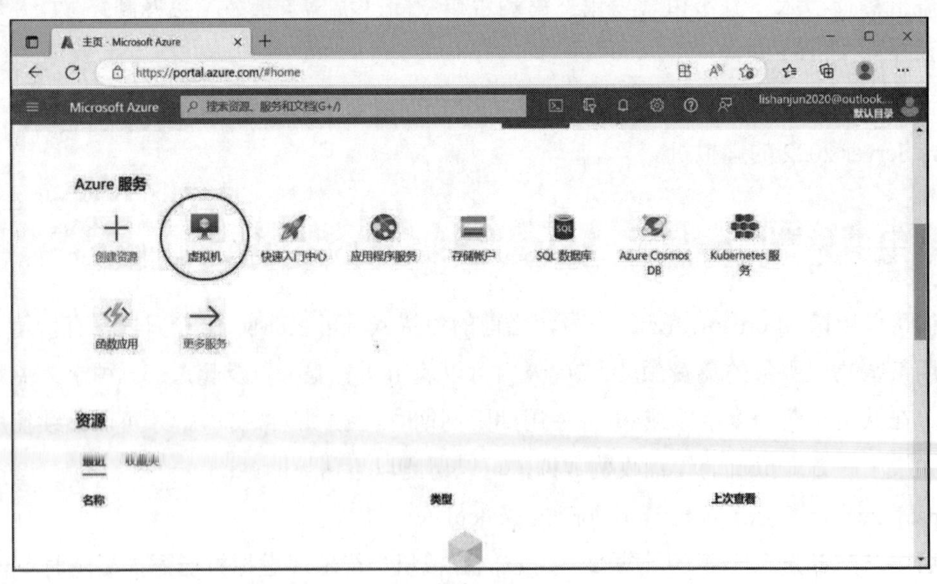

图 5-6-2

STEP 3 单击**创建➲Azure 虚拟机**，如图 5-6-3 所示。

图 5-6-3

STEP 4　在图 5-6-4 中输入项目详细信息，并选择以下相关数据：

- **订阅**：初次使用时，此处仅有**免费试用**可供选择（订阅不是登录Azure的账户）。在免费额度用完或30天试用期限到期时，此**免费试用版**无法再使用，但是可以申请其他类型的收费订阅账户，然后在此处选择来使用它（例如图中的Pay-As-You-Go）。

图 5-6-4

- **资源组**：用于集中管理Azure订阅中所有资源的组，由于目前还没有资源组可供使用，因此需要单击**新建**按钮，然后自行设置**资源组**组名，例如MyResource1。
- **虚拟机名称**：为此虚拟机命名，例如MyServer1。
- **区域**：选择虚拟机的放置位置，例如图中的（Asia Pacific）Japan East，即亚太区日本东部。

STEP 5　将前面的图往下滚动，然后在图 5-6-5 中输入并选择以下相关数据：

- **映像**：选择虚拟机内的操作系统类型，例如Windows Server 2022 Datacenter:Azure Edition-x64 Gen2，也可以单击**查看所有映像**来搜索所需的映像。
- **大小**：选择虚拟机资源配置的大小。单击**查看所有大小**可以有更多的选择。
- 用户名与密码需要自定义。密码需要包含至少12个字符，且要包含A～Z、a～z、0～9、特殊字符（例如!、$、#、%）等4组字符中的3组。

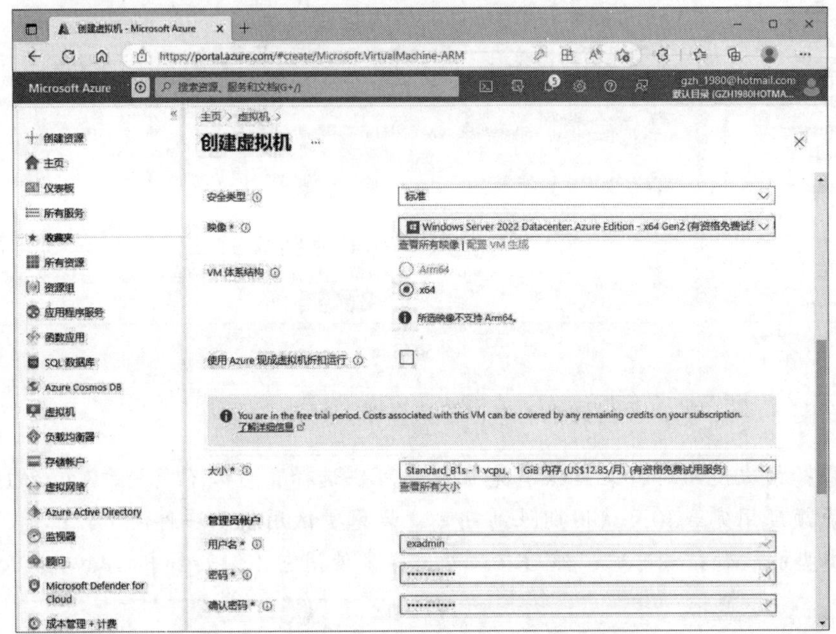

图 5-6-5

STEP 6 由于我们需要用**远程桌面连接**来连接此虚拟机，因此需要开放**远程桌面连接**所使用的端口 3389。请按照以下步骤进行操作：将前面的图往下滚动，然后在**选择入站端口**处选择 **RDP (3389)**，如图 5-6-6 所示。其他字段使用默认值即可。

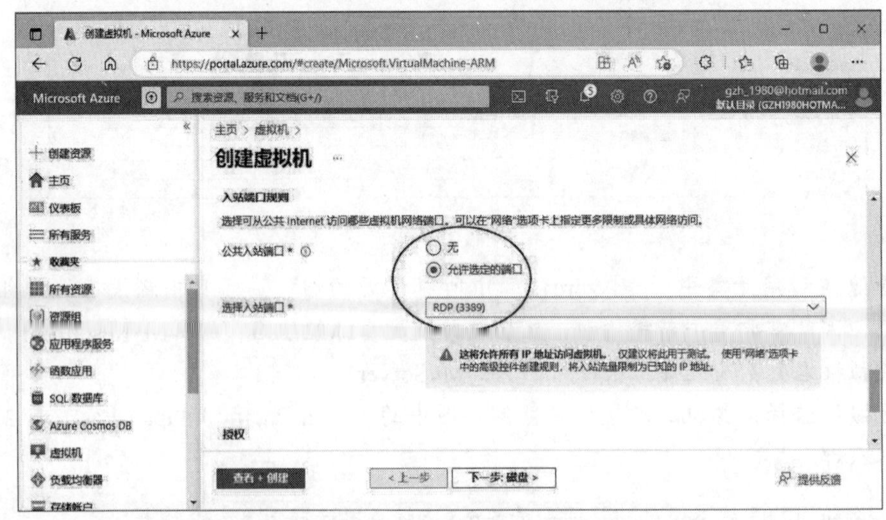

图 5-6-6

STEP 7　在接下来的各个界面中都单击**下一步**按钮即可，或是直接单击**查看+创建**。然后确认设置都无误后单击**创建**按钮，如图 5-6-7 所示。

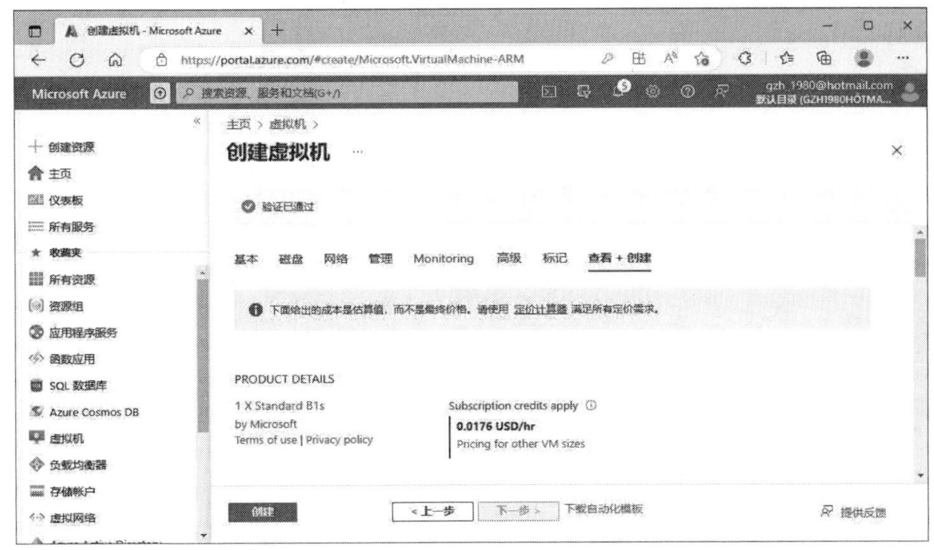

图 5-6-7

STEP 8　等待虚拟机创建完成后，即可单击界面左侧的**虚拟机**（见图 5-6-8），单击所创建的虚拟机 MyServer1。也可以通过左侧的**所有资源**来查看目前在 Azure 使用的所有资源，包含虚拟机。

图 5-6-8

STEP 9　从图 5-6-9 可以了解此虚拟机的相关设置值，例如它的公共 IP 地址、资源的使用情况等。此外，还可以对虚拟机进行启动、关机（停止）、重新启动与删除等操作。

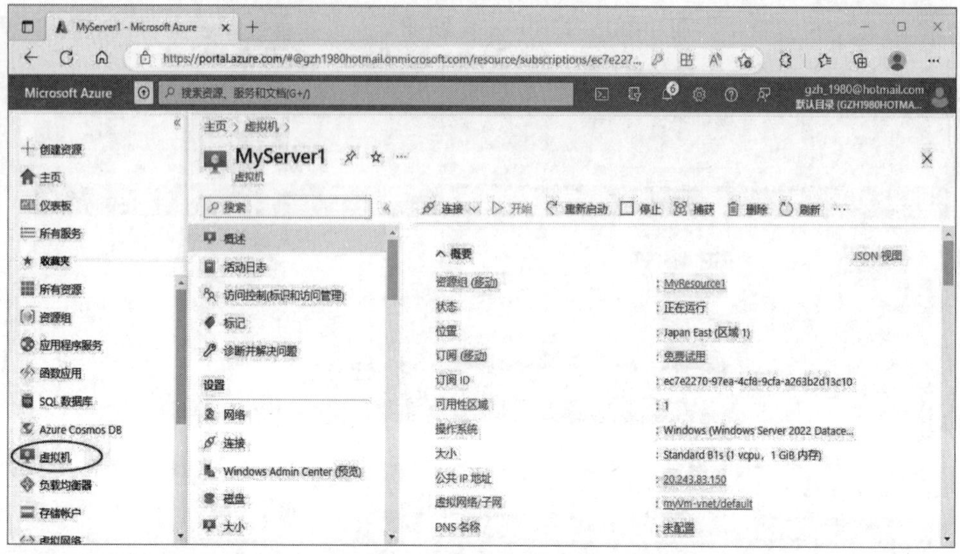

图 5-6-9

STEP 10 接下来将使用**远程桌面连接**来连接与管理此虚拟机。请按照以下步骤进行操作（请参考图 5-6-10）：首先单击设置处的**连接➲下载 RDP 文件**，然后单击**启动文件**来连接此位于 Microsoft Azure 云的 Windows Server 2022 虚拟机（也可以自行执行 mstsc.exe 命令来连接此虚拟机，其中 IP 地址请使用图 5-6-9 中的**公共 IP 地址**）。

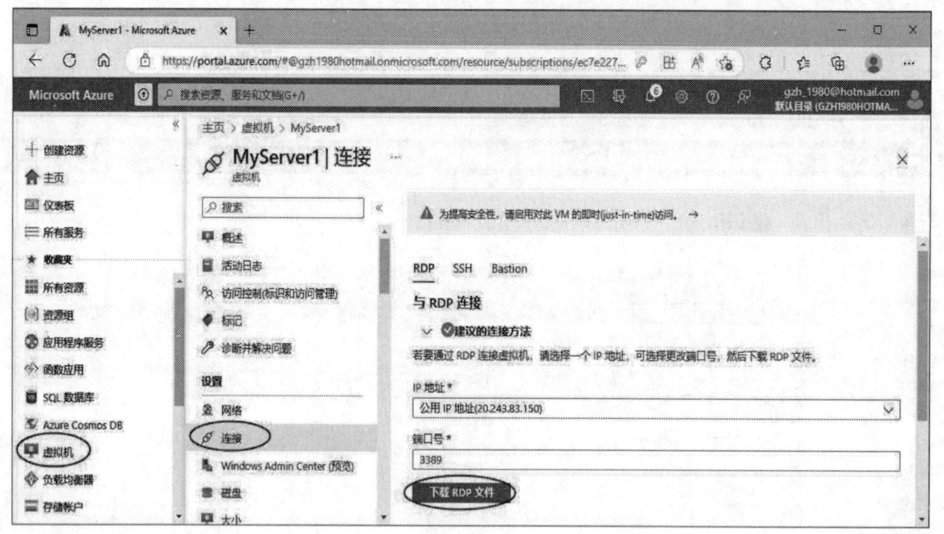

图 5-6-10

STEP 11 单击**连接**按钮，如图 5-6-11 所示。

如果**远程桌面连接**的端口 3389 未开放，则无法连接到此虚拟机，此时单击图 5-6-10 中**设置**下面的**网络**，然后单击右侧的**添加入站端口规则**来开放端口 3389。

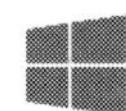

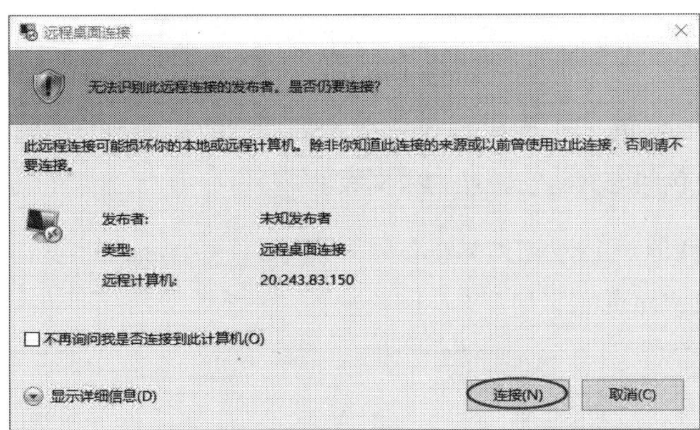

图 5-6-11

STEP 12　在图 5-6-12 所示的对话框中输入图 5-6-5 中所设置的用户名与密码后单击确定按钮，接着单击是（Y）按钮。

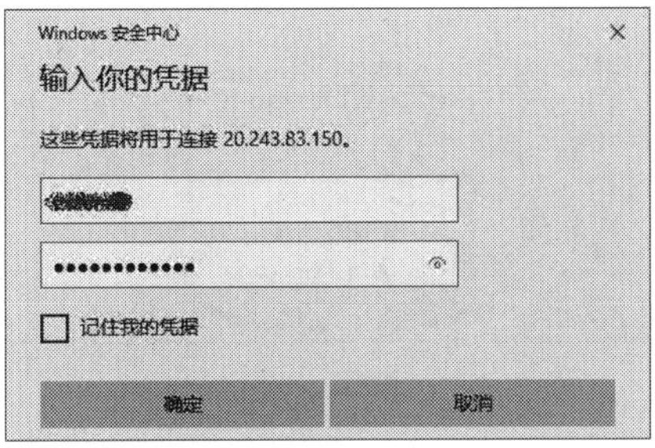

图 5-6-12

STEP 13　图 5-6-13 为连接到位于 Azure 云的 Windows Server 2022 虚拟机的界面。

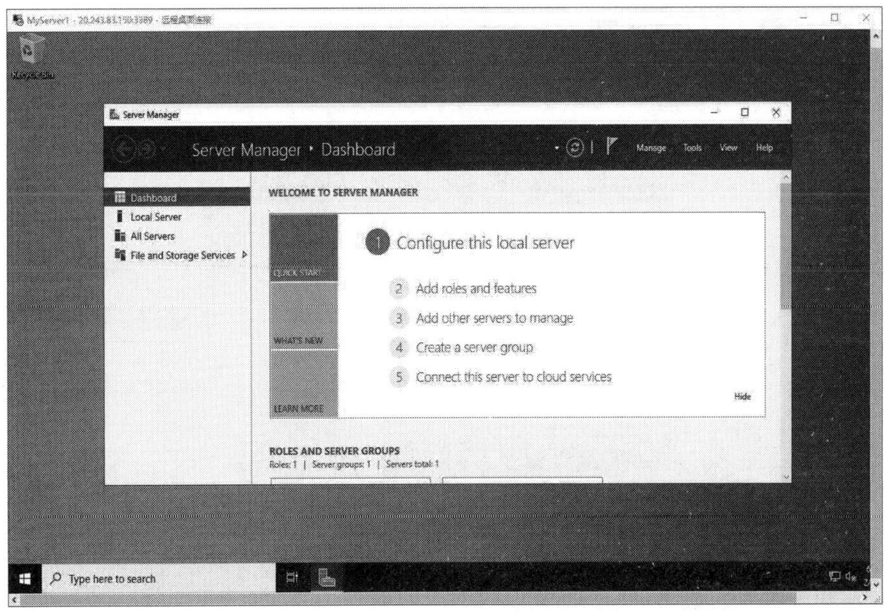

图 5-6-13

5.6.3 将英文版 Windows Server 2022 中文化

目前在 Microsoft Azure 云上创建的 Windows Server 2022 虚拟机默认为英文版，但我们可以通过安装中文语言包的方式将它转换为中文版。

STEP 1 单击左下角的开始图标⊞➲单击设置图标⚙➲单击 Time & Language➲单击 Language 处的+Add a language，如图 5-6-14 所示。

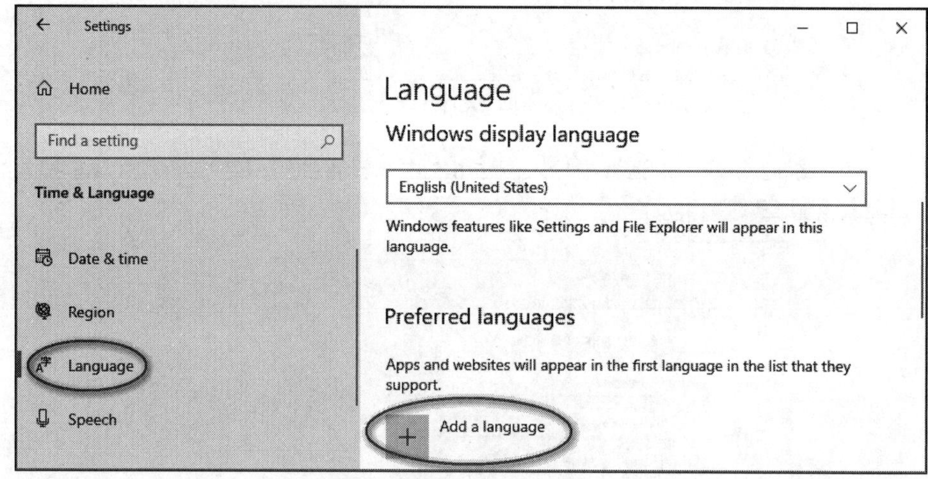

图 5-6-14

STEP 2 选择中文（中华人民共和国）后单击 Next 按钮，如图 5-6-15 所示。

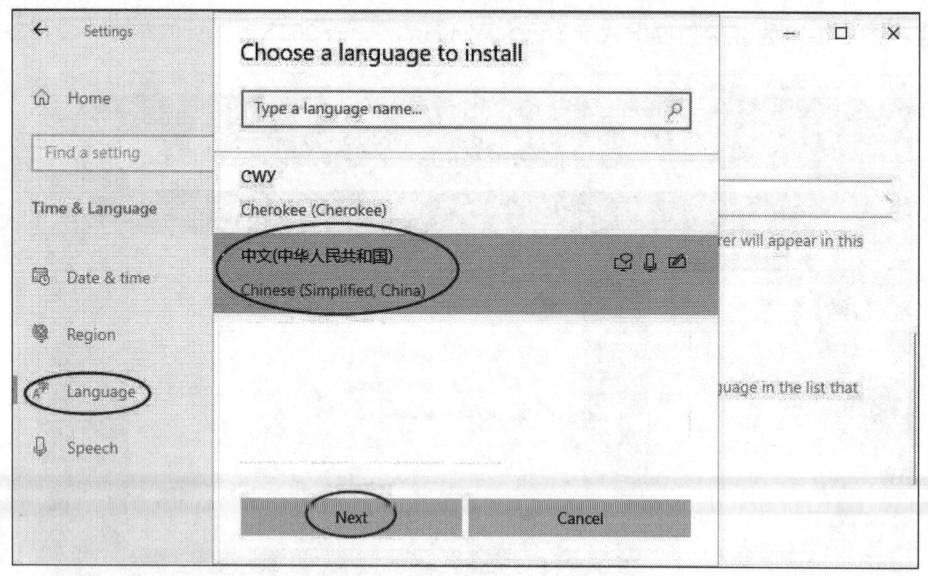

图 5-6-15

STEP 3 直接单击 Install 按钮，如图 5-6-16 所示。

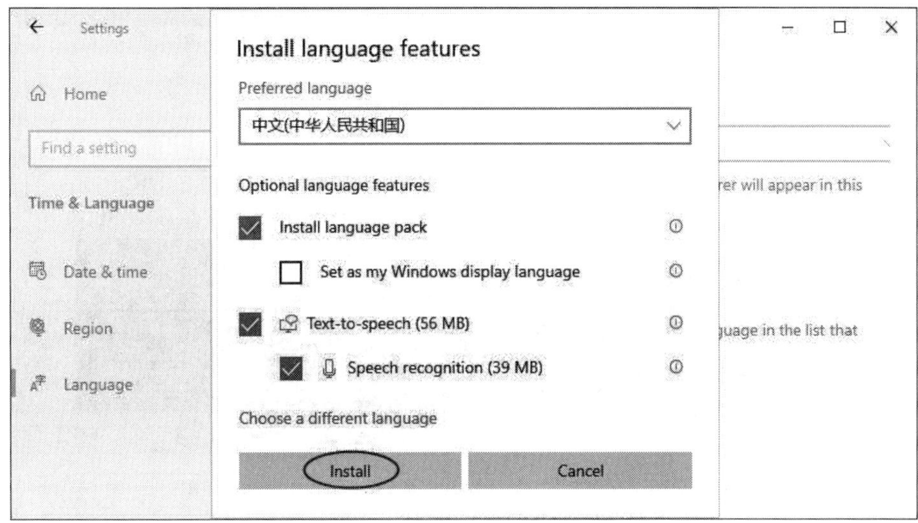

图 5-6-16

STEP 4 正在安装简体中文语言包，如图 5-6-17 所示。

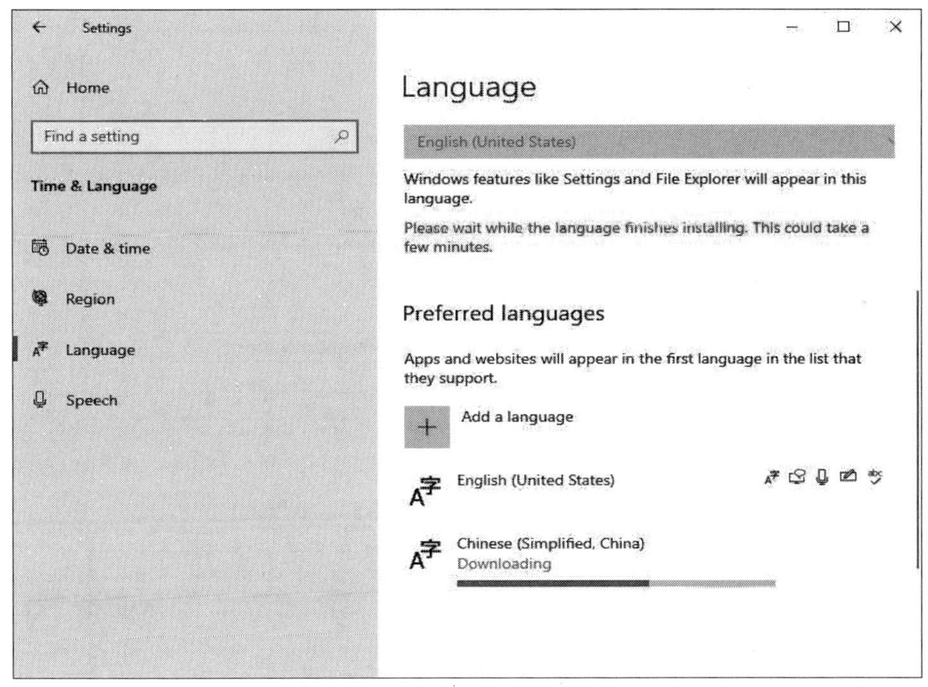

图 5-6-17

STEP 5 安装完成后，对话框（此时在背景图）上方的 Windows Display language 处选择中文（中华人民共和国）➲前景图单击 Yes, sign out now 按钮，如图 5-6-18 所示。注销再重新登录后就会变成中文界面。

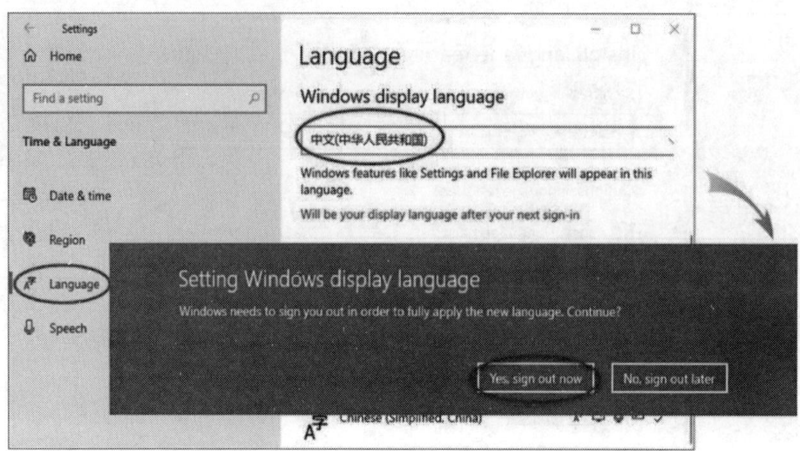

图 5-6-18

STEP 6 继续更改其他设置。单击左下角的**开始**图标⊞➲单击**设置**图标⚙➲单击**时间和语言**➲出现如图 5-6-19 所示的窗口，单击其左侧的**日期和时间**，在**时区**处将时区改为（**UTC+08:00**）北京。

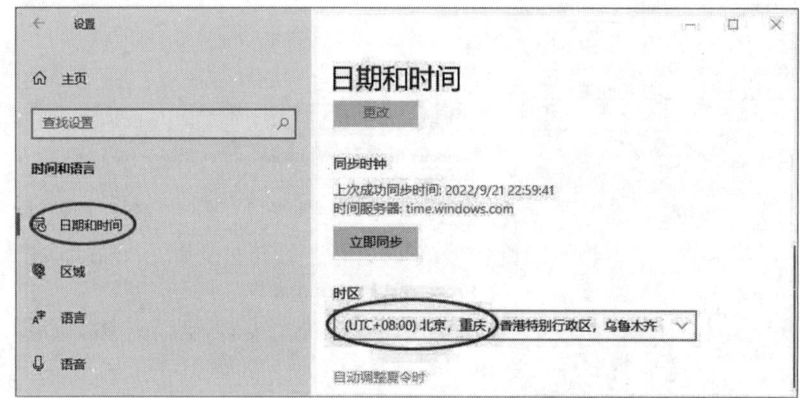

图 5-6-19

STEP 7 单击**区域**来更改或确认区域与区域格式，如图 5-6-20 所示。

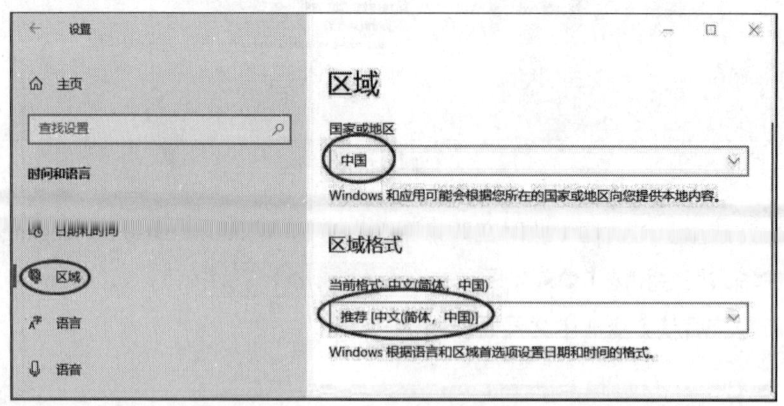

图 5-6-20

STEP 8　单击左侧的**语言**➲单击**管理语言设置**，如图 5-6-21 所示。

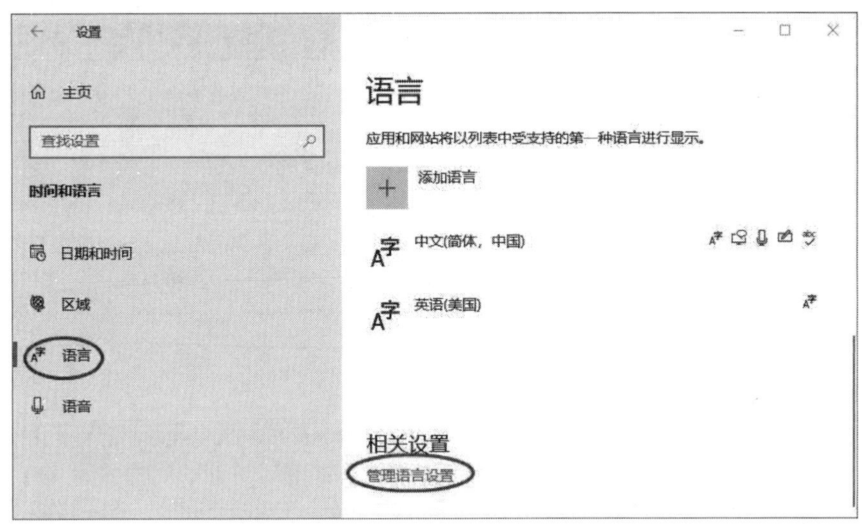

图 5-6-21

STEP 9　单击**管理**选项卡下的更改系统区域设置按钮➲选择**中文（简体，中国）**➲单击确定按钮➲单击立即重新启动按钮来重新启动计算机，如图 5-6-22 所示。

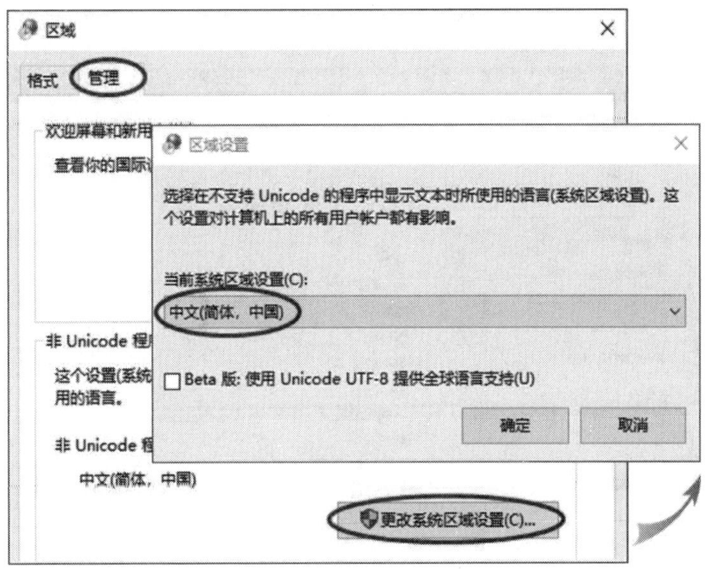

图 5-6-22

5.6.4　Azure 的基本管理

单击图 5-6-23 所示窗口中左侧**虚拟机**后即可看到已创建的虚拟机。

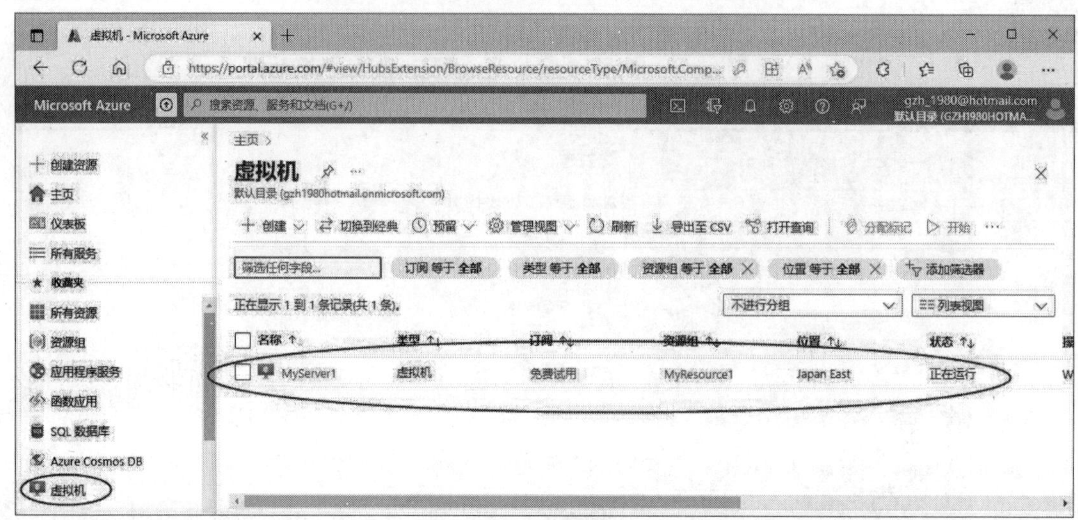

图 5-6-23

在单击图中的虚拟机（例如 MyServer1）后，就可以看到如图 5-6-24 所示的管理界面，除了可以将虚拟机启动、关机（停止）、重新启动和删除外，还可以监控系统的 CPU、网络、硬盘等运行情况。

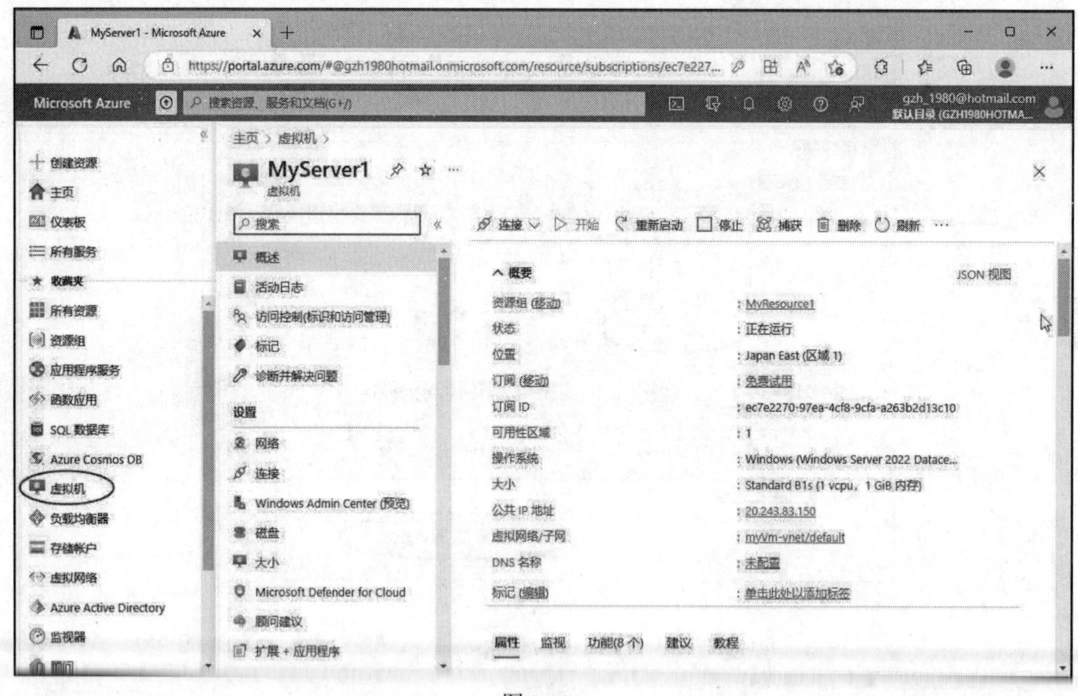

图 5-6-24

如果需要查询账单，可以单击左侧的**成本管理 + 计费**➲来查看，如图 5-6-25 所示。

图 5-6-25

如果免费试用订阅账户**免费试用版**使用期限已到或免费额度已经用完，那么可以添加其他的订阅账户，以便继续使用 Azure 的资源。添加订阅账户的方法可通过图 5-6-26 上方的**+新建订阅**的方式，也可以通过单击界面左侧的**所有服务**➲在类别处选**一般**➲订阅的方式。

图 5-6-26

然后在图 5-6-27 中可从**最受欢迎的产品/服务**或**所有其他产品/服务**来选择所需的订阅，其中的**即用即付**是指“用多少资源，付多少钱”。

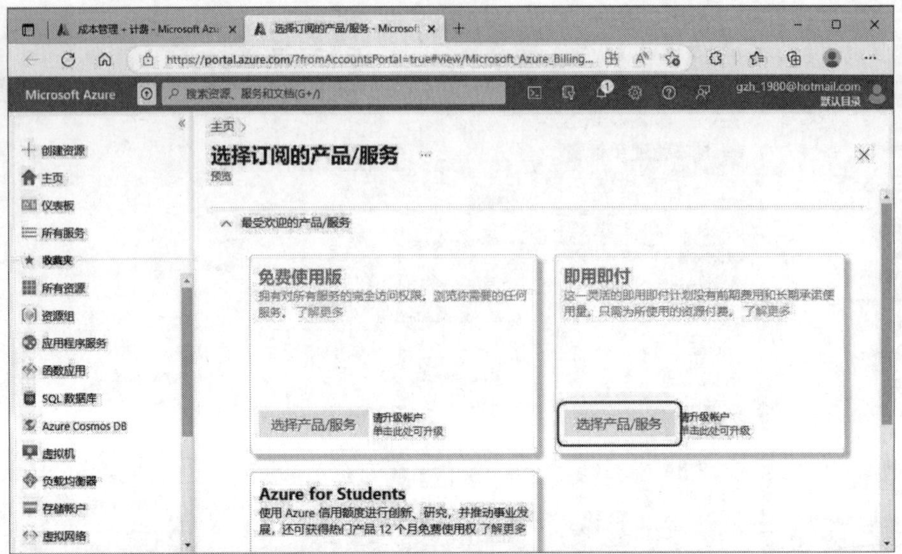

图 5-6-27

当我们不再使用创建的虚拟机时，可以将其删除。但是请注意，直接删除虚拟机不会删除其所使用的虚拟硬盘。如果想要一并删除此虚拟硬盘，可以进行以下操作：单击图 5-6-28 所示界面左侧的**所有资源**➲勾选要删除的虚拟硬盘➲单击上方的**删除**。其他不需要的资源也可以一并删除。

图 5-6-28

第6章　建立 Active Directory 域

本章将介绍 Active Directory 的概念与 Active Directory 域的搭建方法。

- Active Directory域服务
- 建立Active Directory域
- 将Windows计算机加入或脱离域
- 管理Active Directory域用户账户
- 管理Active Directory域组账户
- 提升域与林功能级别
- Active Directory回收站
- 删除域控制器与域

6.1 Active Directory域服务

什么是**目录（directory）**呢？日常生活中的电话簿内记录着亲朋好友的姓名与电话等数据，这是**电话目录（telephone directory）**；计算机中的**文件系统（file system）**内记录着文件的文件名、大小与日期等数据，这是文件目录（**file directory**）。

如果这些目录内的数据能够被整理并形成系统的结构，用户就能够轻松、快速地查找所需要的数据。**目录服务（directory service）**所提供的服务就是要让用户高效率地在目录内找到所需要的数据。

活动目录（Active Directory）域内的**目录数据库（directory database）**用来存储用户账户、计算机账户、打印机与共享文件夹等对象。而提供目录服务的组件就是 **Active Directory 域服务**（Active Directory Domain Services，AD DS，活动目录域服务），它负责目录数据库的存储、新建、删除、修改与查询等工作。

6.1.1 Active Directory 的适用范围

Active Directory 的适用范围非常广泛，它可以应用在一台计算机、一个小型局域网（LAN）或数个广域网（WAN）的结合。它可以包含此范围中所有可查询的对象，例如文件、打印机、应用程序、服务器、域控制器与用户账户等。

6.1.2 名称空间

名称空间（namespace）是一个被界定好的区域（bounded area），在此区域内，我们可以利用某个名称来找到与此名称有关的信息。例如一本电话簿就是一个**名称空间**，在这本电话簿内（界定好的区域内），我们可以使用姓名来查找到此人的电话、地址等数据。类似的地，Windows 操作系统的 NTFS 文件系统也是一个**名称空间**，在这个文件系统内，我们可以使用文件名来查找该文件的大小、修改日期与文件内容等信息。

Active Directory 域服务（AD DS）也是一个**名称空间**。利用 AD DS，我们可以通过对象名称来查找与该对象有关的所有信息。

在 TCP/IP 网络环境中，利用 Domain Name System（DNS）来解析主机名与 IP 地址之间的映射关系，例如使用 DNS 查找主机的 IP 地址。AD DS 与 DNS 紧密地集成在一起，它的域名**空间**也是采用 DNS 架构，因此域名采用 DNS 名称格式来命名，例如可以将 AD DS 的域名命名为 sayms.local。

6.1.3 对象与属性

AD DS 内的资源是以**对象（object）**的形式存在的，例如用户、计算机等都是对象。对象通过**属性（attribute）**来描述其特征，也就是说，对象本身是一些**属性**的集合。例如，要为用户**王乔治**建立一个账户，需要新建一个对象类型（object class）为**用户**的对象（也就是用户账户），然后在该对象内输入**王乔治**的姓、名、登录名与地址等数据。在这力，用户账户就是对象，而姓、名与登录名等就是该对象的属性（参见表 6-1-1）。在图 6-1-1 中，**王乔治**是一个对象类型为**用户**（user）的对象。

表 6-1-1　对象及属性

对象（object）	属性（attributes）
用户（user）	姓 名 登录名 地址 ……

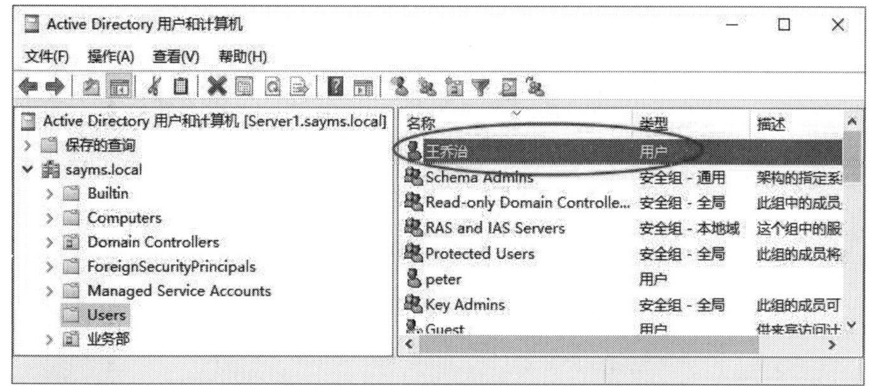

图 6-1-1

6.1.4 容器与组织单位

容器（container）与对象相似，它也有自己的名称，也是一些属性的集合。不过，容器内可以包含其他对象（例如**用户**、**计算机**等对象）和其他容器。**组织单位**（Organization Units，OU）是一种比较特殊的容器，除了可以包含其他对象与组织单位外，还具有**组策略**（group policy）的功能。

图 6-1-2 所示的是一个名为**业务部**的组织单位，其中包含着多个对象：两个为**计算机**对象、两个为**用户**对象和两个组织单位对象。AD DS 以分层架构（hierarchical）的方式将对象、容器与组织单位等组合在一起，并将其存储到 AD DS 数据库中。

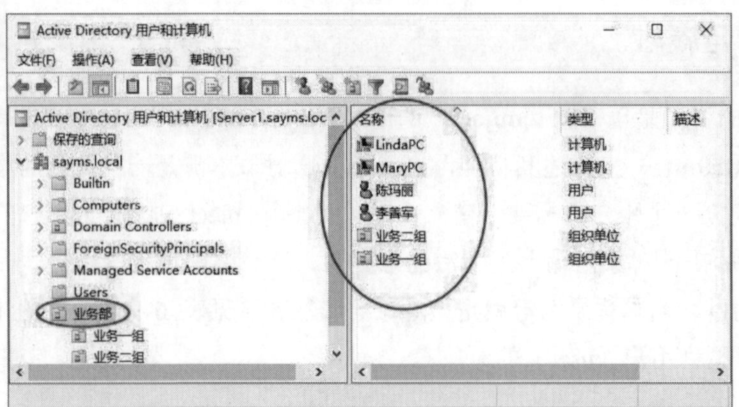

图 6-1-2

6.1.5 域树

可以搭建包含多个域的网络，以**域树**（domain tree）的形式存在，例如图 6-1-3 就是一个域树，其中最上层的域名为 sayms.local，它是此域树的**根域**（root domain）；根域之下还有 2 个子域（sales.sayms.local 与 mkt.sayms.local），总共还有 3 个子域。

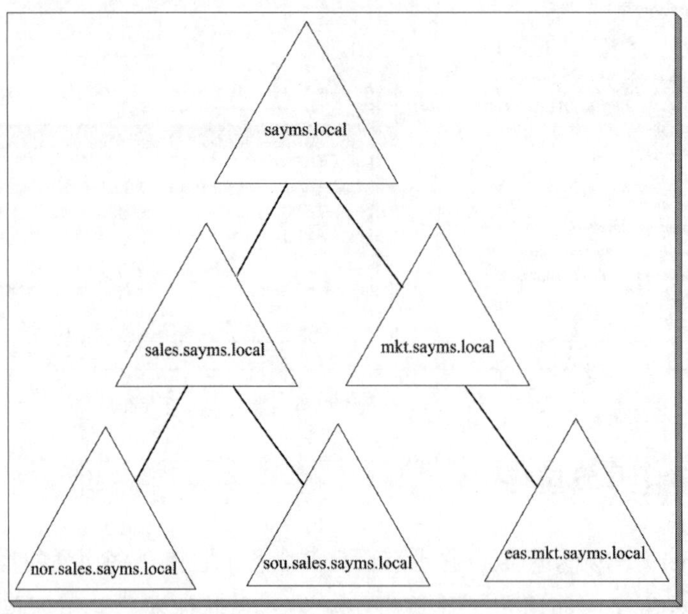

图 6-1-3

图中的域树符合 DNS 域名空间的命名原则，并且具有连续性，这意味着子域的域名包含其父域的域名。例如，域 sales.sayms.local 的后缀中包含其上一层（父域）的域名 sayms.local；而域名 nor.sales.sayms.local 的后缀中包含其上一级的域名 sales.sayms.local。

在域树内，所有的域共享一个 AD DS，这意味着只有一个 AD DS，位于域树的根域中。尽管如此，各个域内的数据仍然是分散存储，每一个域内只存储属于该域的数据，例如该域

内的用户账户，这些数据存储在该域的域控制器中。

6.1.6　信任

两个域之间必须建立信任关系（trust relationship），才可以访问对方域内的资源。当一个新的 AD DS 域被加入域树中后，该域会自动信任其上一层的父域，同时父域也会自动信任这个新的子域。这些信任关系具备双向可传递性（two-way transitive），这种信任关系也被称为 Kerberos 信任关系。

> Q 域 A 的用户登录到其隶属的域后，这个用户能否访问域 B 内的资源呢？
>
> A 只要域 B 信任域 A 就可以访问。

我们可以通过图 6-1-4 来解释双向可传递性。在图中，域 A 信任域 B（箭头由 A 指向 B）、域 B 又信任域 C，因此域 A 自动信任域 C。另外，域 C 信任域 B（箭头由 C 指向 B）、域 B 又信任域 A，因此域 C 自动信任域 A。这样，域 A 和域 C 之间就自动建立了双向的信任关系。

当任何一个新域加入域树时，它会自动信任域树中的所有域，这意味着只要有适当的权限，新域内的用户就可以访问域树中其他域的资源，同理，其他域内的用户也可以访问这个新域内的资源。

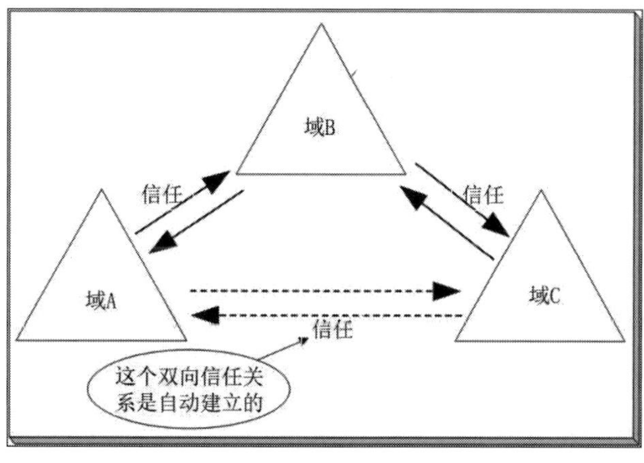

图 6-1-4

6.1.7　域林

域林（forest）是由一个或多个域树所组成的，每一个域树都有自己唯一的名称空间，如图 6-1-5 所示。例如，其中一个域树内的每一个域名都是以 sayms.local 结尾，而另一个则都是以 sayiis.local 结尾。

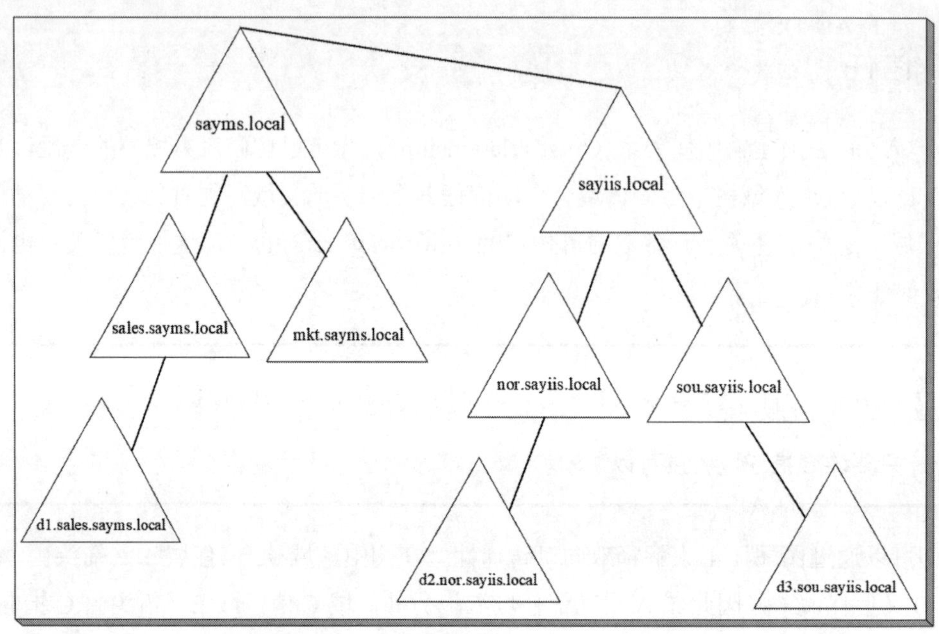

图 6-1-5

第一个域树的根域是整个域林的根域（forest root domain），同时其域名就是域林的名称。例如，图 6-1-5 中的 sayms.local 是第一个域树的根域，它也是整个域林的根域，而域林的名称就是 sayms.local。

当建立域林时，每一个域树的根域（例如图 6-1-5 中的 sayiis.local）与域林的根域（例如图 6-1-5 中的 sayms.local）之间会自动建立双向的可传递的信任关系，因此每一个域树中的每一个域内的用户，只要有适当的权限，就可以访问其他任何一个域树内的资源，也可以在其他任何一个域树内的成员计算机上登录。

6.1.8 架构

AD DS 对象类型与属性数据是定义在**架构**（schema）中的。例如，它定义了**用户**对象类型中包含哪些属性（姓、名、电话等）、每个属性的数据类型等信息。

隶属于 Schema Admins 组的用户可以修改**架构**中的数据，应用程序也可以在**架构**中添加所需的对象类型或属性。在一个域林内的所有域树共享相同的**架构**。

6.1.9 域控制器

Active Directory 域服务（AD DS）的目录数据存储在域控制器（domain controller）中。一个域可以有多台域控制器，每一台域控制器的地位几乎是平等的，它们各自存储着一份相

同的 AD DS 数据库。当在任何一台域控制器内新建了一个用户账户，此账户默认是被建立在此域控制器的 AD DS 数据库中的，之后会自动被复制（replicate）到其他域控制器的 AD DS 数据库，以便让所有域控制器中的 AD DS 数据库都能够同步（synchronize）。

当用户在域内某台计算机登录时，会由其中一台域控制器根据其 AD DS 数据库中的账户数据来审核用户所输入的账户与密码是否正确。如果正确，用户就可以成功登录；反之，则会被拒绝登录。

多台域控制器还可以提供容错功能，例如其中一台域控制器发生故障，此时其他域控制器仍然能够继续提供服务。因为多台域控制器可以分担审核用户登录身份（账户与密码）的工作。

域控制器是由服务器级别的计算机来扮演的，例如安装了 Windows Server 2022、Windows Server 2019、Windows Server 2016 等操作系统的计算机。

前述域控制器的 AD DS 数据库是可以被读与写的。除此之外，还有一种 AD DS 数据库是只能被读取、不能被修改，称为**只读域控制器**（Read-Only Domain Controller，RODC）。如果企业的分公司位于外地的网络，它的安全措施并不像总公司一样完备，就很适合搭建**只读域控制器**。

6.1.10　轻量级目录访问协议

轻量级目录访问协议（Lightweight Directory Access Protocol，LDAP）是一种用来查询与更新 AD DS 数据库的目录服务通信协议。AD DS 利用 **LDAP 名称路径**（LDAP naming path）来表示对象在 AD DS 数据库内的位置，以便用它来访问 AD DS 数据库内的对象。**LDAP 名称路径**包含以下几个部分：

- **Distinguished Name（DN，可分辨名称）**：它是对象在AD DS数据库中的完整路径，例如图6-1-6中的用户账户名称为**林小洋**，其DN为：

  CN=林小洋, OU=业务一组, OU=业务部, DC=sayms, DC=local

  其中DC（domain component）表示DNS域名中的组件，例如sayms.local中的sayms与local。OU表示组织单位（Organizational Unit）；CN表示通用名称（Common Name）。除了DC与OU之外，其他都是利用CN来表示，例如用户与计算机对象都是属于CN。上述DN表示法中的**sayms** 与**local**属于域名，而**业务部**和**业务一组**都是组织单位。因此，此DN表示账户**林小洋**存储在**sayms.local\业务部\业务一组**的路径内。
- **Relative Distinguished Name（RDN，相对分辨名称）**：RDN用来代表DN完整路径中的部分路径，例如前述路径中，CN=林小洋、OU=业务一组等都是RDN。

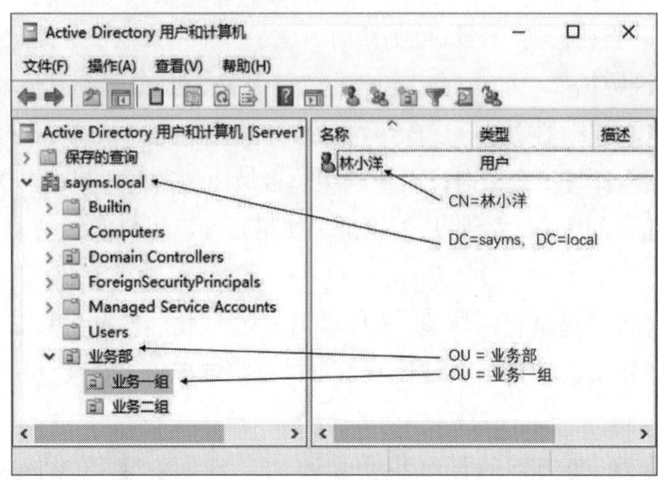

图 6-1-6

除了 DN 与 RDN 这两个对象名称外，还有以下两个名称：

- **Global Unique Identifier（GUID，全局唯一标识符）**：GUID是一个128-bit的数值，系统会自动为每一个对象指定一个唯一的GUID。虽然可以更改对象的名称，但是其GUID永远不会改变。
- **User Principal Name（UPN，用户主体名称）**：每一个用户都可以拥有一个比DN更短、更容易记忆的UPN，例如在图6-1-6中，隶属于域sayms.local的**林小洋**的UPN可为bob@sayms.local。建议用户最好使用UPN来登录，因为无论此用户的账户被移动到哪一个域，其UPN都不会改变，因此用户可以一直使用同一个名称来登录。

6.1.11 全局编录

虽然在域树内的所有域共享一个 AD DS 数据库，但其数据是分散在各个域内的，每个域只存储该域本身的数据。为了让用户和应用程序能够快速找到位于其他域内的资源，AD DS 内设计了**全局编录**（global catalog）。一个域林内的所有域树共享相同的**全局编录**。

全局编录的数据存储在域控制器内，这台域控制器也可被称为**全局编录服务器**。虽然它存储着域林内所有域的 AD DS 数据库内的所有对象，但只存储对象的部分属性，这些属性通常用于查找信息，例如用户的电话号码、登录账户名称等。**全局编录**让用户即使不知道对象位于哪一个域内，仍然可以很快捷地找到所需的对象。

用户登录时，**全局编录服务器**还负责提供该用户所隶属的**通用组**（后面章节进行讲解）信息；当用户使用 UPN 登录时，它还负责提供该用户所隶属的域的信息。

6.1.12 站点

站点（site）是由一或多个 IP 子网组成，这些子网通过**高速且可靠的连接**互连在一起，

也就是这些子网之间的连接速度要快速且稳定，符合站点内部连接的要求，否则就应该将它们分别规划为不同的站点。

一般来说，一个 LAN（局域网）之内的各个子网之间的连接都符合快速且高可靠的要求，因此可以将一个 LAN 规划为一个站点；而 WAN（广域网）内的各个 LAN 之间的连接速度一般都无法做到高速、稳定与可靠，因此 WAN 中的各个 LAN 应分别规划为不同站点，如图 6-1-7 所示。

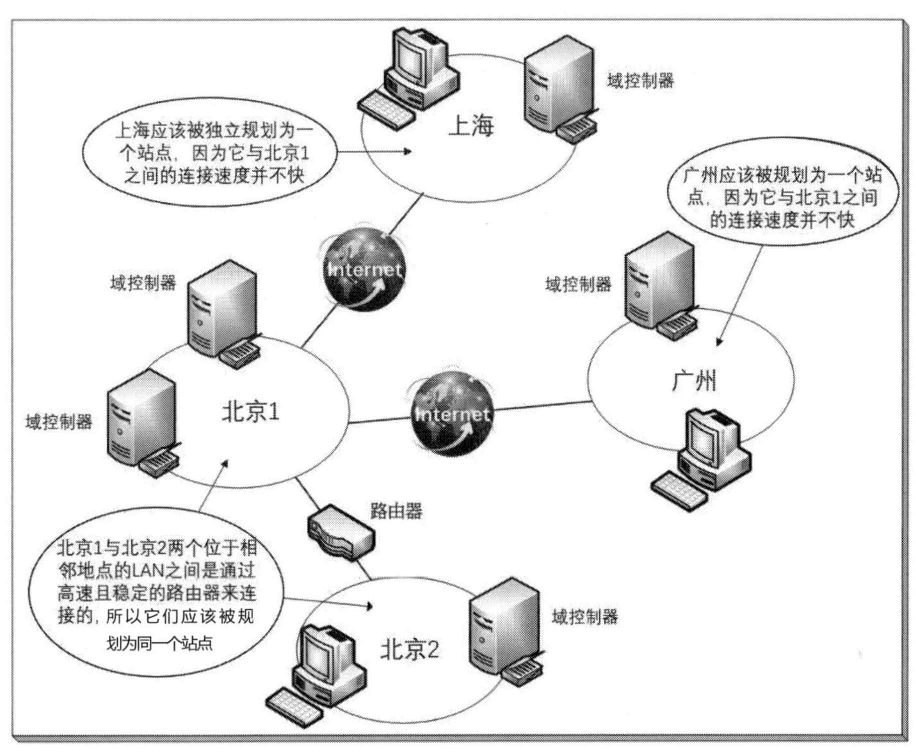

图 6-1-7

域是逻辑分组，而站点是物理的分组。在 AD DS 内每一个站点可能包含多个域，而一个域内的各台计算机也可能位于不同的站点。

如果一个域的域控制器分布在不同的站点，而站点之间是低速连接，由于不同站点的域控制器之间需要互相复制 AD DS 数据库，因此需谨慎规划执行复制的时段，尽量在离峰时期执行复制工作。同时，复制频率不要太高，以避免复制时占用站点之间连接的带宽，影响站点之间其他数据的传输效率。

同一个站点内的域控制器之间采用高速连接，因此在复制 AD DS 数据时可以高速复制。AD DS 会自动设置同一个站点内、隶属于同一个域的域控制器之间的复制操作，并默认将复制频率设置为高于不同站点之间域控制器之间的复制频率。

不同站点之间在复制时，传输的数据会被压缩以减少站点之间连接带宽的负载；但同一个站点内的域控制器之间在复制时不会压缩数据。

6.1.13 域功能级别与林功能级别

随着新操作系统的诞生，带来了越来越多的新功能，因此 AD DS 将域与域林划分为不同的功能级别，新的功能级别支持着新功能的应用。

1. 域功能级别

Active Directory 域服务（AD DS）的**域功能级别**（domain functionality level）设置只会影响到该域本身而已，不会影响到其他域。**域功能级别**分为以下几种模式：

- **Windows Server 2008**：域控制器操作系统为Windows Server 2008或新版本。
- **Windows Server 2008 R2**：域控制器操作系统为Windows Server 2008 R2或新版本。
- **Windows Server 2012**：域控制器操作系统为Windows Server 2012或新版本。
- **Windows Server 2012 R2**：域控制器操作系统为Windows Server 2012 R2或新版本。
- **Windows Server 2016**：域控制器操作系统为Windows Server 2016或新版本。

其中，Windows Server 2016 级别拥有 AD DS 的所有功能。可以提升域功能等级，例如将 Windows Server 2012 R2 提升到 Windows Server 2016。

Windows Server 2022、Windows Server 2019 并未增加新的域功能级别与林功能级别，因此目前最高级别还是 Windows Server 2016。

2. 林功能级别

Active Directory 域服务（AD DS）的**林功能级别**（forest functionality level）设置，会影响到该域林内的所有域。**林功能级别**分为以下几种模式：

- **Windows Server 2008**：域控制器操作系统为Windows Server 2008或新版本。
- **Windows Server 2008 R2**：域控制器操作系统为Windows Server 2008 R2或新版本。
- **Windows Server 2012**：域控制器操作系统为Windows Server 2012或新版本。
- **Windows Server 2012 R2**：域控制器操作系统为Windows Server 2012 R2或新版本。
- **Windows Server 2016**：域控制器操作系统为Windows Server 2016或新版本。

其中的 Windows Server 2016 级别拥有 AD DS 的所有功能。可以提升林功能级别，例如将 Windows Server 2012 R2 提升到 Windows Server 2016。

6.1.14 目录分区

AD DS 数据库被逻辑地分为以下多个**目录分区**（directory partition）：

- **架构目录分区（Schema Directory Partition）**：它存储着整个林中所有对象与属性的定义数据，也存储着如何建立新对象与属性的规则。整个林内所有域共享一份相同

的**架构目录分区**，它会被复制到林中所有域的所有域控制器。

- **配置目录分区**（**Configuration Directory Partition**）：其中存储着整个AD DS的结构，例如有哪些域、站点、域控制器等信息。整个林共享一份相同的**配置目录分区**，它会被复制到林中所有域的所有域控制器。
- **域目录分区**（**Domain Directory Partition**）：每个域各有一个**域目录分区**，其内存储着与该域有关的对象，例如用户、组与计算机等对象。每个域各自拥有一份**域目录分区**，它只会被复制到该域内的所有域控制器，并不会被复制到其他域的域控制器。
- **应用程序目录分区**（**Application Directory Partition**）：它通常由应用程序所建立，其内存储着与该应用程序有关的数据。例如，如果由Windows Server 2022扮演的DNS服务器建立的DNS区域为一个**Active Directory集成区域**，它便会在AD DS数据库内建立**应用程序目录分区**，以便存储该区域的数据。**应用程序目录分区**会被复制到林中的特定域控制器，而不是所有的域控制器。

6.2 建立Active Directory域

我们可以使用图 6-2-1 来介绍如何建立第一个林中的第一个域（根域）。建立域的方式是先安装一台 Windows 服务器（此处以 Windows Server 2022 Datacenter 为例），然后将其升级为域控制器。我们还可以搭建此域内的第二台域控制器（Windows Server 2022 Datacenter）、一台成员服务器（Windows Server 2022 Datacenter）与一台加入域的 Windows 11 专业版客户端。建议使用 Windows Server 2022 Hyper-V 或 VMware Workstation 等虚拟机与虚拟网络来搭建图中的网络环境。

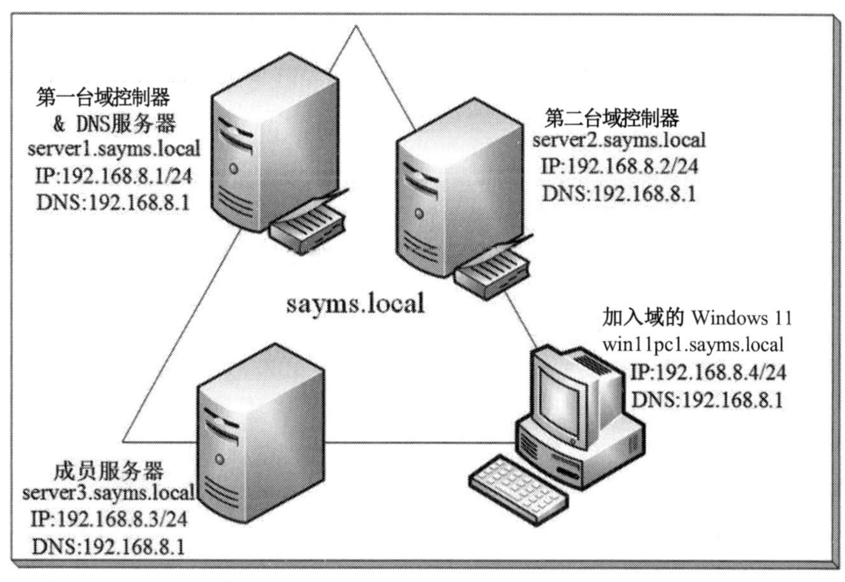

图 6-2-1

我们先要将图 6-2-1 左上角的服务器升级为域控制器。在建立第一台域控制器 server1.sayms.local 时，它会同时建立此域控制器所隶属的域 sayms.local，也会建立域 sayms.local 隶属的域树，而域 sayms.local 也是此域树的根域。由于是第一个域树，因此它同时会建立一个新的域林，林名称就是第一个域树的根域的域名，也就是 sayms.local。域 sayms.local 就是整个林的**林根域**。

6.2.1 建立域的必要条件

在将 Windows Server 2022 升级为域控制器前，请注意以下事项：

- **DNS域名**：事先为AD DS域确定好一个符合DNS格式的域名，例如sayms.local。
- **DNS服务器**：由于域控制器需将自己注册到DNS服务器内，以便让其他计算机通过DNS服务器来找到这台域控制器，因此需要有一台DNS服务器。如果目前没有DNS服务器，则可以在升级过程中，选择在这台即将升级为域控制器的服务器上安装DNS服务器。

6.2.2 创建网络中的第一台域控制器

我们将通过添加服务器角色的方式，将图 6-2-1 中左上角的服务器 server1.sayms.local 升级为域控制器。

STEP 1 先将该台计算机的计算机名称设置为 server1，IPv4 地址等设置如图 6-2-1 中所示。注意只需将计算机名称设置为 server1，等升级为域控制器后，其计算机名称会自动被改为 server1.sayms.local。

STEP 2 打开**服务器管理器**，如图 6-2-2 所示，单击**仪表板**处的**添加角色和功能**（也可以参考图 6-2-3 所示使用 Windows Admin Center，参见 3.3 节）。

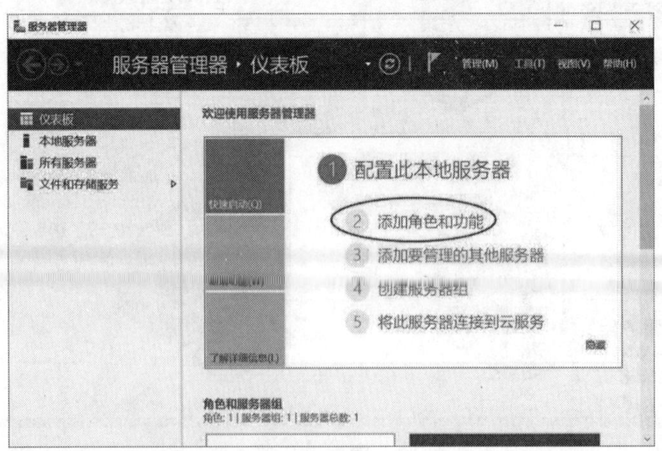

图 6-2-2

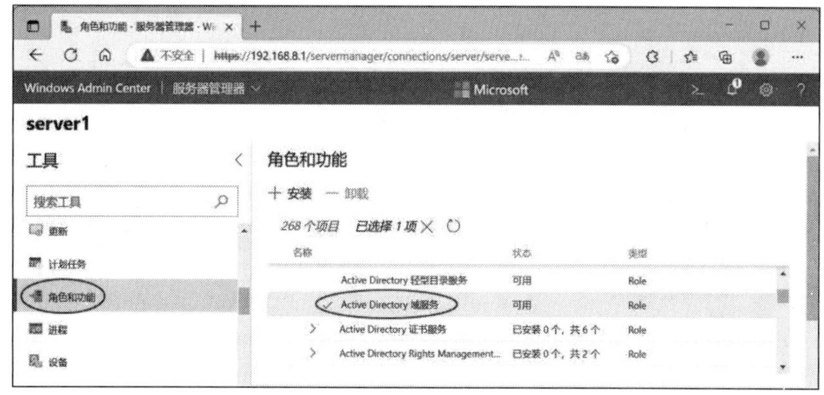

图 6-2-3

STEP 3　持续单击下一步按钮一直到显示出如图 6-2-4 所示的窗口，勾选 **Active Directory 域服务**，之后单击添加功能按钮来安装所需的其他功能。

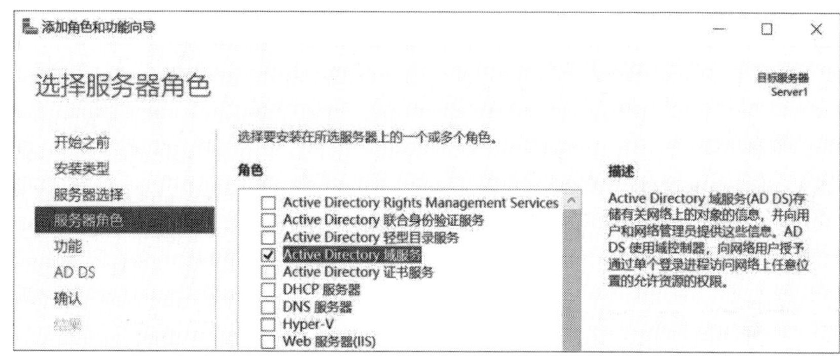

图 6-2-4

STEP 4　持续单击下一步按钮一直到**确认安装所选内容**界面中单击安装按钮。

STEP 5　图 6-2-5 所示为完成安装后的界面，单击**将此服务器提升为域控制器**。

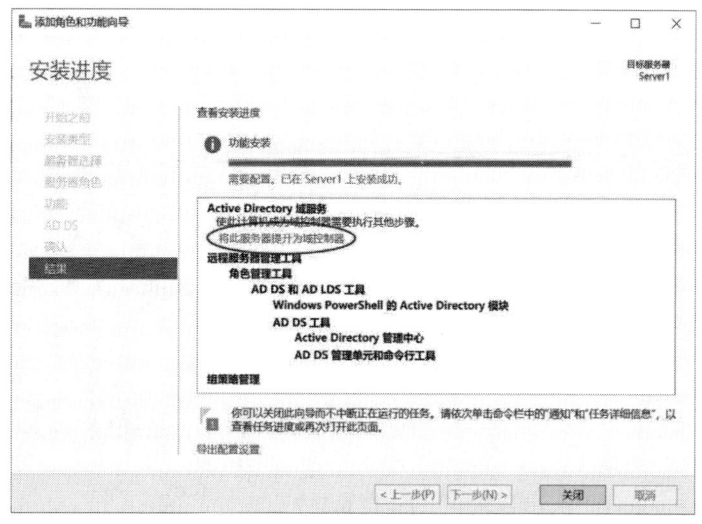

图 6-2-5

若已经关闭图 6-2-5 所示的窗口，则可以在如图 6-2-6 所示的窗口中单击**服务器管理器**上方的旗帜符号，随后单击**将此服务器提升为域控制器**。

图 6-2-6

STEP 6 在如图 6-2-7 所示的界面中选择**添加新林**、设置**林根域名**（例如 sayms.local），单击**下一步**按钮。

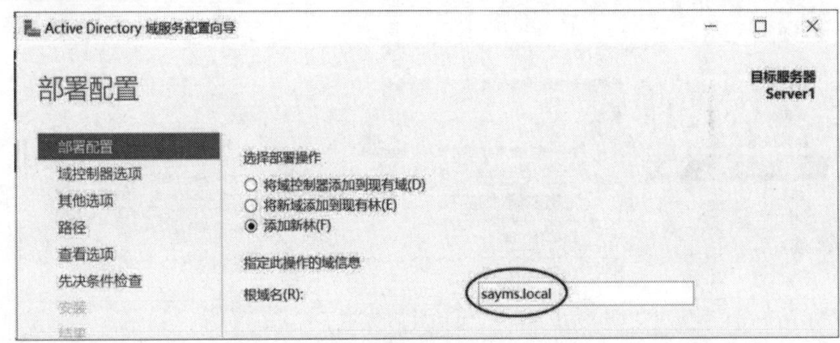

图 6-2-7

STEP 7 在图 6-2-8 中完成设置后单击**下一步**按钮，具体设置如下：

- 选择林功能级别、域功能级别：林与域功能级别都选择默认的Windows Server 2016。
- 默认会直接在此服务器上安装DNS服务器。
- 第一台域控制器必须扮演**全局编录服务器**的角色。
- 第一台域控制器不能是**只读域控制器**（RODC）。
- 设置**目录服务还原模式**的系统管理员密码：目录服务还原模式（目录服务修复模式）是一个安全模式，进入此模式可以修复AD DS数据库。可以在系统启动时按F8键来选择此模式，不过必须输入此处所设置的密码。

密码默认需要至少 7 个字符，但不能包含用户账户名称（指**用户 SamAccountName**）或全名，至少要包含 A~Z、a~z、0~9、特殊字符（例如!、$、#、%）等 4 组字符中的 3 组，例如 123abcABC 为有效密码，而 1234567 为无效密码。

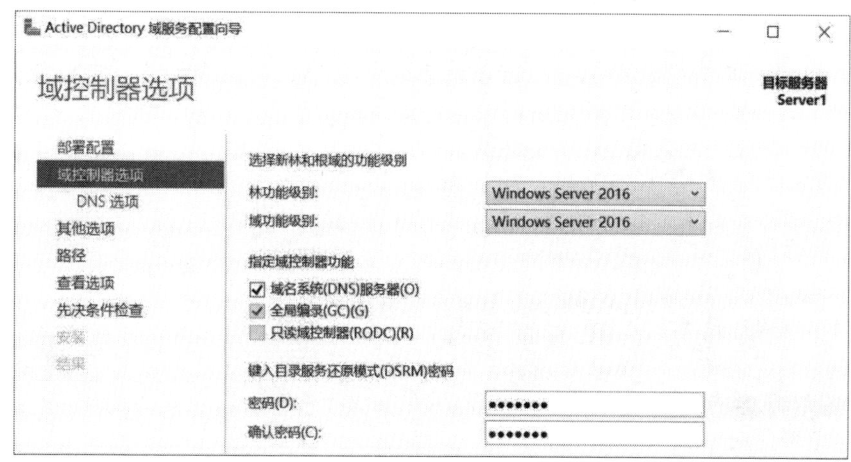

图 6-2-8

STEP 8　出现如图 6-2-9 的警告界面时，直接单击下一步按钮。

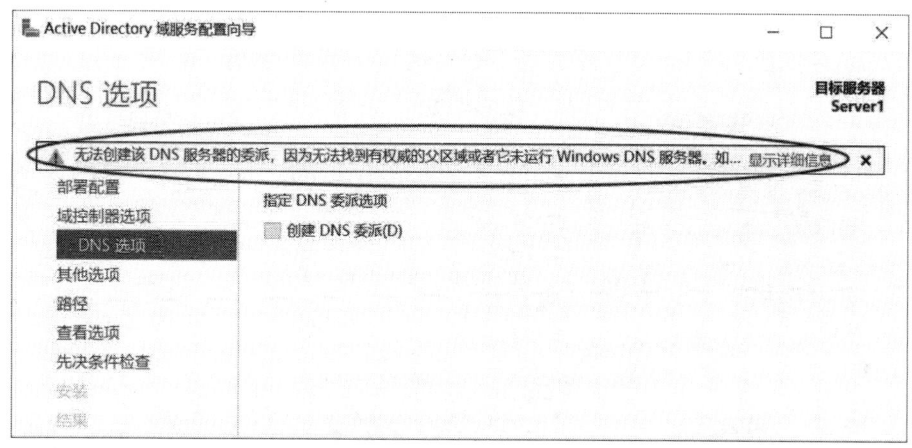

图 6-2-9

STEP 9　在**其他选项**界面中，安装程序会按照默认的命名规则自动为此域设置一个 NetBIOS 域名。如果按照默认的命名规则所设置的 NetBIOS 域名已被占用，则会自动指定建议的名称。完成后单击下一步按钮。NetBIOS 域名的默认规则为 DNS 域名第 1 个句点左边的文字，例如 DNS 名称为 sayms.local，则 NetBIOS 名称为 SAYMS。NetBIOS 名称不分字母大小写，它让不支持 DNS 名称的旧系统，可通过 NetBIOS 名称来与此域通信。

STEP 10　在图 6-2-10 所示的界面中可直接单击下一步按钮：

- **数据库文件夹**：用来存储AD DS数据库。
- **日志文件文件夹**：用来存储AD DS数据库的变更记录，它可用来修复AD DS数据库。
- **SYSVOL文件夹**：用来存储域共享文件，例如组策略相关的文件。如果需要将其更改到其他磁盘，则目标磁盘必须使用NTFS文件系统。

如果计算机内有多块硬盘，则建议将数据库与日志文件文件夹分别放置到不同的硬盘内，因为两个硬盘分别工作可以提高运行效率，而且分开存储可以避免两份文件同时出现问题，以提高修复AD DS数据库的能力。

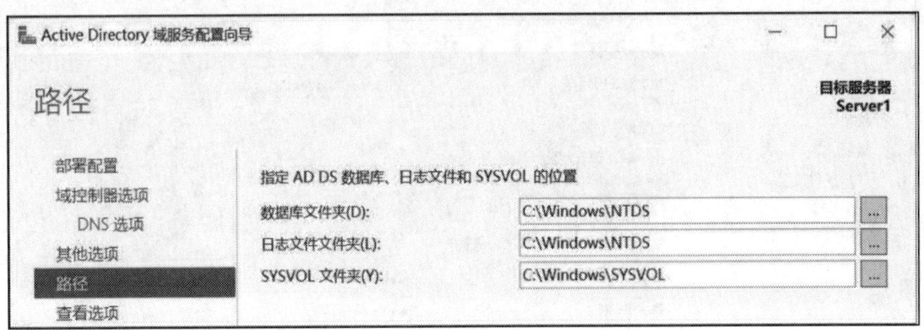

图 6-2-10

STEP 11 在**查看选项**界面中单击下一步按钮。

STEP 12 在如图 6-2-11 所示的界面中，如果顺利通过检查，则直接单击安装按钮，否则需要根据界面提示先解决问题。安装完成后系统会自动重新启动。

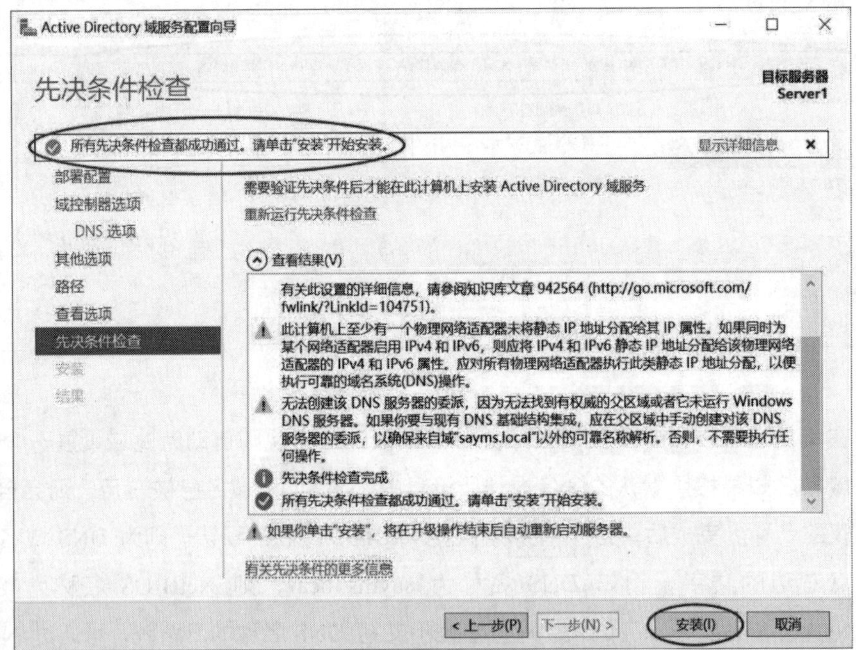

图 6-2-11

6.2.3 检查 DNS 服务器内的记录是否完备

域控制器会将自己所扮演的角色注册到 DNS 服务器内，以便其他计算机可以通过 DNS 服务器查找这台域控制器。因此，我们需要先来检查 DNS 服务器内是否已经有这些记录。需要使用域系统管理员（SAYMS\Administrator）登录。

1. 检查主机记录

首先，需要检查域控制器是否已将其主机名与 IP 地址注册到 DNS 服务器中。需要登录到同时也是 DNS 服务器的计算机 server1.sayms.local，然后单击**服务器管理器**右上方的**工具**➲DNS 或单击左下角的**开始**图标⊞➲Windows 管理工具➲DNS，如图 6-2-12 所示可以看到名为 sayms.local 的区域，图中**主机（A）**记录表示域控制器 server1.sayms.local 已正确地将其主机名与 IP 地址注册到 DNS 服务器内。

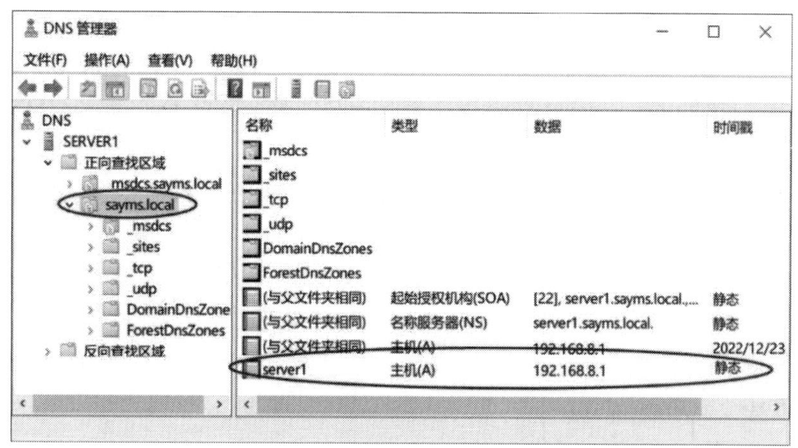

图 6-2-12

如果域控制器已经将其所扮演的角色注册到 DNS 服务器，则还应该会有如图 6-2-12 所示的_tcp、_udp 等文件夹。单击_tcp 文件夹后，可以看到如图 6-2-13 所示的界面，其中数据类型为**服务位置（SRV）**的_ldap 记录，表示 server1.sayms.local 已经正确地注册为域控制器。根据_gc 记录，可以看出**全局编录服务**器的角色也是由 server1.sayms.local 所扮演的。

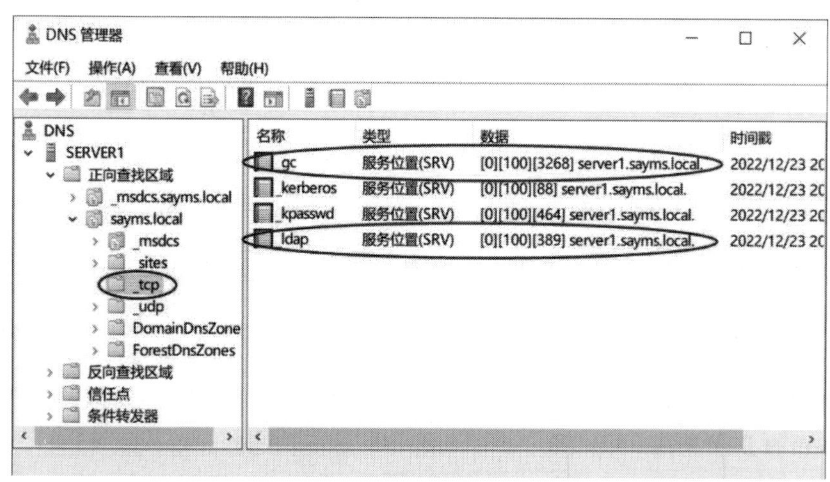

图 6-2-13

当 DNS 区域内有这些数据后，其他需要加入域的计算机可以通过查询此区域来得知域控制器为 server1.sayms.local。这些加入域的成员（域控制器、成员服务器、Windows 11 等客户端）也会将其主机与 IP 地址数据注册到此 DNS 区域内。

2. 解决注册失败的问题

如果因为域成员本身的设置有误或网络问题而导致它们无法将数据注册到 DNS 服务器中，那么可以在问题解决后，重新启动这些计算机或利用以下方法来手动执行 DNS 注册操作：

- 如果某个域成员计算机的主机名与IP地址没有正确注册到DNS服务器，则需要到此计算机上执行**ipconfig/registerdns**命令来手动注册。完成后，需要到DNS服务器检查是否已经有了正确记录。例如，如果域成员主机名为server1.sayms.local，IP地址为192.168.8.1，则需要检查区域sayms.local内是否有server1的主机（A）记录、其IP地址是否为192.168.8.1。
- 如果发现域控制器并没有将其所扮演的角色注册到DNS服务器中，也就是并没有类似图6-2-13的_tcp等文件夹与相关记录，则可到此台域控制器上利用这些步骤来注册：单击左下角的**开始**图标⊞➲Windows管理工具➲服务➲选中**Netlogon**服务后右击➲重新启动（见图6-2-14）。

图 6-2-14

6.2.4 建立更多的域控制器

一个域内如果有多台域控制器，则可以拥有以下好处：

- **改善用户登录的效率**：如果同时有多台域控制器来对客户端提供服务，则可以分担审核用户登录身份（账户与密码）的工作，从而提高用户登录效率。
- **容错功能**：如果某个域控制器发生故障，此时仍然能够由其他正常的域控制器来继续提供服务，从而确保客户端服务不会中断。

我们将通过新建新的服务器角色，将图 6-2-15 中右上角的服务器 server2.sayms.local 升级

为域控制器。

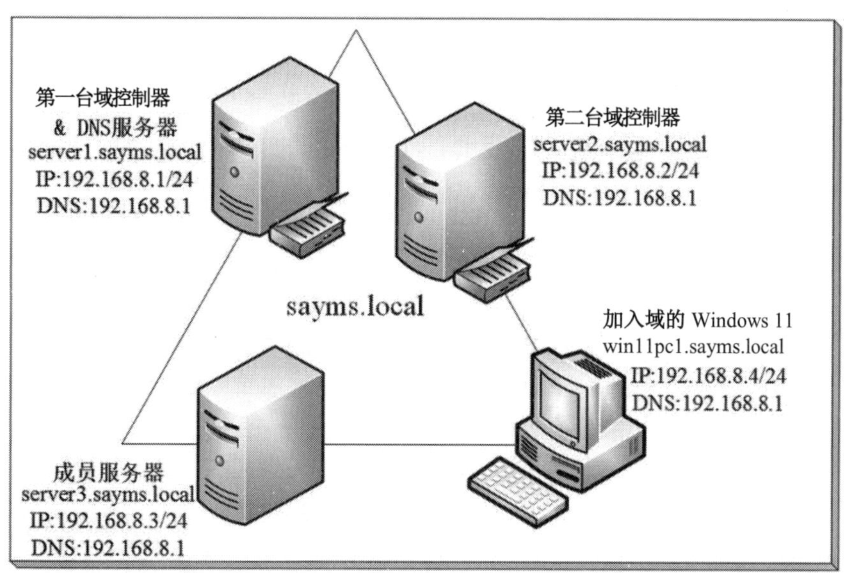

图 6-2-15

> 如果虚拟机的虚拟硬盘（例如本例的 server2）是从同一个虚拟硬盘复制而来的，则在创建完此虚拟机后，需要执行 sysprep.exe（详见 5.4 节最后STEP 10的说明），以确保该虚拟机拥有唯一的 SID 等设置值。

STEP 1　首先，将这台计算机的计算机名称设置为 server2，并将它的 IPv4 地址等参照图 6-2-15 进行设置。需要注意的是，在升级为域控制器之前，将计算机名设置为 server2 即可，在升级为域控制器后，其计算机名将自动更改为 server2.sayms.local。

STEP 2　接下来的步骤与前面**建立网络中的第一台域控制器**的STEP 2开始的步骤相同，需要注意的是，在如图 6-2-16 所示的界面中需要改为选择**将域控制器添加到现有域**，输入域名 sayms.local，单击更改按钮后输入有权限添加域控制器的账户（SAYMS\Administrator）与密码；然后在**其他选项**界面中单击下一步按钮即可。

> 只有 Enterprise Admins 或 Domain Admins 组中的用户才有权限创建其他域控制器。如果当前登录的账户不属于这两个组，例如我们当前登录的账户为本地系统管理员（Administrator），则需要在如图 6-2-16 所示的界面中另外指定有权限的用户账户。

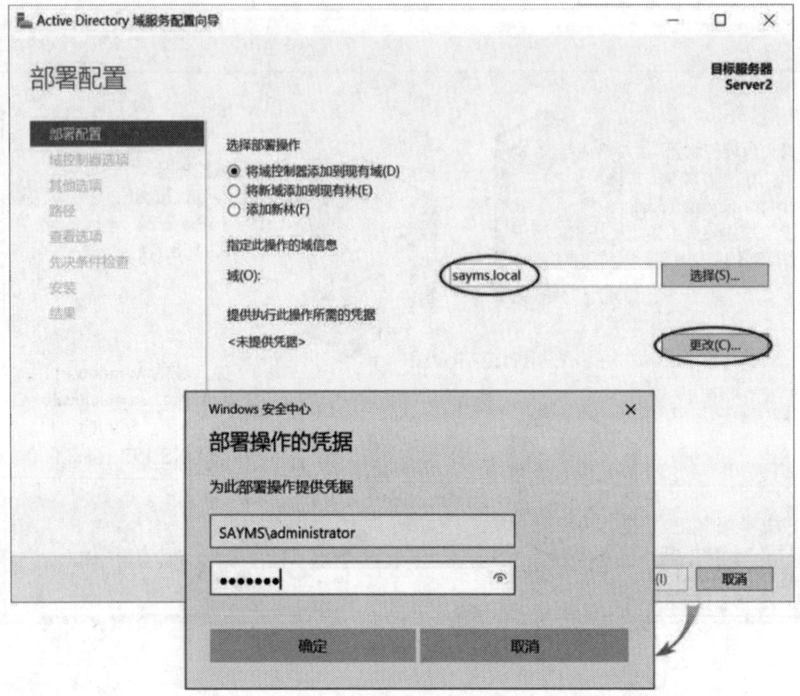

图 6-2-16

6.3 将Windows计算机加入或脱离域

Windows 计算机加入域后，就可以访问 AD DS 数据库与其他域中的资源。例如，用户可以使用域用户账户在这些计算机上登录域并访问域中其他计算机内的资源。以下列出一些可以被加入域的计算机系统：

- Windows Server 2022 Datacenter/Standard
- Windows Server 2019 Datacenter/Standard
- Windows Server 2016 Datacenter/Standard
- Windows 11 Enterprise/Pro/Education
- Windows 10 Enterprise/Pro/Education
- Windows 8.1 Enterprise/Pro
- Windows 8 Enterprise/Pro

6.3.1 将 Windows 计算机加入域

参照图 6-3-1，我们将左下角的服务器 server3（运行 Windows Server 2022 Enterprise）来说明如何将计算机加入域，并将右下角的 Windows 11 Professional 计算机加入域。具体步骤如下：

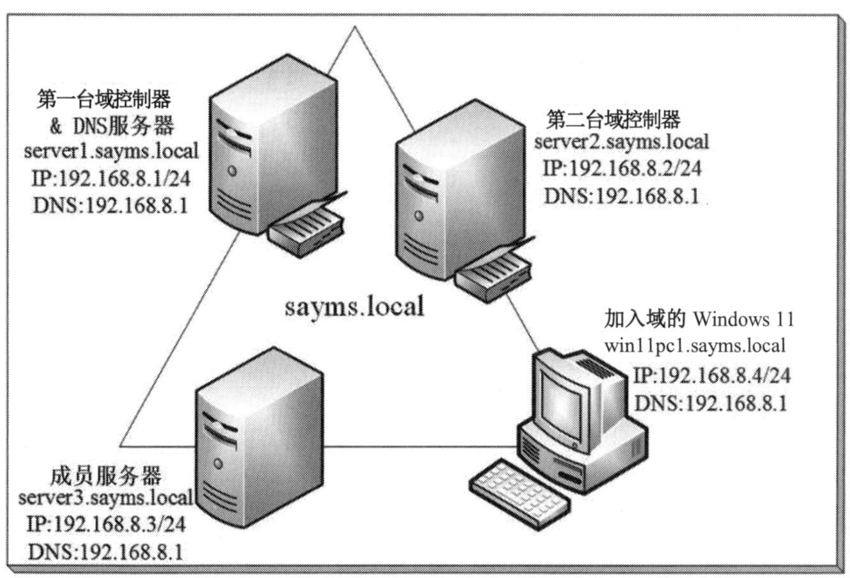

图 6-3-1

STEP 1　首先，将该台计算机的计算机名设置为 server3，并将它的 IPv4 地址等参照图 6-3-1 进行设置。注意，计算机名设置为 server3 即可，等加入域后，其计算机名会自动更改为 server3.sayms.local。

STEP 2　打开**服务器管理器**➲单击左侧**本地服务器**➲单击**工作组**处的 WORKGROUP，如图 6-3-2 所示。

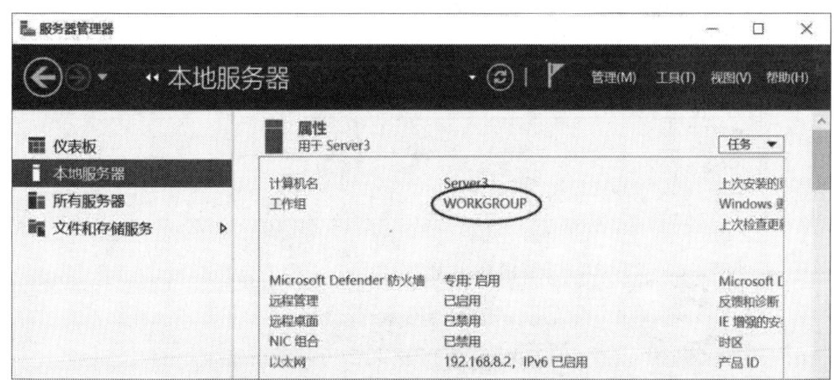

图 6-3-2

如果是 Windows 11 计算机，步骤为：选中左下角的**开始**图标，再右击➲系统➲单击**域或工作组**➲单击更改按钮。

如果是 Windows 10 计算机，步骤为：选中左下角的**开始**图标，再右击➲系统➲单击**重命名此计算机（高级）**➲单击更改按钮。

如果 Windows 8.1 计算机，步骤为：切换到**开始**菜单（可按键）➲单击菜单左下方符号➲选中**此电脑**后右击➲单击**属性**➲单击右侧的**更改设置**。

如果是 Windows 8 计算机，步骤为：按⊞键切换到**开始**菜单➲在空白处右击➲单击**所有程序**➲选中**计算机**后右击➲单击下方**属性**➲……。

STEP 3　单击更改按钮，如图 6-3-3 所示。

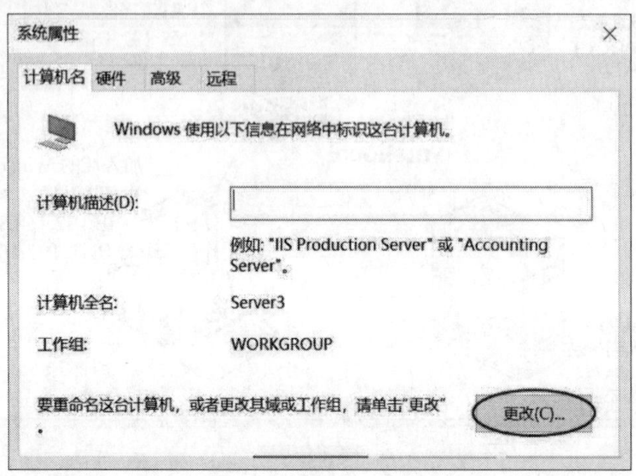

图 6-3-3

STEP 4　单击**域**➲输入域名 sayms.local➲单击确定按钮➲输入域内任何一位用户账户与密码，如图 6-3-4 所示，使用 Administrator（可输入 sayms\administrator 或 sayms.local\Administrator）➲单击确定按钮。

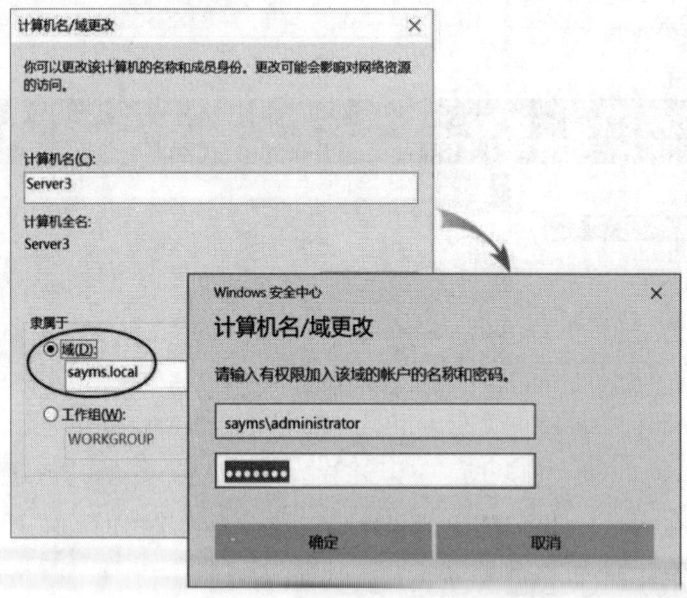

图 6-3-4

如果出现错误提示，请检查 TCP/IPv4 的设置是否正确，尤其是**首选 DNS 服务器**的 IPv4 地址是否正确，以本例来说应该是 192.168.8.1。

STEP 5　出现**欢迎加入 sayms.local 域**界面表示已经成功地加入域了，也就是此计算机的账户已经被创建在 AD DS 数据库内（会被创建在 Computers 容器内），单击确定按钮。

如果出现错误警告，请检查所输入的账户与密码是否正确。不一定需要域系统管理员账户，可以使用 AD DS 数据库中的任何其他用户账户与密码，不过使用这些普通账户只能将最多 10 台计算机加入 AD DS 数据库（最多创建 10 个计算机账户）。

STEP 6　如果出现需要重新启动计算机的提示，则单击确定按钮。

STEP 7　在图 6-3-5 中可以看出，加入域后，完整计算机名的后缀就会附上域名，如图中的 Server3.sayms.local，之后单击关闭按钮。

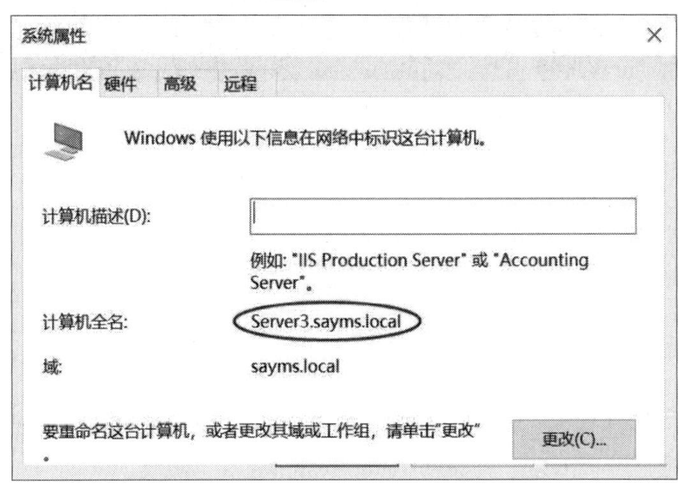

图 6-3-5

STEP 8　按照系统提示重新启动计算机。

STEP 9　请自行将图 6-3-1 中的 Windows 11 计算机加入域。

6.3.2　用已加入域的计算机登录

可以在已经加入域的计算机上，用本地或域用户账户来登录。

1. 用本地用户账户登录

出现如图 6-3-6 所示的登录界面时，默认是用本地系统管理员 Administrator 的身份来登录，因此只要输入本地 Administrator 的密码就可以登录。

图 6-3-6

此时系统会使用本地安全数据库来检查账户与密码是否正确，如果正确，就可以登录成功，也可以访问此计算机内的资源（如果有权限的话），但是无法访问域内其他计算机的资源，除非在连接其他计算机时另外再提供有权限的用户名与密码。

2. 用域用户账户登录

如果要改用域系统管理员 Administrator 身份登录，步骤为：单击图 6-3-7 中左下方的**其他用户**➲输入域系统管理员的账户（sayms\administrator）与密码。

图 6-3-7

需要注意的是，在输入账户名时，需要在账户前面附加域名，例如 sayms.local\administrator 或 sayms\administrator，此时账户名与密码会被发送到域控制器，并

使用 AD DS 数据库来检查账户名与密码是否正确，如果正确，就可以成功登录，并直接连接到域内的任何一台计算机并可访问其中的资源（如已经被赋予适当的权限），而不需要再另外输入账户名与密码。

6.3.3　脱离域

只有属于域 Enterprise Admins、Domain Admins 组或本地 Administrator 组的成员才有权限将计算机从域中移除（即脱离域）。如果没有权限，则系统会要求输入具有适当权限的账户的账户名与密码。

脱离域的方法与加入域的方法大同小异，以 Windows Server 2022 为例，具体的步骤：打开**服务器管理器**➲单击左侧**本地服务器**➲单击右侧**域**处的 sayms.local➲单击更改按钮➲单击**工作组**➲输入工作组名（图中为 SAYMSTEST）后单击确定按钮➲出现**欢迎加入工作组**界面后单击确定按钮➲重新启动计算机，如图 6-3-8 所示。之后在这台计算机上就只能使用本地用户账户来登录，无法再使用域用户账户。这些计算机脱离域后，它们原本在 AD DS 的 Computers 容器中的计算机账户会被禁用（计算机账户图标会多一个向下的箭头）。

图 6-3-8

6.4　管理Active Directory域用户账户

6.4.1　内置的 Active Directory 管理工具

可以在 Windows Server 2022 计算机上通过以下两个工具来管理域账户，例如用户账户、组账户与计算机账户等：

- **Active Directory用户和计算机**：它是旧版本的管理工具。
- **Active Directory管理中心**：这是从Windows Server 2008 R2开始提供的工具。以下尽量通过**Active Directory管理中心**来说明。

这两个工具默认只存在于域控制器中，可以通过单击左下角的**开始**图标⊞➲Windows 管理工具或单击**服务器管理器**右上方的**工具**，来找到 **Active Directory 管理中心**与 **Active Directory 用户和计算机**。以我们的实验环境为例，可到域控制器 Server1 或 Server2 计算机上运行它们，如图 6-4-1 和图 6-4-2 所示。

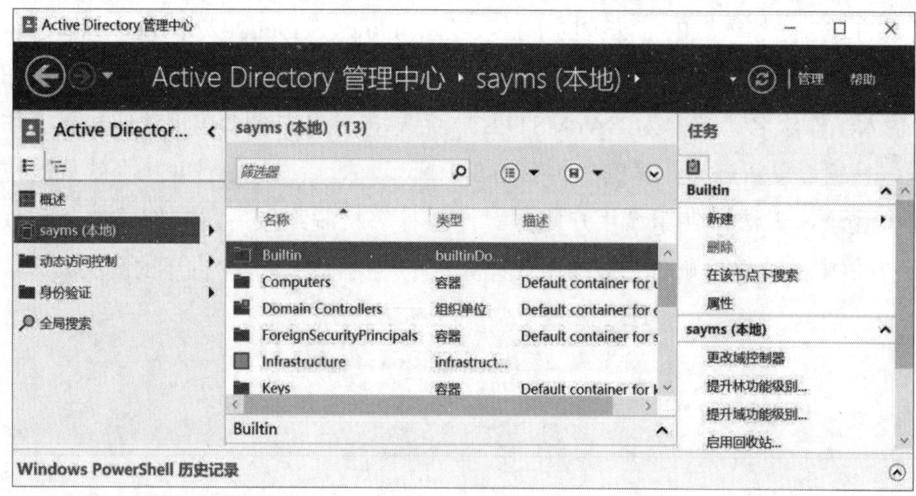

图 6-4-1

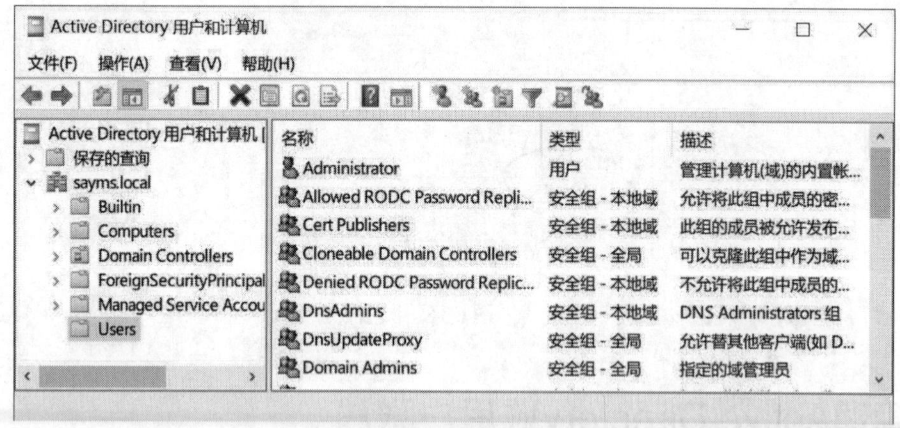

图 6-4-2

在服务器还没有被升级成为域控制器之前，原本位于本地安全数据库中的本地账户会在升级后被转移到 AD DS 数据库内，并被放置到 Users 容器内，而且域控制器的计算机账户会被放置到图中的 Domain Controllers 组织单位内，其他加入域的成员计算机的计算机账户默认

会被放置到图中的 Computers 容器中。

只有在建立域内的第一台域控制器时，该服务器原来的本地账户才会被转移到 AD DS 数据库。其他域控制器（例如本例中的 Server2）原来的本地账户并不会被转移到 AD DS 数据库。

6.4.2　其他成员计算机内的 Active Directory 管理工具

域控制器的 Windows Server 2022、Windows Server 2019、Windows Server 2016 等成员服务器与 Windows 11、Windows 10、Windows 8.1（8）等客户端计算机内默认并没有管理 AD DS 的工具，例如 **Active Directory 用户和计算机**、**Active Directory 管理中心**等，但可以另外安装。

1. Windows Server 2022、Windows Server 2019 等成员服务器

Windows Server 2022、Windows Server 2019、Windows Server 2016 成员服务器可以通过**添加角色和功能**的方式来拥有 AD DS 管理工具，具体操作位：打开**服务器管理器**➲单击**仪表板**处的**添加角色和功能**➲持续单击下一步按钮一直到出现如图 6-4-3 所示的**选择功能**界面时勾选**远程服务器管理工具**下的 **AD DS 和 AD LDS 工具**。安装完成后可以到**开始**菜单的 **Windows 管理工具**来运行这些工具。

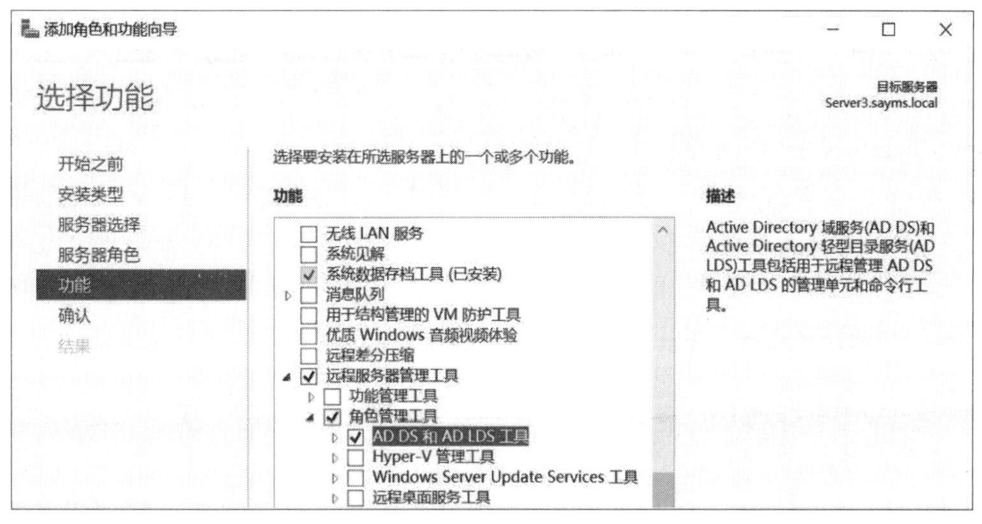

图 6-4-3

2. Windows 11

选中左下角的**开始**图标■，再右击➲单击**设置**➲单击**应用**处的**可选功能**➲单击**添加可选功能**处的**查看功能**➲选择所需要的工具（见图 6-4-4），此计算机需要连接 Internet。完成安装后，可以通过单击下方的**开始**图标⊞➲单击右上方的**所有应用程序**➲Windows 工具来执行所

安装的 AD DS 管理工具。

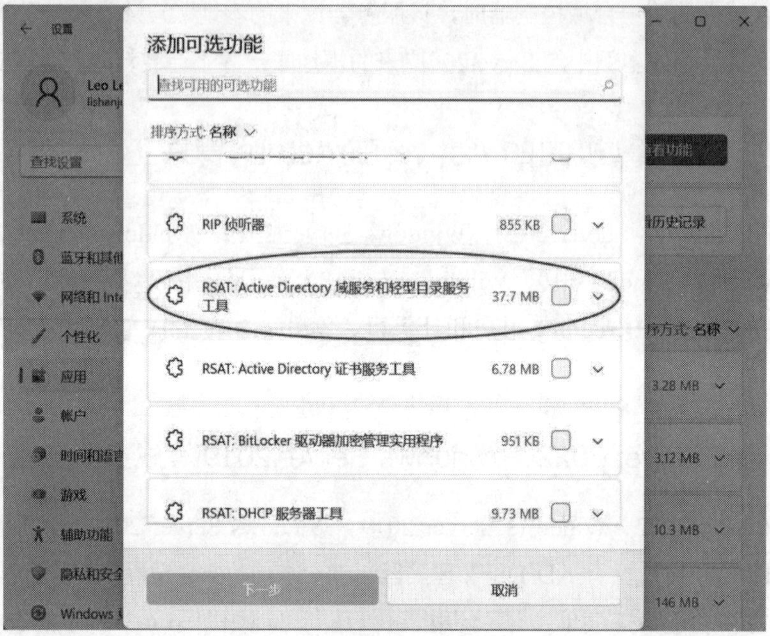

图6-4-4

3. Windows 10、Windows 8.1、Windows 8

Windows 10 计算机需要到微软网站下载与安装 **Windows 10 远程服务器管理工具**，安装完成后可通过单击左下角的**开始**图标⊞➲Windows 管理工具以使用 **Active Directory 管理中心**与 **Active Directory 用户和计算机**等工具。

Windows 8.1（Windows 8）计算机需要到微软网站下载与安装 **Windows 8.1 远程服务器管理工具**（**Windows 8 远程服务器管理工具**），安装完成后可通过按 Windows 键⊞切换到开始菜单➲单击菜单左下方⬇图标➲管理工具来选用 **Active Directory 管理中心**与 **Active Directory 用户和计算机**等工具。

6.4.3 创建组织单位与域用户账户

可以在容器或组织单位（OU）内建立用户账户。下面我们将先创建一个名为**业务部**的组织单位，然后在此组织单位内创建域用户账户。

STEP 1 单击左下角的**开始**图标⊞➲Windows 管理工具➲Active Directory 管理中心➲选中域名 **sayms**（本地）后右击➲新建➲组织单位，如图 6-4-5 所示。

STEP 2 在**名称**框中输入**业务部**后单击确定按钮，如图 6-4-6 所示。

STEP 3 选中**业务部**组织单位后右击➲新建➲用户，如图 6-4-7 所示。

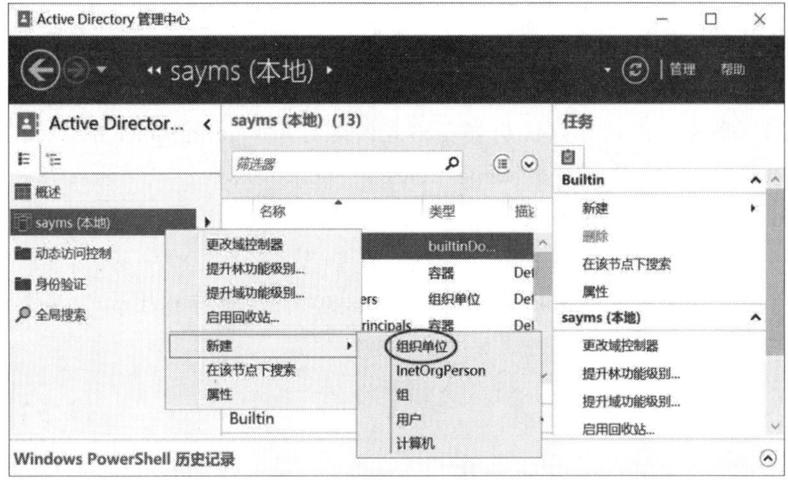

图 6-4-5

图 6-4-6

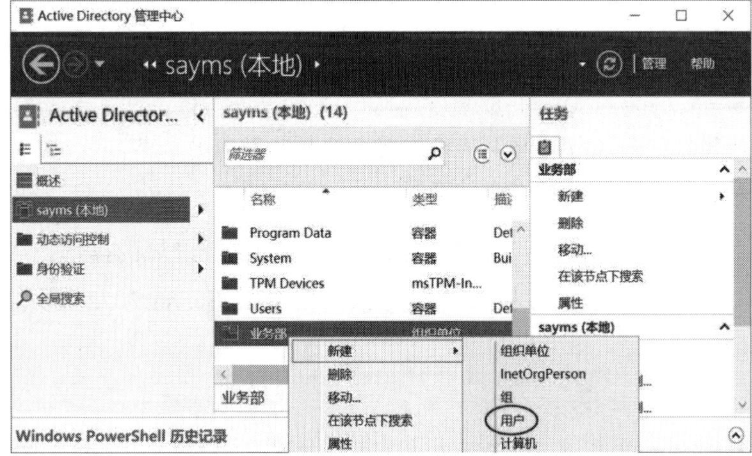

图 6-4-7

STEP 4 在如图 6-4-8 所示的界面中输入以下数据后单击确定按钮：

- 名字、姓氏与全名等数据。
- **用户UPN登录**：用户可以使用邮箱格式的名称（如george@sayms.local）来登录域，此名称被称为User Principal Name（UPN）。在整个林内，此名称必须是唯一的。
- **用户SamAccountName登录**：用户也可使用此名称（sayms\george）登录域，其中sayms为NetBIOS域名。在同一个域内，此登录名必须是唯一的。
- **密码、确认密码与密码选项**等说明与4.2节相同，请自行前往参考。

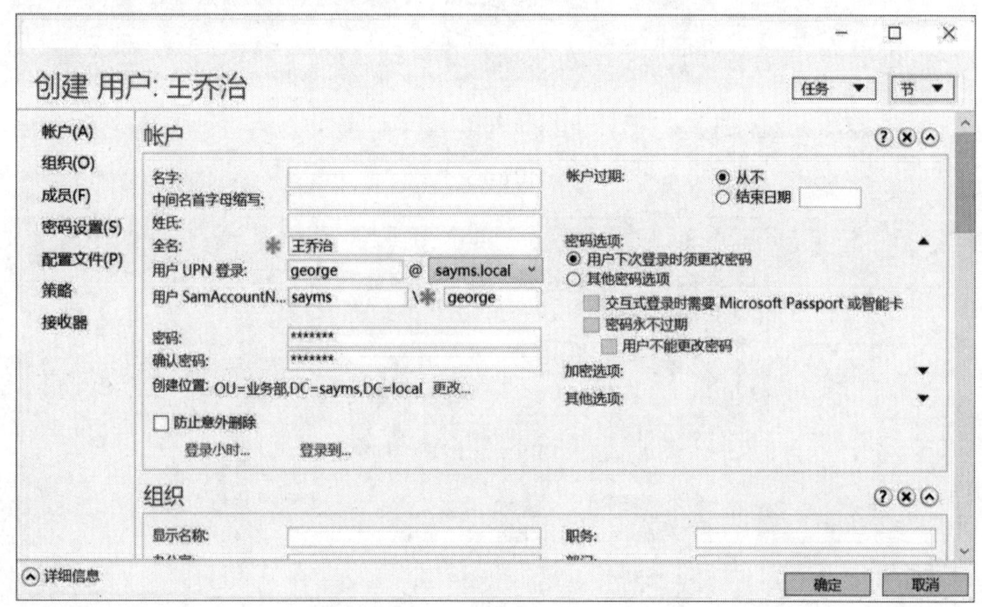

图6-4-8

域用户的密码默认至少需要 7 个字符，但不能包含用户账户名称（指**用户SamAccountName**）或全名，至少要包含 A～Z、a～z、0～9、特殊字符（例如!、$、#、%）等 4 组字符中的 3 组，例如 123abcABC 为有效密码，而 1234567 为无效密码。如果要更改此默认规则，请参考第 9 章。

- **防止意外删除**：如果勾选此复选框，将无法删除该账户。
- **账户过期**：用来设置账户的有效期限，默认为从不。

我们将使用刚才创建立的域用户账户（george）来测试登录域的操作。可以直接到域内的任何一台非域控制器的计算机上来登录域，例如 Windows Server 2022 成员服务器或已加入域的 Windows 11 计算机。

普通用户默认无法在域控制器上登录，除非另行开放（参考下一小节）。

在登录界面中，可以单击界面左下方的**其他用户**➲输入域名\用户账户名（sayms\george 或 sayms.local\george）与密码（见图 6-4-9），也可以输入 UPN 名称（george@sayms.local）与密码来登录（见图 6-4-10）。

图 6-4-9

图 6-4-10

如果是使用 Hyper-V 来搭建测试环境，并且启用了**增强会话模式**（详见第 5 章的相关说明），则域用户在域成员计算机上需要被加入本地 Remote Desktop Users 组内，否则无法登录且会出现如图 6-4-11 所示的提示信息。

图 6-4-11

可以通过以下方法来将域用户加入本地 Remote Desktop Users 组中：在域成员计算机上使用 sayms\administrator 登录➲单击左下角的**开始**图标⊞➲Windows 管理工具➲计算机管理➲系统工具➲本地用户和组➲组➲……，如图 6-4-12 所示，图中假设是将 Domain Users 加入 Remote Desktop Users 组中。

图 6-4-12

6.4.4 用新用户账户登录域控制器测试

除了域 Administrators 等少数组内的成员外，其他普通的域用户默认无法在域控制器上登录，除非在域控制器上开放普通用户登录的权限。

1. 赋予用户在域控制器登录的权限

普通用户需要在域控制器上拥有**允许本地登录**的权限，才能在域控制器上登录。该权限可以通过组策略来开放，具体操作为：到任何一台域控制器上，单击左下角的**开始**图标⊞➲Windows 管理工具➲组策略管理➲展开 Domain Controllers➲选中 Default Domain Controllers Policy 后右击➲编辑，如图 6-4-13 所示。

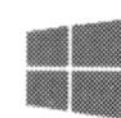

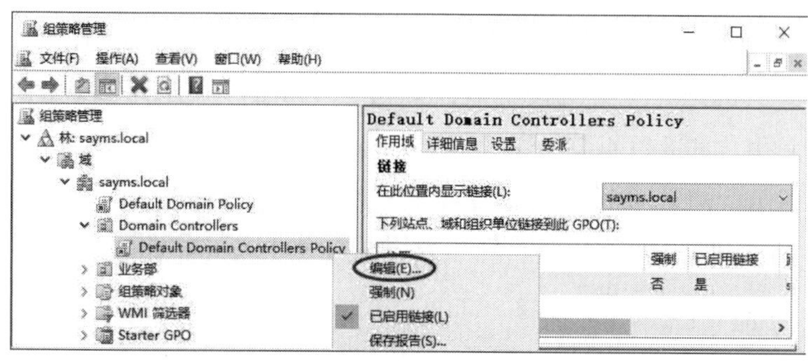

图 6-4-13

接着在如图 6-4-14 所示的界面中双击**计算机配置**处的**策略**➲Windows 设置➲安全设置➲本地策略➲用户权限分配➲双击右侧**允许本机登录**➲单击添加用户或组按钮，然后将用户或组（例如王乔治 george 或组 Domain Users）加入列表内。

接着需要等待设置值被应用到域控制器上才能生效，而应用策略的方法有以下 3 种：

- 将域控制器重新启动。
- 等域控制器自动应用此新策略的设置，可能需要等5分钟或更久。
- 手动应用：到域控制器上执行gpupdate或gpupdate/force命令。

可以到已经完成应用的域控制器上，利用前面所创建的新用户账户来测试是否可以正常登录。如果无法登录，则参考**登录疑难排除**。

图 6-4-14

2. 多台域控制器的情况

如果域内有多台域控制器，则所设置的相关安全设置值，会先被存储到扮演 **PDC 操作**

主机角色的域控制器内，而此角色默认是由域内的第一台域控制器所扮演的。可以通过以下步骤来查看 PDC 主机是哪一台域控制器：单击左下角的**开始**图标⊞➲Windows 管理工具➲Active Directory 用户和计算机➲选中域名 sayms.local 后右击➲操作主机➲单击 **PDC** 选项卡，如图 6-4-15 所示。例如图中的 **PDC 操作主机**是 server1.sayms.local。

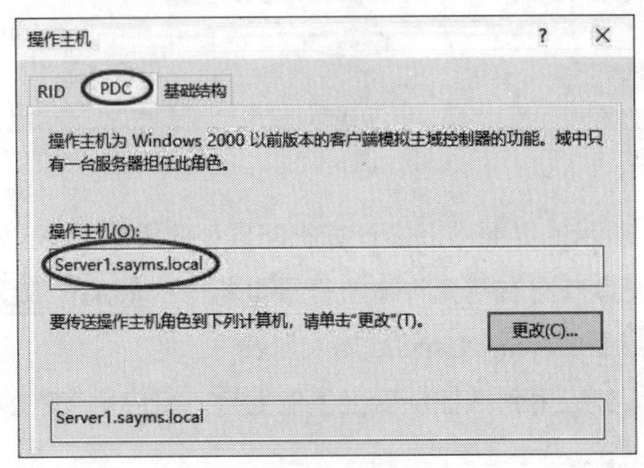

图 6-4-15

需要等设置值从 **PDC 操作主机**复制到其他域控制器后，它们才会应用这些设置值。这些设置值何时会被复制到其他域控制器呢？它分为以下两种情况：

- **自动复制**：**PDC操作主机**默认是15秒后会自动将其复制出去，因此其他域控制器可能需要等15秒或更久才会接收到此设置值。
- **手动复制**：到任何一台域控制器上，进行如下操作：单击左下角的**开始**图标⊞➲Windows管理工具➲Active Directory站点和服务➲Sites➲Default-First-Site-Name➲Servers➲单击要接收设置值的域控制器➲NTDS Settings➲选中扮演**PDC操作主机**角色的服务器后右击➲立即复制，如图6-4-16所示，图中假设SERVER1是**PDC操作主机**、SERVER2是欲接收设置值的域控制器。

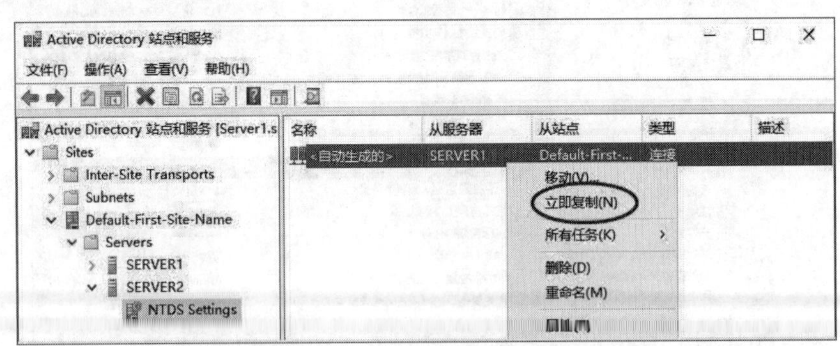

图 6-4-16

一般来说，在同一个站点内的域控制器之间会自动进行每隔 15 秒一次的复制，因此通常不需要手动复制，仅在特殊情况下，或者需要不同站点之间的域控制器能够立即进行复制时，才需要手动进行复制。

当使用 **Active Directory 管理中心**或 **Active Directory 用户和计算机**来新建、删除或修改 AD DS 内的用户账户等对象时，这些更改的信息会先被存储在哪一台域控制器上呢？如果是组策略设置值（例如**允许本地登录**的权限），则它们是首先被存储在 **PDC 操作主机**上。但是，如果是 AD DS 用户账户或其他对象有所更改，则这些改动数据会首先被存储在当前所连接的域控制器上。系统默认会在 15 秒后自动将变动数据复制到其他域控制器。

如果想要查询当前所连接的域控制器，则可以在如图 6-4-17 所示的 **Active Directory 管理中心**控制台中，将鼠标指针移动到 **sayms（本地）**，它会显示当前所连接的域控制器，例如图中显示的域控制器为 server1.sayms.local。若想要连接到其他域控制器，可单击右侧的**更改域控制器**。

图 6-4-17

如果使用 **Active Directory 用户和计算机**，可从如图 6-4-18 所示的界面中查看当前连接的域控制器为 server1.sayms.local。如果想要连接到其他域控制器，具体步骤是：选中 **Active Directory 用户和计算机[Server1.sayms.local]**后右击➲更改域控制器，如图 6-4-18 所示。

图 6-4-18

3. 登录疑难排除

在域控制器上使用普通用户账户登录时，如果出现如图 6-4-19 所示的“不允许使用你正在尝试的登录方式……”警示画面，则表示此用户账户在该域控制器上没有被赋予**允许本地登录**的权限。可能的原因是该用户尚未被赋予此权限、策略设置值尚未被复写到该域控制器，或者尚未应用策略。此时，请参照前面介绍的方法来解决问题。

图 6-4-19

6.4.5 域用户个人信息的设置

每个域用户账户都包含一些相关的属性数据，例如地址、电话、电子邮件等。域用户可以通过这些属性来查找 AD DS 数据库内的用户，例如可以通过电话号码来查找用户。因此，为了更容易找到所需的用户账户，这些属性数据越完整越好。

在 **Active Directory 管理中心**控制台中，我们可以通过双击用户账户来输入用户的相关数据。如图 6-4-20 所示，在**组织**页面中可以输入用户的地址、电话号码等信息。

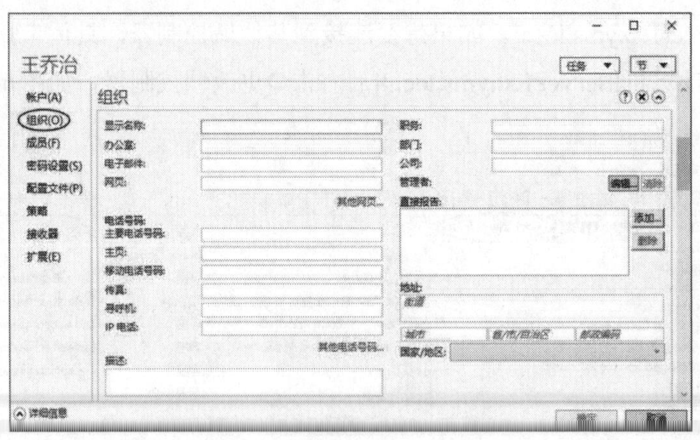

图 6-4-20

6.4.6 限制登录时段与登录计算机

我们可以限制用户的登录时段以及限制只能使用某些特定计算机来登录域，具体的设置

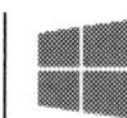

方法是单击如图 6-4-21 所示界面中的**登录小时...**与**登录到...**。

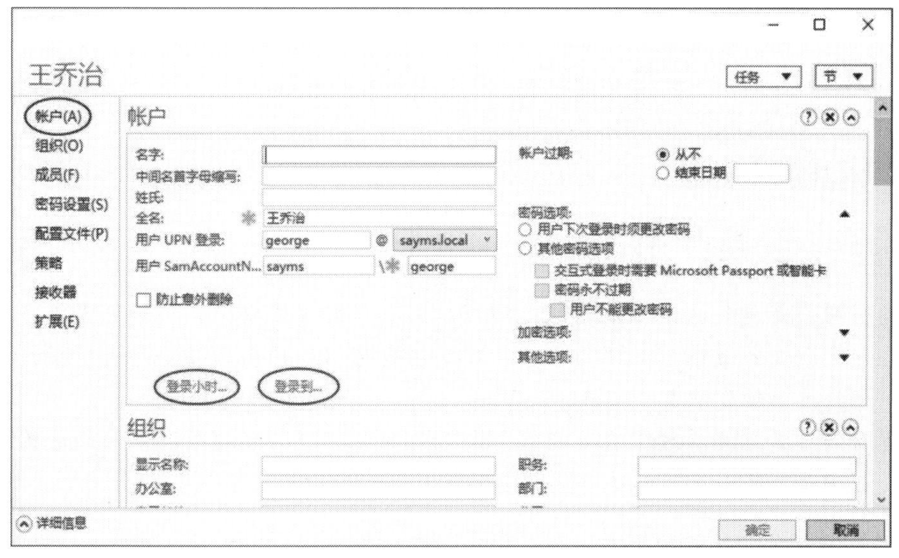

图 6-4-21

单击**登录小时...**后便可以通过如图 6-4-22 所示的界面来设置，界面中横轴的每一方块代表一个小时，纵轴的每一方块代表一天，填充颜色与空白方块分别表示允许与不允许用户登录的时段，默认是开放所有时段。选好时段后单击**允许登录**或**拒绝登录**来允许或拒绝用户在上述时段登录。

域用户默认在所有非域控制器的成员计算机上都具有**允许本地登录**的权限，因此这些用户可以使用这些计算机来登录域。不过，也可以限制这些用户只能使用某些特定计算机来登录域，具体操作为：在图 6-4-21 所示的界面中单击**登录到...**➲在图 6-4-23 所示的界面中单击**下列计算机**➲输入计算机名后单击**添加**按钮，计算机名可为 NetBIOS 名称（例如 win11pc1）或 DNS 名称（例如 win11pc1.sayms.local）。

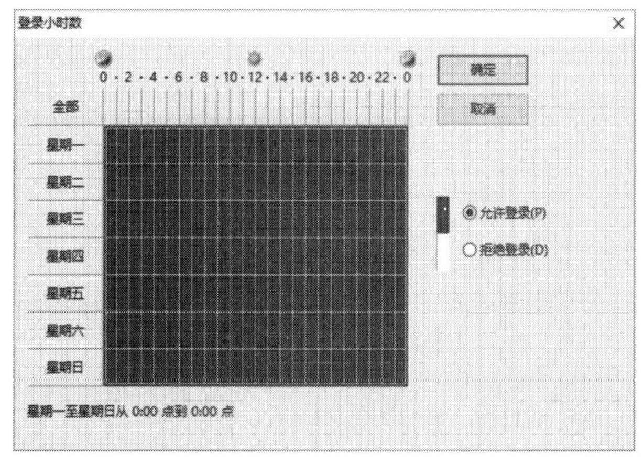

图 6-4-22

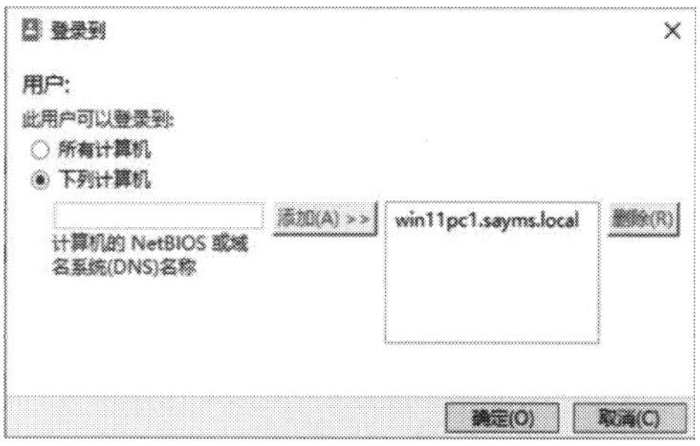

图 6-4-23

6.5 管理Active Directory域组账户

我们在第 4 章中已经介绍了本地组账户，本节将介绍域组账户。

6.5.1 域内的组类型

AD DS 的域组分为以下两种类型：

- **安全组**：是具备权限属性的组，即可以为安全组分配权限，例如可以指定一个安全组对文件具备**读取**的权限。当然，安全组也可以被用在与安全无关的工作上，例如可以给安全组发送电子邮件。
- **发布组**：是不具备权限属性的组，即无法对发布组分配权限。发布组被用在与安全（权限设置等）无关的工作上，例如可以向发布组发送电子邮件。

可以将现有的安全组转换为发布组，反之则亦然。

6.5.2 组的使用范围

从组的使用范围角度出发，域内的组分为三种（见表 6-5-1），分别是本地域组（domain local group）、全局组（global group）和通用组（universal group）。

表 6-5-1 组的使用范围及特性

特性	组		
	本地域组	全局组	通用组
可包含的成员	所有域内的用户、全局组、通用组；相同域内的本地域组	相同域内的用户与全局组	所有域内的用户、全局组、通用组
可以在哪一个域内被分配权限	同一个域	所有域	所有域
组转换	可以转换成通用组（只要原组内的成员不含本地域组即可）	可以转换成通用组（只要原组不隶属于任何一个全局组即可）	可以转换成本地域组；可以转换成全局组（只要组内的成员不包含通用组即可）

1. 本地域组

本地域组主要用于为其分配所属域中的各种资源权限，以便该组内的成员可以访问该域内的资源。

- 本地域组的成员可以包含任何一个域内的用户、全局组、通用组；也可以包含相同域内的域本地域组；但无法包含其他域内的本地域组。
- 本地域组只能访问其所属域内的资源，无法访问域林中其他不同域内的资源。换句

话说，在为本地域组分配权限时，只能设置相同域内的本地域组的权限，无法设置域林中其他不同域内的本地域组的权限。

2. 全局组

全局组主要用于组织用户，可以将多个即将被赋予相同权限的用户账户加入同一个全局组内。

- 全局组内的成员只能包含相同域内的用户与全局组。
- 全局组可以访问域林中任何一个域内的资源。也就是说，在域林中的任何一个域内设置全局组的权限（这个全局组可以位于任何一个域内），以便让该全局组具备权限来访问该域内的资源。

3. 通用组

通用组可以在域林内被设置权限，以便访问域林内所有域的资源。

- 通用组具备“万用领域”特性，其成员可以包含域林中任何一个域内的用户、全局组、通用组。但是它无法包含任何一个域内的本地域组。
- 通用组可以访问域林中任何一个域内的资源，也就是说，在任何一个域中都可以设置通用组的权限（这个通用组可以位于域林中任何一个域内），以便让此通用组具备权限来访问该域内的资源。

6.5.3　域组的建立与管理

新建域组的方法为：单击左下角的**开始**图标⊞➲Windows 管理工具➲Active Directory 管理中心➲单击如图 6-5-1 所示界面中的域名（例如 sayms 本地）➲单击任意容器或组织单位（例如图中的**业务部**）➲单击右侧的**新建**➲组。

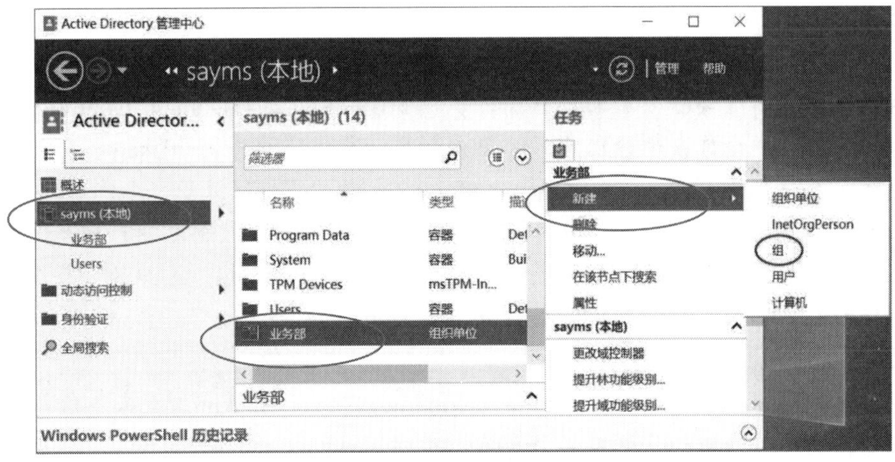

图 6-5-1

然后输入组名、输入可供旧版操作系统来访问的组名（SamAccountName）、选择组类型与组范围等，如图 6-5-2 所示。如果要删除组，则选中组账户后右击➲删除。域用户账户与组账户也都有唯一的安全标识符（security identifier，SID），SID 的说明请参考 4.2 节。若要将用户、组等加入组内，可通过图 6-5-2 所示界面左侧的**成员**节点完成。

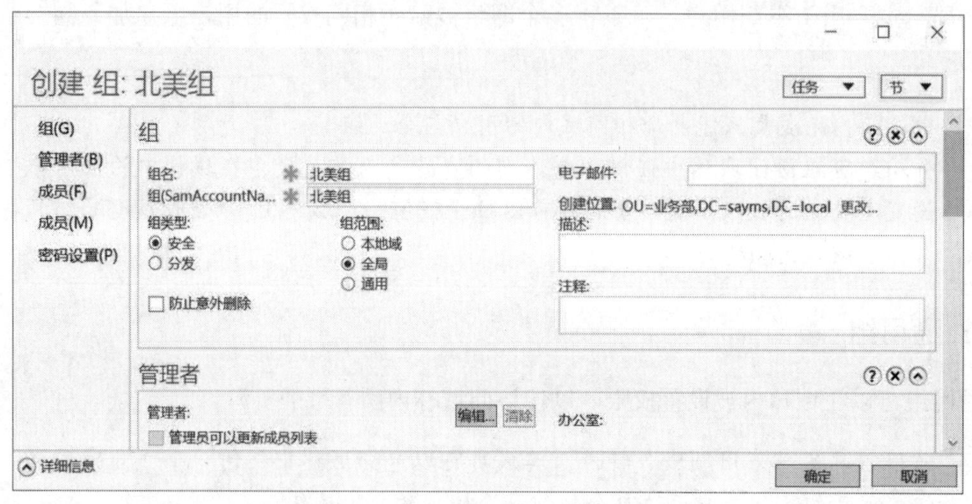

图 6-5-2

6.5.4 AD DS 内置的域组

AD DS 有许多内置组，它们分别属于本地域组、全局组、通用组与特殊组。

1. 内建的本地域组

这些本地域组本身已被赋予一定的权限，以便让其具备管理 AD DS 域的能力。只要将用户或组账户加入这些组内，这些账户也会自动具备相同的权限。以下是 Builtin 容器内常用的本地域组。

- **Account Operators**：其成员默认可在容器与组织单位内新建/删除/修改用户、组与计算机账户，不过部分内置的容器除外，例如Builtin容器与Domain Controllers 组织单位，同时也不允许在部分内置的容器内新建计算机账户，例如Users。此外，也无法更改大部分组的成员，例如Administrators组等。
- **Administrators**：其成员具备系统管理员权限，对所有域控制器拥有最大控制权限，可以执行AD DS管理工作。内置系统管理员Administrator就是该组的成员，且无法将其从此组内删除。此组默认的成员包含了Administrator、全局组Domain Admins、通用组Enterprise Admins等。
- **Backup Operators**：其成员可以使用Windows Server Backup工具来备份与还原域控制器内的文件，无论这些成员是否有权限访问这些文件。此外，其成员也可以对域

控制器执行关机操作。

- **Guests**：其成员无法永久改变其桌面环境。当他们登录时，系统会为他们建立一个临时的工作环境（用户配置文件），而注销时该临时的环境就会被删除。此组默认的成员包含用户账户Guest与全局组Domain Guests。
- **Network Configuration Operators**：其成员可在域控制器上执行常规的网络配置操作，例如更改IP地址，但不能安装或删除驱动程序与服务，也不能执行与网络服务器配置有关的工作，例如DNS与DHCP服务器的配置。
- **Performance Monitor Users**：其成员可监视域控制器的工作性能。
- **Print Operators**：其成员可以管理域控制器上的打印机，也可以对域控制器执行关机操作。
- **Remote Desktop Users**：其成员可通过远程桌面从远程计算机登录本地计算机。
- **Server Operators**：其成员可以备份与还原域控制器内的文件；锁定与解锁域控制器；对域控制器执行硬盘格式化操作；更改域控制器的系统时间；对域控制器执行关机操作等。
- **Users**：其成员仅拥有基本的系统使用权限，例如执行应用程序，但是他们不能修改操作系统的设置、不能更改其他用户的数据、也不能对服务器执行关机操作。此组默认的成员为全局组Domain Users。

2. 内置的全局组

AD DS 内置的全局组本身并没有任何权限，但是可以将其加入到具备权限的本地域组，或为此全局组直接分配权限。这些内置全局组位于容器 Users 内的。以下是常用的全局组列表：

- **Domain Admins**：域成员计算机会自动将此组加入本地组Administrators内，因此，Domain Admins组内的每一个成员在域内的每一台计算机上都具备系统管理员权限。此组默认的成员为域用户Administrator。
- **Domain Computers**：所有的域成员计算机（域控制器除外）都会自动加入此组内。
- **Domain Controllers**：域内的所有域控制器都会自动加入此组内。
- **Domain Users**：域成员计算机会自动将此组加入其本地组Users内，因此Domain Users内的用户将拥有本地组Users所拥有的权限，例如拥有**允许本地登录**的权限。此组默认的成员为域用户Administrator，而新增的域用户账户都会自动成为此组的成员。
- **Domain Guests**：域成员计算机会自动将此组加入本地组Guests内。此组默认的成员为域用户账户Guest。

3. 内置的通用组

- **Enterprise Admins**：此组只存在于林根域，其成员有权管理林内的所有域。此组默认的成员为林根域内的用户Administrator。

- **Schema Admins**：此组只存在于林根域，其成员具备管理**架构**（schema）的权限。此组默认的成员为林根域内的用户Administrator。

4. 内置的特殊组

此部分与 4.1 节相同，此处不再赘述。

6.6 提高域与林功能级别

我们在 6.1 节最后已经说明了域与林功能的各个级别，在本节中我们将介绍如何进行升级操作：单击左下角的**开始**图标⊞➲Windows 管理工具➲Active Directory 管理中心➲单击域名**sayms（本地）**➲单击如图 6-6-1 所示界面右侧的**提升林功能级别...**或**提升域功能级别...**。需要注意的是，Windows Server 2022 和 Windows Server 2019 并未增加新的域功能级别与林功能级别，最高级别仍然是 Windows Server 2016。

除了在 Active Directory 管理中心中进行升级操作，还可以通过以下方法进行升级：单击左下角的**开始**图标⊞➲Windows 管理工具➲Active Directory 域和信任关系➲选中 **Active Directory 域和信任关系**后右击➲提升林功能级别，或单击左下角的**开始**图标⊞➲Windows 管理工具➲Active Directory 用户和计算机➲选中域名 sayms.local 后右击➲提升域功能级别。

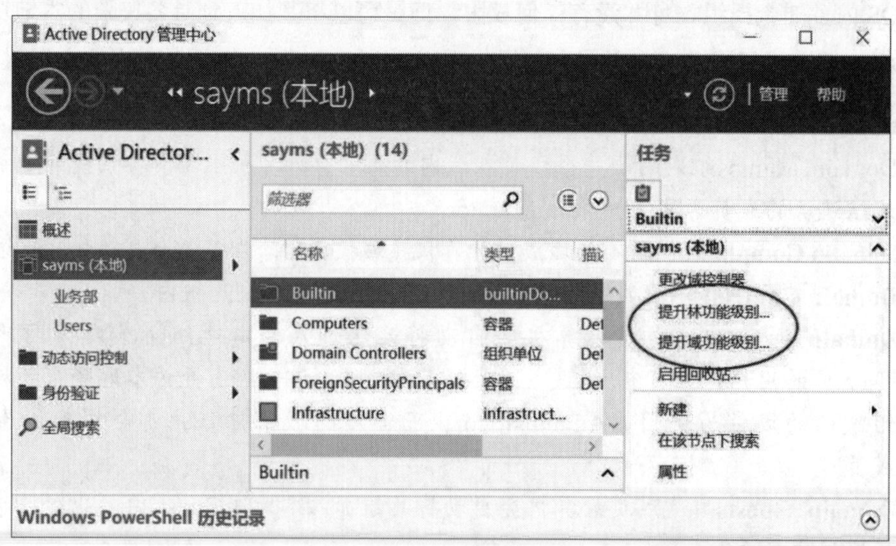

图 6-6-1

参考表 6-6-1 来提升域功能级别。参考表 6-6-2 来提升林功能级别。

表 6-6-1　提升域功能级别

当前的域功能级别	可提升的级别
Windows Server 2008	Windows Server 2008 R2、Windows Server 2012、Windows Server 2012 R2、Windows Server 2016
Windows Server 2008 R2	Windows Server 2012、Windows Server 2012 R2、Windows Server 2016
Windows Server 2012	Windows Server 2012 R2、Windows Server 2016
Windows Server 2012 R2	Windows Server 2016

表 6-6-2　提升林功能级别

当前的林功能级别	可提升的级别
Windows Server 2008	Windows Server 2008 R2、Windows Server 2012、Windows Server 2012 R2、Windows Server 2016
Windows Server 2008 R2	Windows Server 2012、Windows Server 2012 R2、Windows Server 2016
Windows Server 2012	Windows Server 2012 R2、Windows Server 2016
Windows Server 2012 R2	Windows Server 2016

执行升级操作后，这些升级信息会自动同步到所有的域控制器中，这个过程可能需要花费 15 秒或更长的时间。

另外，为了让支持目录访问的应用程序在没有域的环境下也能享有目录服务与目录数据库的好处，系统提供了 **Active Directory 轻型目录服务**（Active Directory Lightweight Directory Services，AD LDS）。它支持在计算机内建立多个目录服务的环境，每一个环境被称为一个 **AD LDS 实例**（Instance），每一个 **AD LDS 实例**拥有独立的目录设置、架构和目录数据库。

安装 AD LDS 的方法为：打开**服务器管理器**➲单击**仪表板**处的**添加角色和功能**➲……➲在**选择服务器角色**处选择 **Active Directory 轻型目录服务**➲……。之后可以通过以下方法来创建一个 **AD LDS 实例**：单击左下角的**开始**图标⊞➲Windows 管理工具➲Active Directory 轻型目录服务安装向导。此外，还可以通过单击左下角的**开始**图标⊞➲Windows 管理工具➲启动 ADSI 编辑器，来管理 **AD LDS 实例**内的目录设置、架构与对象等。

6.7　Active Directory回收站

Active Directory 回收站（Active Directory Recycle Bin）可以快速恢复被误删的对象。如果要启用 **Active Directory 回收站**，则需要林与域功能级别是 Windows Server 2008 R2（含）及以上版本。如果林与域功能级别不符合要求，则需参考前一节的说明来提升功能级别。需要注意的是，一旦启用 **Active Directory 回收站**，将无法再禁用，因此域与林功能级别也都无法再降级。启用 **Active Directory 回收站**与恢复误删对象的步骤如下所示。

STEP 1 打开 **Active Directory 管理中心**➲单击如图 6-7-1 所示界面左侧的域名 sayms（本地）➲单击右侧的**启用回收站**...（请先确认所有域控制器都在线）。

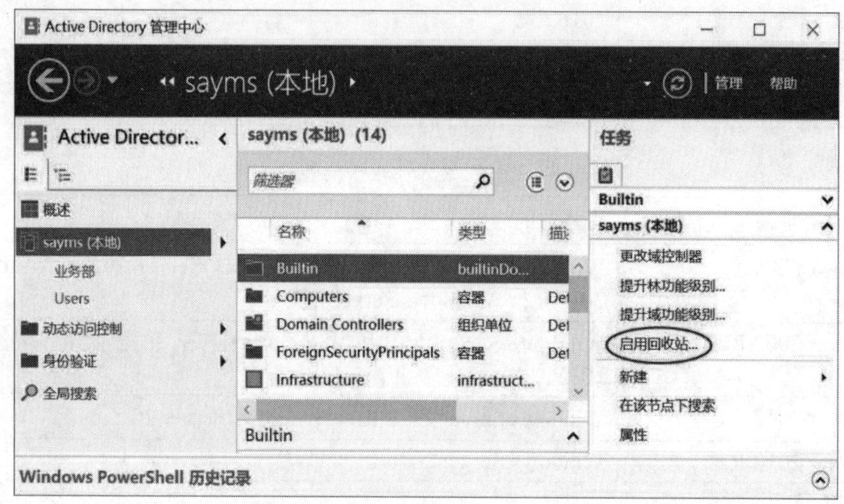

图 6-7-1

STEP 2 如图 6-7-2 所示单击确定按钮。

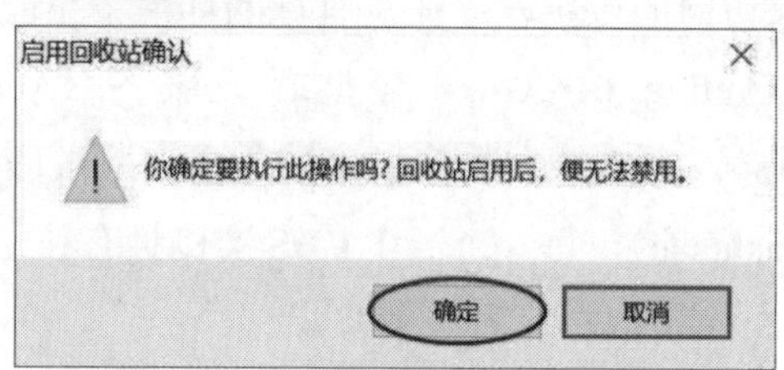

图 6-7-2

STEP 3 在图 6-7-3 中单击确定按钮后按 F5 键刷新界面。

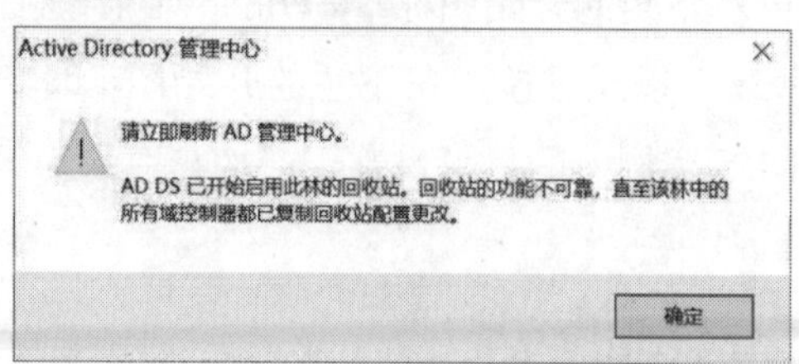

图 6-7-3

如果域内有多台域控制器或有多个域，则需要等待配置值被复制到所有的域控制器后，**Active Directory 回收站**的功能才会完全正常。

STEP 4　试着删除某个组织单位（例如**业务部**），但需要先取消对**防止意外删除**复选框的勾选：请参照图 6-7-4，选中**业务部**，然后单击右侧的**属性**。

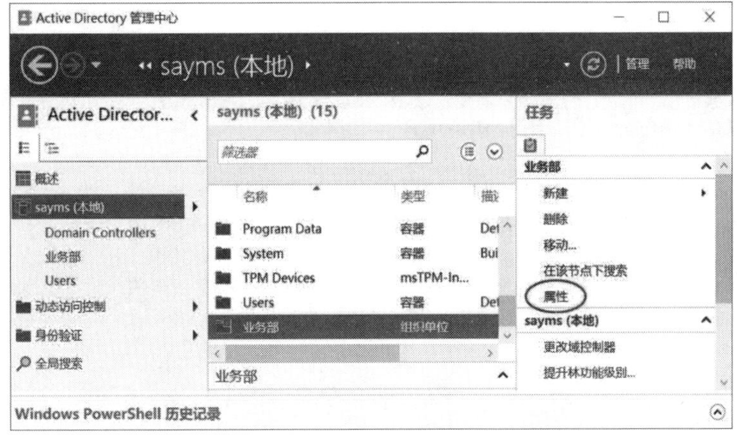

图 6-7-4

STEP 5　取消勾复选框后单击确定按钮➲选中组织单位**业务部**后右击➲删除➲单击两次是（Y）按钮，如图 6-7-5 所示。

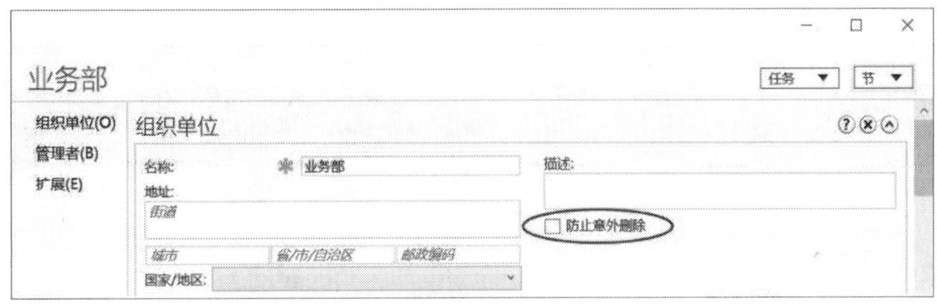

图 6-7-5

STEP 6　接下来需要通过**回收站**来恢复被删除的组织单位**业务部**：双击 **Deleted Objects** 容器，如图 6-7-6 所示。

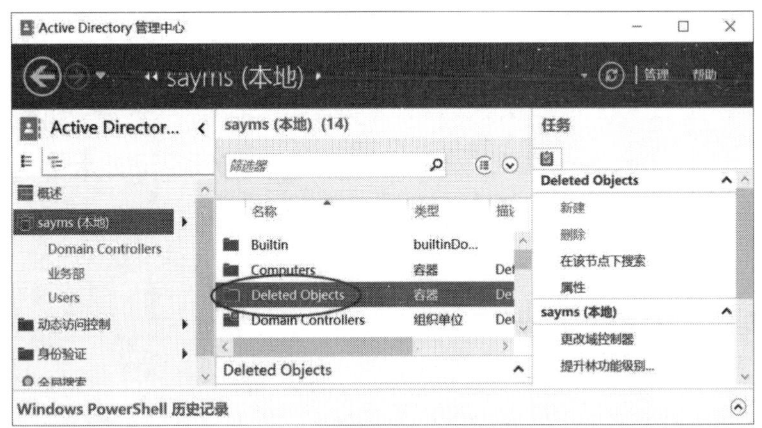

图 6-7-6

STEP 7 选择要恢复的组织单位**业务部**后，单击右侧的**还原**将其还原到原始位置，如图 6-7-7 所示。

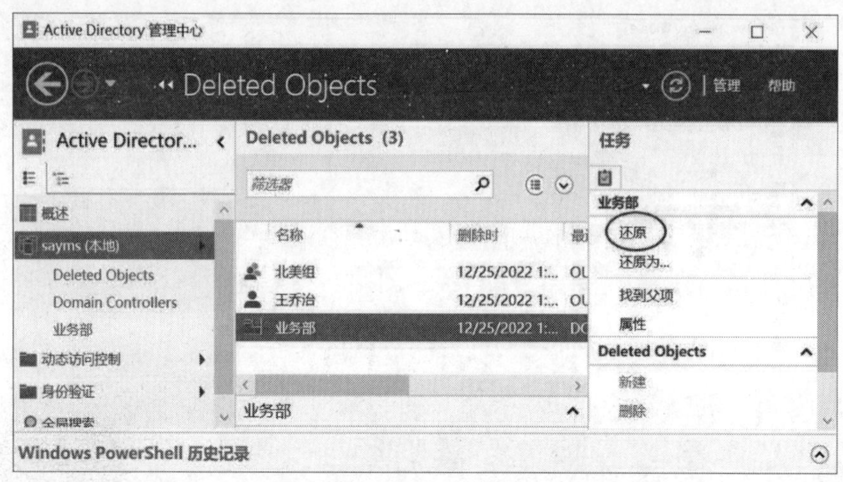

图 6-7-7

STEP 8 组织单位**业务部**还原完成后，接着选择原本位于组织单位**业务部**内的用户账户、组账户后单击**还原**，如图 6-7-8 所示。

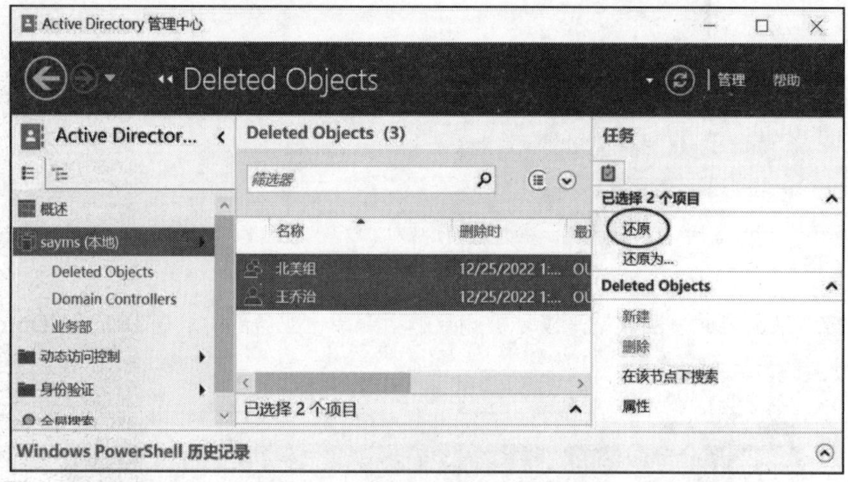

图 6-7-8

STEP 9 使用 **Active Directory 管理中心**来检查组织单位**业务部**与用户**王乔治**、**北美组**等是否已成功还原，而且这些还原的对象也会被复制到其他域控制器。

6.8 删除域控制器与域

可以通过降级的方式来删除域控制器，也就是将 AD DS 从域控制器删除。在进行降级

前，请先注意以下事项：

- 如果在域内还有其他域控制器存在，则被降级的这台服务器会成为该域的成员服务器。例如，将图6-8-1中的server2.sayms.local降级时，由于还有另外一台域控制器server1.sayms.local存在，因此server2.sayms.local会被降级为域sayms.local的成员服务器。必须是Domain Admins或Enterprise Admins组的成员才有权限删除域控制器。

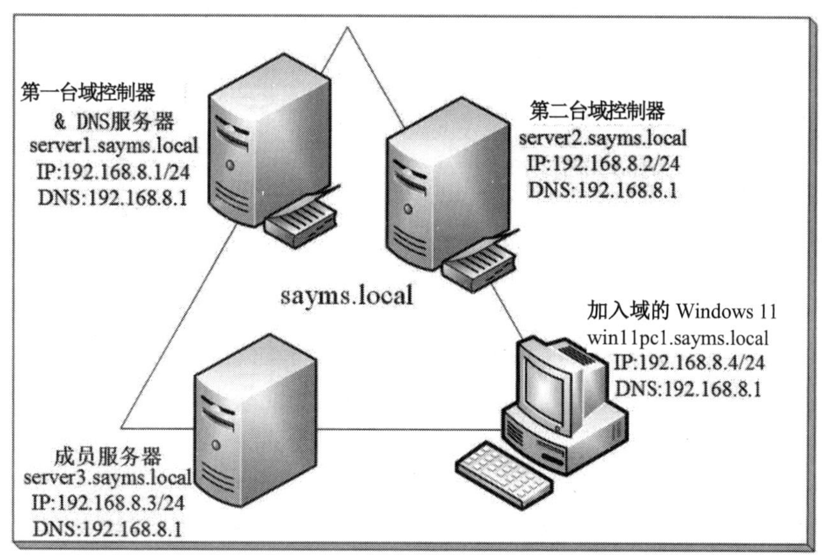

图 6-8-1

- 如果这台域控制器是该域内的最后一台域控制器，假设图6-8-1中的server2.sayms.local已被降级，若再对server1.sayms.local进行降级，则该域内将不会再有其他域控制器存在，因此该域也会被删除，而server1.sayms.local也会被降级为独立服务器。

建议先将该域的其他成员计算机（例如 win11pc1.sayms.local、server2.sayms.local）脱离域后，再删除该域。

只有Enterprise Admins组的成员才有权限删除域内的最后一台域控制器（也就是删除该域）。如果该域之下还有子域，则需要先删除子域。

- 如果该域控制器是**全局编录服务器**，则需要检查其所属站点（site）内是否还有其他**全局编录服务器**，如果站点内没有，需要先指派另外一台域控制器来扮演**全局编录服务器**，否则将影响用户登录，指派的方法为：单击左下角的**开始**图标⊞➲Windows管理工具➲Active Directory站点和服务➲Sites➲Default-First-Site-Name➲Servers➲选择服务器➲选中**NTDS Settings**后右击➲属性➲勾选**全局编录**。
- 如果所删除的域控制器是该林内最后一台域控制器，则该林将会被一并删除。只有Enterprise Admins组的成员才有权限删除这台域控制器与林。

删除域控制器的步骤如下所示：

STEP 1　打开**服务器管理器**➲单击**管理**菜单下的**删除角色和功能**，如图 6-8-2 所示。

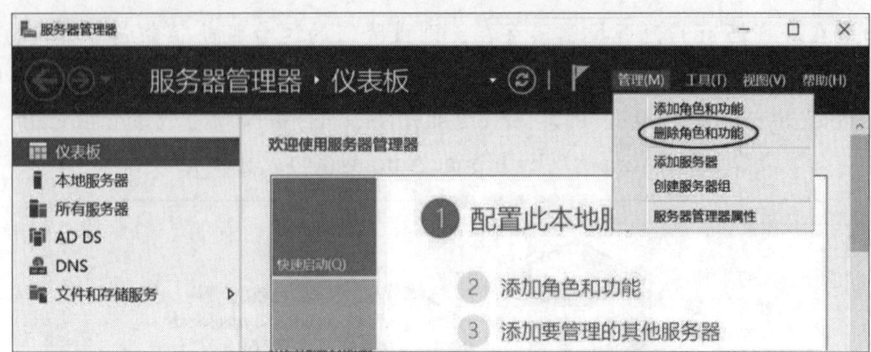

图 6-8-2

STEP 2　出现**开始之前**界面时单击下一步按钮。

STEP 3　确认在**选择目标服务器**界面中的服务器无误后，单击下一步按钮。

STEP 4　取消勾选 **Active Directory 域服务**，单击删除功能按钮，如图 6-8-3 所示。

图 6-8-3

STEP 5　出现图 6-8-4 所示的界面时，单击**将此域控制器降级**。

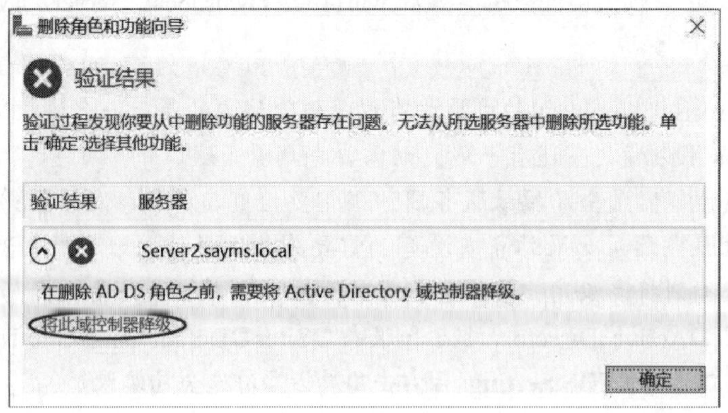

图 6-8-4

STEP 6　在图 6-8-5 中，如果当前用户有权限删除此域控制器，则单击下一步按钮，否则单击

更改按钮来输入新的账户名与密码。如果是最后一台域控制器，请勾选**域中的最后一个域控制器**，如图 6-8-6 所示。

图 6-8-5

图 6-8-6

如果无法删除此域控制器（例如在移除域控制器时，需要连接到其他域控制器，但却无法连接到），此时可勾选图 6-8-5 界面中的**强制删除此域控制器**复选框。

STEP 7　在图 6-8-7 中，勾选**继续删除**后单击下一步按钮。

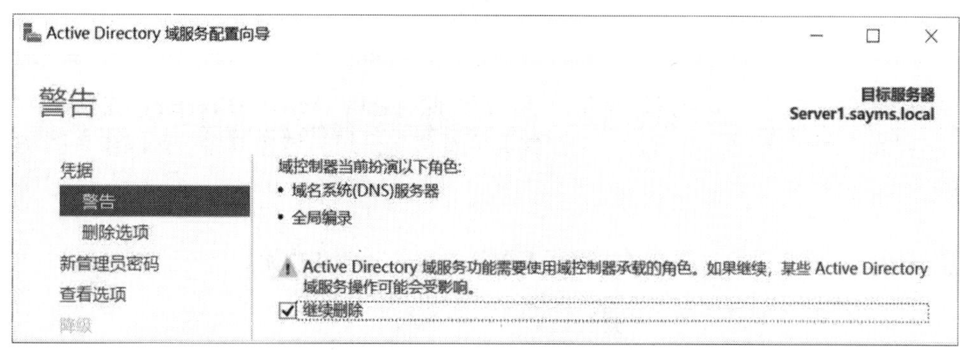

图 6-8-7

STEP 8　如果出现如图 6-8-8 所示的界面，可以选择是否要删除 DNS 区域与应用程序目录分区，然后单击下一步按钮进行操作。

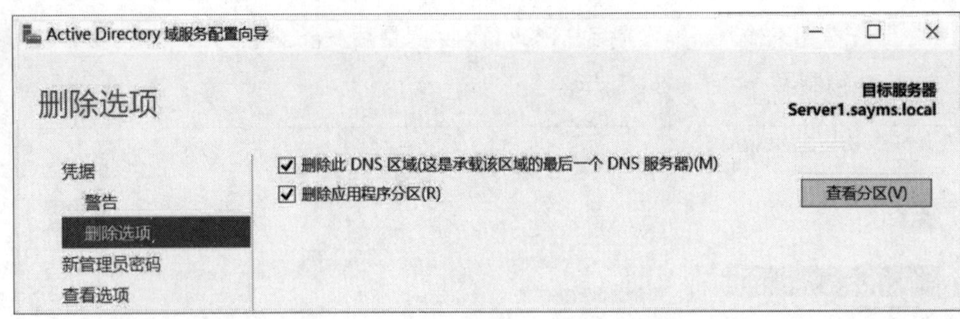

图 6-8-8

STEP 9 在图 6-8-9 中，为这台即将被降级为独立或成员服务器的计算机设置新的本地 Administrator 密码，然后单击下一步按钮。

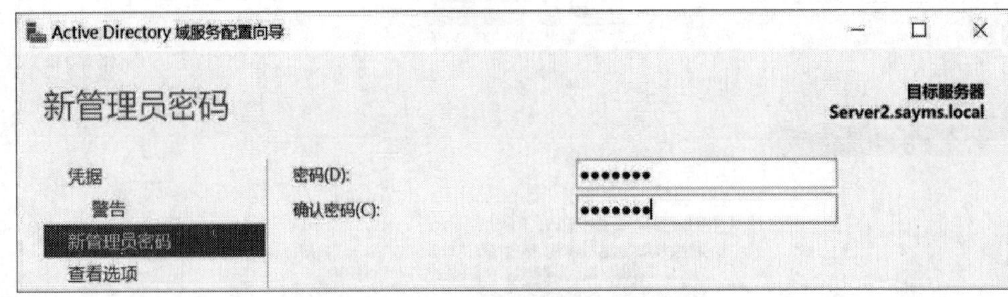

图 6-8-9

密码默认需要至少 7 个字符，不能包含用户账户名或全名，至少要包含 A～Z、a～z、0～9、特殊字符（例如!、$、#、%）等 4 组字符中的 3 组，例如 123abcABC 为有效密码，而 1234567 为无效密码。

STEP 10 在**查看选项**界面中单击降级按钮。

STEP 11 完成后会自动重新启动计算机，重新登录。

虽然这台服务器已经不再是域控制器了，不过此时它的 **Active Directory 域服务**组件仍然存在，并没有被删除。因此，如果需要将其重新升级为域控制器，可以参考图 6-2-6 的方法进行操作。

STEP 12 继续在服务器管理器中单击管理菜单下的删除角色和功能。

STEP 13 出现开始之前界面时单击下一步按钮。

STEP 14 确认在**选择目标服务器**界面的服务器无误后单击下一步按钮。

STEP 15 在图 6-8-10 中，取消勾选 **Active Directory 域服务**，单击删除功能按钮。

图 6-8-10

STEP 16　回到**删除服务器角色**界面时，确认 **Active Directory 域服务**已经被取消勾选（也可以一起取消勾选 DNS 服务器），然后单击下一步按钮。

STEP 17　出现**删除功能**界面时，单击下一步按钮。

STEP 18　在**确认删除所选内容**界面中单击删除按钮。

STEP 19　完成后，重新启动计算机。

第 7 章　文件权限与共享文件夹

在 Windows Server 的文件系统中，NTFS 与 ReFS 磁盘提供了很多安全功能。我们可以通过**共享文件夹**（shared folder）将文件共享给网络上的其他用户。

- NTFS与ReFS权限的种类
- 用户的有效权限
- 权限的设置
- 文件与文件夹的所有权
- 文件复制或移动后权限的变化
- 文件的压缩
- 加密文件系统
- 磁盘配额
- 共享文件夹
- 卷影副本

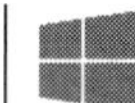

7.1　NTFS与ReFS权限的种类

用户必须拥有特定的权限才能访问和使用磁盘内的文件或文件夹。权限可分为基本权限与特殊权限，其中基本权限可以满足常规的使用需求，而通过特殊权限可以更精细地控制与分配权限。

以下权限仅适用于文件系统为 NTFS 与 ReFS 的磁盘，其他的 exFAT、FAT32 与 FAT 等文件系统不具备权限功能。

7.1.1　基本文件权限的种类

基本文件权限的种类包括以下几个方面：

- **读取**：它可以读取文件内容、查看文件属性与权限配置等（可通过打开**文件资源管理器**➲选中文件后右击➲属性的方法来查看**只读**、**隐藏**等文件属性）。
- **写入**：它可以修改文件内容、在文件末尾添加数据与改变文件属性等（用户至少还需要具备**读取**权限才可以更改文件内容）。
- **读取和执行**：除了拥有**读取**的所有权限外，还具备执行应用程序的权限。
- **修改**：除了拥有前述的所有权限外，还可以删除文件。
- **完全控制**：拥有前述所有权限，再加上**更改权限**与**取得所有权**的特殊权限。

7.1.2　基本文件夹权限的种类

基本文件夹权限的种类包括以下几个方面：

- **读取**：可以查看文件夹内的文件与子文件夹名称、查看文件夹属性与权限等。
- **写入**：可以在文件夹内新建文件与子文件夹、修改文件夹属性等。
- **列出文件夹内容**：除了拥有**读取**的所有权限之外，还具备**遍历文件夹**的特殊权限，也就是可以遍历该文件夹下的所有子目录结构。
- **读取和执行**：与**列出文件夹内容**相同，不过**列出文件夹内容**权限只会被文件夹继承，而**读取和执行**则会同时被文件夹与文件继承。
- **修改**：除了拥有前述的所有权限之外，还可以删除此文件夹。
- **完全控制**：拥有前述所有权限，再加上**更改权限**与**取得所有权**的特殊权限。

7.2 用户的有效权限

7.2.1 权限是可以被继承的

当对文件夹设置权限后，这个权限默认会被此文件夹之下的子文件夹与文件继承。例如，如果对用户 A 授予甲文件夹的**读取**权限，则用户 A 也将自动拥有甲文件夹下所有文件和子文件夹的**读取**权限。

设置文件夹权限时，除了可以让子文件夹与文件都继承权限之外，也可以单独让子文件夹或文件继承，或都不让它们继承。

在设置子文件夹或文件权限时，可以选择不让子文件夹或文件继承父文件夹的权限。这样，该子文件夹或文件的权限将会直接以设置的权限为准，作为有效权限。

7.2.2 权限是有累加性的

如果一个用户同时属于多个组，并且该用户与这些组分别对某个文件设置了特定的权限，则该用户对此文件的最终有效权限是这些权限的合集。例如，若用户 A 同时属于**业务部**与**经理**组，且其权限如表 7-2-1 所示，则用户 A 对此文件的最终有效权限为这 3 个权限的总和，也就是**写入**、**读取**和**执行**。

表 7-2-1 权限的写入、读取和执行

用户或组	权限
用户 A	写入
组**业务部**	读取
组**经理**	读取和执行
用户 A 最后的有效权限为**写入+读取+执行**	

7.2.3 “拒绝”权限的优先级高于允许权限

虽然用户对某个文件的有效权限是其所有权限来源的合集，但只要其中有一个权限来源被设置为**拒绝**，用户就无法访问该文件。例如，用户 A 同时属于**业务部**与**经理**组，且其权限如表 7-2-2 所示，则用户 A 的**读取**权限会被**拒绝**，也就是无法读取此文件。

继承的权限，其优先权比直接设置的权限低。例如，如果将用户 A 对甲文件夹的**写入**权限设置为**拒绝**，当甲文件夹内的文件继承此权限时，则用户 A 对此文件的**写入**权限也会被拒绝。但是，如果直接将用户 A 对此文件的**写入**权限设置为**允许**，因为其优先级较高，所以用户 A 对此文件仍然拥有**写入**的权限。

表 7-2-2　权限的拒绝读取

用户或组	权限
用户 A	读取
组 **业务部**	拒绝读取
组 **经理**	修改
用户 A 的读取权限为 **拒绝**	

7.3　权限的设置

系统会为新的 NTFS 或 ReFS 磁盘自设置默认权限值，图 7-3-1 展示了 C：磁盘（NTFS）的默认权限，其中有部分权限会被其下的子文件夹或文件继承。

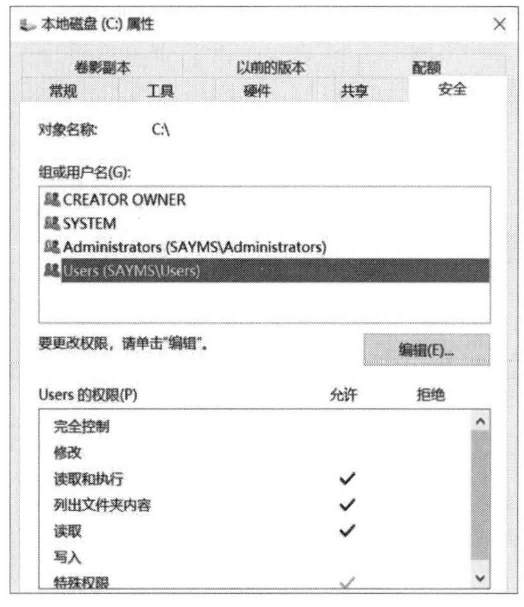

图 7-3-1

7.3.1　分配文件与文件夹的权限

如果要为用户分配文件权限，具体的操作为：单击左下方的**文件资源管理器**图标➲单击**此电脑**➲展开磁盘驱动器➲选中所选文件后右击➲属性➲**安全**选项卡，之后将出现如图 7-3-2 所示的界面（以自行创建的文件夹 C:\Test 内的文件 Readme 为例），图中的文件已经有一些从父文件夹 C：\Test 继承来的权限，例如 Users 组的权限（灰色对勾表示为继承的权限）。

只有 Administrators 组内的成员、文件/文件夹的所有者**以及**具备**完全控制**权限的用户，才拥有分配这个文件/文件夹的权限。以下步骤是在成员服务器 Server3 上操作的。

如果要将权限赋予其他用户，具体步骤为：在图 7-3-2 中，单击编辑按钮➲在下一个界面中单击添加按钮➲单击位置按钮选择用户账户的位置（域或本地用户），再单击高级按钮选择用户账户➲立即查找➲从列表中选择用户或组，我们假设选择了域 sayms.local 的用户**王乔治**与本地 Server3 的用户 **jackie**，图 7-3-3 为完成设置后的界面，王乔治与 Jackie 的默认权限都是**读取和执行**与**读取**，如果要修改此权限，请勾选权限右侧的**允许**或**拒绝**复选框即可。

但是，不能直接删除从父项所继承的权限（例如图中 Users 的权限），只能增加勾选，例如可以增加 Users 的**写入**权限。如果要更改继承的权限，例如，如果 Users 从父项继承了**读取**权限，只需要勾选该权限右侧的**拒绝**，就会拒绝其读取权限。又例如，若 Users 从父项继承了读取被拒绝的权限，只需勾选该权限右侧的**允许**，就可以让其拥有读取权限。完成图 7-3-3 中的设置后，单击确定按钮。

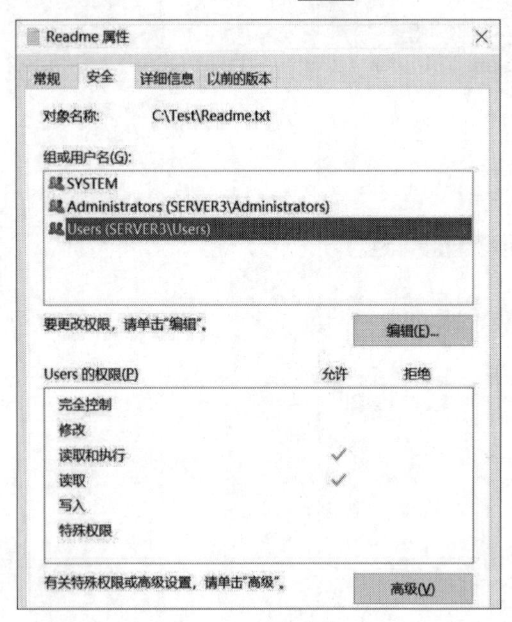

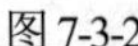
图 7-3-2

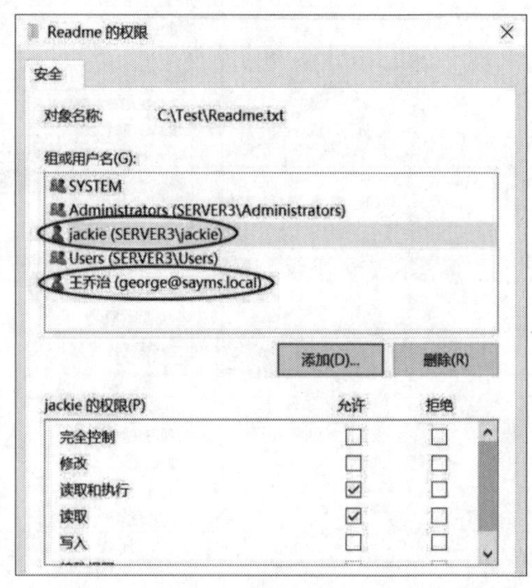

图 7-3-3

7.3.2 不继承父文件夹的权限

如果不想继承父文件夹的权限，例如不想让文件 Readme 继承其父文件夹 C:\Test 的权限，可以按照以下步骤操作：在图 7-3-4 中，单击右下方的高级按钮➲单击禁用继承按钮➲通过下一个界面来选择保留原本从父文件夹继承来的权限或删除这些权限，之后针对文件夹 C:\Test 所设置的新权限，文件 Readme 都不会继承。

如果要为用户分配文件夹权限，操作方法为：选中文件夹后右击➲属性➲**安全**选项卡。它的权限分配方式与文件权限类似，请参考前文的说明。

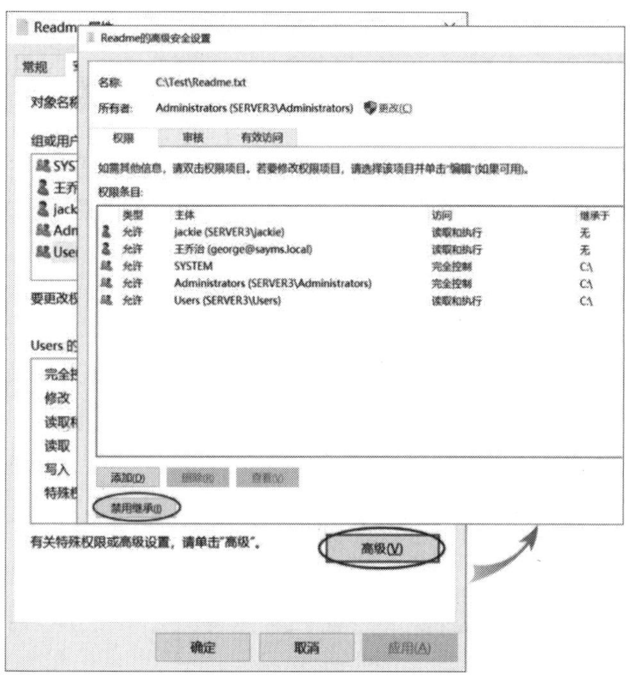

图 7-3-4

7.3.3　特殊权限的分配

前面介绍的是基本权限，它是为了简化权限管理而设计的，已满足了常规管理需求。除此之外，还可以利用特殊权限更精细地分配权限，以便满足各种不同的需求。

我们以文件夹的特殊权限设置为例来说明：选中文件夹后右击➲属性➲安全➲单击高级按钮➲在图 7-3-5 中选择用户账户后单击编辑按钮➲单击右侧的**显示高级权限**。如果在图 7-3-5 中未出现编辑按钮，而是出现查看按钮，请先单击禁用继承按钮（图中假设已经赋予**林比特**和**陈玛丽**权限）。

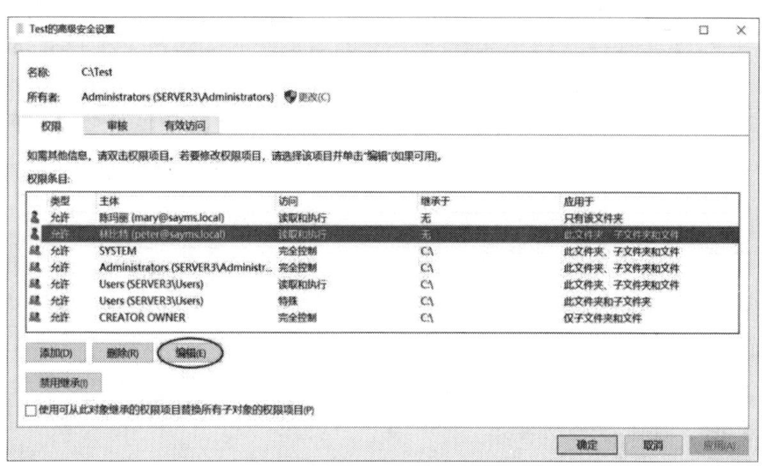

图 7-3-5

如果勾选**使用可从此对象继承的权限项目替换所有子对象的权限项目**，则表示强制将其下子对象的权限改为与此文件夹相同，但仅限那些可以被子对象继承的权限。例如，在图 7-3-5 中，**林比特**的权限会被设置到所有的子对象中，包含子文件夹、文件，因为**林比特**右侧**应用于**的设置为**此文件夹、子文件夹和文件**；然而，**陈玛丽**的权限设置并不会影响到子对象的权限，因为其**应用于**的设置为**只有该文件夹**。

接着通过图 7-3-6 来允许或拒绝将指定权限应用到指定的位置，在 7.1 节中所介绍的基本权限就是这些特殊权限的组合，例如基本权限**读取**就是其中**列出文件夹/读取数据**、**读取属性**、**读取扩展属性**、**读取权限**等 4 个特殊权限的组合。

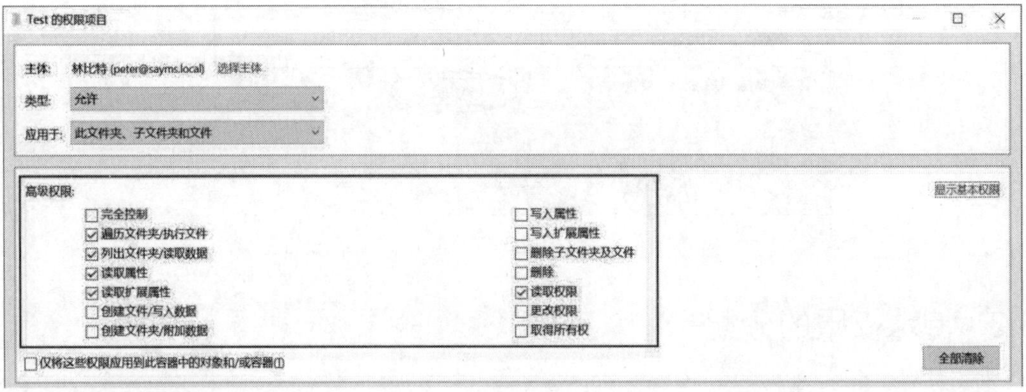

Test 的权限项目

主体：林比特 (peter@sayms.local) 选择主体

类型：允许

应用于：此文件夹、子文件夹和文件

高级权限：

- ☐完全控制
- ☑遍历文件夹/执行文件
- ☑列出文件夹/读取数据
- ☑读取属性
- ☑读取扩展属性
- ☐创建文件/写入数据
- ☐创建文件夹/附加数据
- ☐写入属性
- ☐写入扩展属性
- ☐删除子文件夹及文件
- ☐删除
- ☑读取权限
- ☐更改权限
- ☐取得所有权

显示基本权限

☐仅将这些权限应用到此容器中的对象和/或容器(T)

全部清除

图 7-3-6

高级权限包括以下内容：

- **遍历文件夹/执行文件**：**遍历文件夹**让用户即使在没有权限访问文件夹的情况下，仍然可以切换到该文件夹内部。此权限只适用于文件夹，不适用于文件。另外，这个权限只有用户在组策略或本地策略（见第9章）内未被赋予**忽略遍历检查**权限时才有效。**执行文件**让用户可以执行程序，此权限适用于文件，不适用于文件夹。
- **列出文件夹/读取数据**：**列出文件夹**（适用于文件夹）让用户可以查看文件夹内的文件与子文件夹名称。**读取数据**（适用于文件）让用户可以查看文件内容。
- **读取属性**：让用户可以查看文件夹或文件的属性（只读、隐藏等属性）。
- **读取扩展属性**：让用户可以查看文件夹或文件的扩展属性。扩展属性是由应用程序自行定义的，不同的应用程序可能有不同的扩展属性。
- **创建文件/写入数据**：**创建文件**（适用于文件夹）让用户可以在文件夹内建立文件。**写入数据**（适用于文件）让用户能够修改文件内容或覆盖文件内容。
- **创建文件夹/附加数据**：**创建文件夹**（适用于文件夹）让用户可以在文件夹内建立子文件夹。**附加数据**（适用于文件）让用户可以在文件的后面增加新数据，但是无法修改、删除、覆盖原有内容。
- **写入属性**：让用户可以修改文件夹或文件的属性（只读、隐藏等属性）。

- **写入扩展属性**：让用户可以修改文件夹或文件的扩展属性。
- **删除子文件夹及文件**：让用户可以删除此文件夹内的子文件夹与文件，即使用户对此子文件夹或文件没有**删除**的权限也可以将其删除（见下一个权限）。
- **删除**：让用户可以删除此文件夹或文件。

即使用户没有**删除**此文件夹或文件的权限，只要对父文件夹具备**删除子文件夹及文件**的权限，就可以将此文件夹或文件删除。例如，用户对位于 C:\Test 文件夹内的文件 Readme.txt 并没有删除的权限，但是对 C:\Test 文件夹拥有**删除子文件夹及文件**的权限，则仍然可以将文件 Readme.txt 删除。

- **读取权限**：让用户可以查看文件夹或文件的权限设置。
- **更改权限**：让用户可以更改文件夹或文件的权限设置。
- **取得所有权**：让用户可以夺取文件夹或文件的所有权。文件夹或文件的所有者，不论目前对此文件夹或文件拥有何种权限，但仍然具备更改此文件夹或文件权限的能力。

7.3.4 用户的有效访问权限

前文提到过，如果用户同时隶属于多个组，且该用户与这些组分别对某个文件拥有特定的权限设置，则该用户对此文件的最终有效权限是这些权限的合集。

查看用户的有效访问权限的方法为：选中文件或文件夹后右击➲属性➲安全选项卡➲单击高级按钮➲在图 7-3-7 中，单击有效访问选项卡➲单击**选择用户**来确定用户后单击查看有效访问按钮。

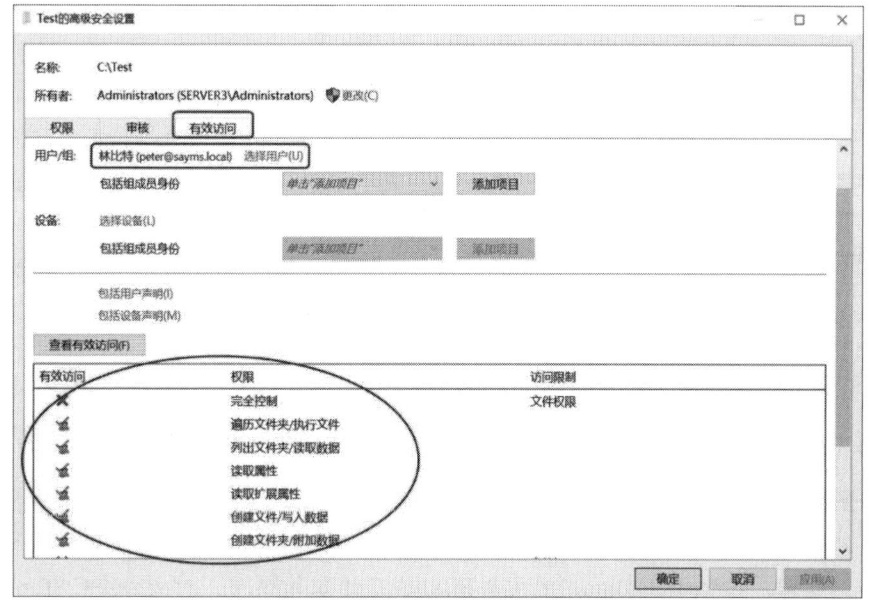

图 7-3-7

7.4 文件与文件夹的所有权

NTFS 与 ReFS 文件系统内的每个文件与文件夹都有一个**所有者**，默认情况下，它是创建文件或文件夹的用户，就是该文件或文件夹的所有者。该所有者有权更改其所拥有的文件或文件夹的权限，不论其当前是否有权限访问该文件或文件夹。

用户可以夺取文件或文件夹的所有权，使其成为新所有者，然而用户必须具备以下的条件之一，才能够夺取所有权：

- 具备**取得文件或其他对象的所有权**权限的用户。默认情况下，只有Administrators组拥有此权限。
- 对该文件或文件夹拥有**取得所有权**的特殊权限。
- 具备**还原文件和目录**权限的用户。

任何用户一旦成为文件或文件夹的新所有者，就具备更改该文件或文件夹权限的能力，但这并不会影响此用户的其他权限。同时，如果文件夹或文件的所有权被夺取，也不会影响原所有者的其他已有权限。

系统管理员（Administrators）可以直接将所有权转移给其他用户。用户也可以自己夺取所有权。例如，如果文件 Note.txt 是由系统管理员所建立的，那么管理员就是该文件的所有者。如果管理员将**取得所有权**的权限赋予用户**王乔治**（可以通过图 7-3-5 与图 7-3-6 来设置），那么王**乔治**可以在登录后通过以下方法来查看或夺取文件的所有权：选中文件 Note.txt 后右击➲属性➲**安全**选项卡➲高级➲单击**所有者**右侧的**更改**➲通过接下来的界面选择**王乔治**本人➲……。

需要禁用组策略中的**用户账户控制：以系统管理员批准模式运行所有管理员**策略禁用，否则会要求输入系统管理员的密码。禁用此策略的方法为（以本地计算机策略为例）：按⊞键 + R键➲执行 gpedit.msc➲计算机配置➲Windows 设置➲安全设置➲本地策略➲安全选项，完成后需要重新启动计算机。

7.5 文件复制或移动后权限的变化

当磁盘上的文件被复制或移动到另一个文件夹后，其权限可能会发生变化（见图 7-5-1）。

- **如果文件被复制到另一个文件夹**：无论是被复制到同一个磁盘或不同磁盘的另一个文件夹内，它都相当于新建一个文件，这个新文件的权限会继承目的地的权限。例如，若用户对位于C:\Data内的文件File1具有**读取**的权限，对文件夹C:\Tools具有**完全控制**的权限，当File1被复制到C:\Tools文件夹后，用户对这个新文件将具有**完全控制**

的权限。

- **如果文件被移动到同一个磁盘的另一个文件夹，且原文件被设置为继承父项权限**：则会先删除从源文件夹所继承的权限（但会保留非继承的权限），然后继承目标文件夹的权限。例如，由C:\Data文件夹移动到C:\Tools文件夹时，会先删除原权限中从C:\Data继承的权限、保留非继承的权限、然后加上继承自C:\Tools的权限。

  如果文件被移动到同一个磁盘的另一个文件夹，且原文件被设置为不继承父项权限：则仍然保有原权限（权限不变），例如由C:\Data文件夹移动到C:\Tools文件夹。
- **如果文件是被移动到另一个磁盘**：则此文件将继承目的地的权限，例如由C:\Data文件夹移动到D:\Common文件夹，因为是在D:\Common产生一个新文件（并将原文件删除），因此会继承D:\Common的权限。

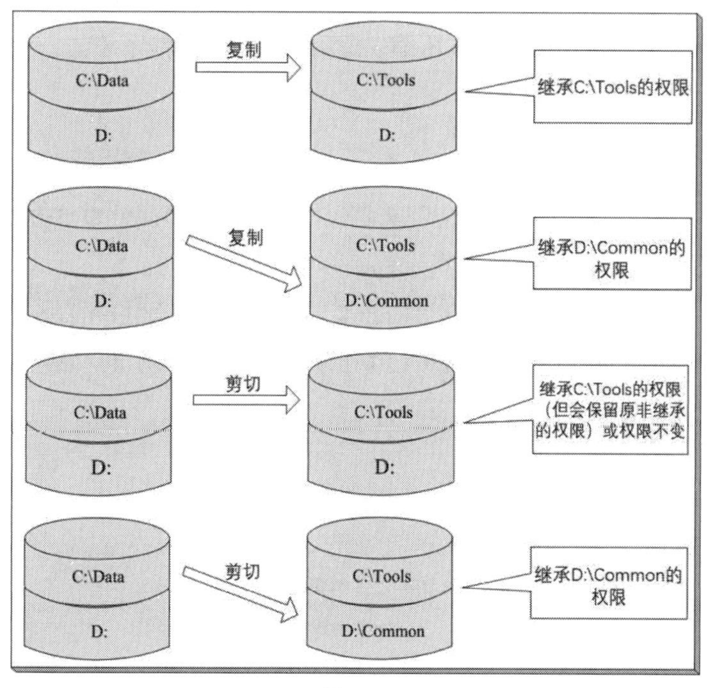

图 7-5-1

将文件移动或复制到目的地的用户，会成为此文件的所有者。文件夹的移动或复制的原理与文件是相同的。

如果将文件由 NTFS（或 ReFS）磁盘移动或复制到 FAT、FAT32 或 exFAT 磁盘，则新文件的原有权限都将被删除，因为 FAT、FAT32 与 exFAT 都不具备权限设置功能。

如果要对文件（或文件夹）进行移动操作（无论目的地是否在同一个磁盘内），那么必须对源文件具备**修改**权限，同时也必须对目的地文件夹具备**写入**权限，因为系统在移动文件时，会先将文件复制到目的地文件夹（因此对它需具备**写入**权限），再将源文件删除（因此对它需具备**修改**权限）。

Q 将文件或文件夹复制或移动到 U 盘后，其权限如何变化？

A U 盘可被格式化成 FAT、FAT32、exFAT 或 NTFS 文件系统（可移动存储设备不支持 ReFS），因此要看它是哪一种文件系统来确定其权限变化。

7.6 文件的压缩

将文件压缩后可以减少它们占用磁盘的空间。系统支持 **NTFS 压缩**与**压缩（zipped）文件夹**两种不同的压缩方法，其中 **NTFS 压缩**仅适用于 NTFS 文件系统。

7.6.1 NTFS 压缩

若要将 NTFS 磁盘内的文件压缩，则选中该文件后右击➲属性➲单击高级按钮➲勾选**压缩内容以便节省磁盘空间**，如图 7-6-1 所示。

若要压缩文件夹，则选中该文件夹后右击➲属性➲单击高级按钮➲勾选**压缩内容以便节省磁盘空间**➲单击确定按钮➲单击应用按钮➲出现如图 7-6-2 所示的对话框。

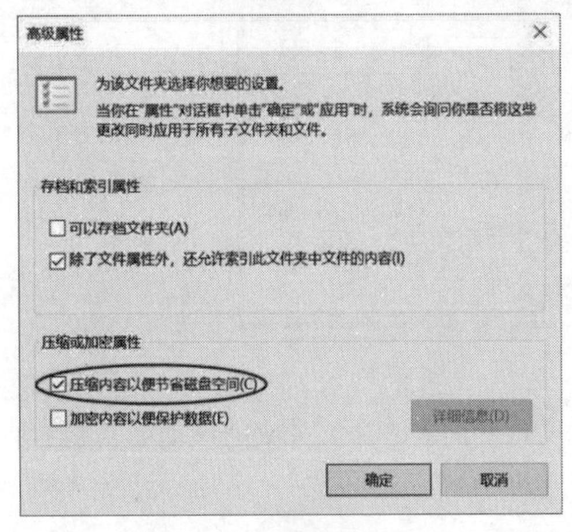

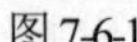

图 7-6-1

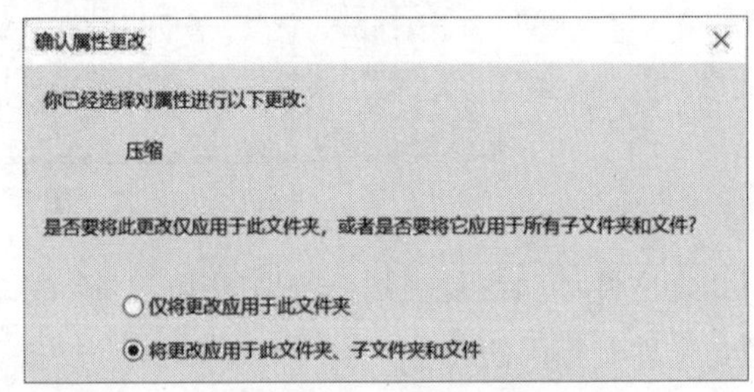

图 7-6-2

- **仅将更改应用于此文件夹**：以后在此文件夹内新建的文件、子文件夹与子文件夹内的文件都会被自动压缩，但不会影响到此文件夹内现有的文件与文件夹。
- **将更改应用于此文件夹、子文件夹和文件**：不仅以后在此文件夹内新建的文件、子文件夹与子文件夹内的文件都会被自动压缩，同时会将已经存在于此文件夹内的现有文件、子文件夹与子文件夹内的文件一并压缩。

也可以针对整个磁盘来进行压缩设置，具体操作为：选中磁盘（例如 C:）后右击➲属性

➲压缩此驱动器以节约磁盘空间。

当用户或应用程序要读取压缩文件时，系统会将文件由磁盘内读出，并自动将解压缩后的内容提供给用户或应用程序，然而存储在磁盘内的文件仍然是处于压缩状态，即需要在读取文件时进行解压缩操作；而当数据需要写入文件时，它们也会被自动压缩后再写入磁盘内的文件。

① 也可使用 COMPACT.EXE 来压缩。已加密的文件与文件夹无法压缩。
② 被压缩或加密的文件，在其文件名的图标上会显示压缩或加密的图案。
③ 如果想将压缩或加密的文件以不同的颜色来显示，则打开**文件资源管理器**➲单击上方**查看**➲单击右侧**选项**图标➲勾选**查看**高效设置下的**用彩色显示加密或压缩的 NTFS 文件**。

文件复制或移动时压缩属性的变化

当 NTFS 磁盘内的文件被复制或移动到另一个文件夹后，其压缩属性的变化与 7.5 节**文件复制或移动后权限的变化**的原理类似，此处仅以图 7-6-3 为例进行说明。

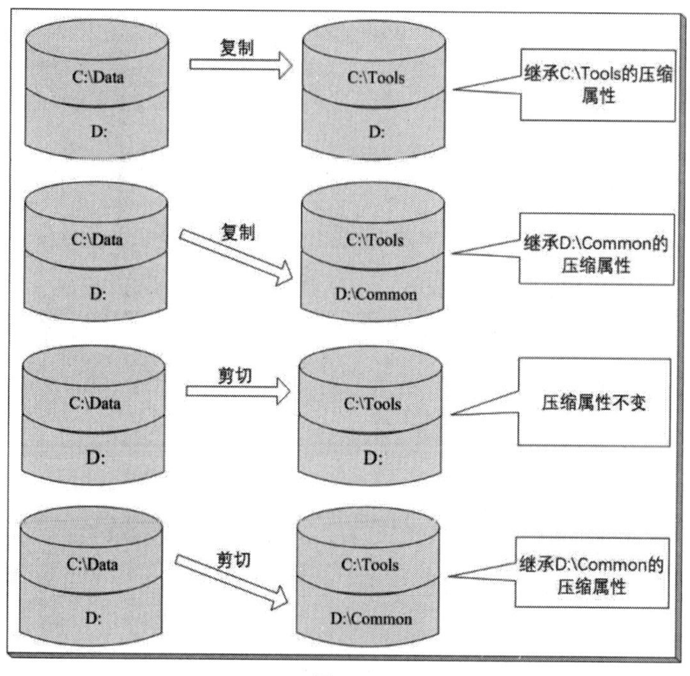

图 7-6-3

7.6.2 压缩的（zipped）文件夹

无论是 FAT、FAT32、exFAT、NTFS 或是 ReFS 磁盘都支持创建**压缩（zipped）文件夹**。在使用**文件资源管理器**建立**压缩（zipped）文件夹**后，被复制到此文件夹内的文件都会被自动压缩。

可以在不需要手动解压缩的情况下，直接读取**压缩（zipped）文件夹**内的文件，甚至可以直接执行其中的应用程序。**压缩（zipped）文件夹**的文件扩展名为.zip，可以使用文件压缩工具软件如 WinZip、WinRAR 等进行解压缩。

可以通过选中界面右侧空白处后右击➲新建➲压缩（zipped）文件夹的方法来新建**压缩（zipped）文件夹**，如图 7-6-4 所示。

也可以通过选中需要压缩的文件➲选中这些文件后右击➲发送到➲压缩（zipped）文件夹来创建一个包含这些文件的**压缩（zipped）文件夹**，如图 7-6-5 所示。

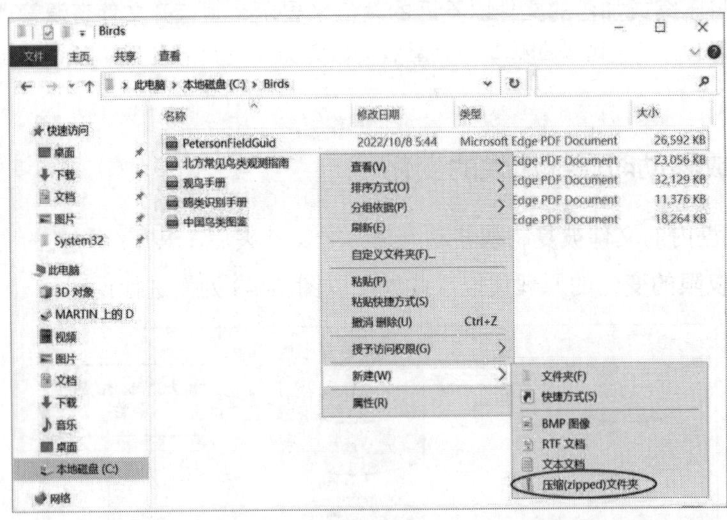

图 7-6-4

压缩（zipped）文件夹的扩展名为.zip，不过系统默认会隐藏扩展名，如果要显示扩展名的话，具体操作为：打开**文件资源管理器**➲单击上方的**查看**➲勾选**文件扩展名**。如果已经安装 WinZip 或 WinRAR 等软件，则默认会通过这些软件来打开**压缩（zipped）文件夹**。

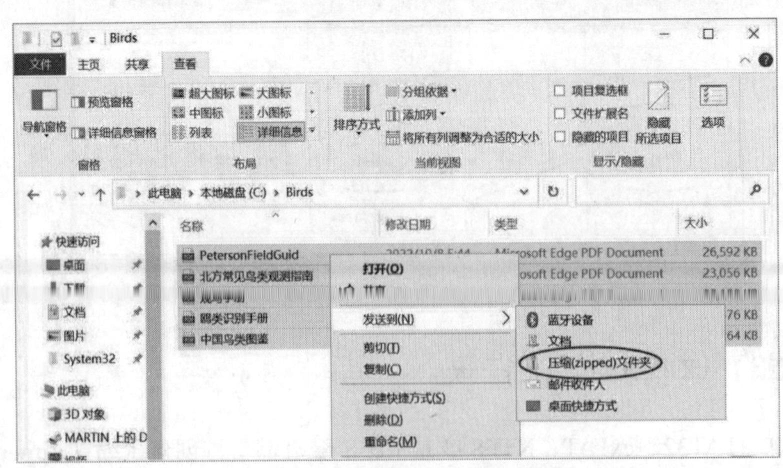

图 7-6-5

7.7 加密文件系统

加密文件系统（Encrypting File System，EFS）提供文件加密的功能，文件经过加密后，只有当初对其加密的用户或被授权的用户能够读取，从而增强了文件的安全性。需要注意的是，只有 存储在 NTFS 文件系统的磁盘上的文件和文件夹才能被加密，如果将文件复制或移动到非 NTFS 文件系统的磁盘上，则这些文件会被自动解密。

文件压缩与加密是无法同时进行的。如果要加密已压缩的文件，则该文件会自动被解压缩。同样地，如果要压缩已加密的文件，则该文件会被自动解密。

7.7.1 对文件与文件夹加密

要对文件加密，具体步骤为：选中文件后右击➲属性➲单击高级按钮➲在图 7-7-1 所示的界面中勾选**加密内容以便保护数据**➲单击两次确定按钮➲选择该文件与父文件夹都加密，或只针对该文件加密。如果选择将该文件与它的父文件夹都加密，则以后在此文件夹内所新建的文件都会自动被加密。

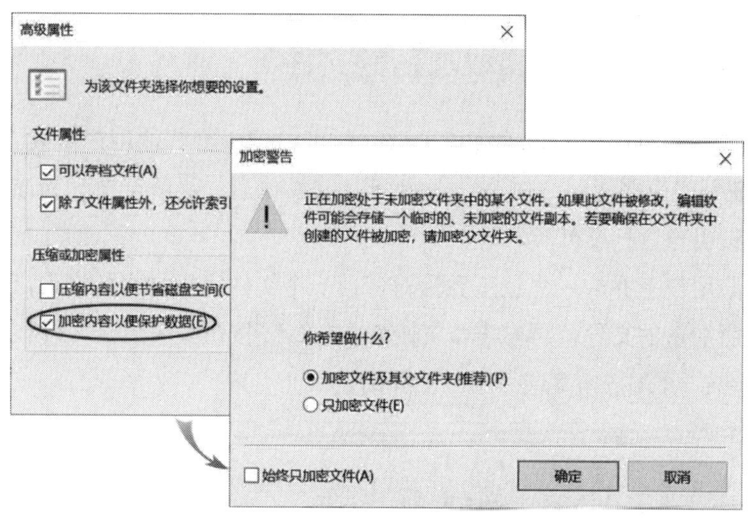

图 7-7-1

要对文件夹加密，具体的步骤为：选中文件夹后右击➲属性➲单击高级按钮➲勾选**加密内容以便保护数据**➲单击两次确定按钮➲在图 7-7-2 所示的界面中参考以下说明进行选择。

- **仅将更改应用于此文件夹**：以后在此文件夹内新建的文件、子文件夹与子文件夹内的文件都会被自动加密，但不会影响此文件夹内现有的文件与文件夹，这些文件和文件夹仍然保持原有的状态。
- **将更改应用于此文件夹、子文件夹和文件**：自动加密不仅适用于此文件夹内新建的文件、子文件夹与子文件夹内的文件，还会将已经存在于此文件夹内的现有文件、子文件夹与子文件夹内的文件都一并加密。

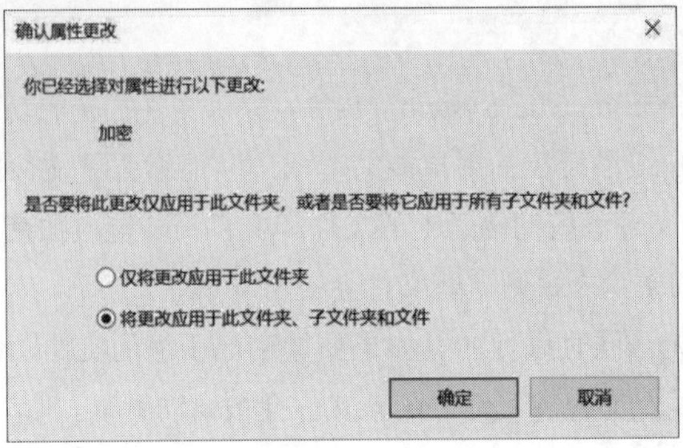

确认属性更改

你已经选择对属性进行以下更改:

加密

是否要将此更改仅应用于此文件夹，或者是否要将它应用于所有子文件夹和文件?

○仅将更改应用于此文件夹

◉将更改应用于此文件夹、子文件夹和文件

确定　取消

图 7-7-2

当用户或应用程序读取加密文件时，系统会将文件从磁盘中读出并自动解密内容，然后提供给用户或应用程序，而存储在磁盘中的文件仍然是处于加密状态。当要将数据写入文件时，它们也会被加密后再写入到文件。

一个未加密的文件移动或复制到加密文件夹中时，该文件会被自动加密。当将加密文件移动或复制到非加密文件夹中时，该文件仍将保持加密状态。

7.7.2 授权其他用户可以读取加密的文件

用户加密的文件只有该用户自己可以读取，但可以授权给其他用户读取。被授权的用户必须具备 **EFS 证书**，而普通用户在第 1 次执行加密操作后，系统会自动为该用户赋予 **EFS 证书**，从而允许该用户进行文件授权。

如果要授权给用户**王乔治**：先让**王乔治**对任何一个文件执行加密的操作，以便获得 **EFS 证书**，然后选中所加密的文件，再右击➲属性➲单击高级按钮➲在图 7-7-3 所示的界面中单击详细信息按钮➲单击添加按钮➲选择用户**王乔治**。

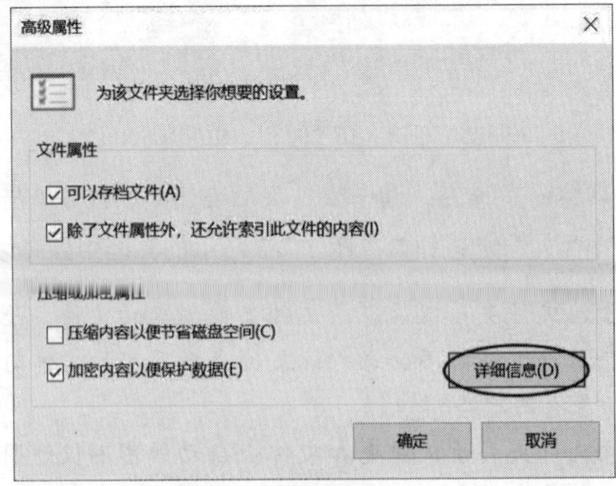

图 7-7-3

7.7.3 备份 EFS 证书

为了避免用户的 **EFS 证书**丢失或损毁，导致文件无法读取加密文件，因此我们建议使用**证书管理**控制台备份 **EFS 证书**，具体操作为：按⊞键+R键➲执行 **certmgr.msc**➲展开**个人、证书**➲选中右侧**预期目的**为**加密文件系统**的证书后右击➲所有任务➲导出➲单击下一步按钮➲选择**是，导出私钥**➲在**导出文件格式**界面中单击下一步按钮来选择默认的.pfx 格式➲在**安全**界面中选择用户或设置密码（以后仅该用户有权导入，否则需输入此处的密码）➲……。最后，建议将导出的证书文件备份到一个安全的位置。如果有多个 **EFS 证书**，则建议全部导出这些证书并予以保存和做备份。

7.8 磁盘配额

我们可以通过**磁盘配额**功能来限制用户在 NTFS 磁盘内的使用容量，并追踪每个用户的 NTFS 磁盘空间的使用情况。通过磁盘配额的限制，可以避免用户占用大量的硬盘空间。

7.8.1 磁盘配额的特性

- 磁盘配额是针对单个用户进行控制与跟踪的。
- 仅NTFS磁盘支持磁盘配额，而ReFS、exFAT、FAT32与FAT磁盘不支持。
- 磁盘配额是以文件与文件夹的所有权来计算的：在一个磁盘内，只要文件或文件夹的所有权属于某个用户，其所占用的磁盘空间都会计入该用户的配额内。
- 磁盘配额的计算不考虑文件压缩的因素：磁盘配额在计算用户的磁盘空间总使用量时，是以文件的原始大小来计算的。
- 每个磁盘分区的磁盘配额都是独立计算的，不论这些磁盘分区是否在同一块硬盘内：例如第一块硬盘被划分为C：与D：两个磁盘分区，则用户在磁盘C：与D：中可以分别拥有不同的磁盘配额。
- 系统管理员不受磁盘配额的限制。

7.8.2 磁盘配额的设置

用户需要具备系统管理员权限才能设置磁盘配额，具体操作为：打开**文件资源管理器**➲选中磁盘驱动器（例如 C：盘）后右击➲属性➲在如图 7-8-1 所示的界面中勾选**配额**选项卡下的**启用配额管理**➲单击应用按钮。

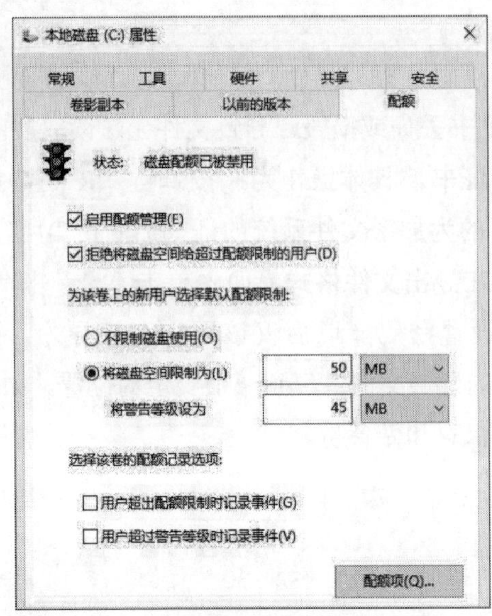

图 7-8-1

- **拒绝将磁盘空间分配给超过配额限制的用户**：如果用户在此磁盘已使用的磁盘空间超过配额限制时：
  - 如果未勾选此复选框，则仍可以继续将新数据存储到此磁盘中。此功能可用于跟踪和监视用户的磁盘空间使用情况，但不会限制其磁盘使用空间。
  - 如果勾选此复选框，则用户就无法再将任何新数据存储到此磁盘内。如果用户尝试存储数据，则屏幕上就会出现如图 7-8-2 所示被拒绝写入的提示。

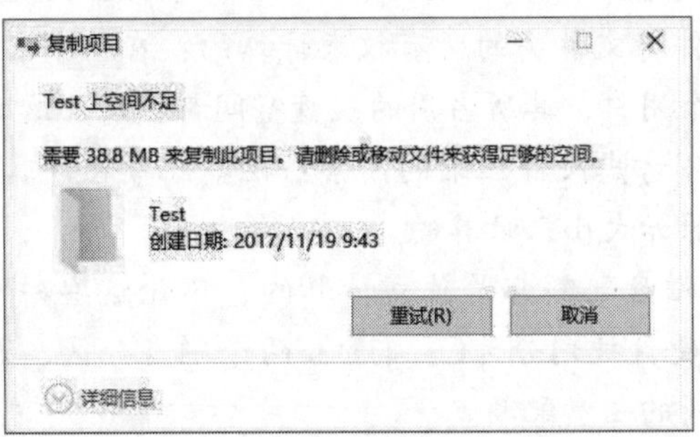

图 7-8-2

- **为该卷上的用户选择默认配额限制**：用来设置新用户的磁盘配额。
  - **不限制磁盘使用**：用户在此磁盘上的可用空间不受限制。
  - **将磁盘空间限制为**：限制用户在此磁盘上的可用空间。磁盘配额未启用前就已经在此磁盘内存储数据的用户，将不会受到此处的限制，但可另外针对这些用户来设置配额。
  - **将警告等级设为**：可让系统管理员来查看用户已使用的磁盘空间是否超过此处的警告值。
- **选择该卷的配额记录选项**：当用户超过配额限制或警告等级时，是否要将这些事项

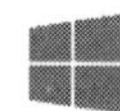

记录到系统日志内。如果勾选此项，要查看日志详细信息的步骤为：单击左下角的**开始**图标⊞➲Windows管理工具➲事件查看器➲Windows日志➲系统➲在如图7-8-3所示的界面中单击来源为**NTFS**的事件。

图 7-8-3

7.8.3　监控每个用户的磁盘配额使用情况

在如图 7-8-1 所示的界面中单击**配额项**按钮，就可以在如图 7-8-4 所示的界面中监控每个用户的磁盘配额使用情况，并通过此界面分别设置每个用户的磁盘配额。

(C:) 的配额项

配额(Q)　编辑(E)　查看(V)　帮助(H)

状态	名称	登录名	使用量	配额限制	警告等级	使用的百分比
超出限制		NT SERVICE\TrustedInstaller	6.44 GB	50 MB	45 MB	13197
超出限制		NT AUTHORITY\SYSTEM	2.72 GB	50 MB	45 MB	5589
超出限制		NT AUTHORITY\LOCAL SERVICE	105.82 MB	50 MB	45 MB	211
超出限制	王乔治	george@sayms.local	70 MB	70 MB	65 MB	100
正常		BUILTIN\Administrators	24.06 GB	无限制	无限制	暂缺
正常		NT SERVICE\MapsBroker	1 KB	50 MB	45 MB	0
正常		NT AUTHORITY\NETWORK SERVI...	3.91 MB	50 MB	45 MB	7

项目总数 8 个，已选 1 个。

图 7-8-4

如果要更改任何一个用户的磁盘配额设置，只需在图 7-8-4 中双击该用户，即可更改其磁盘配额。

如果要针对未出现在图 7-8-4 列表中的用户预先设置磁盘配额，具体的步骤为：单击如图 7-8-4 所示界面上方的**配额**菜单➲新建配额项。

7.9 共享文件夹

当将一个文件夹（例如图 7-9-1 中的 Database）设置为共享文件夹后，用户可以通过网络访问此文件夹内的文件，前提是用户拥有适当的权限。

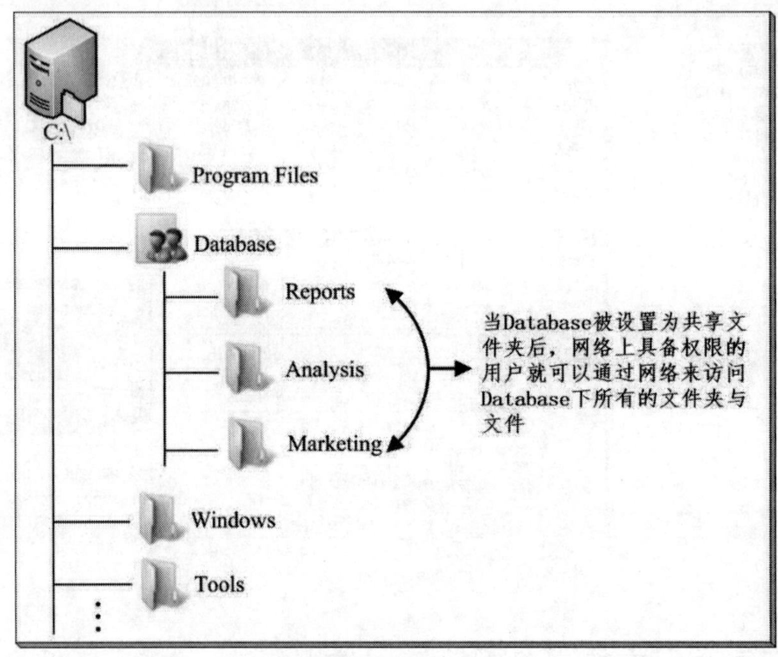

图 7-9-1

在 ReFS、NTFS、FAT32、FAT 或 exFAT 磁盘中的文件夹都可以被设置为共享文件夹，并通过共享权限将访问权限赋予网络用户。

7.9.1 共享文件夹的权限

网络用户必须拥有适当的共享权限才能访问共享文件夹。表 7-9-1 列出了共享权限的种类及其所具备的访问能力。

表 7-9-1 共享权限的种类及其所具备的访问能力

具备的能力	权限的种类		
	读取	变更	完全控制
查看文件名与子文件夹名，查看文件内的数据，执行程序	√	√	√
新建与删除文件、子文件夹，更改文件内容		√	√
更改权限（只适用于 NTFS、ReFS 内的文件或文件夹）			√

共享权限只约束通过网络来访问此共享文件夹的用户，如果通过本地登录（直接在计算机前按 Ctrl+Alt+Delete 组合键登录），就不受此权限的约束。

由于位于 FAT、FAT32 或 exFAT 磁盘内的共享文件夹并没有类似 ReFS、NTFS 那样的权限保护，同时共享权限对本地登录的用户没有约束力，因此如果用户直接在本地登录，则可以访问 FAT、FAT32 与 exFAT 磁盘中的所有文件。

7.9.2 用户的共享文件夹权限

如果网络用户同时隶属于多个组，并且这些组分别对某个共享文件夹拥有不同的共享权限，则该网络用户对此共享文件夹的最终有效共享权限是什么样的呢？

与 NTFS 权限类似，网络用户对共享文件夹的有效权限是其所有权限来源的合集。同时，“拒绝”权限的优先级较高，也就是说，虽然用户对共享文件夹的有效权限是其所有权限来源的合集，但只要其中一个权限来源被设置为**拒绝**，用户就不会拥有访问权限。细节可以参考 7.2 节的说明。

1. 共享文件夹的复制与移动

如果将共享文件夹复制到其他磁盘分区内，则原始文件夹仍然会保留共享状态，但是复制的新文件夹不会自动被设置为共享文件夹。如果将共享文件夹移动到其他磁盘分区内，那么此文件夹将不再是共享的文件夹。

2. 与 NTFS（或 ReFS）权限配合使用

只有在将文件夹设置为共享文件夹后，网络用户才能看到此共享文件夹。如果文件夹位于 NTFS（或 ReFS）磁盘内，则该用户是否有权限访问此文件夹取决于共享权限与 NTFS 权限两者的设置情况。

网络用户最终权限的最终确定，应该是根据共享权限与 NTFS 权限两者之中最严格（most restrictive）的设置来确定。例如，经过累加后，如果用户 A 对共享文件夹 C:\Test 的有效共享权限为**读取**，同时对此文件夹的有效 NTFS 权限为**完全控制**，如表 7-9-2 所示，则用户 A 对 C:\Test 的最终有效权限为两者之中最严格的权限：**读取**。

表 7-9-2 用户 A 的累加有效权限

权限类型	用户 A 的累加有效权限
C:\Test 的共享权限	读取
C:\Test 的 NTFS 权限	完全控制
用户 A 通过网络访问 C:\Test 的最终有效权限为最严格的**读取**	

如果用户 A 是直接由本地登录（未通过网络登录）的，则其对 C:\Test 的有效权限只由 NTFS 权限来决定，也就是**完全控制**的权限，因为由本地登录并不受共享权限的约束。

7.9.3 将文件夹共享与停止共享

隶属 Administrators 组的用户具有将文件夹设置为共享文件夹的权限。

STEP 1 单击屏幕下方的**文件资源管理器**图标➲单击此电脑➲单击**本地**磁盘（例如 C：）➲选中文件夹（例如 DataBase）后右击➲共享➲特定用户，如图 7-9-2 所示。

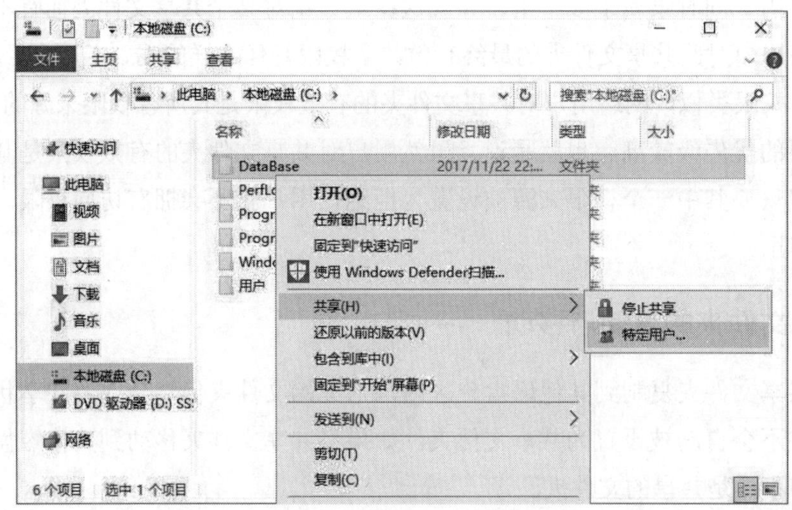

图 7-9-2

STEP 2 在图 7-9-3 中单击向下箭头来选择目标用户或组，默认权限为**读取**，但可通过用户右边的向下箭头更改。选择完成后单击添加按钮，然后单击共享按钮。

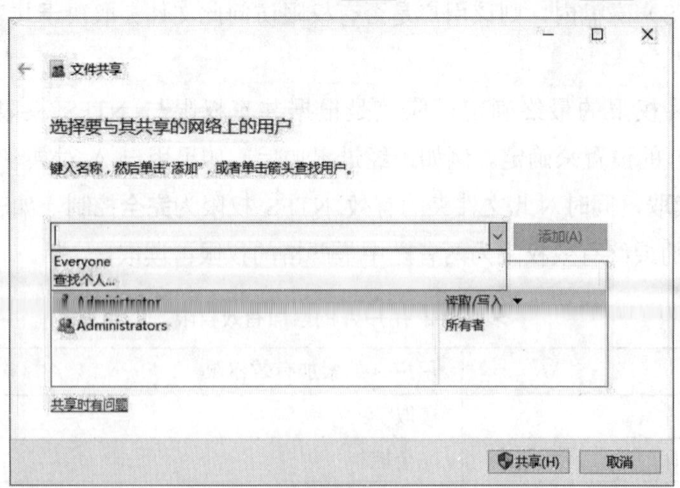

图 7-9-3

系统会将 NTFS 权限设置为此处指定的权限，同时将**共享权限**设置为“Everyone **完全控制**”，这两者之中最严格的就是 NTFS 权限，因为**共享权限**为“Everyone **完全控制**”，这是最宽松的权限，所以最终有效权限就是此处指定的权限。

STEP 3　从图 7-9-4 中可以看出，网络用户可以通过\\SERVER3\Database 访问此文件夹，其中 SERVER3 为计算机名、Database 为共享名（默认是与文件夹名相同）。单击完成按钮。

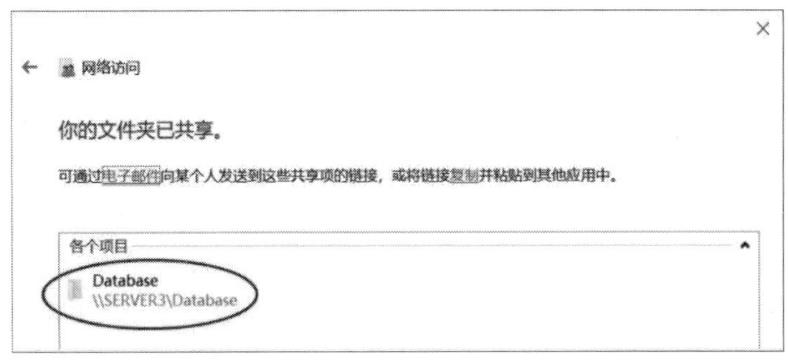

图 7-9-4

如果此计算机的网络位置为**公用网络**，则系统会询问是否要启用网络发现与文件共享。如果选择**否**，则此计算机的网络位置会被更改为**专用网络**。

在第 1 次将文件夹共享后，系统就会启用**文件和打印机共享**，查看此设置的步骤为：单击左下角的**开始**图标⊞➲控制面板➲网络和 Internet➲网络和共享中心➲更改高级共享设置，如图 7-9-5 所示（图中假设网络位置是**域**网络）。

图 7-9-5

如果要停止将文件夹共享或是要更改权限，可在图 7-9-2 中选择**删除访问**，然后在图 7-9-6 中进行设置。

也可以在如图 7-9-2 所示的界面中选择**特定用户**来更改权限，或是选中共享文件夹后右击➲属性➲**共享**选项卡➲单击共享按钮或高级共享按钮。

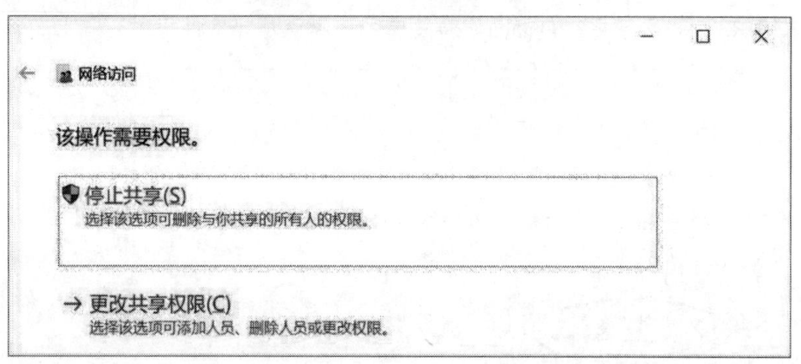

图 7-9-6

7.9.4 隐藏共享文件夹

如果共享文件夹有特殊的使用目的，我们不想让用户在网络上浏览到它，此时只要在共享名最后加上一个$符号，这样就可以将共享文件夹隐藏起来。例如，将原来的共享名 Database 改为 Database$，具体步骤为：选中共享文件夹后右击➲属性➲**共享**选项卡➲单击高级共享按钮➲单击添加按钮来添加共享名 Database$，然后通过单击删除按钮来删除旧的共享名 Database。

系统内置了多个供系统内部使用或管理用的隐藏式共享文件夹，例如 C$（代表 C 盘）、ADMIN$（代表 Windows 系统的安装文件夹，例如 C:\Windows）等。

还可以单击左下角的**开始**图标⊞➲Windows 管理工具➲计算机管理➲单击**系统工具**下的**共享文件夹**，然后使用其中的**共享**来查看与管理共享文件夹、使用其中的**会话**来查看与管理连接此文件夹的用户、使用其中的**打开的文件**来查看与管理被打开的文件。

7.9.5 访问网络共享文件夹

如果要连接网络计算机来访问其所共享的文件夹，最简单的方式是直接输入共享文件夹名。例如，如果要连接前面的\\Server3\Database，具体的步骤为：按⊞键+R键➲在如图 7-9-7 所示的界面中输入\\Server3\Database 后按 Enter 键。在输入用户账户名与密码后（见后面的说明），就可以访问共享文件夹 Database 了。

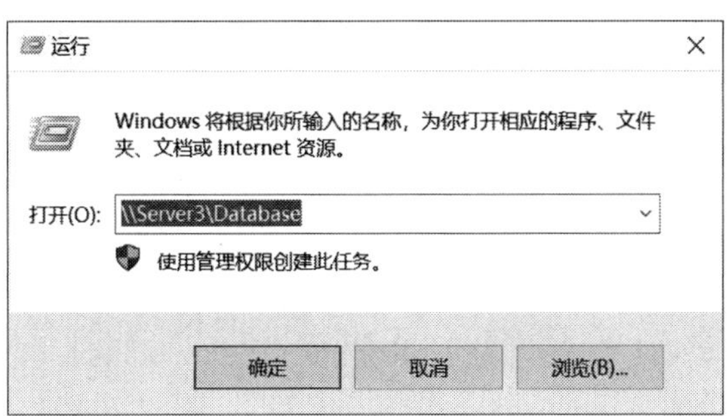

图 7-9-7

也可以使用网络发现功能来连接网络计算机并访问共享文件夹，前提是计算机系统需要启用网络发现功能，以 Windows 11 为例，具体的步骤为：打开**文件资源管理器**➲选中左下方的**网络**，再右击➲属性➲更改高级共享设置➲显示出如图 7-9-8 所示的界面（图中假设目前的网络位置是**来宾或公用**网络）。接着可以打开**文件资源管理器**➲单击**网络**➲之后便可以看到网络上的计算机了（见图 7-9-9）。单击计算机后（可能需要输入用户名与密码），就可以访问此计算机所共享的文件夹 Database。

图 7-9-8

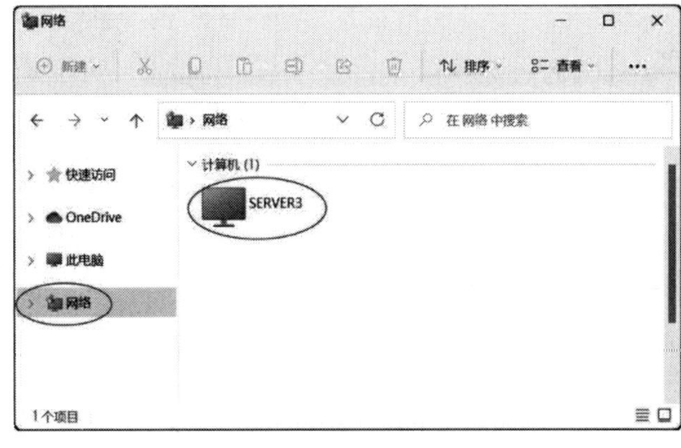

图 7-9-9

如果在网络中看不到其他 Windows 计算机，可以检查这些计算机是否已启用**网络发现**功能，并检查其 Function Discovery Resource Publication 服务是否已经启用。查看和启动的步骤为：单击左下角的**开始**图标⊞➲Windows 管理工具➲服务。

7.9.6 连接网络计算机的身份验证机制

当我们要连接网络上的其他计算机时，必须提供有效的用户账户与密码。默认情况下，计算机会自动使用当前正在使用的账户名与密码来连接该网络计算机，也就是会以当初登录本地计算机时所输入的账户名与密码来连接网络计算机（见图 7-9-10），此时是否会连接成功呢？请看以下的分析。

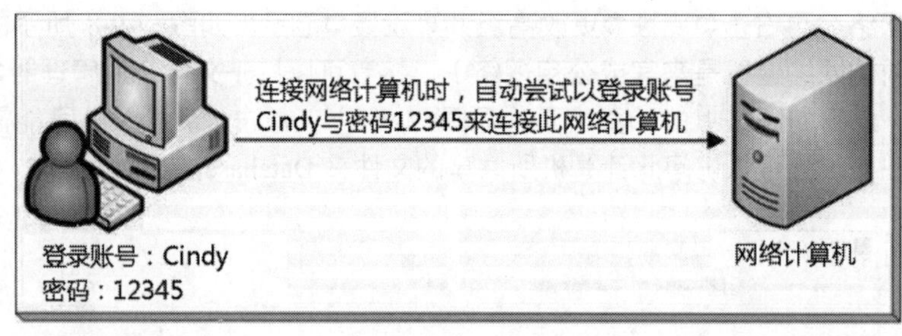

图 7-9-10

如果本地计算机与网络计算机都已加入域（同一个域或有信任关系的不同域），并且使用域用户账户登录，那么当连接该网络计算机时，系统会自动使用此账户来连接网络计算机。该网络计算机再通过域控制器来确认连接身份后，就会被允许连接该网络计算机，不需要再自行手动输入账户名与密码，如图 7-9-11 所示（假设两台计算机属于同一个域）。

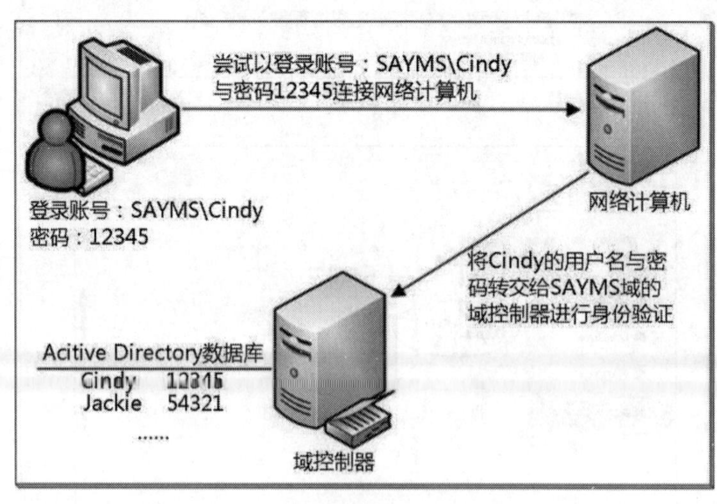

图 7-9-11

如果当前计算机与网络计算机并未加入域，或只有一台计算机加入了域，另外一台计算机

没有加入域，或者两台计算机分别属于两个不具备信任关系的域，此时不论是使用本地用户或域用户账户登录，当连接该网络计算机时，系统仍会自动使用下面的账户来连接网络计算机：

- 如果该网络计算机内已经创建了一个名称相同的用户账户：
  - 如果密码也相同，则自动使用此用户账户来连接，如图 7-9-12 所示（以本地用户账户为例）。
  - 如果密码不相同，则系统会要求重新输入用户名与密码。

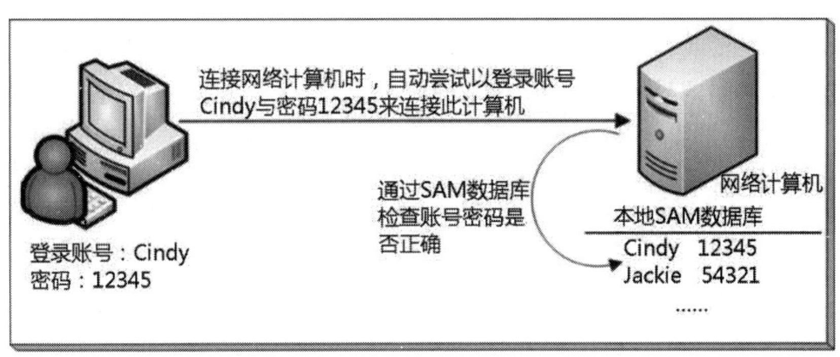

图 7-9-12

- 如果该网络计算机内并未创建一个名称相同的用户账户：
  - 如果该网络计算机已启用 guest 账户，则系统会自动使用 guest 身份来连接。
  - 如果该网络计算机禁用 guest 账户（默认设置），则系统会要求重新输入用户名与密码。

管理网络密码

如果想简化每次连接网络计算机时都必须手动输入账户名与密码的操作，可以在连接网络计算机时勾选如图 7-9-13 所示界面中的**记住我的凭据**复选框，让系统以后都通过这个用户账户与密码来连接该网络计算机。

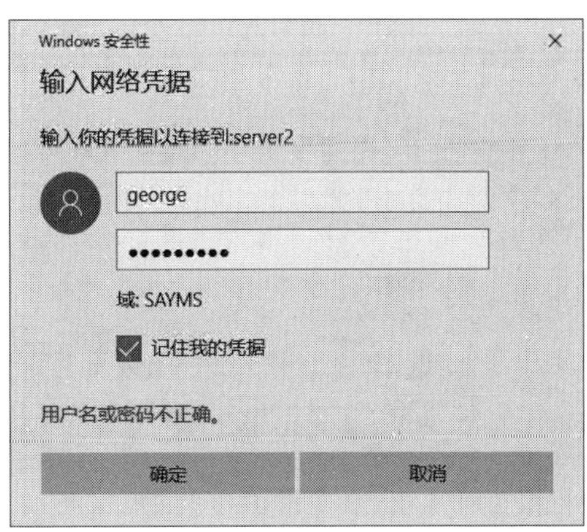

图 7-9-13

如果需要更进一步地管理网络密码，例如新建、修改、删除网络密码，则具体的步骤为：打开**控制面板**（或按⊞键+R键➲执行 control）➲用户账户➲单击**凭据管理器**下的**管理 Windows 凭据**➲通过 **Windows 凭据**处来管理网络密码。

7.9.7 用网络驱动器来连接网络计算机

采用网络驱动器号（即网络盘符）的方式来连接网络计算机的共享文件夹，具体的步骤为：在如图 7-9-14 所示的界面中选中**网络**（或**此电脑**），再右击➲映射网络驱动器➲如前景图所示选用 Z:（或其他尚未被使用的盘符）来连接\\Server3\Database，完成连接后，就可以通过该驱动器号来访问共享文件夹内的文件，如图 7-9-15 所示的 Z: 磁盘驱动器。

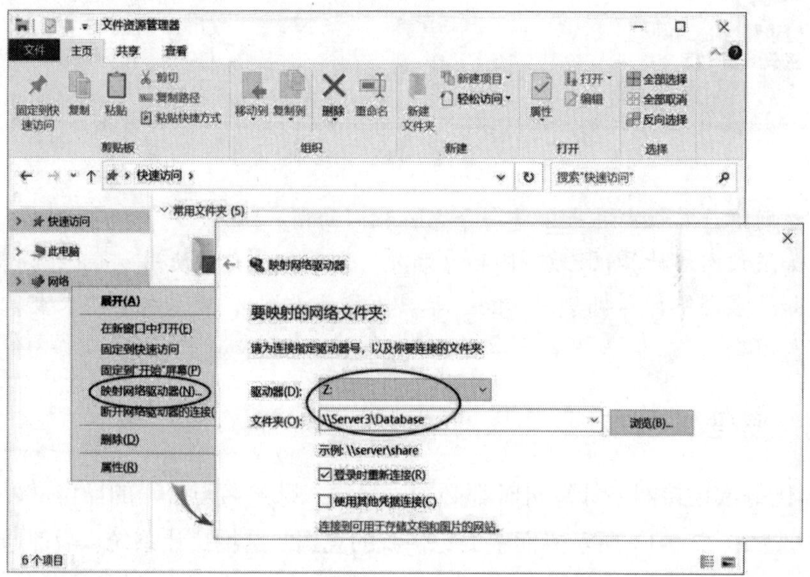

图 7-9-14

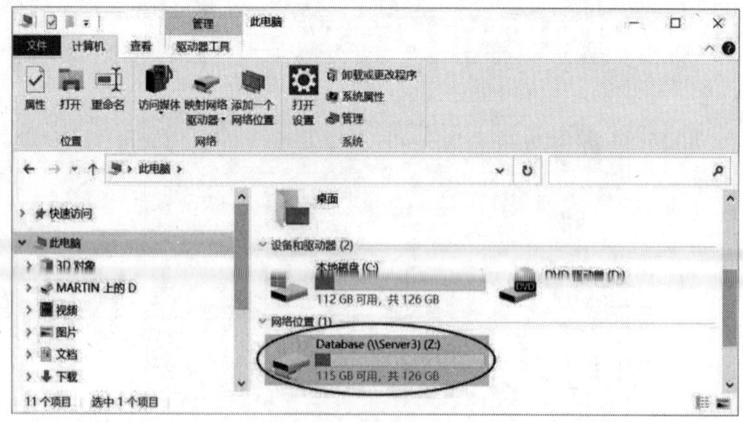

图 7-9-15

我们也可以执行 **NET USE Z: \\Server3\Database** 命令来完成上述共享工作。如果要断开网络驱动器连接，可以选中如图 7-9-15 所示界面中的网络驱动器 Z:，再右击➲断开连接，也可以执行 **NET USE Z: /Delete** 命令断开连接。

7.10 卷影副本

共享文件夹的卷影副本（Shadow Copies of Shared Folders）功能，该功能会自动在指定的时间将所有共享文件夹内的文件复制到另一存储区内备份，此存储区域被称为**卷影副本存储区**。如果用户将共享文件夹内的文件误删或错误修改了文件内容后，可以通过**卷影副本存储区**内的备份文件来查看原始文件或还原文件内容，如图 7-10-1 所示。

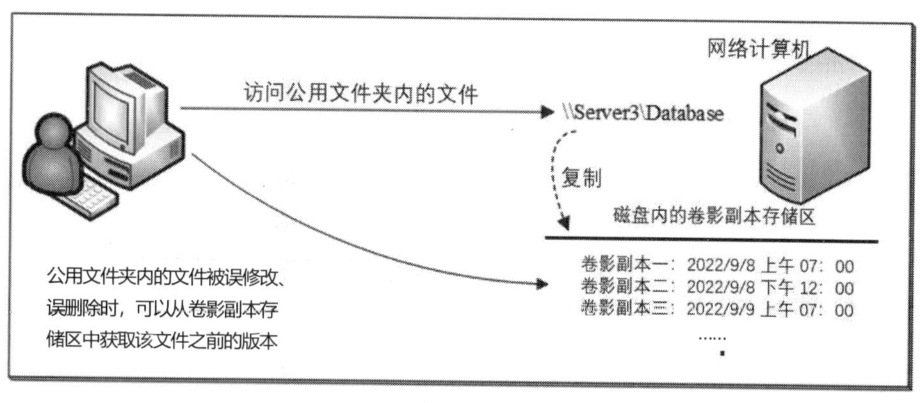

图 7-10-1

7.10.1 网络计算机如何启用“共享文件夹的卷影副本”功能

共享文件夹所在的网络计算机启用**共享文件夹的卷影副本**功能的方法为：打开**文件资源管理器**➲单击**此电脑**➲选中任一磁盘后右击➲属性➲在如图 7-10-2 所示的界面中选择需要启用**卷影副本**的磁盘➲单击启用按钮➲单击是按钮。

启用时会自动为该磁盘创建第一个**卷影副本**，也就是将该磁盘内所有共享文件夹内的文件都复制一份到**卷影副本存储区**内。同时，默认情况下，系统会在星期一到星期五的上午 7:00 与下午 12:00 两个时间点，分别自动新建一个**卷影副本**。

从图 7-10-3 中可知，C：磁盘已经有两个**卷影副本**，也可以单击立即创建按钮来手动创建新的**卷影副本**。在还原文件时，用户可以选择用在不同时间点创建在**卷影副本**内的旧文件来还原文件。

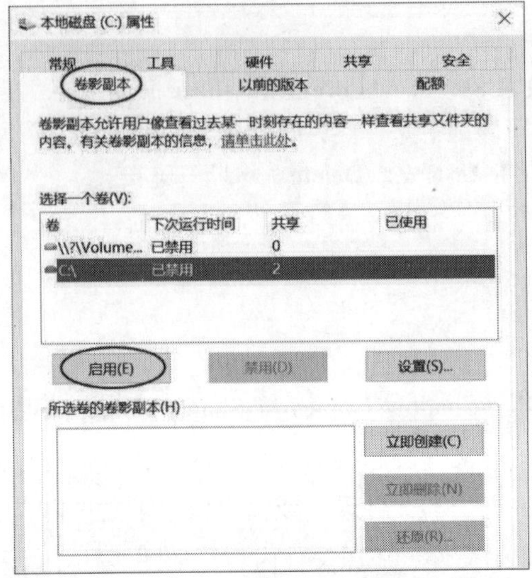

图 7-10-2

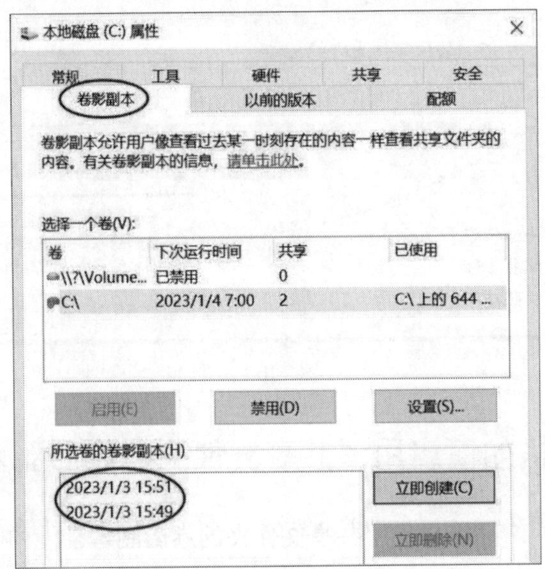

图 7-10-3

① **卷影副本**内的文件只可读取，不可修改，而且每一个磁盘最多支持创建 64 个**卷影副本**，如果卷影副本达到此限制，则最旧的**卷影副本**会被删除。

② 参照图 7-10-3，单击设置按钮来修改设置（如果要变更存储**卷影副本**的磁盘，则需要在启用**卷影副本**前进行修改）。

7.10.2 客户端访问"卷影副本"内的文件

以下以 Windows 11 客户端为例来说明。客户端用户通过网络连接共享文件夹后，如果误

改了某网络文件的内容，此时可以通过以下步骤来恢复原文件内容：打开**文件资源管理器**➲选中此文件（以 Confidential 为例）后右击➲还原➲如图 7-10-4 所示在**以前的版本**选项卡下，从**文件版本**处选择旧版本的文件，再单击还原按钮。图中**文件版本**处显示了位于两个**卷影副本**内的旧文件，用户可以自行决定要还原哪一个**卷影副本**中的旧文件，也可以单击图中的打开按钮来查看旧文件的内容或使用**复制**操作来复制文件。

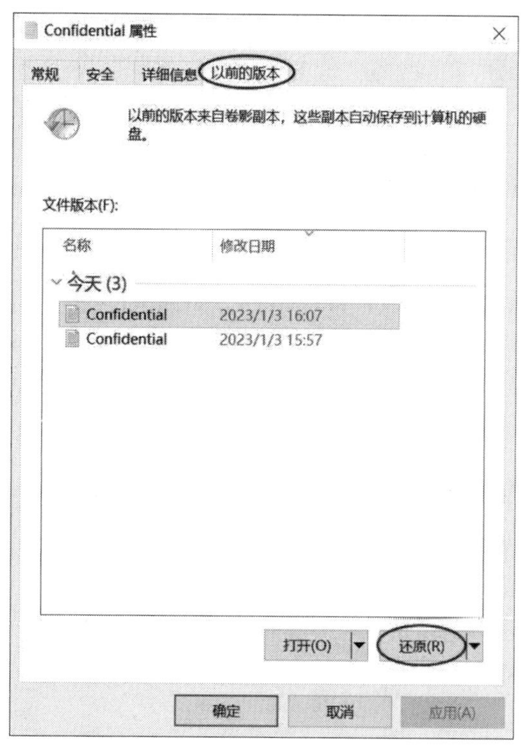

图 7-10-4

如果要还原被删除的文件，可在连接到共享文件夹后，在文件列表中的空白区域，再右击➲属性➲单击**以前的版本**选项卡➲选择旧版本所在的文件夹➲单击打开按钮➲复制需要被还原的文件。

第8章　搭建打印服务器

打印服务器的打印管理功能不但可以让用户方便地打印文件，还可以减轻系统管理员的负担。

- 打印服务器概述
- 设置打印服务器
- 用户如何连接网络共享打印机
- 共享打印机的高级设置
- 打印机权限与所有权
- 利用分隔页来分隔打印文件
- 管理等待打印的文件

8.1 打印服务器概述

在计算机内安装打印机，并将其共享给网络上的其他用户后，这台计算机便扮演着打印服务器的角色（见图 8-1-1）。Windows Server 2022 打印服务器具备以下功能：

- 支持USB、IEEE 1394（firewire）、无线、蓝牙打印机、具备网卡的网络接口打印机与传统IEEE 1284并行端口等打印机。
- 支持通过网页浏览器连接与管理打印服务器。
- Windows客户端的用户连接到打印服务器时，其所需的打印机驱动程序会自动从打印服务器下载并安装到用户的计算机中。

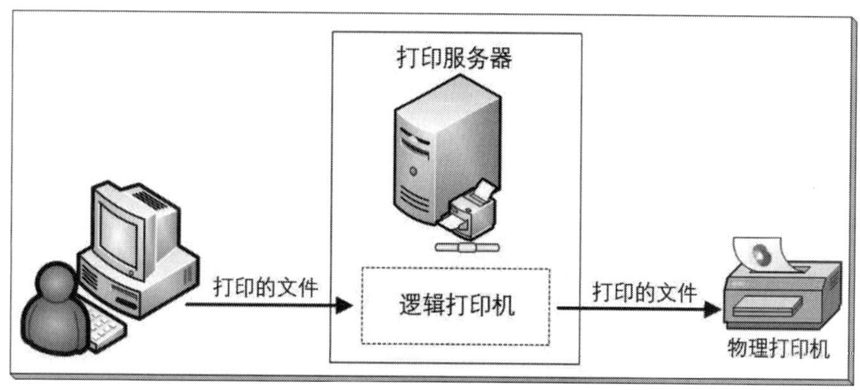

图 8-1-1

我们先通过图 8-1-1 来介绍一些打印服务中的术语：

- **物理打印机**：指的是可以放置打印纸的物理打印机，也就是打印设备。
- **逻辑打印机**：指的是介于用户端应用程序与物理打印机之间的软件接口，用户的打印文件通过它发送给物理打印机。

  物理或逻辑打印机都可以简称为**打印机**，但为了避免混淆，在本章中有些地方我们会以**打印机**来代表逻辑打印机、以**打印设备**来代表物理打印机。
- **打印服务器**：代表一台计算机，它连接着物理打印设备，并将此打印设备共享给网络用户。打印服务器负责接收用户提交的待打印文件，然后将它发送到打印设备完成实际的打印操作。
- **打印机驱动程序**：打印服务器接收到用户提交的打印文件后，打印机驱动程序负责将待打印文件转换为打印设备能够识别的格式，然后发送至打印设备完成打印。不同型号的打印设备其打印机驱动程序是不尽相同的。

8.2 设置打印服务器

当在本地计算机上安装打印机，并将其设置为共享打印机共享给网络用户使用后，这台计算机就可以充当打印服务器，对用户提供打印服务。

如果希望通过浏览器来连接或管理这台打印服务器，则需要再打印服务器上安装 **Internet 打印**角色服务，具体步骤为：打开**服务器管理器**➲单击**仪表板**处的**添加角色和功能**➲持续单击下一步按钮一直到出现图 8-2-1 界面时勾选背景图中的**打印和文件服务**➲……➲在前景图勾选 **Internet 打印**➲……，它会同时安装 **Web 服务器**（**IIS**）角色。

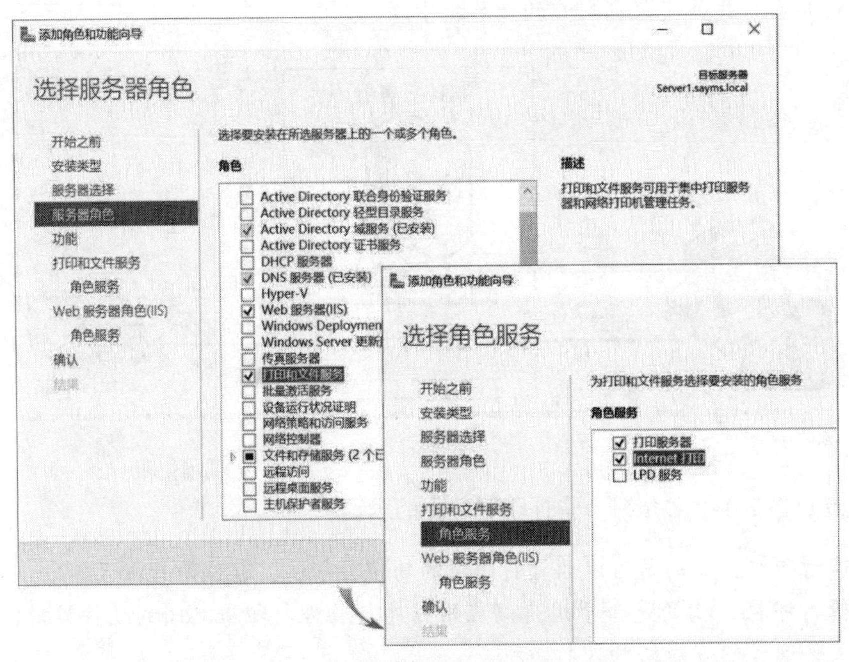

图 8-2-1

8.2.1 安装 USB、IEEE 1394 即插即用打印机

请将即插即用（Plug-and-Play）打印机连接到计算机的 USB 或 IEEE 1394 端口，然后打开打印机电源。如果系统支持此打印机的驱动程序，就会自动检测与安装此打印机。安装时如果系统找不到所需要的驱动程序，那么需要自行准备好驱动程序。一般而言，驱动程序可以在打印机厂商提供的光盘内或通过上网下载获得。安装时，按照界面提示进行安装即可。此外，用户也可以通过执行厂商官方的安装程序来安装驱动程序，这种程序通常会提供比较多的功能。

安装完成后，用户可通过这些步骤来查看此打印机：单击左下角的**开始**图标⊞➲单击**设置**图标⚙➲设备➲打印机和扫描仪，如图 8-2-2 所示（图中假设打印机是 EPSON WF-

C20590）。

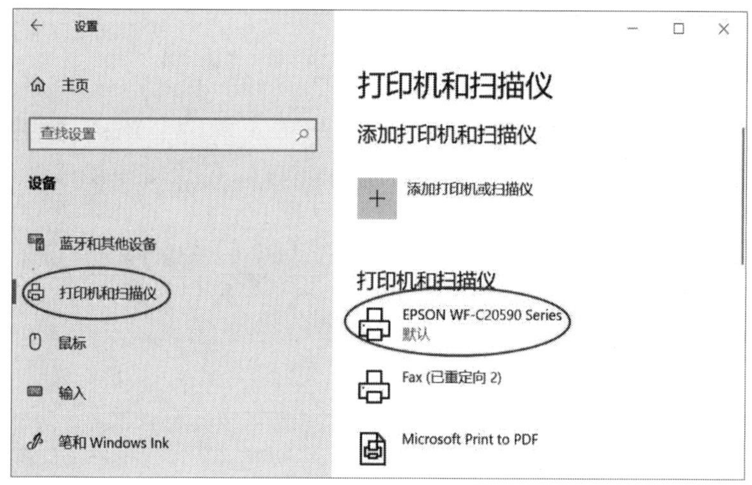

图 8-2-2

在图 8-2-2 所示的界面中执行管理工作时（例如单击上方**添加打印机或扫描仪**），或要管理打印机（例如图中的 EPSON 打印机）时，若出现以下的错误信息：

Windows 无法访问指定设备、路径或文件，这可能没有适当的权限访问这个项目。此时可以通过以下方法来解决：

- 首先执行gpedit.msc，然后依次操作：计算机配置➲Windows设置➲安全设置➲本地策略➲安全选项，接着启用**用户账户控制：以管理员批准模式运行所有管理员策略**，再重新启动计算机。
- 管理打印机的步骤为：单击左下角的**开始**图标⊞➲控制面板➲单击**硬件**下的**查看设备和打印机**。

8.2.2 安装网络接口打印机

内置网卡的**网络打印机**可以通过网线直接连接到网络。用户可以利用厂商所提供的程序或通过以下步骤来安装：单击左下角的**开始**图标⊞➲单击**设置**图标⚙➲设备➲打印机和扫描仪➲单击上方**添加打印机或扫描仪**➲单击**我需要的打印机不在列表中**➲选择**通过手动设置添加本地打印机或网络打印机**➲在如图 8-2-3 所示的界面中选择**创建新端口**的端口类型选择 **Standard TCP/IP Port**，再单击下一步按钮➲输入打印机的主机名或 IP 地址、设置端口名称➲……。完成设置后，打印机默认会自动被设置为共享打印机。

如果要安装传统 IEEE 1284 并行端口（LPT）打印机，可在图 8-2-3 中单击**使用现有的端口**。

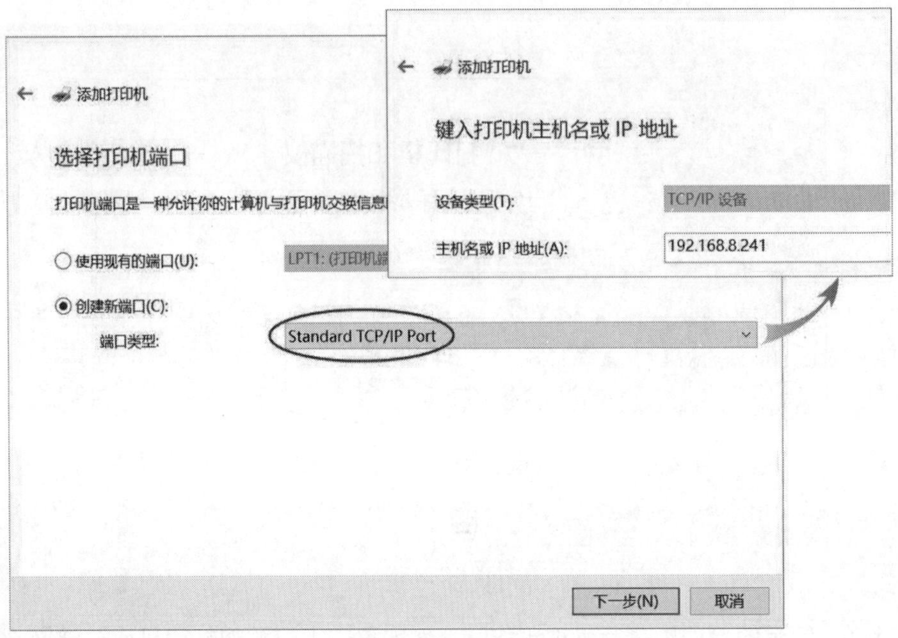

图 8-2-3

8.2.3 将现有的打印机设置为共享打印机

可以将尚未被共享的打印机设置为共享打印机，具体步骤为：单击左下角的**开始**图标⊞➲单击**设定**图标⚙➲设备➲打印机和扫描仪➲单击要被共享的打印机➲单击管理按钮➲单击**打印机属性**➲单击**共享**选项卡➲在如图 8-2-4 所示的界面中勾选**共享这台打印机**，并设置共享名。

在 AD DS 域环境下，建议勾选图中的**列入目录**复选框，以便将该打印机发布到 AD DS 中，让域用户可以通过 AD DS 来查找到这台打印机。

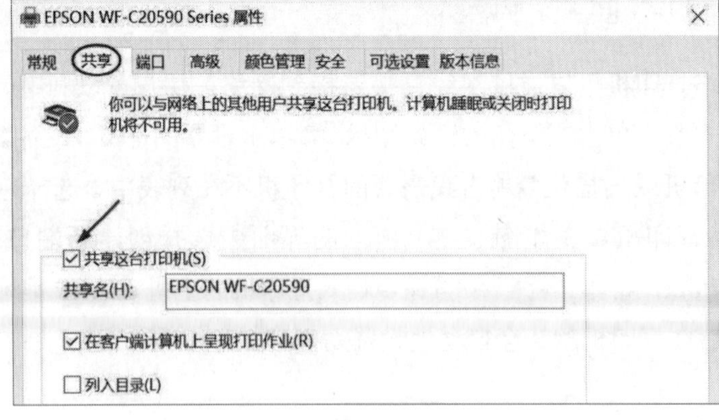

图 8-2-4

8.2.4 利用“打印管理”来创建打印机服务器

当在 Windows Server 2022 计算机上安装**打印和文件服务**时，它会一起安装**打印管理**控制台，而我们可以通过它来安装、管理本地计算机与网络计算机上的共享打印机。使用**打印管理**控制台的方法为：单击左下角的**开始**图标⊞➲Windows 管理工具➲打印管理，如图 8-2-5 所示，图中共有两台打印服务器 Server1 与 Server3。

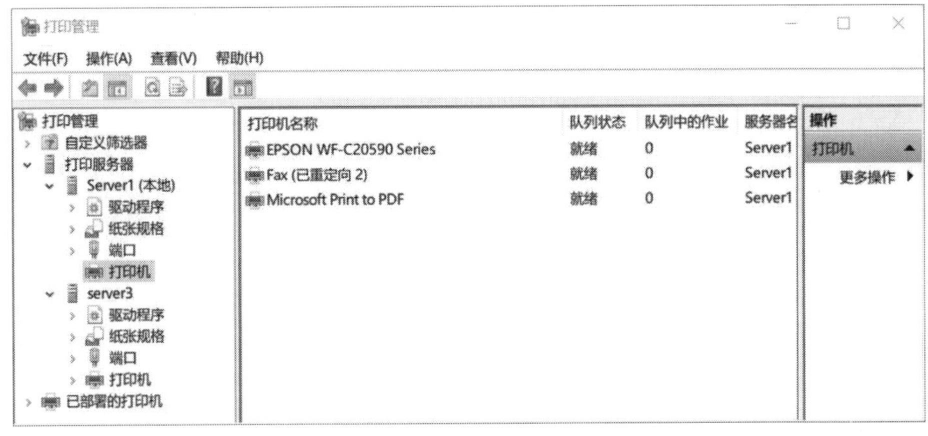

图 8-2-5

① 只安装**打印管理**控制台的方法为：打开**服务器管理器**➲添加角色和功能➲……➲在**功能**界面下展开**远程服务器管理工具**➲展开**角色管理工具**➲勾选**打印和文件服务工具**。

② 必须具有系统管理员权限才可以管理打印服务器，否则在上述界面中显示的服务器前面的图标会显示一个向下的红色箭头。

8.3 用户如何连接网络共享打印机

8.3.1 连接与使用共享打印机

在客户端，要连接网络共享打印机，具体的步骤是：按⊞键+R键➲输入\\server1\EPSONWF-C20590。其中 server1 是服务器名称、EPSONWF-C20590 是打印机共享名。以 Windows 11 的客户端为例，完成上述步骤后，单击左下角的**开始**图标➲单击**设置**图标➲设备➲打印机和扫描仪，以查看新添加的打印机，如图 8-3-1 所示。若要删除此打印机，则单击此打印机后➲单击删除按钮即可。

我们也可以利用 AD DS 域的组策略，将共享打印机部署给计算机或用户，当计算机或用户应用此策略后，就会自动安装此打印机。部署方法为：打开**打印管理**控制台➲在如

图 8-3-2 所示的界面中选中打印机，再右击➲使用组策略部署，然后参照图 8-3-3，单击浏览按钮选择要通过哪一个 GPO（假设是 Default Domain Policy）来部署此打印机➲勾选要部署给用户或计算机后单击添加按钮，随后单击确定按钮。

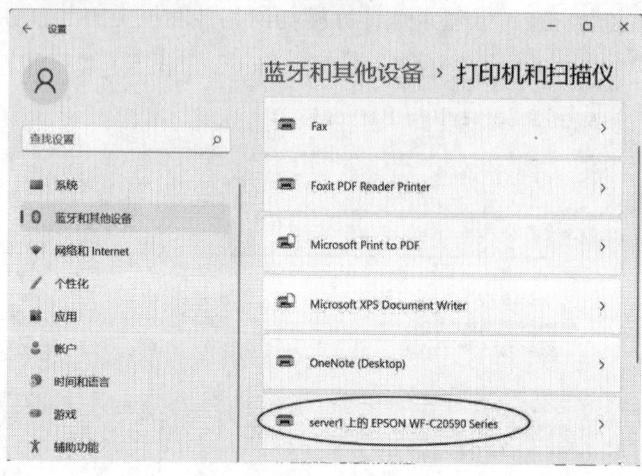

图 8-3-1

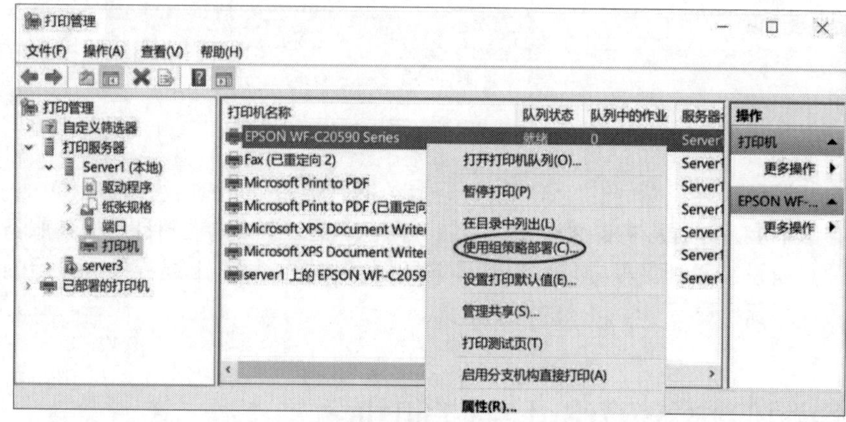

图 8-3-2

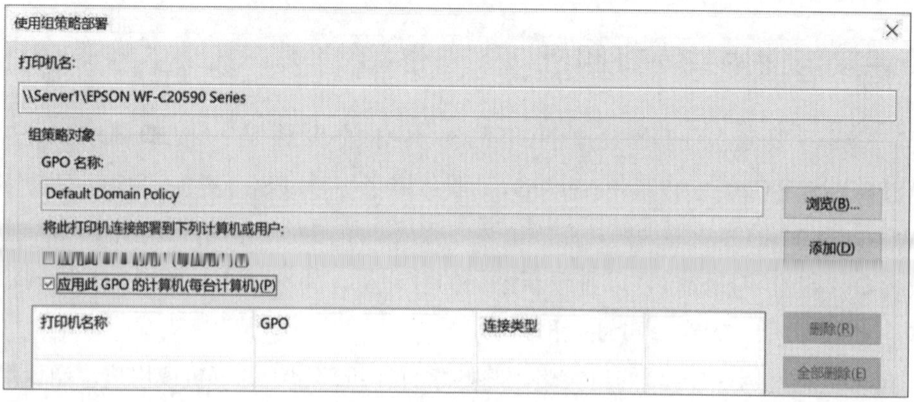

使用组策略部署

打印机名:

\\Server1\EPSON WF-C20590 Series

组策略对象

GPO 名称:

Default Domain Policy　浏览(B)...

将此打印机连接部署到下列计算机或用户:　添加(D)

☑应用此 GPO 的计算机(每台计算机)(P)

打印机名称	GPO	连接类型

删除(R)　全部删除(E)

图 8-3-3

以上示例是通过域级别的 Default Domain Policy 来部署给计算机，因此域内所有计算机应用此策略后，都会自动安装此打印机。应用的方式可以是将计算机重新启动，或在计算机上执行 **gpupdate /force** 命令，或等一段时间后让其自动应用（一般客户端计算机约需等待 90～120 分钟）。

① 客户端也可以使用网络发现功能来连接共享打印机。网络发现的相关说明、身份验证机制等在 7.9 节介绍过了，可自行前往参考。
② 客户端还可使用**添加打印机向导**来连接共享打印机，以 Windows 11 为例，具体的步骤为：单击左下角的开始图标➲单击设置图标➲设备➲打印机和扫描仪➲单击上方**添加打印机或扫描仪**旁的**添加设备**➲单击**我需要的打印机不在列表中**旁的**手动添加**➲在**按名称选择共享打印机**处输入打印机的网络路径，例如\\server1\ EPSON WF-C20590。

8.3.2　使用 Web 浏览器来管理共享打印机

如果共享打印机所在的打印服务器本身也是 IIS Web Server，用户可以通过网址来连接与管理共享打印机。如果打印服务器尚未安装 IIS Web Server，则可通过**服务器管理器**来安装 **Web 服务器（IIS）**角色。

客户端如果要通过 Internet 连接共享打印机，则需要启用 **Internet 打印**功能。在 Windows Server 中要启动该功能，具体的步骤为：打开**服务器管理器**➲添加角色和功能，该功能位于**打印和文件服务**下；在 Windows 11 中要启动该功能，具体的步骤为：单击左下角的开始图标➲单击设置图标➲**可选功能**➲**更多 Windows 功能**，该功能位于**打印和文件服务**下。如果是通过局域网络连接的，就不需要安装此功能。

用户可以在 Web 浏览器内输入 URL 网址来连接打印服务器，例如 **http://server1/printers/**（见图 8-3-4）或 **http://server1.sayms.local/printers/**，其中的 server1 为打印服务器的计算机名、server1.sayms.local 为其 DNS 主机名。如果用户无权限连接打印服务器，则需要先输入有权限的用户账户名与密码。

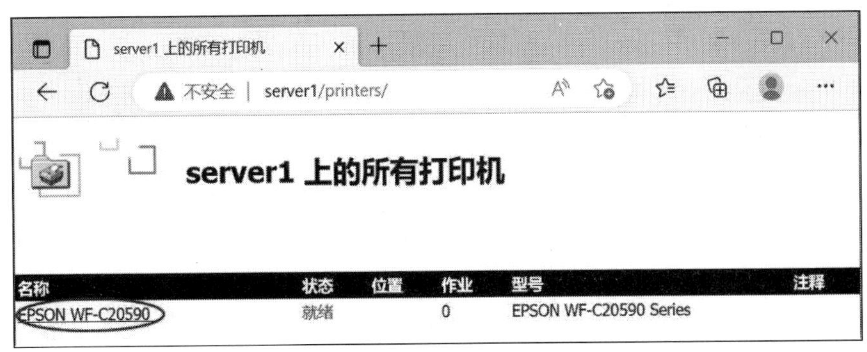

图 8-3-4

界面中将显示打印服务器内所有的共享打印机，例如当用户单击图中的 EPSON WF-C20590 后，便可以在图 8-3-5 中查看、管理此打印机与待打印的文件。

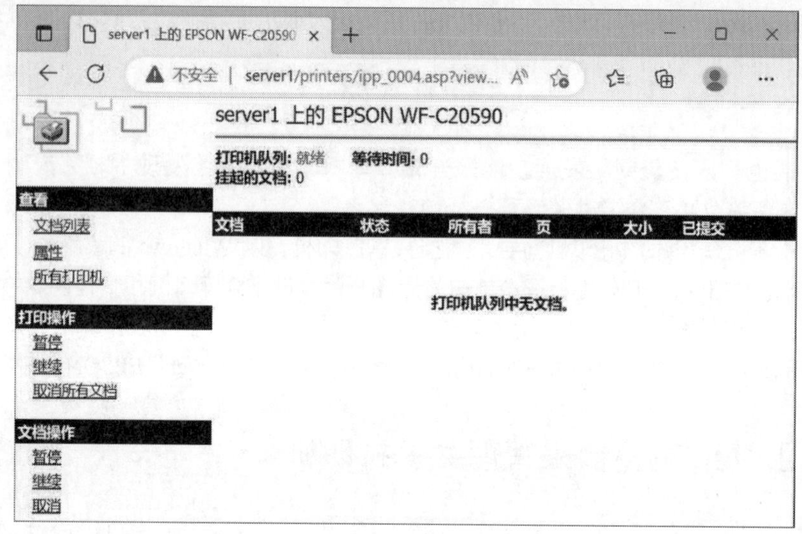

图 8-3-5

8.4 共享打印机的高级设置

8.4.1 设置打印优先级

如果有一台同时对普通业务员工与紧急业务员工提供服务的打印设备，并且希望紧急业务员工的文件具有更高的打印优先级，换句话说，要如何让紧急业务员工的文件可以优先打印呢？运用**打印优先级**可以实现上述目标。如图 8-4-1 所示，在打印服务器内建立两个拥有不同打印优先级的逻辑打印机，而这两个逻辑打印机都映射到同一台物理打印设备上，这种方式可以让紧急业务员工的文件具有更高的打印优先级。

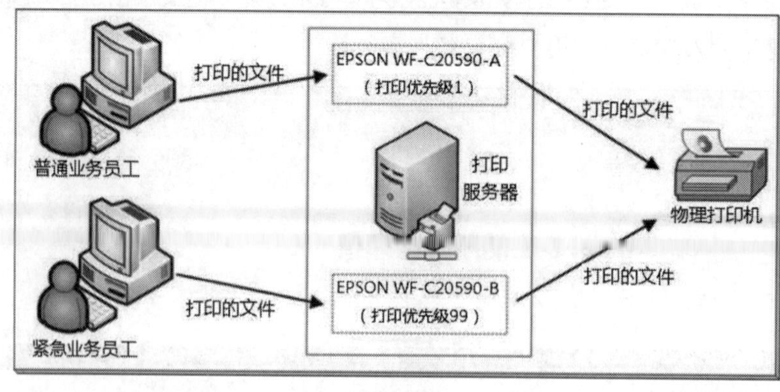

图 8-4-1

在图 8-4-1 中，安装在打印服务器内的打印机 EPSON WF-C20590-A 拥有较低的打印优先级（1），而打印机 EPSON WF-C20590-B 拥有较高的打印优先级（99），因此通过 EPSON WF-C20590-B 打印的文件，可以优先打印（若此时打印设备正在打印其他文件，则需要等此文件打印完成后才会开始打印这份优先级较高的文件）。我们可以通过权限设置来指定只有紧急业务员工才拥有使用 EPSON WF-C20590-B 的权限。

这种架构的设置方式以图 8-4-1 为例，请先添加一台打印机（假设为 USB 端口），然后再以手动方式添加第 2 台相同的打印机。具体方法为：单击左下角的**开始**图标⊞➲单击**设置**图标⚙➲设备➲打印机和扫描仪➲单击上方**添加打印机或扫描仪**➲单击**我需要的打印机不在列表中**➲选择**通过手动设置添加本地打印机或网络打印机**➲选择**使用现有的端口**，并选择相同的打印机端口（USB 端口）。

完成添加打印机后，在**打印机和扫描仪**界面下单击该打印机（两台打印机会被合并在一个图标内）➲单击**管理**按钮➲在图 8-4-2 所示的界面中选择需要更改优先级的打印机➲单击**打印机属性**➲在如图 8-4-3 所示的界面通过**高级**选项卡来设置其优先级，1 代表最低优先级，99 代表最高优先级。

图 8-4-2

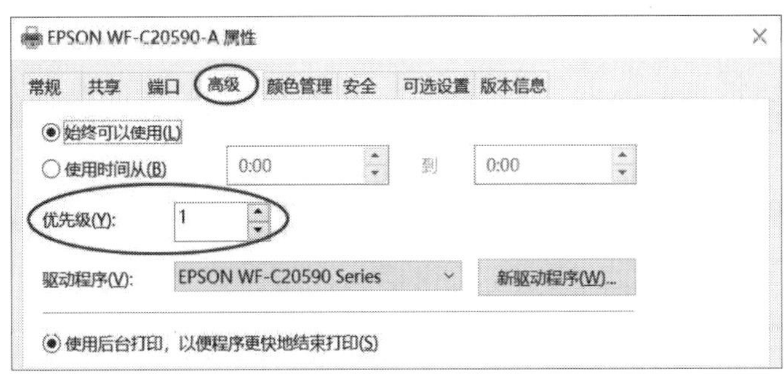

图 8-4-3

以上操作也可以通过**打印管理**控制台来完成：单击左下角的**开始**图标⊞➲Windows 管理

工具➲打印管理➲选中要设置的打印机后右击➲属性。

8.4.2 设置打印机的打印时间

如果打印设备在白天上班时过于忙碌，可以将一些已经送到打印服务器的非紧急文件暂时不立即打印，等到打印设备处于空闲时段再打印；或者，如果某个文件太大，打印时间太长，会影响到其他文件的打印，此时可以让此份文件安排在打印设备空闲的特定时段进行打印。

如果要实现以上目标，可以在打印服务器内建立两个打印时段不同的逻辑打印机，它们都是使用同一台物理打印设备，如图 8-4-4 所示。图中安装在打印服务器的打印机 EPSON WF-C20590-A 一天 24 小时都提供打印服务，而打印机 EPSON WF-C20590-B 只有在 18:00 点到 22:00 点提供打印服务。因此，通过 EPSON WF-C20590-A 打印的文件，只要轮到它就会开始打印，而发送到 EPSON WF-C20590-B 的文件，则会被暂时搁置在打印服务器中，等到 18:00 点才会将其发送到打印设备去打印。

参考 8.4.1 节的架构设置方式，添加一台打印机（假设为 USB 端口），并选择相同的打印机端口（USB 端口）。接着，在**打印机和扫描仪**界面下单击该打印机（两台打印机会被合并在一个图标内）➲单击管理按钮➲选择需要更改服务时段的打印机➲单击**打印机属性**➲在如图 8-4-5 所示的界面通过**高级**选项卡来选择打印服务的时段。

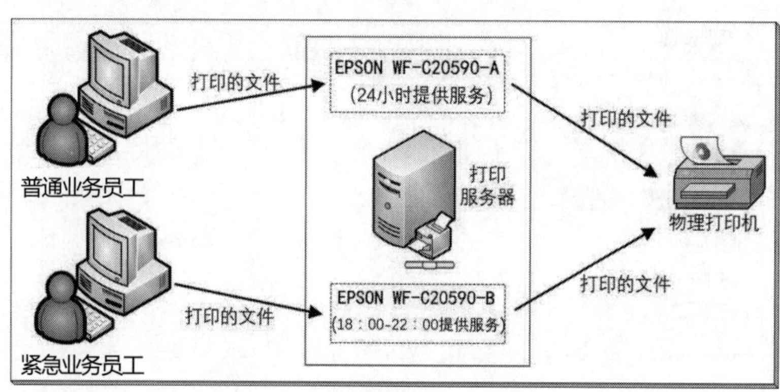

图 8-4-4

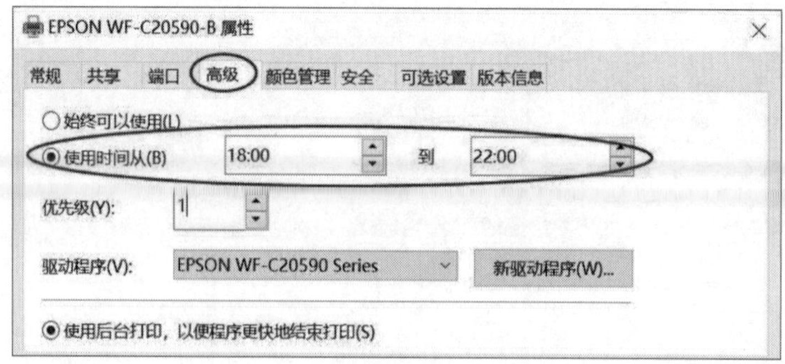

图 8-4-5

8.4.3　设置打印机池

所谓**打印机池**（printer pool），就是将多台相同的打印设备逻辑上集合起来，然后只建立一个逻辑打印机映射到这些打印设备。也就是说，一个逻辑打印机可以同时使用多台物理打印设备来打印文件，如图 8-4-6 所示。

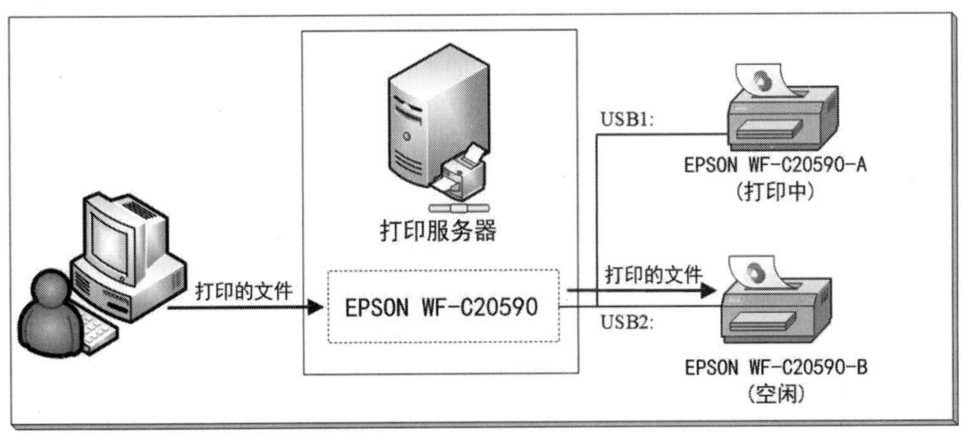

图 8-4-6

当用户将文件发送到此逻辑打印机时，逻辑打印机会根据打印设备的忙碌状态来决定要将此文件发送给**打印机池**中的哪一台打印设备来打印。例如，在图 8-4-6 中，打印服务器内的 EPSON WF-C20590 为**打印机池**，当它收到需要打印的文件时，由于打印设备 EPSON WF-C20590-A 正在打印文件，而打印设备 EPSON WF-C20590-B 处于空闲中，故打印机 EPSON WF-C20590 会将此文件发给打印设备 EPSON WF-C20590-B 进行打印。

通过**打印机池**来打印可以节省用户查找打印设备的时间。建议将打印设备集中放置，以便让用户能方便地找到打印出来的文件。如果**打印机池**中有一台打印设备因故障停止打印（例如缺纸），则只有当前正在打印的文件会被搁置在此台打印设备上，其他文件仍然可由其他打印设备继续正常打印。

打印机池的建立方法为（以图 8-4-6 为例）：先添加一台打印机➲接着在**打印机和扫描仪**界面下单击该打印机➲单击管理按钮➲单击**打印机属性**➲在如图 8-4-7 所示的界面通过**端口**选项卡设置，图中需先勾选最下方的**启用打印机池**复选框，再勾选上方所有连接着打印设备的端口。

文件被发送到打印服务器后，它被暂时存储在%*Systemroot*%\System32\spool \PRINTERS 文件夹中，要在打印服务器中查看暂存的文件，具体的步骤为：在**打印机和扫描仪**界面中单击**打印服务器属性**➲**高级**选项卡。

EPSON WF-C20590-A 属性
常规 共享 端口 高级 颜色管理 安全 可选设置 版本信息
EPSON WF-C20590-A
打印到下列端口。文档将打印到第一个检查到的可用端口(P)。
端口 描述 打印机
LPT1: 打印机端口 EPSON WF-C20590-A
LPT2: 打印机端口 EPSON WF-C20590-B
LPT3: 打印机端口
COM1: 串行端口
COM2: 串行端口
COM3: 串行端口
COM4: 串行端口
FILE: 打印到文件
添加端口(T)...
删除端口(D)
配置端口(C)...
启用双向支持(E)
启用打印机池(N)

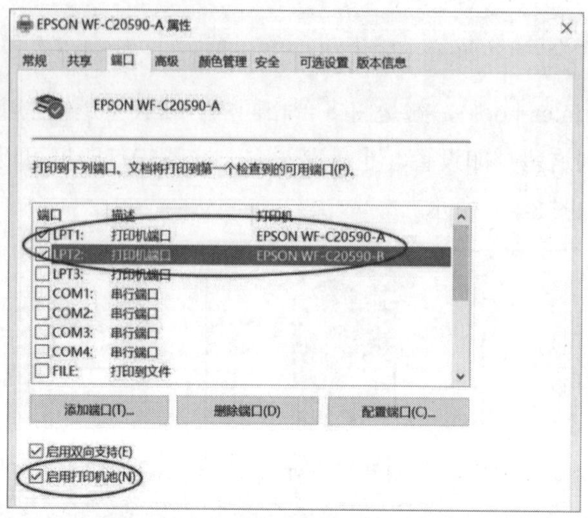

图 8-4-7

8.5 打印机权限与所有权

系统中添加的每一台打印机，默认是所有用户都有权限将文件发送到此打印机来打印的。然而，在某些情况下，并不希望所有用户都可以使用网络共享打印机，例如某台有特殊用途的高档打印机，每张打印的成本很高，因此需要通过权限设置来限制只有某些人员才能使用此打印机。

要查看与更改用户的打印权限，具体的步骤为：在**打印机和扫描仪**界面下单击该打印机➲单击管理按钮➲单击**打印机属性**➲在如图 8-5-1 所示的界面选择**安全**选项卡，从图中可知，默认是 Everyone 都有**打印**的权限。由于打印机权限的设置方法与文件权限的设置方法是相同的，故此处不再赘述，请读者自行参考第 7 章的说明，打印机的权限种类与其所具备的功能如表 8-5-1 所示。

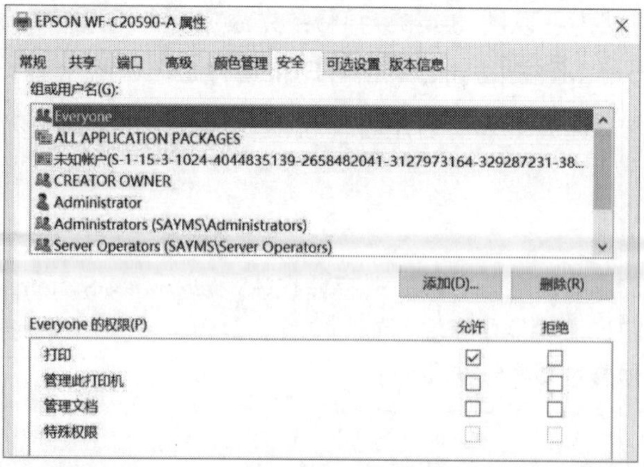

EPSON WF-C20590-A 属性
常规 共享 端口 高级 颜色管理 安全 可选设置 版本信息
组或用户名(G):
Everyone
ALL APPLICATION PACKAGES
未知帐户(S-1-15-3-1024-4044835139-2658482041-3127973164-329287231-38...
CREATOR OWNER
Administrator
Administrators (SAYMS\Administrators)
Server Operators (SAYMS\Server Operators)
添加(D)...
删除(R)
Everyone 的权限(P)
允许
拒绝
打印
管理此打印机
管理文档
特殊权限

图 8-5-1

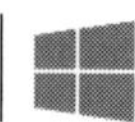

用户被赋予**管理文件**权限后，并不能够管理已经在等待打印的文件，只能够管理在被赋予**管理文件**权限之后才发送到打印机的文件。

表 8-5-1　打印机的权限种类及具备的功能

具备的功能	打印机的权限		
	打印	管理文件	管理此打印机
连接打印机与打印文件	√		√
暂停、继续、重新开始与取消打印用户自己的文件	√		√
暂停、继续、重新开始与取消打印所有文件		√	√
设置所有文件的打印顺序、时间等		√	√
将打印机设置为共享打印机			√
更改打印机属性（properties）			√
删除打印机			√
更改打印机的权限			√

如果想将**共享打印机**隐藏起来，让用户无法通过网络来浏览到，只要将共享名的最后一个字符设置为$符号即可。被隐藏的打印机，用户还可以通过自行输入 UNC 网络路径的方式进行连接，具体的步骤为：按⊞键+R键➲输入打印机的 UNC 路径，例如\\Server3\EPSON WF-C20590$。

每一台打印机都有**所有者**，所有者具备更改此打印机权限的能力。打印机的默认所有者是 SYSTEM。由于打印机所有权的相关原理与设置都与文件所有权的相关原理与设置相同，故此处不再赘述，请读者自行参考 7.4 节中的**文件与文件夹的所有权限**的相关说明。

8.6　利用分隔页来分隔打印文件

由于共享打印机可供多人同时使用，因此在打印设备上可能有多份已经打印完成的文件，多份文件堆叠在一起让人难以区分。此时可以利用**分隔页**（separator page）来分隔每一份文件，也就是在打印每一份文件之前，先打印分隔页。这个分隔页内可以包含拥有该文件的用户名、打印日期、打印时间等数据。

分隔页上的一些数据是通过**分隔页文件**来设置的。分隔页文件不仅可用于打印分隔页，还具备控制打印机工作的功能。

8.6.1　创建分隔页文件

系统内置了多个标准分隔页文件，它们位于 C:\Windows\System32 文件夹内：

- **sysprint.sep**：适用于与PostScript兼容的打印设备。
- **pcl.sep**：适用于与PCL兼容的打印设备。首先将打印设备切换到PCL模式（利用 \H命令，后述），然后再打印分隔页。
- **pscript.sep**：适用于与PostScript兼容的打印设备，用来将打印设备切换到PostScript模式（利用 \H命令），但是不会打印分隔页。
- **sysprtj.sep**：日文版的sysprint.sep。

如果以上标准分隔页文件并无法满足需要，可以在 C:\Windows\System32 文件夹内使用**记事本**自行设计分隔页文件。分隔页文件中的第一行用来代表命令符号（escape character），可以根据需要自行定义。例如，如果想将“\”符号当作命令符号，则在第一行输入“\”后按 Enter 键。我们以上述的 pcl.sep 为例来说明，其内容如图 8-6-1 所示。

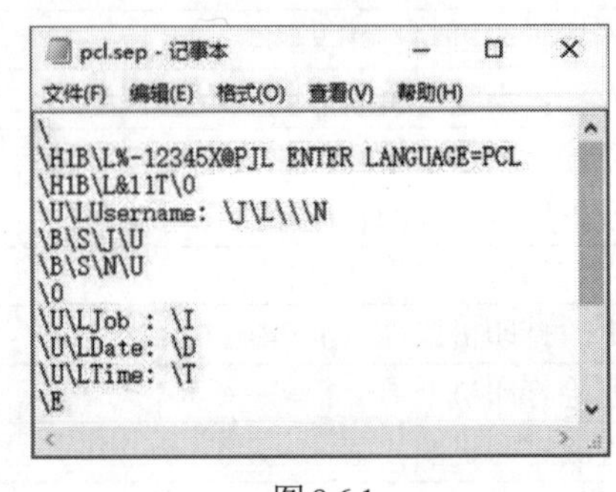

图 8-6-1

其中第一行为“\”（其后跟着按 Enter 键），表示此文件是以“\”代表命令符号。表 8-6-1 中列出了分隔页文件内可使用的命令（此表假设命令符号为“\”）。

表 8-6-1 分隔页文件内可使用的命令

命　令	功　能
\J	打印出此文件的用户的域名。仅 Windows Server 2012（含）、Windows 8（含）之后的系统支持
\N	打印出此文件的用户名
\I	打印作业号（每一个文件都会被赋予一个作业号）
\D	打印文件被打印出来时的日期
\T	打印文件被打印出来时的时间
\L	打印所有跟在“\L”后的文字，一直到遇到另一个命令符号为止
\Fpathname	由一个空白行的开头，将 pathname 所指的文件内容打印出来，此文件不会经过任何处理，而是直接打印
\Hnn	送出打印机句柄 nn，此句柄随打印机而有不同的定义与功能，请参阅打印机手册
\Wnn	设置分隔页的打印宽度，默认为 80，最大为 256，超过设置值的字符会被截掉
\U	关闭块字符（block character）打印，它兼具跳到下一行的功能
\B\S	以单宽度块字符打印文字，直到遇到\U 为止（见以下范例）
\B\M	以双宽度块字符打印文字，直到遇到\U 为止
\E	跳页
\n	跳 n 行（可由 0 到 9），n 为 0 表示跳到下一行

\Fpathname 中所指定的文件需要存储到以下任意文件夹，否则无法打印此文件：

- C:\Windows\System32。
- C:\Windows\System32\SepFiles，或是此文件夹下的任何一个子文件夹内。
- 自定义文件夹下的SepFiles文件夹内，例如C:\Test\SepFiles，或是此文件夹下的任何一个子文件夹内。

假设分隔页文件的内容如图 8-6-2 所示，且文件的打印人为 Tom，则打印出来的分隔页会如图 8-6-3 所示。其中，tom 的字样会使用#符号拼出来，这是由于使用了\B\S 命令。如果是用\B\M 命令，则字会更大（#符号会重复）。

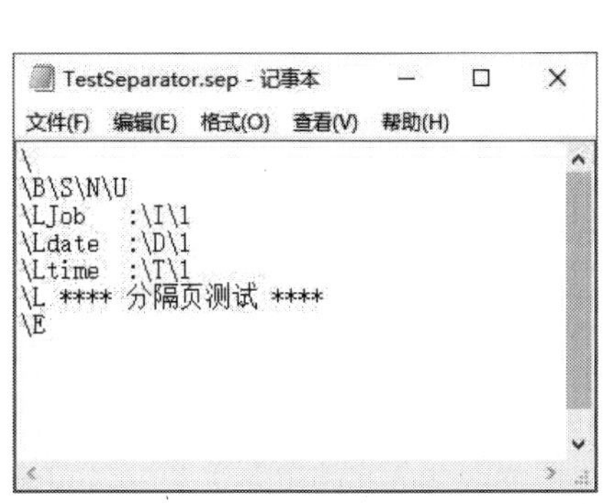

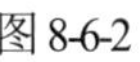

图 8-6-2

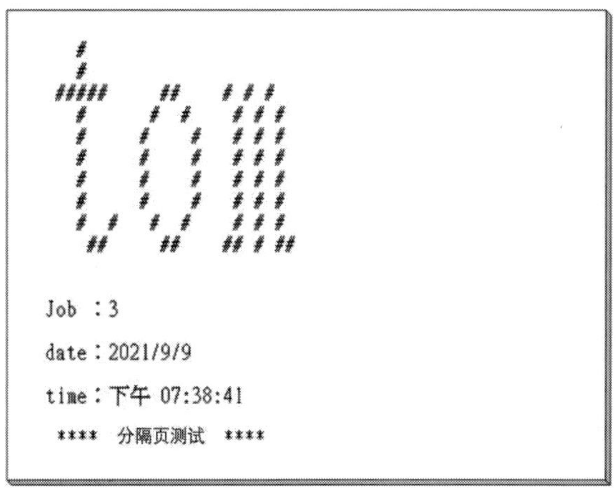

图 8-6-3

8.6.2　选择分隔页文件

选择分隔页文件的方法为：在**打印机和扫描仪**界面下单击该打印机➲单击管理按钮➲单击**打印机属性**➲单击如图 8-6-4 所示的界面中的**高级**选项卡下的分隔页按钮➲输入或选择分隔页文件➲单击确定按钮。

图 8-6-4

8.7 管理等待打印的文件

当打印服务器收到打印文件后，这些文件会在打印机内排队等待打印，如果具备管理文件的权限，就可以对这些文件进行管理，例如暂停打印、继续打印、重新开始打印与取消打印等。

8.7.1 暂停、继续、重新开始、取消打印某份文件

要暂停（或继续）打印该文件、重新从第 1 页开始打印（重新启动）或取消打印该份文件，具体的步骤为：在**打印机和扫描仪**界面单击打印机➲单击打开队列按钮➲在如图 8-7-1 所示的界面中选中文件，再右击。

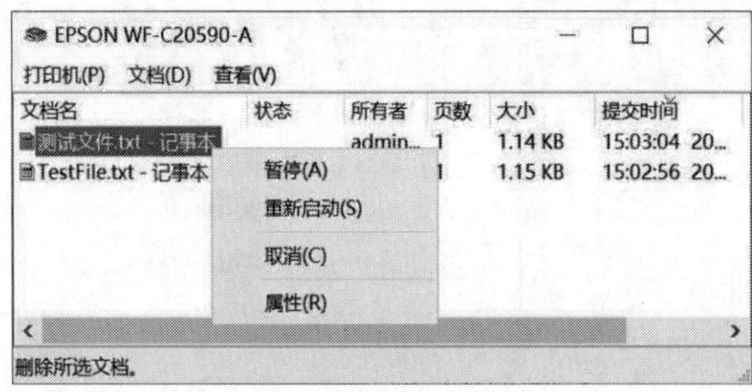

图 8-7-1

8.7.2 暂停、继续、取消打印所有文件

可以在打印机界面中选用**打印机**菜单，如图 8-7-2 所示，然后从弹出的选项来选择暂停打印或取消所有文档的打印。

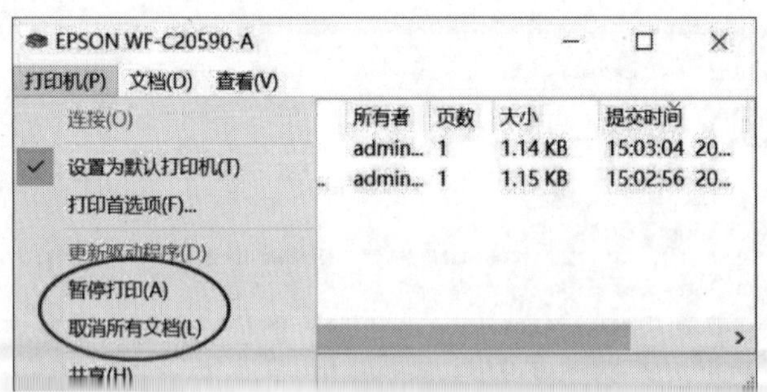

图 8-7-2

8.7.3 更改文件的打印优先级与打印时间

一个打印机内所有文件的默认打印优先级都相同，此时先送到打印服务器的文件会优先

打印，我们可以通过更改文件的打印优先级，以便让急件优先进行打印：选中该份文件后右击➲属性➲通过图 8-7-3 所示界面中的**优先级**来设置，图中文件的优先级默认为 1（最低），只要将优先级调整比 1 大即可。

打印机默认是 24 小时提供服务，因此发送到打印服务器的文件只要按顺序排到就会开始打印，也可以针对所选文件来更改打印时间。在打印时间未到之前，即使轮到该份文件也不会优先打印它。要更改所选文件的打印时间，可以通过图 8-7-3 中最下方的**日程安排**进行更改。

图 8-7-3

第9章　组策略与安全设置

系统管理员可以通过**组策略**（group policy）的强大功能，对网络用户与计算机工作环境进行充分管控，进而减轻网络管理的工作负担。

- 组策略概述
- 本地计算机策略实例演练
- 域组策略实例演练
- 本地安全策略
- 域与域控制器安全策略
- 审核资源的使用

9.1　组策略概述

系统管理员可以利用组策略来管理用户的工作环境。通过使用组策略，系统管理员可以确保用户拥有适当的工作环境，并限制用户的权限，从而达到管理用户的目的。这不仅能够提供适合用户需求的环境，还能减轻系统管理员的管理工作负担。

组策略分为**计算机配置**与**用户配置**两部分。计算机配置只影响计算机环境，而用户配置只影响用户环境。以下是两种设置组策略的方法：

- **本地计算机策略**：可用于设置单台计算机的策略。该策略中的计算机配置仅适用于该计算机，而用户配置则适用于登录到该计算机的所有用户。
- **域的组策略**：在域内可以针对站点、域或组织单位来设置组策略，其中域组策略的设置将应用于域内的所有计算机与用户，而组织单位的组策略将应用于该组织单位内的所有计算机与用户。

对于加入域的计算机来说，如果其本地计算机策略的设置与“域或组织单位”的组策略配置产生冲突，则“域或组织单位”的组策略配置将优先生效。

9.2　本地计算机策略实例演练

如果要练习本地计算机策略而又不想受到域组策略的干扰，可以使用未加入域的计算机来进行实验。这样可以确保本地计算机策略的配置不受域组策略的影响，从而保证验证实验结果的准确性。

9.2.1　计算机配置实例演练

如果要将计算机内的文件夹设置为共享文件夹，以便某用户可以通过网络登录来访问该文件夹，但又不希望该用户能够直接使用这台计算机进行本地登录，我们可以按照以下步骤进行操作，用实例演练来达到实验目的。

按⊞键+R键➲输入 gpedit.msc 后按Enter键➲展开**计算机配置**➲Windows 设置➲安全设置➲本地策略➲用户权限分配➲双击右侧的**拒绝本地登录**➲通过单击添加用户或组来选择用户➲……，如图 9-2-1 所示，假设是用户 john。完成后，在图 9-2-2 中的登录界面上，就无法选择被**拒绝本地登录**的用户 john。此时用户 john 只能通过网络连接（登录）来访问共享文件夹。

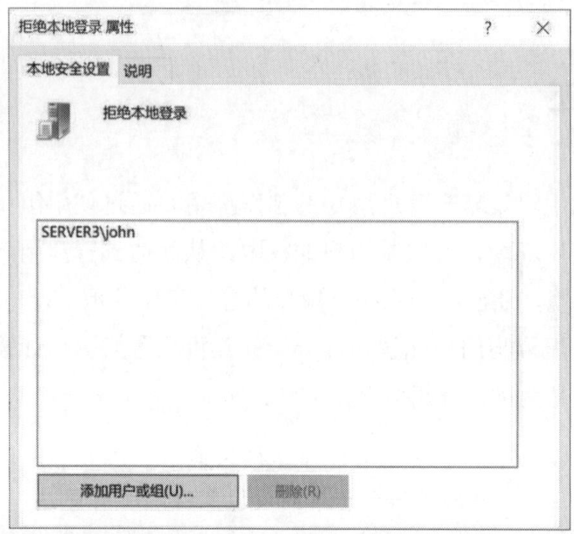

图 9-2-1

图 9-2-2

读者不要随意更改计算机配置，以免影响系统正常运行。

9.2.2 用户配置实例演练

如果要禁止用户通过**控制面板**与**计算机设置**随意更改设置，进而影响系统正常运行，可通过以下实例演练让用户无法访问**控制面板**与**计算机设置**。

按⊞键+R键➲输入 gpedit.msc 后按 Enter 键➲展开**用户配置**➲管理模板➲控制面板➲双击右侧的**禁止访问“控制面板”和 PC 设置**➲选择**已启用**……，如图 9-2-3 所示为完成后的界面。

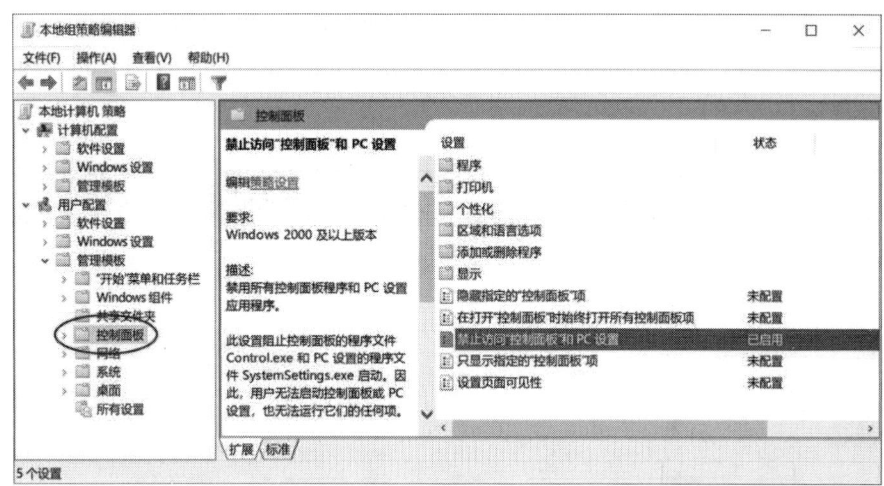

图 9-2-3

完成后，任何用户在这台计算机上想通过“单击左下角**开始**图标⊞➲单击**设置**图标⚙”都无法打开 **Windows 设置**界面；通过“单击左下角**开始**图标⊞➲控制面板”或者“按⊞键+R键➲输入 Control 后按 Enter 键”都会出现如图 9-2-4 所示的警告提示。

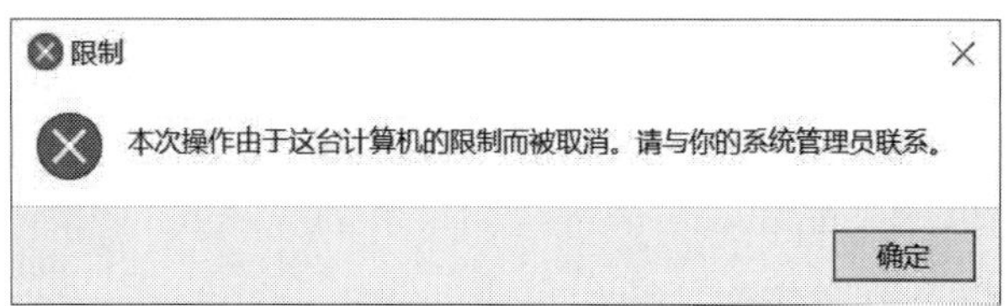

图 9-2-4

9.3　域组策略实例演练

虽然可以在域内针对站点、域或组织单位设置组策略，但在本节中，我们将重点介绍最常用的域与组织单位。

9.3.1　组策略基本概念

如图 9-3-1 所示，可以针对域 sayms.local（图中显示为 sayms）设置组策略。这些策略设置将应用于域内所有计算机与用户，包含图中显示的组织单位**业务部**内的所有计算机与用户（也就是**业务部**将继承域 sayms.local 的策略设置）。

也可以针对组织单位**业务部**来设置组策略，这些策略将应用于该组织单位内的所有计算机与用户。由于**业务部**会继承域 sayms.local 的策略设置，因此最终的有效设置是域 sayms.local 的策略设置与**业务部**的策略设置的合并。

如果**业务部**的策略设置与域 sayms.local 的策略设置发生冲突，那么对于**业务部**内的所有计算机与用户来说，默认情况下将优先采用**业务部**的策略设置。

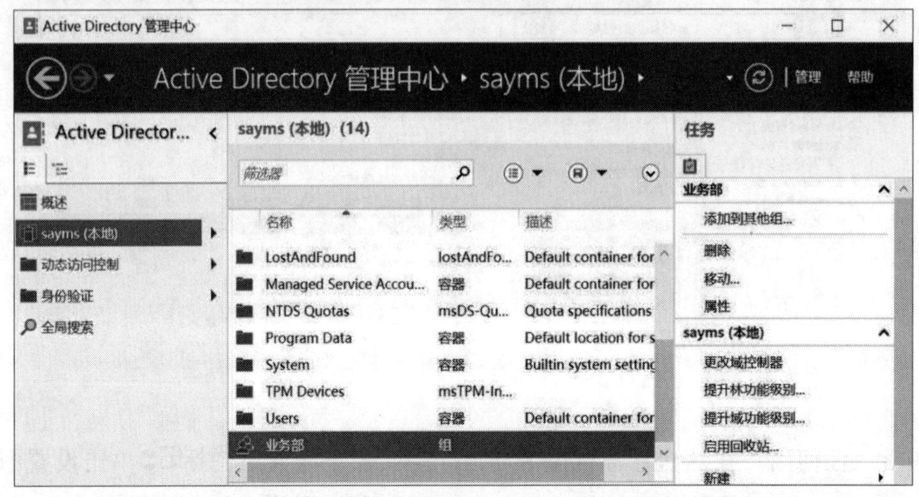

图 9-3-1

组策略是通过 GPO（Group Policy Object，组策略对象）来进行设置的，可以将 GPO 视为记录组策略设置的文档。当将 GPO 链接（link）到域 sayms.local 或组织单位**业务部**后，该 GPO 设置将应用于域 sayms.local 或组织单位**业务部**内的所有用户与计算机。系统已内置了两个 GPO，分别如下：

- **Default Domain Policy（默认域策略）**：该GPO已经被链接到域sayms.local，因此其设置值将应用于域sayms.local内的所有用户与计算机。
- **Default Domain Controllers Policy（默认域控制策略）**：该GPO已经被链接到组织单位的Domain Controllers，因此其设置值将应用于Domain Controllers内的所有用户与计算机。Domain Controllers内默认只包含扮演域控制器角色的计算机。

也可以针对**业务部**（或域 sayms.local）创建多个 GPO，这些 GPO 内的设置将会叠加应用于**业务部**内的所有用户与计算机。如果这些 GPO 内的设置发生冲突，则以排列在前面的 GPO 设置优先。

9.3.2 域组策略实例演练

如果要针对组织单位**业务部**内的所有计算机进行设置，并禁止在这些计算机上执行程序**记事本**（notepad）程序。但是当前业务部内没有计算机，而需要使用 WIN11PC1 计算机来练习，因此将 Computers 容器内的计算机 WIN11PC1 移动到组织单位**业务部**，具体步骤为：选中 WIN11PC1 后右击➲移动➲选择组织单位**业务部**，如图 9-3-2 所示为移动完成后的界面。

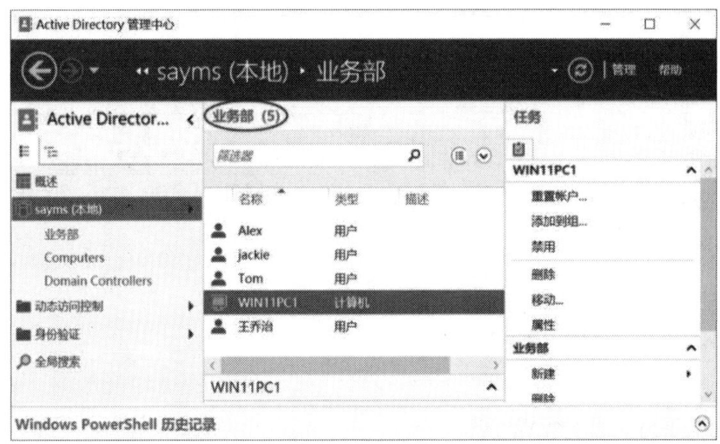

图 9-3-2

1. AppLocker 基本概念

我们将使用 AppLocker 功能来禁用**记事本**（notepad.exe）。AppLocker 可以根据不同类别的程序设置不同的规则，这些规则从总体上看可分为以下 5 大类：

- **可执行规则**：适用于.exe与.com程序，例如本示例的**记事本**。
- **Windows安装程序规则**：适用于.msi、.msp与.mst安装程序。
- **脚本规则**：适用于.ps1、.bat、.cmd、.vbs与.js脚本程序。
- **封装应用规则**：适用于.appx程序（例如**天气**、**市场**等动态块程序）。
- **DLL规则**：适用于.dll与.ocx程序。

2. 域组策略与 AppLocker 示例演练

以下示例演练禁用**记事本程序**的运行，因为其文件名为 notepad.exe，故可以通过**可执行规则**来定义。该程序位于 C:\Windows\System32 文件夹内。

STEP 1　进入域控制器并使用域管理员账户登录。

STEP 2　单击左下角的**开始**图标⊞➲Windows 管理工具➲组策略管理。

STEP 3　展开到组织单位**业务部**➲选中**业务部**后右击➲在这个域中创建 GPO 并在此处链接，如图 9-3-3 所示。

① 从图中可以看到内置的两个 GPO：Default Domain Policy 和位于组织单位 Domain Controllers 之下的 Default Domain Controllers Policy。请不要随意更改这两个 GPO 的内容，以免影响系统的正常运行。

② 选中组织单位后右击，之后选择**阻止继承**，表示不要继承域 sayms.local 策略设置。也可以选中域 GPO（例如 Default Domain Policy），再右击，接着选择**强制**，表示域 sayms.local 之下的组织单位必须继承此 GPO 设置，而不论组织单位是否选择**阻止继承**。

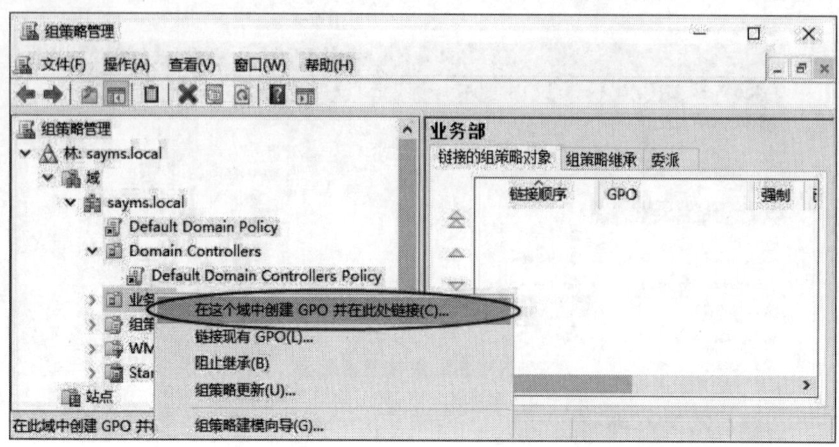

图 9-3-3

STEP 4　为此 GPO 命名（假设是**测试用的 GPO**）后单击确定按钮，如图 9-3-4 所示。

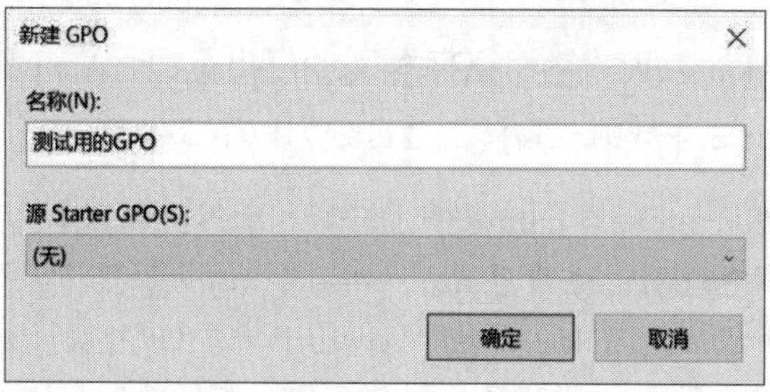

新建 GPO

名称(N):

测试用的GPO

源 Starter GPO(S):

(无)

确定　取消

图 9-3-4

STEP 5　选中新建的 GPO 后右击➲编辑，如图 9-3-5 所示。

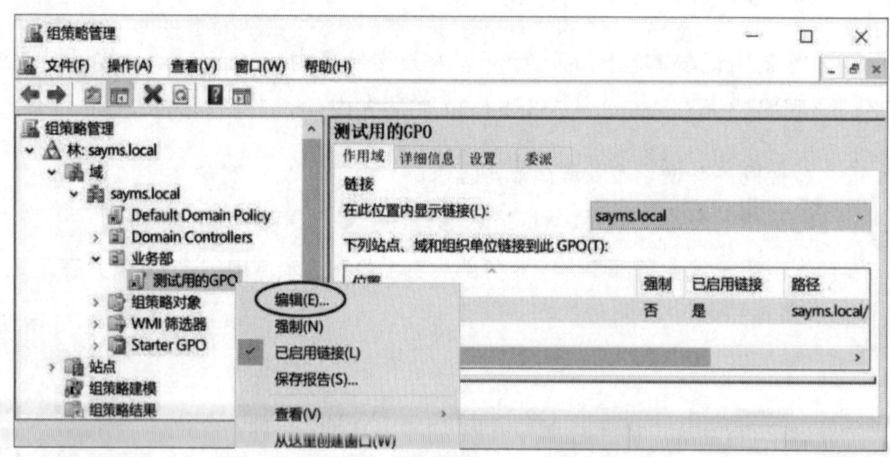

图 9-3-5

STEP 6　展开**计算机配置**➲策略➲Windows 设置➲安全设置➲应用程序控制策略➲AppLocker➲在如图 9-3-6 所示的界面中选中**可执行规则**，再右击➲创建默认规则。

规则一旦创建后，未列在规则内的可执行文件将被阻止运行。因此，需要首先通过此步骤来创建默认规则，这些默认规则将允许普通用户执行 ProgramFiles 与 Windows 文件夹中的所有程序，并允许系统管理员执行所有程序。

图 9-3-6

STEP 7　图 9-3-7 所示界面右侧的 3 个允许规则是STEP 6所创建的默认规则。接着在如图 9-3-7 所示界面的左侧选中**可执行规则**，再右击➲创建新规则。

因为 **DLL 规则**可能会影响系统的性能，并且如果设置存在问题，还可能导致意外行为，所以默认情况下不会显示 **DLL 规则**供管理员设置。要管理 DLL 规则，具体步骤为：选中 AppLocker 后右击➲属性➲高级。

STEP 8　出现**在你开始前**界面时单击下一步按钮。

STEP 9　选择**拒绝**后单击下一步按钮，如图 9-3-8 所示。

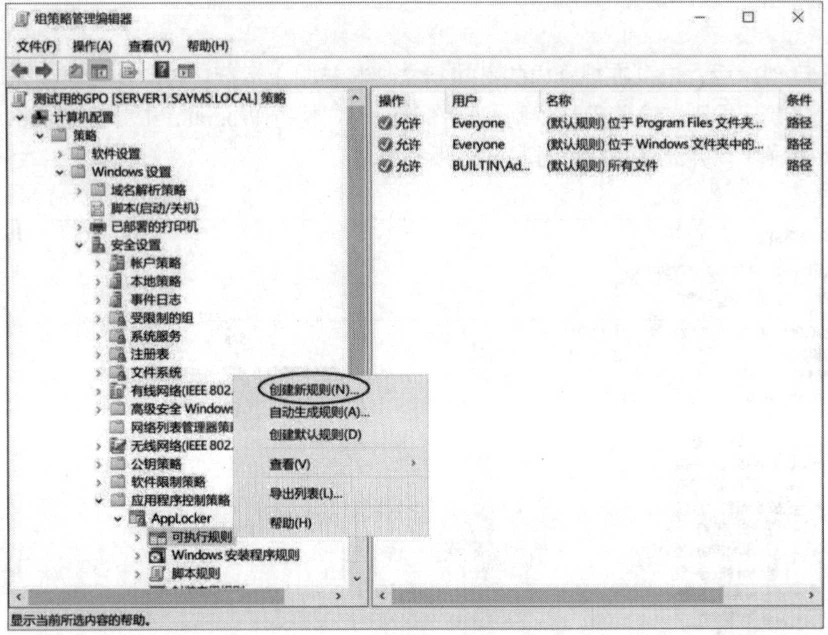

图 9-3-7

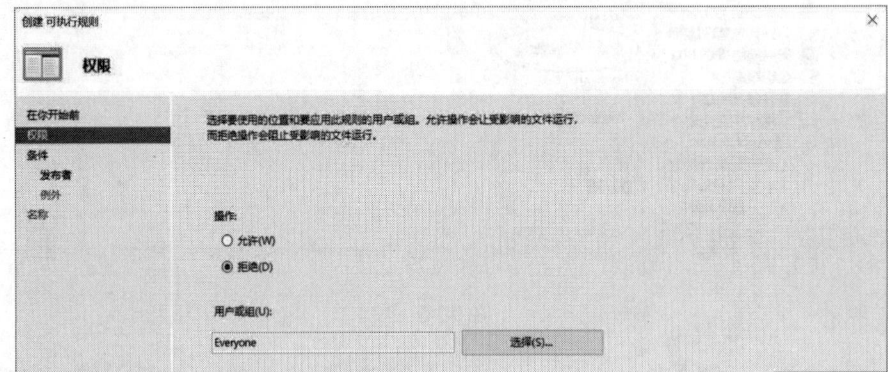

图 9-3-8

STEP 10　选择**路径**后单击**下一步**按钮，如图 9-3-9 所示。

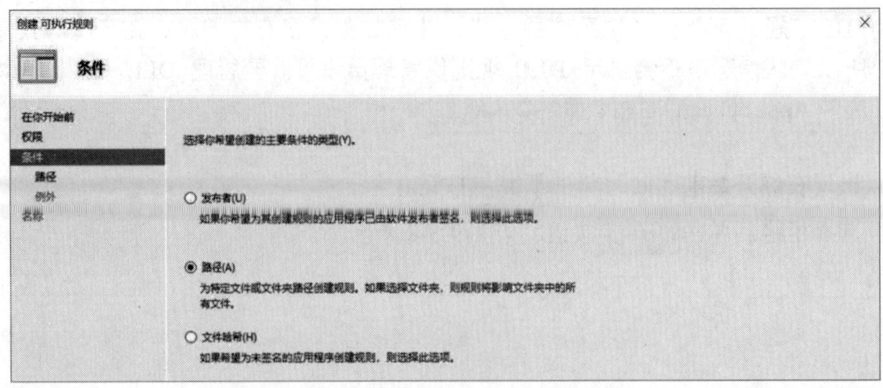

图 9-3-9

如果程序经过签名，可以根据程序**发布者**来设置规则。也就是说，可以拒绝或允许指定**发布者**签名的程序。此外，还可以通过**文件哈希**设置规则。系统会计算程序文件的哈希值，当客户端用户执行程序时，系统也会计算程序的哈希值，只要哈希值与规则内的程序相同（表示是同一个程序），就可以根据规则来决定是否拒绝执行。

STEP 11　在图 9-3-10 所示的界面中，通过单击浏览文件按钮来选择**记事本**的可执行文件，它位于 C:\Windows\System32\notepad.exe，图中为完成后的界面。完成后可直接单击创建按钮或一直单击下一步按钮，最后再单击创建按钮。

由于不同客户端计算机的**记事本**所在的文件夹可能不相同，因此系统自动将原本的 C:\Windows\System32 改为变量表示法%SYSTEM32%。

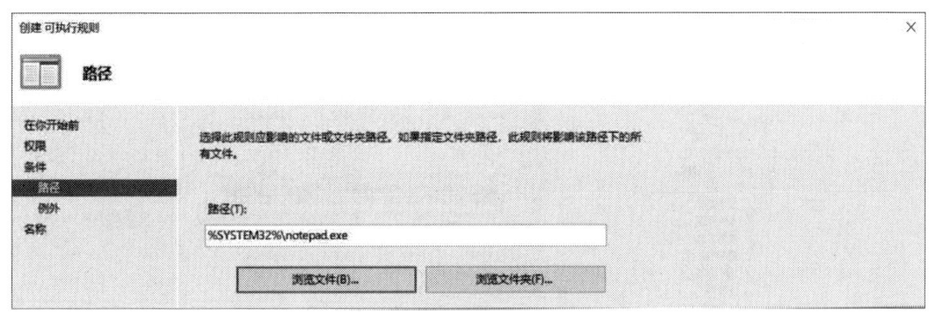

图 9-3-10

STEP 12　图 9-3-11 为完成后的界面。

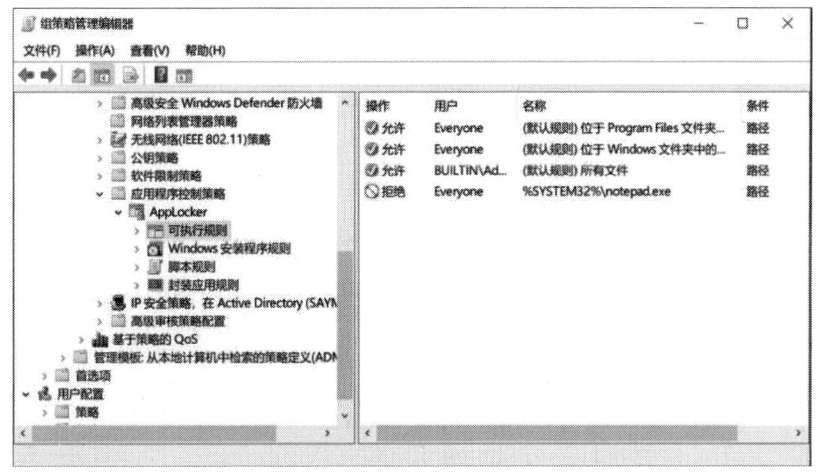

图 9-3-11

STEP 13　一旦创建了规则，未在规则内的可执行文件都会被拒绝执行。虽然我们是在**可执行规则**处创建规则，但是**封装应用程序**也会一起被拒绝（例如**天气**、**市场**等.appx 动态磁贴程序），如果要解除拒绝，则需在**封装应用规则**处重新启用（即允许）**已封装的应用程序**。我们只需要通过创建默认规则来开放这些程序即可，具体步骤为：选中图 9-3-11 中的**封装应用规则**，再右击➲创建默认规则，此默认规则将会开放所有经过签名的**已封装应用程序**。

在本例中，不需要为 **Windows 安装规则**与**脚本规则**类别创建默认规则，因为它们没有受到影响。

STEP 14　客户端计算机需要启动 Application Identity 服务才支持 Applocker 功能。我们可以在客户端计算机上启动此服务，或通过 GPO（组策略对象）来为客户端设置。在本例中，我们通过 GPO 来设置，如图 9-3-12 所示，已将此服务设置为**自动**启动。

图 9-3-12

STEP 15　重新启动位于组织单位**业务部**内的计算机（WIN11PC1），在该计算机上使用任意用户账户登录，然后按⊞键+ R 键➲输入 notepad 后按 Enter 键或单击下方的**开始**图标⊞➲单击右上角的**所有应用程序**➲**记事本**，就会显示如图 9-3-13 所示的被拒绝访问的界面（虽然我们并没有拒绝天气、图片、新闻等动态程序，但是 Windows 11 已将动态磁贴号程序淘汰了。

图 9-3-13

9.3.3　组策略例外排除

通过在测试中使用的 GPO 的**计算机配置**，可以限制组织单位**业务部**内的所有计算机都不

能执行**记事本**，但也可以让**业务部**内的特定计算机不受此限制，也就是让此 GPO 不要应用于特定的计算机。可以通过**组策略筛选**来实现该目的。

组织单位**业务部**内的所有计算机默认会应用该组织单位的所有 GPO 设置，因为它们具备**读取**与**应用组策略**的权限。以**测试用的 GPO** 为例，可以单击**测试用的 GPO** 右侧**委派**选项卡下的高级按钮➲然后从如图 9-3-14 所示的界面可知 Authenticated Users（包含域内的用户与计算机）具备这两个权限。

假设**业务部**内有很多计算机，而我们不想要将此 GPO 设置应用到其中的 WIN11PC1，具体的步骤为：单击图 9-3-14 中的添加按钮➲单击对象类型按钮➲勾选**计算机**➲单击确定按钮➲单击高级按钮➲单击立即查找按钮➲点选 WIN11PC1➲单击确定按钮➲单击确定按钮，然后在如图 9-3-15 所示的界面中将**读取**与**应用组策略**权限都设置为**拒绝**。

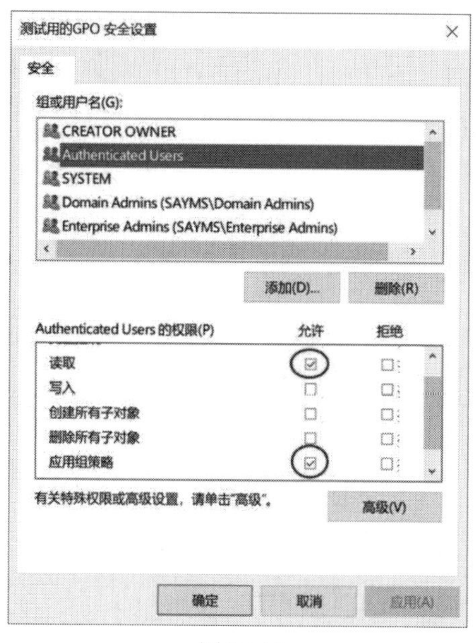

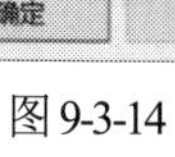
图 9-3-14

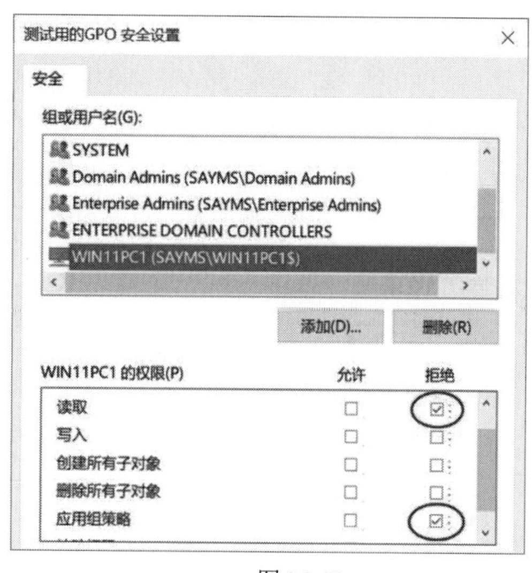

图 9-3-15

9.4 本地安全策略

要确保计算机的安全性，具体的步骤为：按⊞键+R键➲执行 gpedit.msc➲通过在如图 9-4-1 所示的界面中选择**本地计算机策略**中的**安全设置**或单击左下角的**开始**图标⊞➲Windows 管理工具➲本地安全策略（参见图 9-4-1 中前景图的窗口），这些设置包含密码策略、账户锁定策略与本地策略等。

以下使用**本地安全策略**来练习，并建议在未加入域的计算机上进行操作，以避免受到域组策略的干扰。因为域组策略的优先级较高，可能会造成**本地安全策略**的设置无效，从而影响验证实验的结果。

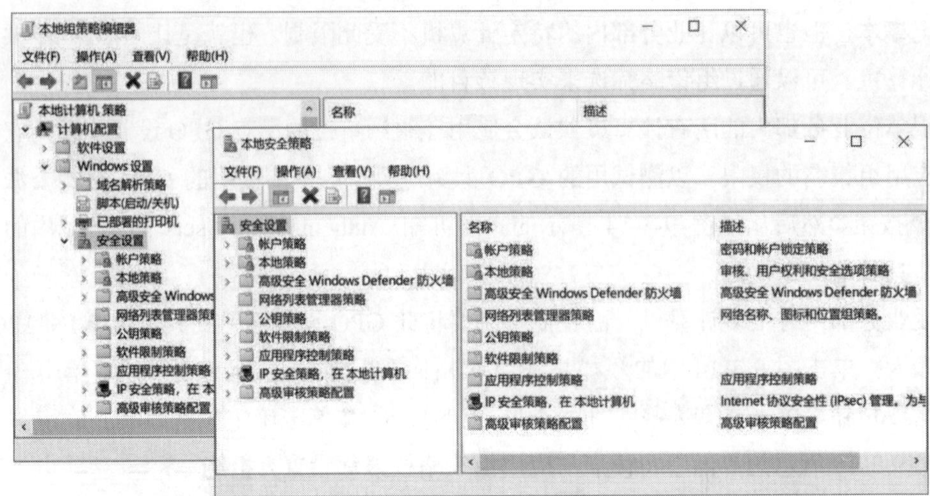

图 9-4-1

9.4.1 账户策略的设置

本小节将介绍密码策略与账户锁定策略的使用。

1. 密码策略

选择**密码策略**，如图 9-4-2 所示。

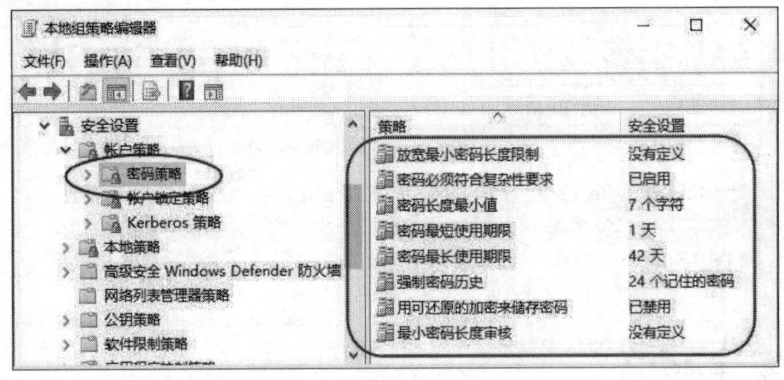

图 9-4-2

在选择图 9-4-2 中右侧的策略后，如果系统不允许修改设置值，可能是因为这台计算机已经加入了域，并且在域内已经配置相应的策略。在这种情况下，域设置将成为最终有效的设置，而之前在本地设置的相关策略将会被域策略替代。

- **用可还原的加密来存储密码**：如果应用程序需要读取用户的密码以验证用户身份，则可以启用此功能。不过，由于可还原的加密相当于用户密码没有加密，因此存在安全风险，建议若非必要，请不要启用此功能。
- **放宽最小密码长度限制**：如果未定义或禁用此策略，**密码长度最小值**策略的设置为

最多可达14个字符；若启用此策略，则**密码长度最小值**策略的设置可以超过14个字符（最多128个字符）。

- **密码必须符合复杂性要求**：表示用户的密码要满足以下要求（这是默认值）：
  - 不能包含用户账户名或全名。
  - 至少需要 6 个字符。
  - 至少要包含 A～Z、a～z、0～9、特殊字符（例如!、$、#、%）等 4 组字符中的 3 组。因此 123ABCdef 是有效的密码，而 87654321 是无效的密码，因为它只使用数字这一组字符。又例如，若用户账户名为 mary，则 123ABCmary 则是无效密码，因为包含了用户账户名。
- **密码最长使用期限**：用于设置密码最长使用期限（可为0～999天）。用户在登录时，如果密码使用期限已到，系统会要求用户更改密码。0表示密码没有使用期限的限制。如果有限制，默认使用期限是42天。
- **密码最短使用期限**：用于设置密码最短使用期限（可为0～998天），期限未到之前，用户不得更改密码，默认值为0表示用户可以随时更改密码。
- **强制密码历史**：用于设置是否要保存用户曾经用使过的旧密码，以便用于判定用户在更改其密码时，是否可以重复使用旧密码。
  - 1～24：表示要保存密码历史记录。如果设置为 5，则用户的新密码不能与前 5 次曾经用过的旧密码相同。
  - 0（默认值）：表示不保存密码历史记录，因此密码可以重复使用，也就是用户更改密码时，可以将其设置为以前曾经用过的任何一个旧密码。
- **密码长度最小值**：用于设置用户的密码最少需要几个字符。此处可为0～14，0（默认值）表示用户可以没有密码。
- **最小密码长度审核**：当用户更改密码时，如果密码小于此处的设置值，系统会记录此事件，而系统管理员可以通过以下操作来查看此日志：单击左下角的**开始**图标⊞➲Windows管理工具➲事件查看器➲Windows日志➲系统➲查找**来源**是Directory-Services-SAM、**事件ID**为16978的日志，如图9-4-3所示。此处的设置值需大于**密码长度最小值**的设置值，系统才会审核、记录事件。

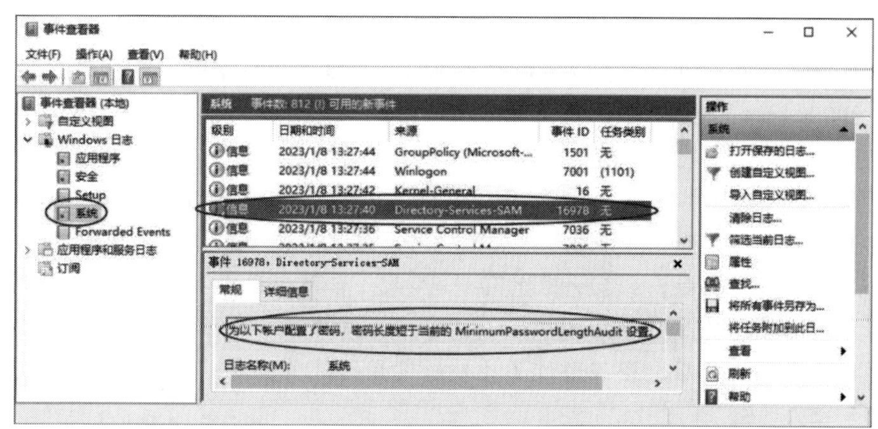

图 9-4-3

2. 账户锁定策略

可以通过**账户锁定策略**来设置账户锁定的方式，如图 9-4-4 所示。

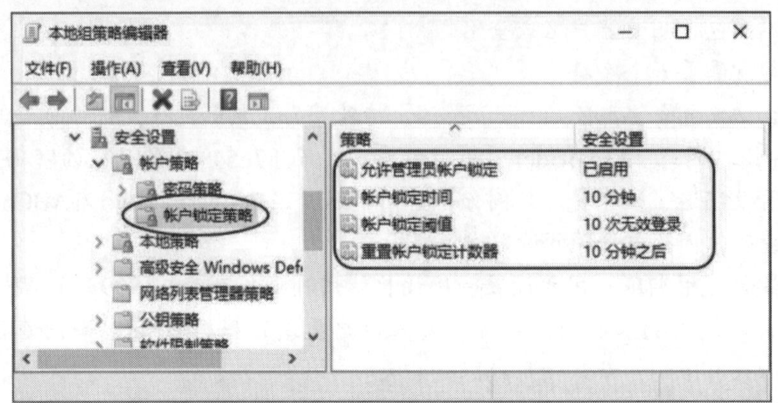

图 9-4-4

- **账户锁定阈值**：该功能支持当用户多次登录失败（如密码错误）后锁定该用户账户。在未解除锁定之前，用户将无法再使用此账户来登录（见图9-4-5）。此处用于设置登录失败次数，其值为0～999。默认值为0，表示账户永远不会被锁定。

图 9-4-5

- **账户锁定时间**：用于设置锁定账户的期限，期限过后自动解除锁定。此处可设置为0～99999分钟，其中0分钟表示永久锁定，不会自动解除锁定，需要由系统管理员手动解除锁定，也就是取消勾选**账户已锁定**（账户被锁定后该选项才可用），如图9-4-6所示。
- **重置账户锁定计数器**："锁定计数器"用于记录用户登录失败的次数。初始值为0，每次用户登录失败，锁定计数的值就会加1；如果登录成功，则此值会归0。当此值等于前面介绍的**账户锁定阈值**时，该账户将被锁定。在账户被锁定之前，如果用户上一次登录失败后，已经超过了此处所设置的时间长度，则"锁定计数器"值便会自动重置为0。

图 9-4-6

9.4.2　本地策略

本节将介绍的本地策略包含**用户权限分配**与**安全选项**策略。

1. 用户权限分配

可以通过如图 9-4-7 所示界面中的**用户权限分配**功能，将权限分配给用户或组。当需要将图中右侧任何一个权限分配给用户或组时，只要双击该权限，然后将用户或组加入即可。以下列举几个常用的权限来加以说明。

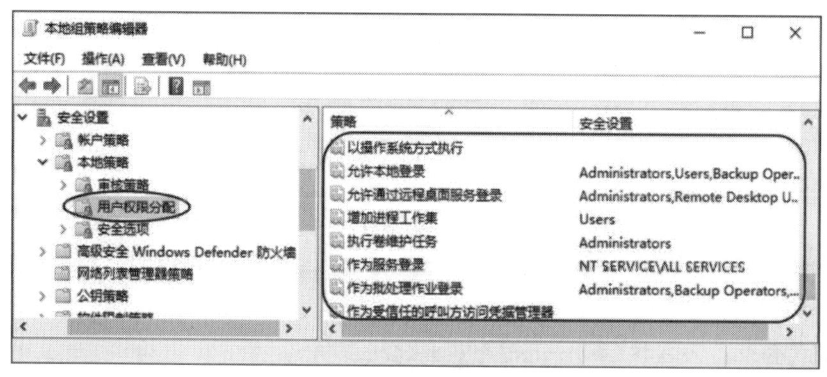

图 9-4-7

- **允许本地登录**：允许用户在本地计算机上通过按 Ctrl+Alt+Delete 组合键的方式登录。
- **拒绝本地登录**：与前一个权限正好相反。此权限的优先级高于前一个权限的优先级。
- **将工作站添加到域**：允许用户将所选计算机加入到域。

- **关闭系统**：允许用户关闭此计算机。
- **从网络访问此计算机**：允许用户通过网络上的其他计算机来连接和访问此计算机。
- **拒绝从网络访问此计算机**：与前一个权限相反。此权限的优先级高于前一个权限的优先级。
- **从远程系统强制关机**：允许用户从远程计算机将此台计算机关机。
- **备份文件和目录**：允许用户备份硬盘内的文件与文件夹。
- **还原文件和目录**：允许用户还原已备份的文件与文件夹。
- **管理审核和安全日志**：允许用户指定要审核的事件，也允许用户查询与删除安全日志。
- **更改系统时间**：允许用户更改计算机的系统日期与时间。
- **加载和卸载设备驱动程序**：允许用户加载和卸载设备的驱动程序。
- **取得文件或其他对象的所有权**：允许用户获取其他用户拥有的文件、文件夹或其他对象的所有权。

2. 安全选项

可以使用**安全选项**来启用一些安全设置，如图 9-4-8 所示，以下通过几个常用的选项来加以说明：

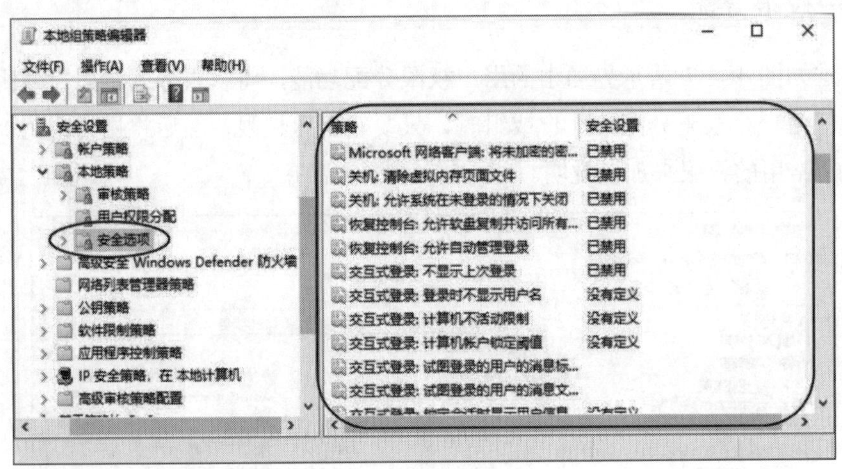

图 9-4-8

- **交互式登录**：无需按Ctrl+Alt+Delete组合键。
  让登录界面不再显示类似按Ctrl+Alt+Delete组合键解锁的消息（**交互式登录**就是在当前计算机本地登录，而不是通过网络远程登录）。
- **交互式登录**：提示用户在过期之前更改密码。
  用来设置在用户的密码过期的前几天，提示用户要更改密码。
- **交互式登录**：之前登录到缓存的次数（域控制器不可用时）。
  域用户登录成功后，其账户信息将被存储到用户计算机的缓存区。如果之后此计算机因故无法与域控制器连接，则该域用户在登录时仍然可以使用缓存区的账户数据

进行验证身份与登录。可以通过此策略来设置缓存区内账户数据的数量，默认为记录10个登录用户的账户数据。

- **关机**：允许系统在管理员或用户未登录的情况下关闭系统。
  在登录界面的右下角显示关机图标（见图9-4-9），以便在无需要登录的情况下就可以直接通过此图标将计算机关机。服务器级别的计算机，此处默认是禁用的，客户端计算机默认是启用的。

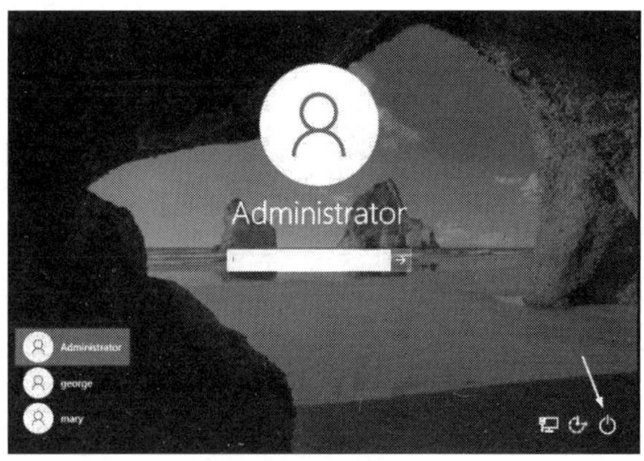

图 9-4-9

9.5　域与域控制器安全策略

针对图 9-5-1 中的域 sayms.local（sayms）设置安全策略，此安全策略设置将应用于域内的所有计算机与用户。此外，也可以针对域内的组织单位设置安全策略，例如图中的 Domain Controllers 与**业务部**，此策略将应用于该组织单位内的所有计算机与用户。本节将重点说明如何对域 sayms.local 与组织单位 Domain Controllers 设置安全策略。

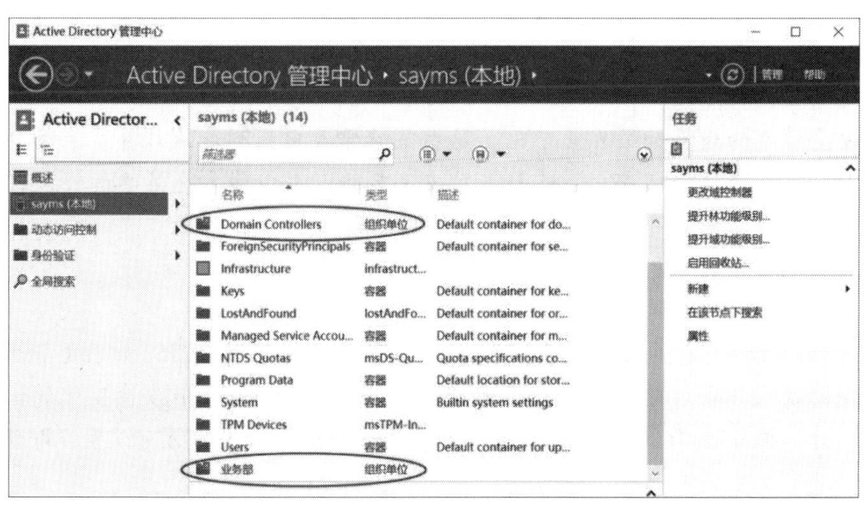

图 9-5-1

9.5.1 域安全策略的设置

可以使用系统管理员身份登录到域控制器，设置域安全策略的步骤为：单击左下角的**开始**图标⊞➲Windows 管理工具➲组策略管理➲在如图 9-5-2 所示的界面中选中 Default Domain Policy 这个 GPO（或自行创建的 GPO），再右击➲编辑。由于它的设置方式与本地安全策略相同，故此处不再赘述，仅列出注意事项：

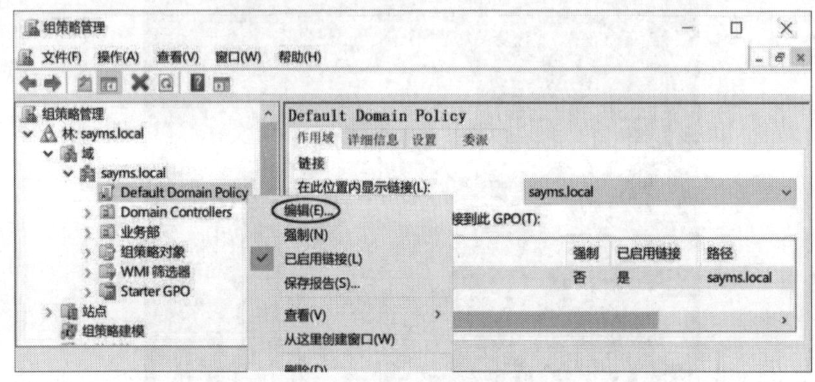

图 9-5-2

- 隶属于域的任何一台计算机都会受到域安全策略的影响。
- 隶属于域的计算机，如果其**本地安全策略**设置与**域安全策略**设置有冲突时，则以**域安全策略**设置为准，本地策略设置将自动失效。

  例如，假设计算机Server3隶属于域sayms.local，且在Server3的本地安全策略中启用了**关机：允许系统在未登录的情况下关闭**。如果在域安全策略中禁用了相同的策略，则在计算机Server3的登录界面上将不会显示**关机**图标。这是因为**域安全策略**优先于**本地安全策略**。同时，本地安全策略中的相同策略也会自动被改为禁用，而且不允许自行更改。

  只有在域安全策略中的策略被设置为**没有定义的状态**时，本地安全策略的设置才会生效。也就是说，如果域安全策略中的设置被设置成**已启用**或**已禁用**，则本地安全策略的设置将无效。
- 域安全策略的设置如果发生变化，这些策略需要应用到本地计算机上才会生效。应用时，系统会比较域安全策略与本地安全策略，并以域安全策略的设置优先。本地计算机何时才会应用域策略中发生变动的设置呢？
  - 本地安全策略更改时。
  - 本地计算机重新启动时。
  - 如果此计算机是域控制器，则默认每隔 5 分钟自动应用；如果是非域控制器，则默认每隔 90～120 分钟自动应用。应用时会自动读取发生变化的设置。所有计算机每隔 16 小时也会自动强制应用域安全策略内的所有设置，即使这些设置没有发生变化。
  - 执行 **gpupdate** 命令来手动应用更新；如果想要强制应用更新（无论策略设置是

否发生变化），可执行 **gpupdate /force** 命令。

如果域内有多台域控制器，则域成员计算机在应用**域安全策略**时，会从其所连接的域控制器读取与应用策略。这些策略的设置默认会先存储在域内的第一台域控制器（被称为 **PDC 操作主机**）内，系统默认会在 15 秒后将这些策略设置复制到其他域控制器（也可以手动进行复制）。只有当这些策略设置被复制到其他域控制器后，域内的所有计算机才能成功地应用这些策略。详情可参考 6.4 节中的说明。

9.5.2 域控制器安全策略的设置

域控制器安全策略设置会影响到组织单位 Domain Controllers 内的域控制器（见图 9-5-3），但不会影响位于其他组织单位或容器内的计算机或用户。

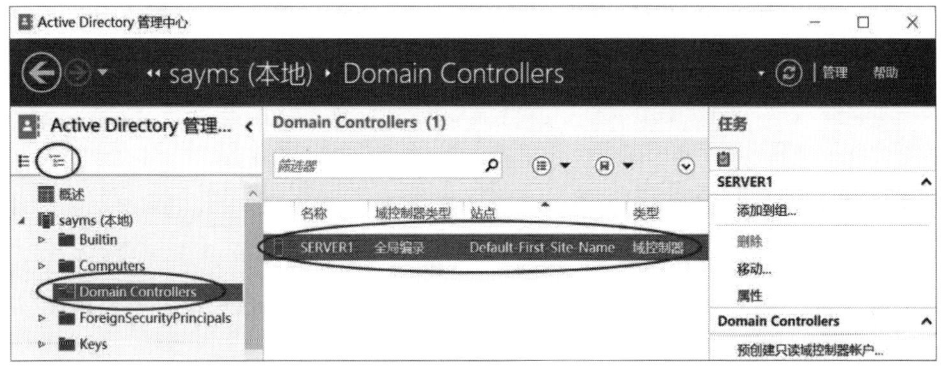

图 9-5-3

可以使用系统管理员身份登录到域控制器，并按照以下步骤设置域控制器安全策略：单击左下角的**开始**图标⊞➲Windows 管理工具➲组策略管理➲在如图 9-5-4 所示的界面中选中 Default Domain Controllers Policy（或自行创建的 GPO），再右击➲编辑。它的设置方式与**域安全策略**、**本地安全策略**相同，此处不再赘述，仅列出注意事项：

图 9-5-4

- 位于组织单位Domain Controllers内的所有域控制器都会受到**域控制器安全策略**的影响。
- **域控制器安全策略**的设置必须应用到域控制器后，才会对域控制器生效。有关应用时机与其他相关说明已在前一节中介绍过，此处不再赘述。
- **域控制器安全策略**与**域安全策略**的设置发生冲突时，默认情况下，位于Domain Controllers内的计算机会优先采用**域控制器安全策略**的设置，而**域安全策略**会自动失效。不过，其中的**账户策略**是一个例外，域安全策略中的账户策略只对域级别的设置有效，而对于组织单位（例如Domain Controllers）的设置无效。因此，**域安全策略**中的**账户策略**设置对域内所有用户都有效，而**域控制器安全策略**的**账户策略**对位于Domain Controllers内的用户并没有作用。

除了**策略设置**之外，还有**首选项设置**功能。**首选项设置**是非强制性的，客户端可自行更改设置值，所以**首选项设置**适合用作默认值；然而，**策略设置**是强制性配置的，一旦客户端应用了这些设置，就无法更改。只有域组策略才拥有**首选项**功能，本地计算机策略并不支持此功能。

9.6 审核资源的使用

通过审核（auditing）功能可以让系统管理员跟踪是否有用户访问了计算机内的资源、跟踪了计算机运行情况等。审核工作通常需要经过以下两个步骤：

- **启用审核策略**：Administrators组内的成员有权限启用审核策略。
- **设置待审核的资源**：需要具备**管理审核和安全日志**权限的用户才可以审核资源，默认是Administrators组内的成员才有此权限。可以使用**用户权限分配**策略（参见**用户权限分配**的说明）来将**管理审核和安全日志**权限赋予其他用户。

审核日志被存储在**安全日志**中，可以通过这些步骤来查看：单击左下角的**开始**图标⊞➲Windows 管理工具➲事件查看器➲Windows 日志➲安全，或在**服务器管理器**界面中单击右上方的**工具**菜单➲事件查看器➲……。

9.6.1 审核策略的设置

审核策略的设置可以通过**本地安全策略**、**域安全策略**、**域控制器安全策略**或组织单位的组策略来进行。此处，我们以本地安全策略为例来说明。建议登录到未加入域的计算机，再按照以下步骤操作：单击左下角的**开始**图标⊞➲Windows 管理工具➲本地安全策略➲在如图 9-6-1 所示的界面中展开**本地策略**➲审核策略。

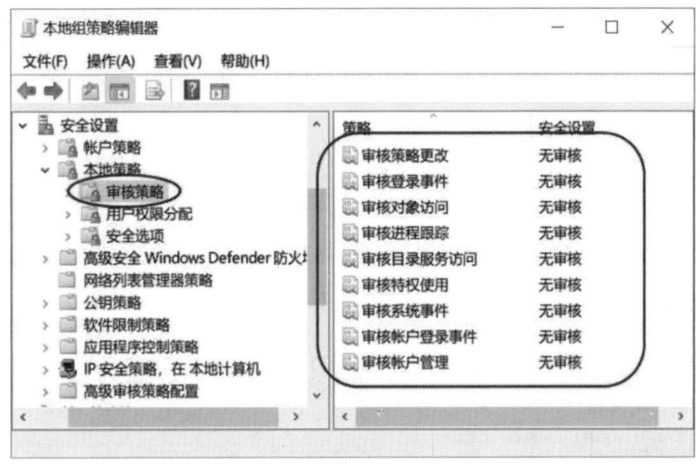

图 9-6-1

本地安全策略的设置只对本地计算机有效。如果要在域控制器或域成员计算机上进行实验，则需要通过域控制器安全策略、域安全策略或组织单位的组策略。

由图 9-6-1 可知审核策略内提供了以下的审核事件：

- **审核目录服务访问**：审核是否有用户访问AD DS内的对象。必须指定待审核的对象与用户。此设置只对域控制器有作用。
- **审核系统事件**：审核是否有用户重新启动系统、关闭系统或系统发生了任何会影响系统安全或影响安全日志正常运行的事件。
- **审核对象访问**：审核是否有用户访问文件、文件夹或打印机等资源。必须指定要审核的特定文件、文件夹或打印机。
- **审核策略更改**：审核用户权限分配策略、审核策略或信任策略等是否发生了变化。
- **审核特权使用**：审核用户是否使用了**用户权限分配**策略内所赋予的权限，例如更改系统时间（系统不会审核部分会产生大量日志的事件，因为这会影响计算机性能，例如**备份文件和目录**、**还原文件和目录**等事件，如果要审核它们，可执行Regedit，然后启用fullprivilegeauditing键值，它位于HKEY_LOCAL_MACHINE\ SYSTEM\CurrentControlSet\Control\Lsa）。
- **审核账户登录事件**：审核是否发生了使用本地用户账户登录的事件。例如，在本地计算机启用这个策略后，如果用户在这台计算机上使用本地用户账户登录，则安全日志内会有记录，然而如果用户使用域用户账户登录，就不会有记录。
- **审核账户管理**：审核是否有账户的新建、修改、删除、启用、停用、更改账户名、更改密码等与账户数据有关的事件发生。
- **审核登录事件**：审核是否发生用户登录与注销的行为，不论用户是直接在本地登录或通过网络登录，也不论是使用本地或域用户账户来登录。
- **审核进程跟踪**：审核程序的执行与结束，例如是否有某个程序被启动或结束。

每一个被审核事件都可以分为**成功**与**失败**两种结果，也就是可以审核该事件是否成功发生。例如，可以审核用户登录成功的操作，也可以审核其登录失败的操作。

9.6.2 审核登录事件

我们将练习如何审核是否有用户在本地登录，并同时审核登录成功与失败的事件。首先，检查是否已经启动了如图 9-6-2 所示的**审核登录事件**策略。如果尚未启用，则双击该策略以进入并启用它。

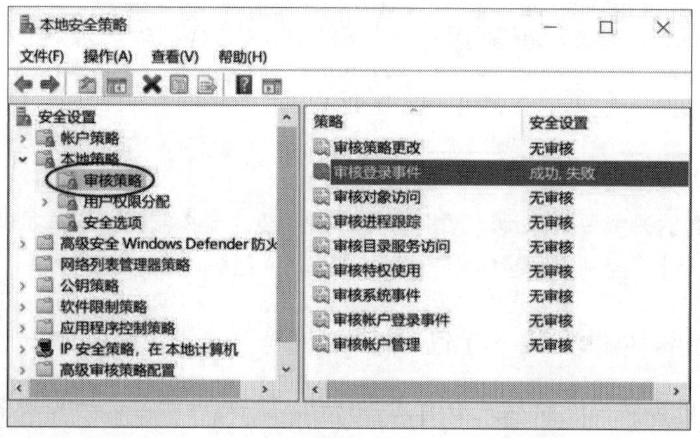

图 9-6-2

注销当前用户，改用任何一个本地用户账户（假设是 Mary）登录，然后故意输入错误的密码，再使用 Administrator 账户登录（输入正确密码）。Mary 登录失败与 Administrator 登录成功的操作都会被记录到安全日志中。我们可通过如图 9-6-3 所示的**事件查看器**来查看 Mary 登录失败的事件。在该事件中，审核失败事件（图形为一把锁，工作类别为 Logon）表示 Mary 登录失败的事件。双击该事件，即可看到包含登录日期/时间、失败的原因、用户名、计算机名等信息。我们还可看到登录类型为 2，表示本地登录。若登录类型为 3，则表示通过网络登录。

图 9-6-3

9.6.3 审核对文件的访问行为

以下将审核用户 Mary 是否打开了我们指定的文件（假设是本地计算机内的文件 report.xls）。首先在如图 9-6-4 所示的界面中启用**审核对象访问**策略，接下来需要选择要审核的文件与用户，其操作步骤如下：

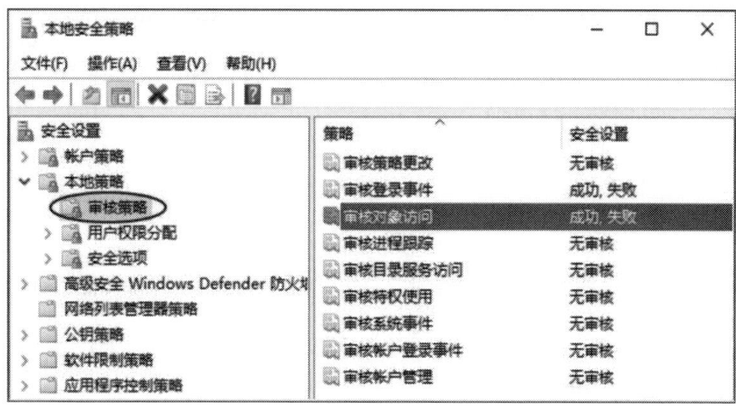

图 9-6-4

STEP 1 打开**文件资源管理器**➲选中要审核的文件（假设是 reports.xls），再右击➲属性➲安全➲高级➲在如图 9-6-5 所示的界面中单击**审核**选项卡下的添加按钮。

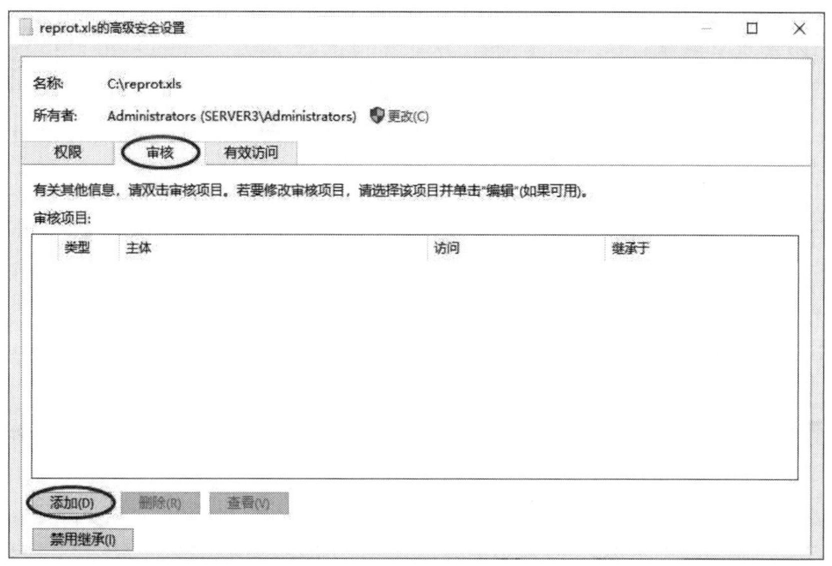

图 9-6-5

STEP 2 在图 9-6-6 中，单击**选择主体**来选择要审核的用户（假设是 mary，此图为完成后的界面），在**类型**处选择审核**全部**事件（成功与失败），通过界面下方来选择欲审核的操作后，按序单击确定按钮来结束设置。

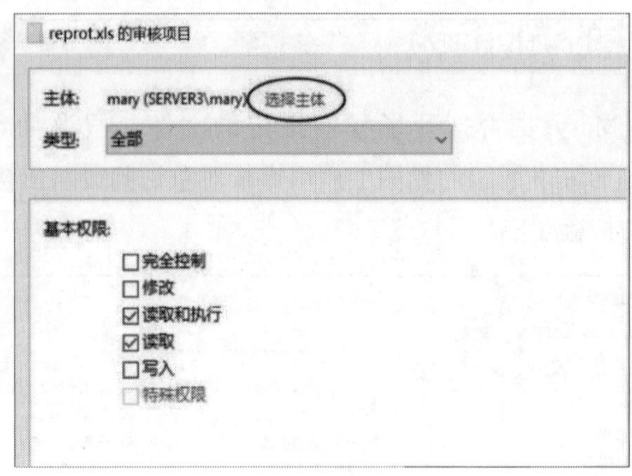

图 9-6-6

接下来我们通过以下步骤来测试与查看审核的结果。

STEP 1 注销 Administrator，使用上述被审核的用户账户（mary）登录。

STEP 2 打开**文件资源管理器**，然后尝试打开上述被审核的文件。

STEP 3 注销，重新使用 Administrator 账户登录，以便查看审核记录。

不具备**管理审核与安全日志**权限的用户，无法查看**安全日志**的内容。

STEP 4 打开**事件查看器**，在如图 9-6-7 所示的界面中查找与双击审核到的日志，之后就可以从图 9-6-8 所示的界面中看到刚才打开的文件（report.xls）的操作已被详细记录。

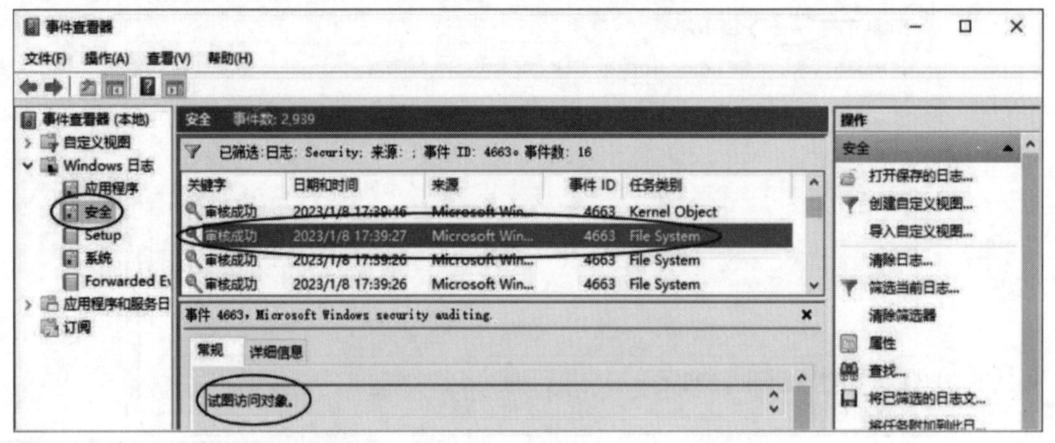

图 9-6-7

系统需要执行多个相关步骤来完成用户打开文件的操作，而这些步骤可能都会被记录在安全日志中，因此可能会有多条类似的日志，请浏览这些记录以查找所需的数据。

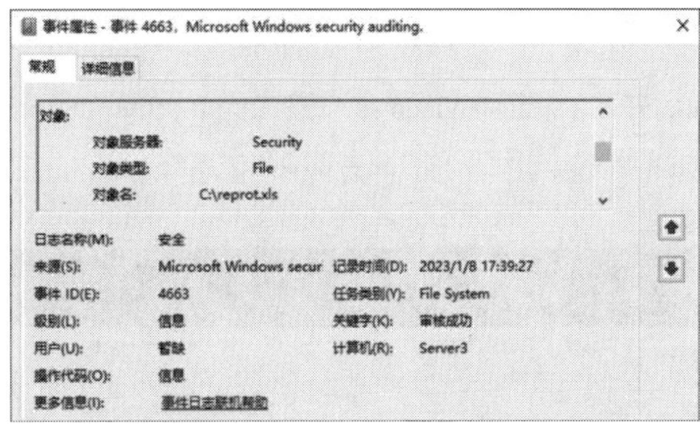

图 9-6-8

9.6.4　审核对打印机的访问行为

审核用户是否访问了打印机（例如通过打印机打印文件）的设置步骤与审核文件相同，例如，也需要启用**审核对象访问**策略，具体操作步骤为：单击左下角的**开始**图标➲单击**设置**图标➲设备➲打印机和扫描仪➲单击要设置的打印机➲单击管理按钮➲单击**打印机属性**➲**安全**选项卡➲单击高级按钮➲**审核**选项卡➲单击添加按钮。以上是设置的方法，此处不再重复说明其具体操作步骤。

9.6.5　审核对 AD DS 对象的访问行为

我们可以审核是否有用户在 AD DS 数据库内进行了新建、删除或修改对象等操作。以下练习的目的是审核是否有用户在组织单位**业务部**内创建了新用户账户。

请先到域控制器使用 Administrator 账户登录，要启用**审核目录服务访问**策略，通过单击左下角的**开始**图标➲Windows 管理工具➲组策略管理➲展开到组织单位 Default Domain Controllers➲选中 Default Domain Controllers Policy 后右击➲编辑的路径。假设同时选择审核成功与失败事件，如图 9-6-9 所示。

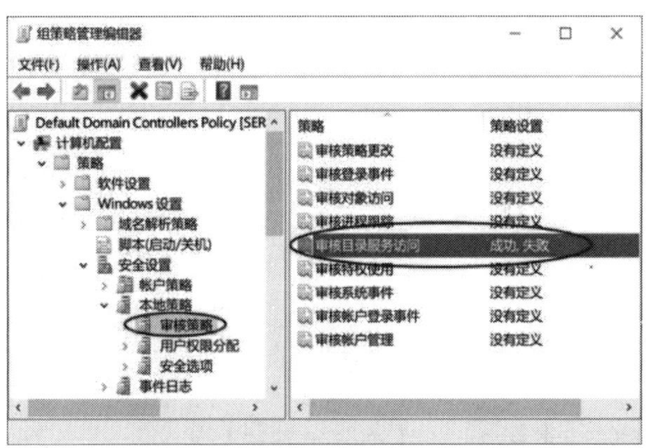

图 9-6-9

接下来要审核是否有用户在组织单位**业务部**内新建用户账户，操作步骤如下：

STEP 1　单击左下角的**开始**图标⊞➲Windows 管理工具➲Active Directory 管理中心➲在如图 9-6-10 所示的界面中单击组织单位**业务部**➲单击**属性**。

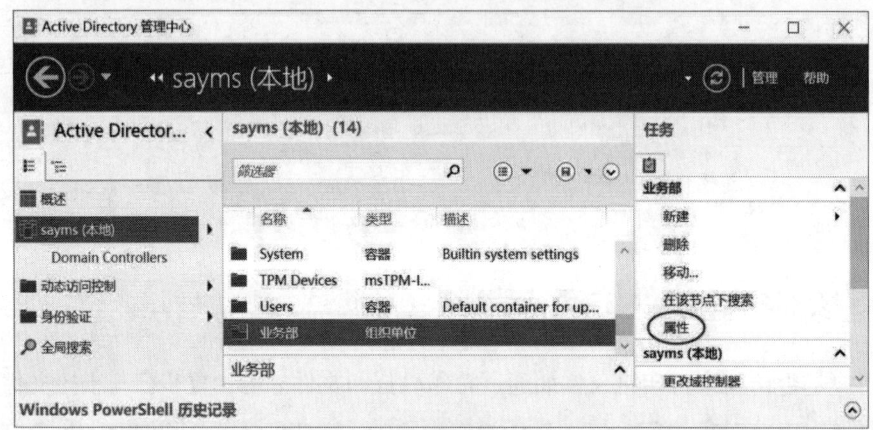

图 9-6-10

STEP 2　单击**扩展**页面，单击**安全**选项卡下的高级按钮，如图 9-6-11 所示。

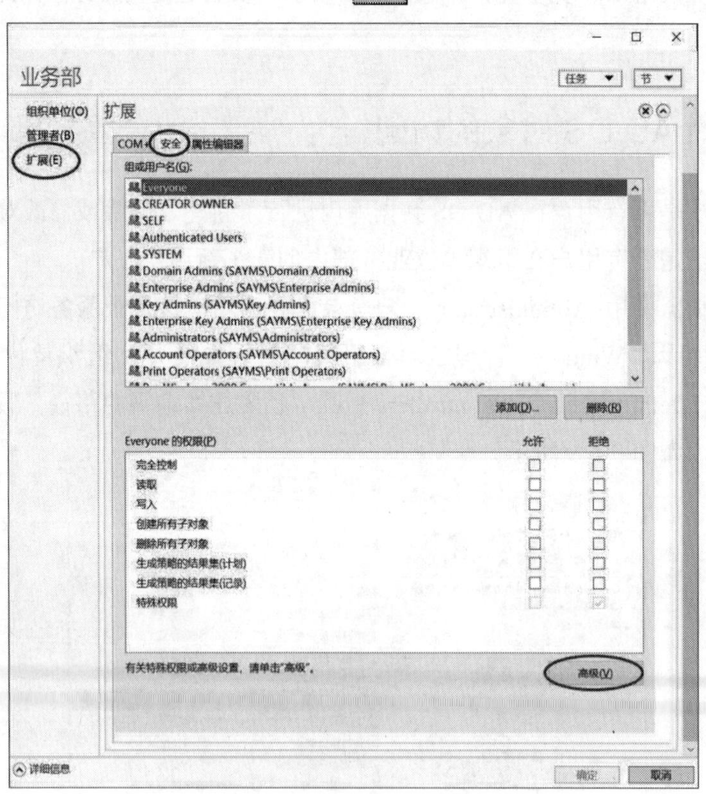

图 9-6-11

STEP 3　单击**审核**选项卡下的添加按钮，如图 9-6-12 所示。

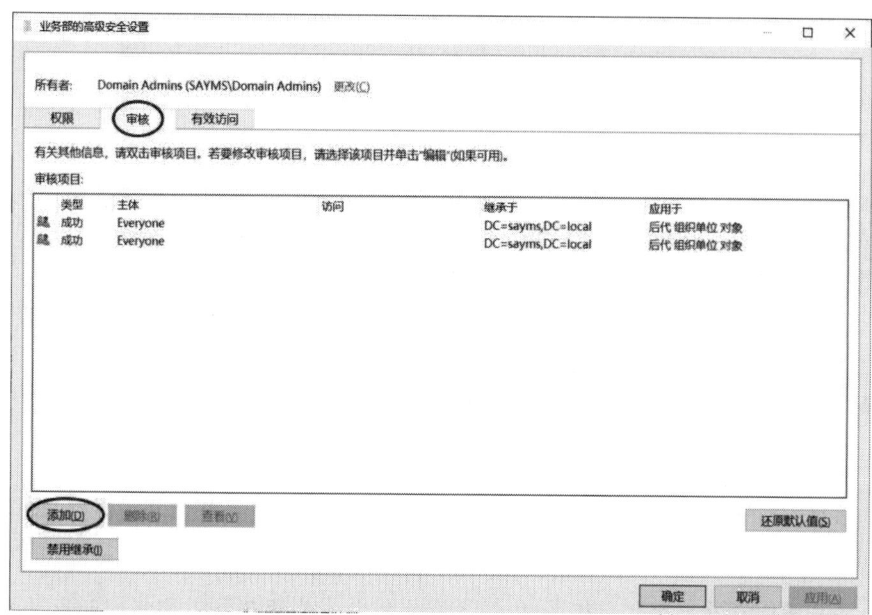

图 9-6-12

STEP 4　在图 9-6-13 中，通过上方的**选取主体**来选择要审核的用户（图中已完成选择 Everyone），在**类型**处选择审核**全部**事件（成功与失败），再选择审核**创建所有子对象**，之后单击确定按钮来结束设置。

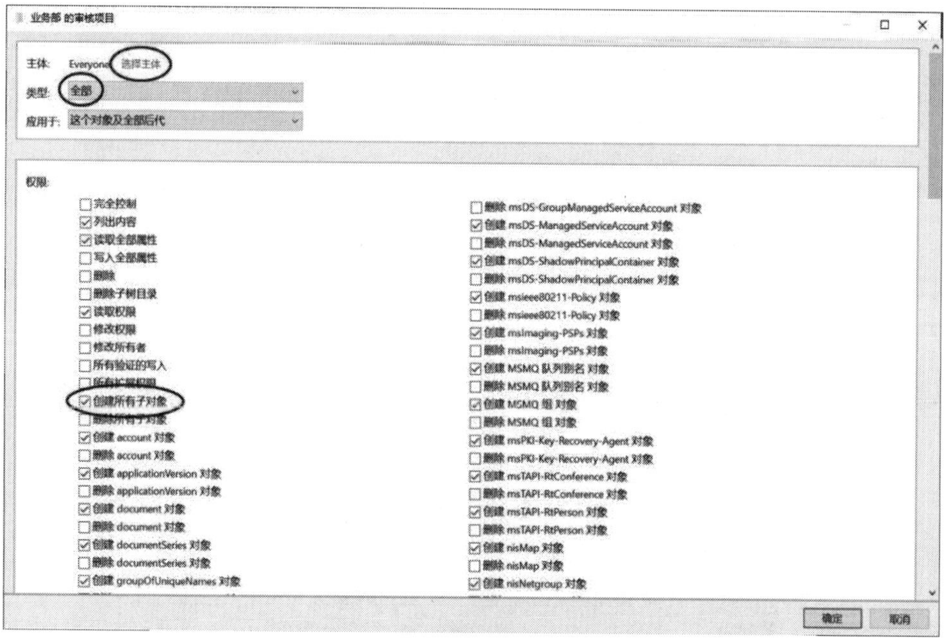

图 9-6-13

STEP 5　图 9-6-14 为完成后的界面。

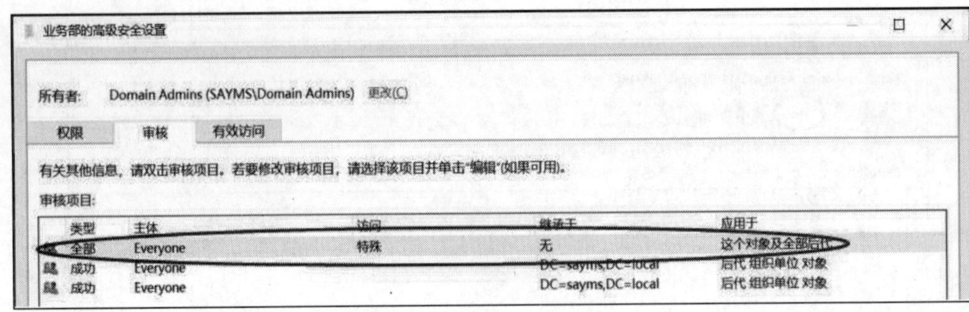

图 9-6-14

等审核策略成功应用到域控制器后（等待 5 分钟，重新启动域控制器或手动应用，详情可参考 6.4 节的说明），再执行以下的操作步骤：

STEP 1 通过打开 **Active Directory 管理中心**➲选中组织单位**业务部**后右击➲新建➲用户的方法来创建一个用户账户，例如 jackie。

STEP 2 打开**事件查看器**➲双击如图 9-6-15 所示的界面中审核到的事件日志，其事件 ID 为 4720，任务类别为 User Account Management），之后就可以看到刚才新建用户账户（jackie）的操作已被详细记录下来（见图 9-6-16）。

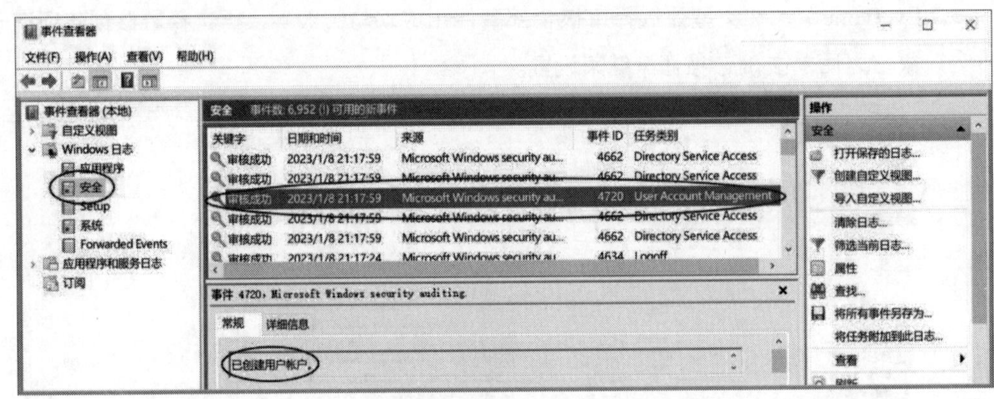

图 9-6-15

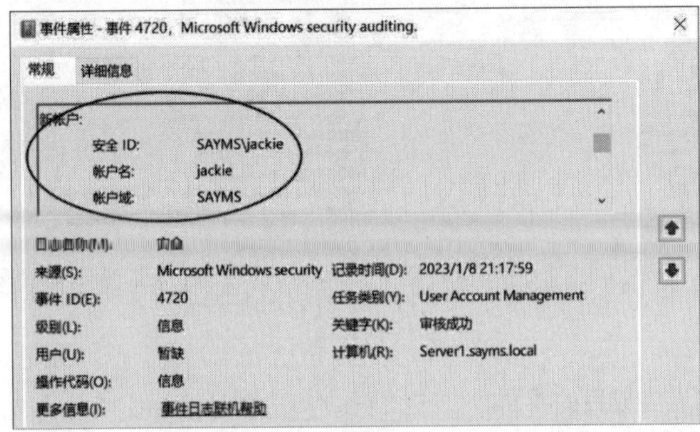

图 9-6-16

第 10 章　磁盘系统的管理

磁盘中存储着计算机内的所有数据，因此必须对磁盘有充分的了解，并妥善地管理磁盘，以便有效利用磁盘来存储宝贵的数据，并确保数据的完整性与安全性。

- 磁盘概述
- 基本卷的管理
- 动态磁盘的管理
- 移动磁盘设备

10.1 磁盘概述

在磁盘用于存储数据之前，该磁盘必须被分割成一个或多个磁盘分区（partition）。如图10-1-1 所示，一个磁盘（一块硬盘）被分割为 3 个磁盘分区。

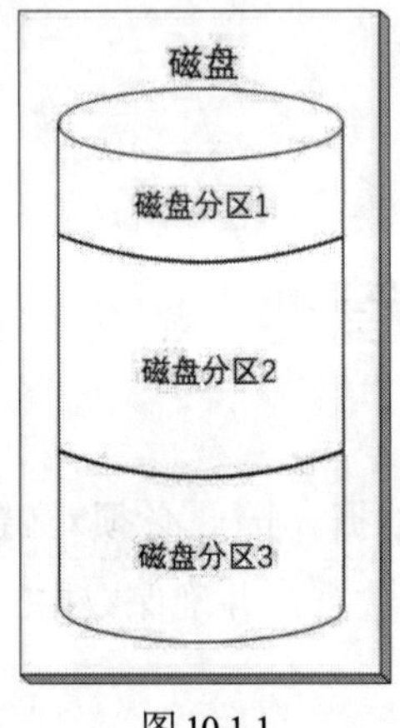

图 10-1-1

在磁盘内有一个被称为**磁盘分区表**（partition table）的区域，它用来存储这些磁盘分区的相关数据信息，包括每个磁盘分区的起始地址、结束地址、是否为**活动**（active）的磁盘分区等信息。

10.1.1 MBR 磁盘与 GPT 磁盘

磁盘按照分区表的格式可分为 **MBR 磁盘**与 **GPT 磁盘**两种磁盘分区格式（style）：

- **MBR磁盘**：它是传统的磁盘分区格式，其**磁盘分区表**存储在MBR（Master Boot Record）内，如图10-1-2左半部分所示。MBR位于磁盘最前端，在使用传统BIOS（基本输入输出系统，它是计算机主板上的一个固化在ROM芯片内的程序）的计算机启动时，计算机的BIOS会先读取MBR，并将控制权交给MBR内的程序代码，然后由该程序代码继续后续的启动工作。**MBR磁盘**对硬盘容量的支持最大为2.2TB（1TB=1024GB）。
- **GPT磁盘**：它是一种新的磁盘分区表格式，其**磁盘分区表**存储在GPT（GUID partition table）内，如图10-1-2右半部分所示。它也是位于磁盘的前端，并且具有**主分区表**与**备份分区表**，提供容错功能。对于使用新式UEFI BIOS的计算机，其EFI BIOS会先读取GPT，并将控制权交给GPT内的程序代码，然后由该程序代码继续后续的启动工作。GPT磁盘支持的硬盘容量可以超过2.2TB，相比于MBR磁盘更具扩展性和兼容性。

可以使用图形接口的**磁盘管理**工具或 **Diskpart** 命令将空的 MBR 磁盘转换成 GPT 磁盘或将空的 GPT 磁盘转换成 MBR 磁盘。

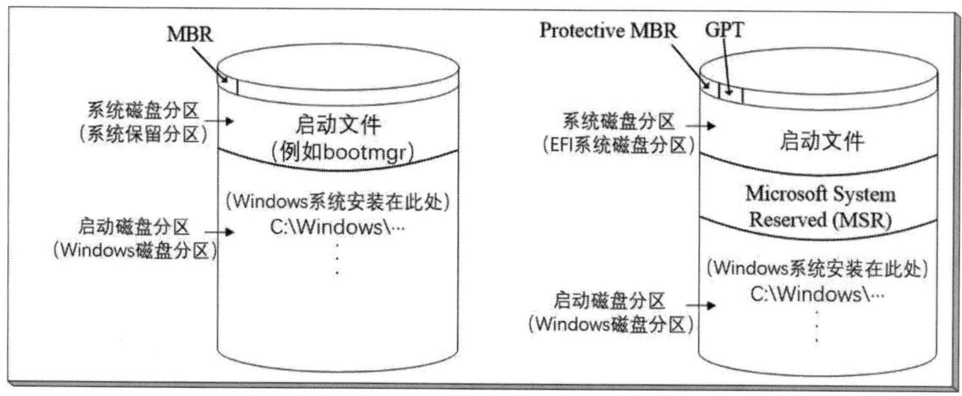

图 10-1-2

为了兼容起见，GPT 磁盘内另外还提供了 Protective MBR，它让仅支持 MBR 的程序仍然可以正常运行。

10.1.2　基本磁盘与动态磁盘

Windows 系统将磁盘分为**基本磁盘**与**动态磁盘**两种类型：

- **基本磁盘**：传统的磁盘系统，新安装的硬盘默认为基本磁盘。
- **动态磁盘**：它支持多种特殊的磁盘分区类型，其中一些分区类型可以提高系统访问效率，另一些可以提供容错功能，还有一些可以扩大磁盘的可用空间。

以下先介绍基本磁盘，至于动态磁盘部分则在后续章节中介绍。

1. 主要与扩展磁盘分区

在数据存储到磁盘之前，磁盘需要划分为一个或多个磁盘分区。磁盘分区可以分为两种类型：

- **主分区**：可以用来启动操作系统。当计算机启动时，MBR或GPT内的程序代码会读取并执行活动主分区中的启动程序代码，然后将控制权交给该启动程序代码来启动相关的操作系统。
- **扩展磁盘分区**：仅用于存储文件，无法用于启动操作系统。也就是说，MBR或GPT内的程序代码不会读取并执行扩展磁盘分区内的启动程序代码。

一个 **MBR 磁盘**内最多可创建 4 个主分区或者最多创建 3 个主分区加上 1 个扩展磁盘分区（见图 10-1-3 左半部分所示）。每个主分区都可以被赋予一个驱动器号，例如 C:、D:

等。扩展磁盘分区内可创建多个逻辑分区，如图中的 F、G:。基本磁盘内的每个主分区或逻辑分区也被称为**基本卷**（basic volume）。

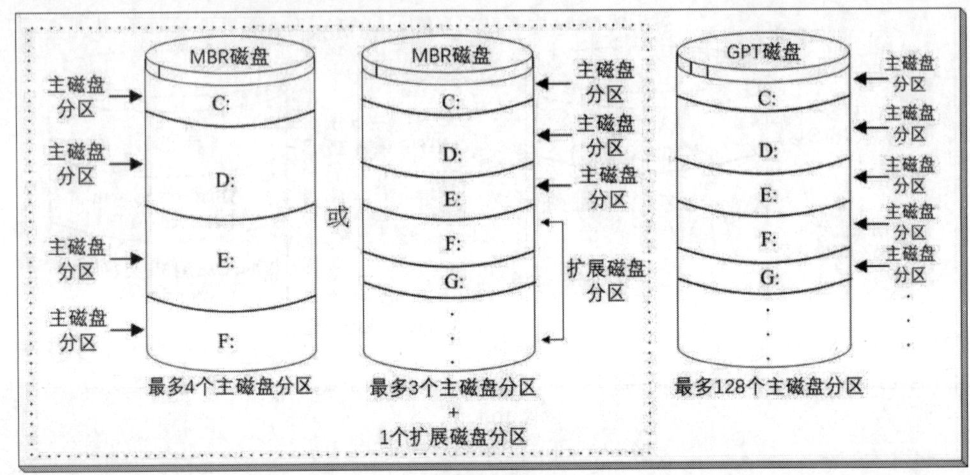

图 10-1-3

Q 卷（volume）与磁盘分区（partition）有何不同?

A 卷是由一个或多个磁盘分区组成的，后面在介绍动态磁盘时，我们会介绍包含多个磁盘分区的卷。

在 Windows 系统中，GPT 磁盘内最多可以创建 128 个主分区（见图 10-1-3 右半部分所示）。每个主分区可以被分配一个驱动器号，但可用的驱动器号仅限于 A～Z 共 26 个代号。由于最多可创建 128 个主分区，因此，GPT 磁盘不需要扩展磁盘分区的概念。大于 2.2TB 的磁盘分区需要使用 GPT 磁盘。

2. 启动分区与系统分区

Windows 系统又将磁盘分区进一步划分为启动分区（boot volume，也称为引导分区）与系统分区（system volume）两种：

- **启动分区**：用来存储Windows操作系统文件的磁盘分区。操作系统文件一般是存放在Windows文件夹内，而该文件夹所在的磁盘分区就是**启动分区**。以图10-1-4所示的MBR磁盘为例，左半部分与右半部分的C：磁盘驱动器都是存储系统文件（Windows文件夹）的磁盘分区，因此它们都是**启动分区**。**启动分区**可以是主分区或扩展磁盘分区内的逻辑分区。
- **系统分区**：如果将系统启动的程序分为两个阶段，**系统分区**内可以理解为存储第1阶段启动所需要文件（例如**Windows启动管理器**bootmgr）的磁盘分区。系统利用这些

启动信息，可以读取**启动分区**中的Windows文件夹内的启动所需的文件，然后进入第二阶段的启动程序。如果计算机上安装了多个Windows操作系统，**系统分区**内的程序还会负责显示操作系统列表，供用户选择启动哪个操作系统。

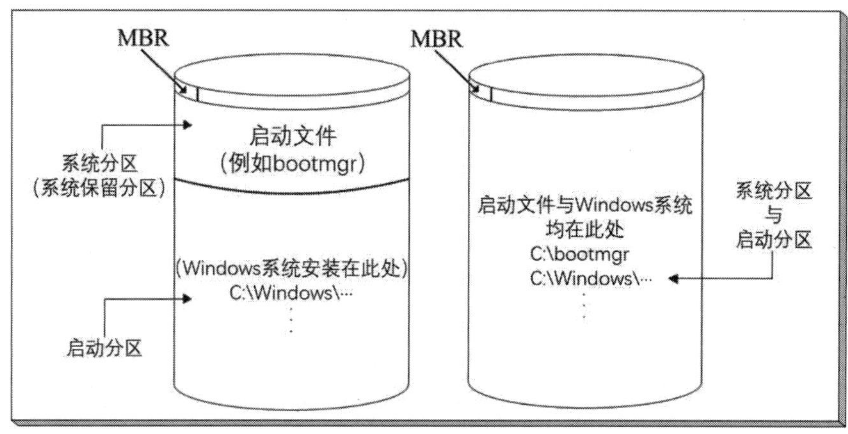

图 10-1-4

例如，在图10-1-4中，左半部分的**系统保留分区**与右半部分的C：磁盘都属于**系统分区**。右半部分因为只有一个磁盘分区，所以启动文件和Windows文件夹都存储在此处。因为它既是**系统分区**，也是**启动分区**。

MBR 磁盘的**系统分区**必须被设置为**活动**（**Active**）。根据图 10-1-4，**系统分区**默认被设置为活动。如果要将其他磁盘分区也设置为活动，则该磁盘分区必须是主分区，并且其中必须包含启动文件。

使用 UEFI BIOS 的计算机可以选择 **UEFI 模式**或传统 **BIOS 模式**来启动 Windows 系统。如果选择 **UEFI 模式**，则启动磁盘必须是 GPT 磁盘，并且最少需要 3 个 GPT 磁盘分区（见图 10-1-5）：

- **EFI系统磁盘分区**：它的文件系统为FAT32，可用来存储BIOS/OEM厂商所需要的文件、启动操作系统所需要的文件以及**Windows修复环境**（Windows RE）。
- **Microsoft System Reserved磁盘分区（MSR）**：保留区域，供操作系统使用。
- **Windows磁盘分区**：它的文件系统为NTFS，用来存储Windows操作系统文件的磁盘分区。操作系统文件一般会存放在Windows文件夹内。

在 **UEFI 模式**下，如果将 Windows Server 2022 安装到一个空硬盘中，除了前面提到的 3 个磁盘分区外，安装程序还会自动创建立一个**恢复分区**（见图 10-1-6），这个分区将 **Windows RE** 与 **EFI 系统磁盘分区**划分成为两个独立的磁盘分区。

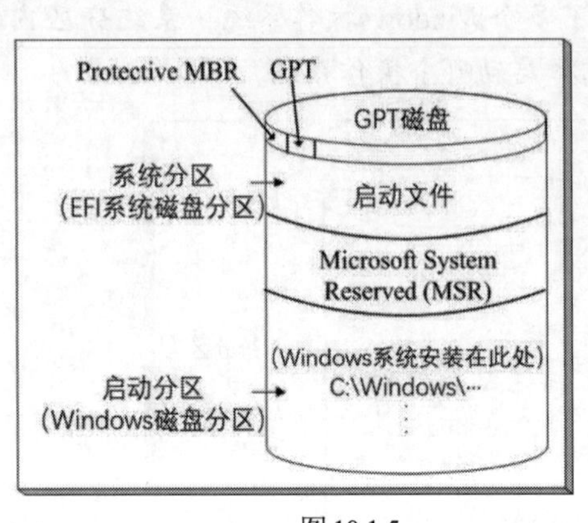

图 10-1-5

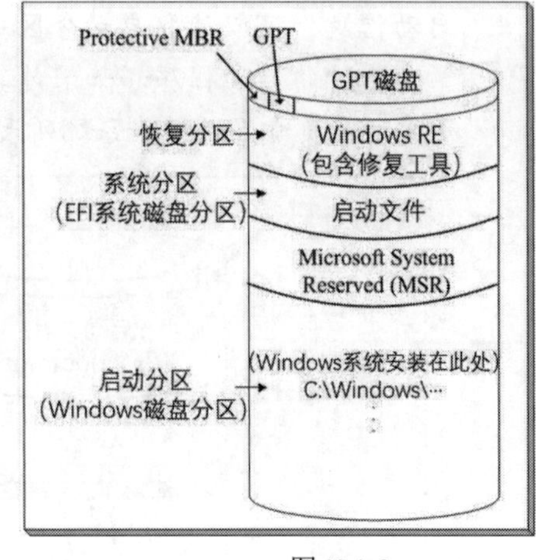

图 10-1-6

如果用作数据磁盘，至少需要一个 **MSR** 分区与一个用来存储数据的磁盘分区。在 **UEFI 模式**下，系统可以使用 MBR 磁盘，但是 MBR 磁盘只能作为数据磁盘，无法用作启动磁盘。

如果硬盘内已经有操作系统，且此硬盘是 MBR 磁盘，那么在将它转换为 GPT 磁盘之前，必须删除该硬盘上的所有磁盘分区。具体的方法为：在安装过程中单击**修复计算机**进入**命令提示符**，然后执行 **diskpart** 命令，接着按序执行 **select disk 0**、**clean**、**convert gpt** 命令。

在**文件资源管理器**中，通常看不到**系统保留分区**（如 MBR 磁盘）、**恢复分区**、**EFI 系统分区**与 **MSR** 等磁盘分区。在 Windows 系统内置的磁盘管理工具**“磁盘管理”**内也看不到 MBR、GPT、Protective MBR 等特殊信息，虽然可以看到**系统保留分区**（如果是 MBR 磁盘）、**恢复分区**与 **EFI 系统分区**等磁盘分区，但还是看不到 MSR，例如图 10-1-7 中的磁盘为 GPT 磁盘，图中可以看到 **EFI 系统分区**、**恢复分区**、**Windows 磁盘分区**（此分区看不到 MSR）。**磁盘管理**的打开方法为：单击左下角的**开始**图标⊞➲Windows 管理工具➲计算机管理➲……。

① 在安装 Windows Server 2022 之前，有时需要进入计算机的 BIOS 界面来修改设置，例如将“**开机设备控制**”改为 UEFI 模式，以确保能够出现如图 10-1-7 所示的分区架构。

② 在 **UEFI 模式**下安装完 Windows Server 2022 后，如果使用 UEFI 模式，系统会自动修改 BIOS 设置，并将启动选项改为优先使用“**Windows Boot Manager**”来启动计算机。

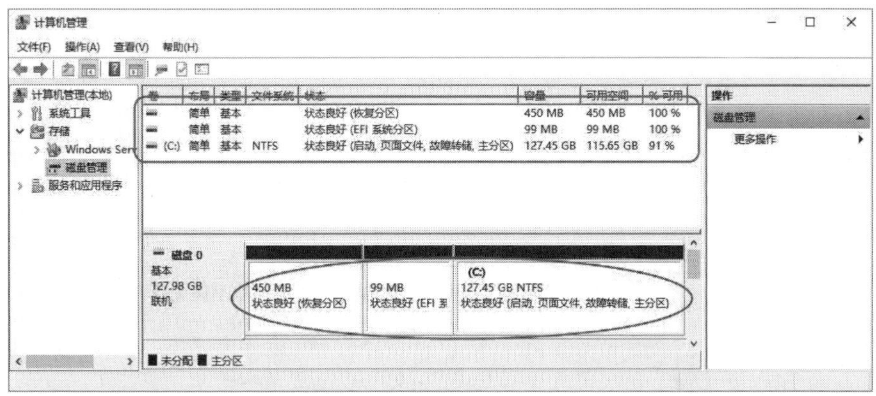

图 10-1-7

我们可以使用 **diskpart.exe** 命令来查看所有的磁盘分区，包含 MSR 分区。具体步骤为：先打开 Windows PowerShell，执行 **diskpart** 命令，按序执行 **select disk 0**、**list partition** 命令，如图 10-1-8 所示，图中所有 4 个磁盘分区都可以看到。

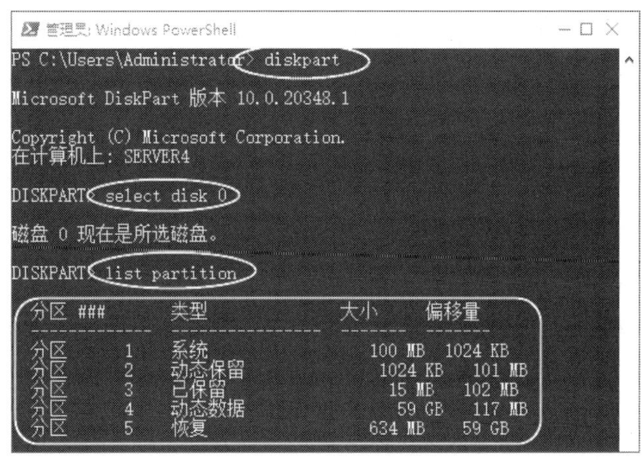

图 10-1-8

建议使用微软 Hyper-V（详见第 5 章）、VMware Workstation 或 Oracle VirtualBox 的虚拟机与虚拟硬盘来练习本章的内容。

10.2　基本卷的管理

要管理基本卷，具体的步骤为：单击左下角的**开始**图标⊞➲Windows 管理工具➲计算机管理➲存储➲磁盘管理，如图 10-2-1 所示，图中假设是以 **UEFI 模式**启动 Windows 系统。图中的磁盘 0 为基本磁盘、GPT 磁盘，其中包含 **EFI 系统分区**、**Windows 磁盘分区**（C：，安装 Windows Server 2022 的**活动分区**）与**恢复分区**。此外，还有一个在图中看不到的

Microsoft System Reserved 磁盘分区（即 MSR 分区）。

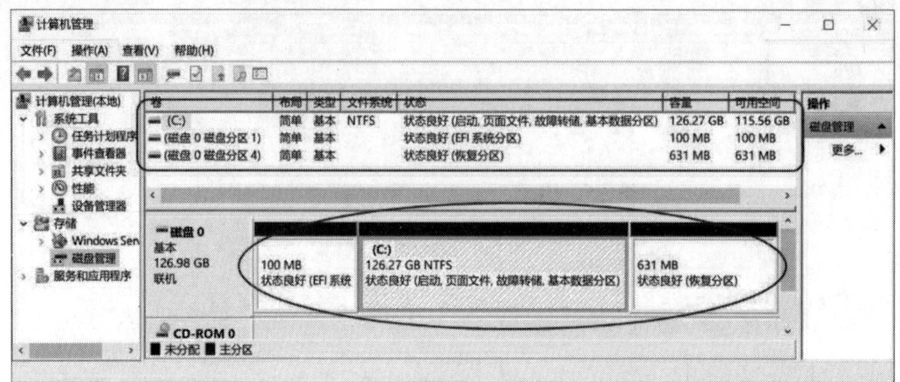

图 10-2-1

10.2.1 压缩卷

可以对 NTFS 磁盘分区进行压缩（shrink）。以图 10-2-1 中的磁盘 0 为例，假设第 2 个磁盘分区的驱动器号为 C:，虽然 C: 磁盘的存储容量约为 126.27GB，但是它的实际使用容量大约为 12GB。如果我们想从尚未使用的剩余空间中划分出约 20GB 的空间，并将其变成另外一个可用的磁盘分区，我们可以使用**压缩**功能来缩小原磁盘分区的容量，以便将节约出的空间划分为另外一个磁盘分区：在如图 10-2-2 所示的界面中选中 C: 磁盘，再右击➲压缩卷➲输入要划分出空间的大小（20480MB，也就是 20GB）➲单击压缩按钮。图 10-2-3 为完成后的界面，图中右侧多出一个约 20GB 的可用空间，而原来拥有的 126.27GB 容量的 C: 磁盘的容量减少 20GB。如果要将 C: 磁盘分区与未配置的 20GB 磁盘空间再合并回来，则选中 C: 磁盘，再右击➲扩展卷即可。

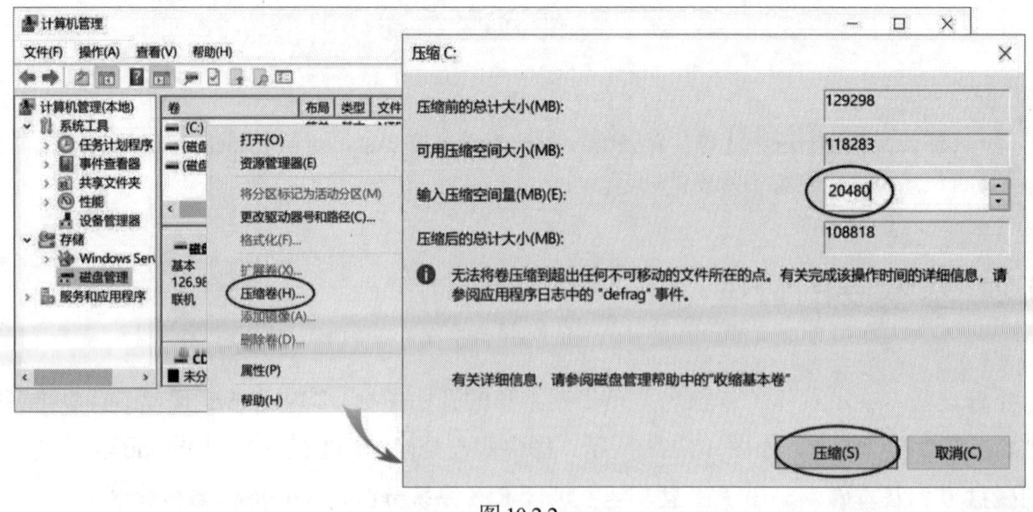

图 10-2-2

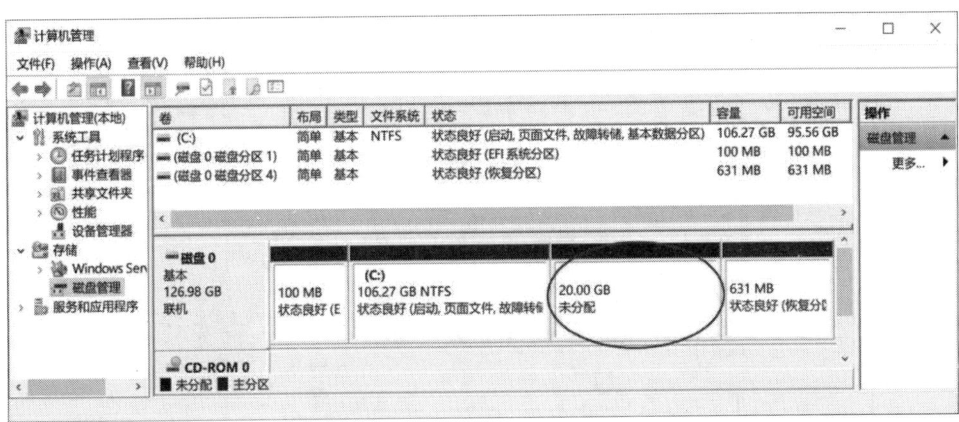

图 10-2-3

10.2.2 安装新磁盘

在计算机内安装新磁盘（硬盘）后，需要经过初始化才能使用：打开**磁盘管理**➲弹出如图 10-2-4 所示的界面后选择 **MBR** 或 **GPT** 模式（图中选择默认的 GPT 模式）➲单击确定按钮，接着就可以在新磁盘内创建磁盘分区了。

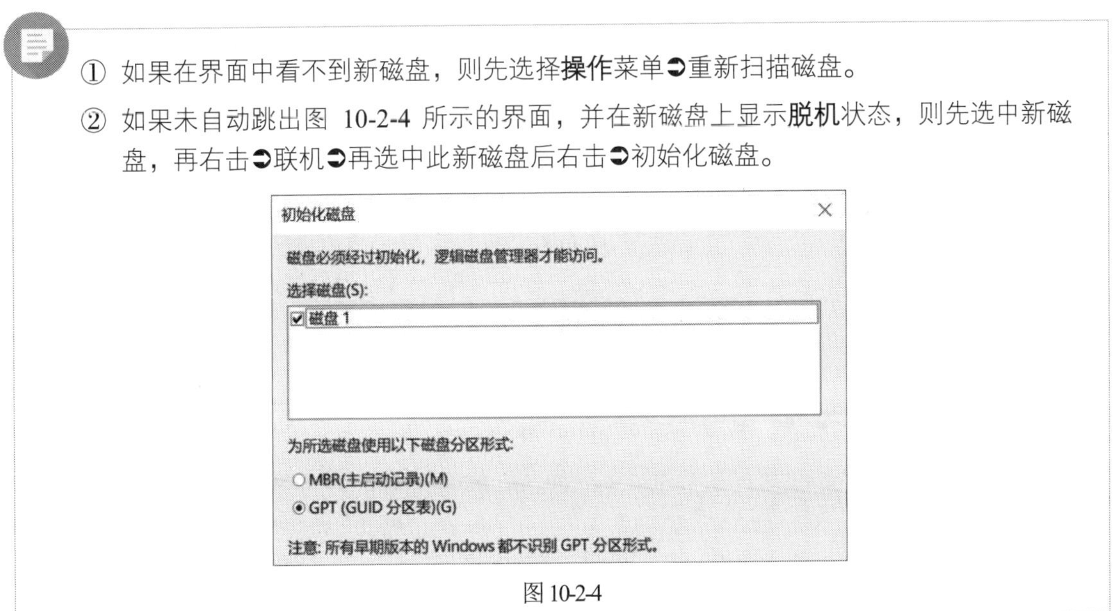

① 如果在界面中看不到新磁盘，则先选择**操作**菜单➲重新扫描磁盘。

② 如果未自动跳出图 10-2-4 所示的界面，并在新磁盘上显示**脱机**状态，则先选中新磁盘，再右击➲联机➲再选中此新磁盘后右击➲初始化磁盘。

图 10-2-4

10.2.3 新建主分区

对 GTP 磁盘来说，一个基本磁盘内最多可有 128 个主分区。

STEP 1　选中未分配空间后右击➲新建简单卷（新建的简单卷会被自动设置为主分区），如图 10-2-5 所示。

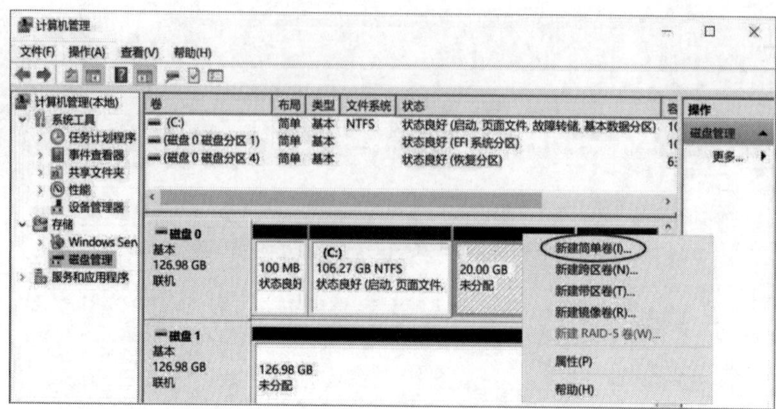

图 10-2-5

STEP 2　出现**欢迎使用新建简单卷向导**界面后单击下一步按钮。

STEP 3　在图 10-2-6 中，设置此主分区的大小（假设是 6GB），然后单击下一步按钮。

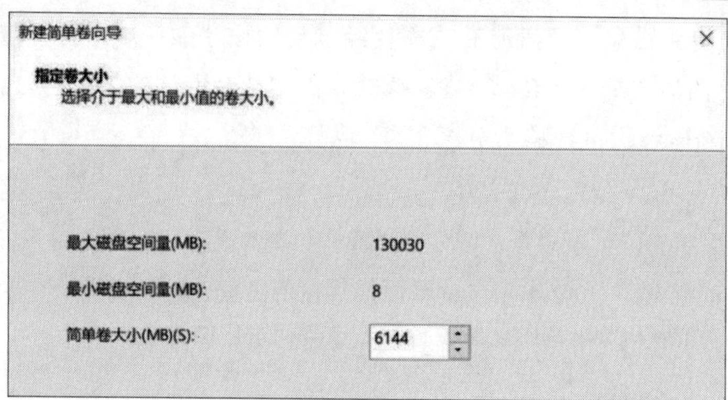

图 10-2-6

STEP 4　完成图 10-2-7 中的选择后单击下一步按钮（选择第 1 个选项）。

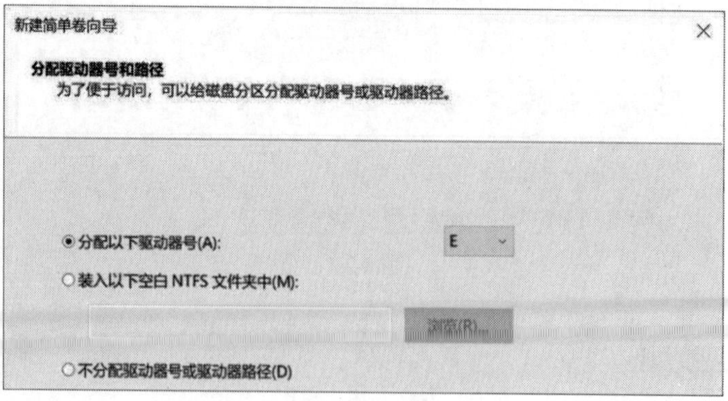

新建简单卷向导

分配驱动器号和路径

为了便于访问，可以给磁盘分区分配驱动器号或驱动器路径。

◉ 分配以下驱动器号(A):　E

○ 装入以下空白 NTFS 文件夹中(M):

浏览(R)...

○ 不分配驱动器号或驱动器路径(D)

图 10-2-7

图中的选项介绍如下：

- **分配以下驱动器号**：为此磁盘分区指定一个驱动器号，例如E:。

- **装入以下空白NTFS文件夹中**：指定一个空的NTFS文件夹（不能包含任何文件）来代表此磁盘分区，例如此文件夹设置为C:\Tools。之后，所有存储到C:\Tools文件夹的文件都会被存储到此磁盘分区内。
- **不分配驱动器号或驱动器路径**：不指定任何驱动器号或磁盘路径（可事后通过选中该磁盘分区，再右击➲更改驱动器号和路径的方法来指定。

STEP 5　在图 10-2-8 中，默认是要对此磁盘分区进行格式化操作的，图中包括：

新建简单卷向导

格式化分区
要在这个磁盘分区上储存数据，你必须先将其格式化。

选择是否要格式化这个卷；如果要格式化，要使用什么设置。

○不要格式化这个卷(D)
◉按下列设置格式化这个卷(O):

文件系统(F):	NTFS
分配单元大小(A):	默认值
卷标(V):	Data

☑执行快速格式化(P)
☐启用文件和文件夹压缩(E)

图 10-2-8

- **文件系统**：可选择将磁盘分区格式化为NTFS、ReFS、exFAT、FAT32或FAT的文件系统。对于FAT分区，仅当分区大小等于或小于4GB的情况下，才能选择它。
- **分配单元大小**：分配单元（allocation unit）是磁盘的最小存储单元，其大小需要适当选择。例如，如果将分配单元大小设置为8KB，那么当要存储一个5KB的文件时，系统会一次就分配8KB的磁盘空间，然而实际上此文件只会用到5KB，剩余的3KB将被闲置不用，从而导致磁盘空间的浪费。如果将分配单元缩小到1KB，因为系统一次只配置1KB，因此必须连续配置5次才能满足5KB存储空间的要求，这将影响系统的效率。除非有特殊需求，否则建议采用默认值，让系统根据分区大小来自动选择最适当的分配单元大小。
- **卷标**：为此磁盘分区设置一个易于识别的名称。
- **执行快速格式化**：选择此选项将只会重新建立NTFS、Refs、exFAT、FAT32或FAT文件系统的表格，而不会花费时间检查是否有坏扇区（bad sector），也不会删除扇区内的数据。
- **启用文件和文件夹压缩**：选择此选项会将此分区设置为**压缩卷**，以后添加到此分区的文件及文件夹都会自动压缩。

STEP 6　出现**完成新建简单卷向导**界面时单击完成按钮。

STEP 7　之后，系统会开始格式化此磁盘分区，图 10-2-9 显示的是格式化完成后的界面，其中磁盘分区的容量大小为 6GB。

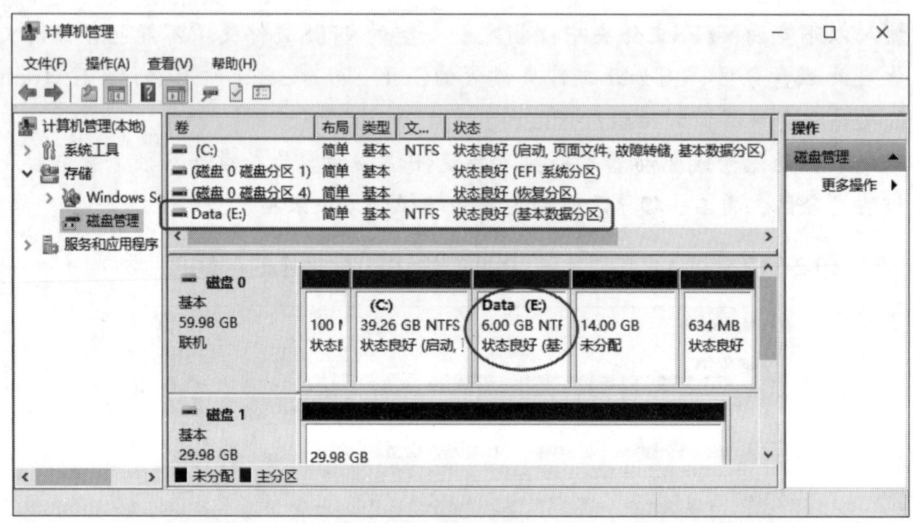

图 10-2-9

10.2.4 磁盘的格式化、添加卷标、转换文件系统与删除

- **格式化**：如果在新建磁盘分区时并未对其进行格式化操作，此时可以选中磁盘分区，再右击➲格式化，将其格式化。注意，如果磁盘分区内已经有数据，那么格式化后这些数据都将丢失。
  不能在系统已启动的情况下对**系统分区**或**启动分区**进行格式化操作，但是可以在安装操作系统过程中，通过安装程序来将它们删除或格式化。
- **添加卷标**：可以通过"选中磁盘分区后右击➲属性"来为磁盘分区设置一个易于识别的卷标。
- **将FAT/FAT32转换为NTFS文件系统**：可以执行CONVERT.EXE命令将文件系统的FAT/FAT32磁盘分区转换为NTFS（无法转换为ReFS），具体步骤为：单击左下角的**开始**图标⊞➲Windows PowerShell，然后执行命令（假设要将磁盘H:转换为NTFS）**CONVERT H: /FS:NTFS**。
- **删除磁盘分区或逻辑分区**：选中该磁盘分区（或卷）后右击➲删除磁盘分区或（删除卷）。

10.2.5 更改驱动器号和路径

如果要更改驱动器号或磁盘路径，可选中卷后右击➲更改驱动器号和路径➲单击**更改**按钮，如图 10-2-10 所示。

① 请勿随意更改驱动器号，因为许多应用程序依赖于照驱动器号来访问数据。如果更改了驱动器号，这些应用程序可能会无法读取所需要的数据。
② 当前正在使用的**启动分区**的驱动器号是无法更改的。

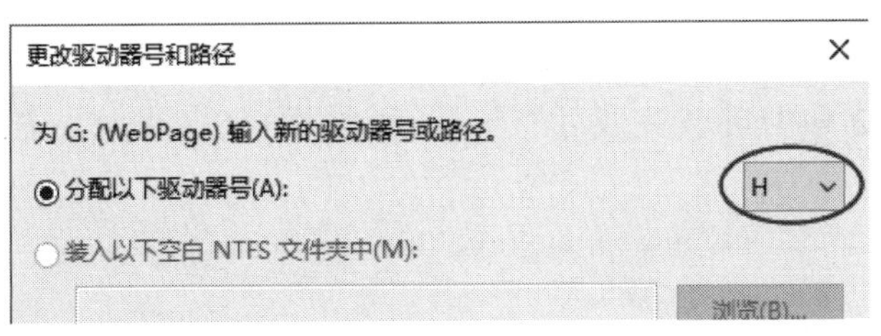

图 10-2-10

也可以选中卷后右击➲更改驱动器号和路径➲单击**添加**按钮➲在如图 10-2-11 所示的界面中将磁盘分区映射到一个空文件夹（例如 C:\WebPage），以后所有要存储到 C:\WebPage 文件夹的文件都会被存储到此磁盘分区内。

图 10-2-11

10.2.6 扩展卷

基本卷可以进行扩展，也就是将未分配的空间合并到基本卷内，以增加其容量。但在进行操作时，需要注意以下事项：

- 只有尚未格式化或已被格式化为NTFS、ReFS的卷才能被扩展。exFAT、FAT32与FAT的卷无法被扩展。
- 扩展的空间必须是与此基本卷相邻的未分配空间。

假设要扩展图 10-2-12 中 C：磁盘的容量（目前容量约为 39.26GB），也就是要将后面 20GB 的可用空间（未分配）合并到 C：磁盘中，合并后的 C：磁盘的容量为 59.26GB。

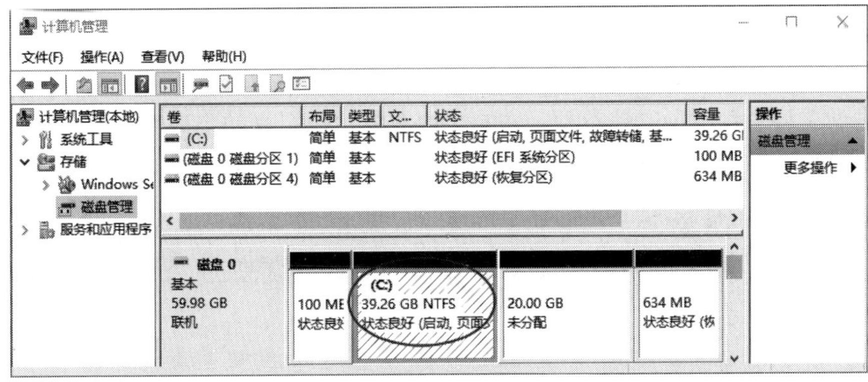

图 10-2-12

如图 10-2-13 所示，选中 C：磁盘后右击➲扩展卷➲设置要扩展的容量与此容量的来源磁盘（磁盘 0）。图 10-2-14 所示为完成后的界面，从图中可以看出 C：磁盘的容量已被扩大为 59.26GB。

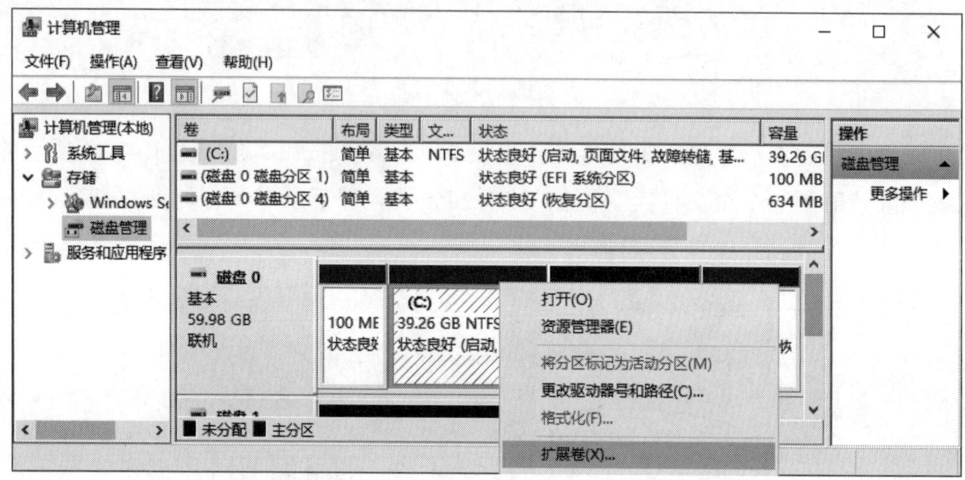

图 10-2-13

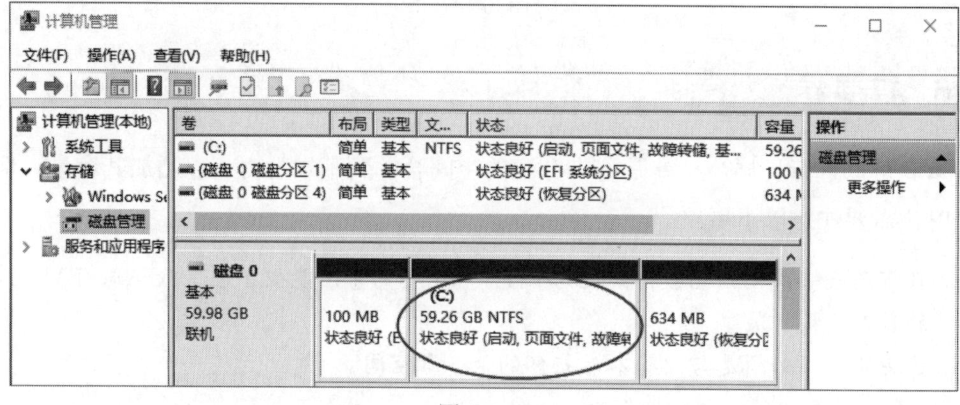

图 10-2-14

10.3 动态磁盘的管理

动态磁盘支持多种类型的动态卷，它们之中有的可以提高访问效率、有的可以提供容错功能、有的可以扩大磁盘的使用空间，这些卷包含：**简单卷**（simple volume）、**跨区卷**（spanned volume）、**带区卷**（striped volume）、**镜像卷**（mirrored volume）、**RAID-5 卷**（RAID-5 volume）。其中简单卷为动态磁盘的基本单位，而其他 4 种类型的动态卷具备不同特点，如表 10-3-1 所示。

表 10-3-1　4 种类型的动态卷及具备的特点

卷种类	磁盘数	可用来存储数据的容量	性能（与单一磁盘比较）	容错
跨区卷	2~32 个	全部	不变	无
带区卷（RAID-0）	2~32 个	全部	提高磁盘读、写性能	无
镜像卷（RAID-1）	2 个	一半	读提升、写稍微下降	有
RAID-5 卷	3~32 个	磁盘数-1	读提升多、写下降稍多	有

10.3.1　将基本磁盘转换为动态磁盘

需先将基本磁盘转换成动态磁盘，才能在磁盘内创建上述特殊的磁盘卷。但在转换之前，需要注意以下事项：

- Administrators或Backup Operators组的成员才有权限执行转换操作。
- 在转换之前，先关闭所有正在运行的程序。
- 一旦转换为动态磁盘，原有的主分区与逻辑分区都会自动被转换成**简单卷**。
- 一旦转换为动态磁盘，整个磁盘内就不会再有任何的基本卷（主分区或逻辑分区）。
- 一旦转换为动态磁盘，除非先删除磁盘内的所有卷（变成空磁盘），否则无法将它转换回基本磁盘。
- 如果一个基本磁盘内同时安装了多套Windows操作系统，则不要将此基本磁盘转换为动态磁盘，因为一旦转换为动态磁盘，则除了删除当前的操作系统外，还可能无法再启动其他操作系统。

将基本磁盘转换为动态磁盘的步骤为：在如图 10-3-1 所示的界面中选中任一个基本磁盘，再右击➲转换到动态磁盘➲勾选所有要转换的基本磁盘➲单击确定按钮➲单击转换按钮。

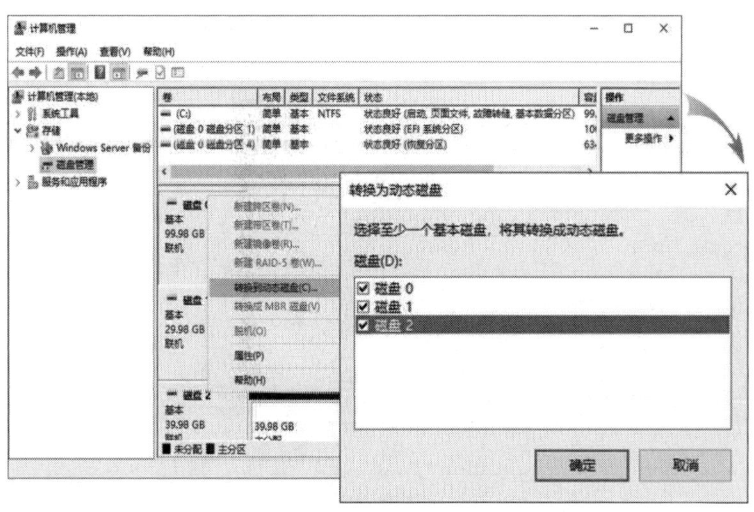

图 10-3-1

10.3.2 简单卷

简单卷是动态卷的基本单位，可以选取未分配空间来创建简单卷，并在必要时可扩展该简单卷的大小。

简单卷可以被格式化为 NTFS、ReFS、exFAT、FAT32 或 FAT 文件系统，但要扩展简单卷的容量，则必须 NTFS 或 ReFS 文件系统。创建简单卷的操作步骤如下：

STEP 1 选中一块未分配的空间（假设是磁盘 1），再右击➲新建简单卷，如图 10-3-2 所示。

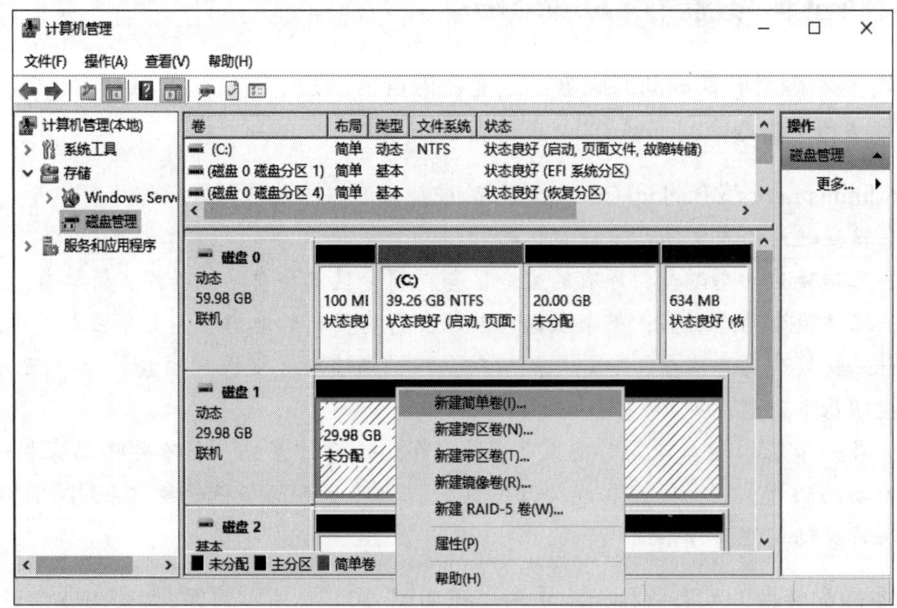

图 10-3-2

STEP 2 出现**欢迎使用新建简单卷向导**界面后单击下一步按钮。

STEP 3 在图 10-3-3 中设置此简单卷的大小后单击下一步按钮。

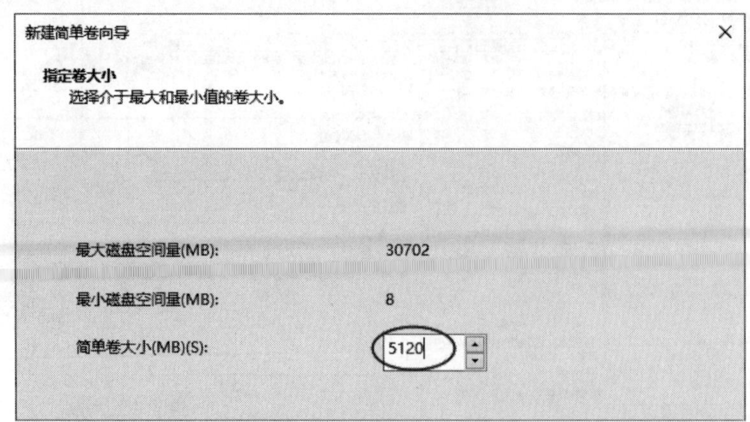

图 10-3-3

STEP 4　在图 10-3-4 中为该简单卷指定一个驱动器号后单击**下一步**按钮（此界面的详细说明，可参阅图 10-2-7 的说明部分）。

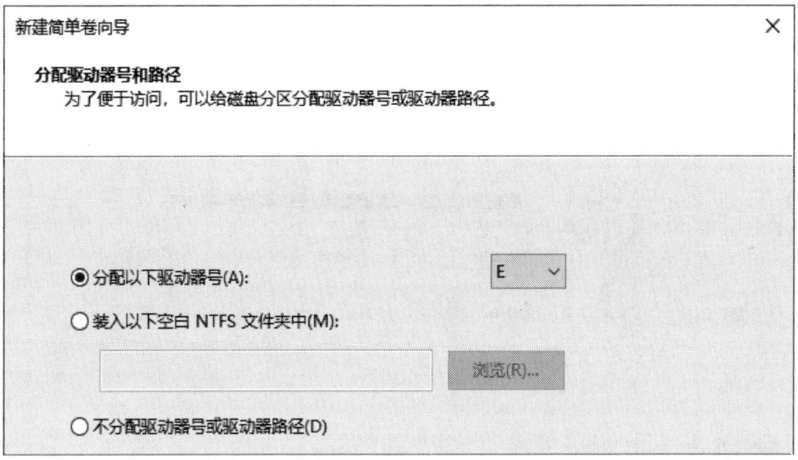

新建简单卷向导

分配驱动器号和路径

为了便于访问，可以给磁盘分区分配驱动器号或驱动器路径。

◉ 分配以下驱动器号(A): E

○ 装入以下空白 NTFS 文件夹中(M):

浏览(R)...

○ 不分配驱动器号或驱动器路径(D)

图 10-3-4

STEP 5　在图 10-3-5 中输入与选择适当的设置值后单击**下一步**按钮（此界面的详细说明，请参阅图 10-2-8 的说明部分）。

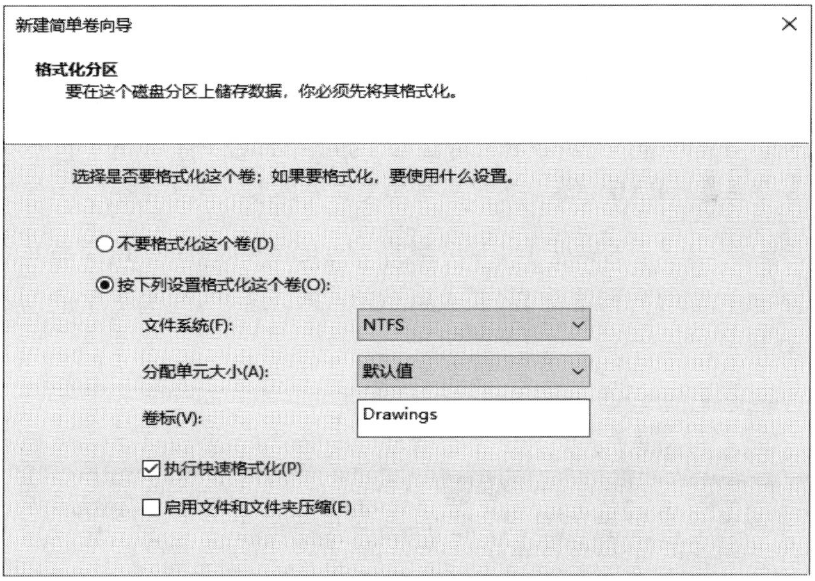

新建简单卷向导

格式化分区

要在这个磁盘分区上储存数据，你必须先将其格式化。

选择是否要格式化这个卷；如果要格式化，要使用什么设置。

○ 不要格式化这个卷(D)

◉ 按下列设置格式化这个卷(O):

文件系统(F): NTFS

分配单元大小(A): 默认值

卷标(V): Drawings

☑ 执行快速格式化(P)

☐ 启用文件和文件夹压缩(E)

图 10-3-5

STEP 6　出现**正在完成新建简单卷向导**界面后单击**完成**按钮。

STEP 7　系统开始格式化此卷，图 10-3-6 为完成格式化后的界面，图中的 E：磁盘就是所创建的简单卷，其右边显示了剩余的未分配空间。

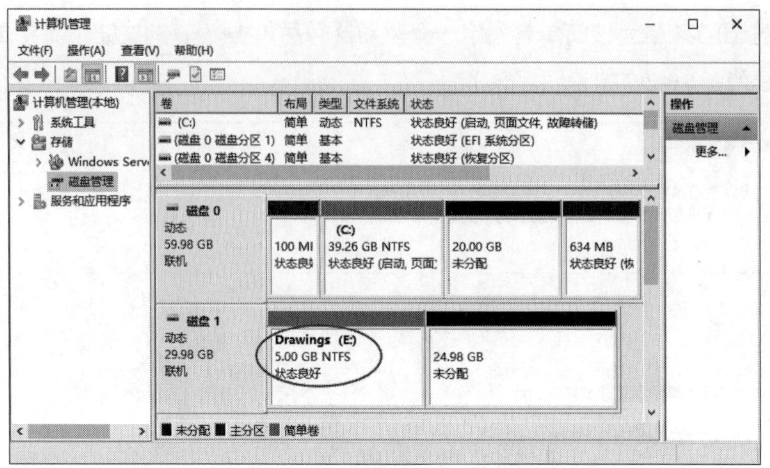

图 10-3-6

10.3.3 扩展简单卷

简单卷可以通过将未分配的空间合并到简单卷来进行扩展其容量。但在进行扩展之前，要注意以下事项：

- 只有尚未格式化或已被格式化为NTFS、ReFS的卷才能被扩展，而exFAT、FAT32与FAT卷则无法被扩展。
- 新增加的空间可以是同一个磁盘内的未分配空间，也可以是另外一个磁盘内的未分配空间。若是后者，它将被视为**跨区卷**（spanned volume）。简单卷可以用于组成**镜像卷**、**带区卷**或**RAID-5卷**。不过，一旦变成**跨区卷**，就不具备此功能了。

假设我们要从图 10-3-7 的磁盘 1 中未分配的 24.98GB 中取用 3GB，并将其添加到简单卷 E:，也就是将容量为 5GB 的简单卷 E: 扩大到 8GB，那么选中简单卷 E:，再右击➲扩展卷即可，如图 10-3-7 所示。

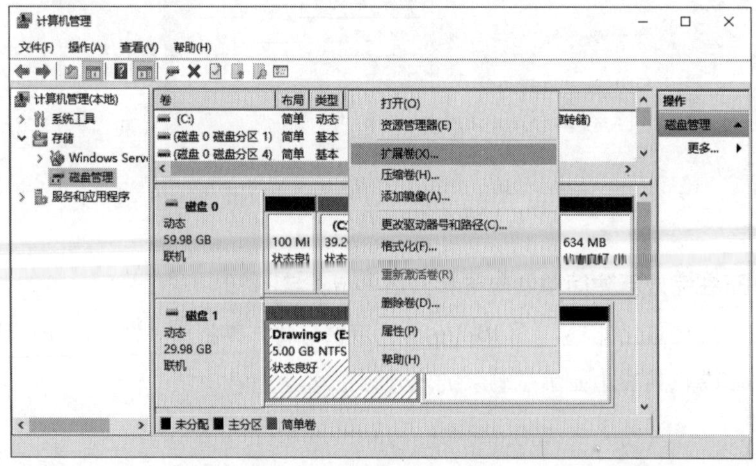

图 10-3-7

在图 10-3-8 中输入要扩展的容量（3072MB），并选择此容量的来源磁盘（磁盘 1）。图 10-3-9 为完成容量扩展后的界面，可见 E：磁盘的容量已被扩大了。

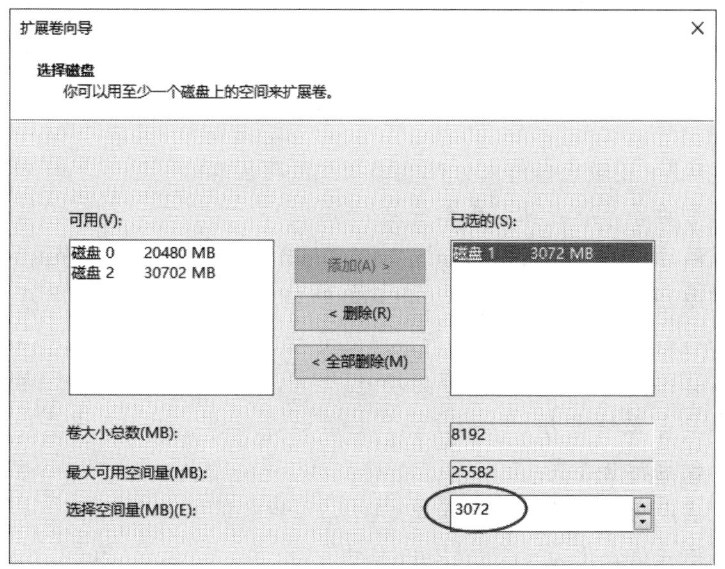

图 10-3-8

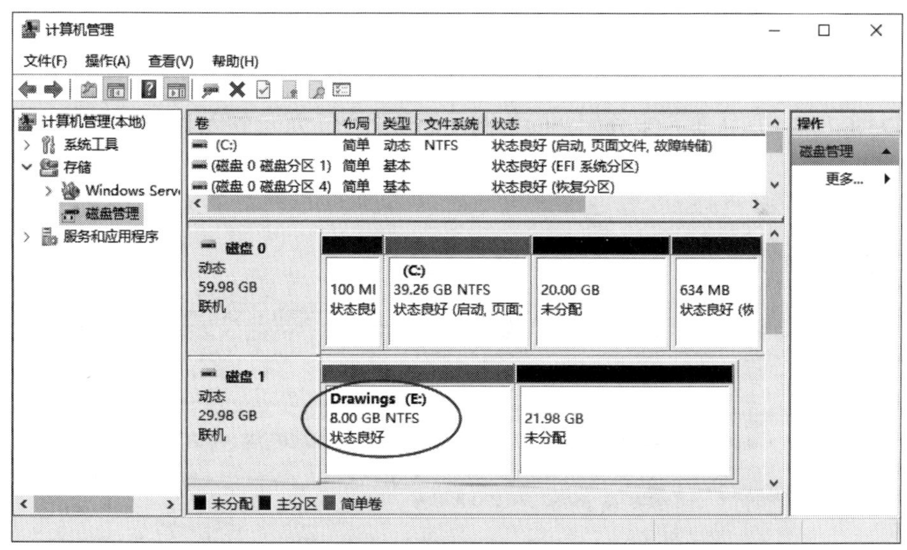

图 10-3-9

10.3.4 跨区卷

跨区卷（spanned volume）是由多个位于不同磁盘的未分配空间组成的一个逻辑卷。它允许将多个磁盘内的未分配空间合并成为一个跨区卷，并为它们指定一个共同的驱动器号。跨区卷具备以下特性：

- 可以将动态磁盘内多个剩余的、容量较小的未分配空间，合并为一个容量较大的跨区卷，以便更有效地利用磁盘空间。

跨区卷与某些计算机主板所提供的 JBOD（Just a Bunch of Disks）功能类似，通过 JBOD 可以将多个磁盘组成一个磁盘来使用。

- 可以选用从2～32磁盘内的未分配空间来组成跨区卷。
- 组成跨区卷的每一个成员，其容量大小可以不同。
- 组成跨区卷的成员中，它们的分区不可以包含**系统分区**与**启动分区**。
- 系统在将数据存储到跨区卷时，会先存储到其成员中的第1个磁盘，当其空间用尽时，才会将数据存储到第2个磁盘，以此类推。
- 跨区卷不具备提高磁盘访问效率的功能。
- 跨区卷不具备容错能力，换句话说，如果成员中的任何一个磁盘发生故障，整个跨区卷内的数据将会丢失。
- 跨区卷无法成为镜像卷、带区卷或RAID-5卷的成员。
- 跨区卷可以被格式化为NTFS或ReFS格式。
- 可以将其他未分配空间加入现有的跨区卷中，以扩展其容量。
- 整个跨区卷被视为一个整体，无法将其中的任何一个成员独立出来使用，除非先删除整个跨区卷。

下面以图 10-3-10 中 3 个未分配空间为例，把它们合并为一个跨区卷来说明如何创建跨区卷。

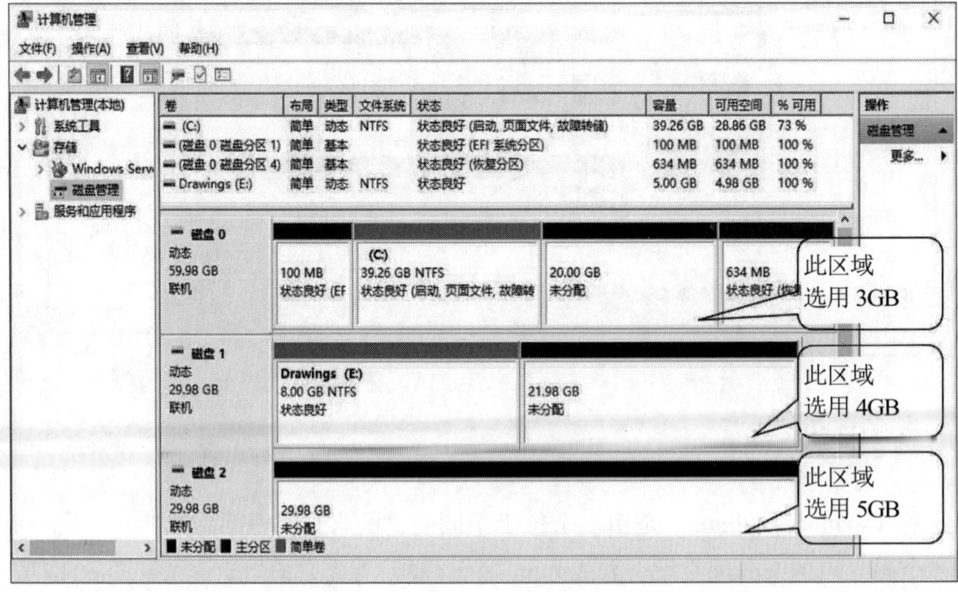

图 10-3-10

STEP 1　选中图 10-3-10 中 3 个未分配空间中的任何一个（例如磁盘 1），再右击➲新建跨区卷。

STEP 2　出现**欢迎使用新建跨区卷向导**界面后单击下一步按钮。

STEP 3　如图 10-3-11 所示，分别从磁盘 0、1、2 中选用 3GB、4GB、5GB 的容量（根据图 10-3-10 的要求），单击下一步按钮。

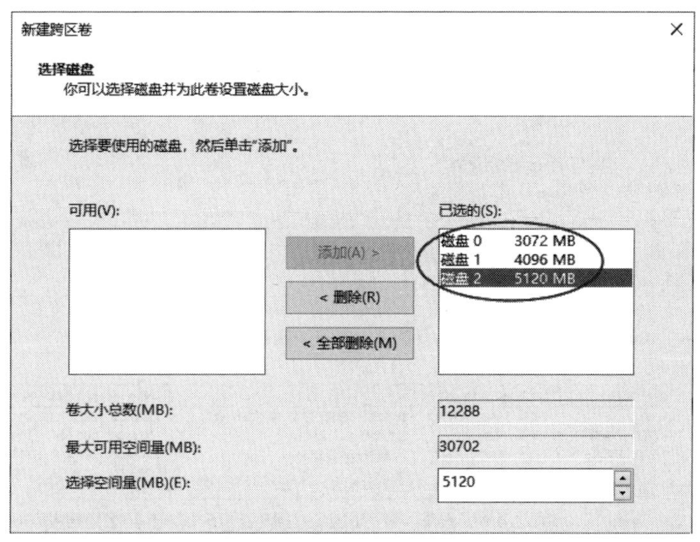

图 10-3-11

STEP 4　在图 10-3-12 中，为此跨区卷指定一个驱动器号后单击下一步按钮（此界面的详细说明，请参阅图 10-2-7 的说明部分）。

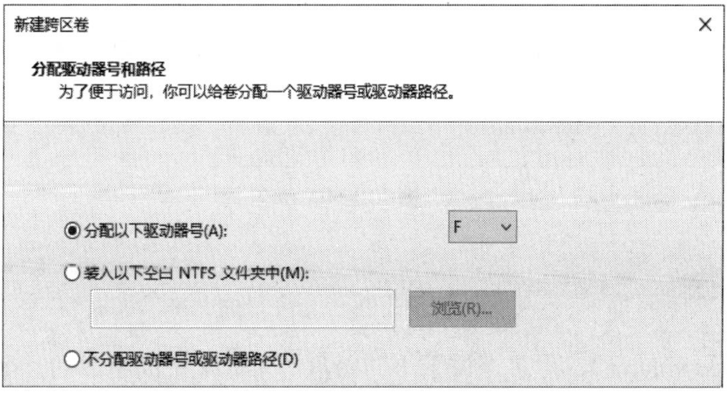

图 10-3-12

STEP 5　在图 10-3-13 中输入与选择合适的设置值后单击下一步按钮（此界面的详细说明，可参阅图 10-2-8 的说明部分）。

STEP 6　出现**正在完成新建跨区卷向导**界面后单击完成按钮。

STEP 7　系统开始创建与格式化此跨区卷，图 10-3-14 为完成后的界面，图中的 F: 磁盘就是跨区卷，它分布在 3 个磁盘内，总容量为 12GB。

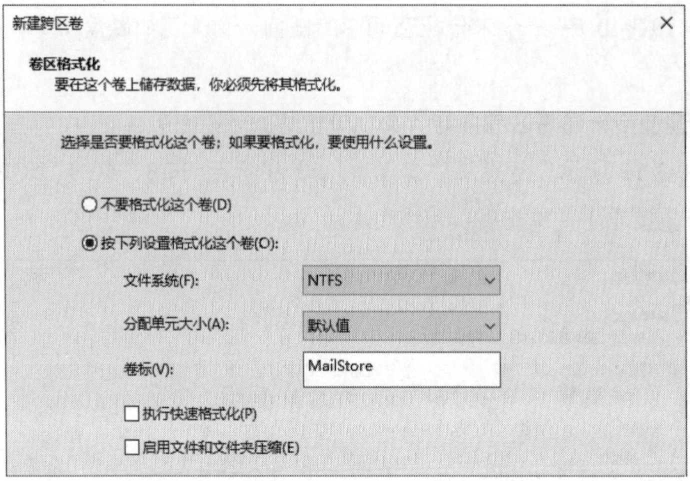

新建跨区卷
卷区格式化
要在这个卷上储存数据，你必须先将其格式化。
选择是否要格式化这个卷；如果要格式化，要使用什么设置。
不要格式化这个卷(D)
按下列设置格式化这个卷(O):
文件系统(F):
NTFS
分配单元大小(A):
默认值
卷标(V):
MailStore
执行快速格式化(P)
启用文件和文件夹压缩(E)

图 10-3-13

计算机管理
文件(F) 操作(A) 查看(V) 帮助(H)
计算机管理(本地)
系统工具
存储
磁盘管理
服务和应用程序
操作
磁盘管理
更多...
磁盘 0
动态
59.98 GB
联机
MailStore (F:)
3.00 GB NTFS
状态良好
17.00 GB
未分配
磁盘 1
动态
29.98 GB
联机
Drawings (E:)
8.00 GB NTFS
状态良好
MailStore (F:)
4.00 GB NTFS
状态良好
17.98 GB
未分配
磁盘 2
动态
29.98 GB
联机
MailStore (F:)
5.00 GB NTFS
状态良好
24.98 GB
未分配
未分配 主分区 简单卷 跨区卷

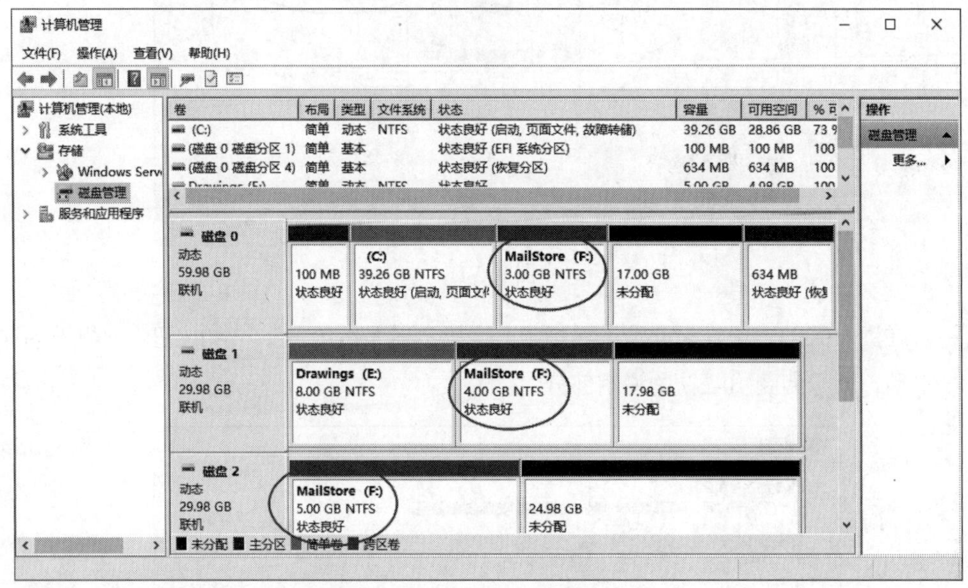

图 10-3-14

10.3.5 带区卷

带区卷（striped volume），由多个位于不同磁盘的未分配空间组成的一个逻辑卷，也就是说，可以从多个磁盘内选取未配置的空间，并将它们合并成为一个带区卷，然后给它指定一个共同的驱动器号。

与跨区卷不同的是，带区卷每个成员的容量大小是相同的，而且在数据写入时是平均地写到每一个磁盘内。带区卷是所有卷中运行效率最高的卷。带区卷具备以下的特性：

- 可以从2～32磁盘内分别选用未分配空间来组成带区卷，这些磁盘最好都是相同的制造商、相同的型号。

- 带区卷使用RAID-0（Redundant Array of Independent Disks-0）技术。
- 带区卷的每个成员的容量大小是相同的。
- 带区卷的成员中不能包含**系统分区**与**启动分区**。
- 系统在将数据存储到带区卷时，会将数据拆分成等量的64KB。例如，若是由4个磁盘组成的带区卷，则系统会将数据拆分为每组4个64KB的块，并将每组4个64KB的数据块分别写入4个磁盘内，直到所有数据都写入磁盘为止。这种方式使得所有磁盘同时工作，从而提高磁盘的访问效率。
- 带区卷不具备容错功能，换句话说，如果成员当中的任何一个磁盘发生故障，整个带区卷内的数据将会丢失。
- 带区卷一旦被创建好后就无法再被扩展，除非将其删除后再重建。
- 带区卷可以被格式化为NTFS或ReFS格式。
- 整个带区卷被视为一个整体，无法将其中的任何一个成员独立出来使用，除非先删除整个带区卷。

下面以图 10-3-15 中 3 个磁盘内的 3 个未分配空间为例，将它们合并为一个带区卷来说明如何创建带区卷。虽然 3 个磁盘目前的未分配空间容量不同，不过我们会在创建带区卷的过程中，从各磁盘内选用相同的容量（以 7GB 为例），具体操作步骤如下：

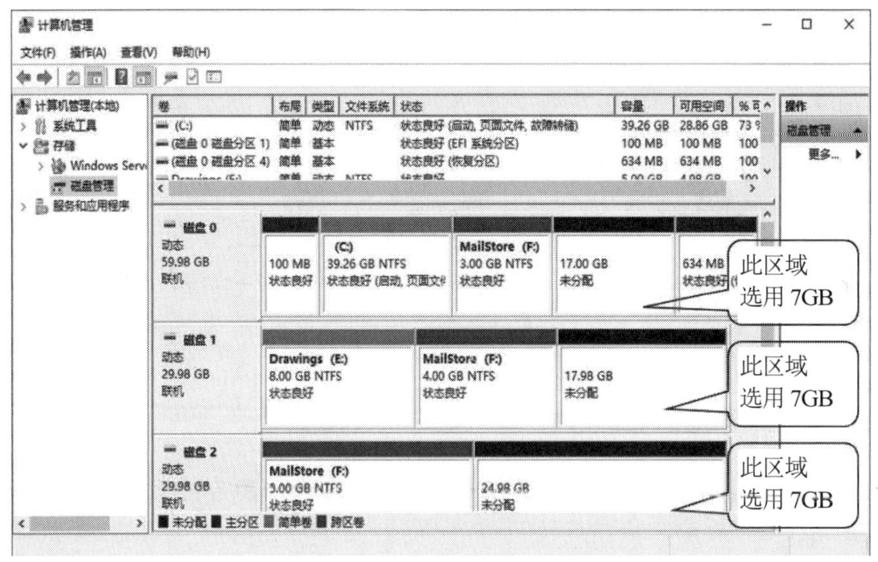

图 10-3-15

STEP 1　选中图 10-3-15 中 3 个未分配空间中的任何一个（例如磁盘 1），再右击➲新建带区卷。

STEP 2　出现**欢迎使用新建带区卷向导**界面后单击下一步按钮。

STEP 3　分别从图 10-3-16 的各磁盘中选择 7168MB（7GB），因此这个带区卷的总容量为 21504MB（21GB）。完成后单击下一步按钮。

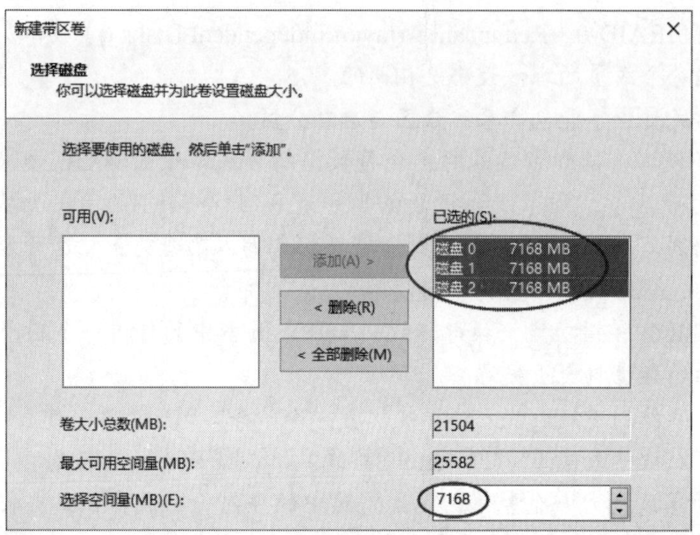

图 10-3-16

如果某个磁盘内没有一个超过 7GB 的连续可用空间，但是却有多个不连续的未分配空间，且它们的总容量足够 7GB，则此磁盘也可以成为带区卷的成员。

STEP 4 在图 10-3-17 中，为此带区卷指定一个驱动器号，接着单击下一步按钮（此界面的详细说明，可参阅图 10-2-7 的说明部分）。

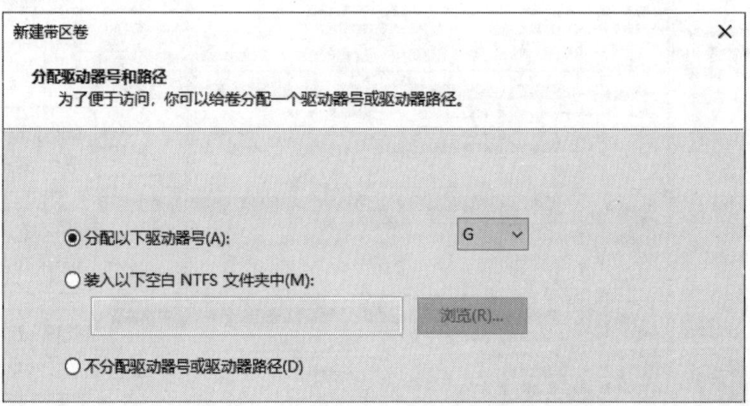

图 10-3-17

STEP 5 在图 10-3-18 中输入与选择适当设置值后单击下一步按钮（此界面的详细说明，可参阅图 10-2-8 的说明部分）。

STEP 6 出现**正在完成新建带区卷向导**界面后单击完成按钮。

STEP 7 之后，系统会开始创建与格式化此带区卷。图 10-3-19 所示为完成后的界面，其中 G: 磁盘就是带区卷，它分布在 3 个磁盘内，并且在每一个磁盘内所占用的容量都相同（7GB）。

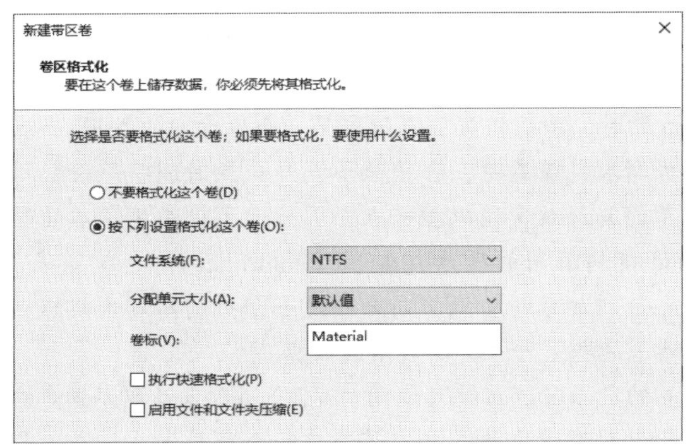

图 10-3-18

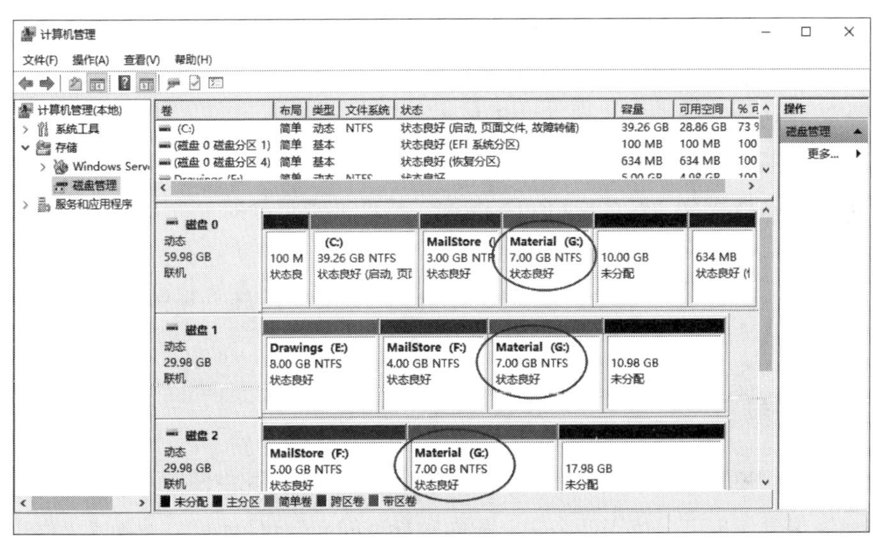

图 10-3-19

10.3.6 镜像卷

镜像卷（mirrored volume）具备容错的功能。可以将一个简单卷与另一个未分配的磁盘空间组成一个镜像卷，或将两个未分配的磁盘空间组成一个镜像卷，然后分配一个逻辑驱动器号。这两个磁盘内将存储完全相同的数据，当有一个磁盘发生故障时，系统仍然可以读取另一个正常磁盘内的数据，因此它具备容错能力。镜像卷具备以下的特性：

- 镜像卷的成员只有两个，且它们需要位于不同的动态磁盘内。可选择一个简单卷与一个未分配的磁盘空间，或两个未分配的磁盘空间来组成镜像卷。
- 如果选择将一个简单卷与一个未分配空间组成镜像卷，则系统在创建镜像卷的过程中，会将简单卷内的现有数据复制到另一个成员中。
- 镜像卷使用RAID-1技术。
- 组成镜像卷的两个卷的容量大小是相同的。

- 组成镜像卷的成员中可以包含**系统分区**与**启动分区**。
- 系统将数据存储到镜像卷时，会将一份相同的数据同时存储到两个成员中。当有一个磁盘发生故障时，系统仍然可以读取另一个磁盘内的数据。
- 系统在将数据写入镜像卷时，会稍微多花费一点时间将一份数据同时写到两个磁盘内，故镜像卷的写入效率稍微差一点，因此为了提高镜像卷的写入效率，建议将两个磁盘分别连接到不同的磁盘控制器（controller），也就是采用**Disk Duplexing**架构，该架构也可增加容错功能，因为即使一个控制器发生故障，系统仍然可利用另外一个控制器来读取另外一个磁盘内的数据。

  在读取镜像卷的数据时，系统可以同时从2个磁盘来读取不同部分的数据，因此可减少读取的时间，提高读取的效率。若其中一个成员发生故障，那么镜像卷的效率将恢复为平常只有一个磁盘时的状态。
- 由于镜像卷的磁盘空间的有效使用率只有50%（由于两个磁盘内存储重复的数据），因此每一个MB的单位存储成本较高。
- 镜像卷一旦被创建立，就无法再被扩展。
- Windows Server 2022等服务器级别的系统支持镜像卷。
- 镜像卷可被格式化为NTFS或ReFS格式。不过也可选择将一个现有的FAT32简单卷与一个未分配磁盘空间来组成镜像卷。
- 整个镜像卷被视为一个整体，如果想将其中任何一个成员独立出来使用，则需要先中断镜像关系、删除镜像或删除此镜像卷。

1. 创建镜像卷

以下使用图 10-3-20 中磁盘 1 的简单卷 F：与磁盘 2 的未分配空间组成一个镜像卷的方式来说明如何创建镜像卷（也可以使用两个未分配的磁盘空间来创建镜像卷），具体操作步骤如下：

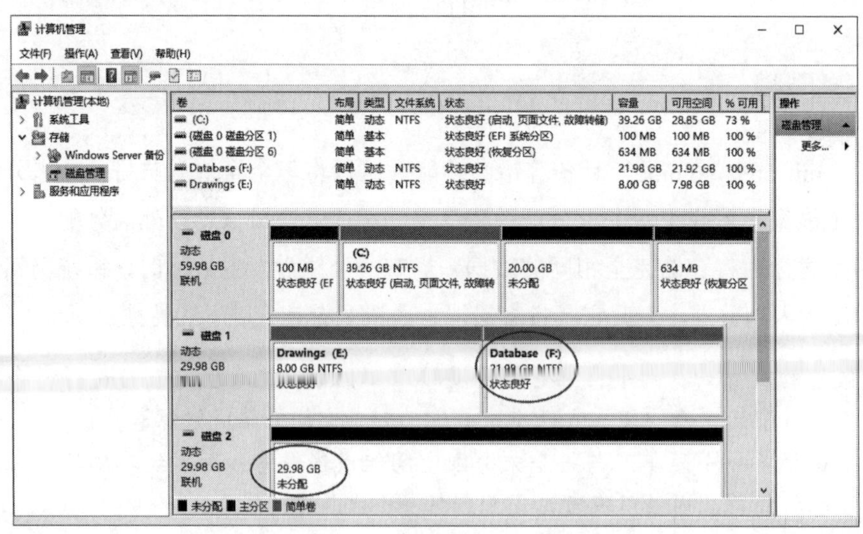

图 10-3-20

STEP 1　在图 10-3-20 中，选中简单卷 F:，再右击➲添加镜像（若是选中未分配的空间后右击，则选择**新建镜像卷**）。

STEP 2　选择**磁盘 2** 后单击添加镜像按钮，如图 10-3-21 所示。

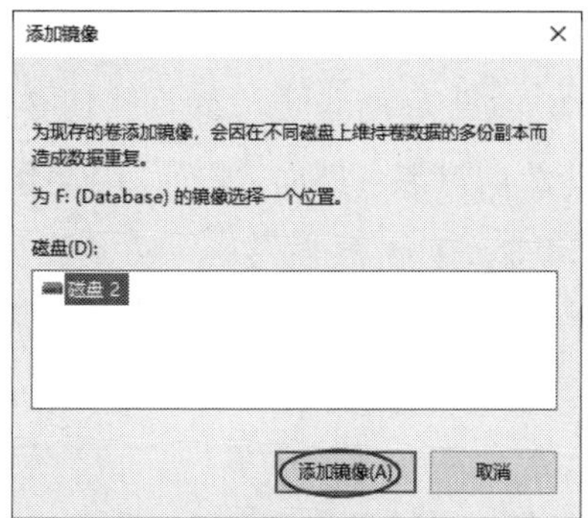

图 10-3-21

Q 为何在图 10-3-21 中无法选择磁盘 0 呢？

A 因为在图 10-3-20 中针对的是简单卷 F:来创建镜像卷，其容量为 21.98GB，并且已包含了数据。而在创建镜像卷时，需要将简单卷 F:内的数据复制到另一个未分配空间。然而，磁盘 0 的未分配空间的容量不足，只有 20GB，因此无法选择磁盘 0。如果系统找不到足够容量的未分配磁盘空间，那么在选中简单卷右击后，将无法选择**新建镜像**选项。

STEP 3　之后，系统会在磁盘 2 的未分配磁盘空间内创建一个与磁盘 1 上的 F:磁盘相同容量的简单卷，如图 10-3-22 所示。然后系统会开始将磁盘 1 上的 F:磁盘中的数据复制到磁盘 2 上的 F:磁盘内，实现数据的同步。完成后，镜像卷 F:将分布在两个磁盘内，并且两个磁盘内的数据是相同的。

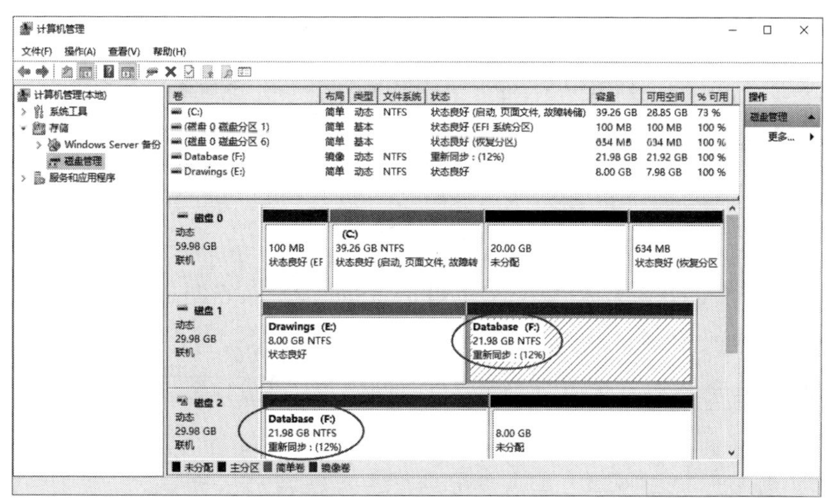

图 10-3-22

如果磁盘 2 为基本磁盘，则在创建**镜像卷**时，系统会自动将其转换为动态磁盘。

2. 创建 UEFI 模式的镜像磁盘

以 **UEFI 模式**工作的计算机，对于启动分区（参考图 10-3-23 中磁盘 0 的 C：磁盘）的镜像卷创建方式，可以使用前面介绍的方法。然而，对于 **EFI 系统分区**、**恢复分区**与 **MSR 保留区**（图中未显示），需要使用 diskpart 命令。

① 以传统 **BIOS 模式**工作的计算机，它的系统分区与启动分区的镜像卷的创建方式可以使用前面所介绍的方法。

② 系统会自动创建 **MSR 保留区**，若是动态磁盘，系统也会自动创建一个**动态保留区**。**保留区**与**动态保留区**在图 10-3-23 中都看不到，需要使用 diskpart.exe 命令来查看。

我们通过图 10-3-23 来说明如何将磁盘 0 的 3 个磁盘分区都镜像到磁盘 1（至于图中看不到的**保留区**与**动态保留区**，系统会自动创建）。图中两个磁盘的容量相同，且假设都是基本磁盘、GPT 磁盘。

利用 diskpart 命令将图中的 **EFI 系统分区**（100MB）与**恢复分区**（634MB）镜像到磁盘 1，同时使利用**磁盘管理**工具将**启动分区**（C：磁盘）镜像到磁盘 1，具体操作步骤如下：

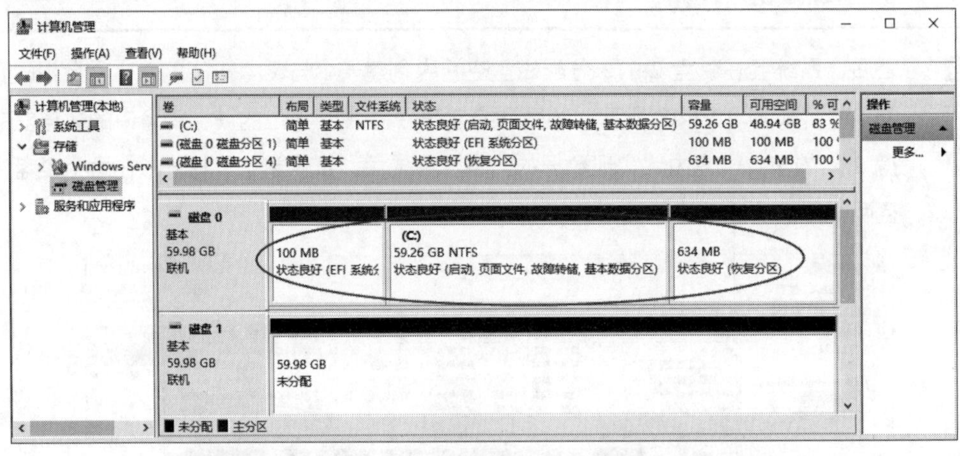

图 10-3-23

STEP 1 单击左下角的**开始**图标⊞➲Windows PowerShell➲输入 diskpart 后按 Enter 键。

STEP 2 通过 select disk 0、list partition 命令来查看磁盘 0 的磁盘分区信息（见图 10-3-24），图中磁盘分区 1 为 **EFI 系统分区**（100MB）、磁盘分区 3 为启动分区（C：磁盘，59GB）、磁盘分区 4 为**恢复分区**（634MB）。

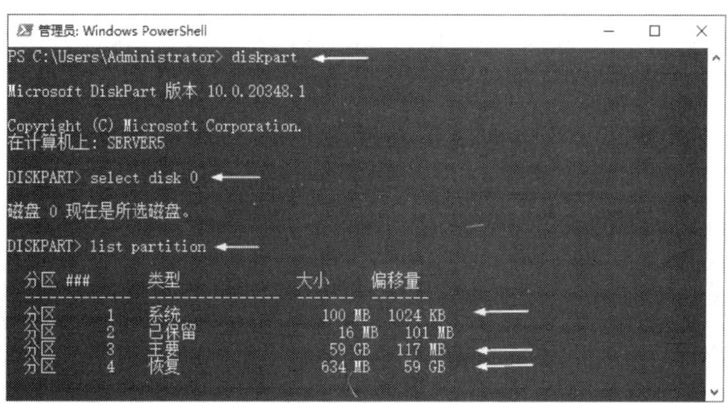

图 10-3-24

STEP 3　先将图磁盘 0 的磁盘分区 1 的 **EFI 系统分区**镜像到磁盘 1。从图 10-3-24 中可知其容量为 100MB。

使用以下命令在 disk 1 创建磁盘容量为 100MB 的 **EFI 系统分区，**并分配驱动器号（见图 10-3-25）：select disk 1、create partition efi size=100、format fs=fat32 quick、assign letter=r。

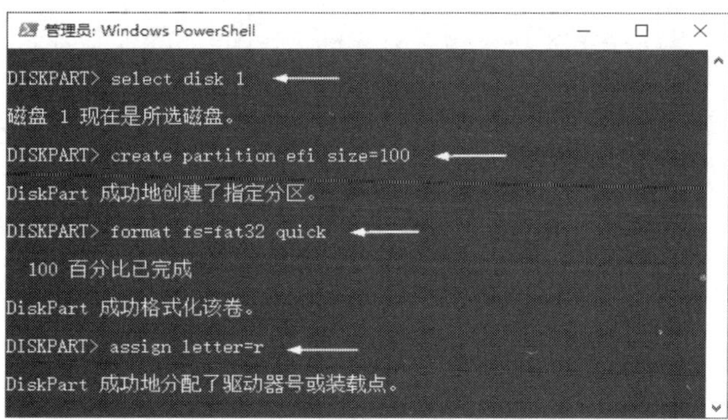

图 10-3-25

STEP 4　使用以下命令把驱动器号 q 指定给磁盘 0 的 **EFI 系统分区**（见图 10-3-26）然后退出 diskpart 命令：select disk 0、select partition 1、assign letter=q、exit。

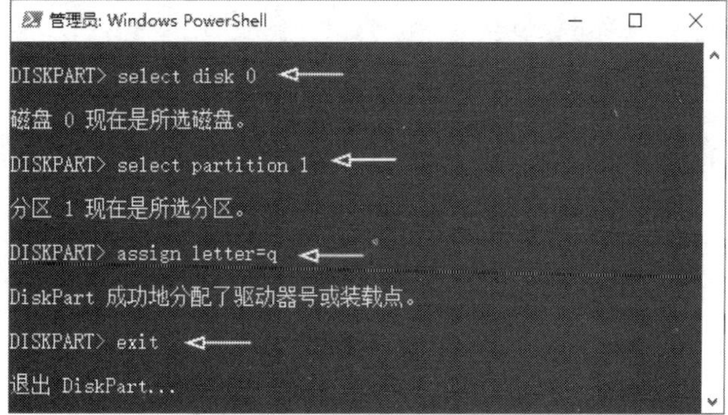

图 10-3-26

STEP 5 接着使用以下命令将磁盘 0 的 **EFI 系统分区**的内容复制到磁盘 1 的 **EFI 系统分区**（见图 10-3-27）：

robocopy.exe q:\ r:\ * /e /copyall /dcopy:t /xf BCD.* /xd "System Volume Information"

```
管理员: Windows PowerShell
PS C:\Users\Administrator> robocopy.exe q:\ r:\ * /e /copyall /dcopy:t /xf BCD.* /xd "System Volume Information"
-------------------------------------------------------------------------------
  ROBOCOPY     ::     Windows 的可靠文件复制
-------------------------------------------------------------------------------

  开始时间: 2021年9月14日 17:39:05
        源= q:\
      目标= r:\

      文件: *
```

图 10-3-27

STEP 6 接下来要将磁盘 0 的**恢复分区**镜像到磁盘 1，需要重新执行 diskpart.exe 命令，然后可使用 select disk 0、list partition 命令来查看**恢复分区**的容量大小，如图 10-3-28 所示为 634MB（位于磁盘分区 4）。

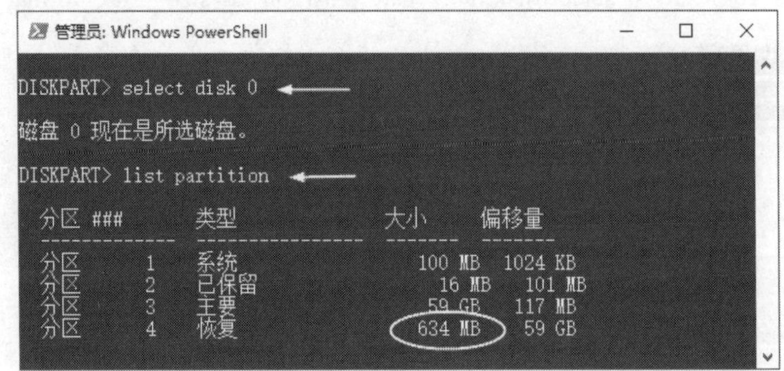

图 10-3-28

STEP 7 通过 select partition 4 和 detail partition 命令来查看**恢复分区**的信息（见图 10-3-29），然后复制**类型**处的 ID 并记录此分区的大小（634MB）。

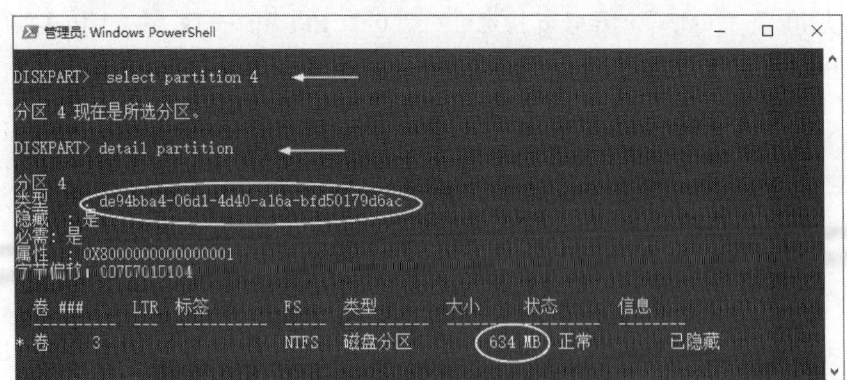

图 10-3-29

STEP 8 通过以下命令在磁盘 1 创建恢复分区：select disk 1、create partition primary size=634、

format fs=ntfs quick label=Recovery、set id=（复制与磁盘 0 相同的类型的 ID），如图 10-3-30 所示。其中磁盘分区大小为 634MB，与磁盘 0 相同。

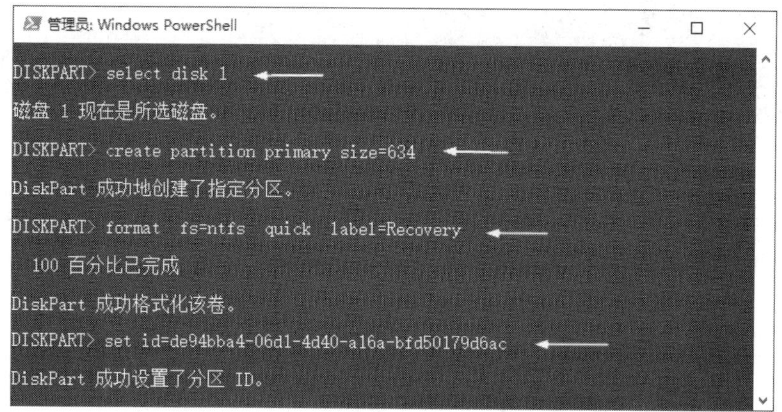

图 10-3-30

STEP 9　接下来使用以下命令，将驱动器号分别分配给两个磁盘分区后，退出 diskpart 命令。假设分别是 s 与 t（请先使用 list partition 来确认 disk 0 与 disk 1 的**恢复分区**分别位于哪一个磁盘分区，此处的示例分别是磁盘分区 4 与 3 磁盘分区）：select disk 0、select partition 4、assign letter=s、select disk 1、select partition 3、assign letter=t、exit，如图 10-3-31 所示。

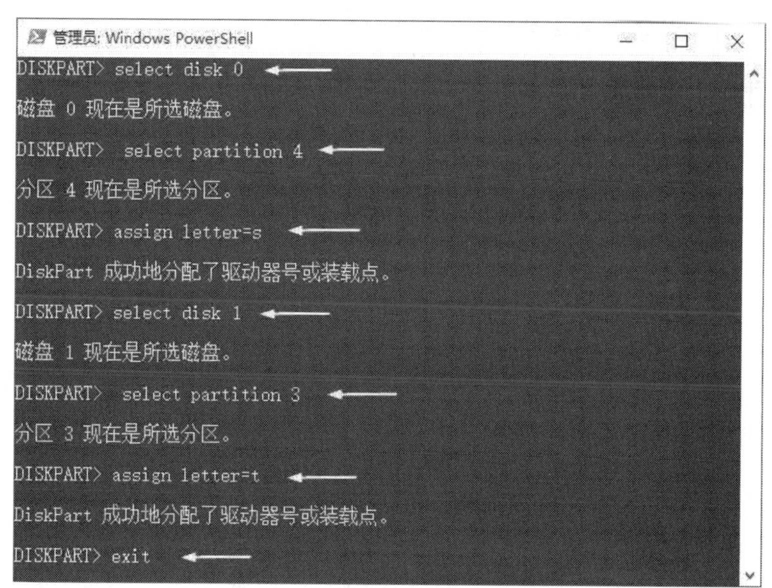

图 10-3-31

STEP 10　接着使用以下命令将磁盘 0 的**恢复分区**内容复制到磁盘 1 的**恢复分区**（见图 10-3-32）：

robocopy s:\ t:\ * /e /copyall /dcopy:t /xd "System Volume Information"

图 10-3-32

STEP 11　单击左下角的**开始**图标⊞➲Windows 管理工具➲计算机管理➲存储➲磁盘管理，将磁盘 0 的**启动分区**（C：磁盘）镜像到磁盘 1。

本示例的磁盘当前是基本磁盘，应先通过以下步骤将其转换为动态磁盘：选中任一个基本磁盘后右击➲转换到动态磁盘➲勾选基本磁盘 0 与 1➲单击确定按钮➲单击转换按钮，然后再参考前面**建立镜像卷**的步骤，将磁盘 0 的启动分区（C：磁盘）镜像到磁盘 1。

STEP 12　如图 10-3-33 所示为完成后的界面。

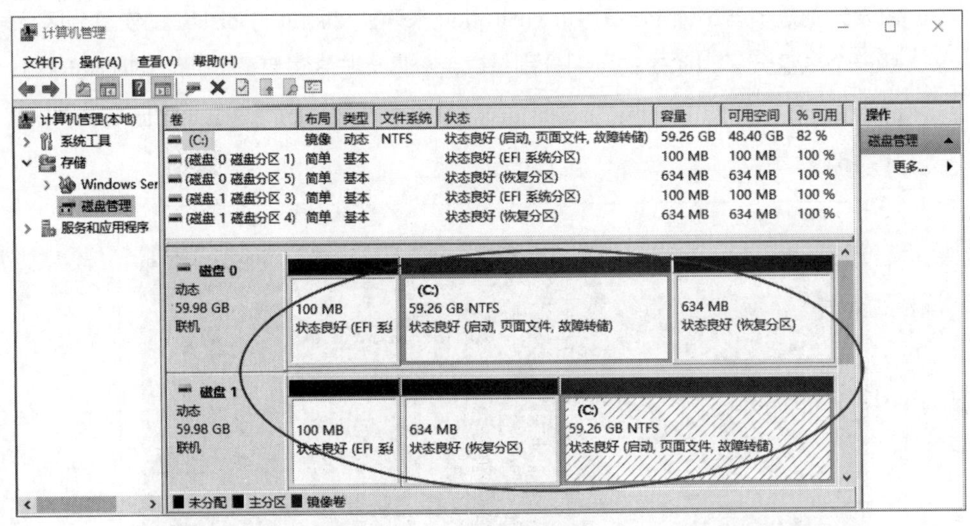

图 10-3-33

3. 中断、删除镜像与删除卷

整个镜像卷被视为一个整体，如果要将其中的任何一个成员独立出来使用，可以通过以下方法之一来完成：

- **中断镜像卷**：选中镜像卷后右击➲在如图10-3-34所示的界面中选择**中断镜像卷**，中断后，原来的两个成员将被独立成简单卷，并且其中的数据将得到保留。其中一个卷的驱动器号将保持原来的值，而另一个卷的驱动器号将被改为下一个可用的驱动器号。
- **删除镜像**：选中镜像卷后右击➲删除镜像（见图10-3-34中的选项），然后选择将镜像

卷中的一个成员删除，被删除的成员及其数据也将被彻底删除，并且其所占用的空间将被改为未分配空间。另一个成员内的数据将被保留。

- **删除卷**：选中镜像卷后右击➲删除卷，将镜像卷删除，包括把两个成员及其数据都删除，同时将两个成员的存储空间都转变为未分配空间。

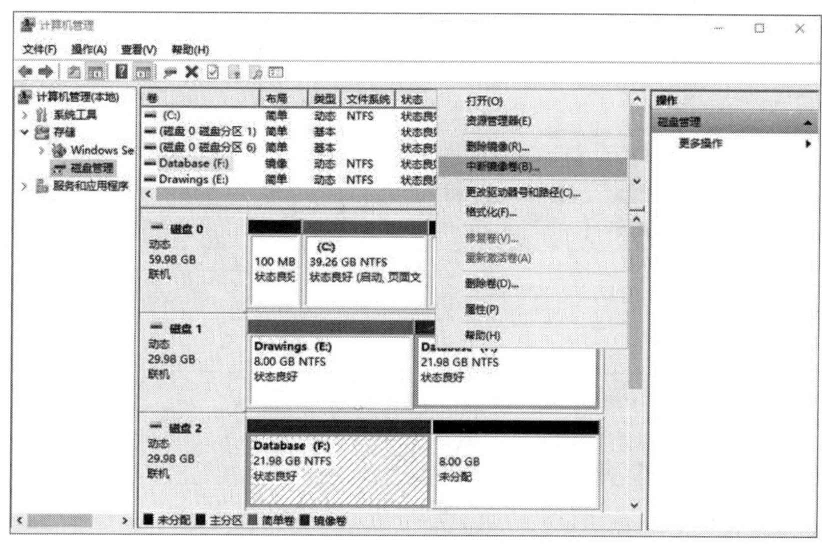

图 10-3-34

4. 修复镜像卷

当镜像卷的成员中有一个磁盘发生故障，系统仍然可以从另一个正常的磁盘读取数据，但容错能力丧失了。在这种情况下，应尽快修复故障的镜像卷，以恢复容错能力。假设图 10-3-35 中的 F：磁盘为镜像卷，其中成员中的磁盘 2 发生了故障，以下是修复镜像卷的步骤：

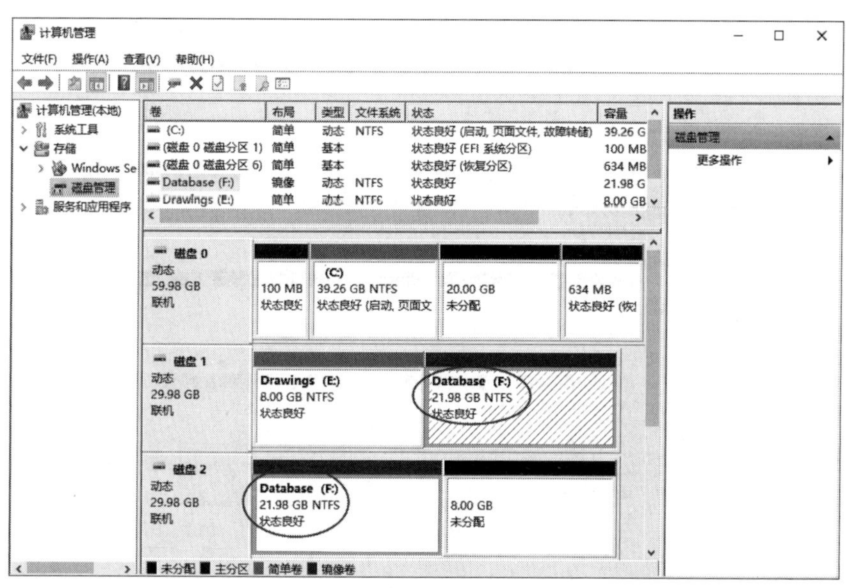

图 10-3-35

STEP 1　关机后从计算机内取出故障的磁盘 2。

STEP 2　将新的磁盘（假设容量与故障的磁盘相同）安装到计算机内并重新启动计算机。

STEP 3　单击左下角的**开始**图标⊞➲Windows 管理工具➲计算机管理➲存储➲磁盘管理。

STEP 4　在弹出的如图 10-3-36 所示的界面中选择将新安装的磁盘 2 初始化，选择磁盘分区形式后单击确定按钮（若未弹出此界面，则选中新磁盘后右击➲联机➲选中新磁盘后右击➲初始化磁盘）。

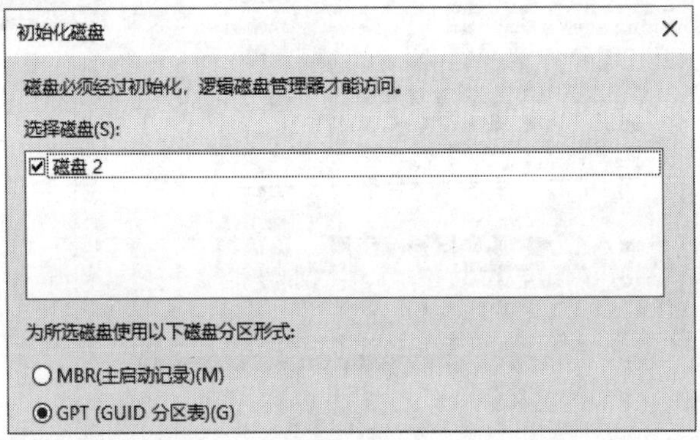

初始化磁盘
磁盘必须经过初始化，逻辑磁盘管理器才能访问。
选择磁盘(S):
☑ 磁盘 2
为所选磁盘使用以下磁盘分区形式:
○ MBR(主启动记录)(M)
◉ GPT (GUID 分区表)(G)

图 10-3-36

STEP 5　之后，将出现如图 10-3-37 所示的界面，其中的磁盘 2 为新安装的磁盘，而原先故障的磁盘 2 显示在界面的最下方（并带有**丢失**两个字）。

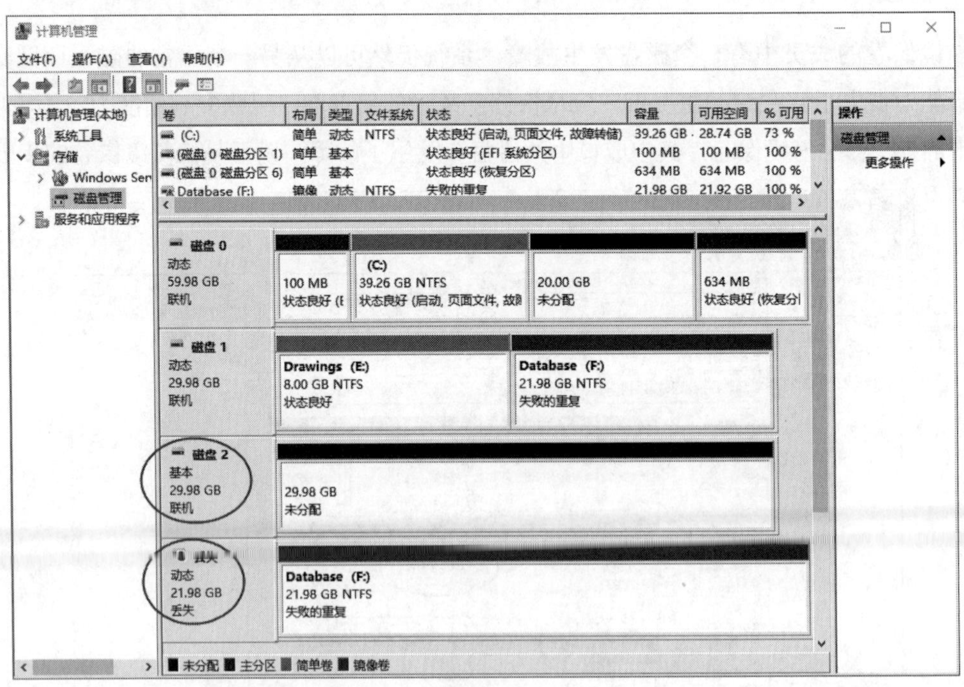

图 10-3-37

STEP 6　选中有**失败的重复**字样的任何一个 F：磁盘，再右击➲删除镜像，如图 10-3-38 所示。

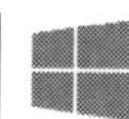

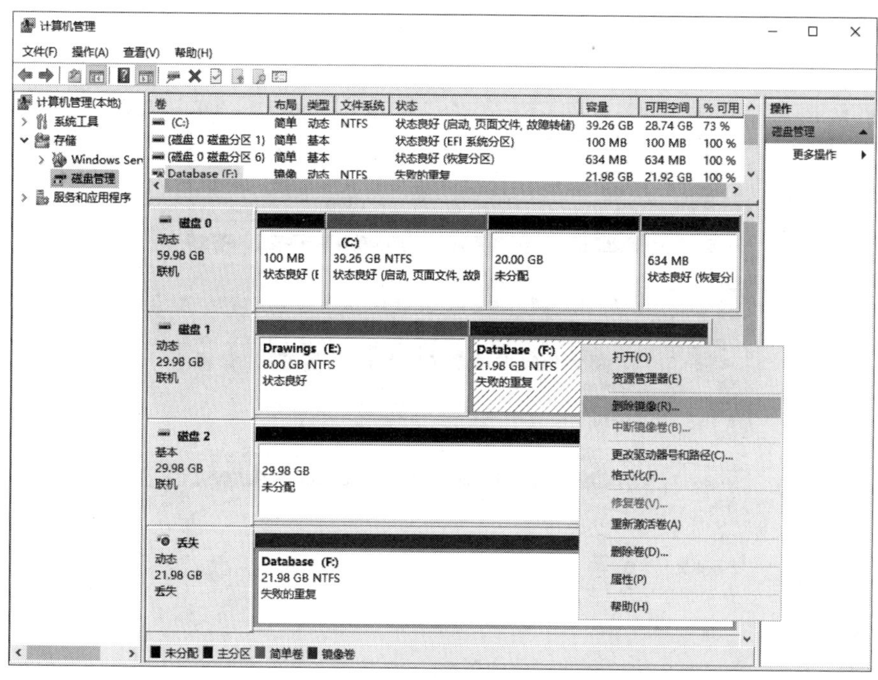

图 10-3-38

STEP 7　在图 10-3-39 中选择**丢失**磁盘后单击删除镜像按钮和单击是（Y）按钮。

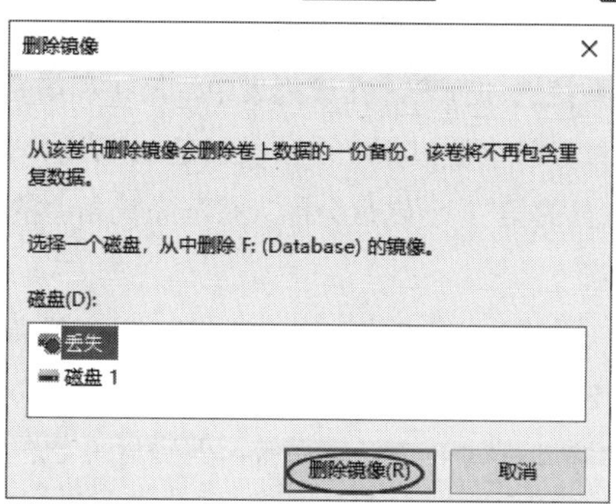

图 10-3-39

STEP 8　图 10-3-40 为完成删除后的界面，请重新将 F：磁盘与新的磁盘 2 的未分配空间组成镜像卷（参考前面所介绍的步骤）。

如果磁盘并未发生故障，却出现了**脱机**、**丢失**或**联机（错误）**字样时，这时可尝试选中该磁盘，再右击➲重新激活卷，使其恢复正常状态。但若该磁盘经常出现**联机（错误）**的字样，这可能意味着此磁盘即将损坏，请尽快备份磁盘内数据，然后更换一块新的磁盘。

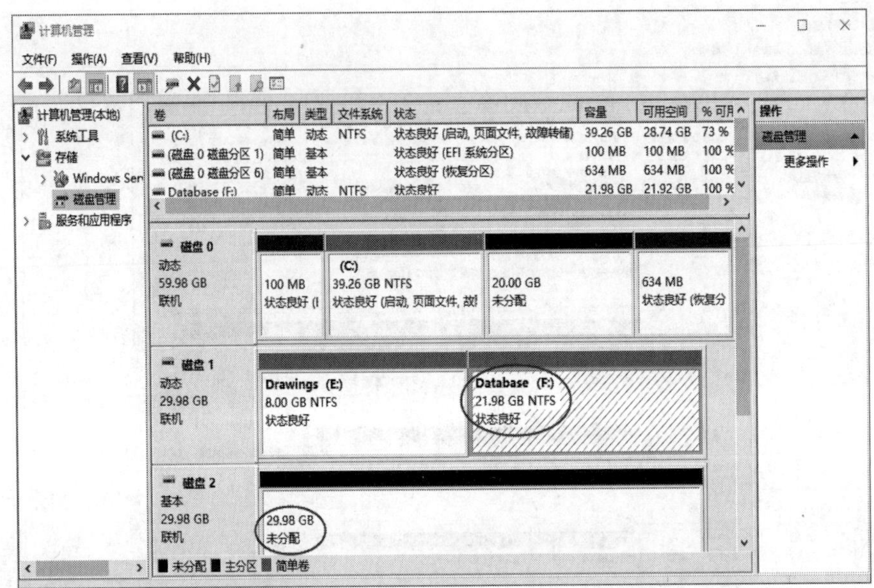

图 10-3-40

5. 修复包含系统卷与启动卷的镜像卷

假设计算机内的磁盘结构如图 10-3-41 所示（以传统 BIOS 模式为例），其中 C：磁盘为镜像卷，也是**启动卷**（存储 Windows 系统的分区）。因此，每次启动计算机时，系统都会显示如图 10-3-42 所示的操作系统选项列表。在该列表中，第 1 和第 2 个选项分别对应磁盘 0、1 内的 Windows Server。系统默认会通过第 1 选项（磁盘 0）启动 Windows Server，并由它来启动镜像功能。图中两个磁盘的第 1 个磁盘分区（扮演系统角色的系统保留分区）也是一个镜像卷。

如果磁盘 0 发生故障，虽然系统仍然可以正常运作，但会却丧失容错功能。如果不将故障的磁盘 0 从计算机内取出，重新启动计算机时将无法启动 Windows Server。这是因为默认情况下，计算机的 BIOS 会通过磁盘 0 来启动系统，但磁盘 0 已经发生故障，即使更换一块新磁盘，如果 BIOS 仍然尝试从新磁盘 0 启动系统，将会导致启动失败，因为新磁盘 0 内没有任何数据。此时可以采用以下方法之一来解决问题并重新创建镜像卷，以恢复容错功能：

- 更改BIOS设置让计算机从磁盘1启动，当出现如图10-3-42所示的界面时，选择列表中的第2个选项（辅助丛）来启动Windows Server 2022，启动完成后再重新创建镜像卷。完成后，可自行决定是否要将BIOS改回从磁盘0启动。
- 将两块磁盘对调，也就是将原来的磁盘1安装到原磁盘0的位置、将新磁盘安装到原磁盘1的位置，然后重新启动计算机，当出现如图10-3-42所示的界面时，选择清单中的第2个选项（辅助丛）来启动Windows Server，启动完成后再重新创建镜像卷。

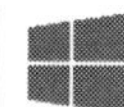

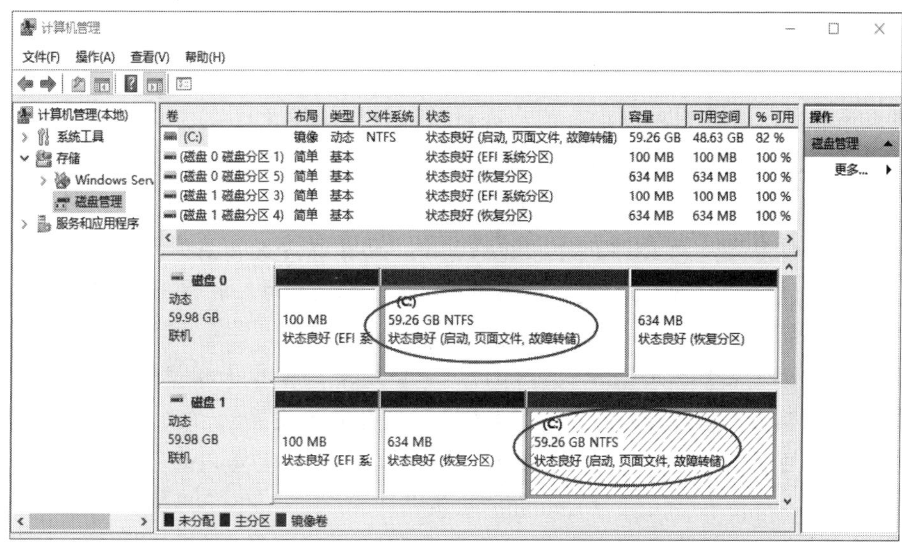

图 10-3-41

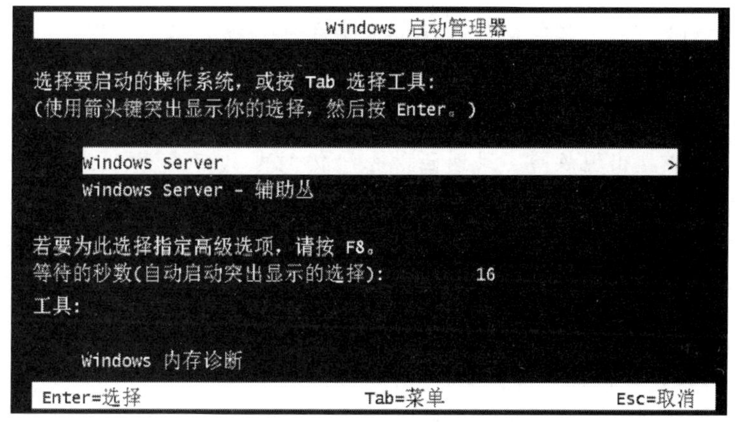

图 10-3-42

10.3.7 RAID-5 卷

RAID-5 卷与带区卷有一点类似，它也是将多个位于不同磁盘的未分配空间组成的一个逻辑卷。也就是说，可以从多块磁盘内选中未配置的空间，并将它们合并成为一个 RAID-5 卷，然后赋予一个共同的驱动器号。

与带区卷不同的是：RAID-5 卷在存储数据时，会根据数据内容计算出与之**对应的奇偶校验信息**（parity），并将**奇偶校验**一并写入到 RAID-5 卷内。当某个磁盘发生故障时，系统可以利用**奇偶校验**推算出该故障磁盘内的数据，让系统能够继续运行。也就是说，RAID-5 卷具备容错能力。RAID-5 卷具备以下特性：

- 可以从3～32个磁盘内选用未分配空间来组成RAID-5卷。为了最佳性能和兼容性，建议选择相同制造商和相同的型号的磁盘。

- 组成RAID-5卷的每个成员的容量大小是相同的。
- 组成RAID-5卷的成员不可以包含**系统分区与启动分区**。
- 当系统将数据存储到RAID-5卷时，会将数据折分成等量的64KB。例如，对于由5个磁盘组成的RAID-5卷，系统会将数据折分成4个64KB块的组合，每次将一组4个64KB的数据与奇偶校验信息分别写入5个磁盘中，直到所有数据都被写入磁盘为止。

  奇偶校验信息并不是存储在特定的磁盘中，而是按序分布在每个磁盘中。例如，第一次写入时，奇偶校验信息存储在磁盘0上，第二次写入时存储在磁盘1上，以此类推。当存储到最后一个磁盘后，再从磁盘0开始存储。
- 当某个磁盘发生故障时，系统可以利用奇偶校验码计算出故障磁盘内的数据，从而使系统能够继续读取RAID-5卷内的数据。这种数据恢复能力仅限于单个磁盘故障的情况。若同时有多个磁盘故障，系统将无法读取RAID-5卷内的数据。

RAID-6 具备在两个磁盘故障的情况下仍然可以正常读取数据的容错能力。

- 在写入数据时，由于需要额外的计算来生成奇偶校验信息，因此RAID-5的写入效率通常会比镜像卷差（视RAID-5磁盘成员数量的多少而定）。不过读取效率则比镜像卷好，因为它会同时从多个磁盘读取数据（读取时不需要计算奇偶校验信息）。但如果其中一个磁盘出现故障，此时虽然系统仍然可以继续读取RAID-5卷内的数据，但是必须耗费不少系统资源（CPU时间与内存）来算出故障磁盘的内容，因此效率会降低。
- RAID-5卷的磁盘空间的有效使用率为（n-1）/n，其中n为磁盘的数量。例如，如果使用5个磁盘来创建RAID-5卷，由于必须使用1/5的磁盘空间来存储奇偶校验信息，因此磁盘空间的有效使用率为4/5。因此，每个MB单位的存储成本比镜像卷低（镜像卷的磁盘空间的有效使用率为1/2）。
- 一旦创建了RAID-5卷，就无法再扩展它的容量。
- Windows Server 2022等服务器级别的操作系统支持RAID-5卷。
- RAID-5卷可以被格式化为NTFS或ReFS文件系统。
- 整个RAID-5卷是被视为一个整体，无法将其中任何一个成员独立出来使用，除非先删除整个RAID-5卷。

1. 创建 RAID-5 卷

下面以图 10-3-43 所示的界面中的 3 个未分配空间组成一个 RAID-5 卷为例来说明如何创建 RAID-5 卷。虽然目前这 3 个未分配空间的大小不同，不过在创建卷的过程中，将从各磁盘内选用相同的容量（以 8GB 为例）。

STEP 1 选中任一未分配空间，再右击➲新建 RAID-5 卷，如图 10-3-43 所示。

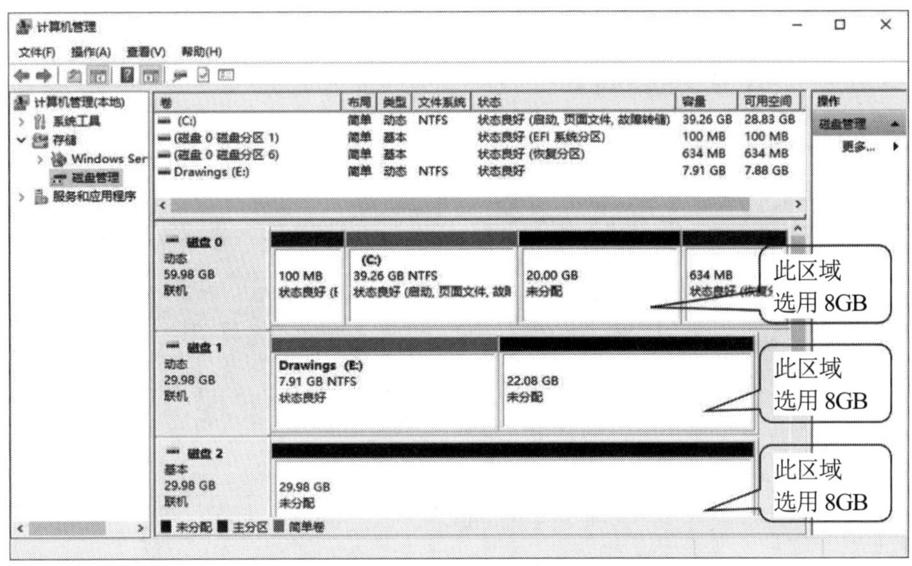

图 10-3-43

STEP 2　出现**欢迎使用新建 RAID-5 卷**向导界面后单击下一步按钮。

STEP 3　在图 10-3-44 中，分别从磁盘 0、1、2 选取 8192MB（8GB）的空间来创建 RAID-5 卷。因此，这个 RAID-5 卷的总容量应该是 24576MB（24GB）。不过，由于需要 1/3 的容量（8GB）来存储奇偶校验信息，因此实际可存储数据的有效容量为 16384MB（16GB）。完成后单击下一步按钮。

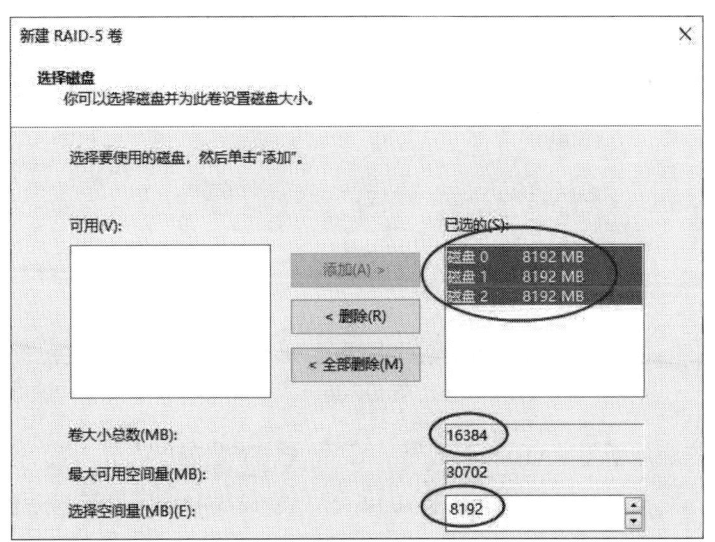

图 10-3-44

若某个磁盘内没有一个超过 8GB 的连续可用空间，但是有多个不连续的未分配空间，其总容量足够 8GB，则此磁盘也可以成为 RAID-5 卷的成员。

STEP 4　在图 10-3-45 中，为此 RAID-5 卷指定一个驱动器号，然后单击下一步按钮（此界面的详细说明，可参阅图 10-2-7 的说明部分）。

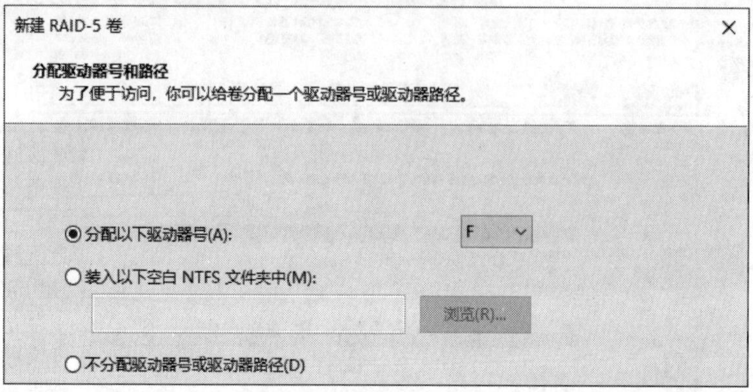

新建 RAID-5 卷

分配驱动器号和路径

为了便于访问，你可以给卷分配一个驱动器号或驱动器路径。

◉ 分配以下驱动器号(A):　F

○ 装入以下空白 NTFS 文件夹中(M):　浏览(R)...

○ 不分配驱动器号或驱动器路径(D)

图 10-3-45

STEP 5　在图 10-3-46 中，输入与选择合适的设置值后单击下一步按钮（此界面的详细说明，可参阅图 10-2-8 的说明部分）。

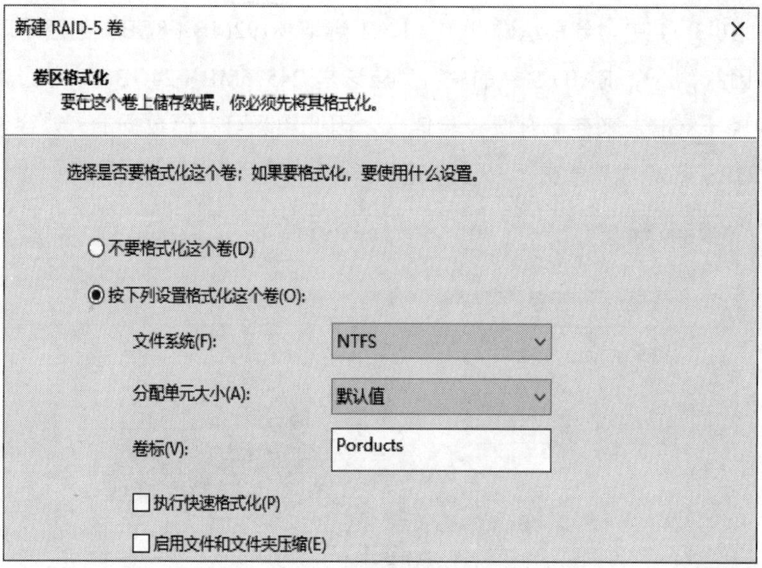

新建 RAID-5 卷

卷区格式化

要在这个卷上储存数据，你必须先将其格式化。

选择是否要格式化这个卷；如果要格式化，要使用什么设置。

○ 不要格式化这个卷(D)

◉ 按下列设置格式化这个卷(O):

文件系统(F):　NTFS

分配单元大小(A):　默认值

卷标(V):　Porducts

☐ 执行快速格式化(P)

☐ 启用文件和文件夹压缩(E)

图 10-3-46

STEP 6　出现**正在完成新建 RAID-5 卷**向导界面后单击完成按钮。

STEP 7　之后，系统会自动开始创建此 RAID-5 卷，图 10-3-47 所示为完成后的界面，其中 F: 磁盘就是 RAID-5 卷，它分布在 3 个磁盘内，每一个磁盘的容量都是相同的（8GB）。

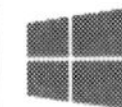

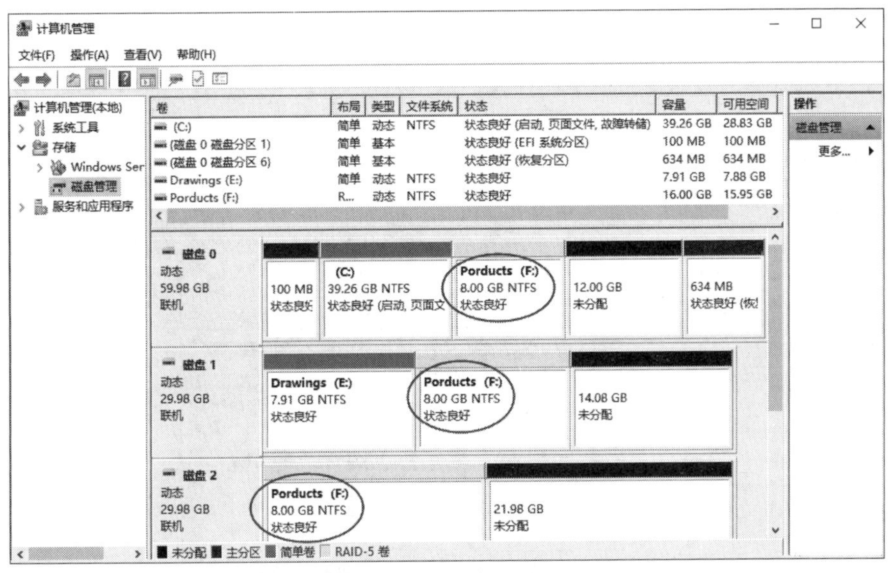

图 10-3-47

2. 修复 RAID-5 卷

RAID-5 卷成员之中若有一个磁盘发生故障，虽然系统仍然能够读取 RAID-5 卷内的数据，但却丧失了容错能力，此时应尽快修复 RAID-5 卷，以恢复容错能力。假设在图 10-3-47 中，RAID-5 卷 F：的成员磁盘 2 发生了故障，我们以此为例来说明如何修复 RAID-5 卷，操作步骤如下：

STEP 1　关机后从计算机内取出故障的磁盘 2。

STEP 2　将新的磁盘安装到计算机内并重新启动计算机。

STEP 3　单击左下角的**开始**图标⊞➲Windows 管理工具➲计算机管理➲存储➲磁盘管理。

STEP 4　在弹出的如图 10-3-48 所示的界面中选择磁盘分区样式，然后单击确定按钮来初始化新安装的磁盘 2（若未弹出此界面，则选中新磁盘后右击➲联机➲选中新磁盘后右击➲初始化磁盘）。

初始化磁盘

磁盘必须经过初始化，逻辑磁盘管理器才能访问。

选择磁盘(S):

☑ 磁盘 2

为所选磁盘使用以下磁盘分区形式:

○ MBR(主启动记录)(M)

◉ GPT (GUID 分区表)(G)

图 10-3-48

STEP 5　之后将出现如图 10-3-49 所示的界面，在该界面中，新安装的磁盘将被标记为磁盘 2，而原先故障的磁盘 2 将显示在界面的最下方（上面有**丢失**两个字）。

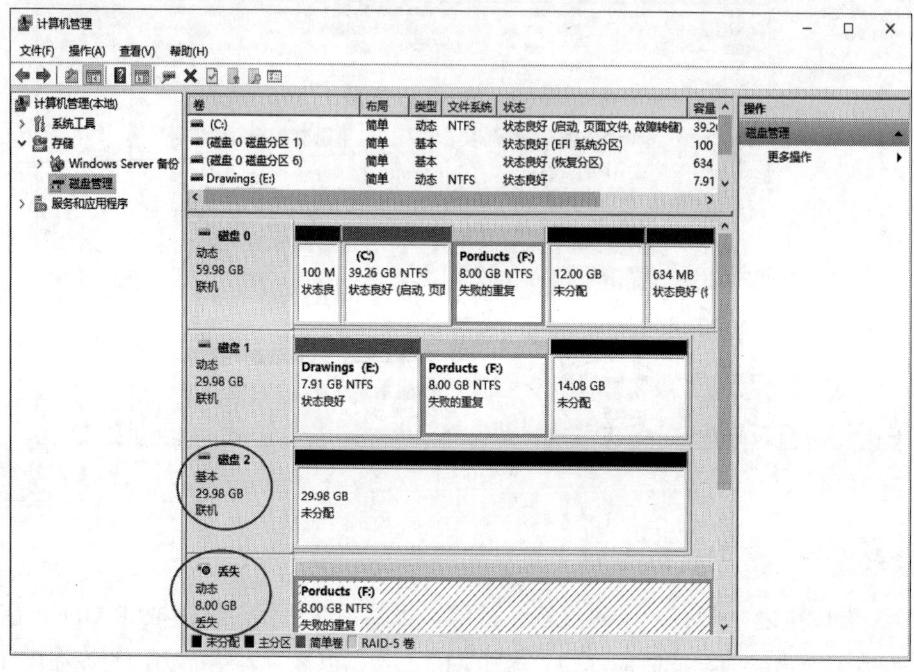

图 10-3-49

STEP 6　选中有**失败的重复**字样的任何一个 F：磁盘，再右击➲修复卷，如图 10-3-50 所示。

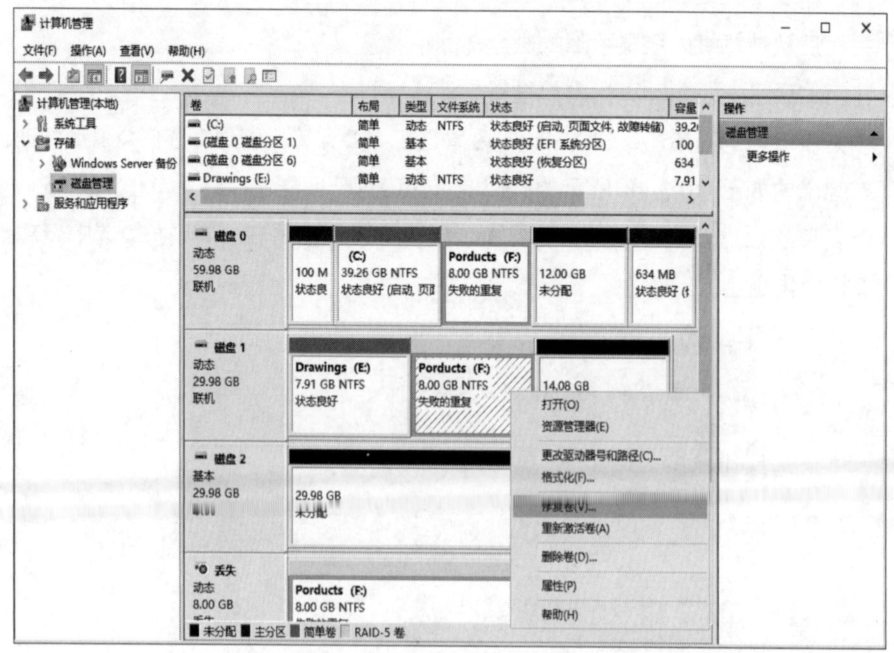

图 10-3-50

STEP 7　选择新安装的磁盘 2，它会取代原先已损毁的磁盘，以重新创建 RAID-5 卷，如图 10-3-51 所示。完成后单击确定按钮。

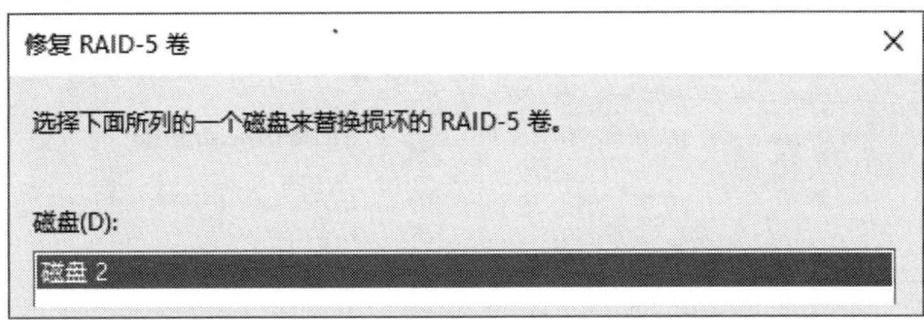

图 10-3-51

STEP 8　若该磁盘尚未被转换为动态磁盘，则在弹出的界面中单击是（Y）按钮，将其转换为动态磁盘。

STEP 9　之后，系统将使用原 RAID-5 卷中其他正常磁盘的内容进行数据重构，将数据同步到新磁盘中。这个过程可能需要花费较长的时间。完成后，如图 10-3-52 所示，F：磁盘又恢复为正常的 RAID-5 卷。

若重建时出现问题，可尝试解决的操作步骤为：重新启动➲选中该磁盘后右击➲重新启动磁盘。

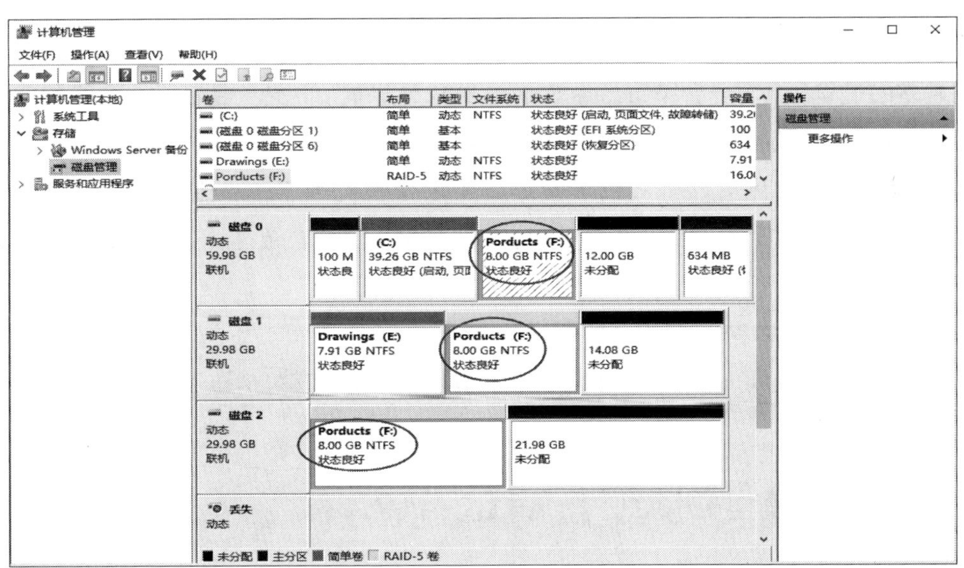

图 10-3-52

STEP 10　选中标记为**丢失**的磁盘，再右击➲删除磁盘，将故障磁盘删除，如图 10-3-53 所示。

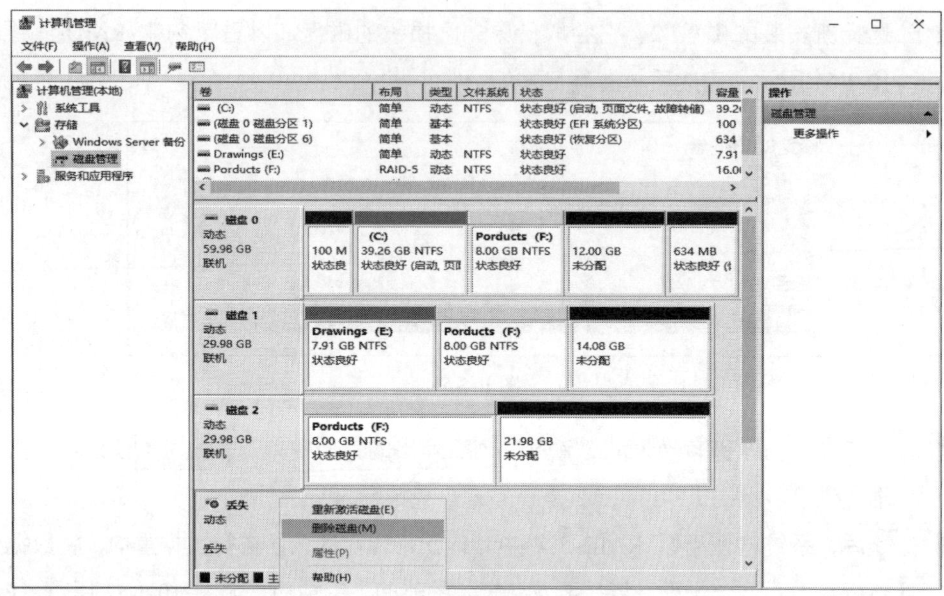

图 10-3-53

10.4 移动磁盘设备

10.4.1 将基本磁盘移动到另一台计算机内

将基本磁盘移动到另一台 Windows Server 2022 计算机后，通常情况下，系统会自动检测到这个磁盘并自动分配一个驱动器号，然后我们就可以使用这个磁盘了。如果在此过程中遇到问题，无法使用此磁盘，则我们可能还需要执行**联机**操作：单击左下角的**开始**图标⊞➲Windows 管理工具➲计算机管理➲存储➲磁盘管理➲选中这块磁盘后右击➲联机。

如果在**磁盘管理**界面中看不到这个磁盘，请试着选择**动作**菜单➲重新扫描磁盘。如果还是没有出现这个磁盘，则试着开启**设备管理器**➲选中**磁盘驱动器**后右击➲扫描硬件改动。

10.4.2 将动态磁盘移动到另一台计算机内

在将计算机内的动态磁盘移动到另一台 Windows Server 2022 计算机后，这个动态磁盘可能会被视为**外部磁盘**（foreign disk），如图 10-4-1 所示，共有 3 个外部磁盘（若磁盘显示为**脱机**，请先选中该磁盘后右击➲联机）。

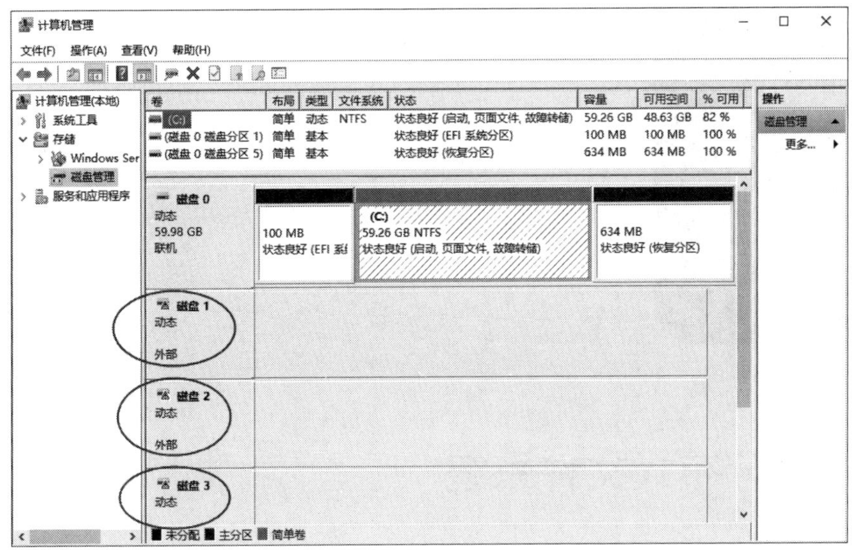

图 10-4-1

然后在如图 10-4-2 所示的界面中选中任一外部磁盘，再右击➲导入外部磁盘➲选择要导入的外部磁盘组后单击确定按钮。在图中的第一个**外部磁盘组**中有一个磁盘，它是从第三台计算机中移动过来的动态磁盘；而在第二个**外部磁盘组**中有两个磁盘，它们是同时从另一台计算机中移动过来的两个动态磁盘（可以通过单击图中的磁盘来查看是哪两个磁盘）。

若要移动跨区卷、带区卷、镜像卷、RAID-5 卷，确保将它们的所有成员一起移动，否则在另一台计算机中无法访问这些卷内的数据。

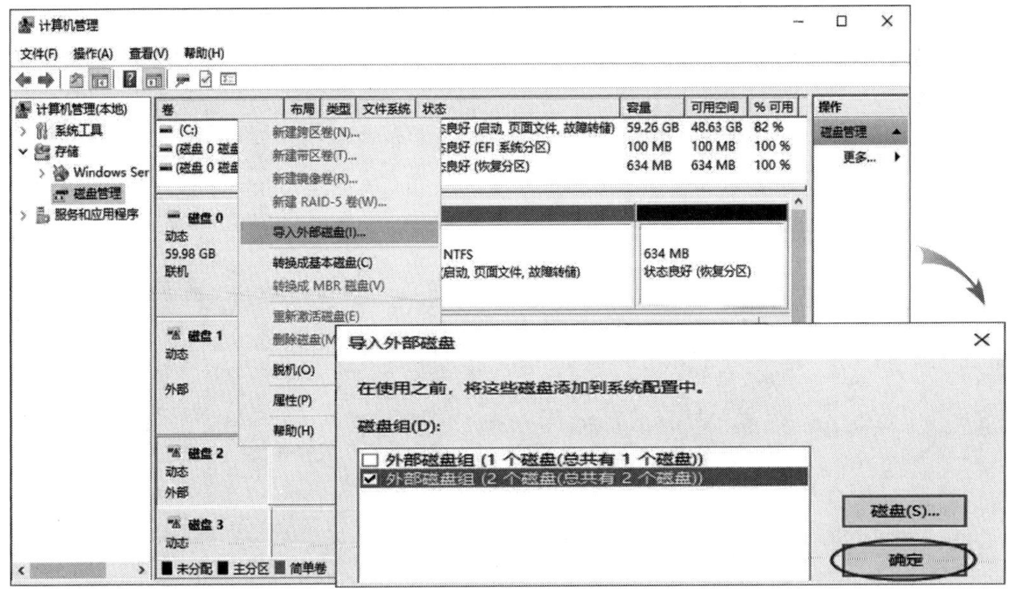

图 10-4-2

第 11 章　分布式文件系统

分布式文件系统（Distributed File System，DFS）可以提高文件的访问效率、提高文件的可用性以及分散服务器的负担。

- 分布式文件系统概述
- 分布式文件系统实例演练
- 客户端的引用设置

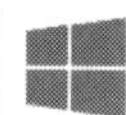

11.1 分布式文件系统概述

通过**分布式文件系统**（DFS）将相同的文件同时存储到网络上的多台服务器后：

- **提高文件的访问效率**：当客户端通过DFS来访问文件时，DFS会引导客户端从最接近的服务器访问文件，以快速访问到所需要的文件。
  DFS会向客户端提供一份服务器列表，这些服务器都存储了客户端需要的文件，但DFS会将最接近客户端的服务器，例如与客户端在同一个AD DS站点（Active Directory Domain Services site）的服务器放在列表最前面，以便让客户端优先访问这台服务器上的文件。
- **提高文件的可用性**：如果位于服务器列表最前面的服务器发生故障，客户端仍然可以从列表中的下一台服务器获取所需文件，也就是说DFS具有容错能力。
- **提供服务器负载均衡功能**：每个客户端获取的服务器列表顺序可能不同，因此它们访问的服务器也可能不同，也就是说不同客户端可能会从不同服务器访问所需的文件，从而分散了服务器的负载。这种负载均衡功能可以提高整个系统的性能和可扩展性。

11.1.1 DFS 的架构

Windows Server 2022 使用**文件和存储服务**角色内的 **DFS 命名空间**与 **DFS 复制**这两个服务来搭建 DFS。以下参照图 11-1-1 来说明 DFS 中的各个组件：

- **DFS命名空间**：通过**DFS命名空间**，可以将位于不同服务器内的共享文件夹集合在一起，并以一个虚拟文件夹（也称为虚拟目录）的树状结构呈现给客户端。DFS命名空间分为以下两种类型：
  - **基于域的命名空间**：它将命名空间的设置数据存储到 AD DS 数据库与命名空间服务器中。如果建立多台命名空间服务器，则具备命名空间的容错功能。
    从 Windows Server 2008 开始，新增了一种称为 **Windows Server 2008 模式**的基于域的命名空间。以前的旧版基于域的命名空间被称为 **Windows 2000 Server 模式**。**Windows Server 2008 模式下的基于域的命名空间**支持**基于访问的枚举**（access-based enumeration，ABE，或译为访问型枚举），它根据用户的权限确定用户是否可以看到共享文件内的文件与文件夹，也就是说，当用浏览共享文件夹时，用户只能看到其具有访问权限的文件与文件夹。
  - **独立命名空间**：它将命名空间的配置信息存储到命名空间服务器的注册表（registry）与内存缓冲区中。由于独立命名空间只能拥有一台命名空间服务器，因此不具备命名空间的排错能力，除非采用服务器群的方式。

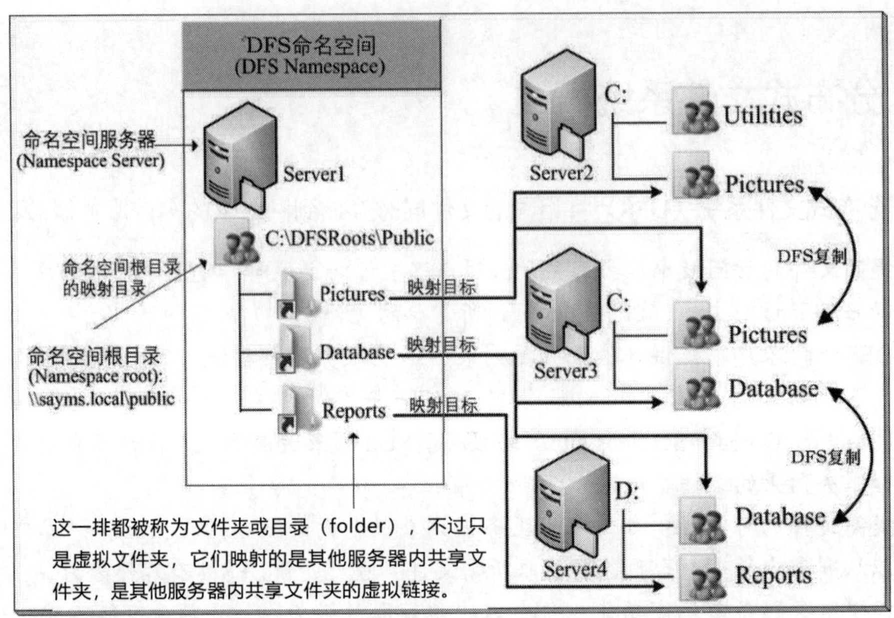

图 11-1-1

- **命名空间服务器**：用于管理命名空间（host namespace）服务的服务器。如果采用基于域的命名空间，则这台服务器可以是成员服务器或域控制器，而且可以设置多台命名空间服务器；如果采用独立命名空间，则这台服务器可以是成员服务器、域控制器或独立服务器，但只能有一台命名空间服务器。
- **命名空间根目录**：它是命名空间的起始点。以图11-1-1为例，此根目录的名称为public，命名空间的完整名称为\\sayms.local\public，它是一个基于域的命名空间，其名称以域名开头（sayms.local）。如果是一个独立命名空间，则命名空间的名称会以计算机名开头，例如\\Server1\public。

  由图可知，此命名空间根目录被映射到命名空间服务器内的一个共享文件夹（位于NTFS磁盘分区），默认是%*SystemDrive*%\DFSRoots\Public。
- **虚拟目录与目录映射**：这些虚拟目录分别映射到其他服务器内的共享文件夹，当客户端浏览文件夹时，DFS会将客户端重定向到该虚拟目录所映射的共享文件夹。图11-1-1中共有3个虚拟目录，分别是：
  - **Pictures**：此目录有两个目标，分别映射到服务器 Server2 的 C:\Pictures 与 Server3 的 C:\Pictures 共享文件夹，它具备目录的容错功能，例如客户端在读取文件夹 Pictures 内的文件时，即使 Server2 故障，但仍然可以从 Server3 的 C:\Pictures 读到文件。当然，Server2 的 C:\Pictures 与 Server3 的 C:\Pictures 内所存储的文件需要同步，保持相同。
  - **Database**：此目录有两个目标，分别映射到服务器 Server3 的 C:\Database 与 Server4 的 D:\Database 共享文件夹，它也具备文件夹的容错功能。
  - **Reports**：此目录只有 1 个目标，映射到服务器 Server4 的 D:\Reports 共享文件夹，由于目标只有1个，故不具备容错功能。

- **DFS复制**：图11-1-1中文件夹Pictures的两个目标所映射的共享文件夹，其提供给客户端的文件必须同步（保持一致），而这个同步操作可由**DFS复制服务**自动执行。**DFS复制服务**使用一个称为**远程差异压缩**（Remote Differential Compression，RDC）的压缩算法，它能够检测到文件发生的变动，因此复制文件时仅会复制发生变化的部分，而不是整个文件，这可以降低网络的负担。

  独立命名空间的目标服务器如果未加入域，则其目标所映射的共享文件夹内的文件需要手动进行同步。

11.1.2 复制拓扑

拓扑（topology）一般用来描述网络上多个组件之间的关系，而此处的**复制拓扑**用来描述 DFS 内各服务器之间的逻辑连接关系，并允许 **DFS 复制服务**利用这些关系在服务器之间复制文件。对于每个文件夹，可以选择以下拓扑之一进行文件复制（见图 11-1-2）：

- **集散（hub and spoke）**：它将一台服务器作为中央节点，与其他所有服务器（分支节点）建立连接。文件是从中央节点复制到所有分支节点，并且也可以从分支节点复制到中央节点。分支节点之间不直接进行文件复制。
- **交错（full mesh）**：它会在所有服务器之间的建立相互连接，文件会直接从每台服务器复制到其他所有的服务器。
- **自定义拓扑**：可以自行定义各服务器之间的逻辑连接关系，也就是指定特定的服务器，只有被指定的服务器之间才会进行文件复制。

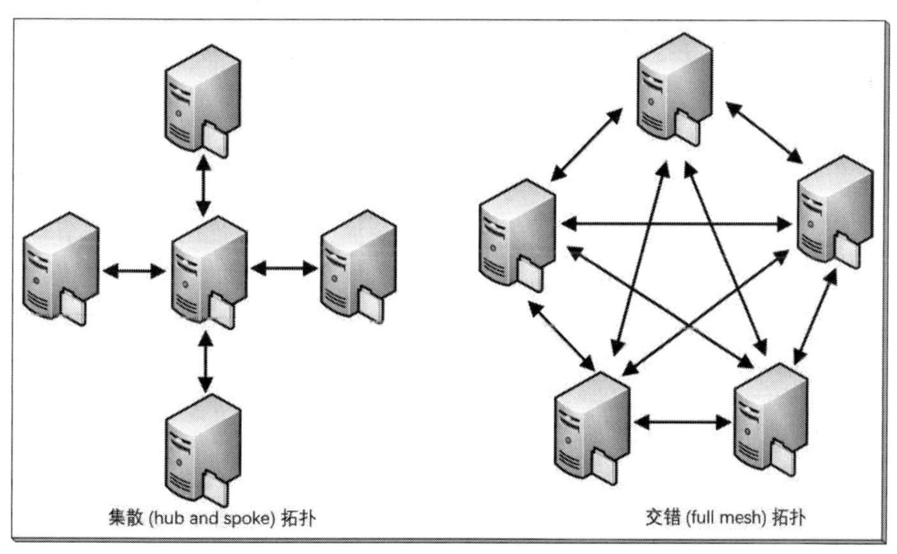

图 11-1-2

可以根据公司网络的带宽、网络地理位置与组织结构等来决定采用哪一种拓扑。不论选择了哪一种拓扑，都可以自行启用或禁用两台服务器之间的连接关系。例如，如果不想让 Server2 将文件复制到 Server3，可以禁用 Server2 到 Server3 的单向连接关系。

11.1.3 DFS 的系统需求

独立命名空间服务器可以由域控制器、成员服务器或独立服务器来扮演，而基于域的命名空间服务器可以由域控制器或成员服务器来扮演。

参与 DFS 复制的服务器必须位于同一个 AD DS 林中，并且被复制的文件夹必须位于 NTFS 磁盘分区内，不支持使用 ReFS、FAT32 与 FAT 文件系统进行 DFS 复制。

11.2 分布式文件系统实例演练

我们将练习如何建立一个基于域的命名空间，该命名空间如图 11-2-1 所示。在图中，假设 3 台服务器，它们都是 Windows Server 2022 Datacenter 版本。其中，Server1 为域控制器兼 DNS 服务器、Server2 与 Server3 都是成员服务器，请先自行将此域环境搭建好。

图中的命名空间名称（命名空间根目录的名称）为 public，由于它是域名命名空间，因此完整的名称将是\\sayms.local\public （sayms.local 为域名），它映射到命名空间服务器 Server1 上的 C:\DFSRoots\Public 文件夹。命名空间的设置数据将存储到 AD DS 与命名空间服务器 Server1 上。此外，图中还创建了文件夹 Pictures，它有两个目标，分别指向 Server2 与 Server3 上的共享文件夹。

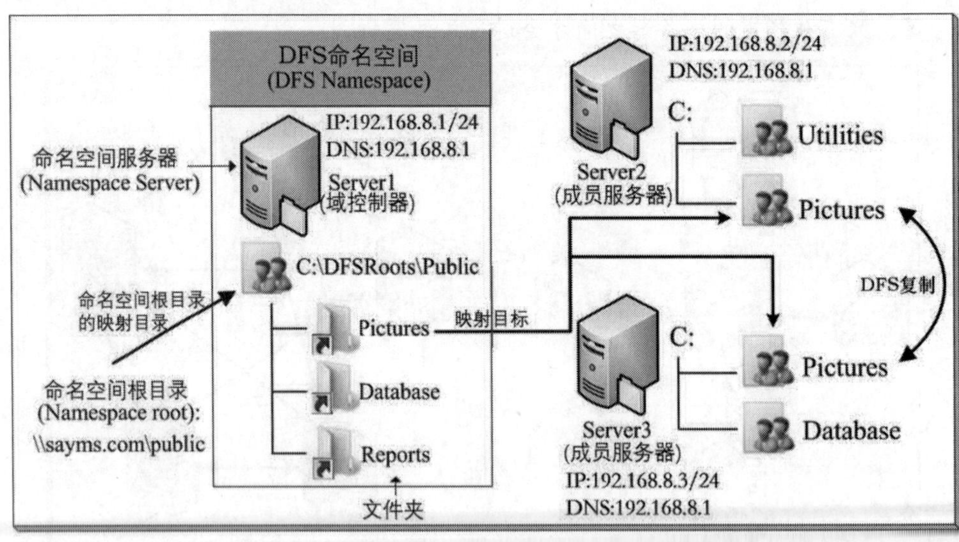

图 11-2-1

11.2.1 安装 DFS 的相关组件

由于图 11-2-1 中各服务器所扮演的角色并不完全相同，因此所需安装的服务与功能也有所不同：

- **Server1**：在图中，Server1是域控制器（&DNS服务器）兼命名空间服务器。为了支持在Server1上管理DFS（分布式文件系统），需要安装**DFS命名空间服务**（DFS Namespace service）。安装**DFS命名空间服务**时，会同时安装DFS管理工具。
- **Server2与Server3**：这两台目标服务器需要相互复制Pictures共享文件夹内的文件，因此它们都需要安装**DFS复制服务**。在安装**DFS复制服务**时，系统会同时自动安装DFS管理工具，以便在Server2与Server3上管理DFS。

1. 在 Server1 上安装 DFS 命名空间服务

安装 **DFS 命名空间**服务的方法为：打开**服务器管理器**➲单击**仪表板**处的**添加角色和功能**➲持续单击下一步按钮，直到出现如图 11-2-2 所示的**选择服务器角色**界面，展开**文件和存储服务**➲展开**文件和 iSCSI 服务**➲勾选 **DFS 命名空间**➲单击添加功能按钮➲……。

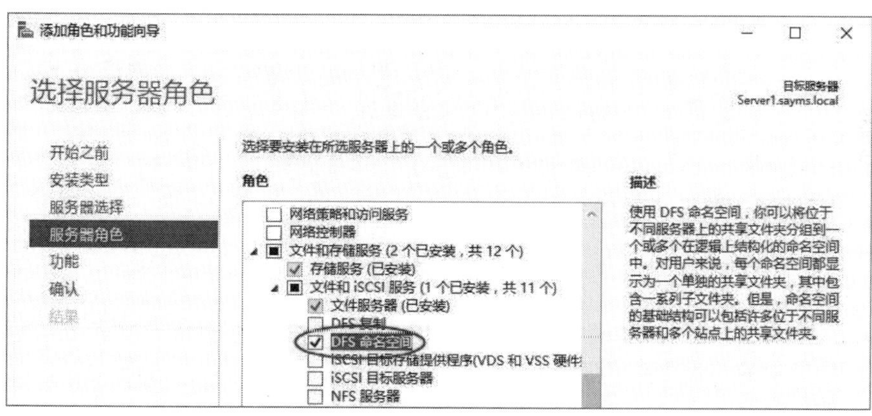

图 11-2-2

2. 在 Server2 与 Server3 上安装所需的 DFS 组件

分别在 Server2 与 Server3 安装 **DFS 复制**服务：打开**服务器管理器**➲单击**仪表板**处的**添加角色和功能**➲持续单击下一步按钮，直到出现如图 11-2-3 所示的**选取服务器角色**界面，展开**文件和存储服务**➲展开**文件和 iSCSI 服务**➲勾选 **DFS 复制**➲单击添加功能按钮➲……。

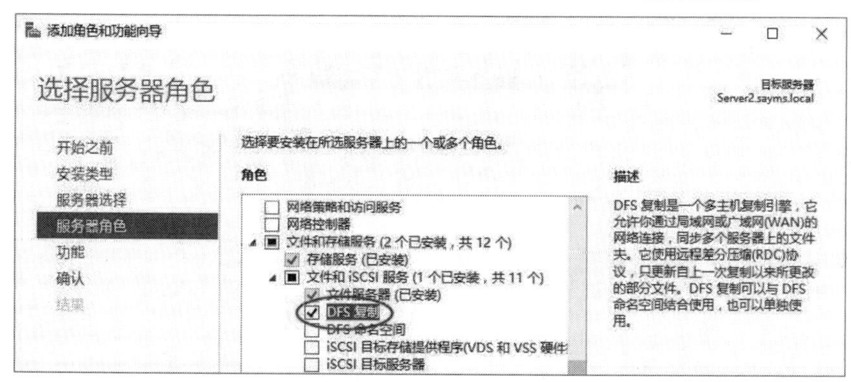

图 11-2-3

3. 在 Server2 与 Server3 上创建共享文件夹

创建图 11-2-1 中文件夹 Pictures 所映射到的两个目标文件夹，也就是 Server2 与 Server3 中的文件夹 C:\Pictures，并将其设置为共享文件夹（选中 Pictures 后右击➲授予访问权限）。假设共享名都是默认的 Pictures，将**读取/写入**的权限赋予 Everyone。同时把一些文件复制到 Server2 的 C:\Pictures 内（见图 11-2-4），以验证这些文件是否确实可以通过 DFS 机制被自动复制到 Server3。

图 11-2-4

各目标所映射的共享文件夹应通过适当的权限设置来确保其中文件的安全性，此处假设是将**读取/写入**的权限赋予 Everyone。

11.2.2 建立新的命名空间

STEP 1 到 Server1 上单击左下角的**开始**图标⊞➲Windows 管理工具➲DFS Management➲在如图 11-2-5 所示的界面中单击**命名空间**右侧的**新建命名空间...**。

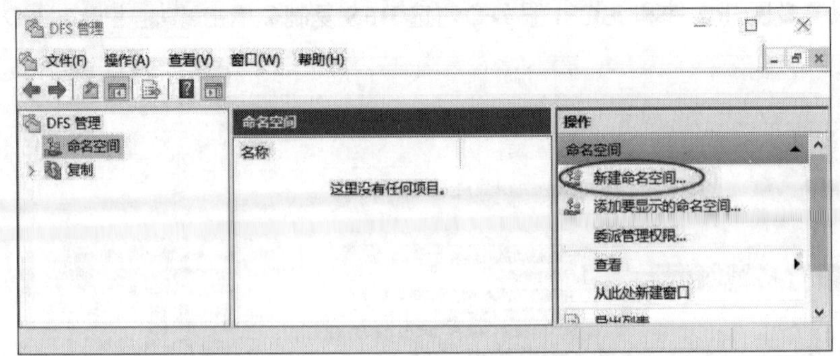

图 11-2-5

STEP 2 选择 server1 作为命名空间服务器，再单击下一步按钮，如图 11-2-6 所示。

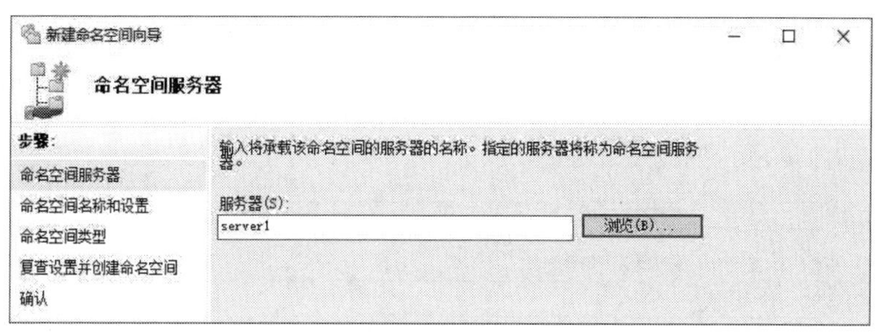

图 11-2-6

STEP 3　在图 11-2-7 中，设置命名空间名称（例如 Public），然后单击下一步按钮。

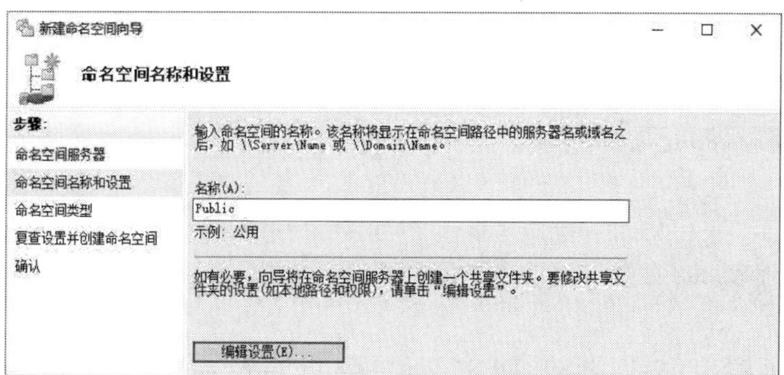

图 11-2-7

系统默认会在命名空间服务器的%*SystemDrive*%（%*SystemDrive*%通常是指 C:）磁盘内创建 DFSRoots\Public 共享文件夹、共享名为 Public、所有用户都有只读权限，如果要更改设置，可单击图中的编辑设置按钮。

STEP 4　在图 11-2-8 中，选择**基于域的命名空间**（默认启用 **Windows Server 2008 模式**）。由于域名为 sayms.local，因此完整的命名空间名称将会是\\sayms.local\Public。

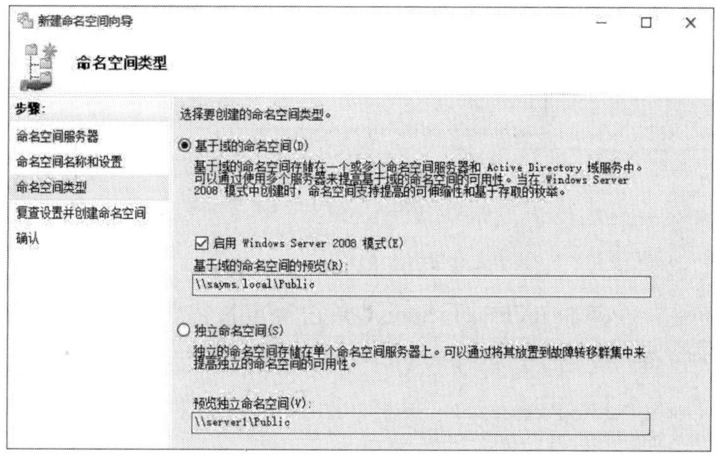

图 11-2-8

STEP 5　在**复查设置并创建命名空间**界面中，确认设置无误后单击创建按钮，再单击关闭按钮。

STEP 6　图 11-2-9 所示为完成后的界面。

图 11-2-9

11.2.3 创建文件夹

以下将创建图 11-2-1 中的 DFS 文件夹 Pictures，它的两个目标分别映射到\\Server2\Pictures 与\\Server3\Pictures。

1. 创建文件夹 Pictures，并将目标映射到\\Server2\Pictures

STEP 1　单击\\sayms.local\Public 右侧的**新建文件夹...**，如图 11-2-10 所示。

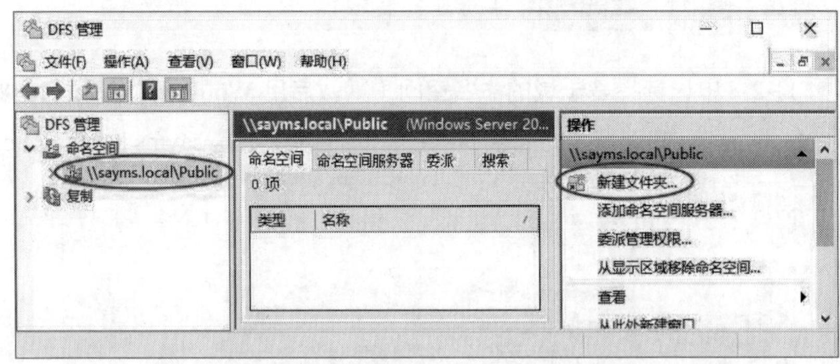

图 11-2-10

STEP 2　在图 11-2-11 中，设置文件夹名称（Pictures）➲单击添加按钮➲输入或浏览文件夹的目标路径，例如\\SERVER2\Pictures➲单击确定按钮。客户端可以通过背景图中**预览命名空间**的路径来访问所映射共享文件夹内的文件，例如\\sayms.local\Public\Pictures。

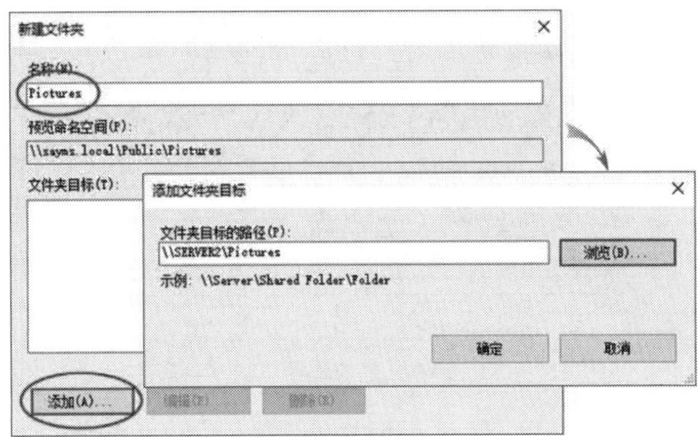

图 11-2-11

2. 新建另一个目标，并将其映射到\\Server3\Pictures

STEP 1　在图 11-2-12 中，继续单击添加按钮来设置文件夹的新目标路径，例如图中的\\SERVER3\Pictures。完成后连续单击两次确定按钮。

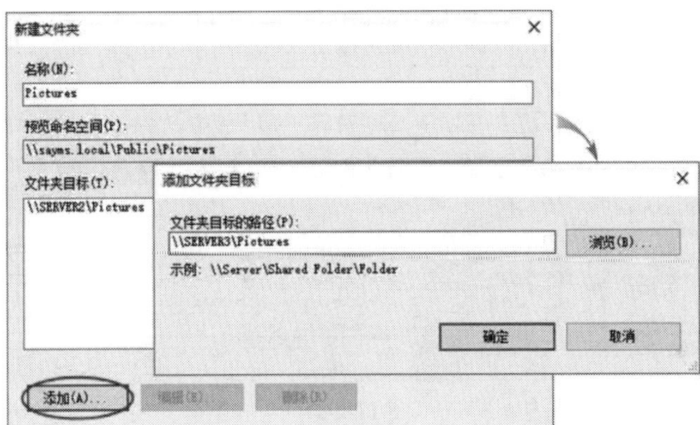

图 11-2-12

STEP 2　在图 11-2-13 中单击否按钮，等到下一节**复制组与复制设置**再来说明两个目标之间的复制设置。

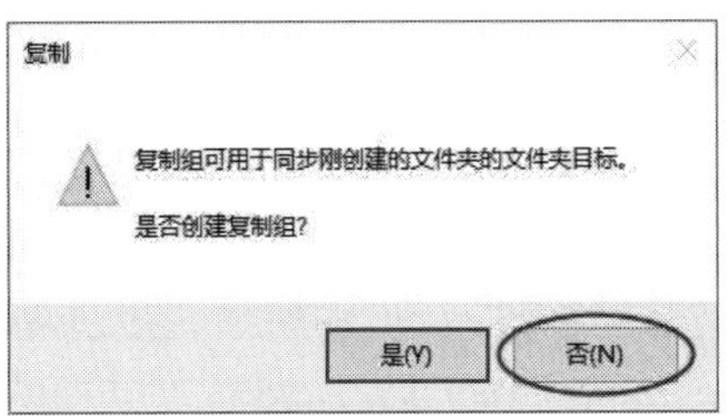

图 11-2-13

STEP 3　图 11-2-14 为完成后的界面，文件夹 Pictures 的目标同时映射到\\Server2\Pictures 与\\Server3\Pictures 共享文件夹。之后如果要增加新目标，可单击右侧的**添加文件夹目标...**。

图 11-2-14

11.2.4 复制组与复制设置

如果一个 DFS 文件夹有多个目标，这些目标所映射的共享文件夹内的文件必须保持同步。为了实现同步，我们可以通过自动复制文件来让这些目标之间保持一致。不过，需要将这些目标服务器设置为同一个复制组，并进行适当的设置。

STEP 1　单击文件夹 Pictures 右侧的**复制文件夹...**，如图 11-2-15 所示。

图 11-2-15

STEP 2　在图 11-2-16 中，直接单击下一步按钮，采用默认的复制组名与文件夹名称（或自行设置名称）。

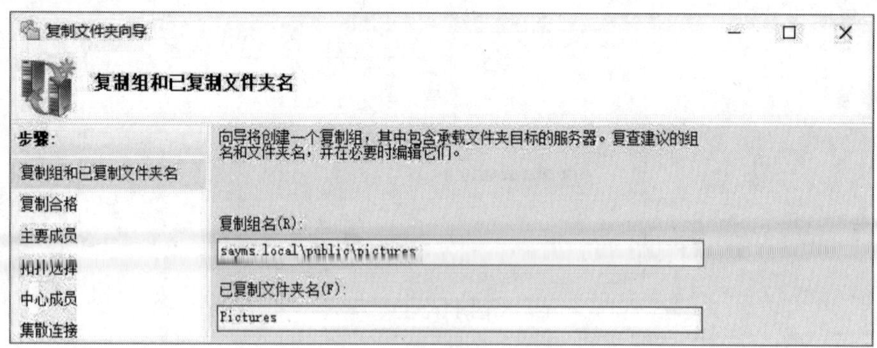

图 11-2-16

STEP 3　图 11-2-17 中会列出有资格参与复制的服务器，请单击下一步按钮。

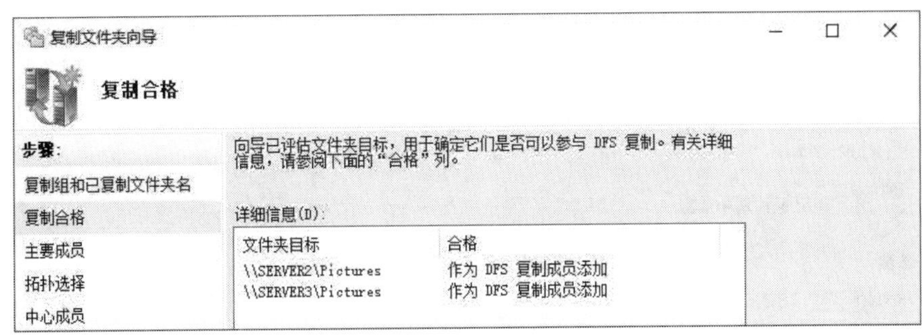

图 11-2-17

STEP 4 在图 11-2-18 所示的界面中，选择**主要成员**（例如 SERVER2）。当 DFS 第 1 次开始执行复制文件的操作时，它会将该主要成员内的文件复制到其他的所有目标上。完成后单击下一步按钮。

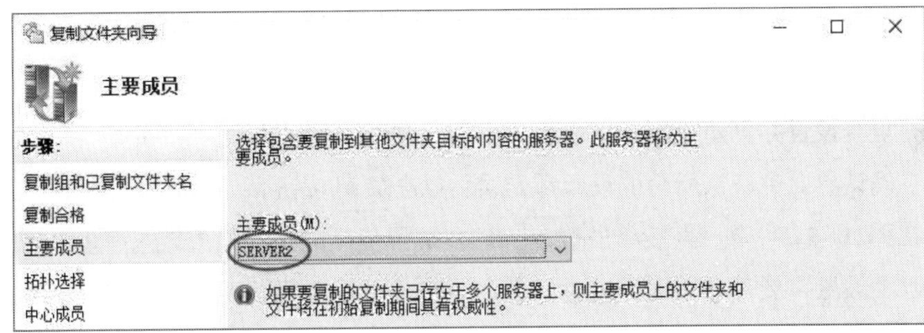

图 11-2-18

只有在第 1 次执行复制文件操作时，DFS 才会将主要成员的文件复制到其他的目标。之后的复制工作将根据所选的复制拓扑来完成复制操作。

STEP 5 在图 11-2-19 中，选择复制拓扑后，单击完成按钮，必须有 3（含）台以上的服务器参与复制，才能选择**集散**拓扑。

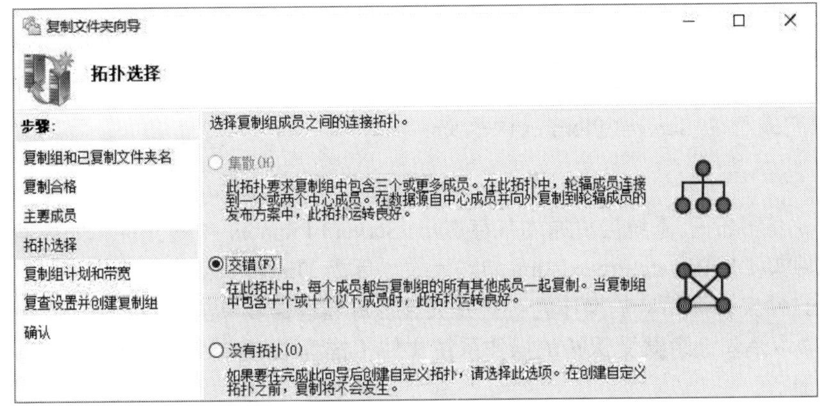

图 11-2-19

STEP 6　如图 11-2-20 所示，选择全天候，并使用完整的带宽来复制。也可以选择**在指定日期和时间内复制**来进一步设置。完成设置后，单击下一步按钮。

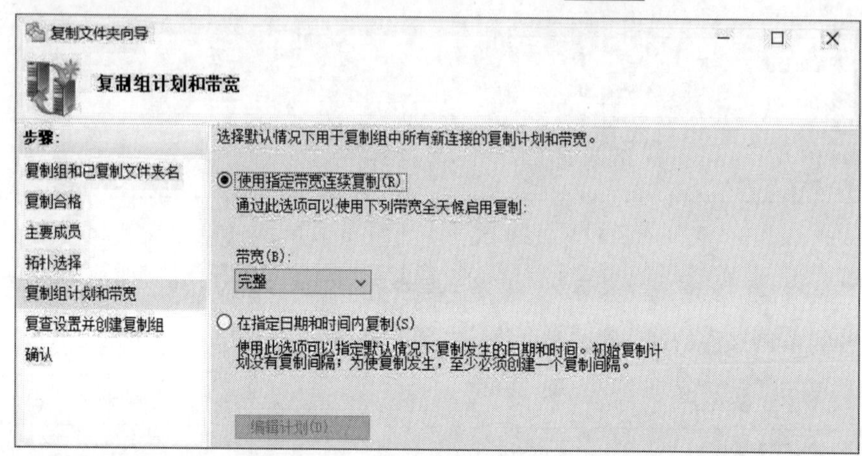

图 11-2-20

STEP 7　在**复查设置并创建复制组**界面中，查看设置无误后单击创建按钮。

STEP 8　在**确认**界面中确认所有的设置都无误后单击关闭按钮。

STEP 9　在图 11-2-21 中，直接单击确定按钮。这里提示的是：如果域内有多台域控制器，则以上设置需要等一段时间才会被复制到其他域控制器，而其他参与复制的服务器也需要一段时间才会向域控制器索取这些设置值。总而言之，参与复制的服务器，可能需要一段时间之后才会开始复制的工作。

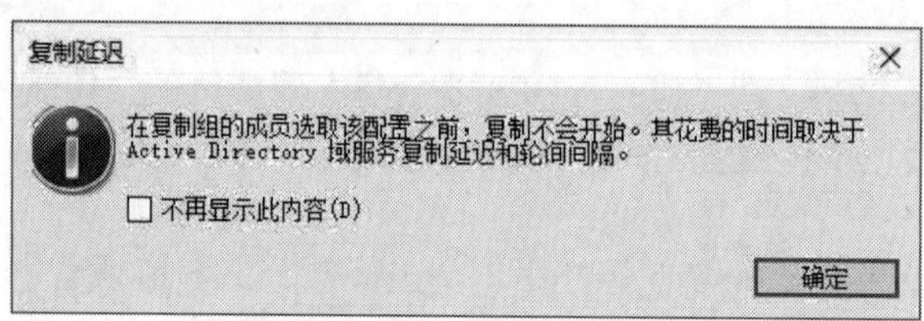

图 11-2-21

STEP 10　由于我们在图 11-2-18 中是将 Server2 设置为主要成员，因此当 DFS 第 1 次执行复制操作时，会将\\Server2\Pictures 内的文件复制到\\Server3\Pictures。如图 11-2-22 所示为复制完成后在\\Server3\Pictures 内的文件。

在第 1 次复制时，系统会将原本就存在于\\Server3\Pictures 中的文件（如果有的话）移动到文件夹 DfsrPrivate\PreExisting 中。不过，因为 DfsrPrivate 是隐藏文件夹，因此若要看到此文件夹，则相应的操作为：打开**文件资源管理器**➲单击**查看**➲单击右侧**选项**图标➲查看➲取消勾选**隐藏受保护的操作系统文件（推荐）**与选择**显示隐藏的文件、文件夹和驱动器**。

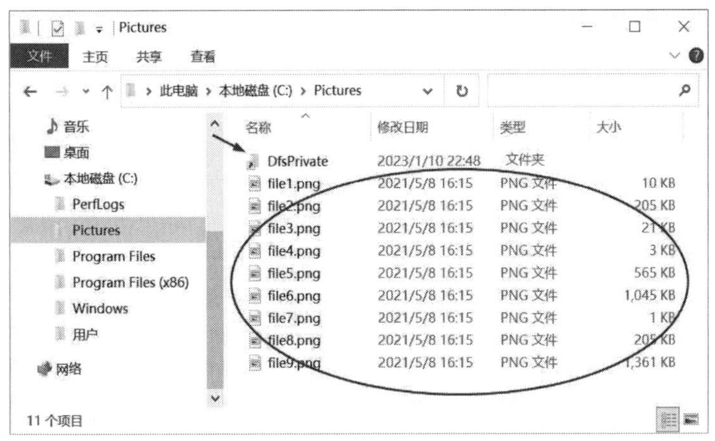

图 11-2-22

对于从第 2 次开始的复制操作，DFS 复制服务将根据复制拓扑来决定复制的方式。例如，复制拓扑被设置为**交错**，那么当一个文件被复制到任何一台服务器的共享文件夹后，**DFS 复制服务**会将这个文件复制到其他所有的服务器。

11.2.5　复制拓扑与复制计划设置

如果要修改复制设置，请单击图 11-2-23 左侧的复制组 sayms.local\public \pictures，然后通过右侧**操作**窗格来更改复制设置。例如，我们可以增加参与复制的服务器（新建成员）、添加复制文件夹（新建已复制文件夹）、建立服务器之间的复制连接（新建连接）、更改复制拓扑（新建拓扑）、创建诊断报告、将复制的管理工作委派给其他用户（委派管理权限）、编辑复制计划（编辑复制组计划）等。

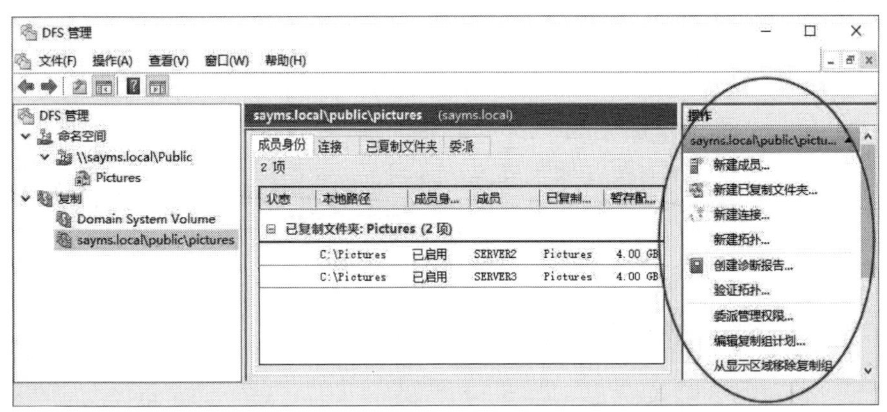

图 11-2-23

不论复制拓扑如何设置，我们都可以自行启用或禁用两台服务器之间的连接关系。例如，如果我们不想让 SERVER3 将文件复制到 SERVER2，可以禁用 SERVER3 到 SERVER2 的单向连接关系，具体步骤为：在如图 11-2-24 所示的界面中单击**连接**选项卡➲双击发送成员

SERVER3➲取消勾选**在此连接上启用复制**。

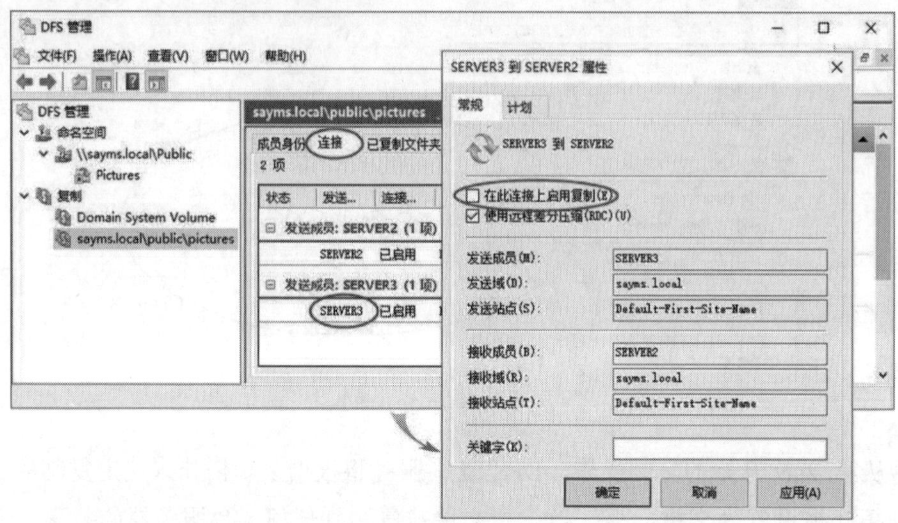

图 11-2-24

也可以通过双击图 11-2-25 中**已复制文件夹**选项卡下的文件夹 Pictures 的方式来筛选文件或子文件夹，被筛选的文件或子文件夹将不会被复制。筛选时可使用?或通配符*，例如*.tmp 表示排除所有扩展名为.tmp 的文件。

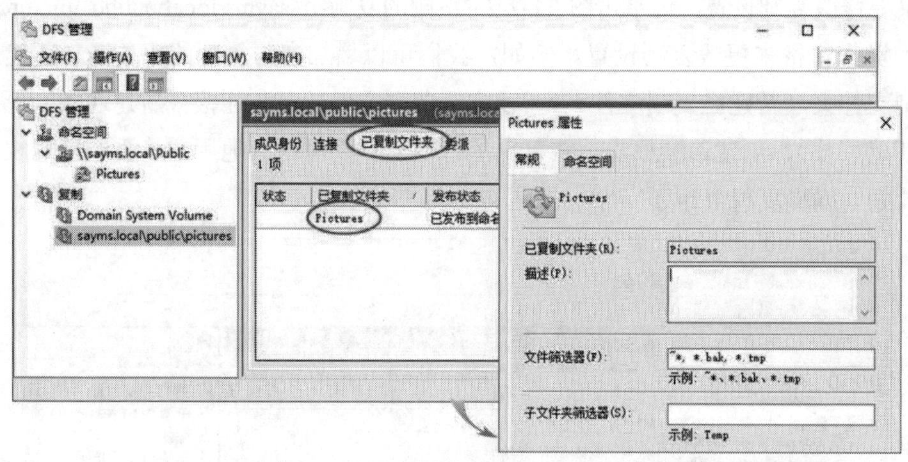

图 11-2-25

11.2.6 从客户端来测试 DFS 功能是否正常

我们使用 Windows 11 客户端来说明如何访问 DFS 文件，具体步骤为：按⊞键+R键➲输入\\sayms.local\public\pictures（或\\sayms.local\public），访问 pictures 文件夹内的文件，如图 11-2-26 所示，其中 sayma.local 为域名、public 为 DFS 命名空间根目录的名称、picture 为 DFS 文件夹名。可能还需输入用户名与密码。

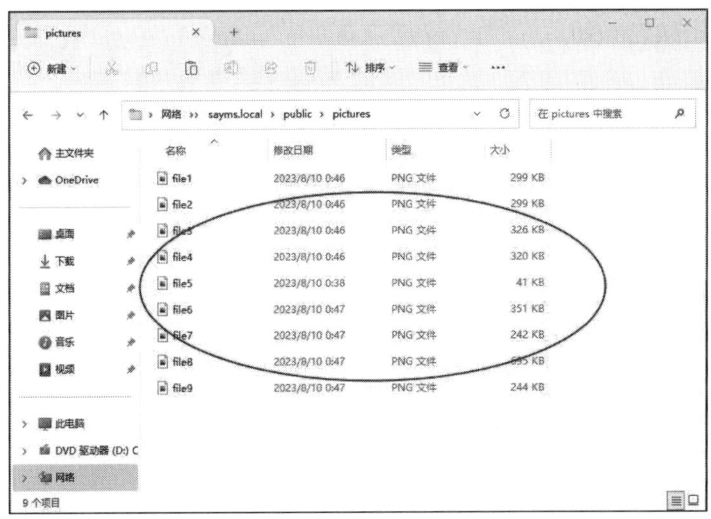

图 11-2-26

如果要访问独立的 DFS，可将域名改为计算机名，例如\\Server5\public\pictures，其中 Server5 为命名空间服务器的计算机名、public 为命名空间根目录名、pictures 为 DFS 文件夹名。

请试着轮流将 Server2 与 Server3 其中一台关机、另一台保持开机的情况下，再到 Windows 11 计算机来访问 Pictures 内的文件，我们会发现都可以正常访问到 Pictures 内的文件，当原本访问的服务器关机时，DFS 会将访问重定向到另外一台服务器（会稍有延迟），因此仍然可以正常访问 Pictures 内的文件。

如何查看（客户端）当前访问的是 Server2 或 Server3 内的文件呢？我们可以分别到这两台服务器上来查看，具体步骤为：单击左下角**开始**图标⊞➲Windows 管理工具➲计算机管理➲系统工具➲共享文件夹➲共享➲查看 Server2 或 Server3 的文件夹 Pictures 的**客户端连接**处的连接数量。例如，Server2 的文件夹 Pictures 的**客户端连接**处的连接数量为 1，但是 Server3 的连接数量为 0，则表示当前访问的是 Server2 内的文件。

11.2.7　添加多台命名空间服务器

基于域的命名空间的 DFS 架构内可以安装多台命名空间服务器，以提供更高的可用性。所有的命名空间服务器必须隶属于相同的域。

首先，在这台新的命名空间服务器上安装 **DFS 命名空间**服务，接下来可到 Server1 上操作：单击左下角的**开始**图标⊞➲Windows 管理工具➲DFS 管理➲在如图 11-2-27 所示的界面展开命名空间\\sayms.local\public➲单击右侧**添加命名空间服务器...**➲输入或浏览服务器名（例如 Server4）➲单击确定按钮。

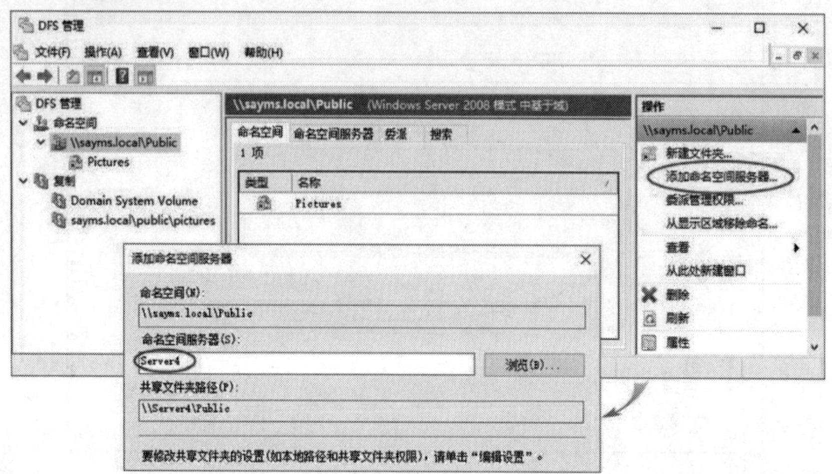

图 11-2-27

11.3 客户端的引用设置

当 DFS 客户端要访问命名空间内的资源（如文件夹或文件等）时，域控制器或命名空间服务器会向客户端提供一个**引用列表**（referrals），此列表内包含拥有此资源的目标服务器，客户端会尝试从列表中最前面的服务器访问所需资源，如果该服务器因故无法提供服务，客户端会转向列表中的下一台目标服务器。

如果某台目标服务器因故必须暂停服务（例如进行关机维护），此时应避免客户端被重定向到这台服务器，也就是不要让这台服务器出现在**引用列表**中，其设置方法为：在如图 11-3-1 所示的界面中单击命名空间\\sayms.local\pubic 下的文件夹 Pictures➲选中该服务器后右击➲禁用文件夹目标。

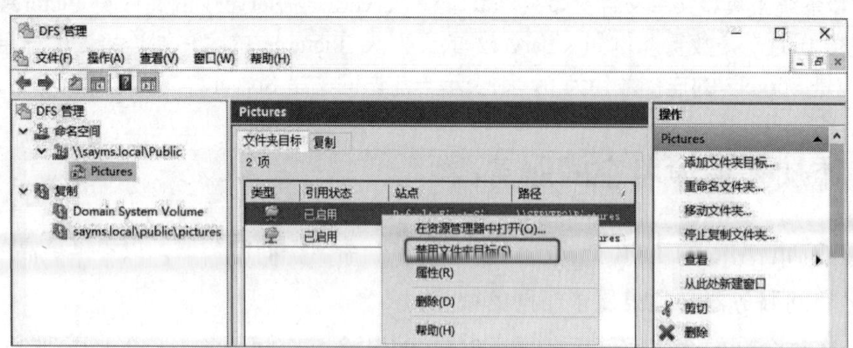

图 11-3-1

另外，要如何确定**引用列表**中目标服务器的先后顺序呢？具体的操作步骤为：在如图 11-3-2 所示的界面中选中命名空间\\sayms.local\pubic，再右击➲属性➲**引用**选项卡，图中共提供了缓存持续时间、排序方法（先后顺序的）与客户端故障回复等设置。

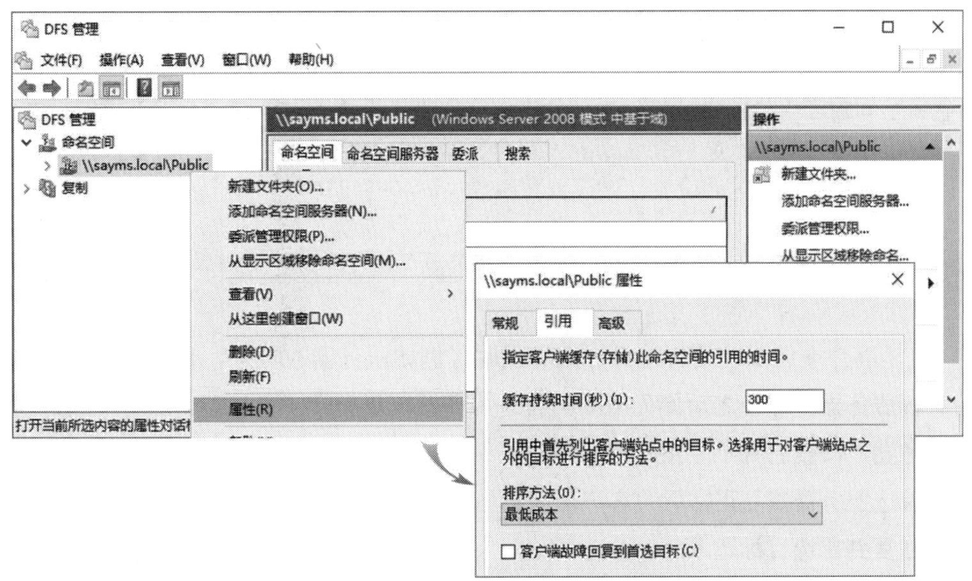

图 11-3-2

11.3.1 缓存持续时间

当客户端取得引用列表后，会将这份列表缓存到客户端计算机内，以后当客户端需要该列表时，可以直接从缓存区获取，而不需要再向命名空间服务器或域控制器发送请求，从而提高了运行效率。但是，这份位于缓存区的列表并不是永久有效的，它有一个特定的有效期限。这个期限可以通过图 11-3-2 中**缓存持续时间**来设置。默认情况下，缓存持续时间设置为 300 秒。

11.3.2 设置引用列表中目标服务器的先后顺序

客户端获取的引用列表中，目标服务器被排列在列表中的先后顺序如下：

- **如果目标服务器与客户端是位于同一个AD DS站点**：则此服务器会被排列在列表中的最前面，如果有多台服务器，这些服务器则会被随机排列在最前面。
- **如果目标服务器与客户端位于不同AD DS站点**：则这些服务器会被排列在前述的服务器（与客户端同一个站点的服务器）之后，而且这些服务器之间有着以下的排列方法：
  - **最低成本**：如果这些服务器分别位于不同的 AD DS 站点，则以站点连接成本（花费）最低的优先。如果成本相同，则随机排列。
  - **随机顺序**：不论目标服务器位于哪一个 AD DS 站点内，都以随机顺序来排列这些服务器。

- **排除客户端站点以外的目标**：只要目标服务器与客户端位于不同的 AD DS 站点，就不将这些目标服务器列入引用列表。

命名空间的应用设置会被其下的文件夹与文件夹目标继承，不过也可以直接针对文件夹来进行设置，此外，文件夹级别的设置会覆盖由命名空间级别继承的设置。另外，还可以针对文件夹目标进行设置，该设置将覆盖由命名空间与文件夹继承的设置。

11.3.3 客户端故障回复

当 DFS 客户端无法访问首选目标服务器时（例如服务器故障），客户端会转向列表中的下一台目标服务器。即使之后原先故障的首选服务器恢复正常，客户端仍然会继续访问当前已切换的服务器，即使它并不是最佳的服务器（例如位于连接成本较高的站点）。如果希望在原来那一台首选服务器恢复正常后，客户端能够自动切换回到此服务器，请勾选图 11-3-2 中的**客户端故障回复到首选目标**选项。

一旦回复原来的首选服务器，所有新的访问请求都将回到这台首选服务器。不过，之前已经从非首选服务器打开的文件仍将继续从那一台服务器读取，而不会自动切换回首选服务器。

第 12 章　系统启动的疑难排除

如果 Windows Server 2022 系统因故无法正常启动，可以尝试使用本章介绍的方法来解决问题。

- 选择“最近一次的正确配置”来启动系统
- 安全模式与其他高级启动选项
- 备份与恢复系统

12.1 选择“最近一次的正确配置”来启动系统

只要 Windows 系统正常启动并且用户也成功登录，系统就会将当前的**系统配置**保存为**最近一次的正确配置**（Last Known Good Configuration）。那么**最近一次的正确配置**有什么用处呢？如果用户因为更改系统配置而导致下一次启动 Windows 系统时无法正常启动，那么可以使用**最近一次的正确配置**来恢复并正常启动 Windows 系统。

系统配置中存储着设备驱动程序与服务等相关配置，包含需要启动哪些设备驱动程序（服务），何时启动以及这些设备驱动程序（服务）之间的相互依赖关系等。系统在启动时会根据**系统配置**中的设置值来启动相应的设备驱动程序与服务。

系统配置可分为**当前的系统配置**、**默认系统配置**与**最近一次的正确配置** 3 种，而这些系统配置之间是如何协同工作的？

- 计算机启动时：
  - 如果用户并未选择**最近一次的正确配置**来启动 Windows 系统，系统会使用**默认系统配置**来启动 Windows 系统，并将**默认系统配置**复制到**当前的系统配置**中。
  - 如果用户选择**最近一次的正确配置**来启动 Windows 系统，并且在前一次使用计算机时更改了系统配置而导致 Windows 系统无法正常启动，则可以使用**最近一次的正确配置**来启动 Windows 系统。一旦启动成功，系统会将**最近一次的正确配置**复制到**当前的系统配置**中。
- 用户登录成功后，当前的系统配置会被复制到最近一次的正确配置。
- 用户登录成功后，对系统配置的更改将被存储在**当前的系统配置**中。当计算机关机或重新启动时，**当前的系统配置**中的设置值将被复制到**默认系统配置**中，以供下一次启动Windows系统时使用。

使用**最近一次的正确配置**来启动 Windows 系统，并不会影响用户个人的文件，如电子邮件、相片文件等，它只会影响系统配置。

12.1.1 适用“最近一次的正确配置”的场合

可以在发生下列情况时，使用**最近一次的正确配置**来启动 Windows 系统：

- 在安装新的设备驱动程序后，可能会导致Windows 系统停止响应或无法启动。在这种情况下，我们可使用**最近一次的正确配置**来启动Windows系统，因为在**最近一次的正确配置**中不包含此设备驱动程序，所以不会出现由此设备驱动程序引起的问题。

- 有些关键的设备驱动程序不应该被禁用，否则系统将无法正常启动。如果不小心禁用了这类驱动程序，我们可以使用**最近一次的正确配置**来启动Windows系统，因为在**最近一次的正确配置**中并没有禁用这个驱动程序。

有些关键的设备驱动程序或服务若无法被启动，系统将会自动以**最近一次的正确配置**来重新启动 Windows 系统。

12.1.2 不适用"最近一次的正确配置"的场合

以下情况并不适合使用**最近一次的正确配置**来解决：

- 所发生的问题与系统配置无关：**最近一次的正确配置**仅适用于解决与设备驱动程序和服务等系统配置有关的问题。
- 虽然在系统启动时出现问题，系统仍然可以启动，并且用户可以成功登录：则**最近一次的正确配置**会被**当前的系统配置**（此时它是有问题的配置）所覆盖，因此前一个**最近一次的正确配置**也就丢失了。
- 无法启动的原因是硬件故障或系统文件损毁、丢失：因为**最近一次的正确配置**中只是存储系统的设置，它无法解决硬件故障或系统文件损毁、丢失的问题。

12.1.3 使用"最近一次的正确配置"

注意，如果不是通过以下步骤启动计算机，而是以正常模式来启动计算机，即使正常出现要求登录的界面，也不要登录，否则想要使用的**最近一次的正确配置**会被覆盖。

STEP 1　单击左下角的**开始**图标⊞➲Windows PowerShell，然后执行以下命令，如图 12-1-1 所示：

```
bcdedit --% /set {globalsettings} advancedoptions true
```

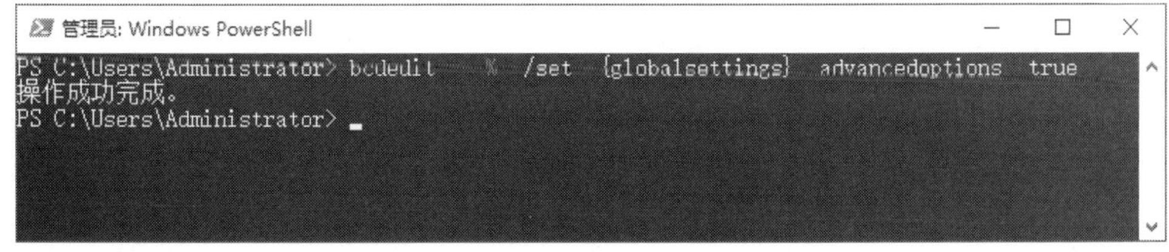

图 12-1-1

STEP 2　重新启动后将出现如图 12-1-2 所示的**高级启动选项**界面，请选择**最近一次的正确配置（高级）**，然后按 Enter 键。

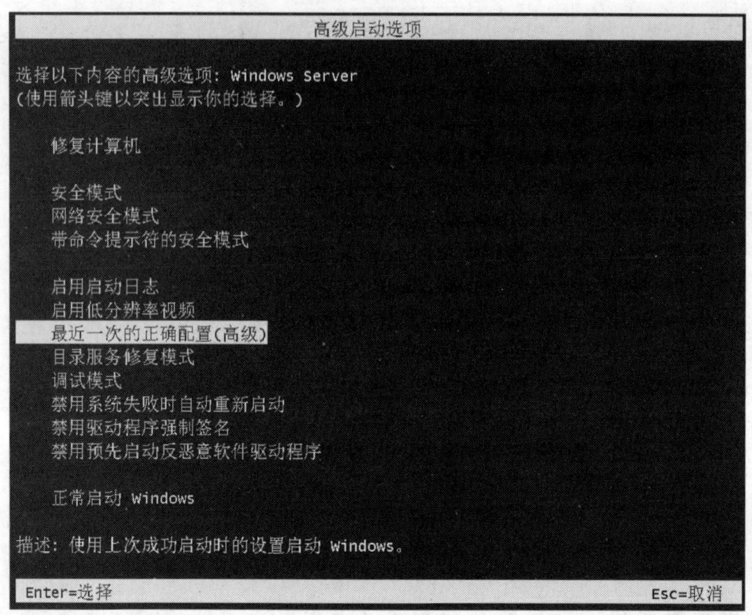

图 12-1-2

① 如果希望以后启动时不再显示此界面，请执行上述 bcdedit 程序，并将最后的 true 改为 false。

② 也可先执行 bcdedit --% /set {bootmgr} displaybootmenu yes 命令。然后，在出现 Windows 开机管理程序界面时按 F8 键，即可进入图 12-1-2 所示的界面。

12.2 安全模式与其他高级启动选项

除了**最近一次的正确配置**外，还可以通过图 12-1-2 中列出的多个高级启动选项来帮助查找与修复系统启动时遇到的问题：

- **修复计算机**：可用来修复、还原系统。
- **安全模式**：如果是因为不适当的设备驱动程序或服务而影响Windows系统正常启动，此时可以尝试使用安全模式来启动Windows系统，因为它只会启动一些基本服务与设备驱动程序（而且会使用标准低分辨率的显示模式），例如鼠标、键盘、大容量存储设备与一些标准的系统服务，其他非必要的服务与设备驱动程序不会被启动。进入安全模式后，就可以修正有问题的配置值，然后重新以普通模式来启动Windows系统。

  例如，在安装了高级声卡驱动程序后，Windows系统因而无法正常启动的话，此时可以使用安全模式来启动Windows系统，因为在安全模式下不会启动此高级声卡驱动程序，所以不会影响Windows系统的启动。采用安全模式启动后，再将高级声卡

驱动程序删除、禁用或重新安装正确的驱动程序，然后就可以采用正常模式来启动Windows系统。

- **网络安全模式**：它与安全模式类似，不过它还会启动网络驱动程序与服务，因此可以连接Internet或网络上的其他计算机。如果所发生的问题是因为网络功能造成，则不要选择此选项。
- **带命令提示符的安全模式**：它类似于安全模式，但是没有网络功能，启动后也没有**开始**菜单，而是直接进入**命令提示符**环境，此时需要通过命令来解决问题，例如将有问题的驱动程序或服务禁用。

也可输入 **MMC** 后按 Enter 键，然后添加包含**设备管理器**嵌入式管理单元的控制台，就可以使用鼠标与**设备管理器**来禁用或删除有问题的设备驱动程序。

- **启用启动日志**：它以普通模式来启动Windows系统，并将启动时加载的设备驱动程序与服务等信息记录到%*Systemroot*%\Ntbtlog.txt文件内。
- **启用低分辨率视频**：它会以低分辨率（例如800 × 600）与低刷新频率来启动Windows系统。在安装了有问题的显卡驱动程序或显示设置错误后，导致计算机无法正常显示或工作时，就可以通过此选项来启动Windows系统。
- **最近一次的正确配置（高级）**：我们在前一节已经详细介绍过，此处不再赘述。
- **目录服务修复模式**：此选项仅在域控制器的计算机上适用，可使用它来还原Active Directory数据库。
- **调试模式**：适用于IT专业人员，它会以高级的调试模式来启动Windows系统。
- **禁用系统失败时自动重新启动**：它可以让Windows在系统失败时不要自动重新启动。默认情况下，如果Windows系统失败时会自动重新启动，而重新启动时又会失败、又重新启动，如此将循环不停，此时需要选择此选项。
- **禁用驱动程序强制签名**：它允许系统启动时加载未经过数字签名的驱动程序。
- **禁用预先启动的反恶意软件驱动程序**：系统在开机初期会检测驱动程序是否为恶意软件，用来决定是否要初始化该驱动程序。系统将驱动程序分为以下几种：
    - **好**：驱动程序已签署过，且未遭篡改。
    - **差**：驱动程序已被识别为恶意代码。
    - **差，但启动需要**：驱动程序已被识别为恶意代码，但计算机必须加载此驱动程序才能成功启动。
    - **未知**：此驱动程序未经过“恶意代码检测程序”的保证，也未经“提前启动反恶意软件引导启动驱动程序”来分类。

  系统启动时，默认会初始化被判断为**好**、**差**、“**差，但启动需要**”或**未知**的驱动程序，但不会初始化被判断为**差**的驱动程序。可以在开机时选择此选项，以禁用此分类功能。

如果要更改相关配置，则可以如此操作：按⊞键+R键➲执行 gpedit.msc➲计算机配置➲管理模板➲系统➲提前启动反恶意软件。

12.3 备份与恢复系统

存储在磁盘内的数据可能会因为设备故障等因素而丢失，给公司或个人带来严重损失。然而，只要定期进行磁盘备份（backup），并将备份存放在安全的地方，即使发生上述意外事故，仍然可以使用这些备份来迅速恢复数据，确保系统正常工作。

12.3.1 备份与恢复概述

可以用 Windows Server Backup 来备份磁盘，它支持以下两种备份方式：

- **完整服务器备份**：它会备份这台服务器上所有卷（volume）内的数据，也就是会备份所有磁盘（C:、D:……）内的所有文件，包含应用程序与系统状态。可以使用此备份来恢复整台计算机，包含Windows操作系统与所有其他文件。
- **自定义备份**：可以选择备份**系统保留**分区、常规卷（例如C:、D:），也可以选择备份这些卷内指定的文件；还可以选择备份**系统状态**；甚至可以选择**裸机还原**（bare metal recovery）备份，也就是它会备份整个操作系统，包含**系统状态**、**系统保留**磁盘分区与安装操作系统的磁盘分区，以后可以使用此**裸机还原**备份来还原整个Windows Server 2022操作系统。

Windows Server Backup 提供以下两种选择来执行备份工作：

- **备份计划**：使用它来安排备份计划，以便在指定的日期与时间到达时自动执行备份工作。备份的目的地（存储备份数据的位置）可以选择本机磁盘、USB或IEEE 1394接口磁盘、网络共享文件夹等。
- **一次性备份**：也就是手动立即执行单次备份工作，备份目的地可以选择本地磁盘、USB或IEEE 1394接口磁盘、网络共享文件夹。如果计算机内安装了DVD刻录机，那么还可以备份到DVD上。

12.3.2 备份磁盘

添加 Windows Server Backup 功能的步骤为：开启**服务器管理器**➲单击**仪表板**处的**添加角色和功能**➲持续单击下一步按钮，直到出现如图 12-3-1 所示的**选择功能**界面时勾选 Windows Server Backup➲……。

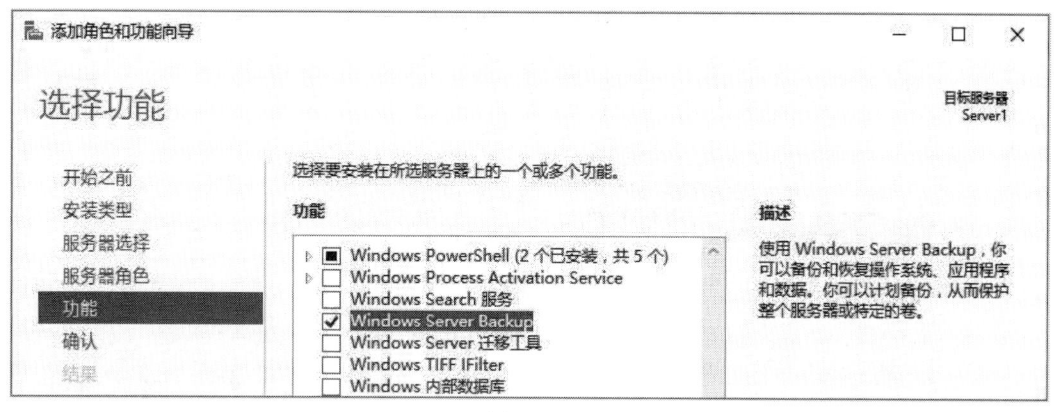

图 12-3-1

1. 完整服务器备份计划

以下说明如何按照备份计划来执行完整的服务器备份。一旦到达备份计划中规定的日期与时间，系统将开始执行备份工作。

STEP 1　单击左下角**开始**图标⊞➲Windows 管理工具➲Windows Server Backup➲如图 12-3-2 所示单击**本地备份**右侧的**备份计划**。

如果要备份另一台服务器，具体的步骤为：按⊞键+R键➲执行 MMC➲添加 Windows Server Backup 嵌入式管理单元，以此来选择其他服务器。

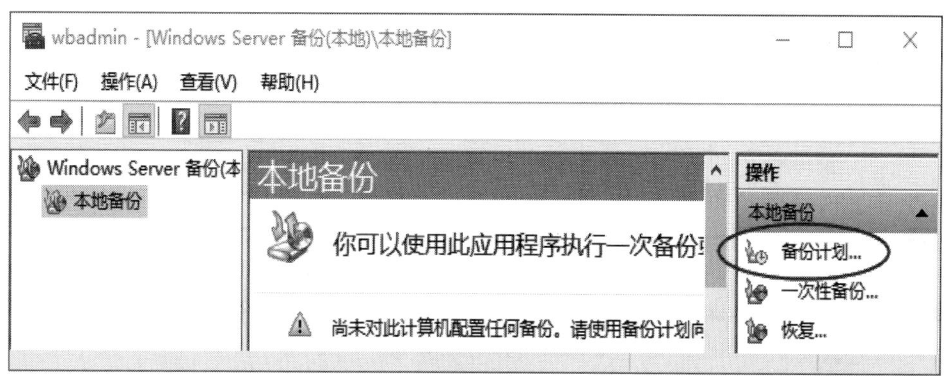

图 12-3-2

STEP 2　出现**开始**界面后单击下一步按钮。

STEP 3　假设在图 12-3-3 中选择**整个服务器（推荐）**备份。

STEP 4　在图 12-3-4 中，选择每日一次或每日多次备份，并选择备份时间。请注意，图中的时间是以半小时为单位显示的。如果要改用其他时间单位，例如要选择下午 21:00 进行备份，可以使用 **wbadmin** 命令来执行备份操作。

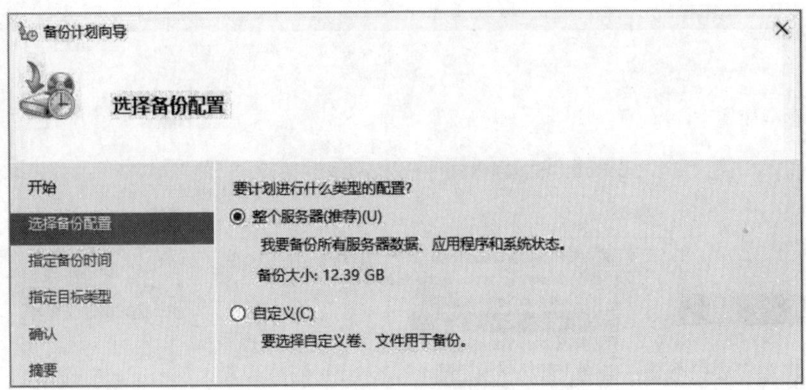

图 12-3-3

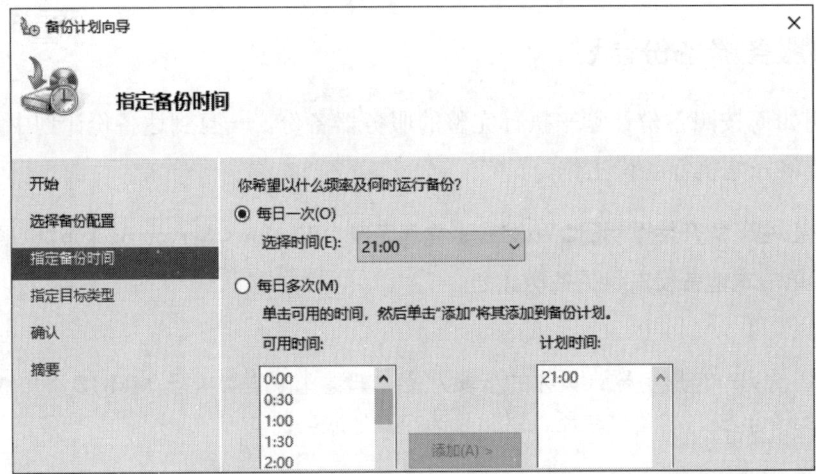

图 12-3-4

STEP 5 在图 12-3-5 中，选择存储备份的位置：

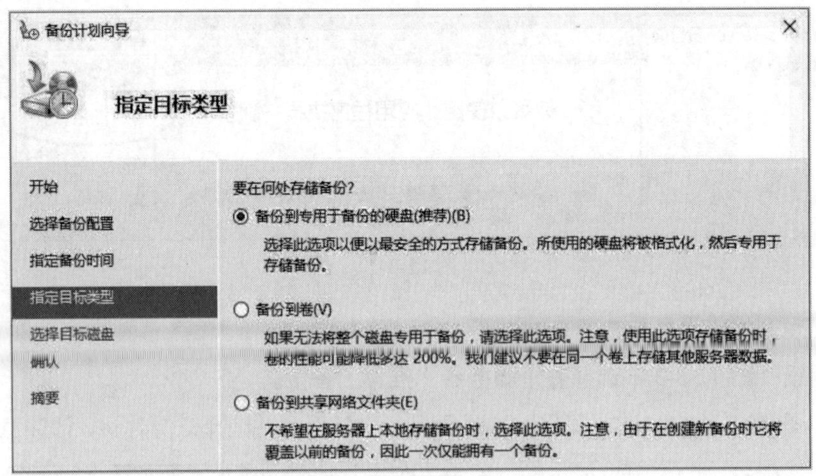

图 12-3-5

- **备份到专用于备份的硬盘（推荐）**：这是最安全的备份方式，但需要注意的是，这种

方式会对专用硬盘进行格式化，导致其中现有数据全部丢失。

- **备份到卷**：使用此方式进行备份时，卷内的现有数据将保留，但该卷的工作效率可能会降低，最多会降低200%。建议不要将其他服务器的数据备份到该卷上，以免影响性能。
- **备份到共享网络文件夹**：可以选择将备份数据保存到网络上其他计算机的共享文件夹内。这种方式可以实现跨网络的备份操作。

STEP 6　在图 12-3-6 中，先单击右下方的显示所有可用磁盘按钮来显示磁盘，再勾选要存放备份的磁盘，而后单击下一步按钮（假设此计算机内还有另一个磁盘 E:）。

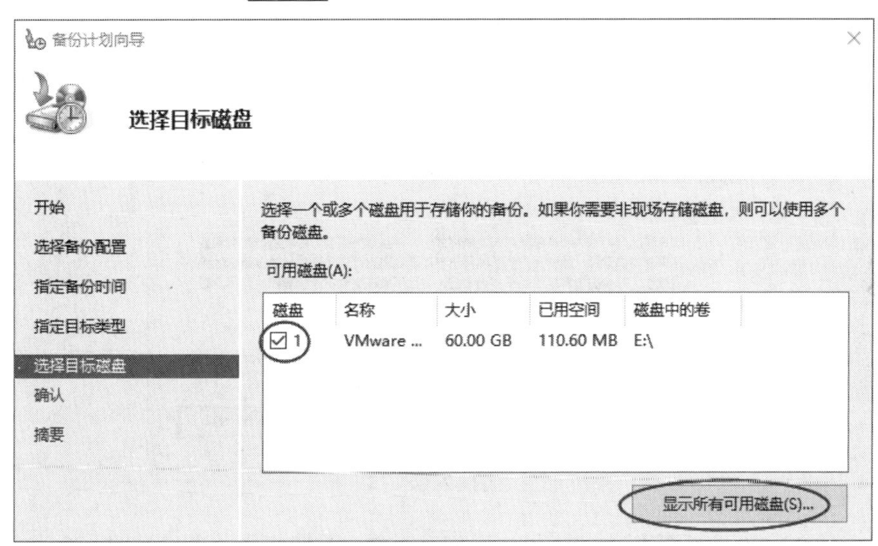

图 12-3-6

如果选择多个磁盘（例如 USB 接口磁盘）来存储备份，可以实现**离站存放**（store disk offsite）的功能。具体操作步骤为：首选，系统将备份数据存储到第 1 个磁盘中，然后可以将此磁盘带离备份服务器，存放在其他地方。下一次备份时，系统会自动备份到第 2 个磁盘中，再将第 2 个磁盘拿到其他位置存放，并将之前的备份磁盘（第 1 个磁盘）带回来重新装好，这样即可让下一次备份时可以备份到这个磁盘内。这种轮流离站存放的方式，可以让数据多一份保障。

STEP 7　注意备份目标磁盘（在此示例中为 E:）将被格式化，因此其中的现有数据将被删除。故目标磁盘不能被包含在要被备份的磁盘之中。然而，由于我们选择的是**完整服务器**备份，它会备份所有磁盘，包含目标备份磁盘（E:）。这将导致出现图 12-3-7 的警告界面。在这种情况下，必须单击确定按钮来将此磁盘排除。

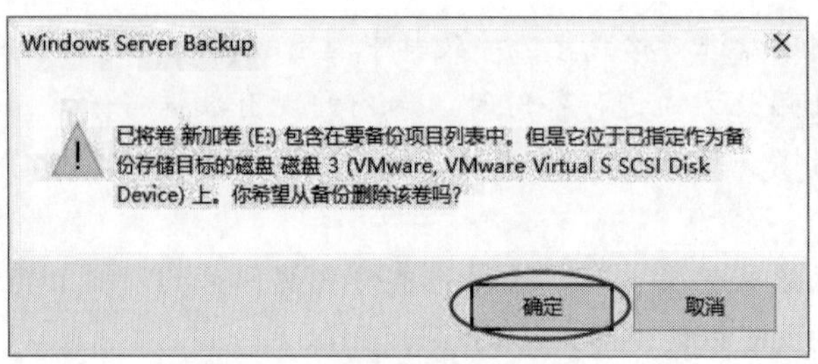

图 12-3-7

STEP 8 在图 12-3-8 中，提醒用户备份目标磁盘将被格式化，导致其中所有数据都将被删除。为了便于**脱机存储**（offsite storage）与确保备份的完整性，此磁盘将专用于存储备份。因此，在格式化后，该磁盘将不会被赋予驱动器号，也就是在**文件资源管理器**中看不到此磁盘。确认后单击是（Y）按钮。

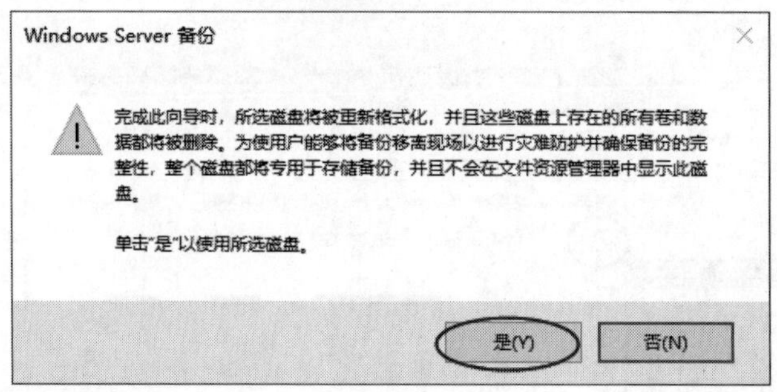

图 12-3-8

STEP 9 由图 12-3-9 中**标签栏**内的字段，我们可以看出系统将为此备份配置一个识别标签。请记录此标签，以便在后续进行还原工作时可以方便地通过这个标签来识别此备份。最后，单击完成按钮。

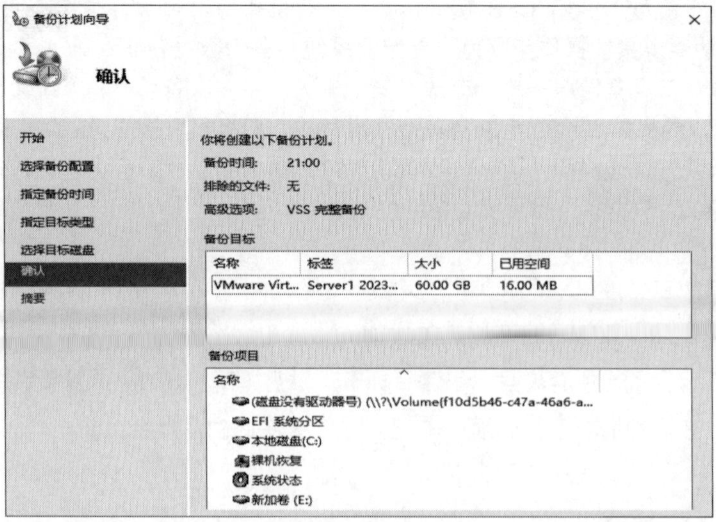

图 12-3-9

STEP 10　出现**摘要**界面后，单击关闭按钮。

STEP 11　当计划的时间到达时，系统将开始备份，可以通过图 12-3-10 来查看当前的备份进度。请向下滚动界面，可以看到已计划的备份信息。

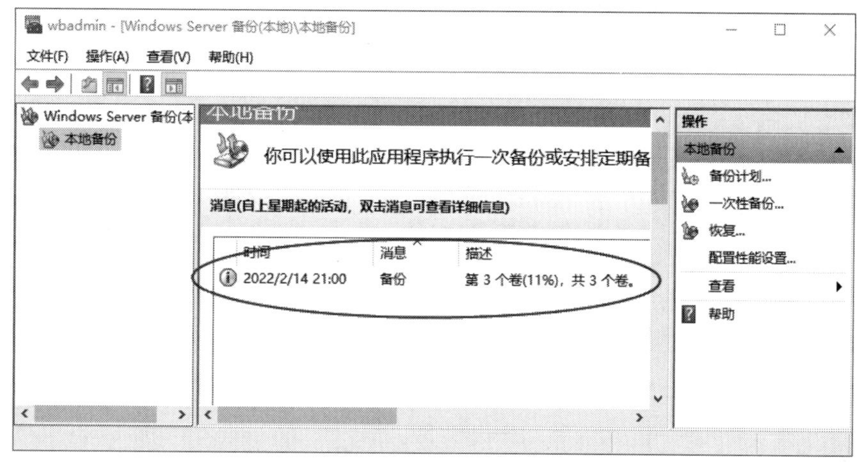

图 12-3-10

2. 自定义备份计划

可以自行选择要备份的项目，并计划时间来执行备份操作。设置方式与计划完整备份类似，不过需要选择**自定义**，如图 12-3-11 所示。

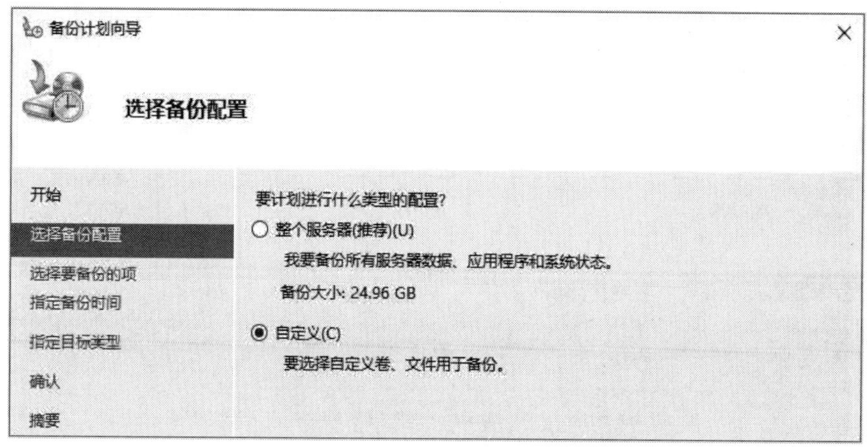

图 12-3-11

在图 12-3-12 的界面中单击添加项目按钮，选择要备份的项目。例如，裸机恢复、系统状态、EFI 系统分区、本地磁盘或磁盘分区内的文件。如果单击右下角高级设置按钮，还可以选择排除某些文件夹或文件。

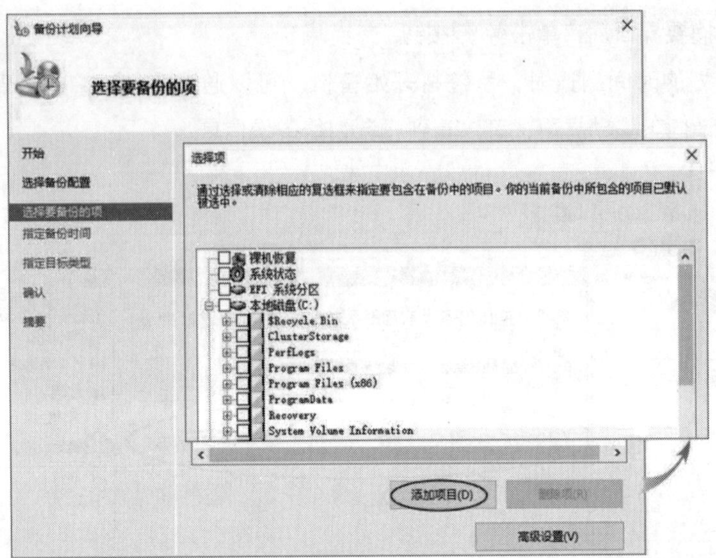

图 12-3-12

3. 一次性备份

如图 12-3-13 所示，可以单击**一次性备份**来手动执行一次备份工作，然后在备份选项中选择适合的备份方式。

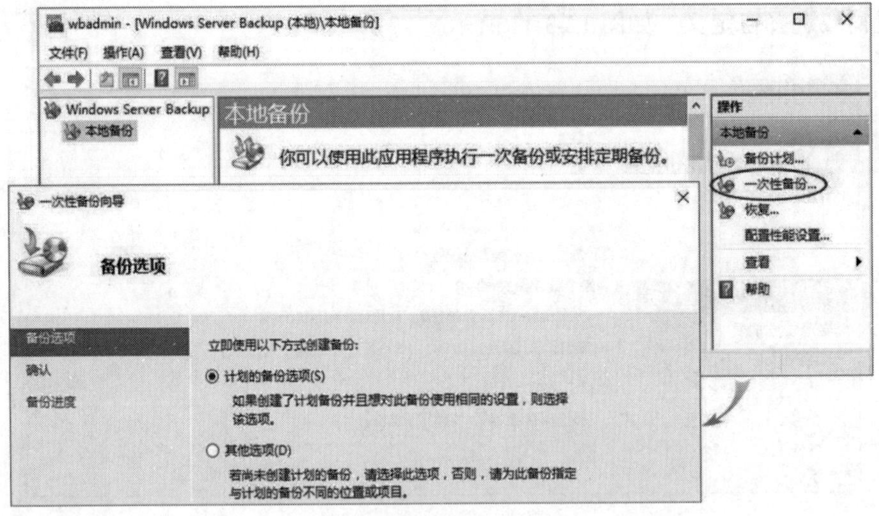

图 12-3-13

- **计划备份的选项**：如果还有计划备份存在，可以选择使用与该计划备份相同的设置进行备份。例如，完整服务器备份或自定义备份、备份时间、备份目标磁盘等设置。
- **其他选项**：重新选择备份配置。

一次性备份的步骤与计划备份类似，不过如果在如图 12-3-13 所示的界面中选择**其他选**

项，则还可以选择备份到 DVD 或远程共享文件夹的选项。

12.3.3　恢复文件、磁盘或系统

可以利用之前通过 Windows Server Backup 建立的备份来恢复文件、文件夹、应用程序、卷（例如 D:、E：等)、操作系统或整台计算机。

1. 恢复文件、文件夹、应用程序或卷

STEP 1　单击**恢复...**，如图 12-3-14 所示。

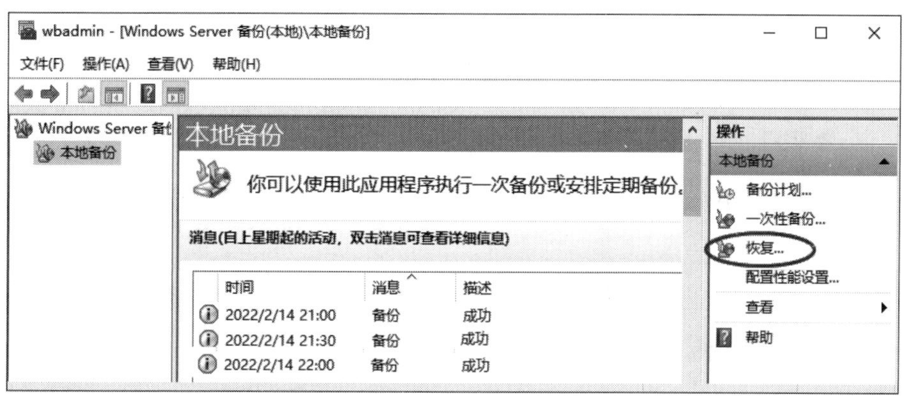

图 12-3-14

STEP 2　选择备份文件的来源（存储位置）后单击下一步按钮，如图 12-3-15 所示。

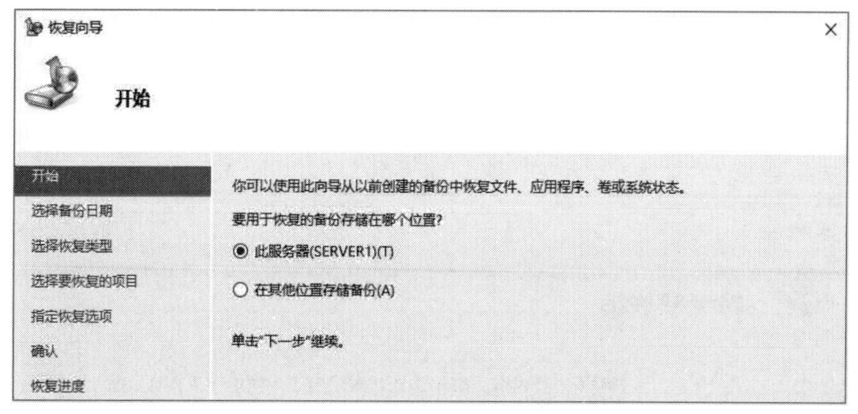

图 12-3-15

STEP 3　通过日期与时间来选择之前的备份，再单击下一步按钮，如图 12-3-16 所示。

STEP 4　可选择恢复文件和文件夹、卷、应用程序或系统状态，再单击下一步按钮，如图 12-3-17 所示，图中假设选择恢复**文件和文件夹**。

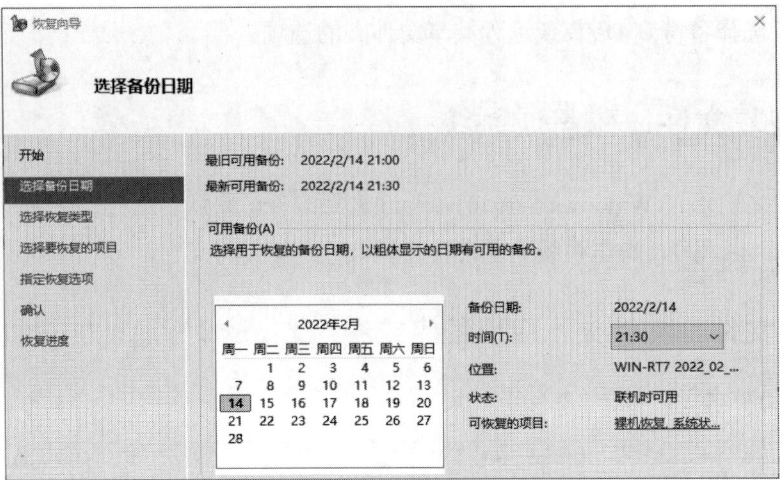

图 12-3-16

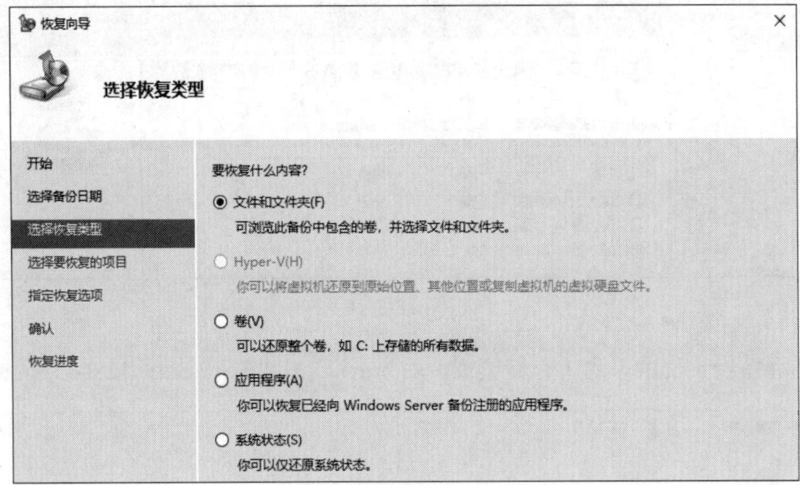

图 12-3-17

STEP 5　选择要恢复的文件或文件夹，单击下一步按钮，如图 12-3-18 所示。

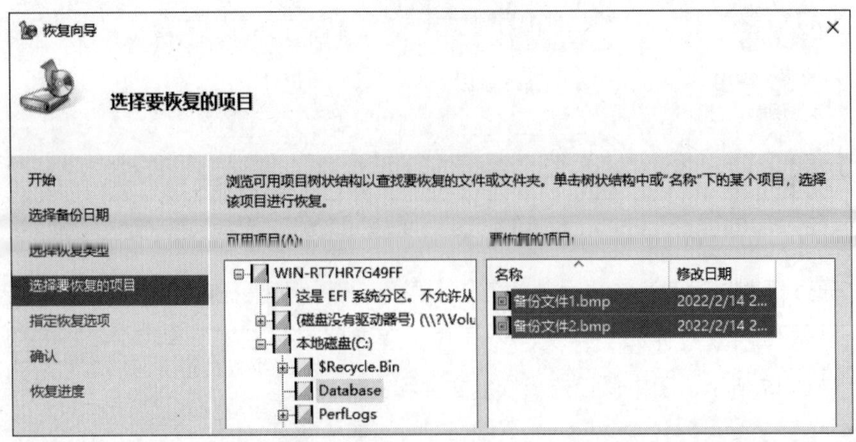

图 12-3-18

STEP 6　在图 12-3-19 中选择原始位置、创建副本，以便同时保留两个版本、还原正在恢复的文件或文件夹的访问控制列表（权限）。

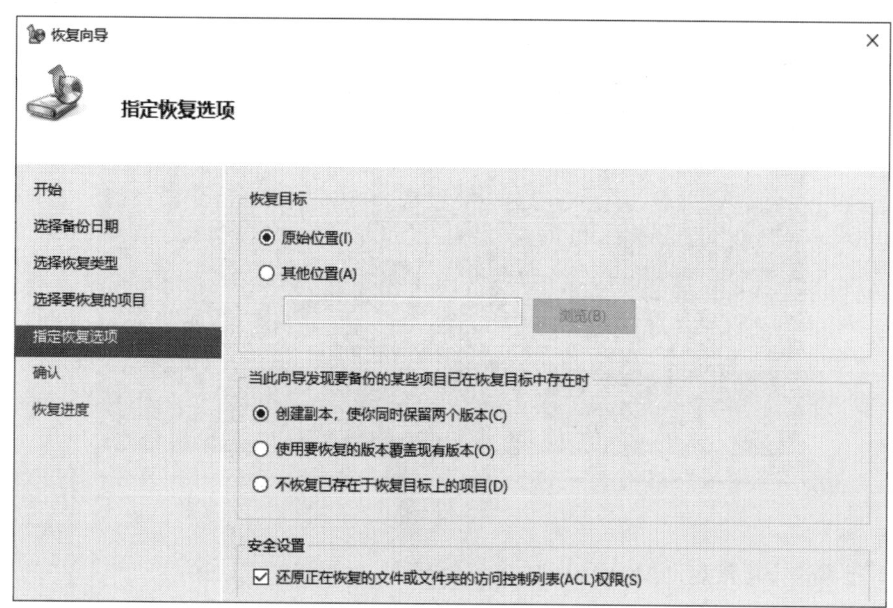

图 12-3-19

STEP 7　出现**确认**界面后单击恢复按钮。

STEP 8　查看**恢复进度**界面，完成恢复后单击关闭按钮。

2. 还原操作系统或整台计算机

可以选择以下两种方式之一来还原操作系统或整台计算机：

- 执行以下bcdedit命令后重新启动，然后使用**高级启动选项**中的**修复计算机**。

```
bcdedit --% /set {globalsettings} advancedoptions true
```

- 使用Windows Server 2022 DVD、U盘启动计算机，选择**修复计算机**。

3. 使用“高级启动选项”

请准备好包含操作系统（裸机恢复）或完整服务器的备份，然后按照以下步骤还原（假设使用**裸机恢复**备份）。

STEP 1　单击左下角的**开始**图标⊞➲Windows PowerShell，然后执行以下命令：

```
bcdedit --% /set {globalsettings} advancedoptions true
```

STEP 2　重新启动后将出现如图 12-3-20 所示的**高级启动选项**界面，选择**修复计算机**后按 Enter 键来启动修复环境。

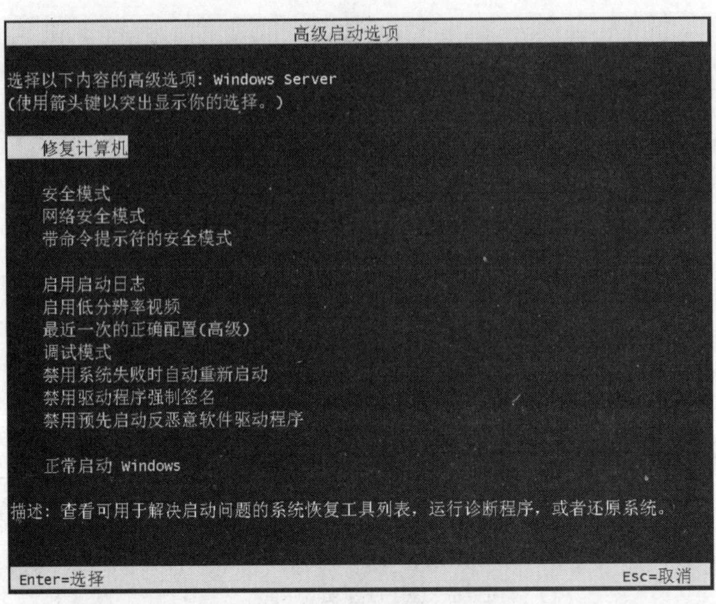

图 12-3-20

STEP 3　接着选择**正常启动 Windows** 后按 Enter 键，如图 12-3-21 所示。

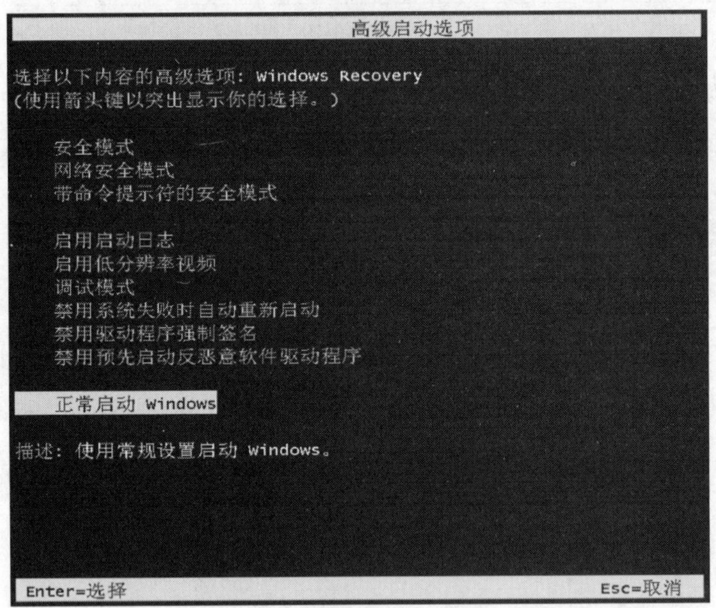

图 12-3-21

STEP 4　在图 12-3-22 中单击**疑难解答**。

STEP 5　在图 12-3-23 中单击**系统映像恢复**。

STEP 6　在图 12-3-24 中可以选择系统自行找到的最新可用备份来还原，也可通过**选择系统映像**来选择其他备份，例如位于网络共享文件夹、USB 接口磁盘（可能需要安装驱动程序）内的备份。完成后单击下一步按钮。

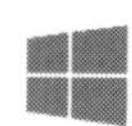

图 12-3-22

图 12-3-23

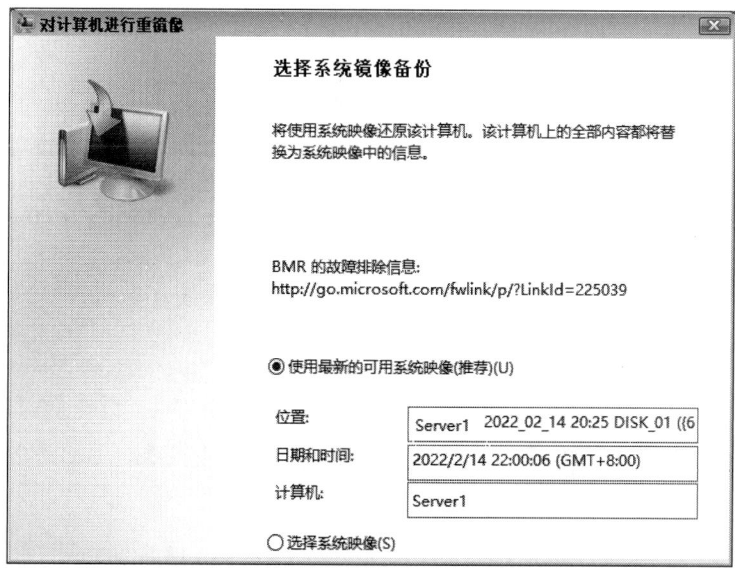

图 12-3-24

STEP 7 在图 12-3-25 中单击下一步按钮。

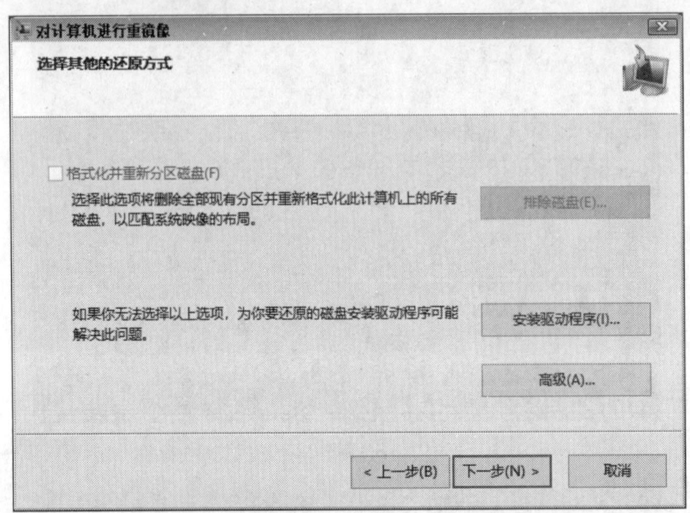

图 12-3-25

STEP 8 最后在图 12-3-26 中单击完成按钮，再单击是（Y）按钮。完成后，默认会重新启动系统，如果不想重新启动，则需通过图 12-3-25 中的高级按钮来设置。

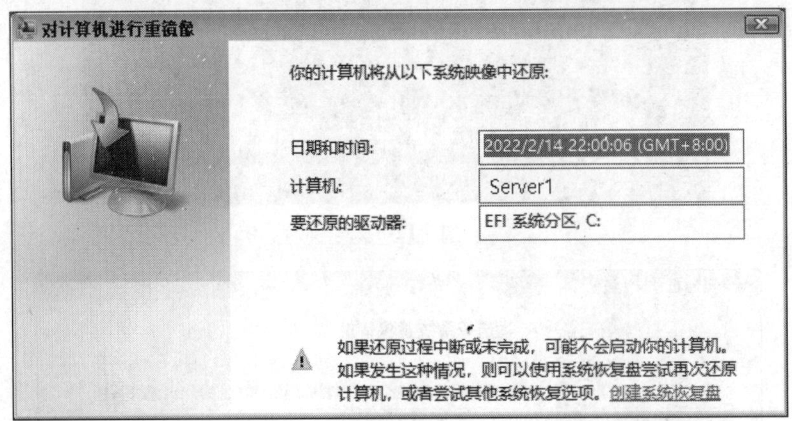

图 12-3-26

用“Windows Server 2022 U 盘或 DVD 启动计算机”

准备好 Windows Server 2022 U 盘和 DVD，包含操作系统（裸机恢复）或完整服务器的备份，然后按照以下步骤来恢复（假设使用**裸机恢复**备份）：

STEP 1 将 Windows Server 2022 的 U 盘插入计算机的 USB 插槽（或将 DVD 光盘放入计算机的光驱），然后从 U 盘（或 DVD）启动计算机，需要修改 BIOS 设置：从 U 盘启动（或 DVD）。

STEP 2 单击下一步按钮，如图 12-3-27 所示。

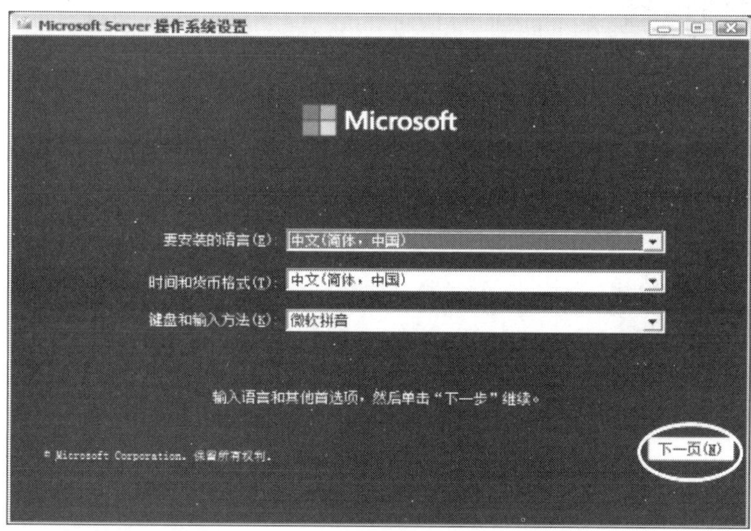

图 12-3-27

STEP 3　单击左下角的**修复计算机**，如图 12-3-28 所示。

图 12-3-28

STEP 4　接下来的步骤与前一小节STEP 4类似，请自行前往参考。

第 13 章　使用 DHCP 自动分配 IP 地址

TCP/IP 网络内的每一台主机都需要获得一个 IP 地址，并通过此 IP 地址来与网络上其他主机进行通信。这些主机可以通过 DHCP 服务器自动获取 IP 地址与相关选项设置值。

- 主机IP地址的设置
- DHCP的工作原理
- DHCP服务器的授权
- DHCP服务器的安装与测试
- IP作用域的管理
- DHCP的选项设置
- DHCP中继代理

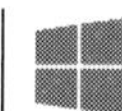

13.1 主机IP地址的设置

每一台主机的 IP 地址可以通过以下两种方法之一来设置：

- **手动配置**：这种方法比较容易因输入错误而影响主机的网络通信能力，并且可能会因为占用其他主机的IP地址，导致干扰该主机的运行，从而增加了系统管理员的负担。
- **自动向DHCP服务器获取**：用户的计算机会自动向DHCP服务器申请IP地址，DHCP服务器收到申请后会为用户的计算机分配IP地址。这种方法可以减轻管理负担，减少手动输入错误带来的问题。

想要使用 DHCP 方式来分配 IP 地址，整个网络内必须至少有一台运行 DHCP 服务的服务器，通常被称为 **DHCP 服务器**。同时，客户端设备需要采用自动获取 IP 地址的方式，这些客户端被称为 **DHCP 客户端**。图 13-1-1 所示为一个支持 DHCP 的网络示例，图中甲、乙网络内各有一台 DHCP 服务器，同时在乙网络内分别有 DHCP 客户端与**非 DHCP 客户端**（手动输入 IP 地址的客户端）。

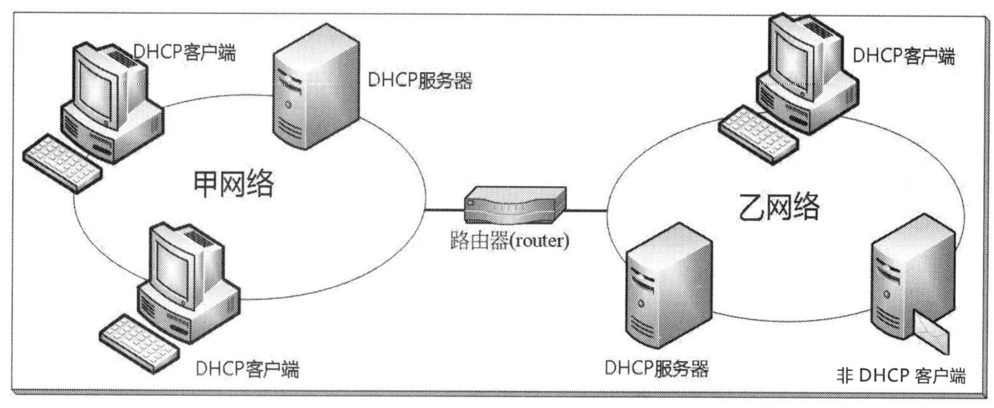

图 13-1-1

DHCP 服务器只是将 IP 地址出租给 DHCP 客户端一段期间，如果客户端未及时更新租约，则租约到期时，DHCP 服务器会收回该 IP 地址的使用权。

我们将手动输入的 IP 地址称为**静态 IP 地址**（static IP address），而向 DHCP 服务器租用的 IP 地址称为**动态 IP 地址**（dynamic IP address）。

除了 IP 地址之外，DHCP 服务器还可以向 DHCP 客户端提供其他相关选项设置，例如默认网关（路由器）的 IP 地址、DNS 服务器的 IP 地址等。

13.2 DHCP的工作原理

DHCP 客户端在计算机启动时会查找 DHCP 服务器，以便向它申请 IP 地址等设置。然而，它们之间的通信方式要看 DHCP 客户端是向 DHCP 服务器申请（租用）一个新的 IP 地址，还是更新租约（要求继续使用原来的 IP 地址）。

13.2.1 向 DHCP 服务器申请 IP 地址

DHCP 客户端在以下几种情况下会向 DHCP 服务器申请一个新的 IP 地址：

- 客户端计算机第一次向DHCP服务器申请IP地址。
- 该客户端原先所租用的IP地址已被DHCP服务器收回且已租给其他计算机了。
- 该客户端自己释放了原先所租用的IP地址（此IP地址已被服务器出租给其他客户端），并要求重新租用IP地址。
- 客户端计算机更换了网卡。
- 客户端计算机被移动到另外一个网段。

13.2.2 更新 IP 地址租约

如果 DHCP 客户端想要延长其 IP 地址的使用期限，则 DHCP 客户端必须续签（renew）其 IP 地址租约。

1. 自动续签租约

DHCP 客户端在下列情况下，会自动向 DHCP 服务器提出续约请求：

- **DHCP客户端计算机重新启动时**：每一次客户端计算机重新启动时都会自动向DHCP服务器发送广播消息，以便申请继续租用原来所使用的IP地址。如果无法续约，客户端会尝试与默认网关通信：
  - 如果通信成功且租约并未到期，则客户端仍然会继续使用原来的 IP 地址，然后等待下一次续约时间到达时再续约。
  - 如果无法与默认网关通信，则客户端会放弃当前的 IP 地址，改为使用 169.254.0.0/16 格式的 IP 地址，然后每隔 5 分钟再尝试更新租约。
- **IP地址租约期过了一半时**：DHCP客户端也会在租约期过了一半时，自动发送消息给出租此IP地址的DHCP服务器。
- **IP地址租约期过7/8时**：如果租约期过了一半时无法成功续约，客户端仍然会继续使用原IP地址，不过客户端会在租约期过了7/8（87.5%）时，再使用广播消息来向任

何一台DHCP服务器续约。如果仍无法续约成功，则此客户端会放弃正在使用的IP地址，然后重新向DHCP服务器申请一个新的IP地址。

只要客户端成功续约，就可以继续使用原来的 IP 地址，且会重新获得一个新租约，这个新租约的期限视当时 DHCP 服务器的设置而定。在续约时，如果此 IP 地址已无法再租给客户端使用，例如此地址已无效或已被其他计算机占用，则 DHCP 服务器也会向客户端发送回应消息，以便客户端重新申请新的 IP 地址。

2. 手动续签租约与释放 IP 地址

客户端用户也可以执行 **ipconfig/renew** 命令来续签 IP 地址租约。另外，还可以使用 **ipconfig /release** 命令自行释放所租用的 IP 地址，之后客户端会每隔 5 分钟再去找 DHCP 服务器租用 IP 地址，或由客户端用户手动执行 **ipconfig/renew** 命令来租用 IP 地址。

13.2.3 自动专用 IP 地址

当 Windows 客户端无法从 DHCP 服务器租到 IP 地址时，它们会自动使用网络 ID 为 169.254.0.0/16 的专用 **IP** 地址（见图 13-2-1），并使用这个 IP 地址与其他计算机通信。

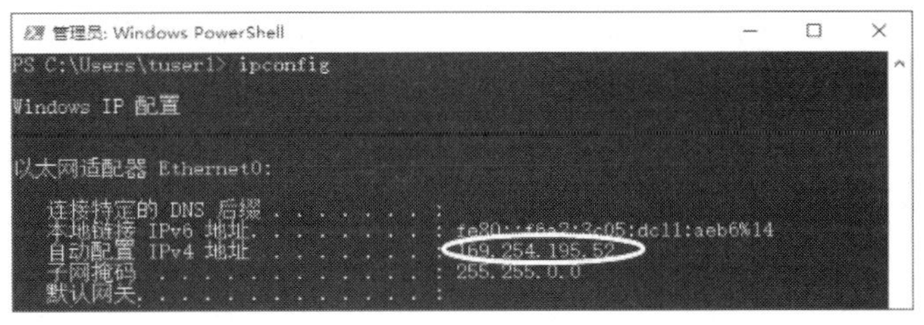

图 13-2-1

在客户端计算机开始使用这个 IP 地址之前，它会先发送广播消息给网络上其他计算机，以检查是否有其他计算机已经使用了这个 IP 地址。如果其他计算机没有响应此消息，客户端计算机就会将此 IP 地址分配给自己使用，否则就继续尝试其他 IP 地址。使用 169.254.0.0/16 地址的计算机仍然会每隔 5 分钟查找一次 DHCP 服务器，以便向其租用 IP 地址，在还没有租到 IP 地址之前，客户端会继续使用此**专用 IP** 地址。

以上操作被称为自动专用 IP 地址（**Automatic Private IP Addressing，APIPA**），它使得客户端计算机在尚未从 DHCP 服务器租用到 IP 地址之前，仍然能够有一个临时的 IP 地址可用，以便与同一个网络中也是使用 169.254.0.0/16 地址的计算机通信。

对于手动配置 IP 地址的客户端，如果其选择的 IP 地址已被其他计算机占用，则该客户端将使用 169.254.0.0/16 的 IP 地址，让它可以与同样是使用 169.254.0.0/16 的 IP 地址的计算机通信。这样可以避免 IP 地址冲突，并确保网络中的通信正常进行。

13.3 DHCP服务器的授权

DHCP 服务器安装好以后，并不是立即就可以对 DHCP 客户端提供服务，它还必须经过一个**授权**（authorized）的程序，未经过授权的 DHCP 服务器无法将 IP 地址出租给 DHCP 客户端。

DHCP 服务器授权的原理与注意事项

- 必须在AD DS域（Active Directory Domain Services）环境中，DHCP服务器才可以被授权。
- 在AD DS域中的DHCP服务器都必须被授权。
- 只有Enterprise Admins组的成员才有权利执行授权操作。
- 当DHCP服务器启动时，如果通过AD DS数据库查询到其IP地址已经在授权列表内注册，该DHCP服务就可以正常启动并为客户端提供IP地址租用服务。
- 不是域成员的DHCP独立服务器无法获得授权。在这种情况下，此独立服务器的DHCP服务是否可以正常启动并为客户端提供IP地址租用服务呢？当此独立服务器启动DHCP服务时，如果它检测到在同一个子网内，已经存在一个被授权的DHCP服务器，它就不会启动DHCP服务，否则就可以正常启动DHCP服务并为DHCP客户端提供出租IP地址的服务。

在 AD DS 域环境下，建议将第 1 台 DHCP 服务器设置为成员服务器或域控制器。这是因为如果第 1 个 DHCP 服务器是独立服务器，然后在域成员计算机上安装 DHCP 服务器，并将其授权，且这两台服务器在同一个子网内，那么原先的独立服务器的 DHCP 服务将无法启动。

13.4 DHCP服务器的安装与测试

我们将以图 13-4-1 所示的网络环境为例来练习，其中 DC1 为 Windows Server 2022 域控制器兼 DNS 服务器，DHCP1 为已加入域的 Windows Server 2022 DHCP 服务器、Win11PC1 为 Windows 11（不需要加入域）。先将图中各计算机的操作系统安装好、配置 TCP/IP 属性（图中采用 IPv4）、建立域（假设域名为 sayms.local）、将 DHCP1 计算机加入域。

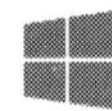

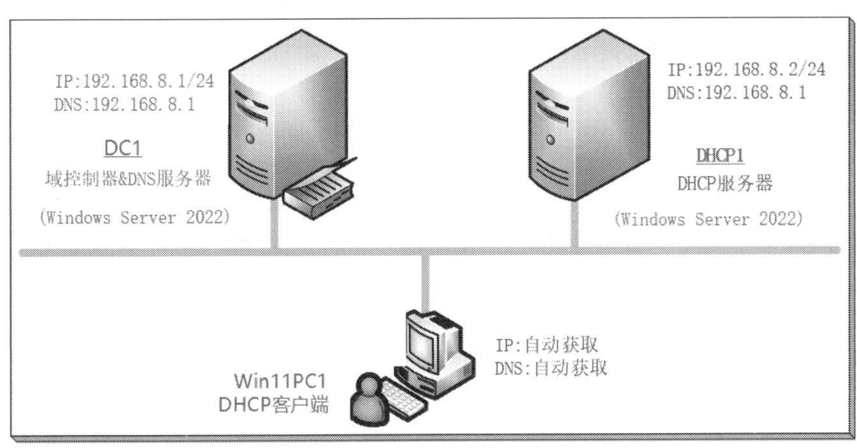

图 13-4-1

如果使用虚拟环境来练习：

① 将这些计算机所连接的虚拟网络的 DHCP 服务器功能禁用；如果使用物理计算机练习，请将网络中其他 DHCP 服务器关闭或禁用，例如禁用 IP 共享设备或宽带路由器内的 DHCP 服务器功能。这些 DHCP 服务或服务器都会干扰实验。

② 如果 DC1 与 DHCP1 的硬盘是从同一个虚拟硬盘复制来的，请执行 C:\Windows\System32\Sysprep 内的 sysprep.exe 并勾选**通用**，以便重新设置系统唯一性的数据，例如 SID（security identifier，安全标识符）。

13.4.1 安装 DHCP 服务器

在安装 DHCP 服务器之前，先完成以下的工作：

- **使用静态IP地址**：也就是手动输入IP地址、子网掩码、首选DNS服务器等，可参考图13-4-1来设置DHCP服务器的这些网络属性值。
- **事先规划好要出租给客户端计算机的IP地址范围（IP作用域）**：假设IP地址范围是从192.168.8.10到192.168.8.200。

我们需要通过添加 **DHCP 服务器**的方式来安装 DHCP 服务器：

STEP 1　在图 13-4-1 中的计算机 DHCP1 上使用域 sayms\Administrator 登录。

STEP 2　打开**服务器管理器**➲单击**仪表板**处的**添加角色和功能**➲持续单击下一步按钮，直到出现如图 13-4-2 所示的**选择服务器角色**界面，然后勾选 **DHCP 服务器**，单击添加功能按钮。

STEP 3　持续单击下一步按钮，直到出现**确认安装所选内容**界面，再单击安装按钮。

STEP 4　完成安装后，单击如图 13-4-3 所示界面中的**完成 DHCP 配置**➲单击下一步按钮（或通过单击**服务器管理器**界面右上方的惊叹号图标）。

图 13-4-2

图 13-4-3

STEP 5　在图 13-4-4 所示的界面中，选择用于将该服务器授权的用户账户，必须确保该用户账号是域 Enterprise Admins 组的成员，这样才具有执行授权操作的权限。例如，我们登录时所使用的域用户是 sayms\Administrator。在界面中进行选择后单击提交按钮。

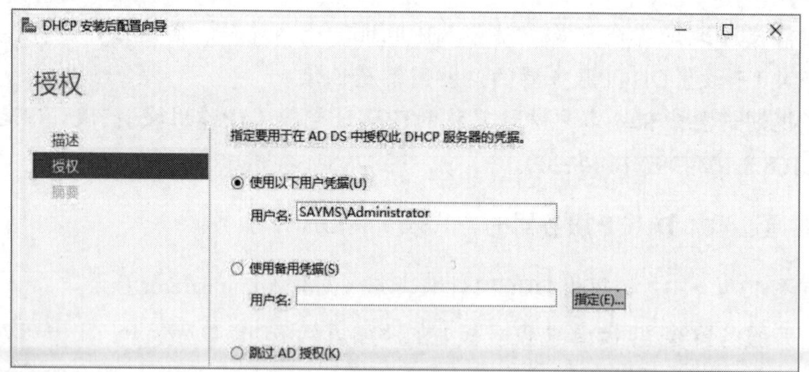

图 13-4-4

也可以在 DHCP 管理控制台内进行授权或解除授权的操作：选中服务器后右击➲授权。

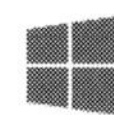

STEP 6　出现**摘要**界面后单击关闭按钮。

安装完成后，就可以在**服务器管理器**中通过如图 13-4-5 所示**工具**菜单中的 DHCP 管理控制台来管理 DHCP 服务器，或单击左下角的**开始**图标⊞➲Windows 管理工具➲DHCP，操作结果是一样的。

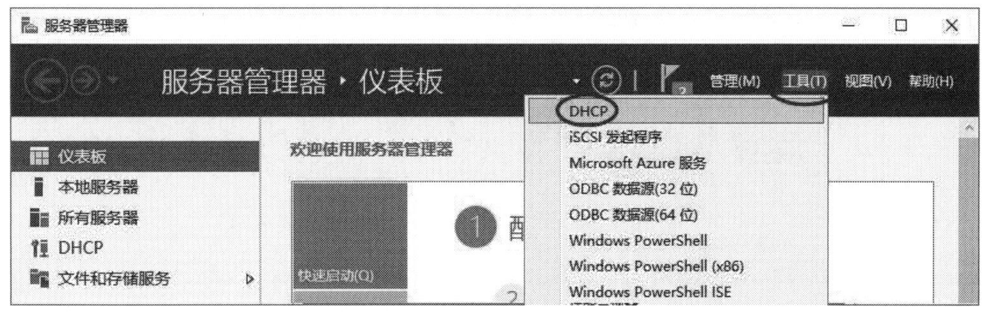

图 13-4-5

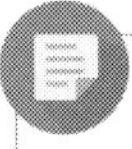

通过**服务器管理器**来安装角色服务时，内建的 **Windows 防火墙**会自动开放与该服务有关的流量，例如此处会自动开放与 DHCP 有关的流量。

13.4.2 设置 IP 作用域

在 DHCP 服务器中，至少需要设置一个 IP 作用域（IP scope）。当 DHCP 客户端向 DHCP 服务器请求租用 IP 地址时，DHCP 服务器可以从 IP 作用域内选择一个尚未出租的适当 IP 地址，然后将其出租给客户端。

STEP 1　如图 13-4-6 所示，在 DHCP 控制台中，选中 **IPv4** 后右击➲新建作用域。

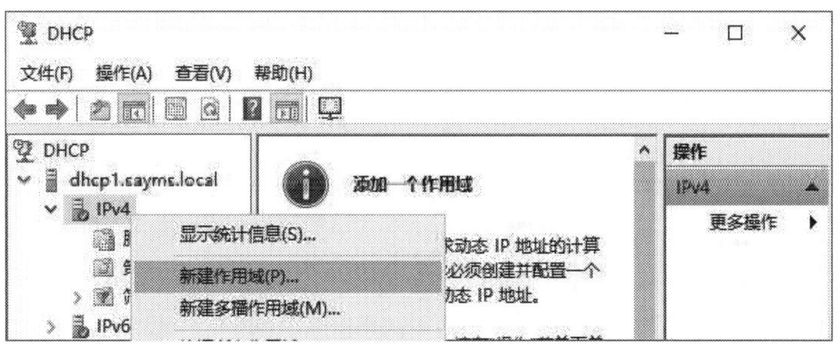

图 13-4-6

STEP 2　出现**欢迎使用添加作用域向导**界面后单击下一步按钮。

STEP 3　出现**作用域名称**界面时，请为此作用域命名（例如 TestScope）后单击下一步按钮。

STEP 4　在图 13-4-7 中配置此作用域中要出租给客户端的起始/结束 IP 地址、子网掩码的长度（子网掩码为 255.255.255.0，转为二进制数就是在 32 个位中其值为 1 的位数共有 24

个），然后单击下一步按钮。

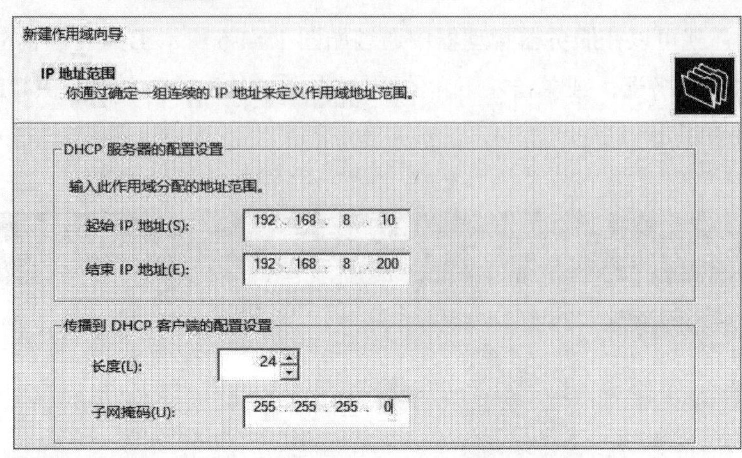

图 13-4-7

STEP 5 出现**添加排除和延迟**界面后，直接单击下一步按钮。如果上述 IP 作用域（地址范围）中有些 IP 地址已经通过静态方式分配给非 DHCP 客户端，则可以在此处将这些 IP 地址排除掉。

STEP 6 在图 13-4-8 中配置 IP 地址的租用期限，默认为 8 天，单击下一步按钮。

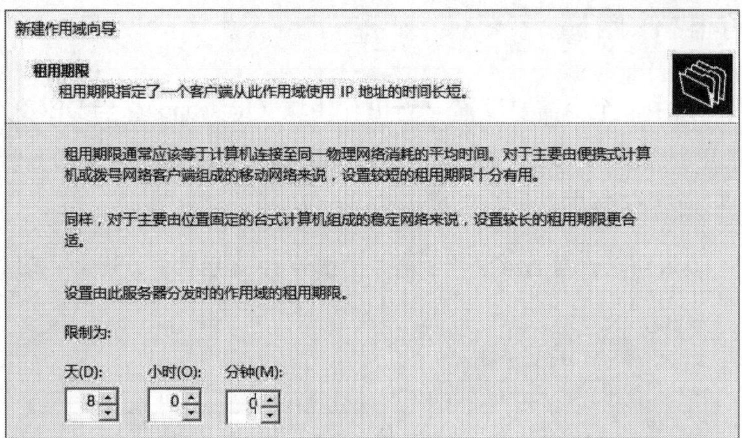

图 13-4-8

STEP 7 接下来的步骤都可以直接单击下一步按钮，直到出现**完成添加作用域向导**界面时单击完成按钮。

STEP 8 如图 13-4-9 所示为完成后的界面。

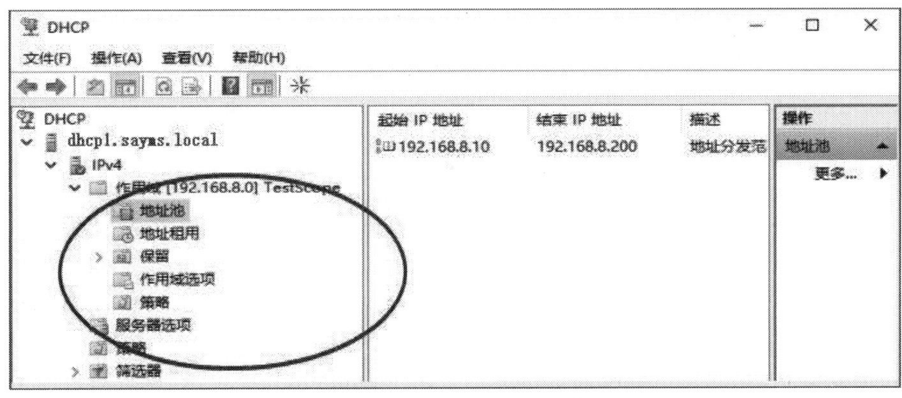

图 13-4-9

13.4.3 测试客户端能否租用到 IP 地址

到图 13-4-1 测试环境中的 DHCP 客户端 Win11PC1 计算机上进行测试：首先确认此 Windows 11 的 IP 地址获取方式为自动获取：打开**文件资源管理器**➲选中左下方的**网络**，再右击➲属性➲单击**更改适配器选项**➲单击**以太网**➲右击属性按钮➲单击 **Internet 协议版本 4（TCP/IPv4）**➲单击属性按钮➲如图 13-4-10 所示。

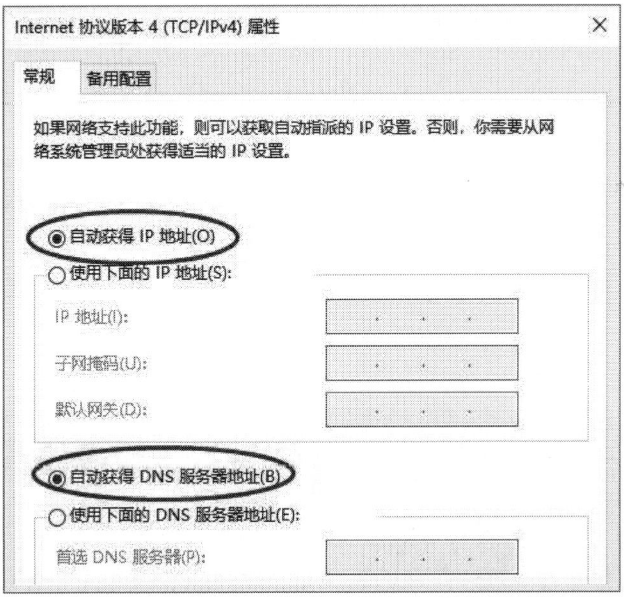

Internet 协议版本 4 (TCP/IPv4) 属性
常规　备用配置
如果网络支持此功能，则可以获取自动指派的 IP 设置。否则，你需要从网络系统管理员处获得适当的 IP 设置。
◉ 自动获得 IP 地址(O)
○ 使用下面的 IP 地址(S):
IP 地址(I):
子网掩码(U):
默认网关(D):
◉ 自动获得 DNS 服务器地址(B)
○ 使用下面的 DNS 服务器地址(E):
首选 DNS 服务器(P):

图 13-4-10

确认无误后，接着测试此客户端计算机是否可以正常从 DHCP 服务器租用到 IP 地址（与选项设置值）：回到图 13-4-11 的**以太网 状态**界面，单击详细信息按钮，从前景界面中可以看到此客户端计算机已经获取到 192.168.8.10 的 IP 地址、子网掩码、此 IP 地址的租约到期日等。

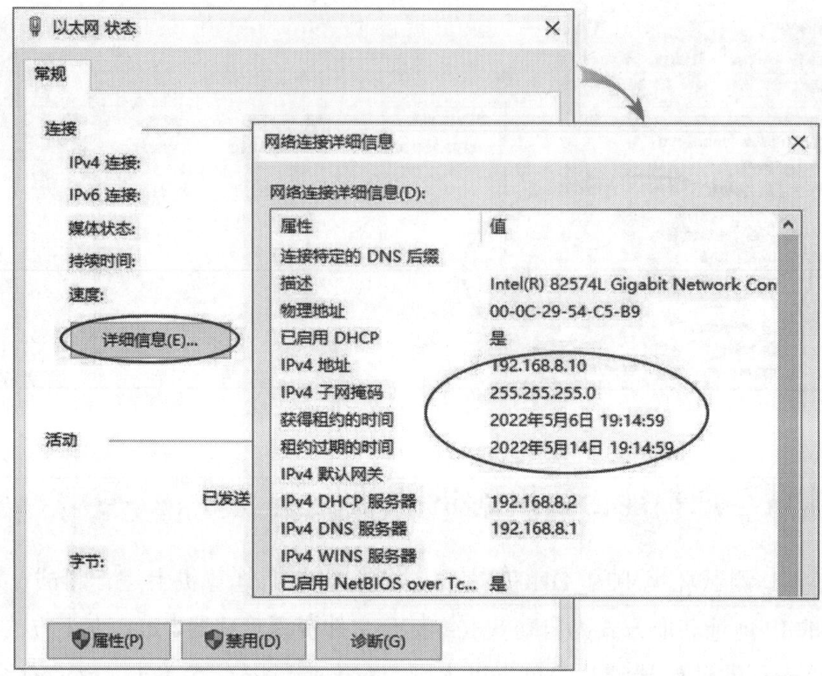

图 13-4-11

客户端也可以执行 **ipconfig** 命令或 **ipconfig /all** 来检查是否已经成功租到 IP 地址，如图 13-4-12 所示为成功租用的界面。如果客户端因故无法向 DHCP 服务器租到 IP 地址，它会每隔 5 分钟尝试继续向服务器租用。客户端用户还可以通过单击如图 13-4-11 所示的界面中的诊断按钮或执行 **ipconfig /renew** 命令来向服务器重新租用 IP 地址。

DHCP 客户端除了会自动更新租约外，用户也可以执行 **ipconfig /renew** 命令来手动续签 IP 租约。用户还可以执行 **ipconfig /release** 命令主动释放掉 IP 地址，之后客户端会每隔 5 分钟自动尝试向 DHCP 服务器重新租用 IP 地址，或由用户执行 **ipconfig /renew** 命令来向服务器租用 IP 地址。

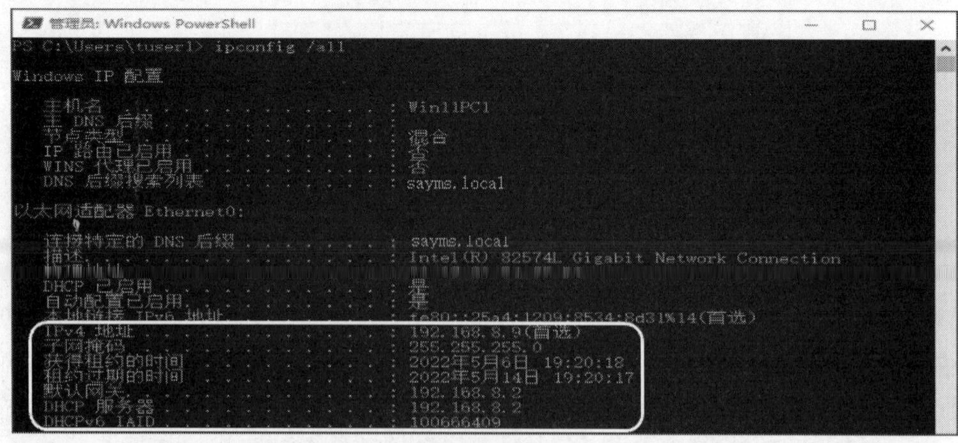

图 13-4-12

13.4.4　客户端的其他配置

如果客户端因故无法向 DHCP 服务器租到 IP 地址，客户端将每隔 5 分钟自动尝试向 DHCP 服务器请求 IP 地址。在未成功租到 IP 地址之前，客户端可以使用**备用配置**选项卡（见图 13-4-13）来设置临时的备用 IP 地址。

- **自动专用IP地址**：Automatic Private IP Addressing（APIPA），它是默认的设置。当客户端无法从DHCP服务器租用到IP地址时，它们会自动使用169.254.0.0/16格式的专用IP地址作为临时地址。
- **用户配置**：客户端会自动使用在此处设置的IP地址与相关设置值。这特别适合于客户端计算机需要在不同网络中使用的场合，例如客户端为笔记本电脑，当这台计算机在公司网络中时，它会从DHCP服务器租用IP地址，但当此计算机拿回家使用时，如果家里没有 DHCP服务器，无法租用到IP地址，它会自动切换到家中所设置的IP地址。

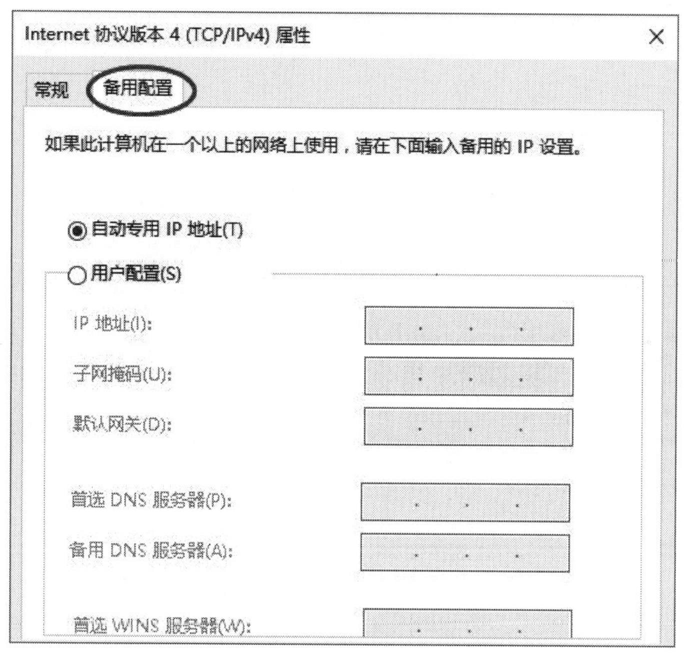

图 13-4-13

13.5　IP作用域的管理

在 DHCP 服务器内必须至少设置一个 IP 作用域（IP Scope，地址范围），以便当 DHCP 客户端向 DHCP 服务器请求租用 IP 地址时，服务器可以从该地址范围选择一个合适且尚未出租的 IP 地址，然后将其出租给客户端。

13.5.1 一个子网只能建立一个 IP 作用域

在一台 DHCP 服务器内，一个子网只能有一个作用域，例如已经有一个范围为 192.168.8.10～192.168.8.200 的作用域后（子网掩码为 255.255.255.0），就不能再建立相同网络 ID 的作用域，例如范围为 192.168.8.210～192.168.8.240 的作用域（子网掩码为 255.255.255.0），否则会出现如图 13-5-1 所示的警告界面。

图 13-5-1

如果需要建立 IP 地址范围包含 192.168.8.10～192.168.8.200 与 192.168.8.210～192.168.8.240 的 IP 作用域（子网掩码为 255.255.255.0），则先建立一个包含 192.168.8.10～192.168.8.240 的作用域，然后将其中的 192.168.8.201～192.168.8.209 这一段范围的 IP 地址排除即可，具体的步骤为：在如图 13-5-2 所示的界面中选中该作用域的**地址池**，再右击➲新建排除范围➲输入要排除的 IP 地址范围。

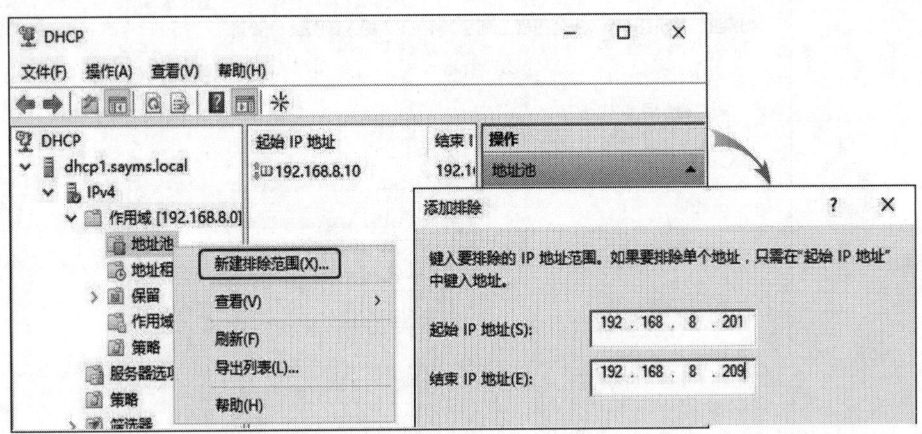

图 13-5-2

DHCP 服务器可以检测到要出租的 IP 地址是否已被其他计算机占用，具体的步骤为：单击 IPv4➲单击上方**属性**图标➲**高级**选项卡➲冲突检测次数。

13.5.2 设置租期期限

DHCP 客户端在租用到 IP 地址后，需要在租约到期之前续签租约，以便继续使用此 IP 地址，否则租约到期时，DHCP 服务器可能会将此 IP 地址收回。那么，租用期限该设置为多久才合适呢? 以下说明供读者参考：

- 如果租期设置较短，客户端在短时间内频繁向服务器申请续签租约，如此将增加网络负担。不过，因为在续签租约时，客户端会从服务器获取最新设置值，因此如果租期短，客户端就会较快地通过续签租约的方式获取这些新设置值。在IP地址的数量比较紧张的环境中，应该将租期设置短一点，这样客户端不再使用的IP地址可以更早到期，使服务器能够将这些IP地址收回，再出租给其他客户端。
- 如果租期设置较长，虽然可以减少续签租约的频率，降低网络负担，但客户端需要等待比较长时间才会续签租约，因此也需要较长时间才能获取服务器的最新设置值。

13.5.3 建立多个 IP 作用域

可以在一台 DHCP 服务器内建立多个 IP 作用域（IP 地址服务），以便对多个子网内的 DHCP 客户端提供服务。如图 13-5-3 所示，DHCP 服务器内有两个 IP 作用域，一个用于提供给左侧网络内的客户端使用，它的网络 ID 为 192.168.8.0；另一个 IP 作用域用于提供右侧网络内的客户端使用，它的网络 ID 为 192.168.9.0。

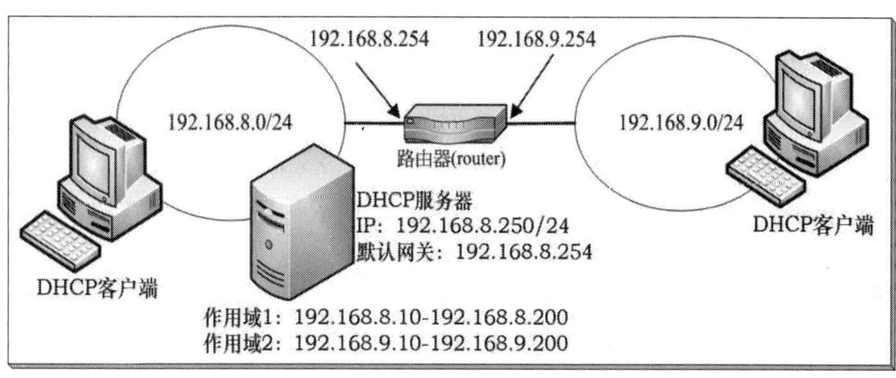

图 13-5-3

图中右侧网络的客户端在向 DHCP 服务器租用 IP 地址时，DHCP 服务器会选择 192.168.9.0 作用域的 IP 地址，而不是 192.168.8.0 作用域。这是因为右侧客户端所发出的租用 IP 数据包是通过路由器进行转发，路由器会在这个数据包内的 GIADDR（gateway IP address）字段中填入路由器的 IP 地址（192.168.9.254）。因此，DHCP 服务器可以通过此 IP 地址得知 DHCP 客户端是位于右侧的 192.168.9.0 的网段，所以它会选择 192.168.9.0 作用域内的 IP 地址给客户端。

图中左侧网络的客户端在向 DHCP 服务器请求租用 IP 地址时，DHCP 服务器会选择 192.168.8.0 作用域的 IP 地址，而不是 192.168.9.0 作用域的 IP 地址。这是因为左侧客户端发出的租用 IP 数据包直接由 DHCP 服务器接收，所以数据包内的 GIADDR 字段中的路由器 IP 地址为 0.0.0.0。当 DHCP 服务器发现此 IP 地址为 0.0.0.0 时，就知道这是同一个网段（192.168.8.0）内的客户端要租用 IP 地址。因此，DHCP 服务器会选择 192.168.8.0 作用域的

IP 地址来分配给左侧网络的客户端。

13.5.4 保留特定 IP 地址给客户端

可以保留特定 IP 地址，以便分配给特定客户端使用。当此客户端向 DHCP 服务器请求租用 IP 地址或续签租约时，服务器会将此特定 IP 地址出租给该客户端。保留特定 IP 地址的方法为：在如图 13-5-4 所示的界面中选中**保留**，再右击➲新建保留➲……。具体介绍如下：

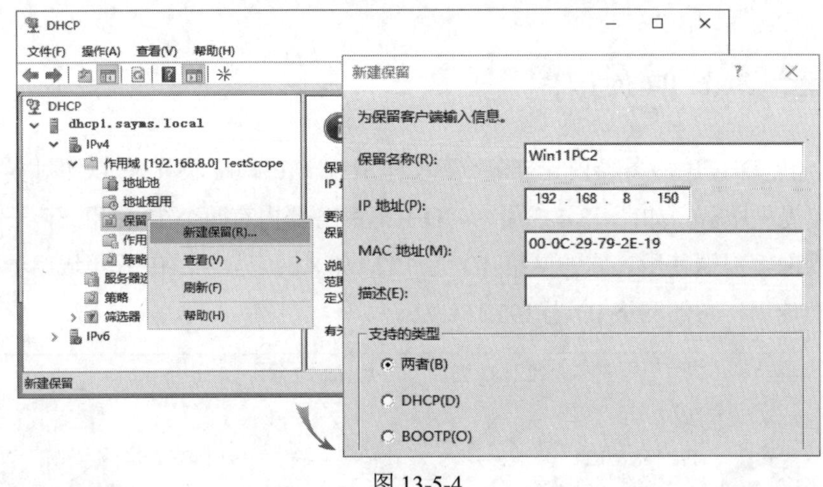

图 13-5-4

- **保留名称**：输入任何可用来标识DHCP客户端的名称，例如计算机名。
- **IP地址**：输入要保留给客户端使用的IP地址。
- **MAC地址**：输入客户端网卡的物理地址，也称为MAC（Media Access Control）地址。它由12位数字与英文字母（A～F）组成，例如图中的00-0C-29-79-2E-19。我们可以到客户端计算机上通过以下方法查看MAC地址：打开**文件资源管理器**➲选中左下方的**网络**后右击➲属性➲**更改适配器设置**➲双击**以太网**➲单击**详细信息**按钮（可参考图13-4-11中**物理地址**字段），或使用**ipconfig /all**命令来查看（可参考前面图13-4-12中的**物理地址**）。
- **支持的类型**：用于设置客户端是必须为DHCP客户端，早期没有磁盘的BOOTP客户端，还是两者都支持。

可以在图 13-5-5 中的**地址租用**界面来查看 IP 地址的租用情况，其中包含已出租的 IP 地址与保留地址。例如，在图中可以看到 192.168.8.10 是由 DHCP 服务器出租给客户端 Win11PC1 的 IP 地址，而 192.168.8.150 是保留给 Win11PC2 使用的 IP 地址。

可以通过作用域的**筛选器**来允许或拒绝将 IP 地址出租给指定的客户端计算机。在默认情况下，**允许**与**拒绝**筛选器都是禁用的。如果要启用**允许**或**拒绝**筛选器，具体的操作为：选中**允许**或**拒绝**筛选器后右击➲启用。

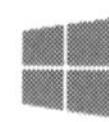

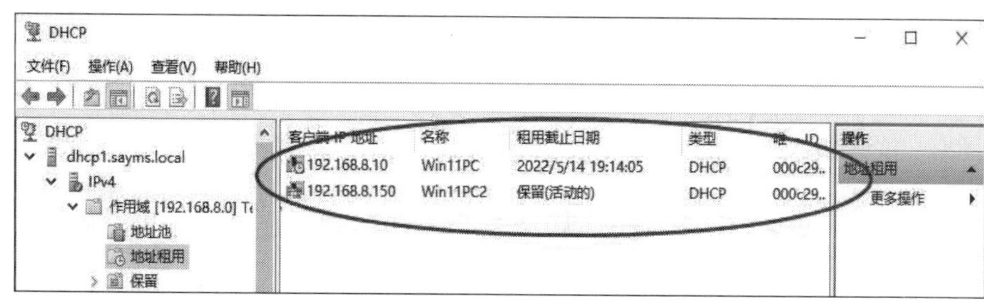

图 13-5-5

13.5.5 多台 DHCP 服务器拆分作用域的高可用性

可以同时安装多台 DHCP 服务器来提供具备高可用性的服务，即使其中一台 DHCP 服务器发生故障，其他正常的 DHCP 服务器仍然可以继续提供服务。我们可以将相同的 IP 作用域配置在这些服务器上，每台服务器的作用域包含适当比例的 IP 地址范围，但是不能有重复的 IP 地址。否则，不同的客户端可能会从不同服务器租用到相同的 IP 地址。这种在每台服务器上配置相同作用域的高可用性做法被称为拆分作用域（split scope）。

例如，在图 13-5-6 中，DHCP 服务器 1 内建立了一个网络 ID 为 10.120.0.0/16 的作用域，其 IP 地址范围为 10.120.1.1～10.120.4.255，而在 DHCP 服务器 2 内也建立了相同网络 ID 的作用域（10.120.0.0/16），其 IP 地址范围为 10.120.5.1～10.120.8.255。

可以将两台服务器都放在客户端所在的网络，让两台服务器都能为客户端提供服务。也可以将其中一台服务器放到另一个网络中，作为备用服务器。如图 13-5-6 所示，图中 DHCP 服务器 1 通常会优先对左侧网络的客户端提供服务。但当它因故无法提供服务时，会由 DHCP 服务器 2 来接手继续提供服务。

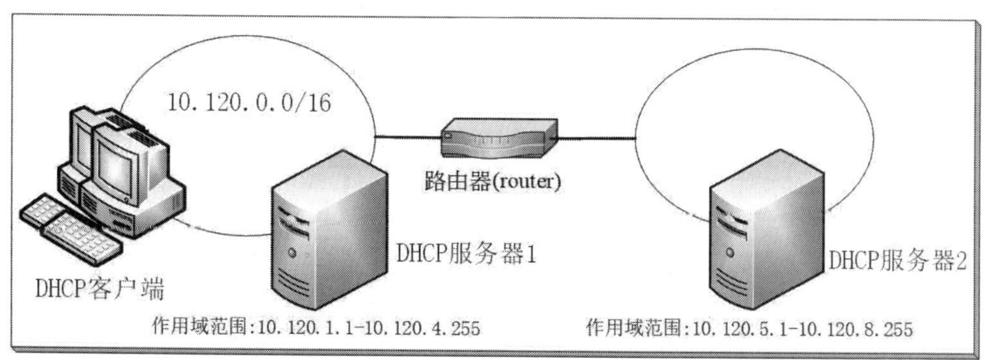

图 13-5-6

13.5.6 互相备份的 DHCP 服务器

如图 13-5-7 所示，左右两个网络各有一台 DHCP 服务器。左侧 DHCP 服务器 1 有一个 192.168.8.0 的作用域 1，用于为左侧网络的客户端提供服务。右侧 DHCP 服务器 2 有一个

192.168.9.0 的作用域 1，用于为右侧网络的客户端提供服务。同时，左侧的 DHCP 服务器 1 还拥有一个 192.168.9.0 的作用域 2，此服务器作为右侧网络的备用服务器。右侧的 DHCP 服务器 2 也还有一个 192.168.8.0 的作用域 2，此服务器作为左侧网络的备用服务器。

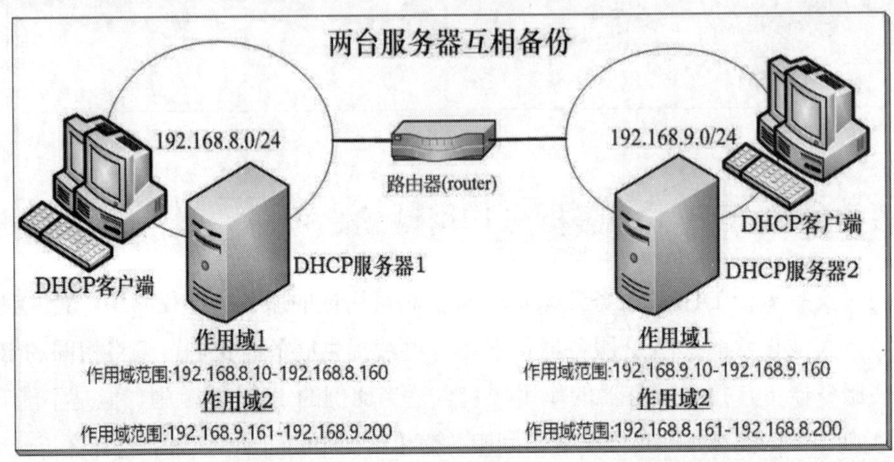

图 13-5-7

13.6 DHCP的选项设置

除了为 DHCP 客户端分配 IP 地址和子网掩码外，DHCP 服务器还可以为客户端提供其他 TCP/IP 配置值选项，例如默认网关（路由器）和 DNS 服务器等。当客户端向 DHCP 服务器租用 IP 地址或续签 IP 租约时，便可以从服务器获取这些配置值选项。

DHCP 服务器提供了许多选项设置，其中常用的包括**默认网关**、**DNS 服务器**、**DNS 域名**等。

可以通过图 13-6-1 中 4 个箭头所指的位置来设置不同级别的 DHCP 选项：

- **服务器选项**（1号箭头）：该选项会自动被所有作用域继承，换句话说，它会应用于该服务器内的所有作用域。因此，无论客户端是从哪个作用域租用IP地址，都能获得这些选项的设置。
- **作用域选项**（2号箭头）：该选项只适用于特定作用域，只有当客户端从这个作用域租到IP地址时，才会获得这些选项的设置。作用域选项会自动被该作用域内的所有保留IP地址所继承。
- **保留**（3号箭头）：针对某个保留IP地址所设置的选项，只有当客户端租用到该保留的IP地址时，才会获得这些选项的设置。
- **策略**（4号箭头）：可以通过策略针对特定计算机设置其选项。

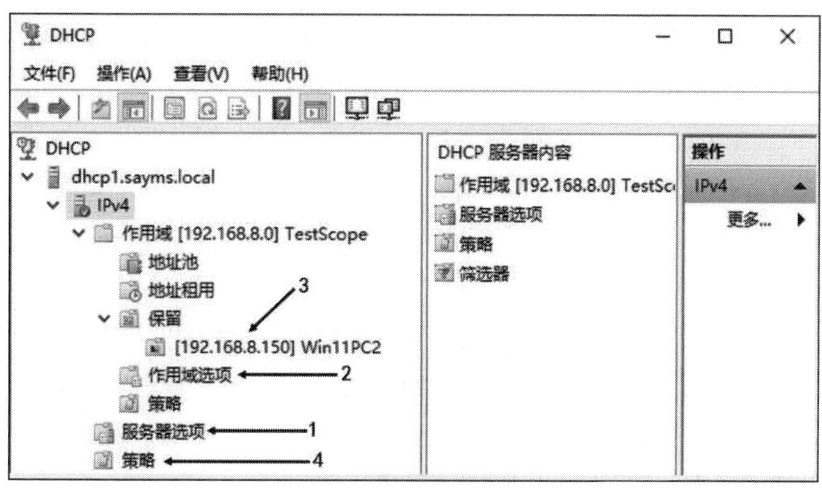

图 13-6-1

当服务器选项、作用域选项、保留与策略内的选项设置发生冲突时，其优先级为：服务器选项（最低）➲作用域选项➲保留➲策略（最高）。例如，服务器选项将 DNS 服务器的 IP 地址设置为 168.95.1.1，而某个作用域的作用域选项将 DNS 服务器的 IP 地址设置为 192.168.8.1。在这种情况下，如果客户端租用了该作用域的 IP 地址，则其 DNS 服务器的 IP 地址是作用域选项中设置的 IP 地址，即 192.168.8.1。

如果客户端用户自行在其计算机上做了不同的设置（例如图 13-6-2 中的**首选 DNS 服务器**），则客户端的设置优先于 DHCP 服务器提供的设置。

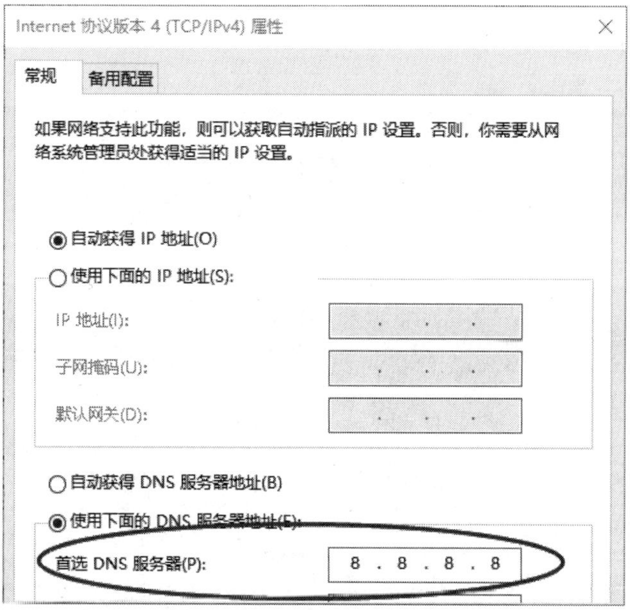

图 13-6-2

配置选项时，如果要为我们所建立的作用域 **TestScope** 设置**默认网关**选项，具体的操作步骤为：在如图 13-6-3 所示的界面中选中此作用域的**作用域选项**，再右击➲配置选项➲在前景图中勾选 **003 路由器**➲输入路由器的 IP 地址（假设为 192.168.8.254）后单击添加按钮➲继续勾选 **006 DNS 服务器**➲输入 DNS 服务器的 IP 地址（假设为 8.8.8.8）后单击添加按钮➲……。

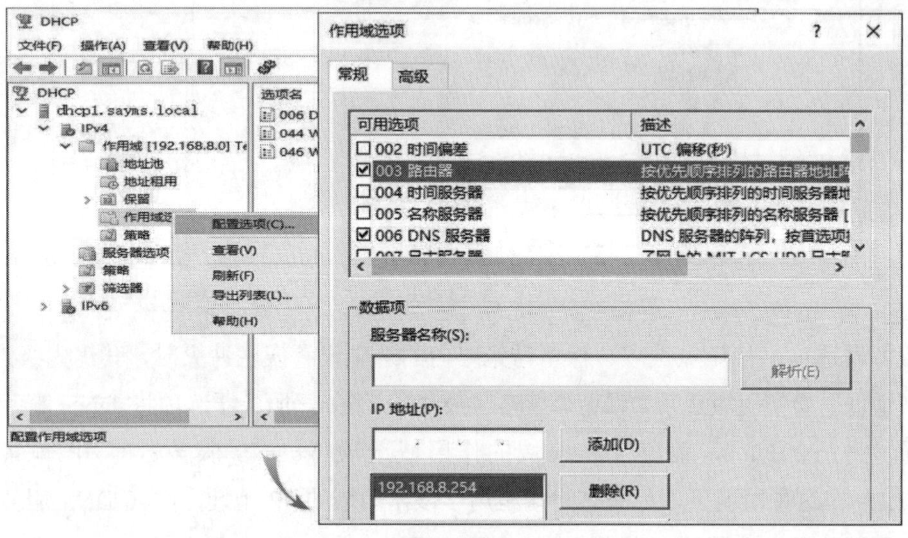

图 13-6-3

完成设置后，我们可以在客户端使用 **ipconfig /renew** 命令来续签 IP 租约并获取最新的选项设置。此时，应该会发现客户端的默认网关与 DNS 服务器都已经被指定到我们所设置的 IP 地址，如图 13-6-4 所示（也可以使用 **ipconfig /all** 命令来查看）。

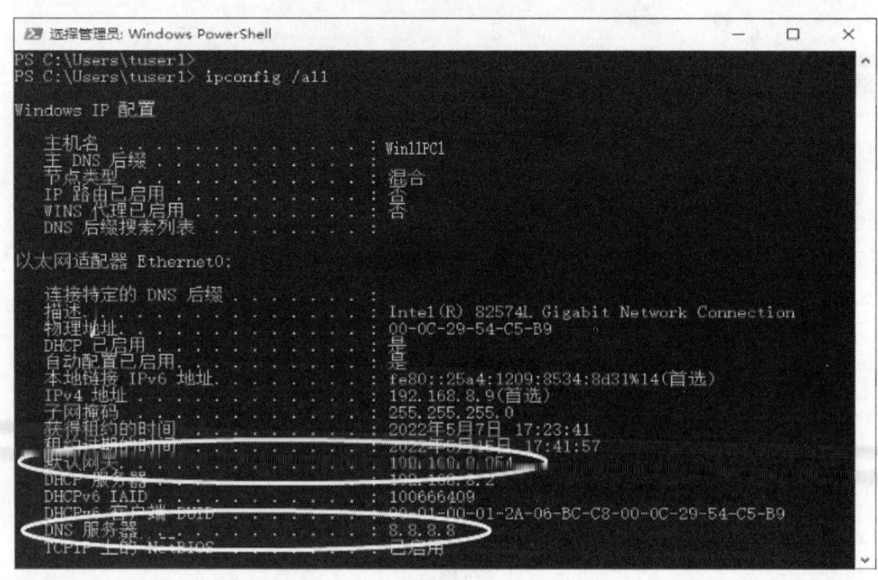

图 13-6-4

13.7 DHCP中继代理

如果 DHCP 服务器与客户端分别位于不同网络，由于连接这两个网络的路由器不会将 DHCP 广播消息转发到其他网络，这将限制 DHCP 的有效使用范围。为了解决这个问题，可以采用以下方法：

- 如果路由器符合RFC 1542规范，此路由器可以设置将DHCP广播消息传送到其他网络。
- 如果路由器不符合RFC 1542规范，则可以在没有DHCP服务器的网络内将一台Windows Server 2022计算机设置成DHCP中继代理（DHCP Relay Agent）来解决问题，因为它具备将DHCP消息直接转发给DHCP服务器的功能。

在图13-7-1上方，DHCP客户端A通过**DHCP中继代理**工作的操作步骤如下：

- DHCP 客户端 A 利用广播消息查找 DHCP 服务器。
- DHCP 中继代理收到此消息后，通过路由器将其直接转发给另一个网络内的 DHCP 服务器。
- DHCP 服务器通过路由器直接响应消息给 DHCP 中继代理。
- DHCP 中继代理将此消息广播给 DHCP 客户端 A。

之后，客户端发出的消息以及服务器发出的消息，都通过 **DHCP 中继代理**进行转发。

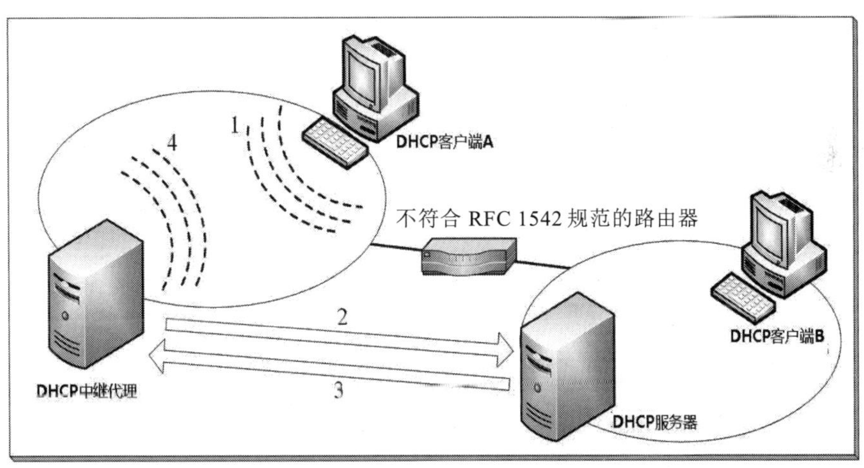

图 13-7-1

配置 DHCP 中继代理

我们以图 13-7-2 为例来说明如何设置图中的 **DHCP 中继代理**，当它收到 DHCP 客户端的 DHCP 信息时，会将其转发到乙网络的 DHCP 服务器中。

我们需要在这台 Windows Server 2022 计算机上安装**远程访问**角色，然后通过其提供的**路由和远程访问**服务来配置 **DHCP 中继代理，具体操作步骤如下：**

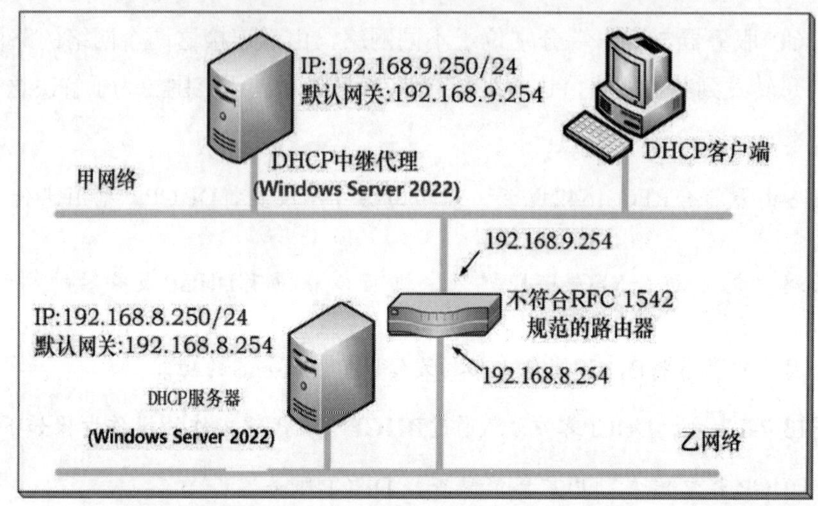

图 13-7-2

STEP 1　打开**服务器管理器**➲单击**仪表板**处的**添加角色和功能**➲持续单击下一步按钮，直到出现如图 13-7-3 所示的**选择服务器角色**界面，再勾选**远程访问**。

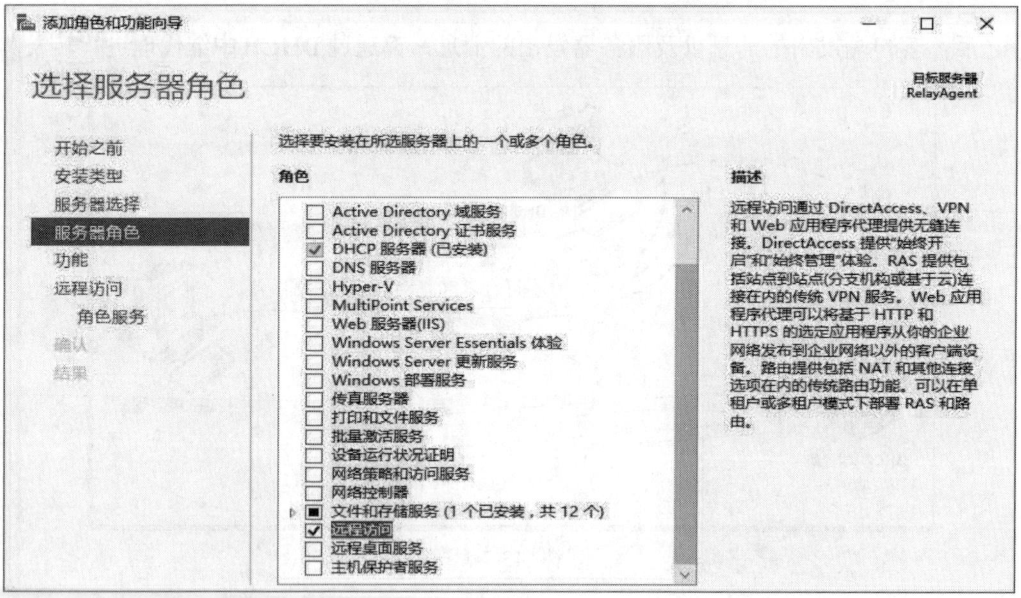

添加角色和功能向导

选择服务器角色

目标服务器
RelayAgent

开始之前
安装类型
服务器选择
服务器角色
功能
远程访问
角色服务
确认
结果

选择要安装在所选服务器上的一个或多个角色。

角色

- [ ] Active Directory 域服务
- [ ] Active Directory 证书服务
- [x] DHCP 服务器 (已安装)
- [ ] DNS 服务器
- [ ] Hyper-V
- [ ] MultiPoint Services
- [ ] Web 服务器(IIS)
- [ ] Windows Server Essentials 体验
- [ ] Windows Server 更新服务
- [ ] Windows 部署服务
- [ ] 传真服务器
- [ ] 打印和文件服务
- [ ] 批量激活服务
- [ ] 设备运行状况证明
- [ ] 网络策略和访问服务
- [ ] 网络控制器
- [ ] 文件和存储服务 (1 个已安装，共 12 个)
- [x] 远程访问
- [ ] 远程桌面服务
- [ ] 主机保护者服务

描述

远程访问通过 DirectAccess、VPN 和 Web 应用程序代理提供无缝连接。DirectAccess 提供"始终开启"和"始终管理"体验。RAS 提供包括站点到站点(分支机构或基于云)连接在内的传统 VPN 服务。Web 应用程序代理可以将基于 HTTP 和 HTTPS 的选定应用程序从你的企业网络发布到企业网络以外的客户端设备。路由提供包括 NAT 和其他连接选项在内的传统路由功能。可以在单租户或多租户模式下部署 RAS 和路由。

图 13-7-3

STEP 2　持续单击下一步按钮，直到出现如图 13-7-4 所示的**选择角色服务**界面，然后勾选 **DirectAccess 与 VPN（RAS）**➲单击添加功能按钮➲单击下一步按钮。

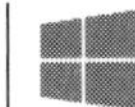

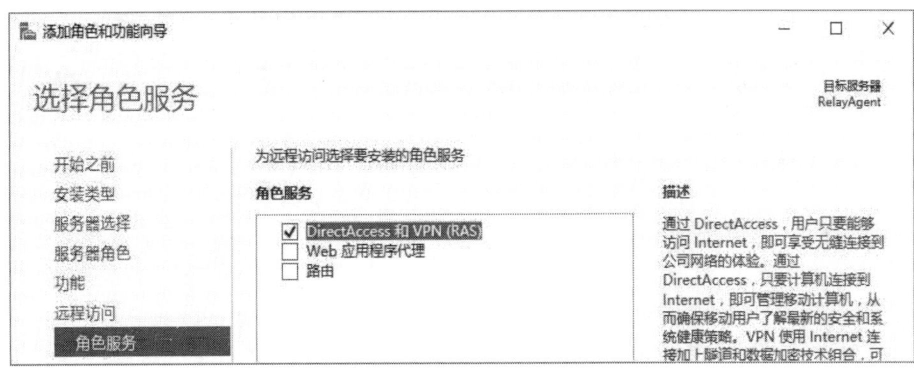

图 13-7-4

STEP 3　持续单击下一步按钮，直到出现**确认安装选项**界面，再单击安装按钮。

STEP 4　完成安装后，点选**服务器管理**界面右上方**工具**➲路由和远程访问➲在如图 13-7-5 所示的界面中选中本地计算机，再右击➲配置并启用路由和远程访问➲单击下一步按钮。

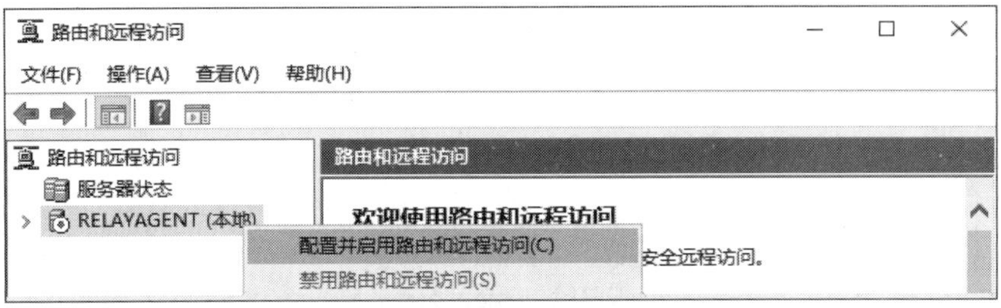

图 13-7-5

STEP 5　在图 13-7-6 中，选择**自定义配置**后单击下一步按钮。

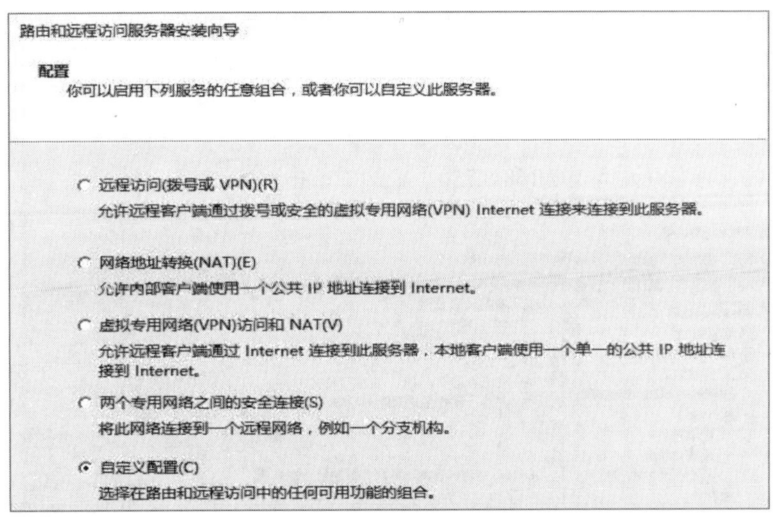

图 13-7-6

STEP 6　在图 13-7-7 中，勾选 **LAN 路由**后单击下一步按钮➲单击完成按钮➲单击确定按钮。

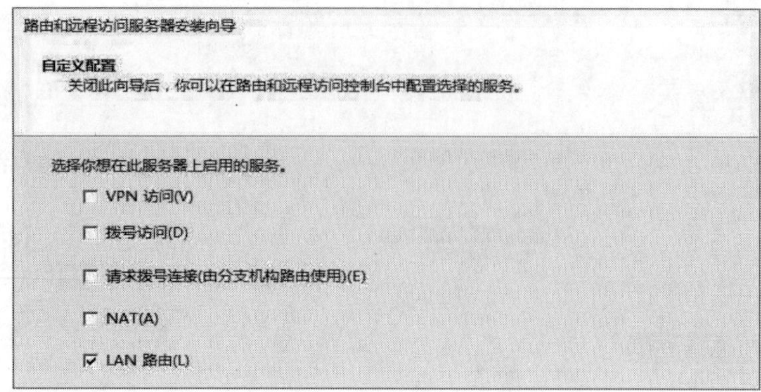

图 13-7-7

STEP 7　在接下来的界面中单击启动服务按钮。

STEP 8　如图 13-7-8 所示，选中 **IPv4** 下的**常规**后右击➲新增路由协议➲选择 **DHCP Relay Agent** 后单击确定按钮。

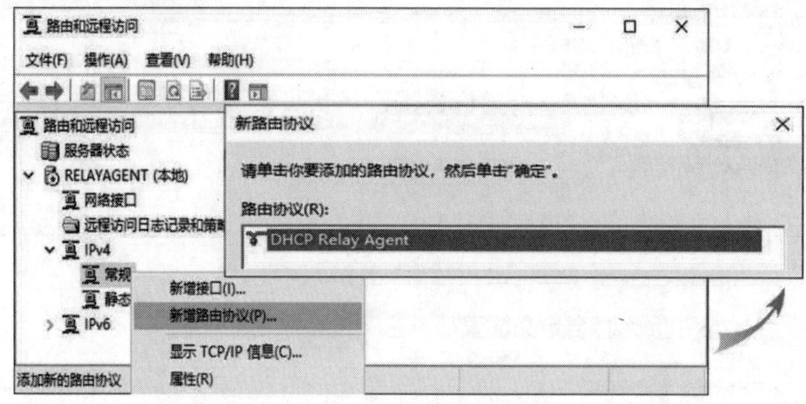

图 13-7-8

STEP 9　如图 13-7-9 所示，单击 **DHCP 中继代理**➲单击上方**属性**➲在前景图添加 DHCP 服务器的 IP 地址（假设为 192.168.8.250），然后单击确定按钮。

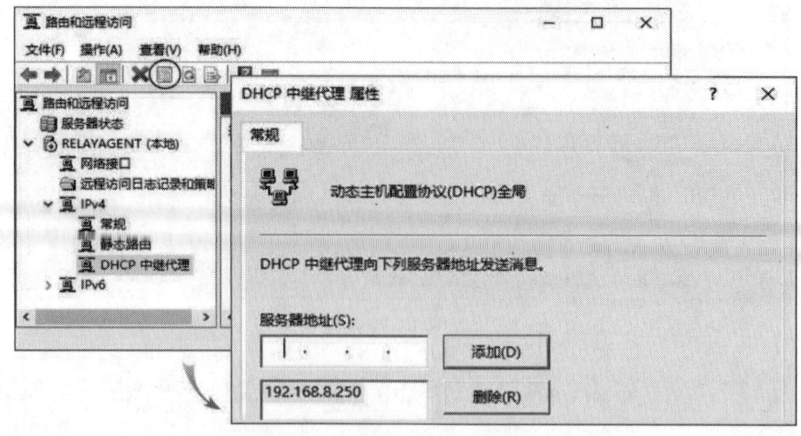

图 13-7-9

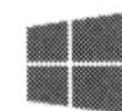

STEP 10　如图 13-7-10 所示，选中 **DHCP 中继代理**后右击➲添加接口➲选择**以太网**➲单击确定按钮。当 **DHCP 中继代理**收到通过**以太网**传送来的 DHCP 数据包时，就会将它转发给 DHCP 服务器。图中所选择的**以太网**就是图 13-7-2 中 IP 地址为 192.168.9.250 的网络接口。

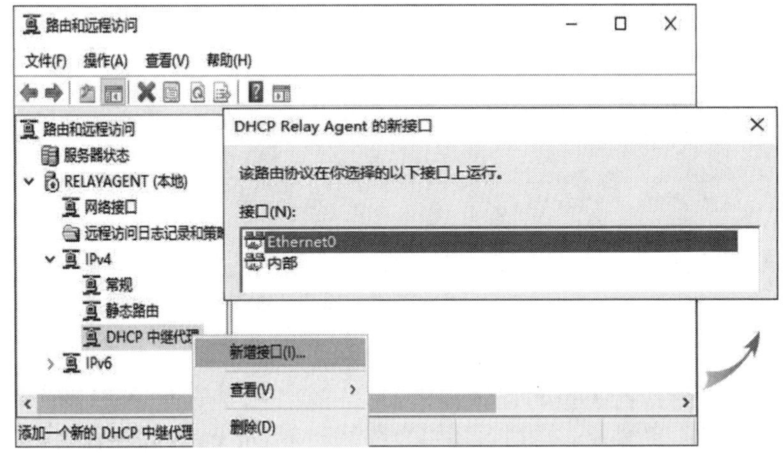

图 13-7-10

STEP 11　在图 13-7-11 中，直接单击确定按钮即可。

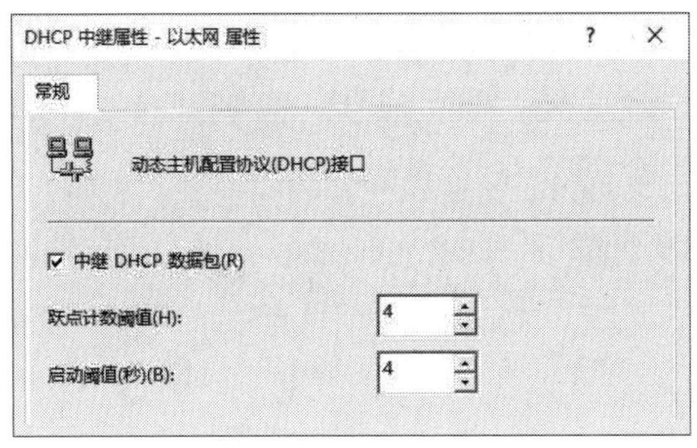

图 13-7-11

图中的两个选项分别介绍如下：

- **跃点计数阈值**：表示DHCP数据包最多只能够经过多少个RFC 1542路由器来转发。
- **启动阈值**：在**DHCP中继代理**收到DHCP数据包后，会等待一段时间，然后再将数据包转发给远程的DHCP服务器。如果本地网络与远程网络都有DHCP服务器，并且希望本地网络的DHCP服务器优先提供服务，此时可以通过此处的配置来延迟将消息发送到远程的DHCP服务器。在这段时间内，同一网络内的DHCP服务器就有机会先响应客户端的请求。

STEP 12　完成配置后，只要路由器功能正常，DHCP 服务器已经建立了客户端所需的 IP 作用域（IP 地址范围），那么客户端就可以正常租用到 IP 地址了。

第 14 章　解析 DNS 主机名

本章将介绍如何使用**域名系统**（Domain Name System，DNS）来解析 DNS 主机名（例如 server1.abc.com）的 IP 地址。同时，还将介绍 Active Directory 域的命名机制与 DNS 的紧密集成，例如域成员计算机依赖 DNS 服务器来查找域控制器。

- DNS概述
- DNS服务器的安装与客户端的设置
- 建立DNS区域
- DNS的区域设置
- 动态更新
- 求助于其他DNS服务器
- 检测DNS服务器

14.1　DNS概述

当 DNS 客户端要与某台主机通信时，比如要连接网站 www.sayms.com，该客户端会向 DNS 服务器提出查询 www.sayms.com 的 IP 地址的请求。服务器收到此请求后，会帮客户端来查找 www.sayms.com 的 IP 地址。这台 DNS 服务器也被称为**名称服务器**（name server）。

当客户端向 DNS 服务器提出查询 IP 地址的请求时，服务器会先从自己的 DNS 数据库内查找。如果数据库中没有所需的数据，此 DNS 服务器会转到其他 DNS 服务器进行查询。

14.1.1　DNS 域名空间

整个 DNS 架构是一个类似图 14-1-1 所示的层次树状结构，这个树状结构被称为 **DNS 域名空间**（DNS domain namespace）。

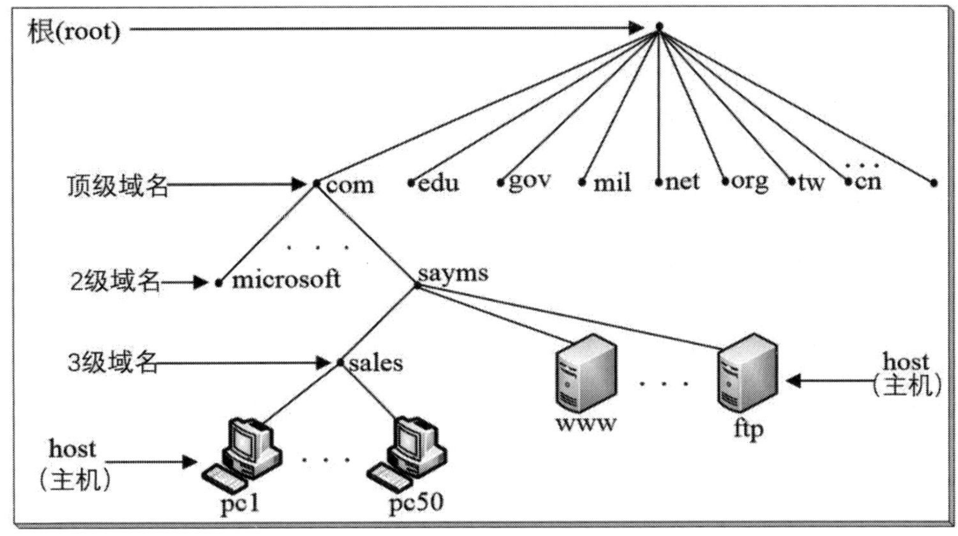

图 14-1-1

图中位于树状结构最顶层的是 DNS 域名空间的**根**（root），通常是用句点（.）来表示**根**。**根**域名下有多个 DNS 服务器，由不同机构负责管理。**根**域名下面是**顶级域**（top-level domain），每个顶级域内都有多个 DNS 服务器。顶级域名用于对组织进行分类。表 14-1-1 列出了部分顶级域名。

表 14-1-1 部分顶级域名及说明

域 名	说 明
biz	适用于商业机构
com	适用于商业机构
edu	适用于教育、学术研究单位
gov	适用于官方政府单位
info	适用于所有的用途
mil	适用于国防军事单位
net	适用于网络服务机构
org	适用于财团法人等非营利机构
国码	例如 cn（中国）、us（美国）

顶级域名下为 **2 级域名**（second-level domain），它们供公司或组织申请与使用。例如 **microsoft.com** 是由 Microsoft 公司所申请的域名。如果要在 Internet 上使用一个域名，该域名必须事先申请。

公司可以在其所申请的 2 级域名下，进一步细分为多层的子域（subdomain）。例如，可以在 sayms.com 下为业务部 sales 创建一个子域，其域名为 sales.sayms.com，此子域的域名最后需要附加其父域的域名（sayms.com），也就是说，域名空间是有连续的。

图 14-1-1 右下方的主机 www 与 ftp 是属于 sayms 这家公司的主机，它们的完整域名分别是 www.sayms.com 与 ftp.sayms.com。这些完整域名被称为完全限定名（Fully Qualified Domain Name，FQDN）。其中，www.sayms.com 字符串前面的 www，以及 ftp.sayms.com 字符串前面的 ftp 是这些主机的**主机名**（host name）。另外，pc1～pc50 等主机位于子域 sales.sayms.com 中，它们的 FQDN 分别是 pc1.sales.sayms.com～pc50.sales.sayms.com。

以 Windows 计算机为例，可以在 Windows PowerShell 窗口内使用 **hostname** 命令来查看计算机的主机名，也可以这样来查看：选中左下角的**开始**图标⊞，再右击➲系统➲单击**域或工作组**（如 Windows 11）或**重命名这台计算机**（如 Windows 10、Windows Server 2022 等）➲如图 14-1-2 所示。图中**计算机全名** server1.sayms.local 中最前面的 server1 就是主机名。

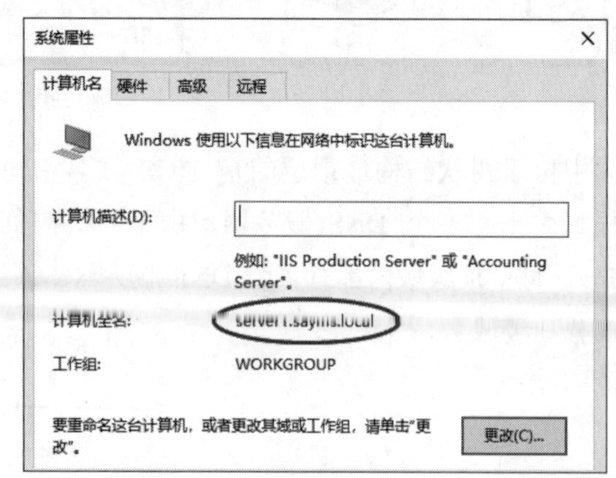

图 14-1-2

14.1.2 DNS 区域

DNS **区域**（zone）是域名空间树状结构的一部分，用于将域名空间分割为易于管理的小区域。在 DNS 区域内的主机数据存储在 DNS 服务器内的**区域文件**（zone file）或 Active Directory 数据库内。一台 DNS 服务器可以存储一个或多个区域的数据，同时一个区域的数据也可以被存储到多台 DNS 服务器内。区域文件内的数据被称为**资源记录**（resource record，RR）。

将一个 DNS 域划分为多个区域，可以分散网络管理的工作负担。例如，在图 14-1-3 中，将域 sayms.com 分为**区域 1**（涵盖子域 sales.sayms.com）与**区域 2**（涵盖域 sayms.com 与子域 mkt.sayms.com），每个区域各有一个区域文件。在区域 1 的区域文件（或 Active Directory 数据库）内存储了涵盖域内所有主机（pc1～pc50）的记录，而在区域 2 的区域文件（或 Active Directory 数据库）内存储了涵盖域内所有主机（pc51～pc100、www 与 ftp）的记录。这两个区域文件可以存放在同一台 DNS 服务器内，也可以分别存放在不同 DNS 服务器内。

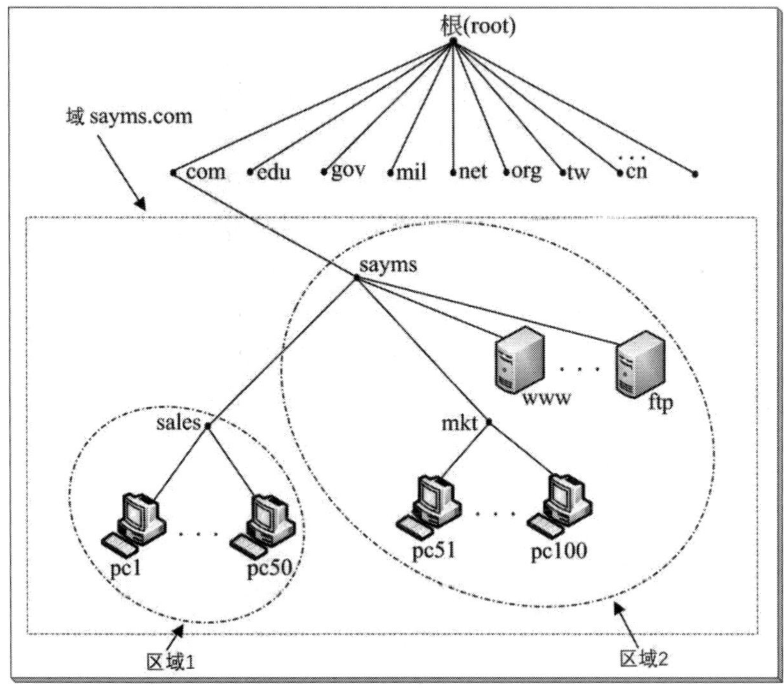

图 14-1-3

一个区域所涵盖的范围必须是域名空间中连续的区域，例如不能建立一个包含 sales.sayms.com 与 mkt.sayms.com 两个子域的区域，因为它们位于不连续的名称空间内。但是可以建立一个包含 sayms.com 与 mkt.sayms.com 的区域，因为它们位于连续的名称空间内（sayms.com）。

每个区域都是针对特定的域进行设置的。例如，区域 1 是针对 sales.sayms.com，而区域 2 是针对 sayms.com（包含域 sayms.com 与子域 mkt.sayms.com）。我们将这个域称为区域的**根域**（root domain），也就是说，区域 1 的根域是 sales.sayms.com，而区域 2 的根域是 sayms.com。

14.1.3 DNS 服务器

DNS 服务器存储着域名空间部分区域的记录。一台 DNS 服务器可以存储一个或多个区域内的记录，也就是说，此服务器负责管辖的范围可以涵盖一个或多个域名空间区域。在图 14-1-2 中，负责管辖区域 2 的 DNS 服务器被称为是这些区域的**授权服务器**（authoritative server）。它负责向 DNS 客户端提供客户端所查询的记录，主要包括主要服务器、辅助服务器和主服务器，具体介绍如下：

- **主要服务器（primary server）**：当在一台DNS服务器上创建一个区域后，如果可以直接在此区域内添加、删除与修改记录，则这台服务器就被称为是此区域的**主服务器**。主要服务器内存储着此区域的原始数据（master copy）。
- **辅助服务器（secondary server）**：当在一台DNS服务器上创建一个区域后，如果这个区域内的所有记录都是从另外一台DNS服务器复制过来的，也就是说，它存储的是副本记录（replica），这些记录是无法修改的，该服务器被称为该区域的**辅助服务器**。
- **主服务器（master server）**：**辅助服务器**的区域记录是从另外一台DNS服务器复制过来的，此服务器就被称为是这台辅助服务器的**主服务器**。这台**主服务器**可以是存储该区域原始数据的**主要服务器**，也可以是存储副本数据的**辅助服务器**。将区域内的资源记录从**主服务器**复制到**辅助服务器**的操作被称为**区域传送**（zone transfer）。

可以为一个区域设置多台辅助服务器，以便提供以下好处：

- **分担主服务器的负担**：多台DNS服务器共同为客户端提供服务，可以分担服务器的负担。
- **提供容错能力**：如果其中有DNS服务器发生故障，此时仍然可以由其他正常的DNS服务器来继续提供服务。
- **加快查询的速度**：例如可以在异地分公司安装辅助服务器，让分公司的DNS客户端直接向辅助服务器查询即可，不需要向总公司的主服务器查询，以加快查询速度。

14.1.4 “缓存”服务器

唯缓存服务器（caching-only server）是一台不负责管辖任何区域的 DNS 服务器，也就是说，在这台 DNS 服务器内并没有建立任何区域，当它接收到 DNS 客户端的查询请求时，它会帮助客户端向其他 DNS 服务器查询，并将查询到的记录存储到缓存区，然后提供给客户端

使用。

唯缓存服务器内只有缓存记录，这些记录是它从其他 DNS 服务器查询得到的。当客户端来查询记录时，如果缓存区内有所需的记录，便可快速地将记录提供给客户端。

可以在异地分公司安装一台**唯缓存服务器**，以避免由于执行**区域传送**所造成的网络负担，并且可以让该地区的 DNS 客户端直接快速向本地服务器查询。

14.1.5　DNS 的查询模式

当客户端向 DNS 服务器查询 IP 地址时，或 DNS 服务器 1（此时它扮演着 DNS 客户端的角色）向 DNS 服务器 2 查询 IP 地址时，它有以下两种查询模式：

- **递归查询（recursive query）**：DNS客户端提交查询请求后，如果DNS服务器内没有所需的记录，则此服务器会代替客户端向其他DNS服务器查询。这种由DNS客户端发起的查询请求通常被称为递归查询。
- **迭代查询（iterative query）**：在DNS服务器与DNS服务器之间的查询过程中，大部分属于迭代查询。当DNS服务器1向DNS服务器2提出查询请求时，如果服务器2没有所需的记录，它会提供DNS服务器3的IP地址给DNS服务器1，让DNS服务器1自行向DNS服务器3查询。

我们以图14-1-4的DNS客户端向DNS服务器Server1查询www.sayms.com的IP地址为例来说明其流程（参考图中的数字）：

- DNS 客户端向服务器 Server1 查询 www.sayms.com 的 IP 地址（递归查询）。
- 如果 Server1 内没有此主机的记录，Server1 则会将此查询请求传送到根（root）内的 DNS 服务器 Server2（迭代查询）。
- Server2 根据主机名 www.sayms.com 得知此主机位于顶级域.com 下，故会将负责管辖.com 的 DNS 服务器 Server3 的 IP 地址传送给 Server1。
- Server1 得到 Server3 的 IP 地址后，它会向 Server3 查询 www.sayms.com 的 IP 地址（迭代查询）。
- Server3 根据主机名 www.sayms.com 得知它位于 sayms.com 域内，故会将负责管辖 sayms.com 的 DNS 服务器 Server4 的 IP 地址传送给 Server1。
- Server1 得到 Server4 的 IP 地址后，它会向 Server4 查询 www.sayms.com 的 IP 地址（迭代查询）。
- 负责管辖 sayms.com 的 DNS 服务器 Server4 将 www.sayms.com 的 IP 地址传送给 Server1。
- Server1 再将此 IP 地址传送给 DNS 客户端。

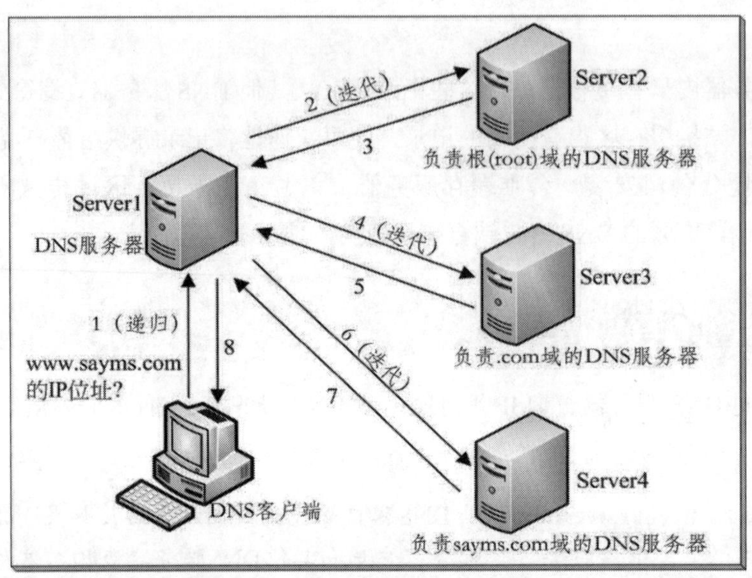

图 14-1-4

14.1.6 反向查询

反向查询（reverse lookup）是一种通过 IP 地址查询主机名的方法。例如，DNS 客户端可以通过反向查询来获取拥有 IP 地址 192.168.8.1 的主机名。为了提供反向查询服务，需要在 DNS 服务器内建立反向查询区域，该区域的名称以 in-addr.arpa 结尾。例如，如果要为网络 ID 为 192.168.8 的网络提供反向查询服务，则反向查询区域的名称应为 8.168.192.in-addr.arpa（网络 ID 需要反向书写）。在建立反向查询区域时，系统会自动创建一个反向查询区域文件，它的默认文件名为区域名称加上**.dns** 后缀，例如 8.168.192.in-addr.arpa.dns。

14.1.7 动态更新

Windows 的 DNS 服务器与客户端都具备动态更新记录的功能，也就是说，如果 DNS 客户端的主机名或 IP 地址发生变动，它们会将这些变动数据传送到 DNS 服务器，然后 DNS 服务器会自动更新 DNS 区域内的相关记录。

14.1.8 缓存文件

缓存文件（cache file）存储了**根**（root，见图 14-1-1）内 DNS 服务器的主机名与 IP 地址映射数据。每个 DNS 服务器的缓存文件都是相同的。当企业内的 DNS 服务器需要向外部 DNS 服务器查询时，它可以使用到这些数据。除非公司内部的 DNS 服务器指定了**转发器**（forwarder），否则它会使用缓存文件中的数据。

在图 14-1-4 中的第 2 个步骤中，Server1 之所以知道**根**（root）内 DNS 服务器的主机名与 IP 地址，是因为它从缓存文件中获取了这些信息。DNS 服务器的缓存文件通常位于 %*Systemroot*%\System32\DNS 文件夹内（%*Systemroot*% 通常指 C:），它的文件名为 cache.dns。

14.2　DNS服务器的安装与客户端的设置

扮演 DNS 服务器角色的计算机需要使用静态 IP 地址。我们将通过图 14-2-1 来说明如何设置 DNS 服务器与客户端。首先，安装好这几台计算机的操作系统，并设置计算机名、IP 地址与首选 DNS 服务器等（图中采用 IPv4）。然后，将这几台计算机的网卡连接到同一个网络上，并连接 Internet。

由于 Active Directory 域需要用到 DNS 服务器，因此当将 Windows Server 2022 计算机升级为域控制器时，如果升级向导找不到 DNS 服务器，系统会默认在此该域控制器上安装 DNS 服务器。

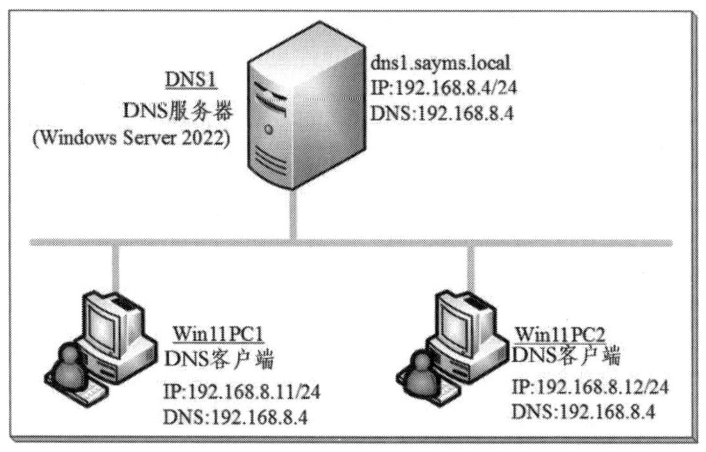

图 14-2-1

14.2.1　DNS 服务器的安装

先设置 DNS 服务器 DNS1 的 FQDN，也就是计算机全名，假设此名称后缀为 sayms.local（以下均采用虚拟的**顶级域名**.local），也就是 FQDN 为 dns1.sayms.local，设置方法为：打开**服务器管理器**➲单击左侧**本地服务器**➲单击**计算机名**右侧的计算机名➲单击更改按钮➲单击其他按钮➲在**此计算机的主 DNS 后缀**处输入后缀 sayms.local➲……➲重新启动计算机。

确认此服务器的**首选 DNS 服务器**的 IP 地址已经指向自己，以便让这台计算机内其他应用程序可以通过这台 DNS 服务器来查询 IP 地址，具体步骤为：打开文件资源管理器➲选中**网络**右击➲属性➲单击**以太网**➲单击属性按钮➲单击 **Internet 协议版本 4（TCP/IPv4）**➲单击属性按钮➲确认**首选 DNS 服务器**处的 IP 地址为 192.168.8.4。

我们要通过添加 **DNS 服务器**角色的方式来安装 DNS 服务器，具体步骤为：打开**服务器管理器**➲单击**仪表板**处的**添加角色和功能**➲持续单击下一步按钮，直到出现如图 14-2-2 所示的**选择服务器角色**界面，然后勾选 **DNS 服务器**➲……。

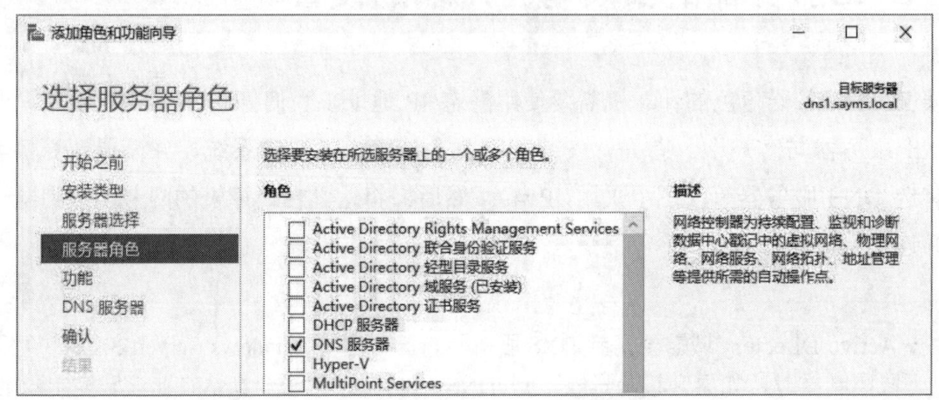

图 14-2-2

完成安装后，要打开 DNS 控制台与管理 DNS 服务器，步骤为：单击服务器管理器右上方的工具➲DNS 或单击左下角的**开始**图标⊞➲Windows 系统管理工具➲DNS。在 DNS 控制台中选中 DNS 服务器，再右击➲所有任务，以执行启动/停止/暂停/继续 DNS 服务器等工作。要连接与管理其他 DNS 服务器，具体步骤为：在 DNS 控制台中选中 DNS，再右击➲连接到 DNS 服务器。也可以使用 dnscmd.exe 程序来管理 DNS 服务器。

14.2.2 DNS 客户端的设置

以 Windows 11/10 计算机为例，具体步骤为：单击左下角的**开始**图标⊞，再右击➲打开文件资源管理器➲选中**网络**右击➲属性➲单击更改适配器设置➲单击**以太网**➲单击属性按钮➲单击 **Internet 协议版本 4（TCP/IPv4）**➲单击属性按钮➲在图 14-2-3 所示的界面中，在**首选 DNS 服务器**处输入 DNS 服务器的 IP 地址。

如果还有其他 DNS 服务器可提供服务，则可以在**其他 DNS 服务器**处输入该 DNS 服务器的 IP 地址。当 DNS 客户端在与**首选 DNS 服务器**通信时，如果没有收到响应，它会尝试与**其他 DNS 服务器**通信。如果要指定两台以上 DNS 服务器，可以通过单击图 14-2-3 右下方的高级按钮来设置。

DNS 服务器本身也应该采用相同步骤来指定**首选 DNS 服务器**（与**备用 DNS 服务器**）的 IP 地址，由于本身就是 DNS 服务器，因此一般会直接指定自己的 IP 地址。

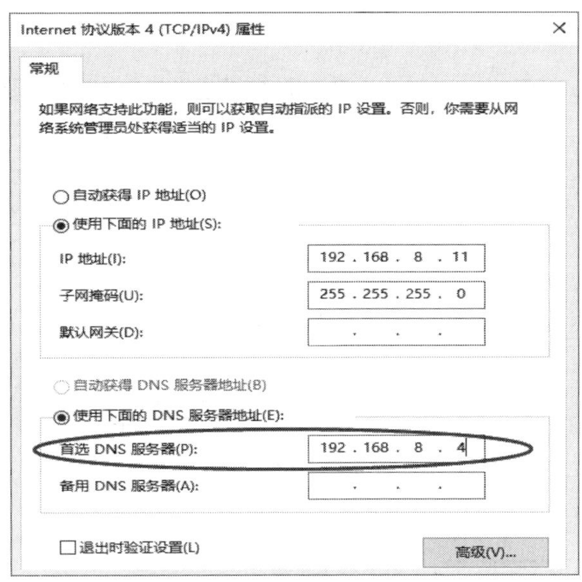

图 14-2-3

Q DNS 服务器会对客户端提出的查询请求提供服务，请问如果 DNS 服务器本身这台计算机内的程序（例如浏览器）提出查询请求时，会由 DNS 服务器这台计算机自己来提供服务吗？

A 不一定！要看 DNS 服务器这台计算机的**首选 DNS 服务器**的 IP 地址的设置，如果 IP 地址是指到自己的，就会由这台 DNS 服务器自己来提供服务，如果 IP 地址是指到其他 DNS 服务器，则会由所定义的 DNS 服务器来提供服务。

14.2.3　使用 HOSTS 文件

HOSTS 文件用来存储主机名与 IP 的映射数据。当 DNS 客户端需要查找主机的 IP 地址时，它会先检查自己计算机的 HOSTS 文件，查看文件内是否有相应主机的 IP 地址，只有找不到数据时，才会向 DNS 服务器发起查询请求。

HOSTS 文件存放在每一台计算机的%*Systemroot*%\system32\drivers\etc 文件夹内。用户需要手动将主机名与 IP 地址映射信息输入到此文件中。图 14-2-4 展示了 Windows 11 计算机内的一个 HOSTS 文件示例，其中以“#”符号开头的行表示其右侧为注释文字。在示例中，我们在文件末尾添加了两行记录，分别是 jackiepc.sayms.local 与 marypc.sayms.local。当客户端需要查询这两台主机的 IP 地址时，可以直接从 HOST 文件获得，无须向 DNS 服务器查询。然而，如果需要查询其他主机的 IP 地址，例如 www.microsoft.com，由于这些主机记录并未被添加到 HOSTS 文件中，因此仍需要向 DNS 服务器进行查询。

在 Windows 11/10 计算机上，我们需要以系统管理员身份来执行**记事本**并打开 HOSTS 文件才可以更改 HOSTS 文件的属性：单击左下角的**开始**图标⊞➲选中**记事本**后右击（Windows 10 还需先选择 **Windows 附件**）➲以系统管理员身份运行➲单击**是（Y）**按钮➲**文件**菜单➲打开➲将右下角**文本文档**改为**所有文件**➲打开 Hosts 文件。

```
hosts - 记事本
文件(F)  编辑(E)  格式(O)  查看(V)  帮助(H)
#
# For example:
#
#      102.54.94.97     rhino.acme.com          # source server
#       38.25.63.10     x.acme.com              # x client host

# localhost name resolution is handled within DNS itself.
#       127.0.0.1       localhost
#       ::1             localhost
192.168.8.30            jackiepc.sayms.local
192.168.8.31            marypc.sayms.local
```

图 14-2-4

当在这台客户端计算机上使用 ping 命令来查询 jackiepc.sayms.local 的 IP 地址时，可以通过 HOSTS 文件获取其 IP 地址 192.168.8.30，如图 14-2-5 所示。

打开 Windows PowerShell 窗口的方法：对于 Windows 11 客户端，可以选中左下角的**开始**图标■，再右击➲Windows 终端；对于 Windows 10 客户端，可以选中左下角的**开始**图标⊞，再右击➲Windows PowerShell。

```
管理员: Windows PowerShell
PS C:\Users\tuser1> ping jackiepc.sayms.local

正在 Ping jackiepc.sayms.local [192.168.8.30] 具有 32 字节的数据:
来自 192.168.8.4 的回复: 无法访问目标主机。
来自 192.168.8.4 的回复: 无法访问目标主机。
来自 192.168.8.4 的回复: 无法访问目标主机。
来自 192.168.8.4 的回复: 无法访问目标主机。

192.168.8.30 的 Ping 统计信息:
    数据包: 已发送 = 4, 已接收 = 4, 丢失 = 0 (0% 丢失),
PS C:\Users\tuser1>
```

图 14-2-5

14.3 创建DNS区域

Windows Server 的 DNS 服务器支持各种不同类型的区域。本节将介绍与区域有关的主题，包括 DNS 区域的类型、创建主区域、在主区域内创建资源记录、创建辅助区域、创建反

向查询区域与反向记录、子域与委派域。

14.3.1　DNS 区域的类型

在日常的 DNS 管理工作中，常用的 DNS 区域类型有以下几种：

- **主要区域**（**primary zone**）：它是用来存储此区域内的主要记录。当在DNS服务器上创建主要区域后，可以直接在此区域内添加、修改或删除记录：
  - 如果 DNS 服务器是独立或成员服务器，区域内的记录将存储在区域文件中。文默认情况下，**区域文件名的后缀为.dns**，例如区域名称为 sayms.local，则区域文件名默认是 sayms.local.dns。这些区域文件保存在%*Systemroot*%\System32\dns 文件夹中，它们是标准的 DNS 格式文本文件（text file）。
  - 如果 DNS 服务器是域控制器，可以选择将区域数据记录存储在区域文件或 Active Directory 数据库中。如果选择将其存储到 Active Directory 数据库，则此区域被称为 **Active Directory 集成区域**，此区域内的记录会通过 Active Directory 复制机制，自动被复制到其他也是 DNS 服务器的域控制器上。**Active Directory 集成区域**是主区域，允许在每个域控制器上添加、删除与修改区域内的记录。
- **辅助区域**（**secondary zone**）：此区域内的记录存储在**区域数据文件**中，不过它存储的是此区域数据的副本记录。这些副本是通过**区域传送**方式从其**主服务器**复制而来的。辅助区域中的记录是只读的，不可修改。在图14-3-1中，DNS服务器B与DNS服务器C各自拥有一个辅助区域，它们的记录是从DNS服务器A复制而来的，换句话说，DNS服务器A是它们的**主服务器**。

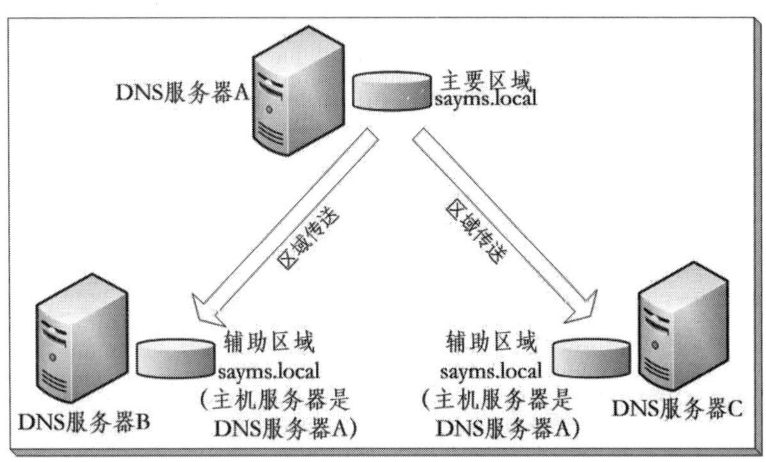

图 14-3-1

Windows Server 也支持**存根区域**（**stub zone**），它也存储区域的副本记录。不过，与辅助区域不同，存根区域内只包含少数记录（例如 SOA、NS 与 A 记录），通过这些记录可以找到此区域的授权服务器。

14.3.2 创建主要区域

DNS 客户端所提出的大部分查询请求属于正向映射查询，也就是从主机名来查询 IP 地址。以下是新建一个提供正向查询服务的主要区域的说明。

STEP 1 单击左下角的**开始**图标⊞➲Windows 管理工具➲DNS。

STEP 2 如图 14-3-2 所示，选中**正向查找区域**后右击➲新建区域➲单击下一步按钮。

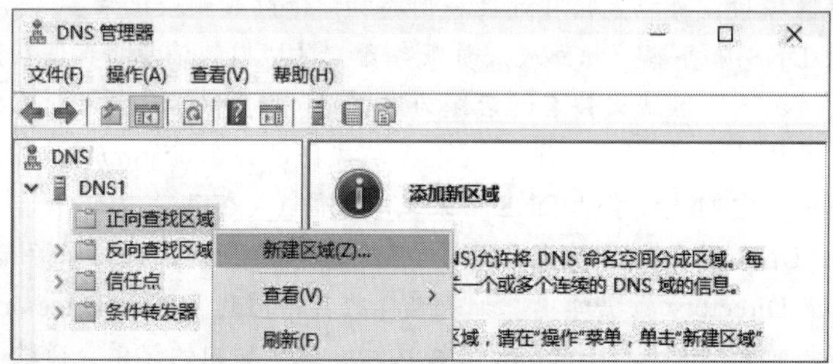

图 14-3-2

STEP 3 在图 14-3-3 中，选择**主要区域**后单击下一步按钮。

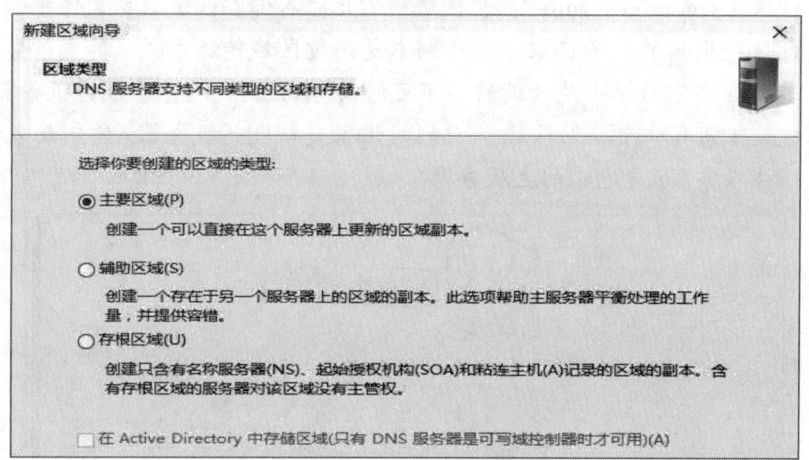

图 14-3-3

区域记录会被存储在区域文件中，但如果 DNS 服务器本身是域控制器，则默认情况下会自动勾选最下方的**在 Active Directory 中存储区域**选项（仅当 DNS 服务器是可写域控制器时才可用）。这意味着区域记录将存储在 Active Directory 数据库中，也就是称为 **Active Directory 集成区域**。同时，出现另一个界面，我们可以选择将区域记录复制到其他也是 DNS 服务器的域控制器上。

STEP 4 在图 14-3-4 中，添加区域名称后（例如 sayms.local）单击下一步按钮。

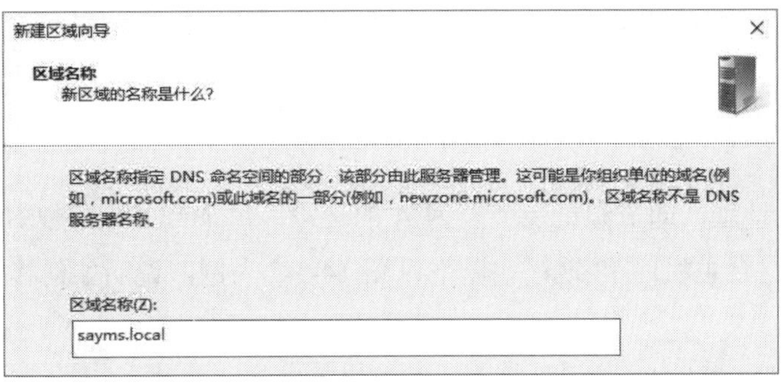

图 14-3-4

STEP 5　在图 14-3-5 中，单击下一步按钮使用默认的区域文件名。

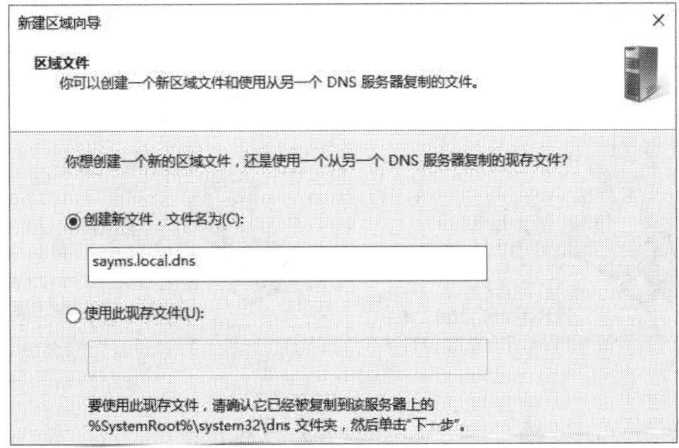

图 14-3-5

STEP 6　在**动态更新**界面中直接单击下一步按钮。

STEP 7　出现**正在完成新建区域向导**界面时单击完成按钮。

STEP 8　图 14-3-6 中的 sayms.local 就是我们所创建的区域。

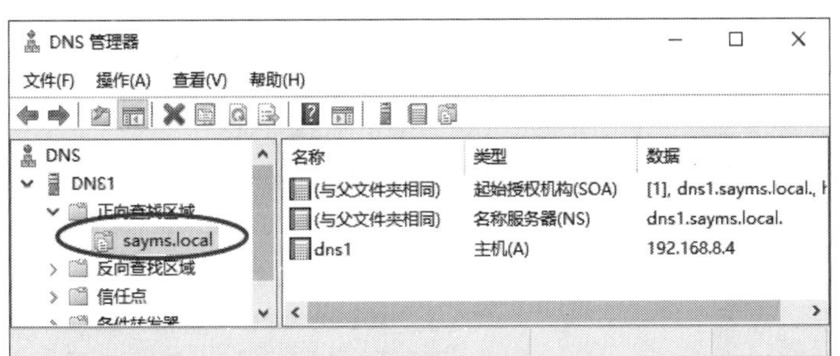

图 14-3-6

14.3.3　在主要区域内创建资源记录

DNS 服务器支持各种不同类型的**资源记录**（resource record，RR），下面我们将练习如何将其中几种常用的资源记录添加到 DNS 区域内。

1. 新建主机资源记录（A 或 AAAA 记录）

将主机名与 IP 地址（即资源记录类型为 A 的记录）添加到 DNS 区域后，DNS 服务器就可以向客户端提供这台主机的 IP 地址。以下以图 14-3-7 为例，说明如何将主机资源记录添加到 DNS 区域内。

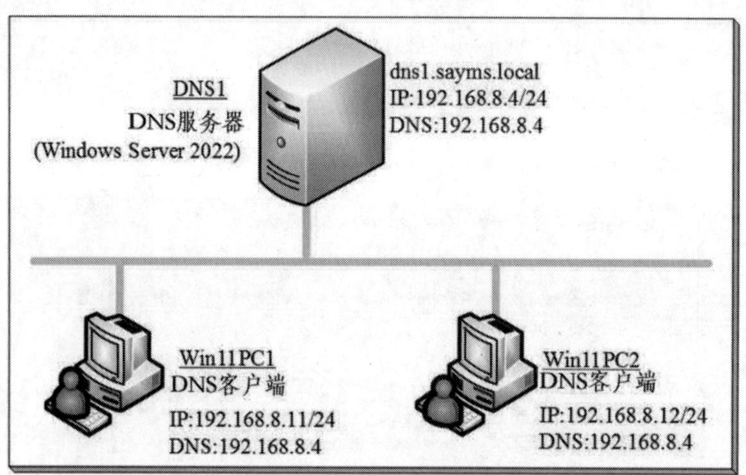

图 14-3-7

如图 14-3-8 所示，选中区域 sayms.local，再右击➲新建主机（A 或 AAAA）➲输入主机名 win11pc1 与 IP 地址➲单击添加主机按钮（IPv4 为 A、IPv6 为 AAAA）。

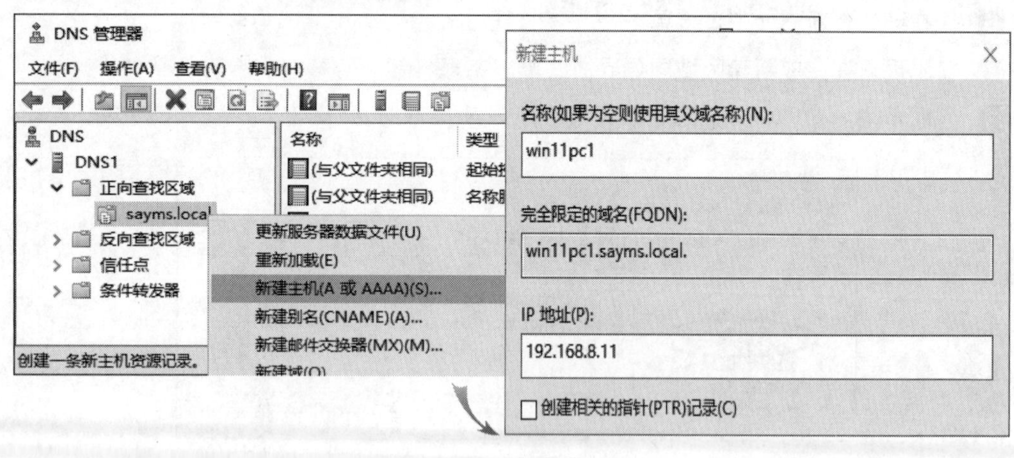

图 14-3-8

重复执行以上步骤，将图 14-3-7 中 Win11PC2 的 IP 地址也添加到此区域内。完成后的界面如图 14-3-9 所示，需要注意的是，建立此区域时，系统会自动添加主机 dns1 记录。

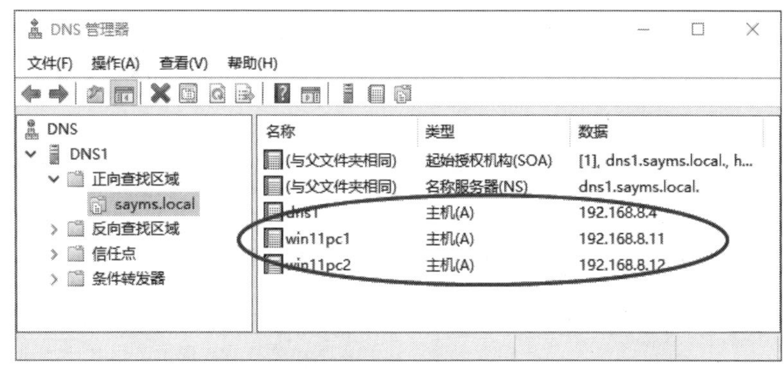

图 14-3-9

接下来，我们可在主机 Win11PC1 上使用 ping 命令进行测试。例如，根据图 14-3-10，执行 ping 命令，成功获取另外一台主机 Win11PC2 的 IP 地址为 192.168.8.12。

```
管理员: Windows PowerShell
PS C:\Users\tuser1> ping win11pc2.sayms.local

正在 Ping win11pc2.sayms.local [192.168.8.12] 具有 32 字节的数据:
来自 192.168.8.4 的回复: 无法访问目标主机。
来自 192.168.8.4 的回复: 无法访问目标主机。
来自 192.168.8.4 的回复: 无法访问目标主机。
来自 192.168.8.4 的回复: 无法访问目标主机。

192.168.8.12 的 Ping 统计信息:
    数据包: 已发送 = 4, 已接收 = 4, 丢失 = 0 (0% 丢失),
PS C:\Users\tuser1>
```

图 14-3-10

由于对方的 **Windows Defender 防火墙**默认会拒绝 ping 命令，因此在执行 ping 命令时，我们可能会在结果界面看到类似图中**等待超时**或**无法访问目标主机**的信息。

如果 DNS 区域内有多条记录，它们的主机名相同但 IP 地址不同，则 DNS 服务器可提供 round-robin（轮询）功能。举个例子，假如有两条记录，它们的名称都是 www.sayms.local，但 IP 地址分别是 192.168.8.1 与 192.168.8.2。当 DNS 服务器接收到查询 www.sayms.local 的 IP 地址的请求时，它会将这两个 IP 地址都返回给查询者，但是返回的 IP 地址的排列顺序会不同。例如，对于第 1 个查询者，DNS 服务器可能会按照顺序提供 IP 地址 192.168.8.1 和 192.168.8.2；对于第 2 个查询者，DNS 服务器可能会按照顺序提供 IP 地址 192.168.8.2 和 192.168.8.1；对于第 3 个查询者，DNS 服务器可能会按照顺序提供 IP 地址 192.168.8.1 和 192.168.8.2，以此类推。一般来说，查询者会首先使用列表中排列的第 1 个 IP 地址进行通信。因此，不同的查询者可能会与不同的 IP 地址进行通信。

我的网站的网址为 www.sayms.local，对应的 IP 地址为 192.168.8.99。客户端可以使用 http://www.sayms.local/ 来连接我的网站。可是我也希望客户端可以使用 http://sayms.local/来连接我的网站，请问如何让域名 sayms.local 直接映射到网站的 IP 地址 192.168.8.99？

要实现这个目标，可以在区域 sayms.local 内创建一条映射到此 IP 地址的主机（A）记录，如图 14-3-11 所示，在**名称**处保留空白即可。

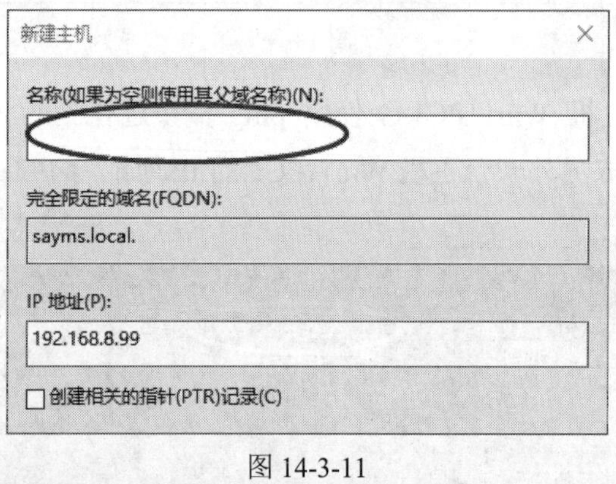

图 14-3-11

2. 新建主机的别名资源记录（CNAME 记录）

如果需要为一台主机设置多个主机名，比如某台主机是 DNS 服务器，它的主机名为 dns1.sayms.local，如果它同时也是网站，而希望另外给它一个标识性更强的主机名，例如 www.sayms.local，此时可以使用**新建别名**（CNAME）资源记录的方式来实现此目的，具体步骤为：在如图 14-3-12 所示的界面中选中区域 sayms.local，再右击➲新建别名（CNAME）➲新建别名 www➲在**目标主机的完全合格的域名**（FQDN）处将此别名指派给 dns1.sayms.local（请添加 FQDN，或单击**浏览**按钮来选择 dns1.sayms.local）。

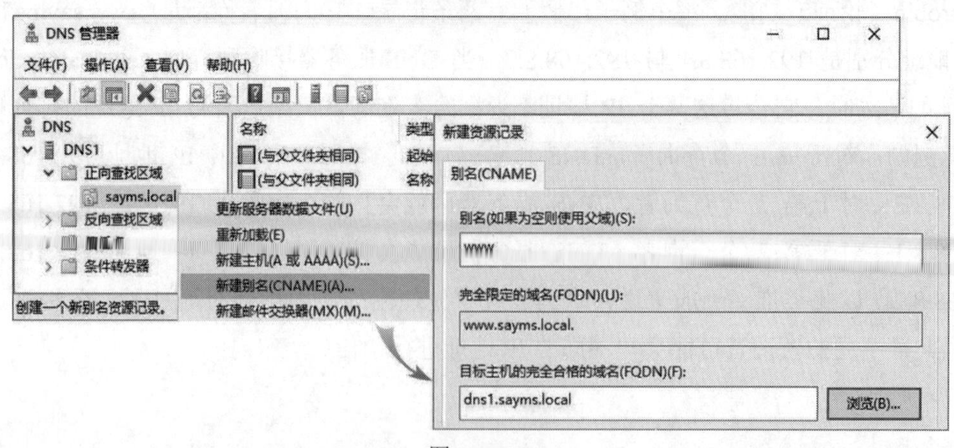

图 14-3-12

图 14-3-13 为完成后的界面，它表示 www.sayms.local 是 dns1.sayms.local 的别名。

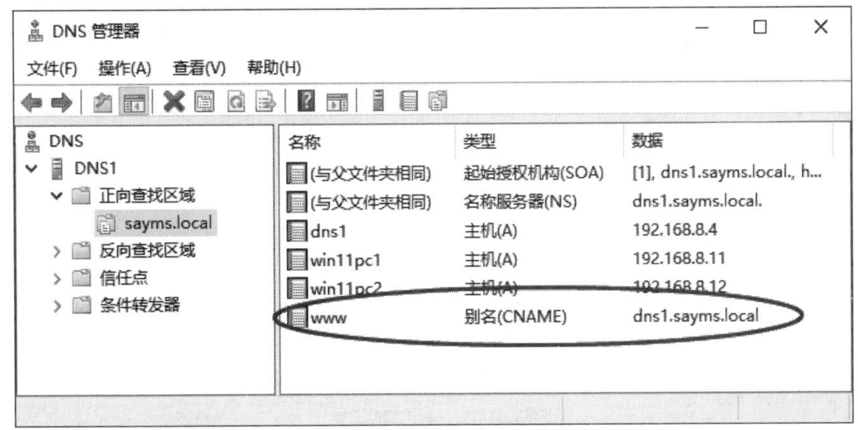

图 14-3-13

可以到 DNS 客户端 Win11PC1 使用 ping www.sayms.local 命令来查看是否可以正常通过 DNS 服务器解析到 www.sayms.local 的 IP 地址。如图 14-3-14 所示，成功获取 IP 地址的界面将显示解析结果。从图中还可以看到原来的主机名为 dns1.sayms.local。

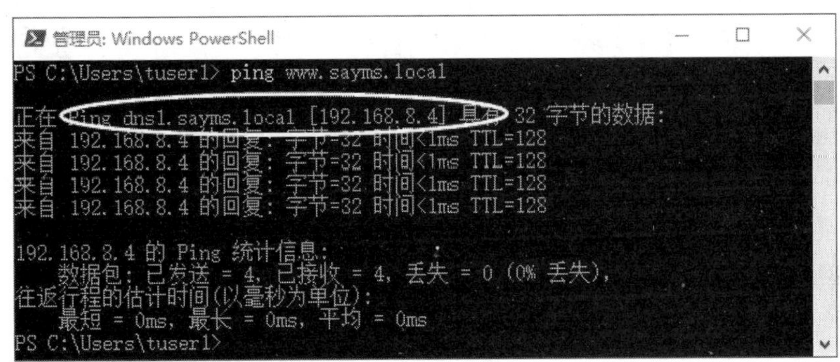

图 14-3-14

3. 新建邮件交换器资源记录（MX 记录）

当将电子邮件发送到**邮件交换服务器**（SMTP 服务器）后，该邮件交换服务器需要将邮件转发到目标邮件交换服务器上。那么，邮件交换服务器如何得知目标邮件交换服务器是哪一台呢？

答案是通过向 DNS 服务器查询 MX 这条资源记录，因为 MX 记录着负责某个域邮件接收的邮件交换服务器的 IP 地址（请参考图 14-3-15 中的流程）。

以下假设负责 sayms.local 的邮件交换服务器为 smtp.sayms.local，其 IP 地址为 192.168.8.30（请先创建这条 A 资源记录）。添加 MX 记录的方法为：在如图 14-3-16 所示的界面中选中区域 sayms.local，再右击➲新建邮件交换器（MX）➲在**邮件服务器的完全限定的域名（FQDN）**处输入或浏览到主机 smtp.sayms.local➲单击确定按钮。

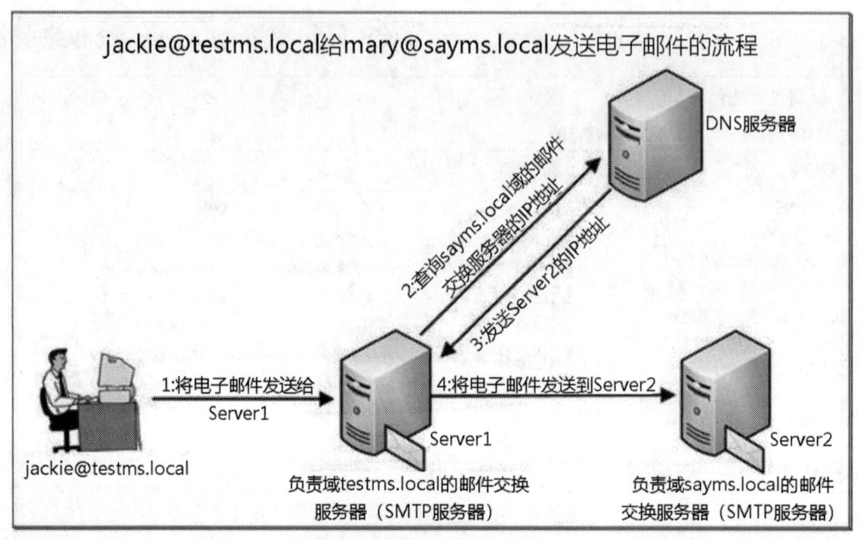

图 14-3-15

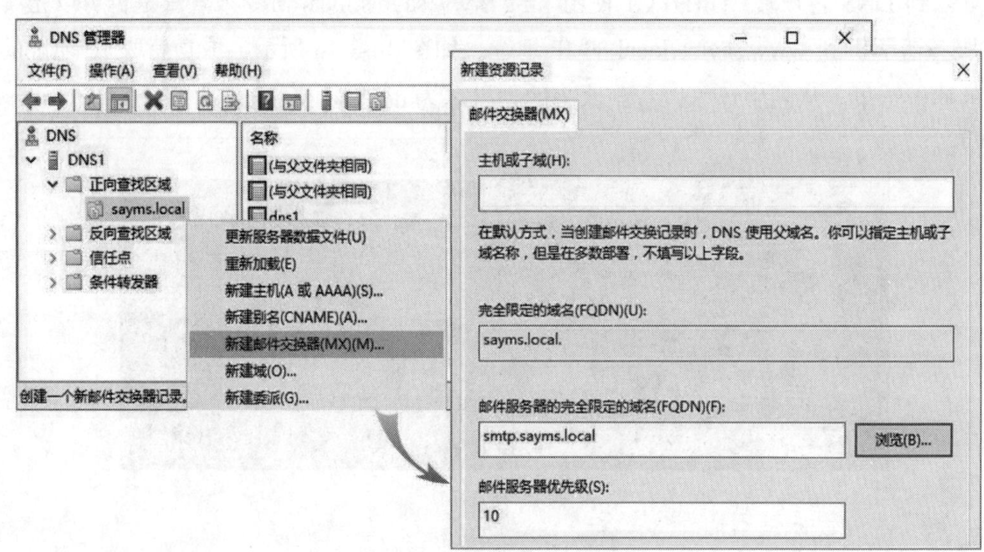

图 14-3-16

在前面图 14-3-16 中的主机或子域及邮件服务器优先级的解释如下：

- **主机或子域**：此处不需要添加任何文字，除非要为子域设置邮件交换服务器。例如，在此处输入sales，表示设置子域sales.sayms.local的邮件交换服务器。该子域可以事先或事后创建，并在该子域中直接创建这条MX记录。
- **邮件服务器优先级**：如果此域内有多个邮件交换服务器，则可以创建多个MX资源记录，并通过此处设置它们的优先级。数字较低的优先级较高（0为最高）。这意味着当其他邮件交换服务器发送邮件到该域时，它们将首先发送给具有较高优先级的邮件服务器，如果发送失败，再尝试发送给优先级较低的邮件交换服务器。如果有两台或多台邮件服务器的优先级数字相同，则会从中随机选择一台进行邮件传递。

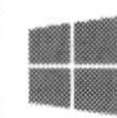

图 14-3-17 展示了设置完成后的界面，图中的“**（与父文件夹相同）**”表示与父域名称相同，即 sayms.local。这条记录表示负责处理 sayms.local 域的邮件接收的邮件交换服务器是主机 smtp.sayms.local。

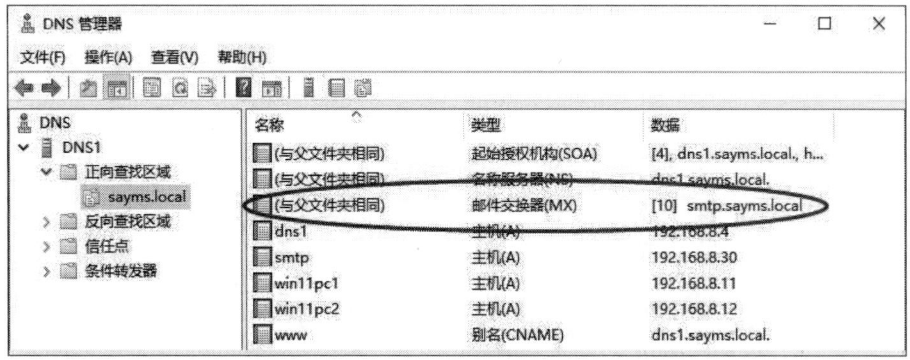

图 14-3-17

14.3.4 新建辅助区域

辅助区域用来存储此区域内的副本记录，这些记录是只读的，不能修改。以下参照图 14-3-18 来练习创建辅助区域。

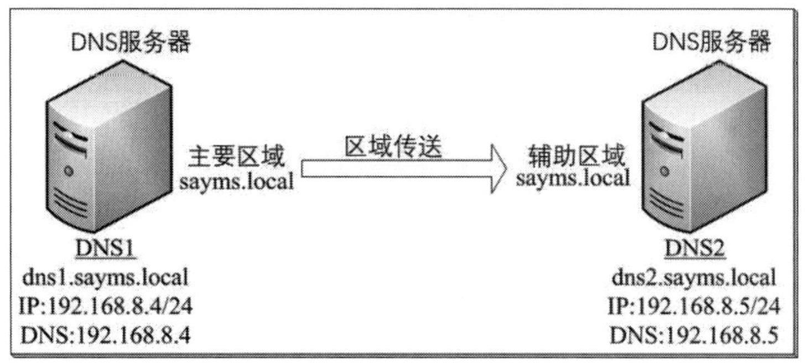

图 14-3-18

我们将在图中 DNS2 上建立一个辅助区域 sayms.local，此区域内的记录是从其**主机服务器** DNS1 通过**区域传送**复制过来的。图中 DNS1 仍沿用前一节的 DNS 服务器，不过请先在其 sayms.local 区域内为 DNS2 创建一条 A 资源记录（FQDN 为 dns2.sayms.local、IP 地址为 192.68.8.5）；然后，另外搭建第 2 台 DNS 服务器，并将计算机名设置为 DNS2、IP 地址设置为 192.168.8.5、计算机全名（FQDN）设置为 dns2.sayms.local。设置完成后，重新启动计算机并添加 DNS 服务器角色。

1. 确认是否允许区域传送

如果 DNS1 不允许将区域记录传送给 DNS2，则当 DNS2 向 DNS1 提出**区域传送**请求时，请求将被拒绝。为了解决这个问题，我们需要进行以下设置，以允许 DNS1 将数据通过区域传送给 DSN2。

STEP 1 在 DNS1 服务器上单击左下角的**开始**图标⊞➲Windows 管理工具➲DNS➲在如图 14-3-19 所示的界面中单击区域 sayms.local➲单击上方的**属性**图标。

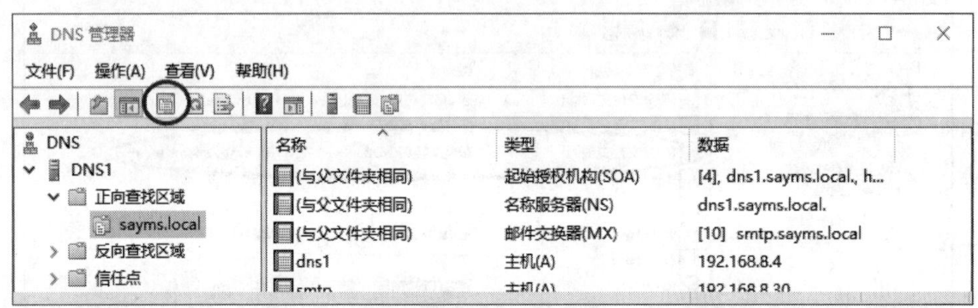

图 14-3-19

STEP 2 如图 14-3-20 所示，勾选**区域传送**选项卡下的**允许区域传送**➲单击**只允许到下列服务器**➲单击编辑按钮来选择 DNS2 的 IP 地址。

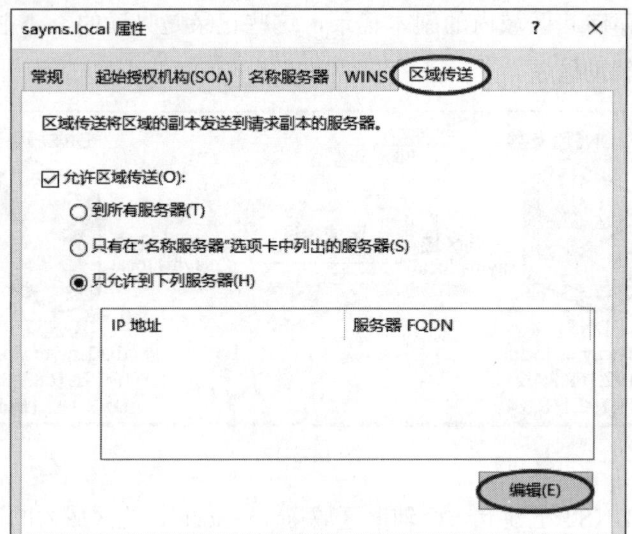

图 14-3-20

STEP 3 在图 14-3-21 中，添加 DNS2 的 IP 地址后单击 Enter 键➲单击确定按钮。注意它会通过反向查询来尝试解析拥有此 IP 地址的 DNS 主机名（FQDN），然而我们目前并没有反向查询区域可供查询，因此会显示无法解析的警告信息，此时可以不必理会这条消息，它并不会影响区域传送。

STEP 4 图 14-3-22 所示为完成后的界面，单击确定按钮。

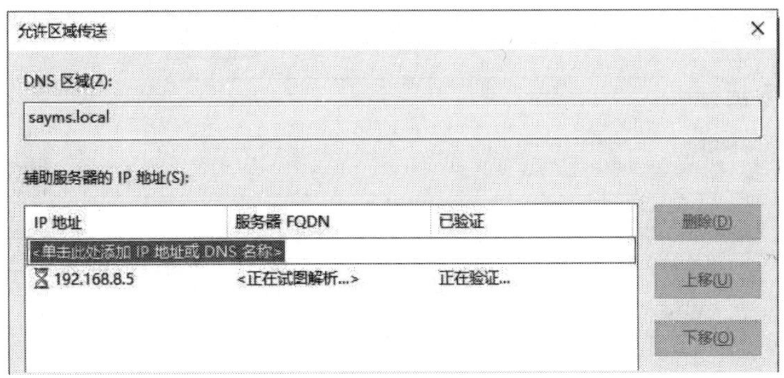

图 14-3-21

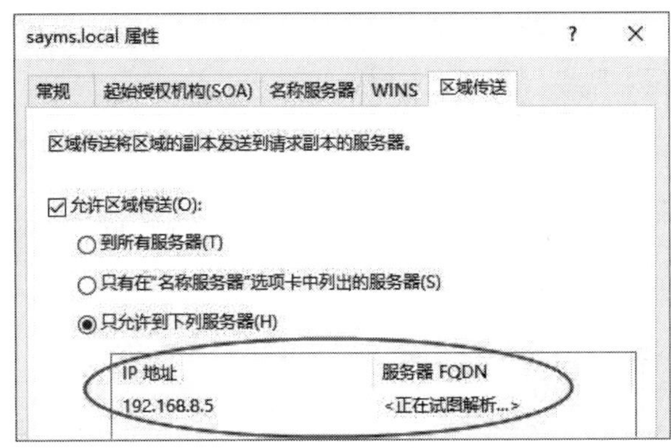

图 14-3-22

2. 建立辅助区域

我们将到 DNS2 上建立辅助区域，并设置此区域从 DNS1 复制区域记录。

STEP 1 在 DNS2 服务器上单击左下角的**开始**图标⊞➲Windows 管理工具➲DNS➲选中**正向查询区域**后右击➲新建区域➲单击下一步按钮。

STEP 2 在图 14-3-23 中选择**辅助区域**后单击下一步按钮。

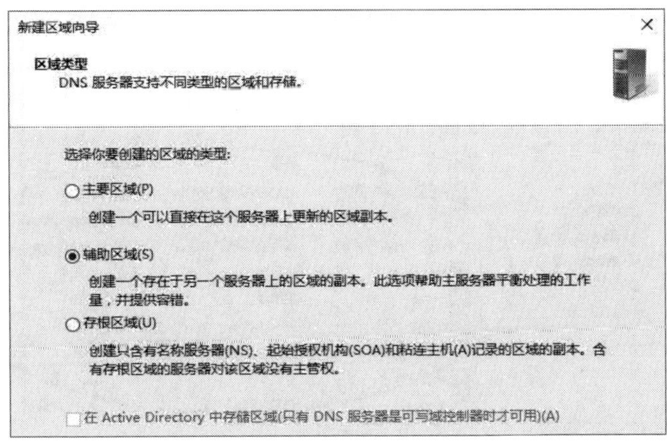

图 14-3-23

STEP 3 在图 14-3-24 中输入区域名称 sayms.local 后单击下一步按钮。

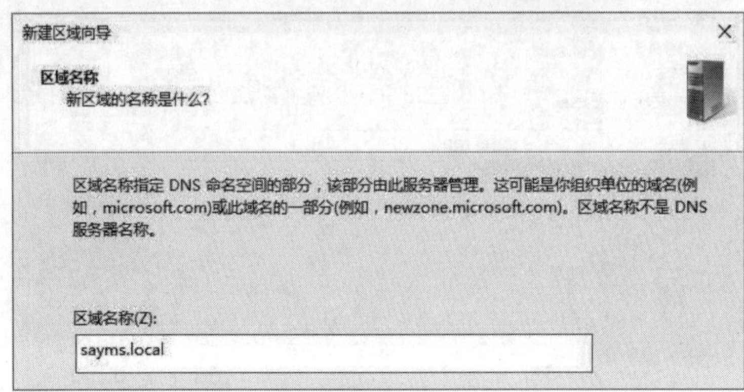

图 14-3-24

STEP 4 在图 14-3-25 中输入**主机服务器**（DNS1）的 IP 地址后按 Enter 键，接着单击下一步按钮，随后单击完成按钮。

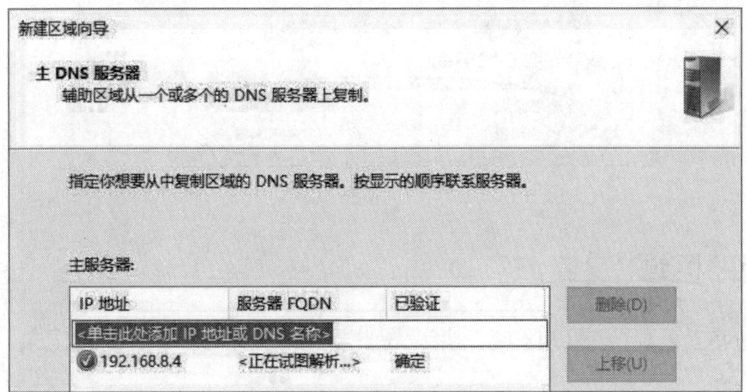

图 14-3-25

STEP 5 图 14-3-26 所示为完成后的界面，界面中 sayms.local 内的记录是自动由其**主机服务器** DNS1 复制过来的。

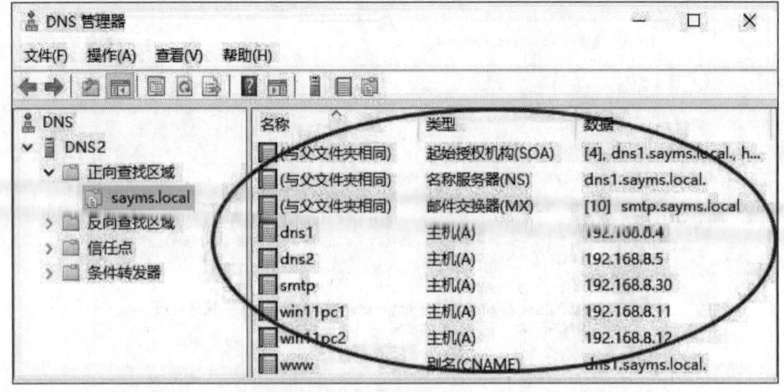

图 14-3-26

如果设置都正确，但却一直看不到这些记录，请单击区域 sayms.local 后按 F5 键刷新，如果仍看不到，就将 DNS 管理控制台关闭再重新打开即可。

存储辅助区域的 DNS 服务器默认会每隔 15 分钟自动向其**主机服务器**请求执行**区域传输**的操作。也可以按照图 14-3-27 所示的步骤来手动请求执行**区域传输**：选中辅助区域后右击➲选择**从主服务器传输**或**从主服务器传送区域的新副本**：

- **从主服务器传输**：这种方式将执行常规的**区域传送**操作，即根据SOA记录内的序列号判断**主机服务器**是否有新版本的记录，并进行**区域传送**。
- **从主服务器传送区域的新副本**：这种方式将忽略SOA记录的序列号，而是重新从**主机服务器**复制完整的区域记录。

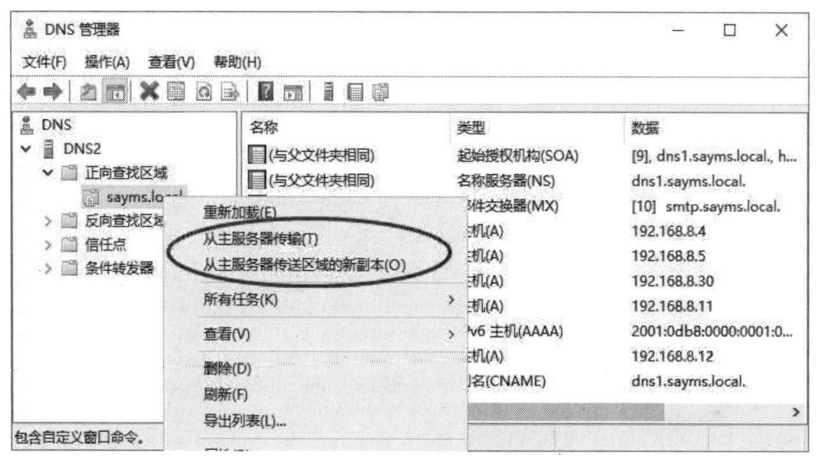

图 14-3-27

如果在界面上发现记录异常，可以尝试通过这个步骤从区域文件中重新加载记录：选中区域后右击➲重新加载。

14.3.5 建立反向查找区域与反向记录

反向查找区域可以让 DNS 客户端使用 IP 地址来查询主机名，例如可以查询拥有 192.168.8.11 这个 IP 地址的主机的主机名。

反向查找区域的区域名称前半段是其网络 ID 的反向书写得到的，而后半段则是 **in-addr.arpa**。例如，如果要针对网络 ID 为 192.168.8 的 IP 地址提供反向查找功能，那么对应的反向查找区域的区域名称将是 8.168.192.in-addr.arpa，而区域文件名默认为 8.168.192.in-addr.arpa.dns。

1. 建立反向查找区域

以下是添加一个提供反向查找服务的**主要区域**的步骤，假设该区域所支持的网络 ID 为 192.168.8。

STEP 1　在 DNS 服务器 DNS1 上的步骤为：在如图 14-3-28 所示的界面中选中**反向查找区域**，再右击➲新建区域➲单击下一步按钮。

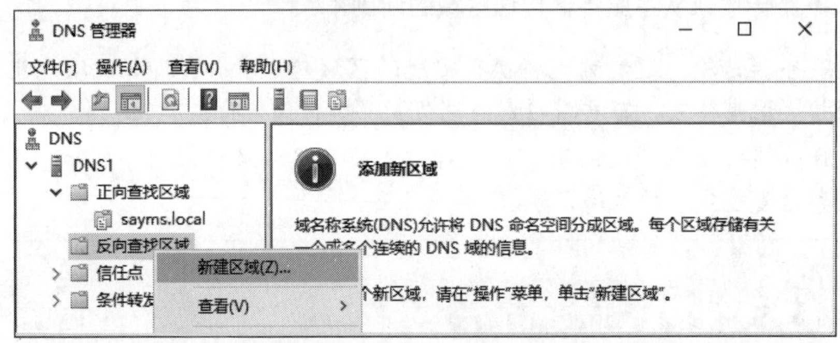

图 14-3-28

STEP 2　在图 14-3-29 中选择**主要区域**，再单击下一步按钮。

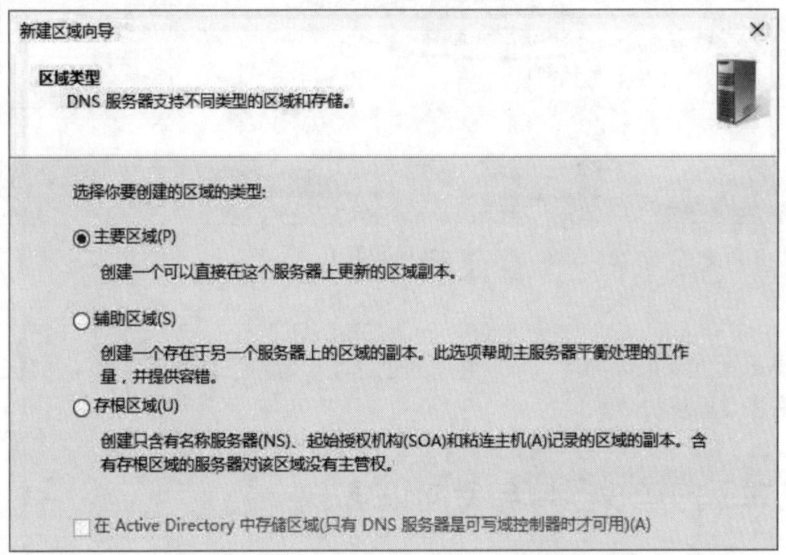

图 14-3-29

STEP 3　在图 14-3-30 中选择 **IPv4 反向查找区域**，再单击下一步按钮。

STEP 4　在图 14-3-31 中的**网络 ID** 处输入 192.168.8（或在**反向查找区域的名称**处输入 8.168.192.in-addr.arpa），完成后单击下一步按钮。

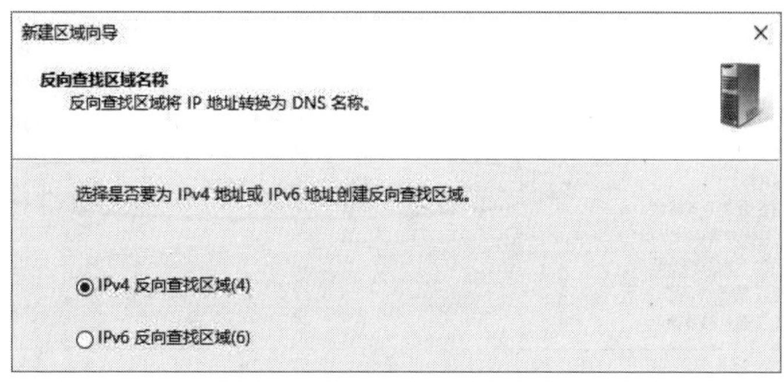

图 14-3-30

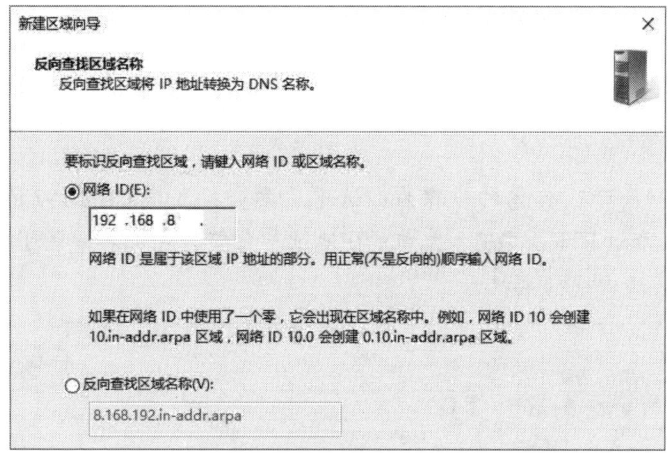

图 14-3-31

STEP 5　在图 14-3-32 中采用默认的区域文件名，随后单击下一步按钮。

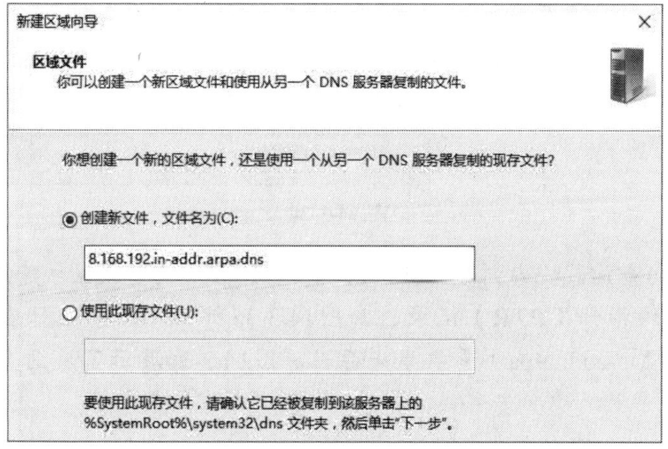

图 14-3-32

STEP 6　在**动态更新**界面中直接单击下一步按钮，接着单击完成按钮。

STEP 7　图 14-3-33 所示为完成后的界面，图中的 8.168.192.in-addr.arpa 就是我们所建立的反向查找区域。

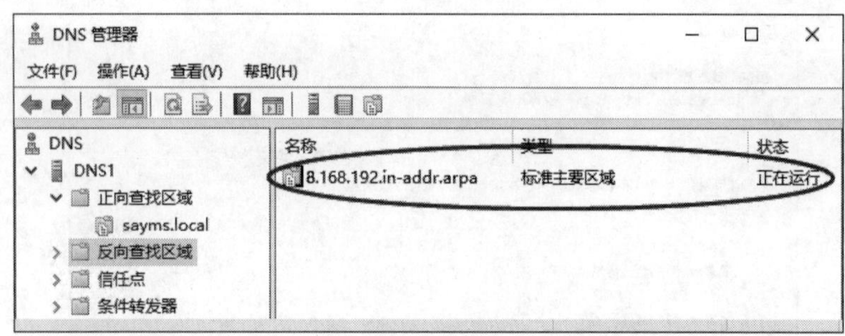

图 14-3-33

2. 在反向查找区域内建立记录

我们使用以下两种方法来说明如何在反向查找区域内**新建指针**（PTR）记录，以便为DNS客户端提供反向查找服务：

- 如图14-3-34所示，具体的步骤为：选中反向查找区域**8.168.192.in-addr.arpa**，再右击➲新建指标（PTR）➲输入主机的IP地址与完整的主机名，也可以使用浏览按钮到正向查询区域内选择主机。

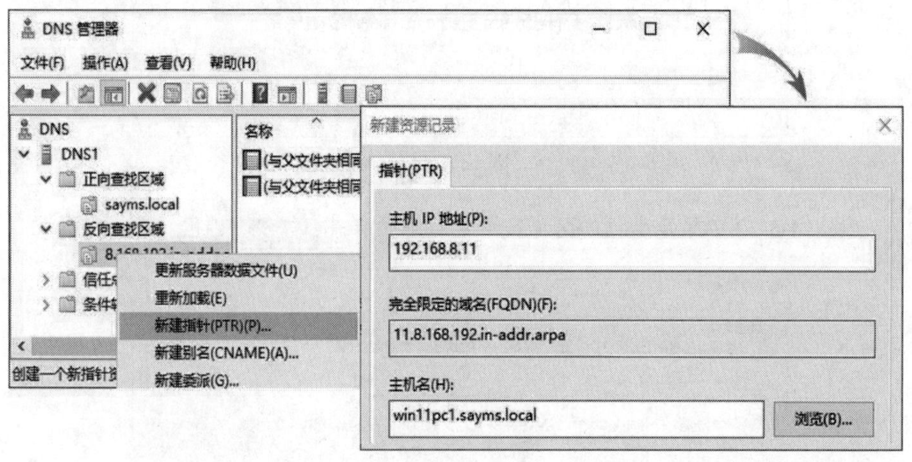

图 14-3-34

- 可以在正向查询区域内创建主机记录的同时，在反向查找区域建立指针记录。勾选**创建相关的指针（PTR）记录**，如图14-3-35所示，注意相对应的反向查找区域（8.168.192.in-addr.arpa）需要事先存在。图14-3-36展示了反向查找区域内的指针记录。

请到其中一台主机上（例如 Win11PC1）使用 **ping -a** 命令进行测试，例如在图 14-3-37中成功通过 DNS 服务器的反向查找区域得知拥有 IP 地址 192.168.8.13 的主机名为win11pc3.sayms.local。

图 14-3-35

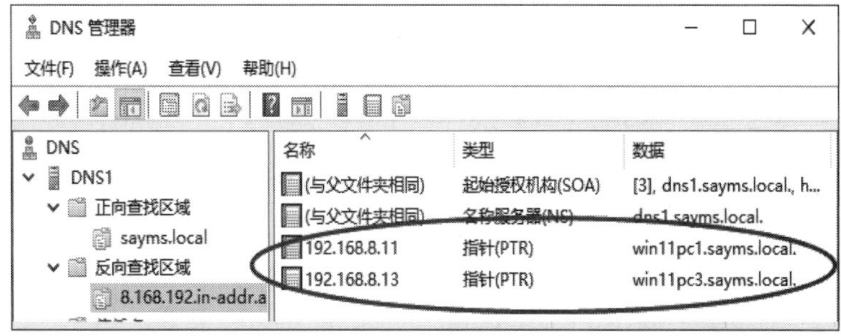

图 14-3-36

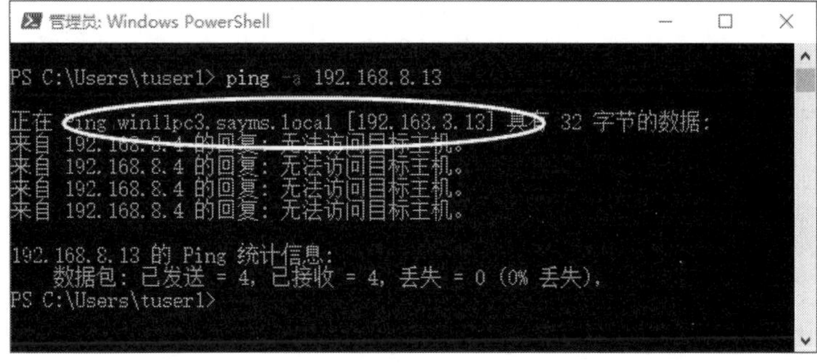

图 14-3-37

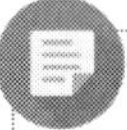

由于对方的 **Windows Defender 防火墙**默认设置为拒绝 ping 请求，因此在执行 ping 命令时可能会出现**请求超时**或**无法访问目标主机**的消息。

14.3.6　子域与委派域

如果 DNS 服务器所管辖的区域为 sayms.local，并且该区域下有多个子域，如 sales.sayms.local、mkt.sayms.local，那么如何将这些子域的记录添加到 DNS 服务器呢？

- 可以直接在sayms.local区域下创建子域，然后将记录添加到该子域中。这些记录将存储在这台DNS服务器内。
- 也可以将子域内的记录委派给其他DNS服务器来管理，这意味着子域内的记录将存储在被委派的DNS服务器上。

1. 建立子域

在 sayms.local 区域下建立子域 sales 的方法为：在如图 14-3-38 所示的界面中选中正向查询区域 sayms.local，再右击➲新建域➲输入子域名称 sales➲单击确定按钮。

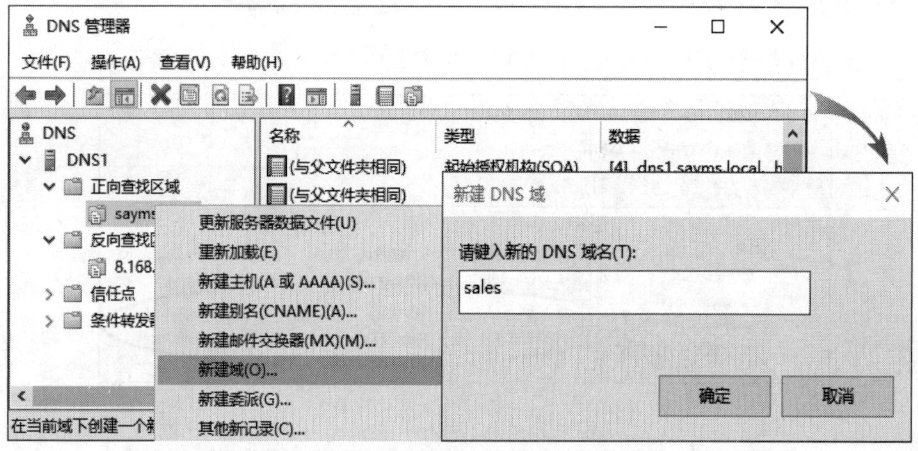

图 14-3-38

接下来，我们可以在该子域内添加资源记录，例如 pc1、pc2 等主机数据。图 14-3-39 为完成后的界面，它的完全限定域名（FQDN）为 pc1.sales.sayms.local、pc2.sales.sayms.local 等。

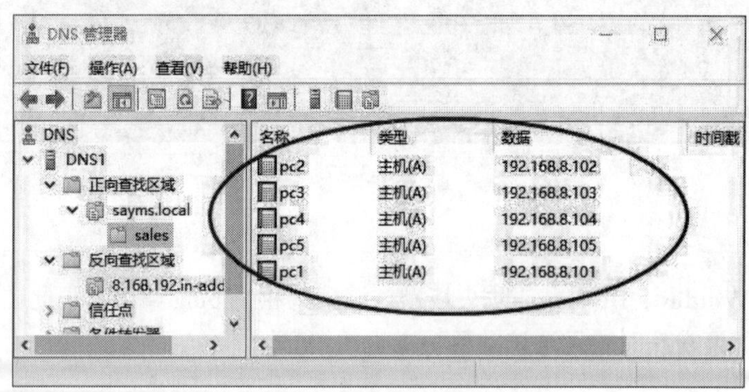

图 14-3-39

2. 建立委派域

以下假设在服务器 DNS1 内有一个受管辖的区域 sayms.local，我们想要在该区域下添加一个子域 mkt，并将该子域委派给另外一台服务器 DNS3 来管理。也就是说，子域

mkt.sayms.local 内的记录将存储在被委派的服务器 DNS3 中。当 DNS1 收到查询 mkt.sayms.local 的请求时，DNS1 会以迭代查询（iterative query）的方式将查询转发给 DNS3 来获取结果。

我们可以参照图 14-3-40 来练习委派域的设置。在图中，DNS1 将建立一个委派子域 mkt.sayms.local，并将该子域的查询请求转给其授权服务器 DNS3 来处理。图中的 DNS1 仍沿用前一节中使用的 DNS 服务器，然后我们需要额外建立一台 DNS 服务器，设置 IP 地址，将计算机名设置为 DNS3，并将计算机的完全限定域名（FQDN）设置为 dns3.mkt.sayms.local。在重新启动计算机后，就可以添加 DNS 服务器角色。

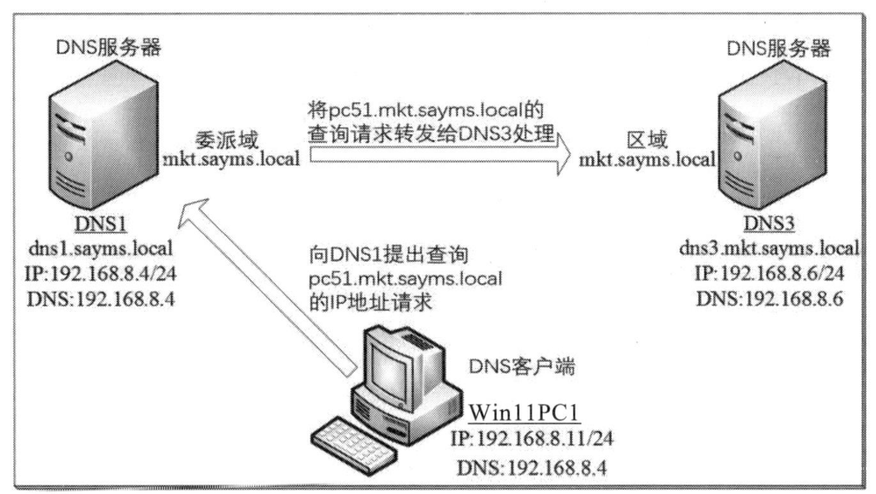

图 14-3-40

STEP 1　在设置委派之前，先确保受委派的服务器 DNS3 已经创建了正向的主要查询区域 mkt.sayms.local，并在该区域内创建了多条用于测试的记录，如图 14-3-41 中的 pc51、pc52 等。同时，还应包含 dns3 自己的主机记录。

图 14-3-41

STEP 2　到 DNS1 上，在如图 14-3-42 所示的界面中选中正向查找区域 sayms.local，再右击➲新建委派。

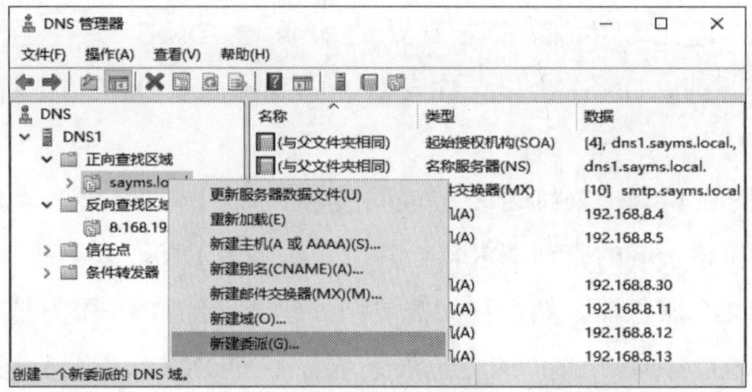

图 14-3-42

STEP 3　出现**欢迎使用新建委派向导**界面后，单击下一步按钮。

STEP 4　在图 14-3-43 中输入要委派的子域名称 mkt，然后单击下一步按钮。

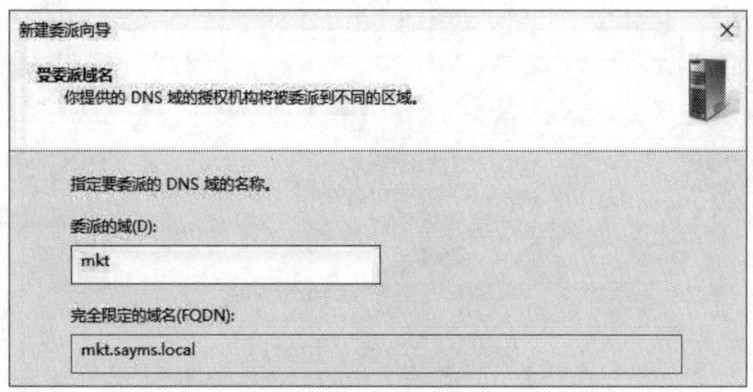

图 14-3-43

STEP 5　在图 14-3-44 中单击添加按钮➲添加 DNS3 的主机名 dns3.mkt.sayms.local➲输入其 IP 地址 192.168.8.6，随后按 Enter 键以验证拥有此 IP 地址的服务器是否为此区域的授权服务器➲单击确定按钮。注意，由于目前无法解析到 dns3.mkt.sayms.local 的 IP 地址，因此输入主机名后不要单击解析按钮。

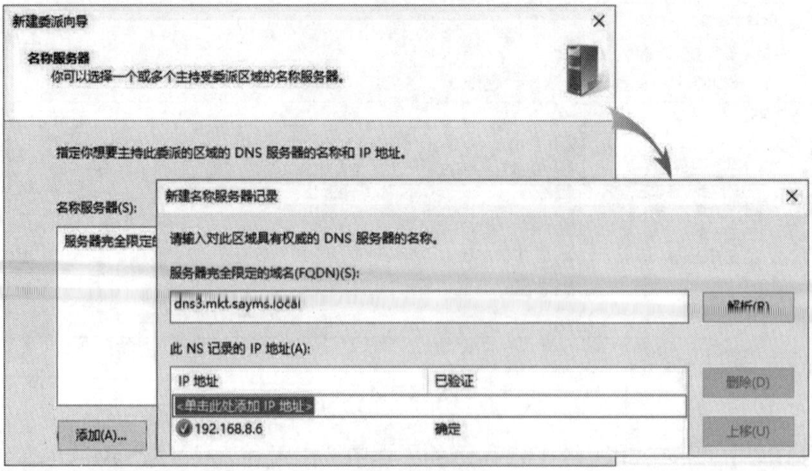

图 14-3-44

STEP 6 接下来继续单击下一步按钮，直到出现完成按钮，再单击完成按钮。

STEP 7 图 14-3-45 为完成后的界面，图中的 mkt 就是刚才委派的子域，其中只有一条**名称服务器（NS）**的记录，它记载着 mkt.sayms.local 的授权服务器是 dns3.mkt.sayms.local，当 DNS1 收到查询 mkt.sayms.local 内的记录的请求时，它会以**迭代查询**的方式向 dns3.mkt.sayms.local 进行查询。

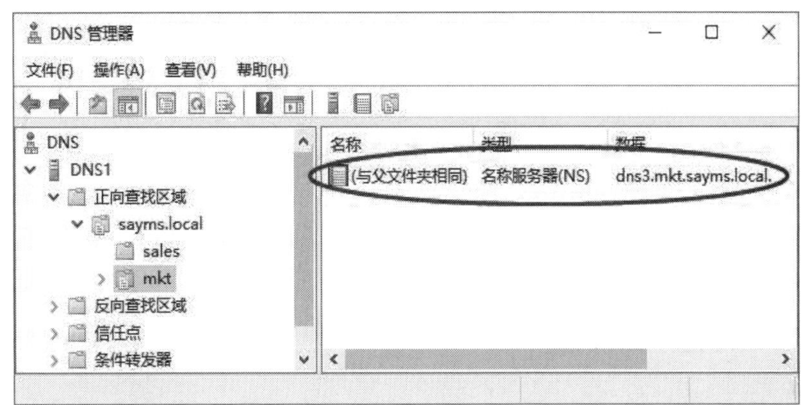

图 14-3-45

STEP 8 使用图 14-3-40 中所示的 DNS 客户端 Win11PC1，通过执行 ping pc51.mkt.sayms.local 来进行测试。此时，它会向 DNS1 查询，DNS1 会向 DNS3 查询，图 14-3-46 展示了成功获取 IP 地址的界面。

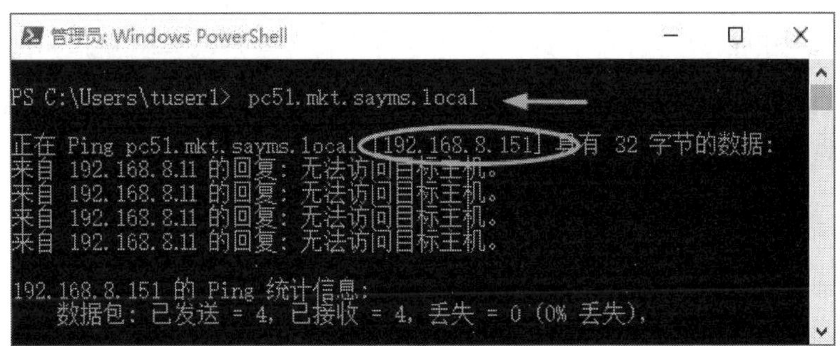

图 14-3-46

DNS1 会将这条记录存储到缓存区，如图 14-3-47 所示。这样方便以后从缓存区快速读取这条记录，以回应给提出查询请求的客户端。如果想要查看图中**缓存地址对应**内的缓存记录，具体的步骤为：选择图上方的**查看**菜单➲高级，在此界面中还可以找到**根**（root）内的 DNS 服务器。

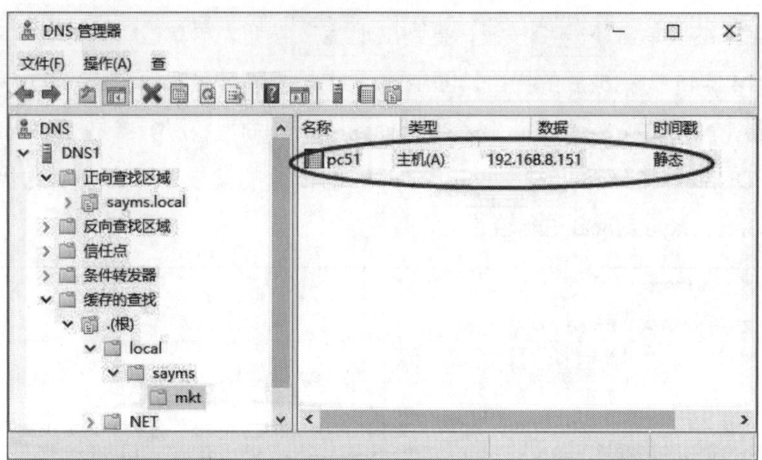

图 14-3-47

14.4 DNS的区域的设置

更改该区域的设置，具体步骤为：选中 DNS 区域后右击➲属性。

14.4.1 更改区域类型与区域文件名

我们可以在如图 14-4-1 所示的界面中更改区域的类型与区域数据文件名。区域类型可以选择**主要区域**、**辅助区域**或**存根区域**。如果我们的服务器是域控制器，还可以选择 **Active Directory 集成区域**，并且可以通过单击图中**复制**字段右侧的更改按钮，将区域内的记录复制到其他扮演域控制器角色的 DNS 服务器中。

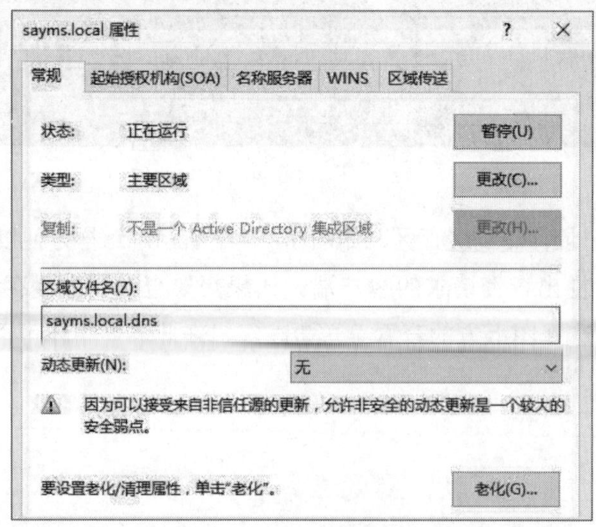

图 14-4-1

14.4.2　SOA 与区域传输

辅助区域内的记录是利用区域传送的方式从**主机服务器**复制过来的，可是多久执行一次区域传送呢？这些相关的设置值存储在 SOA（start of authority）资源记录中。要修改这些设置值，可以到存储主要区域的 DNS 服务器上执行这些操作：选中区域后右击➲属性➲然后选择如图 14-4-2 所示的界面中的**起始授权机构（SOA）**选项卡。

图 14-4-2

起始授权机构（SOA）选项卡下的各选项及说明如下：

- **序列号**：主要区域内的记录有变动时，序列号就会增加，辅助服务器与主机服务器可以根据双方的序列号来判断主机服务器内是否有新记录，以便通过区域传送将新记录复制到辅助服务器。
- **主服务器**：此区域的主服务器的完全限定域名（FQDN）。
- **负责人**：此区域负责人的电子邮件地址，请自行设置此地址。由于@符号在区域文件内已有其他用途，因此可以使用句点来取代hostmaster后面原本应有的@符号，也就是使用hostmaster.sayms.local来代表hostmaster@sayms.local。
- **刷新间隔**：辅助服务器会每隔一段时间就向主服务器询问是否有新的记录。如果有新的记录，辅助将请求进行区域传送以获取最新的记录。
- **重试间隔**：如果区域传送失败，则将在此间隔时间后再尝试进行传送。
- **过期时间**：如果辅助服务器在这段时间到达时，仍然无法通过区域传送来更新辅助区域的记录，那么该辅助服务器将不再对DNS客户端提供此区域的查询服务。
- **最小（默认）TTL**：当DNS服务器将记录提供给查询者后，查询者可以将此记录存储到其缓存区（cache）中，以便下次能够快速地从缓存区获取这个记录，而不需要再进行外部查询。然而，这份记录只会在缓存区保留一段时间，这段时间称为TTL

（Time to Live）。一旦TTL时间过后，查询者就会将该记录从缓存区中清除。TTL时间的长短是通过DNS服务器的主要区域来设置的，即通过**最小（默认）TTL**来设置区域内所有记录默认的TTL时间。如果需要单独设置某条记录的TTL值，具体的步骤为：在DNS控制台中选择上方的**查看**菜单➲高级➲接着双击该条主机记录➲在图14-4-3所示的界面中进行设置。

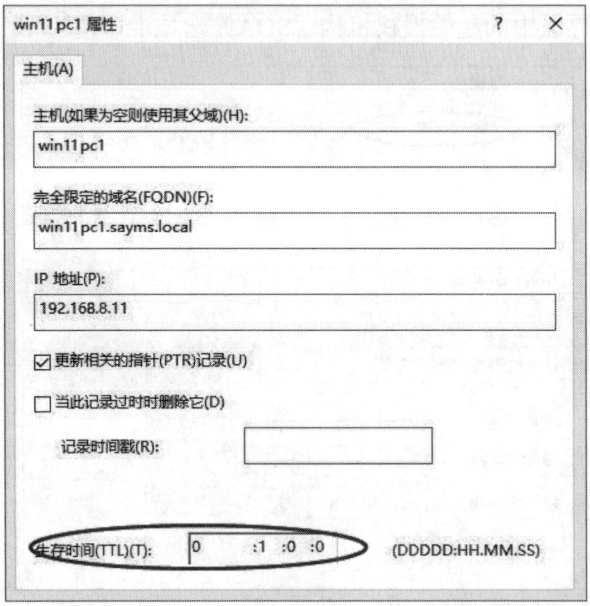

win11pc1 属性
主机(A)
主机(如果为空则使用其父域)(H):
win11pc1
完全限定的域名(FQDN)(F):
win11pc1.sayms.local
IP 地址(P):
192.168.8.11
☑ 更新相关的指针(PTR)记录(U)
☐ 当此记录过时时删除它(D)
记录时间戳(R):
生存时间(TTL)(T): 0 :1 :0 :0 (DDDDD:HH.MM.SS)

图 14-4-3

如果要查看缓存区信息，具体的步骤为：在DNS控制台中选择上方的**查看**菜单➲高级➲通过**缓存的查找**。如果要手动清除这些缓存记录，具体的步骤为：选中**缓存的查找**，再右击➲清除缓存，或参考14.7节最后的说明。

- **此记录的TTL**：用来设置这条SOA记录的生存时间（TTL）。

14.4.3 名称服务器的设置

可以在如图 14-4-4 所示的界面中添加、编辑或删除此区域的 DNS 名称服务器，图中显示有一台名称服务器。

图 14-4-4

我们可以通过如图 14-4-5 所示的界面看到这台 DNS 名称服务器的 NS 资源记录，图中“**（与父文件夹相同）**”表示与父域名称相同，也就是 sayms.local，因此这条 NS 记录的是：sayms.local 的名称服务器是 dns1.sayms.local。

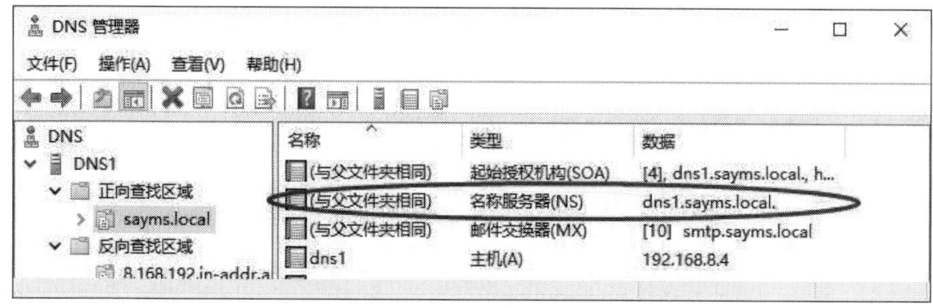

图 14-4-5

14.4.4　区域传送的相关设置

主机服务器只会将区域内的记录传送到指定的辅助服务器，其他未被指定的辅助服务器提出的区域传送请求将被拒绝。我们可以通过如图 14-4-6 所示的界面来指定辅助服务器，如图中在“**区域传送**”选项卡中列出的服务器，表示只接受**区域传送**选项卡中的辅助服务器提出的区域传送请求。

当主机服务器的区域内的记录发生变化时，也可以自动通知辅助服务器。一旦辅助服务器接收到通知，就可以提出区域传送请求来获取最新的记录。我们可以通过单击通知按钮来指定要被通知的辅助服务器，如图 14-4-6 所示。

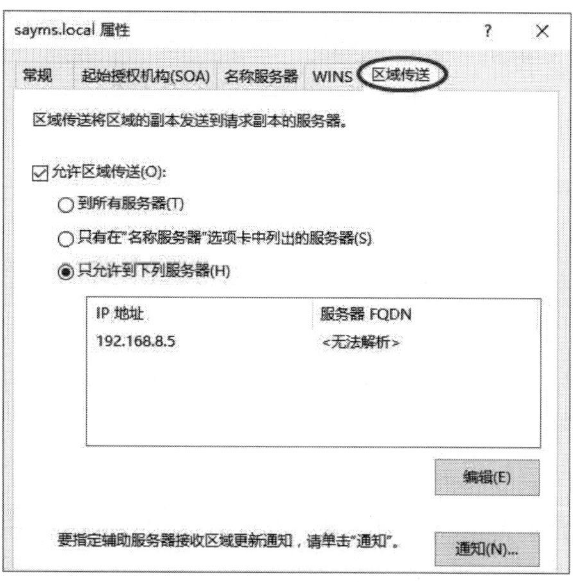

图 14-4-6

14.5 动态更新

DNS 服务器具备动态更新功能。当 DNS 客户端的主机名或 IP 地址发生变动时，这些变动数据传送到 DNS 服务器后，DNS 服务器就会自动更新区域内的相关记录。

14.5.1 启用 DNS 服务器的动态更新功能

要针对 DNS 区域启用动态更新功能，具体的步骤为：选中区域后右击➲属性➲在如图 14-5-1 所示的界面中选择**非安全或安全**，其中**安全**（secure only）仅支持域控制器的 **Active Directory 集成区域**，此时只有域成员计算机有权限执行动态更新，也只有被授权的用户可以更改区域数据记录。

图 14-5-1

14.5.2 DNS 客户端的动态更新设置

DNS 客户端会在以下几种情况下向 DNS 服务器提出动态更新请求：

- 客户端的IP地址更改、添加或删除时。
- DHCP客户端在续签租约时，例如重新启动、执行**ipconfig /renew命令**。
- 在客户端执行ipconfig /registerdns命令时。
- 成员服务器升级为域控制器时（需更新与域控制器有关的记录）。

以 Windows 11/10 客户端为例，其动态更新的设置方法为：打开**文件资源管理器**➲选中左下方的**网络**后右击➲属性➲单击**更改适配器**选项➲单击**以太网**➲单击属性按钮➲单击 **Internet 协议版本 4（TCP/IPv4）**➲单击高级按钮➲在如图 14-5-2 所示的界面中通过 **DNS** 选项卡来设置。

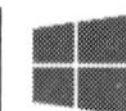

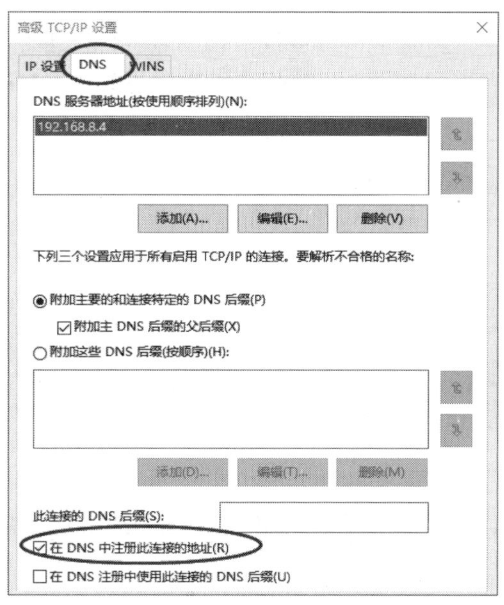

图 14-5-2

- 在DNS中注册此连接的地址：DNS客户端默认会将计算机完全限制域名与IP地址注册到DNS服务器中。如图14-5-3所示，1号箭头表示注册的名称，该名称由2号箭头的计算机名与3号箭头的域名后缀组成。

在 Windows 11 客户端，选中左下角**开始**图标，再右击➲系统➲单击右侧的**域或工作组**➲单击更改按钮，可进入图 14-5-3 所示的界面。图中的**在域成员身份变化时，更改主 DNS 后缀**选项表示如果这台 DNS 客户端加入域，则系统会自动将域名作为后缀。

图 14-5-3

可以到 DNS 区域内查看客户端是否已自动将其主机名与 IP 地址注册到该区域内，请确保 DNS 服务器的区域已启用动态更新。我们可以尝试更改该客户端的 IP 地址，然后查看区域内的 IP 地址是否随之更改。根据图 14-5-4，将客户端 Win11PC1 的 IP 地址更改为 192.168.8.14 后，通过动态更新功能来更新 DNS 区域的结果界面。

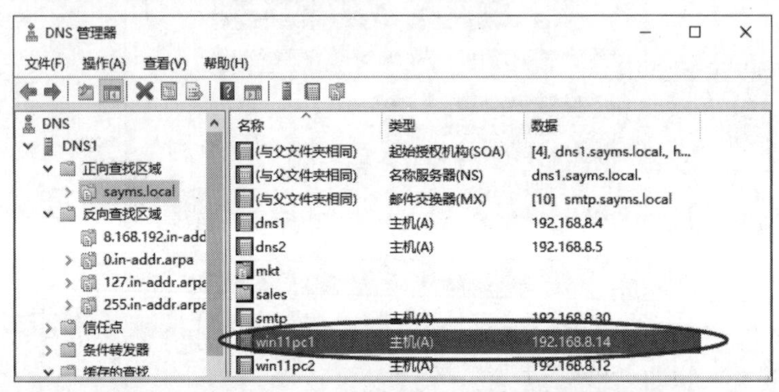

图 14-5-4

如果 DNS 客户端本身也是 DHCP 客户端，则可以通过 DHCP 服务器来为客户端向 DNS 服务器注册。当 DHCP 服务器接收到 Windows 11/10/8.1/8/7 等操作系统的 DHCP 客户端请求后，默认情况下，它会为客户端向 DNS 服务器动态更新 A 记录与 PTR 记录。

Q 如果 DNS1 的 sayms.local 是启用动态更新的主要区域，DNS2 的 sayms.local 为辅助区域，并且客户端的首选 DNS 服务器是 DNS2，而我们知道辅助区域是只读的，无法直接更改其中的记录，那么客户端是否可以向 DNS2 请求动态更新吗？

A 可以的，客户端可以向 DNS2 请求动态更新。当 DNS2 接收到客户端的动态更新请求时，会将请求转发给负责管理主要区域的 DNS1 进行动态更新。更新完成后，DNS1 会通过区域传送将更新后的记录传输给 DNS2，以确保 DNS2 中的数据与主区域保持同步。这样客户端就能够通过 DNS2 间接实现动态更新。

14.6 求助于其他DNS服务器

DNS 客户端向 DNS 服务器提出查询请求后，如果服务器内没有所需的记录，服务器将代替客户端向位于**根目录提示**内的 DNS 服务器进行查询，或通过**转发器**向其他 DNS 服务器进行查询。

14.6.1 “根提示”服务器

根提示内的 DNS 服务器就是图 14-1-1 中的**根**（root）内的 DNS 服务器。这些服务器的

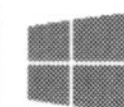

名称与 IP 地址等数据是存储在%*Systemroot*%\System32\DNS\ cache.dns 文件中的。要查看这些信息，具体的步骤为：在 DNS 控制台中选中服务器后右击➲属性➲选择如图 14-6-1 所示界面中的**根提示**（root hints）选项卡。

可以在**根提示**选项卡下添加、修改与删除 DNS 服务器。这些变更的数据将存储在 cache.dns 文件中。此外，还可以通过单击图中从服务器复制按钮，从其他 DNS 服务器复制**根提示**数据，这样可以方便地获取其他 DNS 服务器的根提示信息，并将其应用到当前的 DNS 服务器中。

图 14-6-1

14.6.2 转发器的设置

当 DNS 服务器收到客户端的查询请求时，如果要查询的记录不在其所管辖的区域内（或不在缓存区内），则该 DNS 服务器默认会转向**根提示**内的 DNS 服务器进行查询。然而，对于企业内部拥有多台 DNS 服务器的情况，出于安全考虑，可能只允许其中一台 DNS 服务器直接与外部 DNS 服务器通信，并让其他内部 DNS 服务器将查询请求全部委托给这一台 DNS 服务器来处理，也就是说，这一台 DNS 服务器充当其他内部 DNS 服务器的**转发器**（forwarder）。

当 DNS 服务器将客户端的查询请求转发给扮演转发器角色的另外一台 DNS 服务器（执行递归查询）时，它会等待查询结果，并将获得的结果作为响应发送给 DNS 客户端。

指定转发器的方法为：在 DNS 控制台中，选中 DNS 服务器后右击➲属性➲单击如图

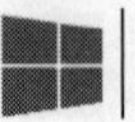

14-6-2 所示界面中的**转发器**选项卡➲通过单击编辑按钮来设置。如果图中所有要查询的记录不在此台 DNS 服务器管辖的区域内，那么都会被传输到 IP 地址为 192.168.8.5 的转发器。

DNS1 属性
接口 转发器 高级 根提示 调试日志 事件日志 监视
转发器是可以用来进行DNS记录查询的服务器，而这些纪录是该服务器无法解决的。
IP 地址 服务器 FQDN
192.168.8.5 <无法解析>
☑如果没有转发器可用，请使用根提示 编辑(E)...

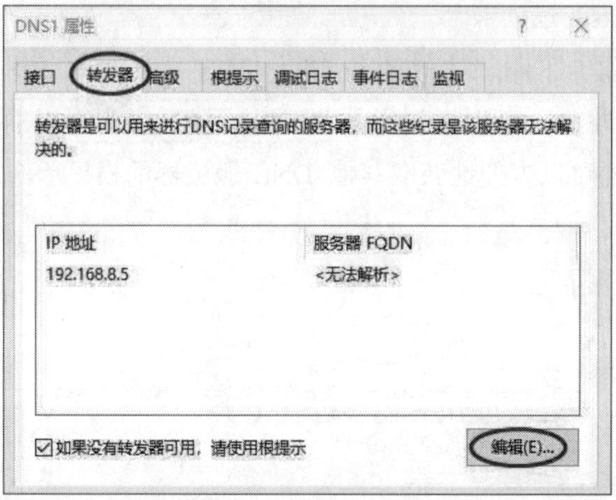

图 14-6-2

图中最下面还勾选了**如果没有转发器可用，请使用根提示**，表示如果无转发器可用，该 DNS 服务器将自行向**根提示**内的服务器进行查询。然而，出于安全考虑，如果不想让此服务器直接向外部进行查询，则可以取消勾选此选项。在这种情况下，这台 DNS 服务器被称为**仅转发服务器**（forward-only server）。**仅转发服务器**在无法通过**转发器**查到所需的记录时，会直接通知 DNS 客户端找不到其所需的记录。

也可以设置**条件转发器**，即将不同的域名请求转发给不同的转发器。例如，在图 14-6-3 中，查询域名 sayabc.local 的请求将被传送到 IP 地址为 192.168.8.5 的转发器，而查询域名 sayxyz.local 的请求将被传送到 IP 地址为 192.168.8.6 的转发器。

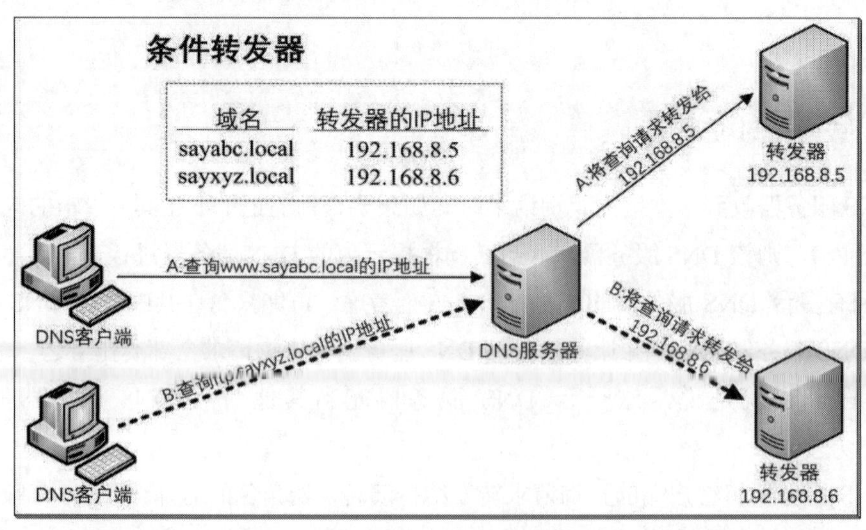

图 14-6-3

条件转发器的设置方法为：在如图 14-6-4 所示的界面中选中**条件转发器**后右击➲新建条件转发器➲在图中输入域名与转发器的 IP 地址➲……，图中的设置会将正向查找区域 sayabc.local 的请求转发到 IP 地址为 192.168.8.5 的 DNS 服务器。

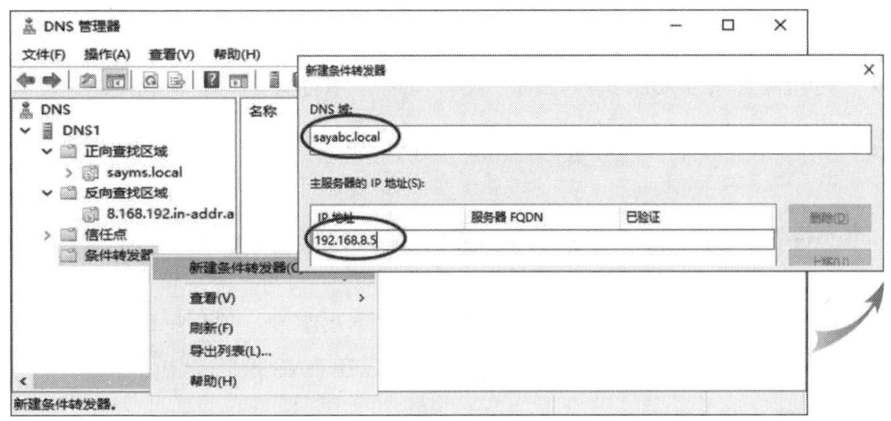

图 14-6-4

14.7　检测DNS服务器

本节将介绍检查 DNS 服务器是否运作正常的方法。

14.7.1　监视 DNS 设置是否正常

打开 DNS 控制台，选中 DNS 服务器后右击➲属性➲在如图 14-7-1 所示的界面中单击**监视**选项卡，以自动或手动测试 DNS 服务器的查询功能是否正常，测试方法如下：

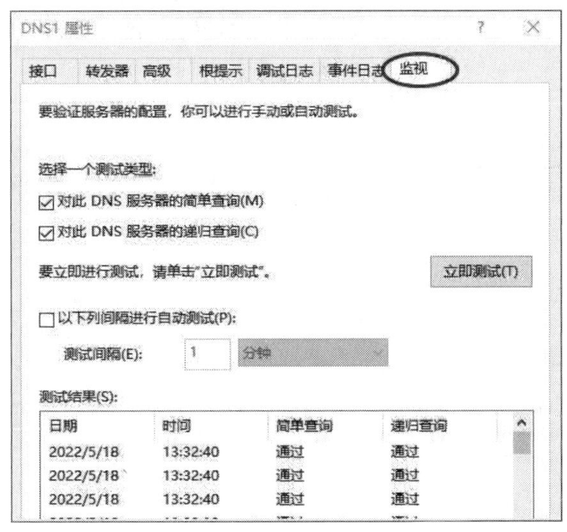

图 14-7-1

- **对此DNS服务器的简单查询**：执行DNS客户端对DNS服务器的简单查询测试，这是客户端与服务器两个角色都由这一台计算机来扮演的内部测试。
- **对此DNS服务器的递归查询**：它会对DNS服务器提出递归查询请求，所查询的记录是位于**根**内的一条 NS记录，因此会使用**根提示**选项卡下的DNS服务器。注意，需要先确认此计算机已经连接到Internet后再测试。
- **以下列间隔进行自动测试**：每隔一段时间就会自动执行简单或递归查询测试。

勾选要测试的项目后单击立即测试按钮，测试结果会显示在下方的列表中。

14.7.2 使用 nslookup 命令来查看记录

除了使用 DNS 控制台来查看 DNS 服务器内的资源记录外，也可以使用 **nslookup** 命令。先打开 Windows PowerShell 后执行 **nslookup** 命令，或在 DNS 控制台中选中 DNS 服务器后右击➲启动 nslookup。

nslookup 命令会连接到**首选 DNS 服务器**，不过因为它会先使用反向查找功能来查找**首选 DNS 服务器**的主机名，因此如果此 DNS 服务器的反向查找区域内没有自己的 PTR 记录，则会显示找不到主机名的 **UnKnown** 信息（可以不必理会它），如图 14-7-2 所示。**Nslookup** 的操作示例如图 14-7-3 所示（可以添加“?”号查看 **nslookup** 命令的语法，执行 **exit** 命令退出 **nslookup**）。

图 14-7-2

如果在查询时被拒绝（见图 14-7-4），表示此计算机并没有被授予区域传送的权限。如果想要开放此权限，请到 DNS 服务器上执行操作：选中区域后右击➲属性➲通过如图 14-7-5 所示的界面中的**区域传送**选项卡来设置。例如，图中开放 IP 地址为 192.168.8.5 与 192.168.8.11 的主机可以请求区域传送，同时也可以在这两台主机上使用 **nslookup 命令**来查询 sayms.local 区域内的记录。

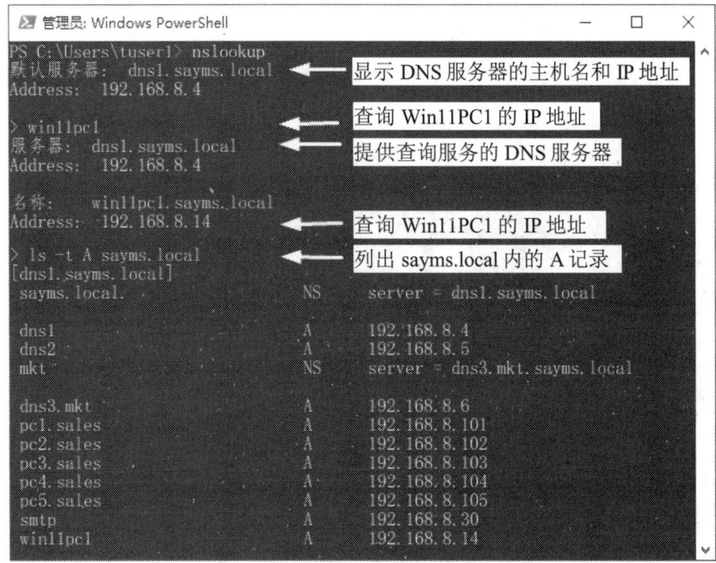

图 14-7-3

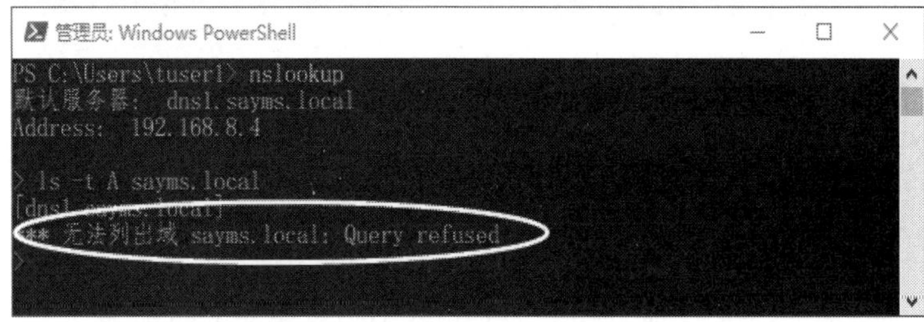

图 14-7-4

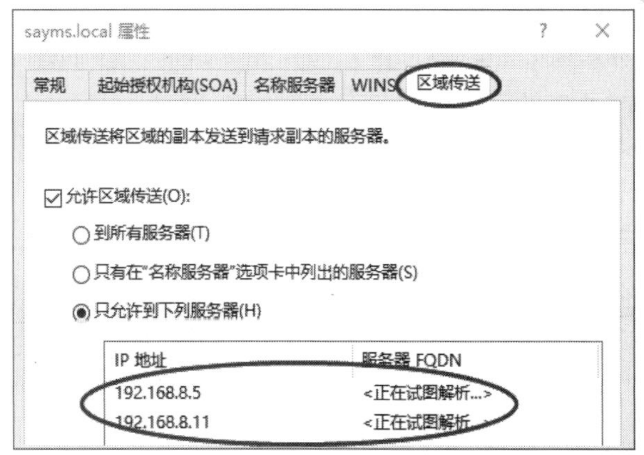

图 14-7-5

如果将这台 DNS 服务器的**首选 DNS 服务器**指定为 127.0.0.1，并且需要在这台计算机上查询该区域，则需要将**首选 DNS 服务器**改为本机的 IP 地址，并将该 IP 地址配置为接收区域传送，或者在图 14-7-5 中选择**到所有服务器**，即发送到所有服务器。

也可以在 **nslookup** 提示字符下选择查看其他 DNS 服务器，如图 14-7-6 所示，使用 **server** 命令切换到其他 DNS 服务器并查看该服务器内的记录（图中的服务器 192.168.8.5 需将区域传送的权限授予查询用的计算机，否则无法查询）。

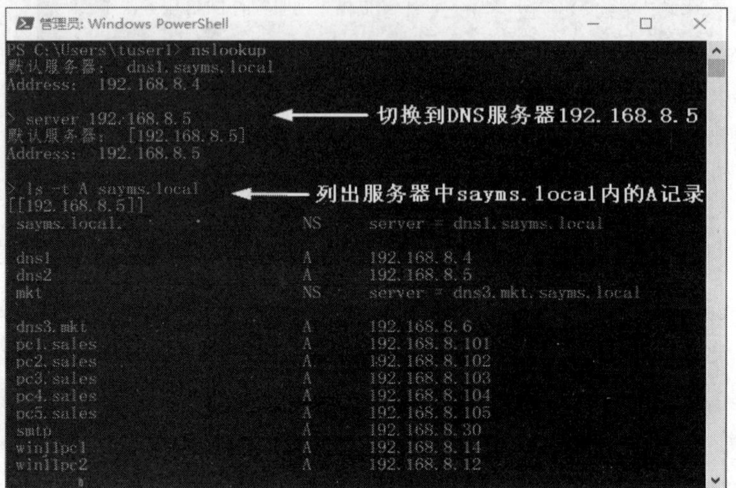

图 14-7-6

14.7.3 清除 DNS 缓存

如果 DNS 服务器的设置与工作都正常，但 DNS 客户端仍然无法解析到正确的 IP 地址，可能是因为 DNS 客户端或 DNS 服务器的缓存区中存在不正确的记录。在这种情况下，可以使用以下方法来清除将缓存区内的数据（或等待这些记录过期后自动被清除）：

- **清除DNS客户端的缓存**：到DNS客户端计算机上执行ipconfig /flushdns命令。可以使用ipconfig /displaydns来查看DNS缓存区内的记录。
- **清除DNS服务器的缓存**：在DNS控制台界面中，选中DNS服务器后右击➲清除缓存。

DNS 服务器内的过期记录会占用 DNS 数据库的空间。如果要清除这些过期记录，具体的步骤为：选中区域后右击➲属性➲单击右下方的过期按钮；如果要手动清除，则选中 DNS 服务器后右击➲清除过期的资源记录。

第 15 章　架设 IIS 网站

Internet Information Services（IIS）的模块化设计可以减少系统的攻击面与减轻管理负担，从而使系统管理员更容易搭建高安全性、高扩展性的网站。

- 环境设置与安装IIS
- 网站的基本设置
- 物理目录与虚拟目录
- 网站的绑定设置
- 网站的安全性
- 远程管理IIS网站与功能委派

15.1 环境设置与安装IIS

如果 IIS 网站（Web 服务器）是为 Internet 用户提供服务的，那么此网站应该有一个网址，例如 www.sayms.com，需要先完成以下工作：

- **申请DNS域名**：可以向Internet服务提供商（ISP）申请DNS域名（例如sayms.com），或到Internet上查找提供DNS域名申请服务的机构。
- **注册管理此域名的DNS服务器**：需要将网站的网址（例如www.sayms.com）与IP地址输入到管理此域名（sayms.com）的DNS服务器中，以便让Internet上的计算机可通过此DNS服务器解析网站的IP地址。该DNS服务器可以是：
  - 自行搭建的 DNS 服务器：需要注册此 DNS 服务器的 IP 地址，可以在域名申请服务机构的网站上注册。
  - 直接使用域名申请服务机构的 DNS 服务器。
- **在DNS服务器内建立网站的主机记录**：需在管理此域名的DNS服务器内建立主机记录（A），其中记录着网站的网址（例如www.sayms.com）及其IP地址。

15.1.1 环境设置

我们将参照图 15-1-1 来说明与练习本节的内容，图中采用虚拟的最高层域名**.local**，需要先自行搭建好图中的 3 台计算机及其网络，然后按照以下说明来设置：

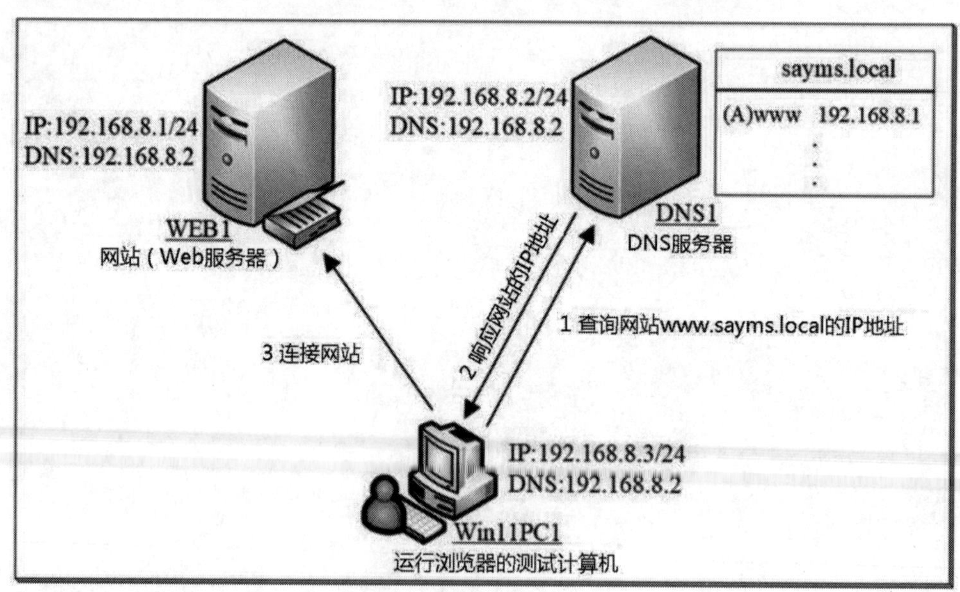

图 15-1-1

- **网站WEB1的设置**：假设它是Windows Server 2022，请按照图15-1-1来设置它的计算机名、IP地址与首选DNS服务器的IP地址（图中采用IPv4）。
- **DNS服务器DNS1的设置**：假设它是Windows Server 2022，请按照图15-1-1来设置它的计算机名、IP地址与首选DNS服务器的IP地址，然后打开**服务器管理器**➲单击**仪表板**处的**添加角色和功能**，来安装DNS服务器，建立正向查找区域sayms.local，在此区域内建立网站的主机记录（见图15-1-2）。

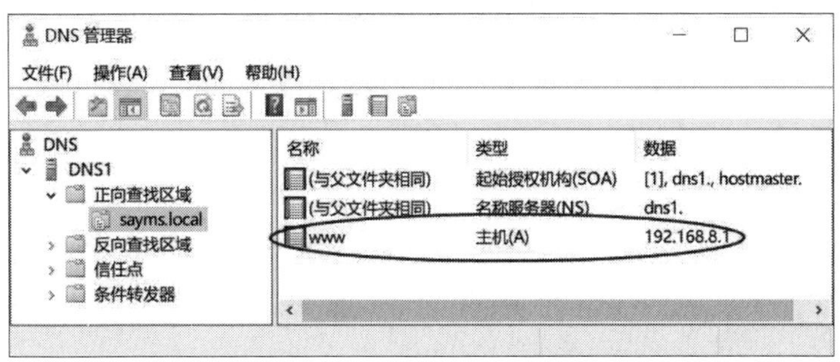

图 15-1-2

- **测试计算机Win11PC1的设置**：参照图15-1-1来设置其计算机名、IP地址与首选DNS服务器。根据图中的指示，将**首选DNS服务器**设置为192.168.8.2（见图15-1-3），以便能够解析出网站www.sayms.local的IP地址。

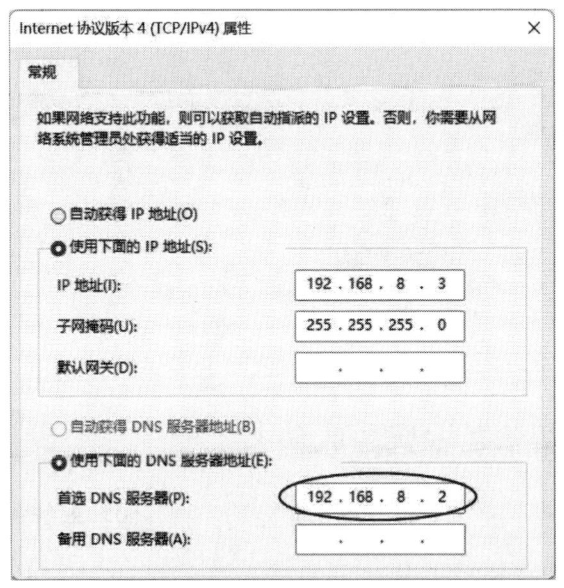

图 15-1-3

然后选中左下角的**开始**图标，再右击➲Windows终端（Window 10为**Windows PowerShell**），如图15-1-4所示，使用ping命令来测试是否能够解析出网站www.sayms.local的IP地址，图中为解析成功的界面。

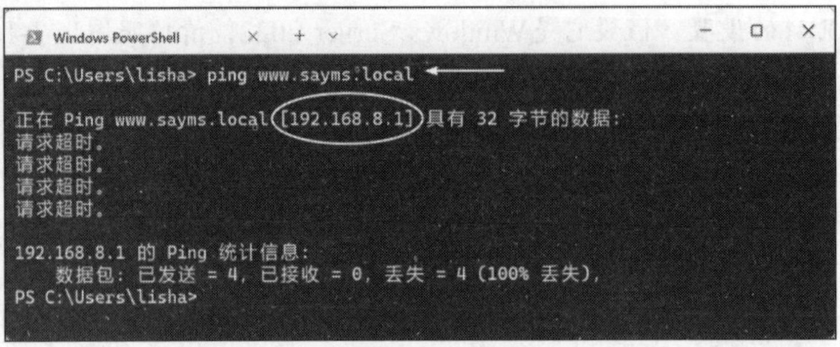

```
PS C:\Users\lisha> ping www.sayms.local

正在 Ping www.sayms.local [192.168.8.1] 具有 32 字节的数据:
请求超时。
请求超时。
请求超时。
请求超时。

192.168.8.1 的 Ping 统计信息:
    数据包: 已发送 = 4, 已接收 = 0, 丢失 = 4 (100% 丢失),
PS C:\Users\lisha>
```

图 15-1-4

15.1.2 安装“Web 服务器（IIS）”

通过添加 **Web 服务器（IIS）**角色的方式将网站安装到 WEB1 上，如图 15-1-1 所示，具体的步骤为：打开**服务器管理器**➲单击**仪表板**处的**添加角色和功能**➲持续单击下一步按钮，直到出现如图 15-1-5 所示的**选择服务器角色**界面，再勾选 **Web 服务器（IIS）**➲单击添加功能按钮➲持续单击下一步按钮，直到出现**确认安装选项**界面后单击安装按钮。

图 15-1-5

15.1.3 测试 IIS 网站是否安装成功

安装完成后，要管理 IIS 网站，具体的步骤为：打开**服务器管理器**➲单击右上方**工具**菜单➲ Internet Information Services（IIS）管理器或单击左下角的**开始**图标⊞➲Windows 管理工具➲Information Services（IIS）管理器，在单击计算机名后会出现如图 15-1-6 所示的 **IIS 管理器**界面，其中已经有一个名为 **Default Web Site** 的内置网站。

图 15-1-6

接下来测试网站是否正常工作：在图 15-1-1 中的测试计算机 Win11PC1 上打开浏览器 Microsoft Edge，并通过以下两种方式之一连接网站：

- **使用 DNS 网址 http://www.sayms.local/**：此时它会先通过DNS服务器来查询网站www.sayms.local的IP地址，然后再连接此网站。
- 使用IP地址http://192.168.8.1/。

如果一切正常，则可以看到如图 15-1-7 所示的默认网页。我们可以使用如图 15-1-6 所示界面中右侧的**操作**窗格来停止、启动或重新启动此网站。

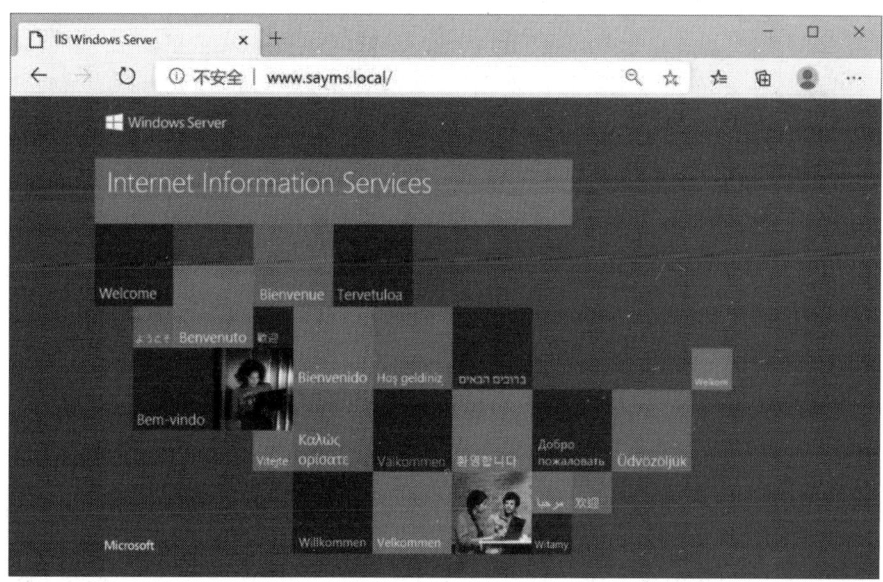

图 15-1-7

15.2 网站的基本设置

我们可以直接使用 Default Web Site 作为网站或另外构建一个新网站。本节中，我们将使用 Default Web Site（网址为 www.sayms.local）来介绍网站的设置。

15.2.1 网页存储位置与默认首页

当用户使用 **http://www.sayms.local/**连接 Default Web Site 时，此网站将自动将首页发送给用户的浏览器。该首页存储在网站的**主目录**（home directory）中。

1. 网页存储位置的设置

如果要查看网站的主目录，可在如图 15-2-1 中的界面中单击网站 Default Web Site 右侧**操作**窗格的**基本设置...**，然后通过前景界面中的**物理路径**来查看主目录的位置。根据图中显示，默认设置为文件夹%*SystemDrive*%\inetpub\wwwroot，其中的%*SystemDrive*%代表安装 Windows Server 2022 的磁盘（通常为 C:盘）。我们可以将主目录的物理路径更改为本地计算机上的其他文件夹。

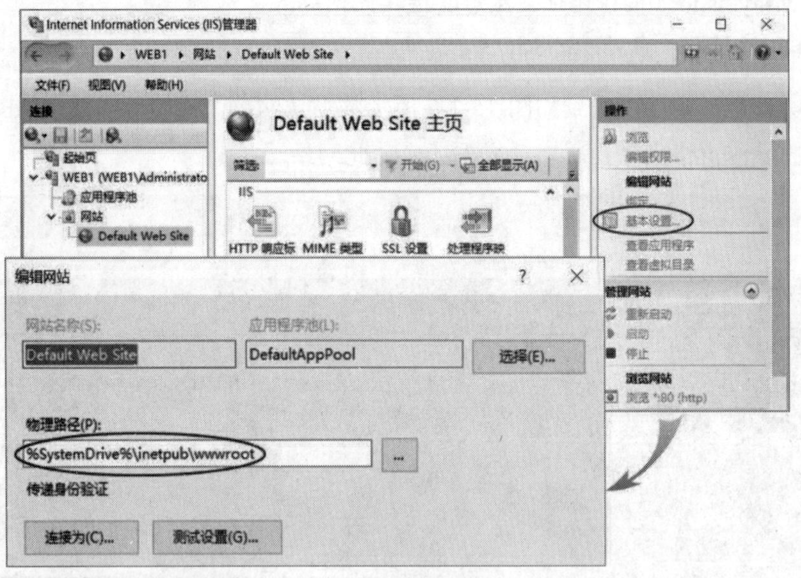

图 15-2-1

我们还可以将主目录的物理路径更改为其他计算机上的共享文件夹，只需在如图 15-2-1 所示界面的**物理路径**中输入此共享文件夹的 UNC 路径（\\计算机名称\共享文件夹）。当用户连接到此网站时，网站将从该共享文件夹读取网页并发送给用户。然而，网站需要提供有权限访问该共享文件夹的用户名与密码。我们可以单击如图 15-2-1 所示的界面中的连接为...按

钮来指定用户账户名与密码。

2. 默认的首页文件

当用户连接 Default Web Site 时，该网站会自动将位于主目录内的首页文件发送给用户的浏览器。然而，网站读取的是哪个首页文件呢？可以双击如图 15-2-2 所示的界面中的**默认文档**，然后通过前景界面来查看与设置。

图中列表内共有 5 个文件，网站会先读取列表中最上面的文件（Default.htm），如果主目录内没有此文件，则按序逐个读取其后的文件。我们可以通过右侧**操作**窗格内的**上移**和**下移**来调整这些文件的读取顺序，也可以通过单击**添加...**来添加默认的网页文件。

图中文件名右侧的**条目类型**的**继承**表示这些设置是从计算机层级继承而来的。我们可以更改这些默认值，具体步骤为：在 **IIS 管理器**中单击计算机名 WEB1➲双击**默认文档**，以后新建的网站都会继承这些默认值。

Default Web Site 的主目录内（一般是 C:\inetpub\wwwroot）目前只包含一个名为 **iisstart.htm** 的网页文件。当用户连接到该网站时，该网站会把这个网页发送给用户的浏览器进行展示。

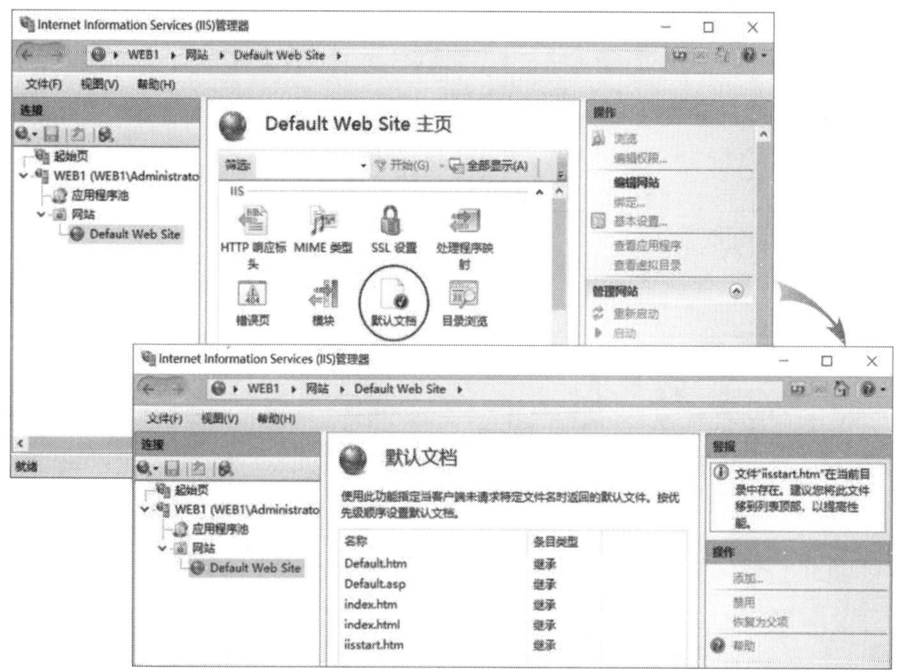

图 15-2-2

如果在主目录内找不到列表中的任何一个网页文件，或用户没有权限读取网页文件，那么浏览器界面上将会出现类似于图 15-2-3 所示的错误信息。

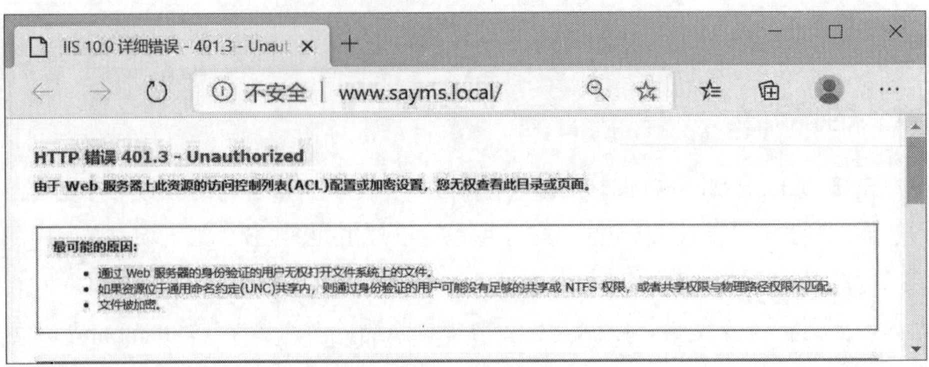

图 15-2-3

15.2.2 新建 default.htm 文件

为了便于练习，我们可以在主目录内使用**记事本**（notepad）新建一个名为 default.htm 的网页文件，如图 15-2-4 所示。建议先在**文件资源管理器**中单击上方的**查看**并勾选**文件扩展名**，这样在创建文件时就不容易弄错扩展名。同时，在图 15-2-4 中将能够看到 default.htm 文件的扩展名.htm。该文件的内容如图 15-2-5 所示。

图 15-2-4

图 15-2-5

请确认前面图 15-2-2 列表中的 default.htm 是排列在 iisstart.htm 的前面。完成后，在测试计算机 Win11PC1 上连接到该网站。此时，我们能看到的内容如图 15-2-6 所示。

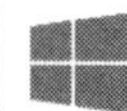

图 15-2-6

15.2.3 HTTP 重定向

如果网站内容正在建设中或正在维护中，我们可以暂时将该网站重定向到另一个网站，这样用户连接网站时将会看到另一个网站内的网页。为了实现这一点，需要先安装 **HTTP 重定向**，具体的步骤为：打开**服务器管理器**➲单击**仪表板**处的**添加角色和功能**➲持续单击下一步按钮，直到出现**选择服务器角色**界面➲在如图 15-2-7 所示的界面中展开 **Web 服务器（IIS）**➲勾选 **HTTP 重定向**➲……。

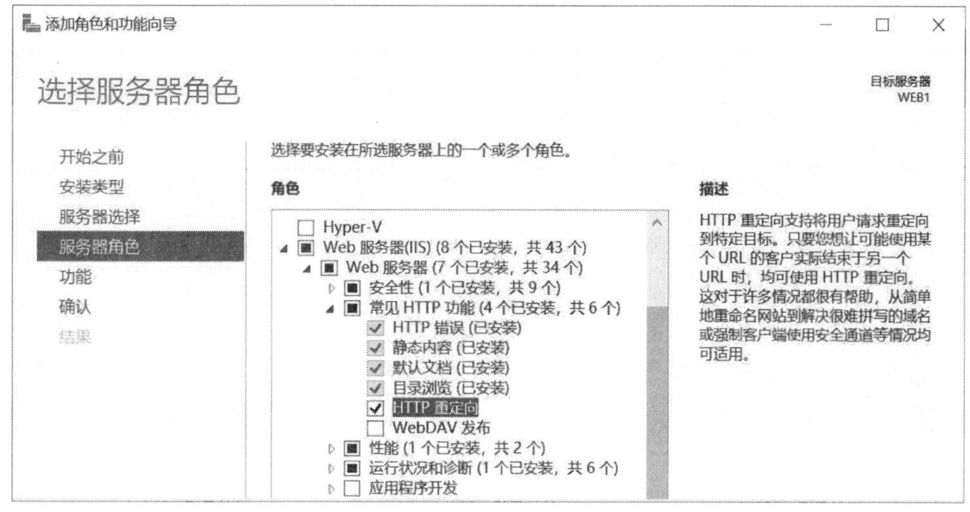

图 15-2-7

接下来，重新打开 **IIS 管理器**➲在如图 15-2-8 所示的界面中双击 Default Web Site 中的 **HTTP 重定向**➲勾选**将请求重定向到此目标**➲输入目的地网址，将其重定向到 www.sayiis.local。默认情况下，这是一个相对重定向，也就是如果原始网站收到 http://www.sayms.local/default.htm 的请求，它会将其重定向到相同的首页 http://www.sayiis.local/default.htm。如果勾选**将所有请求重定向到确切的目标（而不是相对于目标）**，则由目标网站决定要显示的首页文件。

图 15-2-8

可以将网站的设置导出保存，以便日后需要时使用，方法为：在 **IIS 管理器**中单击计算机名 WEB1➲双击 Shared Configuration➲……。

15.3 物理目录与虚拟目录

从网站管理角度出发，网页文件应该分门别类后存储到专用的文件夹内，以便于管理。可以直接在网站主目录下建立多个子文件夹，然后将网页文件放置到主目录与这些子文件夹内，这些子文件夹被称为**物理目录**（physical directory）。

也可以将网页文件存储到其他位置，例如本地计算机的其他磁盘驱动器分区内的文件夹，或其他计算机的共享文件夹，然后通过**虚拟目录**（virtual directory）来映射到这个文件夹。每一个虚拟目录都有一个**别名**（alias），用户通过别名来访问这个文件夹内的网页。虚拟目录的好处是：不论将网页的实际存储位置更改到其他地方，只要别名不变，用户仍然可以通过相同的别名来访问到网页。

15.3.1 物理目录实例演练

如图 15-3-1 所示，假设在网站主目录下（C:\inetpub\wwwroot）建立一个名为 telephone 的文件夹，并在其中创建一个名为 default.htm 的首页文件，此文件的内容如图 15-3-2 所示。

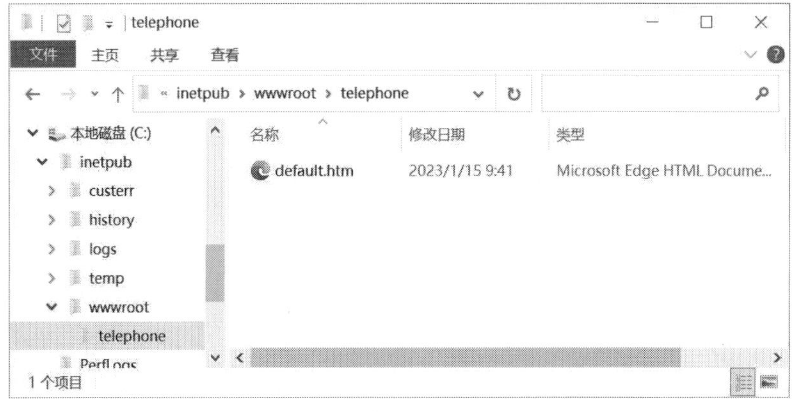

图 15-3-1

图 15-3-2

我们可以从图 15-3-3 的 **IIS 管理器**界面的左侧看到 Default Web Site 网站内多了一个物理目录 telephone（可能需要刷新界面）。同时，在单击下方的**内容视图**后，便可以在图中看到此目录内的文件 default.htm。

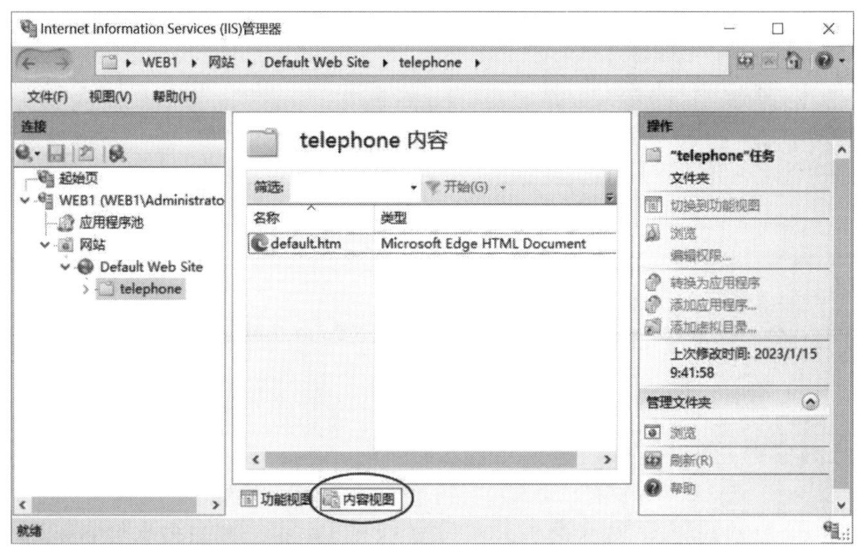

图 15-3-3

接着，到测试计算机 Win11PC1 上启动网页浏览器 Microsoft Edge，然后输入 **http://www.sayms.local/telephone/**。此时，应该可以看到图 15-3-4 所示的界面，它是从网站主目录（C:\inetpub\wwwroot）下的 telephone\default.htm 中读取到的内容。

图 15-3-4

15.3.2 虚拟目录实例演练

假设我们要在网站的 C:\下创建一个名为 video 的文件夹（见图 15-3-5），然后在该文件夹内创建一个名为 default.htm 的首页文件，该文件的内容如图 15-3-6 所示。我们会将网站的虚拟目录映射到此文件夹。

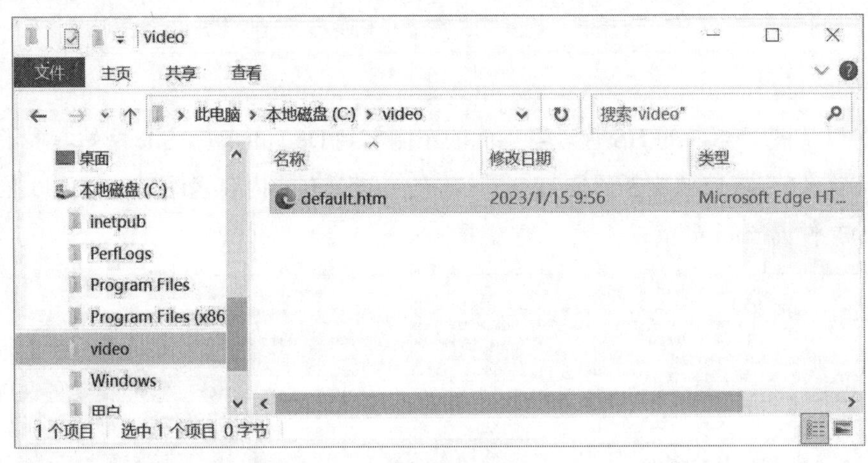

图 15-3-5

图 15-3-6

接着，创建虚拟目录，具体步骤为：在如图 15-3-7 所示的界面中单击 Default Web Site➲单击下方的**内容视图**➲单击右侧**添加虚拟目录...**➲在前景界面中输入别名（自行命名，例如 video）➲输入或浏览到物理路径 C:\Video 后单击确定按钮。

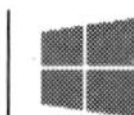

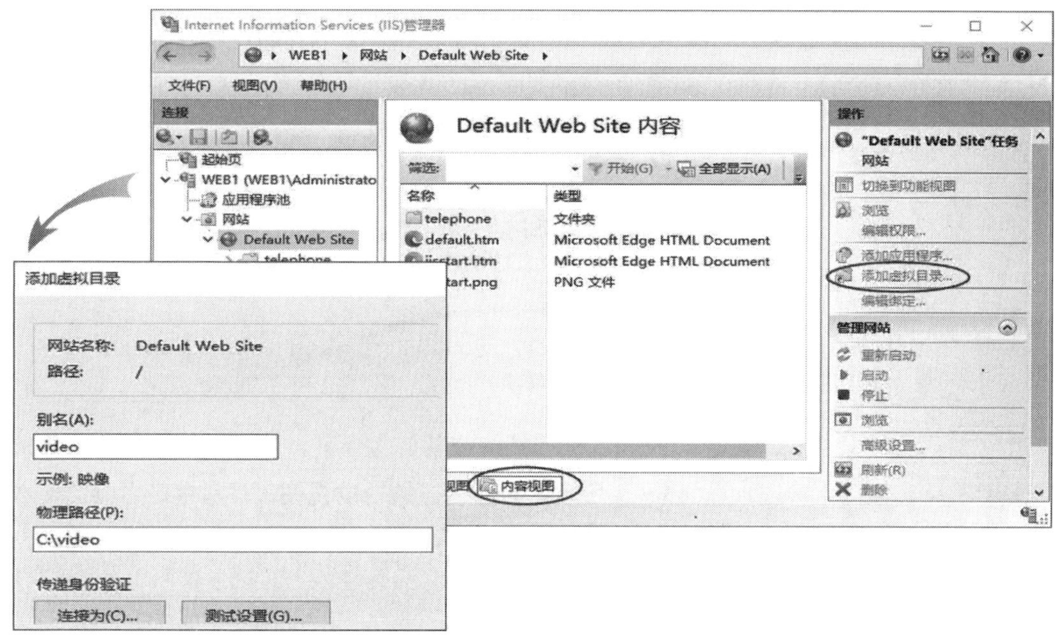

图 15-3-7

我们可以从图 15-3-8 中看到 Default Web Site 网站内多了一个虚拟目录 video（可能需要刷新界面以查看更新后的网页）。同时，在单击下方的**内容视图**后，我们便可以在图中看到该目录内的文件 default.htm。

图 15-3-8

接着，到测试计算机 Win11PC1 上启动网页浏览器 Microsoft Edge，然后输入

http://www.sayms.local/video/。此时，会出现如图 15-3-9 所示的界面，此界面的内容就是从虚拟目录的物理路径（C:\video）下的 default.htm 文件读取到的内容。

图 15-3-9

可以将虚拟目录的物理路径更改为本地计算机的其他文件夹，或者网络上其他计算机的共享文件夹，步骤为：单击如图 15-3-8 所示的界面下方的**功能视图**，然后单击右侧的**基本设置...**。

15.4 网站的绑定设置

IIS 支持在一台计算机上同时建立多个网站，为了能够正确地区分出这些网站，每个网站都必须具有唯一的识别信息。这些识别信息包括**主机名**、**IP 地址**与 **TCP 端口号**。在**绑定**设置中配置这些信息可以确保计算机内的所有网站都有不同的识别信息。可以通过单击图 15-4-1 所示的界面中的**绑定**按钮，然后查看 Default Web Site 的**绑定**设置以了解具体配置信息：

- **主机名**：Default Web Site并未设置主机名。需要注意的是，一旦设置了主机名，就只能采用该主机名来连接Default Web Site。例如，如果将主机名设置为www.sayms.local，则必须使用http://www.sayms.local/来连接Default Web Site，而不能使用IP地址（或其他DNS名称），例如不能使用http://192.168.8.1/。
- **IP地址**：如果计算机拥有多个IP地址，可以为每个网站分配一个唯一的IP地址。例如，如果将IP地址设置为192.168.8.1，则连接到192.168.8.1的请求将被发送到Default Web Site。
- **TCP端口号**：网站的默认TCP端口号（Port number）是80。我们可以更改此端口号，让每个网站拥有不同的端口号。如果网站不是使用默认的80端口，则在连接到此网站时需要指定端口号。例如，如果网站使用的端口号是8080，那么连接此网站时需要使用http://www.sayms.local:8080/来连接。

如果要建立多个网站，请先建立此网站所需的主目录（存储网页的文件夹），步骤为：在如图 15-4-2 所示的界面中选中**网站**后右击➲添加网站。注意其**主机名**、**IP 地址**与 **TCP 端口号**这三个识别信息不能完全与 Default Web Site 相同。

图 15-4-1

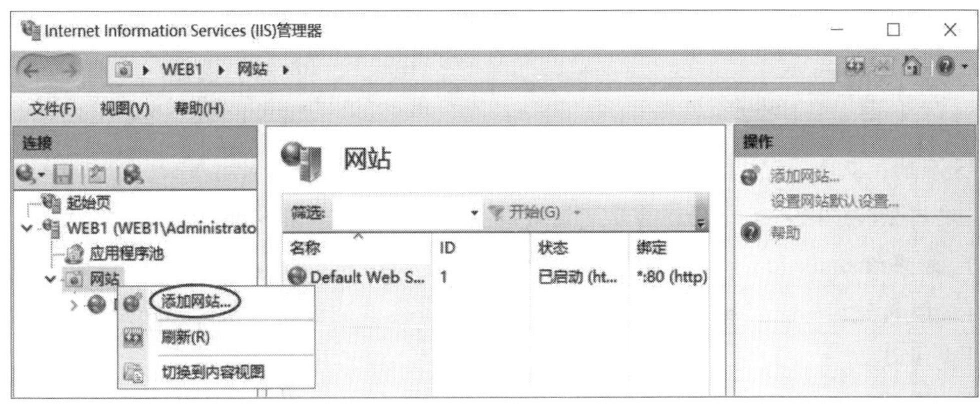

图 15-4-2

15.5　网站的安全性

IIS 采用模块化设计，而且默认只安装了少数功能与角色服务，其他功能可以由系统管理员自行添加或删除，如此便可以减少 IIS 网站的被攻击面，并减少系统管理员面对不必要的安全挑战。此外，IIS 还提供了不少安全措施来增强网站的安全性。

15.5.1　添加或删除 IIS 网站的角色服务

如果要为 IIS 网站添加或删除角色服务，具体步骤为：打开**服务器管理器**➲单击**仪表板**处的**添加角色和功能**➲持续单击下一步按钮，直到出现**选择服务器角色**界面➲在如图 15-5-1 所示的界面中展开 **Web 服务器（IIS）**➲勾选或取消勾选角色服务。

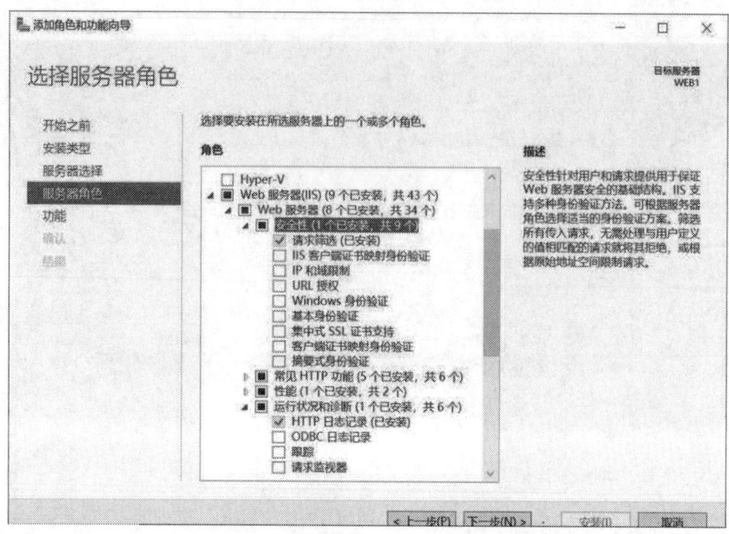

图 15-5-1

15.5.2 验证用户的账户与密码

IIS 网站在默认情况下允许所有用户连接，但也可以配置为要求输入账户与密码进行身份验证，而用来验证账户与密码的方法主要有：匿名身份验证、基本身份验证、摘要式身份验证（Digest Authentication）与 Windows 验证。

系统默认只启用匿名身份验证，其他的身份验证需要通过**添加角色和功能**的方式进行安装。我们可以按照如图 15-5-2 所示的方式，在添加角色和功能的界面中勾选所需的身份验证方法，例如基本身份验证、Windows 身份验证与摘要式身份验证（安装完成后请重新打开 **IIS 管理器**）。

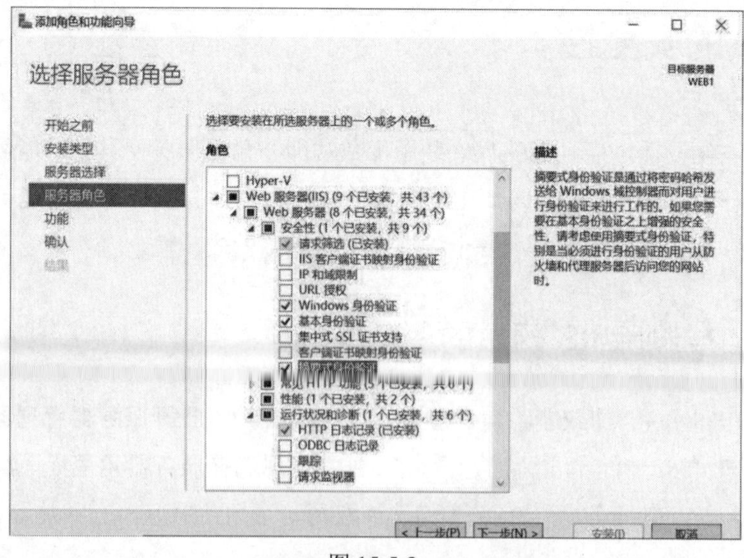

图 15-5-2

可以针对文件、文件夹或整个网站来启用身份验证。以整个网站为例来说明，具体的操作步骤为：在如图 15-5-3 所示的界面中双击 Default Web Site 窗口中的**身份验证**➲选择要启用的身份验证方法，然后单击右侧的已**启用**或已**禁用**。在本例中，我们选择使用默认值，也就是只启用匿名身份验证。

图 15-5-3

1. 身份验证方法的使用顺序

因为客户端浏览器首先会使用匿名身份验证来连接网站，如果网站启动了匿名身份验证，浏览器将自动成功连接。如果要练习其他身份验证方法，则需要暂时禁用匿名身份验证。如果网站同时启用了这 4 种身份验证方法，浏览器将按照以下顺序尝试使用身份验证方法：匿名身份验证➲Windows 身份验证➲摘要式身份验证➲基本身份验证。

2. 匿名身份验证

如果网站启用了匿名身份验证方法，任何用户都可以直接匿名连接该网站，无须输入账户名与密码。系统内置一个名为 **IUSR** 的特殊组账号，当用户匿名连接网站时，网站会使用 **IUSR** 来代表这个用户，因此用户的权限就是与 **IUSR** 的权限相同。

3. Windows 身份验证

Windows 身份**验证**要求输入账户名与密码，并在通过网络发送之前对其进行哈希处理

（hashed），以确保安全性。**Windows** 身份**验证**适用于内部客户端来连接内部网络的网站。当内部客户端浏览器（例如 Microsoft Edge）使用 Windows 身份验证连接内部网站时，会自动使用当前登录 Windows 系统时输入的账户名与密码来连接网站，如果用户没有权限连接网站，则会要求用户另外输入账户名与密码。

4. 摘要式身份验证

摘要式身份验证要求输入账户名与密码，但比基本身份验证更安全。在摘要式身份验证中，账户名与密码会经过 MD5 算法处理，并将处理后的哈希值（hash）传送到网站。拦截者无法从哈希值中获取账户名与密码信息。IIS 计算机需要成为 Active Directory 域的成员服务器或域控制器。

如果要使用摘要式身份验证，需先将禁用匿名身份验证方法，因为浏览器首先使用匿名身份验证来连接网站。同时，还应该禁用 Windows 身份验证方法，因为它的优先级比摘要式身份验证的优先级高。需要注意的是，只有域成员计算机才能启用摘要式身份验证。

5. 基本身份验证

基本身份验证要求用户输入账户名与密码，但用户发送给网站的账户名与密码并没有被加密，因此容易被居心不良者截获并获取这些数据。如果要使用基本身份验证，必须结合其他可确保数据传输安全的措施，例如使用 SSL 连接（Secure Sockets Layer，在第 16 章有详细介绍）。

如果要测试基本身份验证功能，需要先禁用匿名身份验证方法，因为客户端浏览器首先使用匿名身份验证来连接网站。同时，还应该禁用其他两种验证方法，因为它们的优先级都比基本身份验证的优先级高。

15.5.3 通过 IP 地址来限制连接

我们可以通过设置来允许或拒绝某台特定计算机或某一组计算机连接网站。例如，公司内部网站可以被设置成只允许内部计算机连接，并拒绝其他外部计算机的连接。为实现这一目的，需要先安装 **IP 和域限制**角色服务，具体步骤为：打开**服务器管理器**➲单击**仪表板**处的**添加角色和功能**➲持续单击下一步按钮，直到出现**选择服务器角色**界面➲展开 **Web 服务器（IIS）**➲在如图 15-5-4 所示的界面中勾选 **IP 和域限制**➲……。

拒绝 IP 地址

在重新启动 **IIS 管理器**后，设置的具体步骤为：单击如图 15-5-5 所示的界面中 Default Web Site 窗口的 **IP 地址和域限制**➲通过**添加允许条目…**或**添加拒绝条目…**。

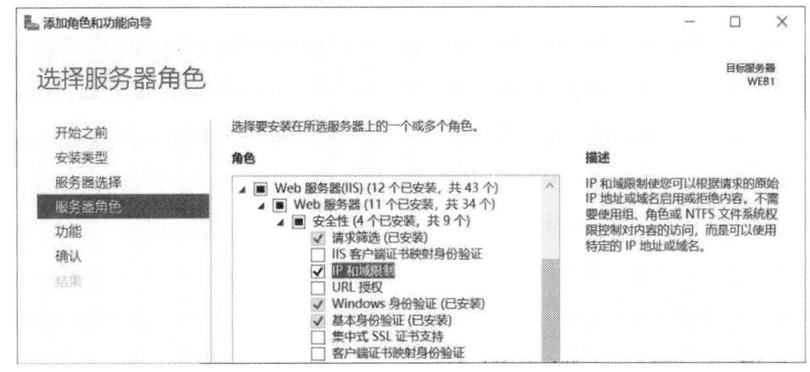

图 15-5-4

图 15-5-5

如果没有指定可以连接的客户端，系统默认是允许连接的。如果要拒绝某台特定客户端的连接，则可以单击**添加拒绝条目...**。使用如图 15-5-6 所示的背景界面或前景界面进行设置。其中，背景界面表示拒绝与 IP 地址为 192.168.8.3 的计算机连接，而前景界面表示拒绝与网络 ID 为 192.168.8.0 的所有计算机连接。

图 15-5-6

当客户端计算机连接 Default Web Site 网站被拒绝时，该网站的界面上会显示如图 15-5-7 所示的错误信息。

图 15-5-7

15.5.4 通过 NTFS 或 ReFS 权限来增加网页的安全性

网页文件最好存储在 NTFS 或 ReFS 磁盘分区内，以使用 NTFS 或 ReFS 权限来增加网页的安全性。设置 NTFS 或 ReFS 权限的方法为：打开**文件资源管理器**➲选中网页文件或文件夹，再右击➲属性➲**安全**选项卡。其他与 NTFS 或 ReFS 有关的更多说明，可参考第 7 章。

15.6 远程管理IIS网站与功能委派

可以将 IIS 网站的管理工作委派给其他不具备系统管理员权限的用户来执行，并且可以根据不同功能来授予这些用户不同的委派权限。我们将参照图 15-6-1 来练习，其中两台服务器运行的操作系统都是 Windows Server 2022。

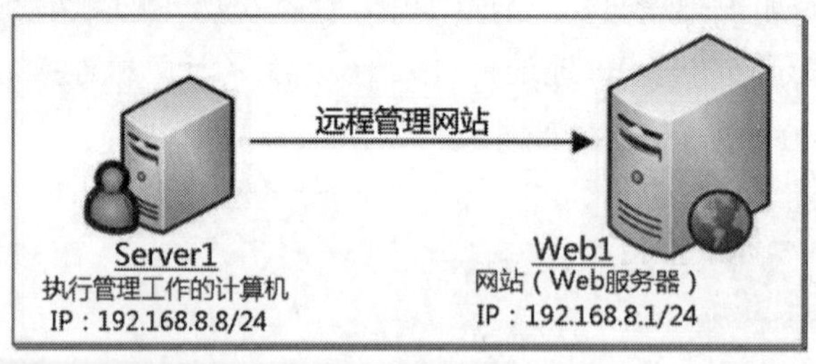

图 15-6-1

15.6.1 IIS Web 服务器的设置

要想让图 15-6-1 中的 IIS 计算机 Web1 可以被远程管理，需要完成一些预先设置。

1. 安装“管理服务”角色服务

IIS 计算机必须先安装**管理服务**角色服务，步骤为：打开**服务器管理器**➲单击**仪表板**处的**添加角色和功能**➲持续单击下一步按钮，直到出现**选择服务器角色**界面➲展开 **Web 服务器（IIS）**➲在如图 15-6-2 所示的界面中勾选**管理工具**下的**管理服务**➲……，完成后重新打开 **IIS 管理器**控制台。

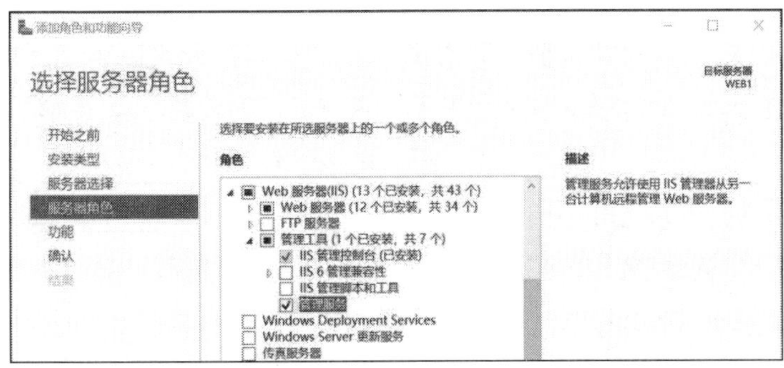

图 15-6-2

2. 创建“IIS 管理器用户”账户

要在 IIS 计算机上设置可以远程管理 IIS 网站的用户，这些用户被称为 **IIS 管理器用户**。这些用户可以是本地用户或域用户账户，也可以是在 IIS 内另外创建的 **IIS 管理器用户**账户。

创建 **IIS 管理器用户**账户的方法为：在如图 15-6-3 所示的界面中单击 IIS 计算机（WEB1）➲双击 **IIS 管理器用户**➲单击**添加用户...**，然后设置用户名（假设为 IISMGR1）与密码。

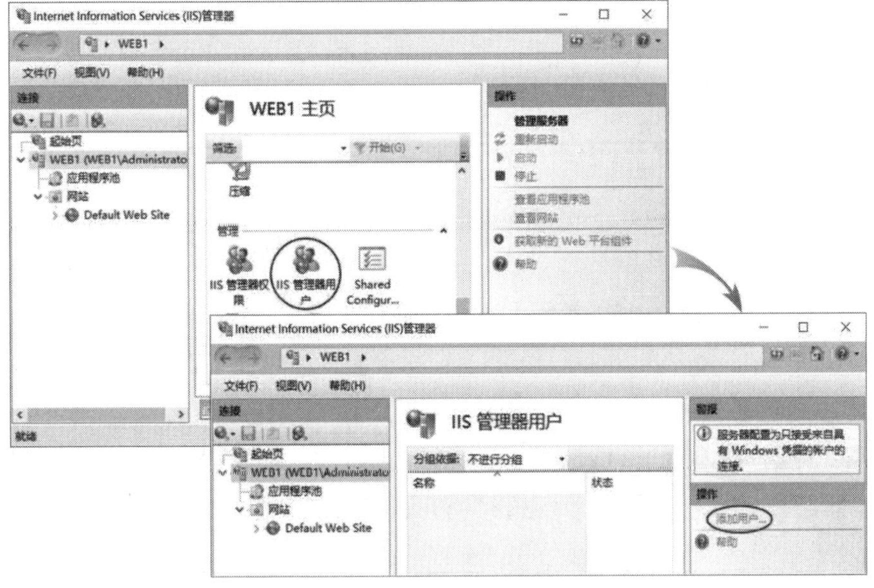

图 15-6-3

如果只是要将管理工作委派给本地用户或域用户账户，则不必创建**IIS 管理器用户账户**。

3. 功能委派设置

IIS 管理器对网站的管理权限是通过**功能委派**来进行设置的，步骤为：双击如图 15-6-3 所示的背景界面中的**功能委派**➲参照图 15-6-4 进行设置。图中的设置为默认值，**IIS 管理器**对所有网站的 **HTTP 重定向**功能拥有**读取/写入**的权限，因此可以更改 **HTTP 重定向**的设置。然而，对于 **IP 地址和域限制**，IIS 管理器只具有**只读**的权限，表示无法更改 **IP 地址和域限制**的设置。

也可以针对不同的网站进行不同的委派设置。例如，如果要针对 Default Web Site 进行设置，则单击图 15-6-4 右侧**操作**窗口的**自定义站点委派...**➲然后在**站点**处选择 Default Web Site➲通过界面的下半部分来设置。

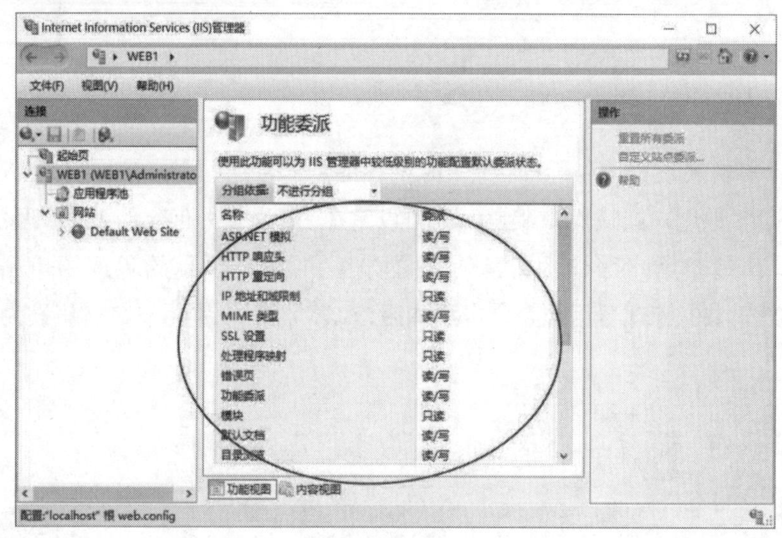

图 15-6-4

4. 启用远程连接

在启用远程连接后，**IIS 管理器**才能通过远程来管理 IIS 计算机内的网站，具体步骤为：在如图 15-6-5 所示的界面中单击 IIS 计算机（WEB1）➲单击**管理服务**➲在前景界面中勾选**启用远程连接**➲单击应用按钮➲单击启动按钮。由图中**标识凭据**处的**仅限于 Windows 凭据**可知，默认情况下只允许本地用户或域用户账户远程管理网站，若允许 **IIS 管理器用户**进行连接，则需要选择 **Windows 凭据或 IIS 管理器凭据**。

如果要更改设置，需要先停止**管理服务**，等待设置完成后再重新启动。

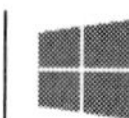

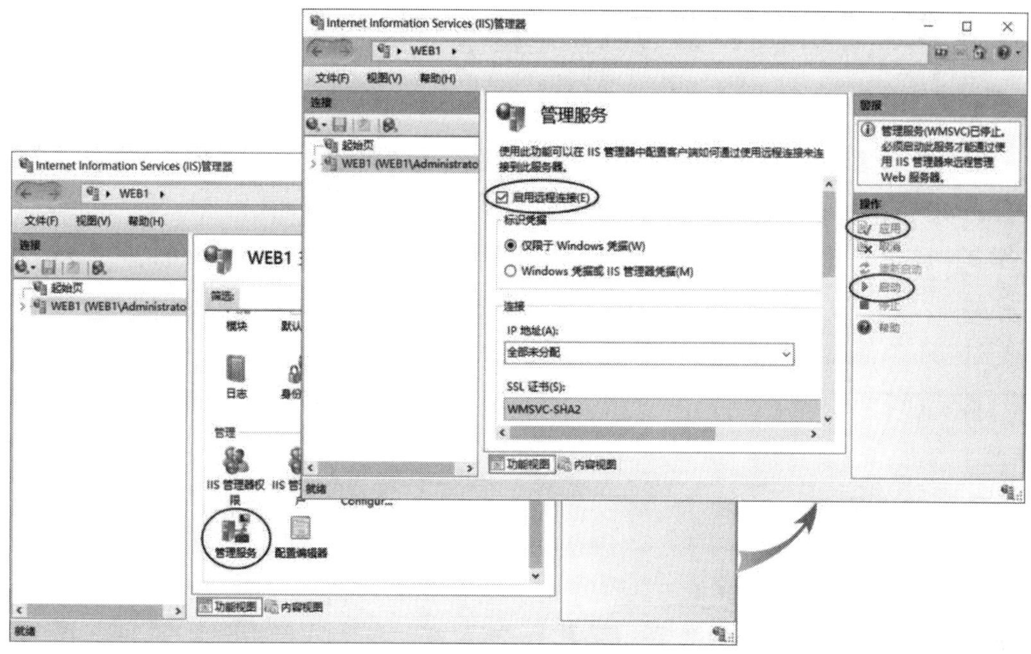

图 15-6-5

5. 允许“IIS 管理器”连接

接下来，需要选择远程管理网站的用户，具体步骤为：在如图 15-6-6 所示的界面中双击 Default Web Site 界面中的 **IIS 管理器权限**➲单击**允许用户**➲输入或选择用户。图中选择的是本地用户账户 WebAdmin（请先自行创建此账户），如果要选择我们在图 15-6-3 中所创建的 **IIS 管理器用户账户** IISMGR1，则事先要在图 15-6-5 所示界面中的**标识凭据**处选择 **Windows 凭据或 IIS 管理器凭据**。

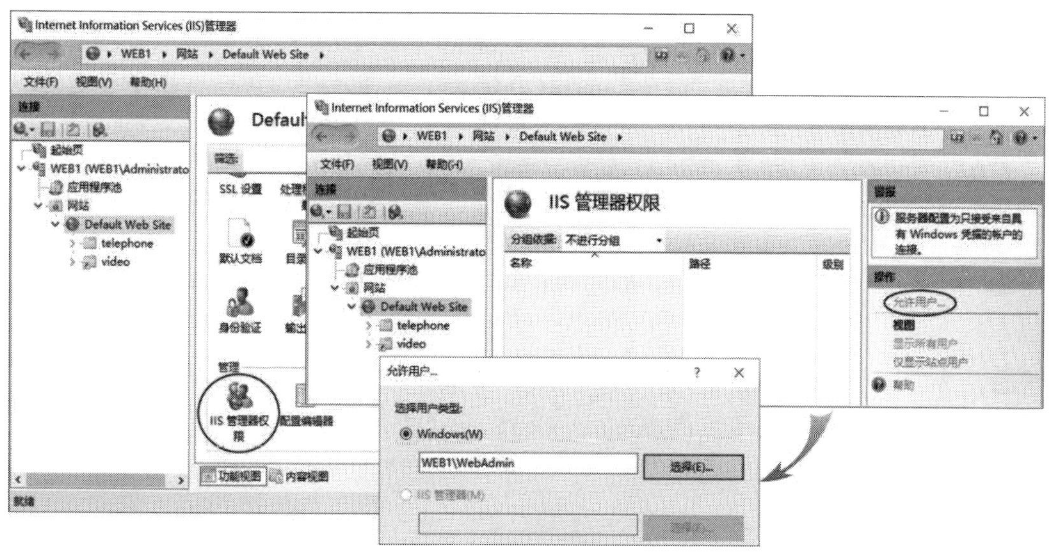

图 15-6-6

15.6.2 执行管理工作的计算机的设置

在要执行管理工作的 Server1 计算机（参考图 15-6-1）上安装 **IIS 管理控制台**，具体步骤为：打开**服务器管理器**➲单击**仪表板**处的**添加角色和功能**➲持续单击下一步按钮，直到出现**选择服务器角色**界面时勾选 **Web 服务器（IIS）**➲单击添加功能按钮➲持续单击下一步按钮，直到出现如图 15-6-7 所示的**选择角色服务**界面，再取消勾选 **Web 服务器**（因为不需要在此搭建网站，此时仅会保留安装 **IIS 管理控制台**，可以将界面往下滚动来查看）➲……，然后通过以下步骤来管理远程网站 Default Web Site。

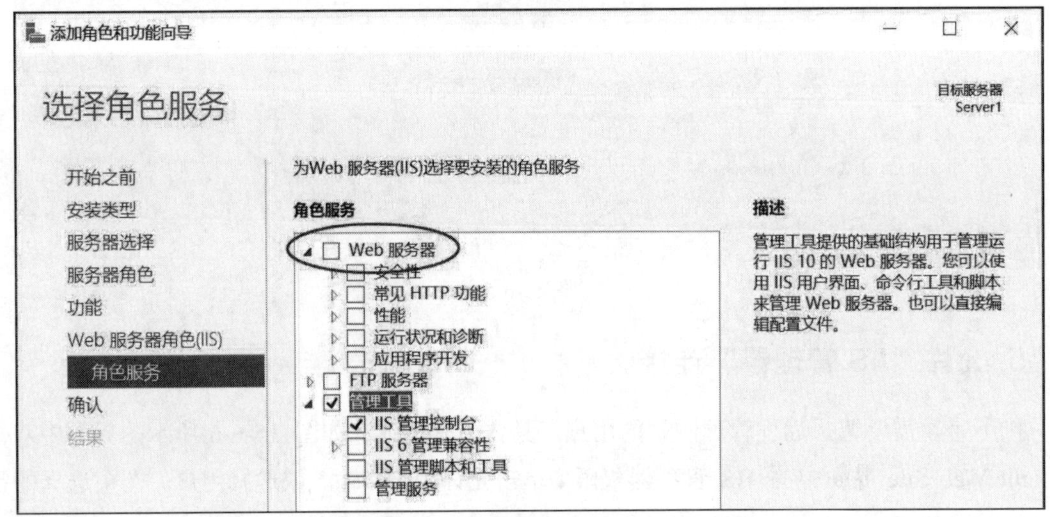

图 15-6-7

如果想在 Windows 11 或 Windows 10 计算机上管理远程 IIS 网站，需要先安装 **IIS 管理控制台**，安装方法为：按⊞键+R键➲输入 control 后按Enter键➲程序➲程序和功能➲启用或关闭 Windows 功能➲展开 **Internet Information Services**➲展开 **Web 管理工具**➲勾选 **IIS 管理控制台**；然后到微软网站下载与安装 IIS Manager for Remote Administration。完成后，单击下方的**查找**图标并输入关键词 **IIS** 来查找与执行 **Internet Information Services（IIS）管理器**。

STEP 1 单击左下角的**开始**图标⊞➲Windows 管理工具➲Internet Information Services（IIS）管理器。

STEP 2 如图 15-6-8 所示，单击**起始页**➲**连接至站点...**➲在前景界面中输入要连接的服务器名称（WEB1）与站点名称（Default Web Site）➲单击下一步按钮。

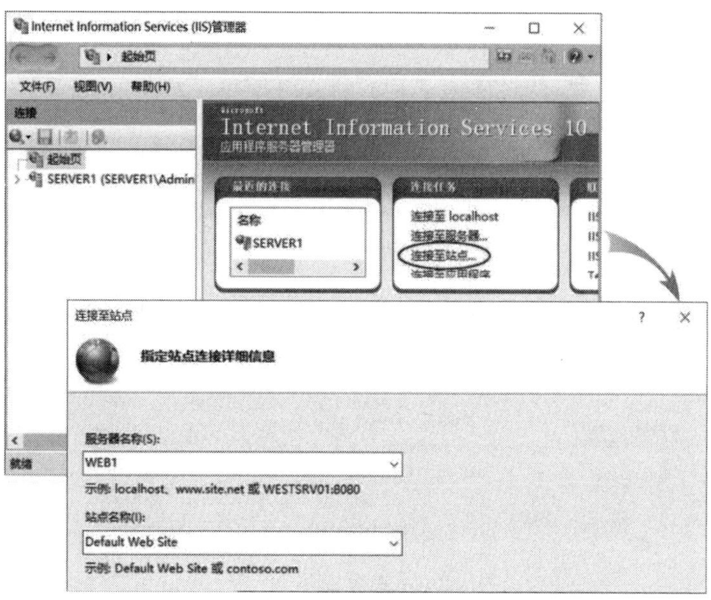

图 15-6-8

STEP 3　在图 15-6-9 中输入 **IIS 管理器**的用户名与密码，而后单击下一步按钮。

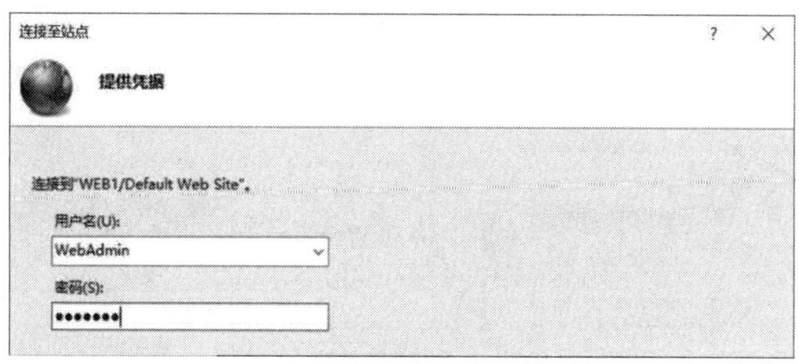

图 15-6-9

如果服务器 WEB1 未允许**文件和打印机共享**通过 **Windows Defender 防火墙**，则可能会显示无法解析 WEB1 的 IP 地址的警告信息。

STEP 4　如果出现如图 15-6-10 所示的警报信息，可直接单击连接按钮。

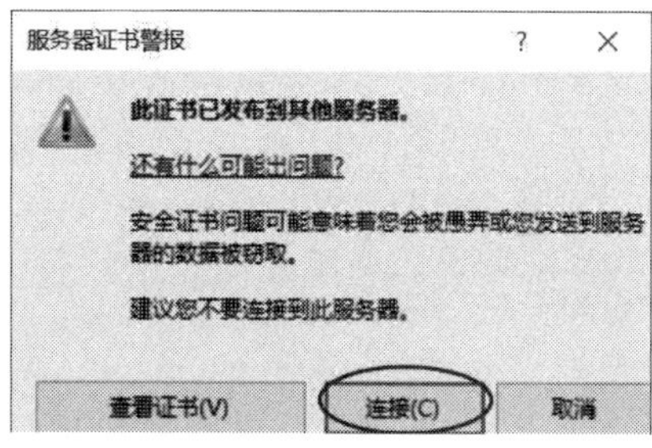

图 15-6-10

此时如果出现（**401**）**未经授权**警告界面，则请检查图 15-6-6 的设置是否完成。

STEP 5　在图 15-6-11 中直接单击完成按钮即可。

图 15-6-11

STEP 6　接下来就可以通过图 15-6-12 的界面来管理 Default Web Site 了。

IIS 计算机通过 TCP 端口号 8172 来监听远程管理的请求，而在安装 IIS 的**管理服务**角色服务后，**Windows Defender 防火墙**就会自动开放此端口。

图 15-6-12

第 16 章　PKI 与 https 网站

当数据在网络上传输时，这些数据可能会在传输过程中被截取或篡改。而公钥基础设施（Public Key Infrastructure，PKI）可以确保电子邮件、电子商务交易、文件传输等各类数据传输的安全性。

- PKI概述
- 证书颁发机构概述与根CA的安装
- https网站证书实例演练
- 证书的管理

16.1 PKI概述

用户通过网络将数据发送给接收者时，可以使用 PKI 提供的以下三个功能来确保数据传输的安全性：

- 将传输的数据加密（encryption）。
- 接收者计算机会验证收到的数据是否由发送者本人发出（authentication）。
- 接收者计算机还会确认数据的完整性（integrity），也就是检查数据在传输过程中是否被篡改。

PKI 根据 Public Key Cryptography（公钥加密技术）来提供上述功能，而用户需要具备以下一组密钥来支持这些功能：

- **公钥**：用户的公钥（public key）可以公开给其他用户。
- **私钥**：用户的私钥（private key）是该用户私有的，并且存储在用户的计算机内，只有用户自己能够访问。

用户需要通过向**证书颁发机构**（Certification Authority，CA）申请证书 （certificate）的方法来拥有与使用这一组密钥。

16.1.1 公钥加密法

数据经过加密后，必须解密才能读取数据的内容。PKI 使用**公钥加密法**（Public Key Encryption）来加密与解密数据。发送者使用接收者的公钥对数据进行加密，而接收者则使用自己的私钥对数据解密。例如，图 16-1-1 展示了用户 George 发送一封加密电子邮件给用户 Mary 的过程。

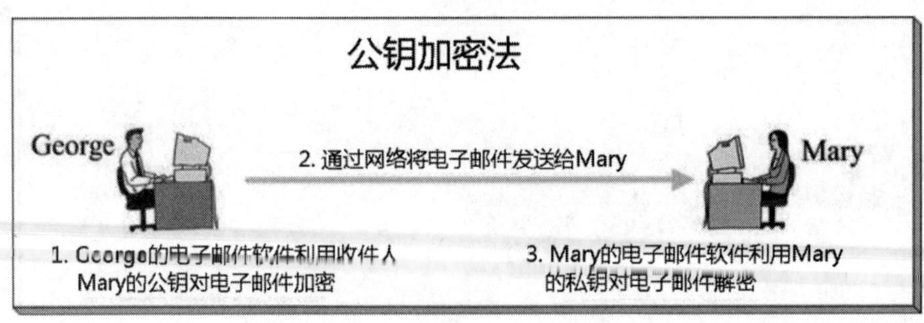

图 16-1-1

图 16-1-1 中 George 需要先取得 Mary 的公钥，才能使用此密钥来对电子邮件加密，而 Mary 的私钥只存储在 Mary 自己的计算机内，故只有她的计算机才可以将此电子邮件解密，

因此她可以正常读取此邮件。其他用户即使拦截了这封电子邮件也无法读取其中的内容，因为他们没有 Mary 的私钥，无法对其解密。

公钥加密法使用公钥来加密、私钥来解密，此方法又称为**非对称式**（asymmetric）加密法。另一种加密法是**单密钥加密法**（secret key encryption），又称为**对称式**（symmetric）加密法，其加密、解密都是使用同一种密钥。

16.1.2　公钥验证法

发送者可以使用**公钥验证法**（Public Key Authentication）对要发送的数据进行“数字签名”（digital signature），而接收者在收到数据后，便可以通过此数字签名来验证数据是否确实是由发送者本人所发出，同时还会检查数据在传输的过程中是否被篡改。

发送者使用自己的私钥为数据添加数字签名，而接收者使用发送者的公钥来验证此份数据的数字签名。例如，图 16-1-2 所示是用户 George 向用户 Mary 发送一封经过签名的电子邮件的过程。

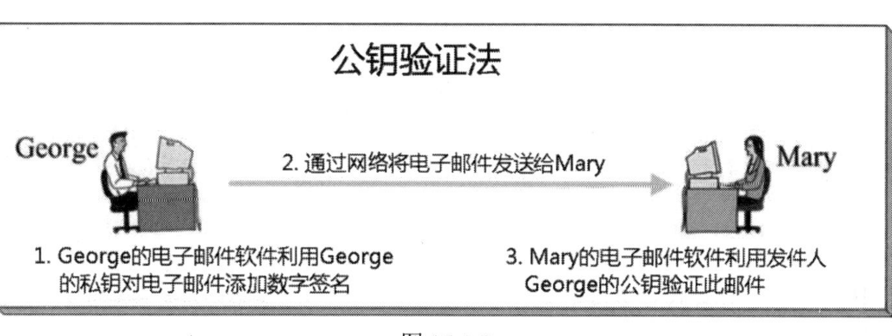

图 16-1-2

由于图 16-1-2 中的电子邮件是经过 George 的私钥签名，而公钥与私钥是一对，因此收件人 Mary 需要先取得发件人 George 的公钥后，才能使用此公钥来验证这封电子邮件是否由 George 本人所发送，并检查这封电子邮件是否被篡改。

数字签名是如何产生的？又如何用来验证身份呢？具体可参考图 16-1-3 所示的流程。

下面简单解释图中的流程：

- 发件人的电子邮件经过**消息哈希算法**（message hash algorithm）的运算处理后，产生一个message digest（消息摘要），它是一个**数字指纹**（digital fingerprint）。
- 发件人的电子邮件软件使用发件人的私钥将此message digest加密，使用的加密方法为**公钥加密算法**（public key encryption algorithm），加密后的结果被称为**数字签名**（digital signature）。
- 发件人的电子邮件软件将原电子邮件的内容与数字签名一并发送给收件人。
- 收件人的电子邮件软件会将收到的电子邮件与数字签名分开处理：

- ◆ 电子邮件重新经过**消息哈希算法**的运算处理后，产生一个新的 message digest。
- ◆ 数字签名经过**公钥加密算法**的解密处理后，可得到发件人发来的原 message digest。
- 新message digest与原message digest应该相同，否则表示这封电子邮件被篡改或是由冒用发件人身份发送来的。

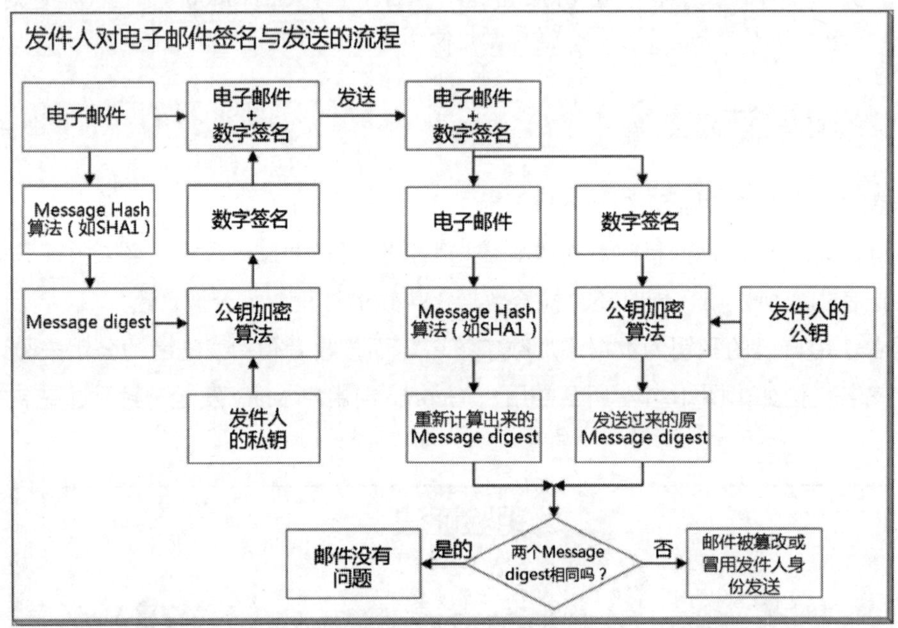

图 16-1-3

16.1.3 https网站安全连接

https 网站使用 SSL（Secure Sockets Layer）来提供网站的安全连接。SSL 是以 PKI 为基础的安全通信协议。如果网站需要启用 SSL 安全连接（https），就需要向**证书颁发机构**（CA）申请 SSL 证书，也称为 **Web 服务器**证书。SSL 证书包含了公钥、证书有效期限、颁发此证书的 CA 以及 CA 的数字签名等信息。

在网站获得 SSL 证书后，浏览器与网站之间就可以通过 SSL 安全连接进行通信。这意味着需要将 URL 路径中的 **http** 改为 **https**。例如，如果网站 URL 是 www.sayms.local，则浏览器要使用 **https://www.sayms.local/**来连接网站。

我们以图 16-1-4 来说明浏览器与网站之间建立 SSL 安全连接的过程。在建立 SSL 安全连接时，双方将协商并生成一个共享的**会话密钥**（session key），该密钥将用于对双方所传输的数据进行加密、解密以及确认数据是否被篡改。

- 客户端浏览器使用https://www.sayms.local/来连接网站时，客户端会先发出Client Hello消息给网站服务器。

- 网站服务器把Server Hello消息回应给客户端，此消息内包含网站的证书信息（内含公钥）。
- 客户端浏览器与网站双方开始协商SSL连接的安全级别，例如选择40或128位加密密钥。位数越多，越难破解，数据就越安全，但网站性能会受到影响。

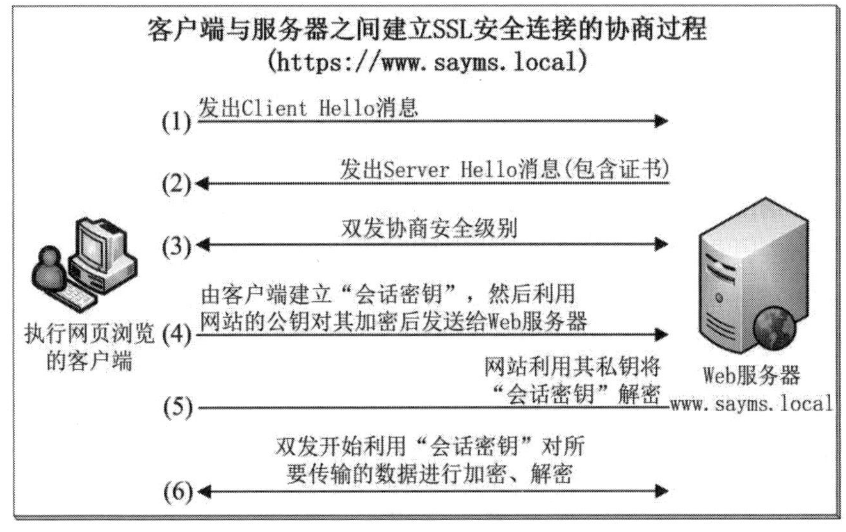

图 16-1-4

- 客户端浏览器根据双方同意的安全级别来建立会话密钥，使用网站的公钥对会话密钥加密，然后将加密过后的会话密钥发送给Web服务器。
- Web服务器使用它自己的私钥将会话密钥解密。
- 之后浏览器与Web服务器之间传输的所有数据，都会使用这个会话密钥进行加密与解密。

16.2　证书颁发机构概述与根CA的安装

无论是电子邮件保护还是 SSL 网站安全连接，都需要申请证书（certification）才能使用公钥与私钥进行数据加密与验证身份。证书就好像是汽车驾驶证一样，只有持有汽车驾驶证才能开车，只有持有证书才能使用密钥。负责发放证书的机构被称为**证书颁发机构**（Certification Authority，CA）。

用户申请证书时会自动生成公钥与私钥，其中的私钥会被存储到用户计算机的注册表（registry）中，同时证书申请数据与公钥会一并发送到 CA。CA 检查这些数据无误后，使用 CA 自己的私钥对要发放的证书进行签名，然后将此证书发放给用户。用户收到证书后，将证书安装到自己的计算机上。

证书内包含了证书的发放对象（用户或计算机）、证书有效期限、发放此证书的 CA 与

CA 的数字签名（类似于汽车驾驶证上的交通管理部门的公章）。此外，证书还包含申请者的姓名、地址、电子邮件地址、公钥等信息。

16.2.1 CA 的信任

在 PKI 架构下，当用户使用某 CA 所发放的证书对电子邮件进行签名时，收件人的计算机必须信任（trust）由该 CA 颁发的证书，否则收件人的计算机会将此电子邮件视为可疑邮件。

又例如客户端使用浏览器连接 SSL 网站时，客户端计算机也必须信任颁发 SSL 证书给此网站的 CA，否则客户端浏览器会显示警告信息。

系统默认已自动信任一些商业 CA。在 Windows 11 中，查看已信任 CA 的步骤为：按⊞键+R键➲输入 control 后按 Enter 键➲网络和 Internet➲Internet 选项➲**内容**选项卡➲单击证书按钮➲在如图 16-2-1 所示的界面中选择**受信任的根证书颁发机构**选项卡。

图 16-2-1

可以向上述商业 CA 申请证书，例如 Digicert，但如果企业只是希望在各分公司、事业合作伙伴、供货商与客户之间能够安全地通过 Internet 传送数据，则不需要向上述商业 CA 申请证书，因为这类企业可使用 Windows Server 2022 **Active Directory 证书服务**（Active Directory Certificate Services）来自行搭建 CA，然后使用此 CA 为员工、客户与供货商等发放证书，并让其计算机来信任此 CA。

16.2.2 AD CS 的 CA 种类

Windows Server 2022 的 **Active Directory 证书服务**（AD CS）将 CA 分为：

- 企业CA：企业CA又分为企业根CA与企业从属CA，它需要Active Directory域，可以

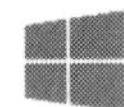

将企业CA安装到域控制器或成员服务器。它发放证书的对象仅限域用户，当域用户申请证书时，企业CA会从Active Directory获取该用户的账户信息，并根据信息决定其是否有权限申请该证书。

企业从属CA需要向其父CA（例如企业根CA或独立根CA）取得证书之后，才会正常工作。企业从属CA也可以发放证书给再下一层的从属CA。

- 独立CA：独立CA又分为独立根CA与独立从属CA，它不需要Active Directory域。它可以是独立服务器、成员服务器或域控制器。无论是否为域用户，都可以向独立CA申请证书。

  独立从属CA需要向其父CA（例如企业根CA或独立根CA）取得证书之后，才会正常工作。独立从属CA也可以发放证书给再下一层的从属CA。

16.2.3 安装 Active Directory 证书服务与搭建根 CA

下面我们参照图 16-2-2 来说明如何将独立根 CA 安装到图中的 Windows Server 2022 计算机 CA1 中，并以图中的 Windows 11 计算机 Win11PC1 为例来说明如何信任 CA，具体操作步骤如下：

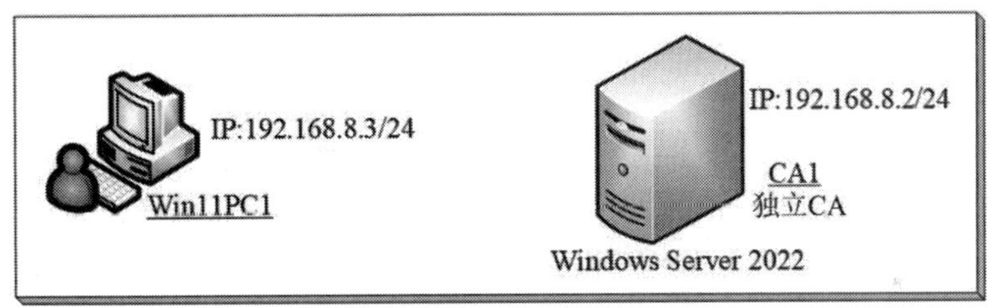

图 16-2-2

STEP 1　使用本地 Administrators 组成员的身份登录图中的 CA1（如果要安装企业根 CA，请使用域 Enterprise Admins 组成员的身份登录）。

STEP 2　打开**服务器管理器**➲单击**仪表板**处的**添加角色和功能**➲持续单击下一步按钮，直到出现如图 16-2-3 所示的**选择服务器角色**界面，再勾选 **Active Directory 证书服务**➲单击添加功能按钮。

图 16-2-3

STEP 3　持续单击**下一步**按钮，直到出现图 16-2-4 界面，勾选**证书颁发机构 Web 注册**后单击**添加功能**按钮，它会同时安装 IIS 网站，也支持用户通过浏览器来申请证书。

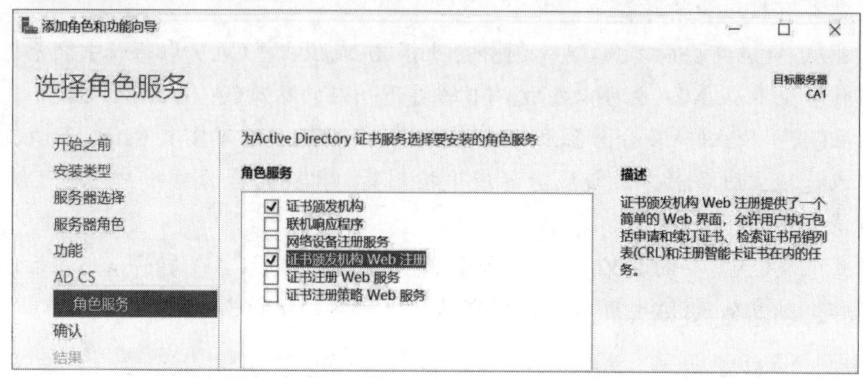

图 16-2-4

STEP 4　持续单击**下一步**按钮，直到出现**确认安装所选内容**界面时单击**安装**按钮。

STEP 5　单击配置目标服务器上的 Active Directory 证书服务，如图 16-2-5 所示。

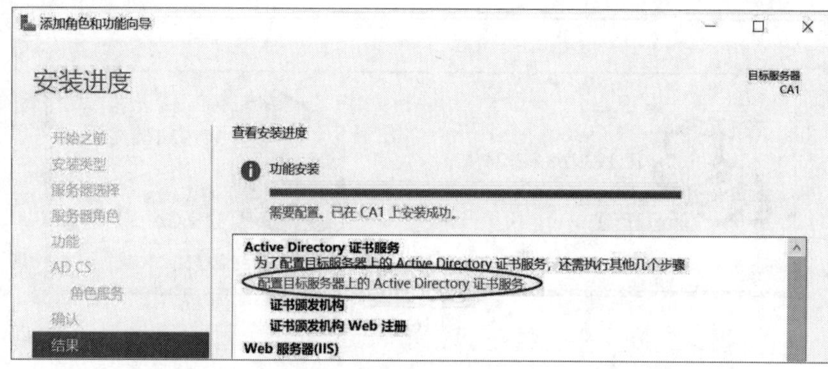

图 16-2-5

STEP 6　直接单击**下一步**按钮，如图 16-2-6 所示。

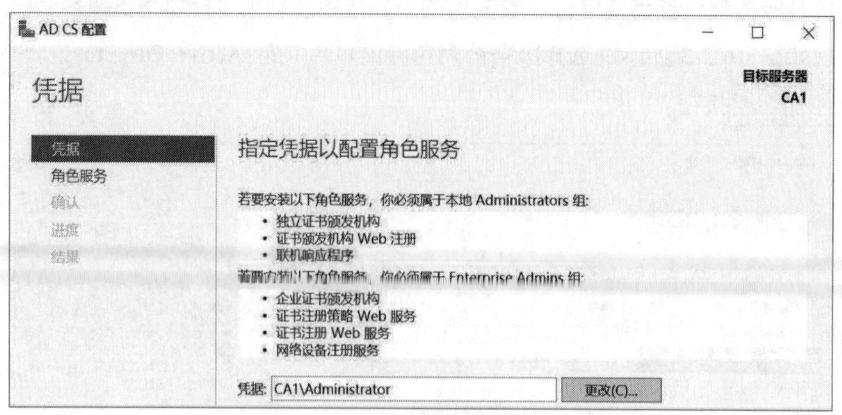

图 16-2-6

STEP 7　如图 16-2-7 所示，进行勾选后单击下一步按钮。

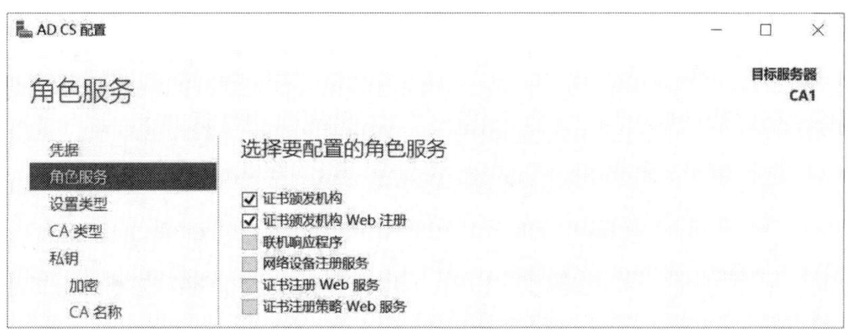

图 16-2-7

STEP 8　在图 16-2-8 中指定 CA 的设置类型后单击下一步按钮。

图 16-2-8

如果此计算机是独立服务器，或者不是使用域 Enterprise Admins 成员身份登录，就无法选择**企业 CA**。

STEP 9　在图 16-2-9 中指定**根 CA 类型**后单击下一步按钮。

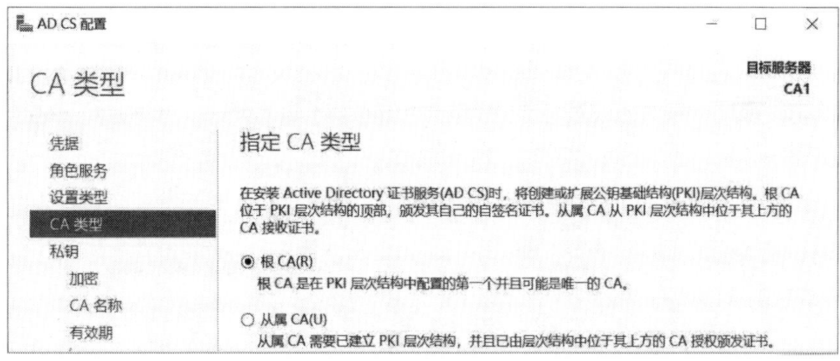

图 16-2-9

STEP 10　在接下来的**私钥**界面中选用默认的**创建新的私钥**，再单击下一步按钮。CA 必须拥有此私钥后才能向客户端发放证书。

STEP 11　出现指定**加密**选项界面时直接单击下一步按钮（采用默认值即可）。

STEP 12　在指定 **CA 名称**的界面上为此 CA 设置名称（假设是 Sayms Standalone Root），然后单击下一步按钮。

STEP 13　在指定**有效期**界面中单击下一步按钮。CA 的有效期默认为 5 年。

STEP 14　在指定**数据库**位置界面中单击下一步按钮（采用默认值即可）。

STEP 15　在**确认**界面中单击配置按钮，出现**结果**界面时单击关闭按钮。

安装完成后，要管理 CA，具体步骤为：单击左下角的**开始**图标⊞➲Windows 管理工具➲证书颁发机构本地，或在**服务器管理器**中单击右上方的**工具**➲证书颁发机构本地。如图 16-2-10 所示为独立根 CA 的管理界面。

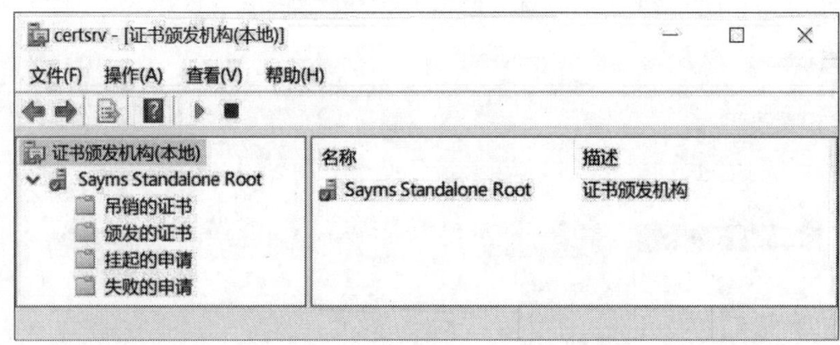

图 16-2-10

如果是企业 CA，则它是根据**证书模板**（见图 16-2-11）来发放证书的，例如，图 16-2-11 右侧的**用户**模板中提供了用于文件加密的证书、保护电子邮件安全的证书与验证客户端身份的证书。

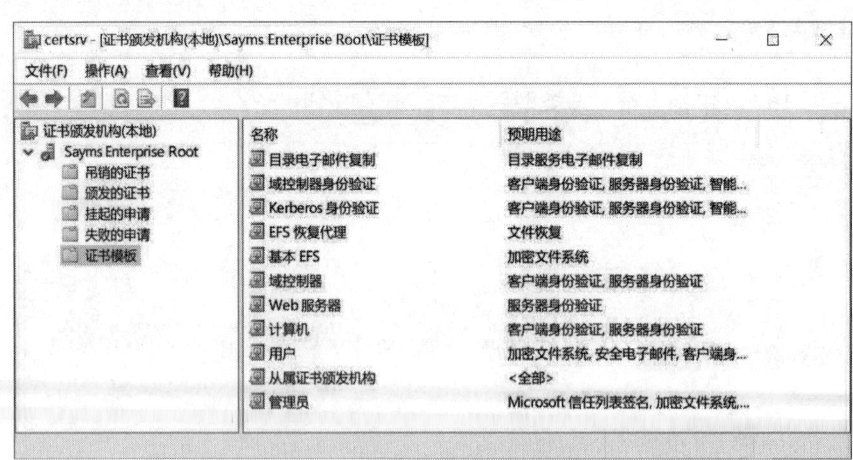

图 16-2-11

1. 如何信任企业 CA

Active Directory 域会自动通过组策略让域内的所有计算机信任企业 CA，也就是自动将

企业 CA 的证书安装到客户端计算机。在域内一台 Windows 11 计算机上：按⊞键+R键➲输入 control 后按 Enter 键➲网络和 Internet➲Internet 选项➲**内容**选项卡➲单击证书按钮➲**受信任的根证书颁发机构**选项卡，之后所看到的界面如图 16-2-12 所示。此计算机自动信任企业根 CA“Sayms Enterprise Root”。

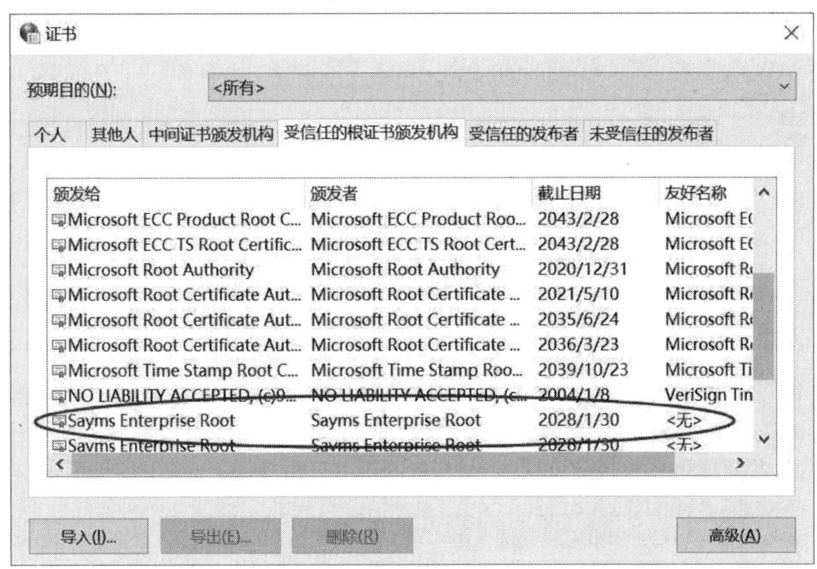

图 16-2-12

2. 如何手动信任企业 CA 或独立 CA

未加入域的计算机不会信任企业 CA，另外无论是否为域成员计算机，它们默认也都没有信任独立 CA，但是可以在这些计算机上进行手动配置以信任企业 CA 或独立 CA。通过以下步骤让图 16-2-2 中的 Windows 11 计算机 Win11PC1 来信任图中的独立根 CA。

STEP 1　在计算机 Win11PC1 上启动 Microsoft Edge，并输入以下的 URL 路径：

http://192.168.8.2/certsrv

其中 192.168.8.2 为图 16-2-2 中独立 CA 的 IP 地址。

如果客户端为 Windows Server 2019、Windows Server 2016 等服务器，请先将其 **IE 增强的安全配置**关闭，否则系统会阻挡其连接到 CA 网站：打开**服务器管理器**➲单击**本地服务器**➲单击 **IE 增强的安全配置**右侧的设置值➲选择**管理员**处的**关闭**。

STEP 2　在图 16-2-13 中单击**下载 CA 证书、证书链或 CRL**。

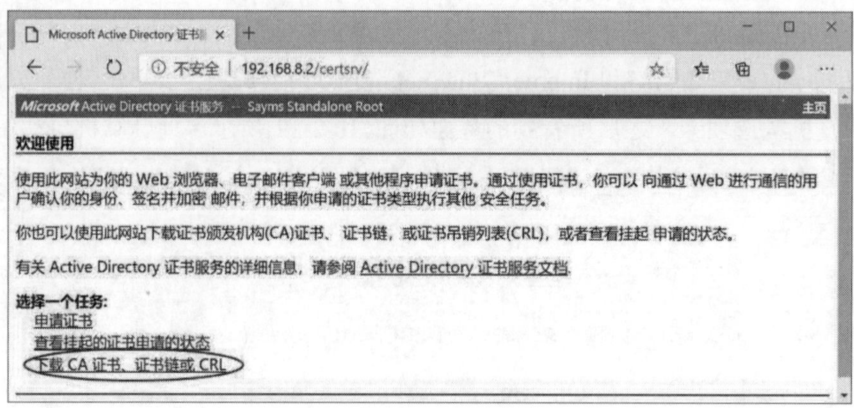

图 16-2-13

STEP 3 在图 16-2-14 中单击**下载 CA 证书链**，所下载文件的文件名为 certnew.p7b，它被存储在**下载**文件夹内。

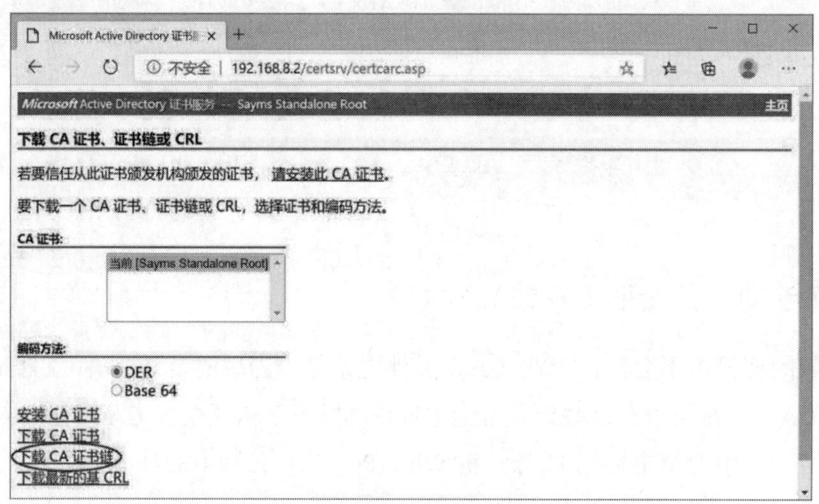

图 16-2-14

STEP 4 选中左下角的**开始**图标，再右击➲运行➲输入 **mmc** 后单击确定按钮➲单击**文件**菜单添加/删除管理单元➲从列表中选择**证书**后单击添加按钮➲在如图 16-2-15 所示的界面中选择**计算机账户**后依序单击下一步按钮、完成按钮、确定按钮。

图 16-2-15

STEP 5　如图 16-2-16 所示展开**受信任的根证书颁发机构**➲选中**证书**后右击➲**所有任务**➲**导入**➲单击下一步按钮。

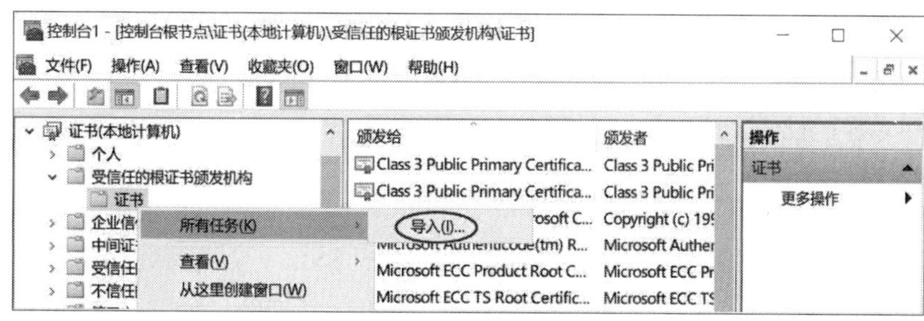

图 16-2-16

STEP 6　在**欢迎使用证书导入向导**界面中单击下一步按钮。

STEP 7　在图 16-2-17 中单击浏览按钮后选择前面所下载的 CA 证书链文件，再单击下一步按钮。文件类型改为**所有文件(*.*)**后才能看到此文件。

图 16-2-17

STEP 8　接下来按序单击下一步按钮、完成按钮和确定按钮。图 16-2-18 为完成后的界面。

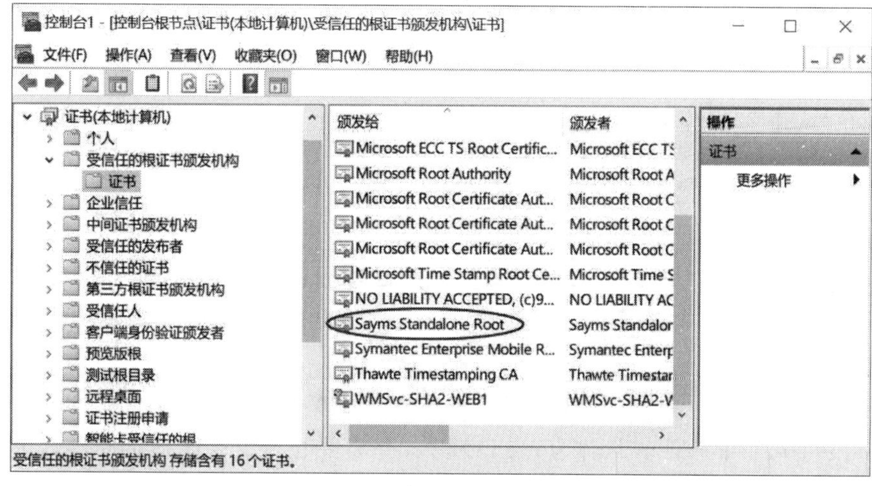

图 16-2-18

也可以通过组策略让域内所有计算机自动信任独立 CA，详情请参考《Windows Server 2022 Active Directory 配置实战》一书。

16.3 https网站证书实例演练

我们必须为网站申请 SSL 证书，这样网站才会具备 SSL 安全连接（https）的能力。如果网站需要对外提供服务给 Internet 用户，则需要向商业证书颁发机构（Digicert）申请证书。但如果网站只是为内部员工或企业合作伙伴提供服务，则可以自行利用 **Active Directory 证书服务**（AD CS）来搭建 CA，并向此 CA 申请证书即可。下面我们将使用 AD CS 来搭建 CA，并通过以下方法练习 https（SSL）网站的设置：

- 先在网站计算机上创建证书申请文件。
- 接着使用浏览器将证书申请文件发送给CA，然后下载证书文件：
  - **企业 CA**：由于企业 CA 会自动发放证书，因此在将证书申请文件提交给 CA 时，就可以直接下载证书文件。
  - **独立 CA**：独立 CA 默认不会自动发放证书，因此必须等 CA 管理员手动发放证书后，再使用浏览器来连接 CA 与下载证书文件。
- 将SSL证书安装到IIS计算机上，并将其绑定（binding）到网站，该网站便拥有SSL安全连接的能力。
- 测试客户端浏览器与网站之间的SSL安全连接功能是否正常。

接下来，我们参照图 16-3-1 来练习 SSL 安全连接，其中 3 台计算机分别扮演着以下的角色：

- WEB1：将扮演SSL网站的角色，首先需要在该计算机上安装好**Web服务器（IIS）**角色。我们将使用默认的Default Web Site作为SSL网站，并将其网址设置为www.sayms.local。
- CA1：扮演独立根CA的角色，需要在该计算机上先安装好**Active Directory证书服务**角色，并将CA的名称设置为Sayms Standalone CA。此台计算机还需要扮演DNS服务器的角色，因此也需要安装好DNS服务器角色，并在其中建立正向查找区域sayms.local，并创建主机记录www，其IP地址为192.168.8.1。我们可以直接使用图16-2-2中的计算机作为CA1，但需要将其**首选DNS服务器**的IP地址更改为192.168.8.2。
- Win11PC1：我们要在Win11PC1计算机上使用浏览器来连接SSL网站。我们可以直接使用图16-2-2中的计算机作为Win11PC1，但需要将其**首选DNS服务器**的IP地址更改为192.168.8.2。

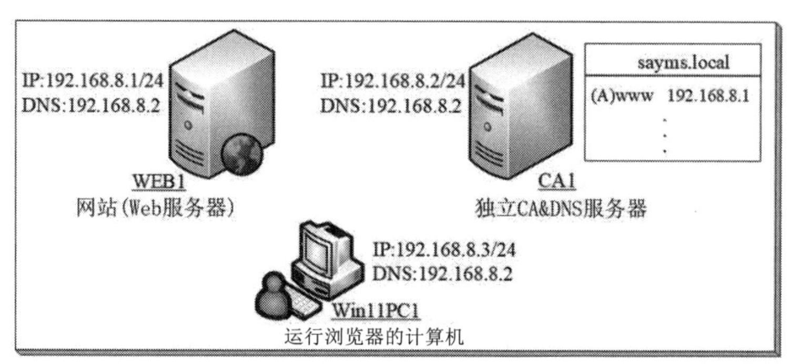

图 16-3-1

16.3.1　让网站与浏览器计算机信任 CA

网站 WEB1 与运行浏览器的 Win11PC1 都需要信任发放 SSL 证书的 CA，否则浏览器在利用 https（SSL）连接网站时，浏览器会显示警告信息。如果是企业 CA，并且网站与浏览器计算机都是域成员，它们会自动信任此企业 CA。然而，在图中所示的情况下，使用的是独立 CA，因此需要在 WEB1 与 Win11PC1 上手动执行信任 CA 的操作，请参考前面关于**如何手动信任企业或独立 CA** 的说明进行操作。

16.3.2　在网站计算机上创建证书申请文件

请到扮演网站 www.sayms.local 角色的计算机 WEB1 上执行以下操作：

STEP 1　选中左下角的**开始**图标⊞，再右击➲运行➲输入 **mmc** 后单击确定按钮➲选择**文件**菜单➲添加/删除管理单元➲从列表中选择**证书**后单击添加按钮➲在如图 16-3-2 所示的界面中选择**计算机账户**后，再依次单击下一步按钮、完成按钮、确定按钮。

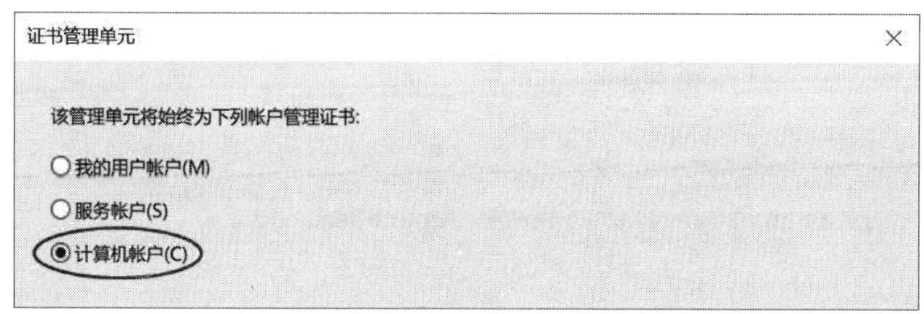

图 16-3-2

STEP 2　如图 16-3-3 所示，选中**个人**后右击➲所有任务➲高级操作➲创建自定义请求。

STEP 3　出现**在开始前**界面后，再单击下一步按钮。

STEP 4　出现如图 16-3-4 所示的界面后，再单击下一步按钮。

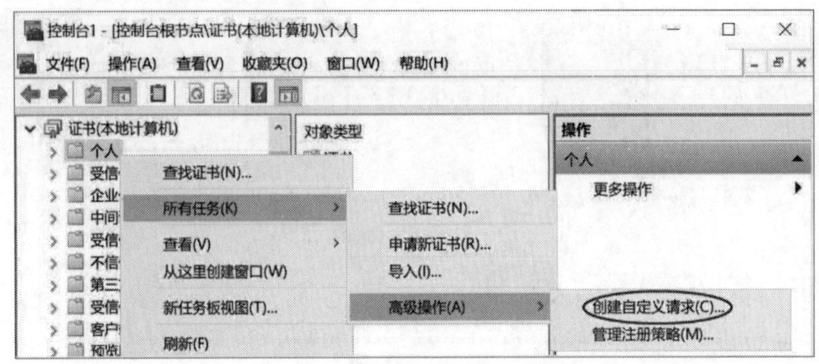

图 16-3-3

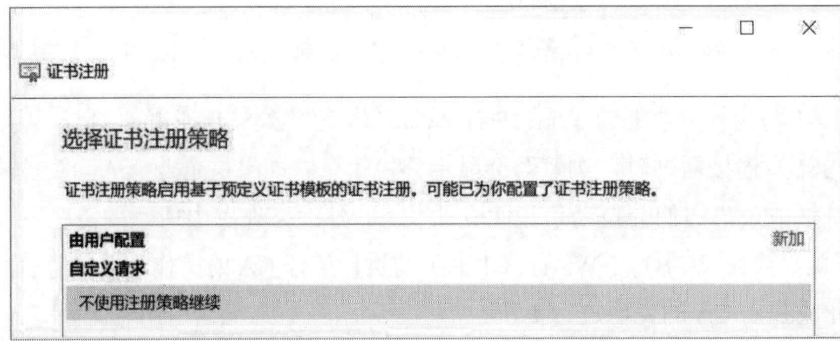

图 16-3-4

STEP 5 出现如图 16-3-5 所示的**自定义请求**界面后，单击下一步按钮。

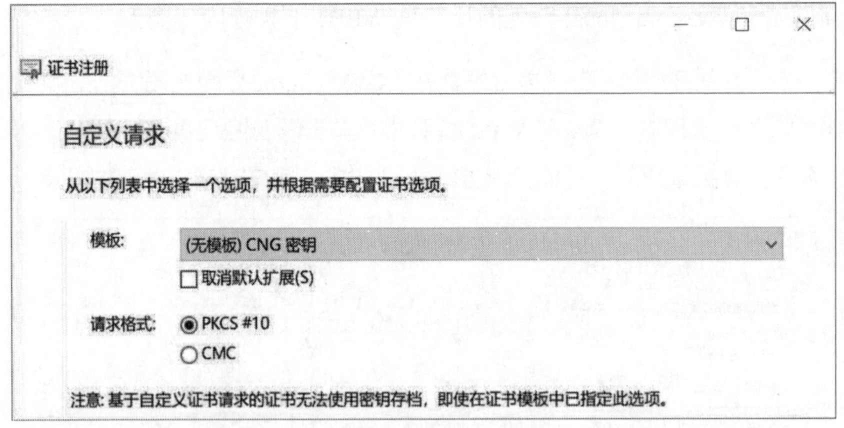

图 16-3-5

如果是企业 CA，则在**模板**处选择 **Web 服务器**。

STEP 6 在图 16-3-6 中先单击**详细信息**旁边的小箭头后再单击属性按钮。

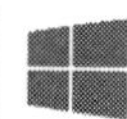

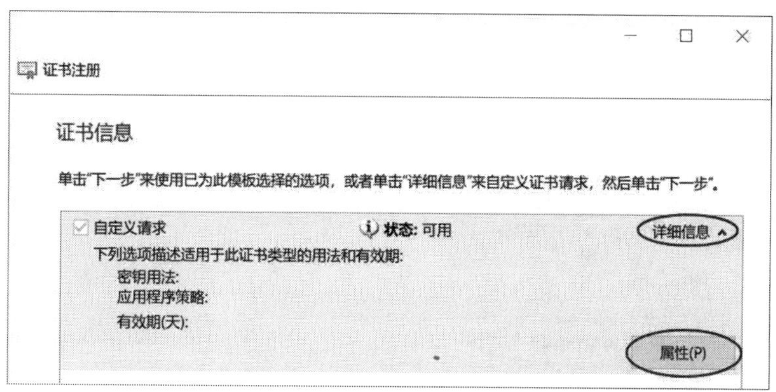

图 16-3-6

STEP 7　在图 16-3-7 中设置一个证书名称，例如 **Default Web Site 的证书**。

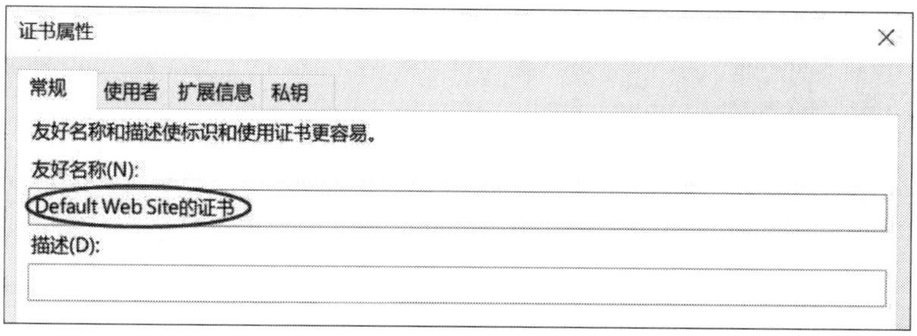

图 16-3-7

STEP 8　单击**使用者**选项卡，如图 16-3-8 所示，然后在**使用者名称**的**类型**处选择**公用名**，在**值**处输入 www.sayms.local 后单击添加按钮；在**备用名称**的**类型**处选择 **DNS**，在**值**处输入 www.sayms.local 后单击添加按钮。

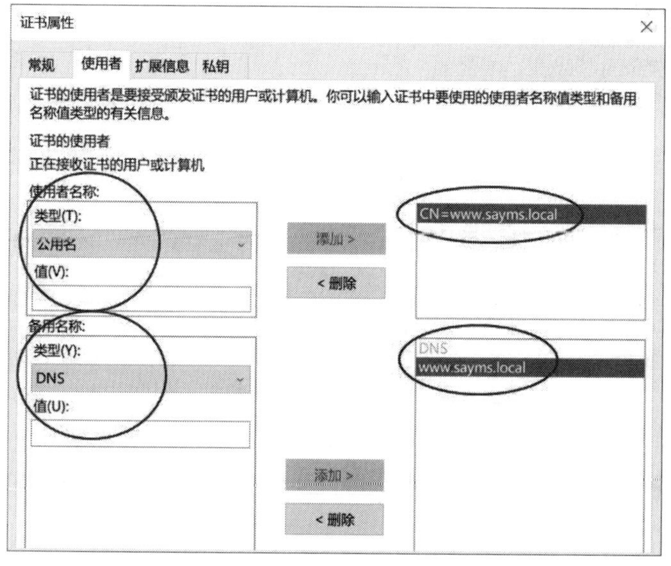

图 16-3-8

STEP 9　单击**扩展信息**选项卡，如图 16-3-9 所示，然后在**扩展的密钥用法（应用程序策略）**下的**可用选项**处选择**服务器身份验证**和**客户端身份验证**，并将它们添加到右侧。

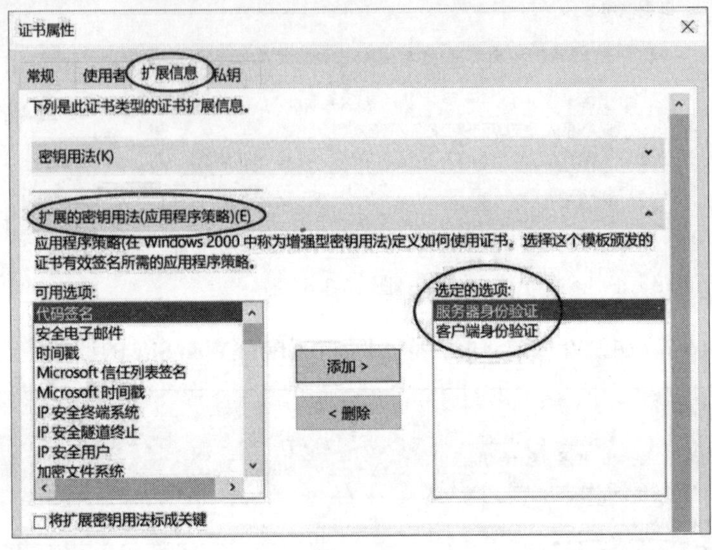

图 16-3-9

STEP 10　单击**私钥**选项卡，如图 16-3-10 所示，然后在**密钥选项**下勾选**使私钥可以导出**后，再单击确定按钮。

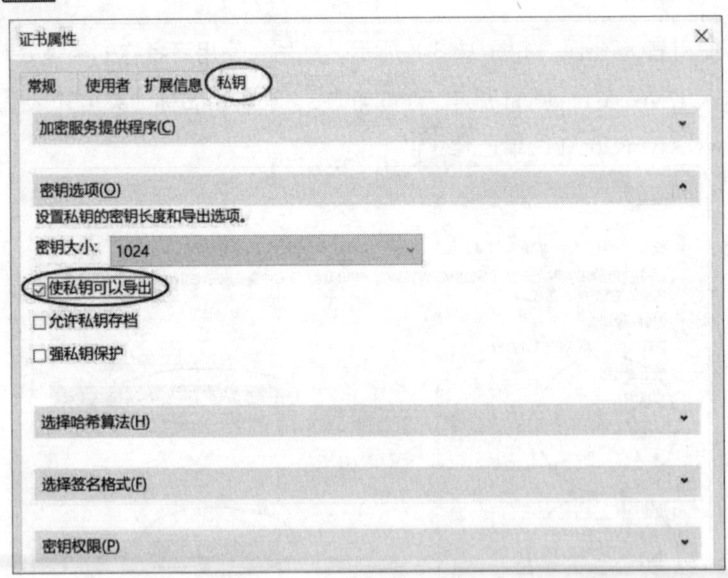

图 16-3-10

STEP 11　返回到如图 16-3-11 所示的**证书信息**界面中，再单击下一步按钮。

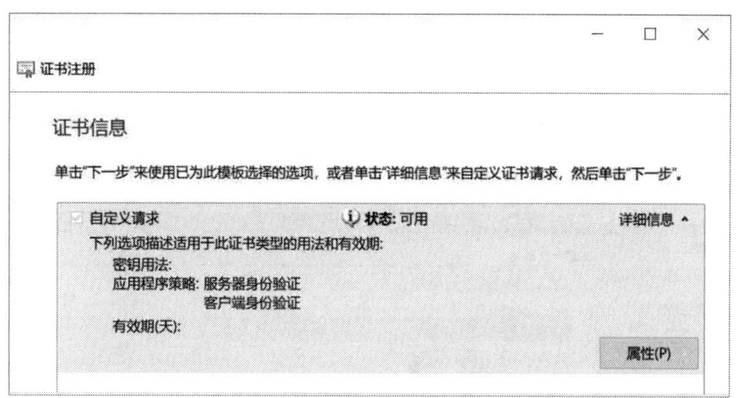

图 16-3-11

STEP 12　在图 16-3-12 中自行设置证书申请文件的文件名与存储位置，然后单击完成按钮。

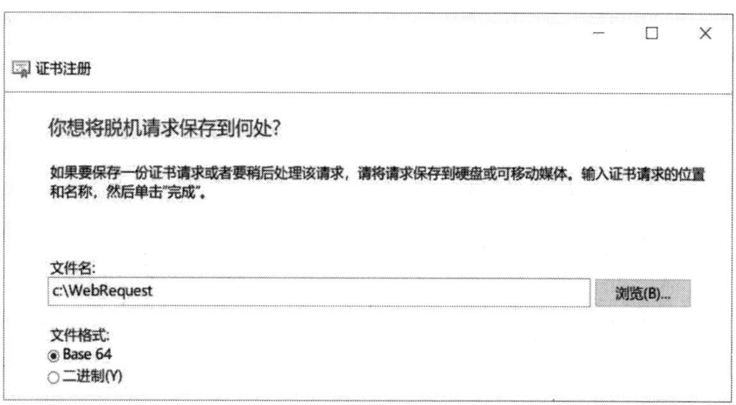

图 16-3-12

16.3.3　证书的申请与下载

在扮演网站角色的计算机 WEB1 上执行以下步骤（以下的 CA 假设是独立根 CA，但会附带说明企业根 CA 的操作）：

STEP 1　启动 Microsoft Edge，并输入以下的 URL 路径：

http://192.168.8.2/certsrv

其中 192.168.8.2 为图 16-3-1 中独立 CA 的 IP 地址。

STEP 2　在图 16-3-13 中选择**申请证书、高级证书申请**。

如果要向企业 CA 申请证书，系统会要求输入用户账户与密码。在这种情况下，请输入域系统管理员账户（例如 sayms\administrator）与密码。

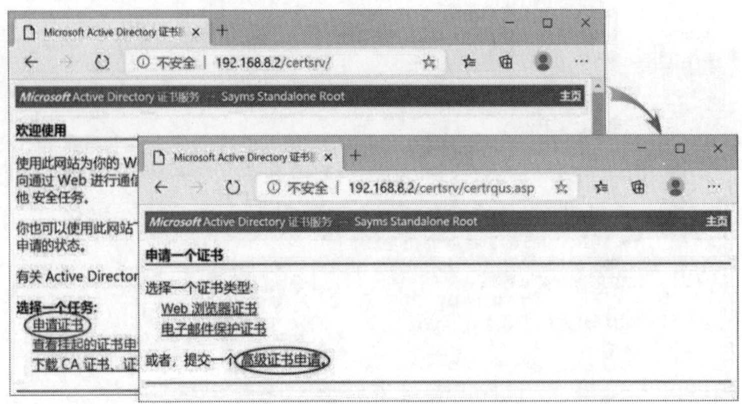

图 16-3-13

STEP 3　在执行下一步之前，使用**记事本**打开前面的证书申请文件 C:\WebCertReq，并且按照图 16-3-14 的示例，复制整个文件的内容。

图 16-3-14

STEP 4　将复制下来的内容粘贴到图 16-3-15 界面中所示的区域，完成后单击提交按钮。

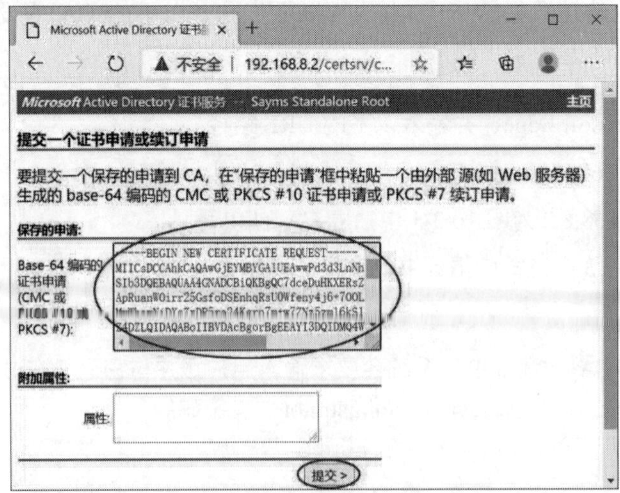

图 16-3-15

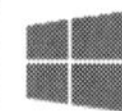

如果是企业 CA，则在界面中会有一个**证书模板**的字段，请在该字段处选择 **Web 服务器**作为证书模板。

STEP 5 因为独立 CA 默认不会自动发放证书，所以在连接 CA 并下载证书之前，我们需要按照图 16-3-16 的要求，等待 CA 系统管理员发放此证书。

图 16-3-16

STEP 6 在 CA1 计算机上，单击左下角的**开始**图标⊞➲Windows 管理工具➲证书颁发机构➲展开到**挂起的申请**➲选中如图 16-3-17 所示界面中的证书请求后右击➲所有任务➲颁发。

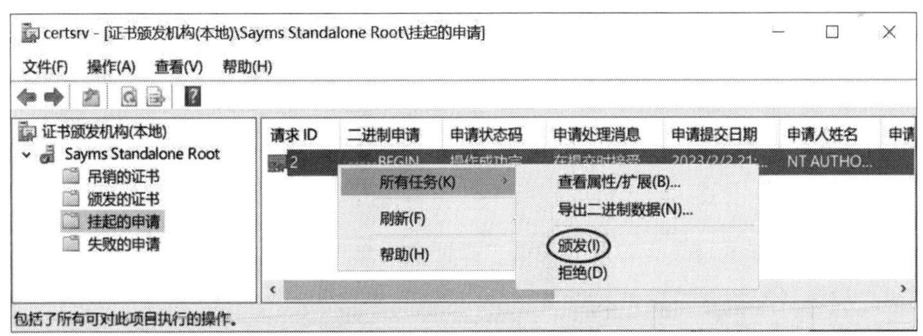

图 16-3-17

STEP 7 回到 Web1 计算机上，打开 Web 浏览器➲连接到 CA 网页（例如 http://192.168.8.2/certsrv）➲在如图 16-3-18 所示的界面中进行选择。

STEP 8 在图 16-3-19 中单击**下载证书**，单击保存按钮来存储证书。其下载文件的默认文件名为 ccrtncw.cer。

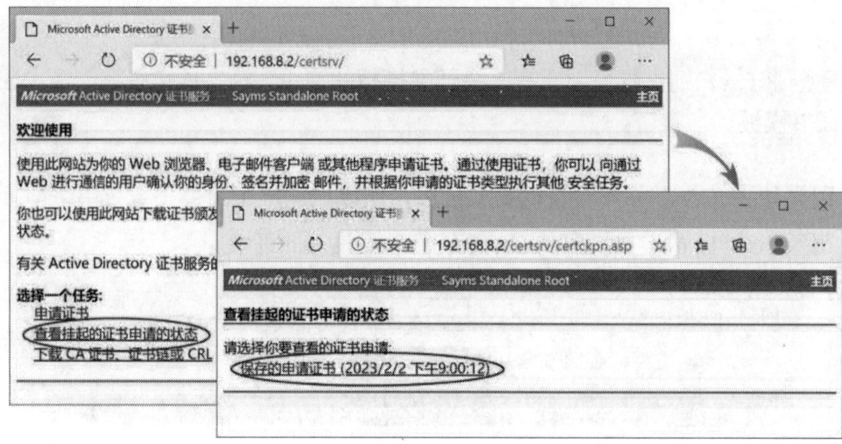

图 16-3-18

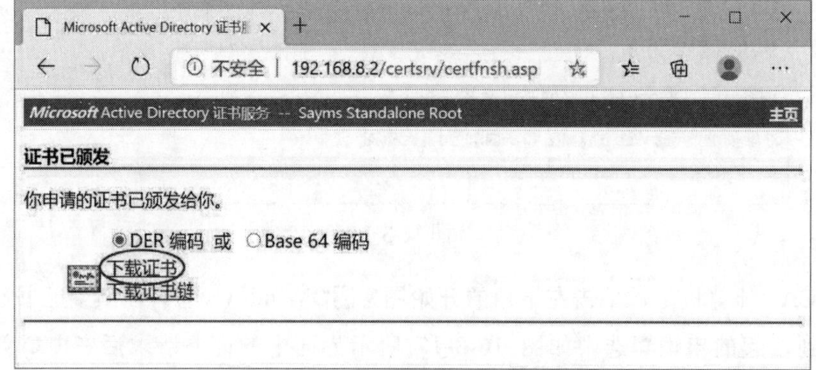

图 16-3-19

16.3.4 安装证书

我们使用以下步骤将从 CA 下载的证书安装到 IIS 计算机上。

STEP 1 选中左下角的**开始**图标，再右击➲运行➲输入 **mmc** 后单击确定按钮➲单击**文件**菜单➲添加/删除管理单元➲从列表中选择**证书**后单击添加按钮➲在图 16-3-20 所示的界面中选择**计算机账户**后依次单击下一步按钮、完成按钮、确定按钮。

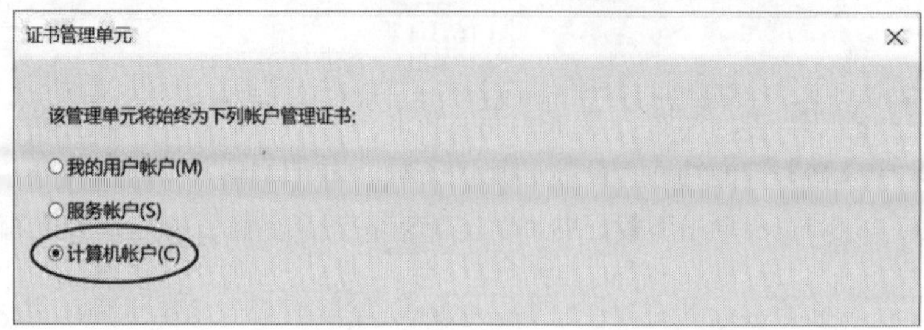

图 16-3-20

STEP 2 如图 16-3-21 所示，选中**个人**后右击➲所有任务➲导入。

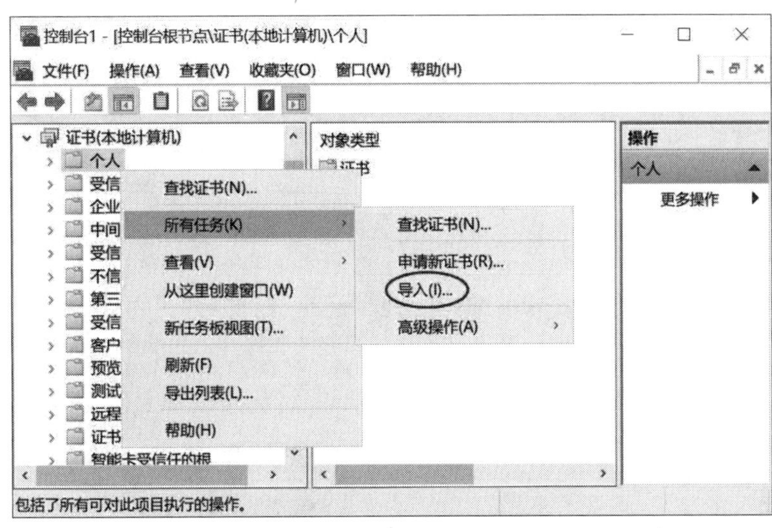

图16-3-21

STEP 3　出现**欢迎使用证书导入向导**界面后，单击下一步按钮。

STEP 4　在图 16-3-22 中选择前面所下载的证书文件，然后单击下一步按钮。

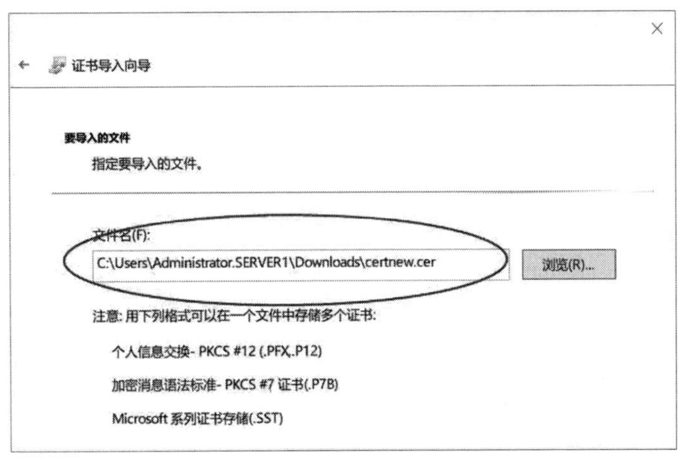

图 16-3-22

STEP 5　出现**证书存储**界面后，单击下一步按钮。

STEP 6　在**正在完成证书导入向导**界面中单击完成按钮。

STEP 7　图 16-3-23 所示为完成后的界面。

STEP 8　单击左下角的**开始**图标⊞➲Windows 管理工具➲Internet Information Services（IIS）管理器。

STEP 9　单击 WEB1➲服务器证书➲从前景界面中可以看到刚才所安装的证书，如图 16-3-24 所示。

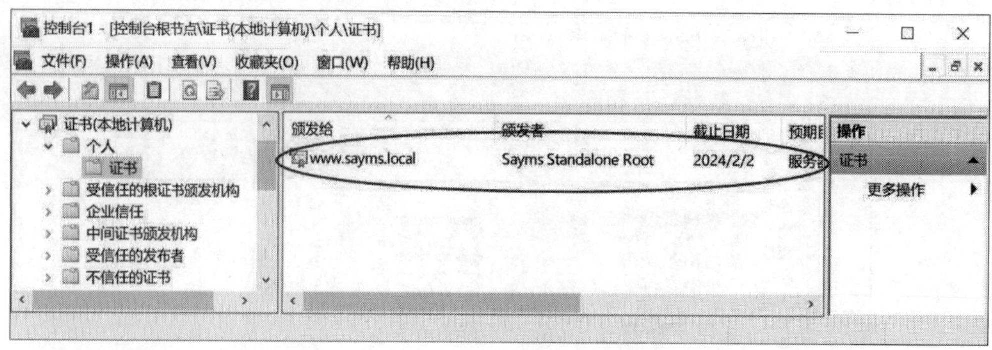

图 16-3-23

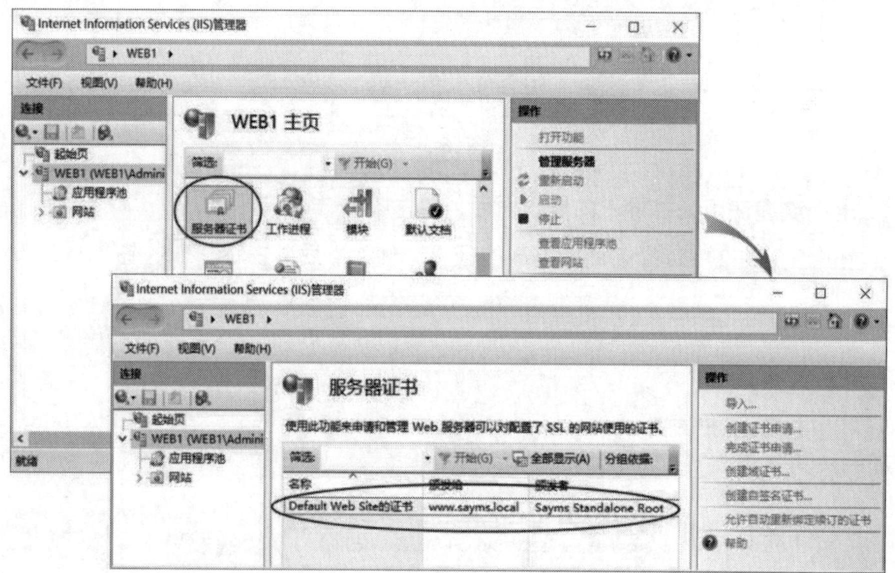

图 16-3-24

STEP 10 接下来需要将 SSL 证书绑定（binding）到 Default Web Site，如图 16-3-25 所示，单击 Default Web Site 右侧的**绑定...**。

图 16-3-25

STEP 11 单击添加按钮➲在**类型**处选择 **https**➲在 **SSL 证书**处选择 **Default Web Site 的证书**后单击确定按钮➲单击关闭按钮，如图 16-3-26 所示。

图 16-3-26

STEP 12　图 16-3-27 为完成后的界面。

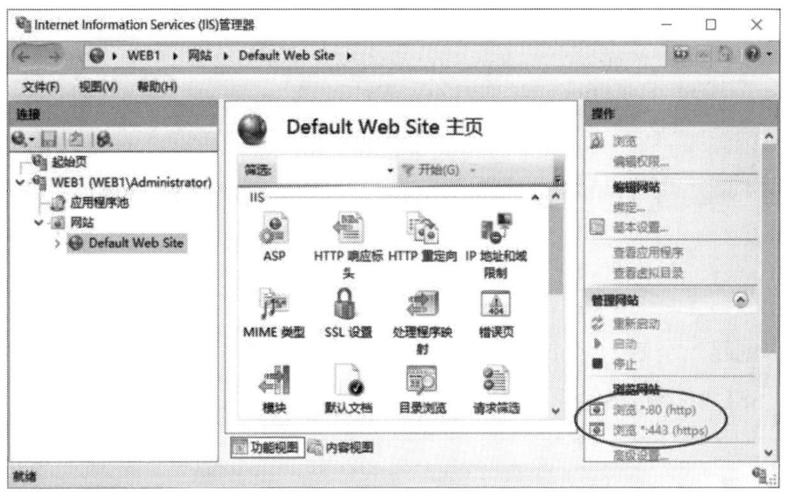

图 16-3-27

16.3.5　测试 https 连接

为了测试 SSL 网站是否正常工作，我们需要在网站主目录下（例如 C:\inetpub\wwwroot，参见图 16-3-28）使用**记事本**（notepad）创建一个名为 default.htm 的首页文件。建议在**文件资源管理器**内单击**查看**菜单➲勾选**扩展名**，这样在创建文件时就不容易弄错扩展名。同时，在图 16-3-28 中可以看到 default.htm 文件的扩展名为.htm。

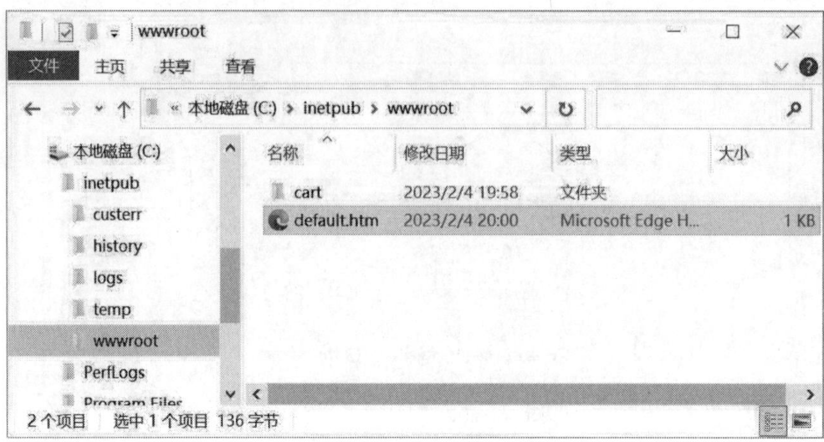

图 16-3-28

假设在连接此网站的首页时采用 https 连接，但是在连接其中的文件夹 cart 时会使用 https 连接。default.htm 首页的内容如图 16-3-29 所示，其中 **SSL 安全连接**的 URL 为 **https://www.sayms.local/cart/**。

图 16-3-29

接下来，按照图 16-3-30 的示例，在 wwwroot 目录下创建一个名为 cart 的子文件夹，然后在该文件夹中创建一个名为 default.htm 的首页文件，其内容如图 16-3-31 所示。当用户单击图 16-3-29 中 **SSL 安全连接**的超链接后，就会以 SSL 的方式打开此网页。

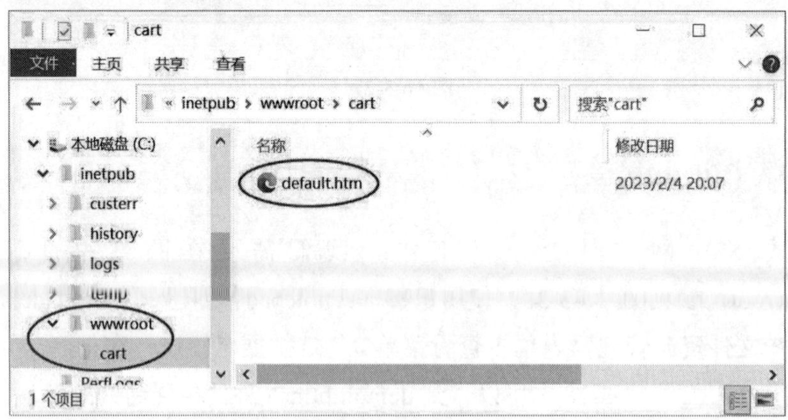

图 16-3-30

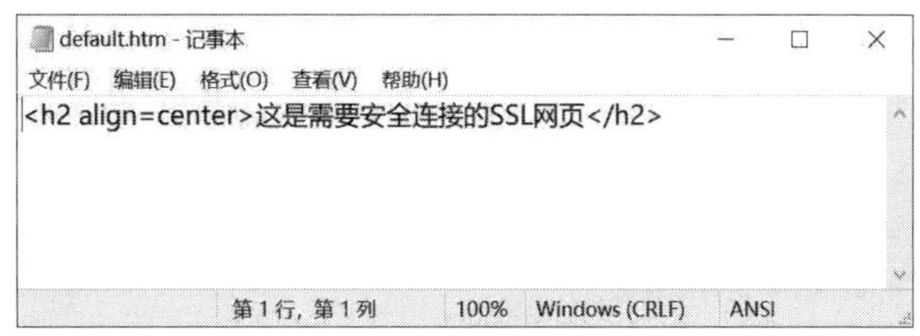

图 16-3-31

我们将使用图 16-3-1 中的 Win11PC1 计算机来尝试与 SSL 网站建立 SSL 安全连接。启动 Microsoft Edge，然后使用常规连接方式访问网站，例如 **http://www.sayms.local/**。此时，我们应该可以看到如图 16-3-32 所示的界面。

图 16-3-32

接下来，单击图 16-3-32 中最下方的 **SSL 安全连接**超链接（link），这将会连接到 **https://www.sayms.local/cart/** 内的默认网页 default.htm（见图 16-3-33）。

图 16-3-33

如果 Win11PC1 计算机并不信任发放 SSL 证书的 CA，或是网站的证书已过期，或者尚未生效，或是并未使用 https://www.sayms.local/cart 连接网站（例如使用 https://192.168.8.1/cart，因为申请证书时所使用的名称为 www.sayms.local，所以需要使用 www.sayms.local 来连接网站），则在单击 **SSL 安全连接**超链接后将出现如图 16-3-34 所示的警告界面，此时仍然可以单击下方的**高级**来打开网页或先排除问题后再来测试。

如果确定所有的设置都正确，但是在这台 Windows 11 计算机上的 Microsoft Edge 浏览器界面中没有出现正确的结果时，则可以先删除临时文件，然后再进行尝试，具体步骤为：在 Microsoft Edge 浏览器内，单击右上角三点图标➲设置➲隐私与安全➲清除浏览数据…，或是按 Ctrl+F5 组合键来跳过临时文件，然后直接连接到网站。

图 16-3-34

系统默认并未强制要求客户端使用 https 的 SSL 方式连接网站，因此也可以通过 http 方式进行连接。如果要强制使用 https 连接，可以对整个网站、单个文件夹或单个文件进行设置。以文件夹 cart 为例，设置方法为：在如图 16-3-35 所示的界面中单击文件夹 cart➲SSL 设置➲勾选**要求 SSL** 后单击**应用**按钮。

如果要针对单个文件进行设置，则按照以下操作步骤：先单击文件所在的文件夹➲单击下方的**内容视图**➲单击中间要设置的文件（例如 default.htm）➲单击右侧的**切换到功能视图**➲通过中间的 **SSL 设置**来配置。

图 16-3-35

16.4 证书的管理

本节将介绍以下内容：CA 的备份与还原、CA 的证书管理以及客户端的证书管理等工作。

16.4.1　CA 的备份与还原

由于 CA 数据库与相关数据包含在**系统状态（system state）**中，因此可以在使用 Windows Server Backup 备份系统状态时，同时备份 CA 数据。此外，也可以在扮演 CA 角色的服务器上，按照以下步骤操作：单击左下角的**开始**图标⊞➲Windows 管理工具➲证书颁发机构➲在如图 16-4-1 所示的界面中选中 CA，再右击➲所有任务➲**备份 CA** 或**还原 CA**。

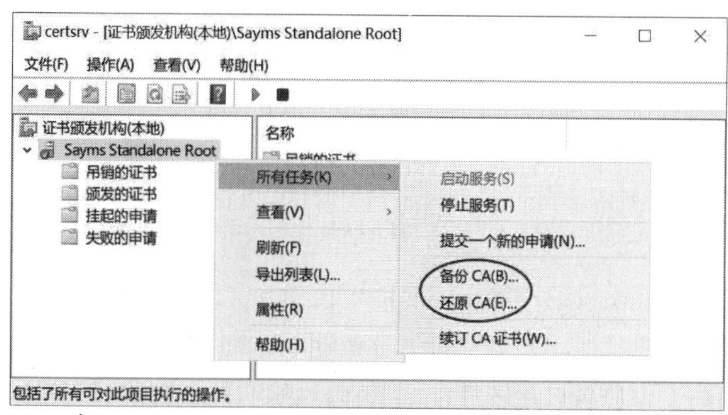

图 16-4-1

16.4.2　管理证书模板

企业 CA 根据**证书模板**来颁发证书，如图 16-4-2 所示，企业 CA 已经开放了可供申请的证书模板。每一个模板内包含着多种不同的用途，例如**用户**模板提供文件加密（EFS）、电子邮件保护和客户端身份验证等功能。

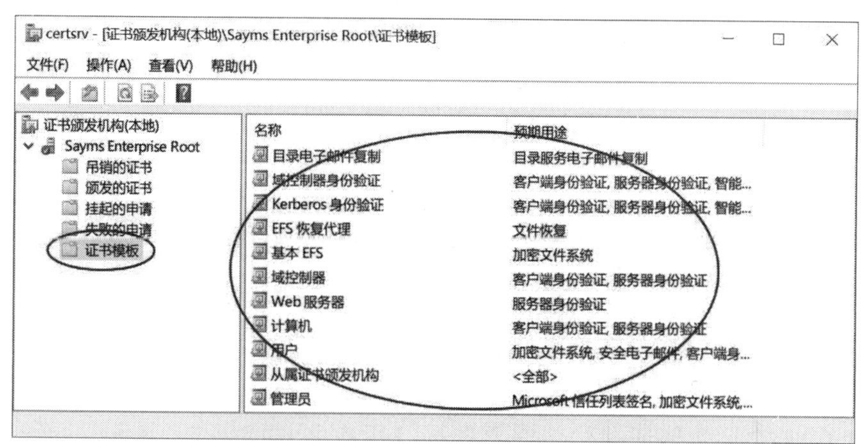

图 16-4-2

企业 CA 还提供了许多其他证书模板，不过必须先将其启用后，用户才能申请，启用方法为：选中如图 16-4-3 所示界面中的**证书模板**，再右击➲新建➲要颁发的证书模板➲选择新的模板（例如 **IPSec**）后单击**确定**按钮。

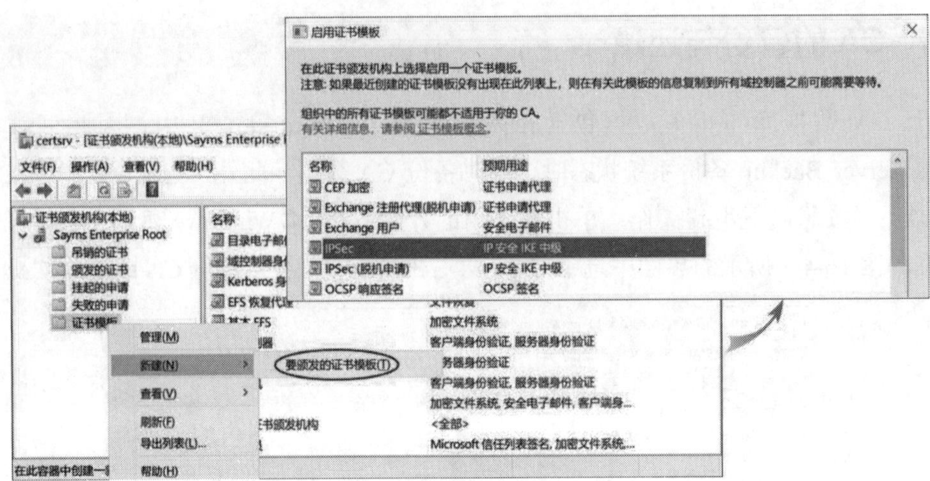

图 16-4-3

我们也可以更改内置模板的内容，但有的模板内容无法更改，例如**用户**模板。如果想要一个拥有不同设置的**用户**模板，比如更长的有效期限，则可以先复制现有的**用户**模板，然后更改新模板的有效期限，最后启用该模板。这样，域用户就可以来申请该新模板的证书。更改现有证书模板或创建新证书模板的方法，具体步骤为：在**证书颁发机构**控制台中，选中**证书模板**，再右击➲管理➲在如图 16-4-4 所示的界面中选中所选证书模板，再右击➲选择**复制模板**来创建新模板或选择**属性**来更改该模板内的设置。

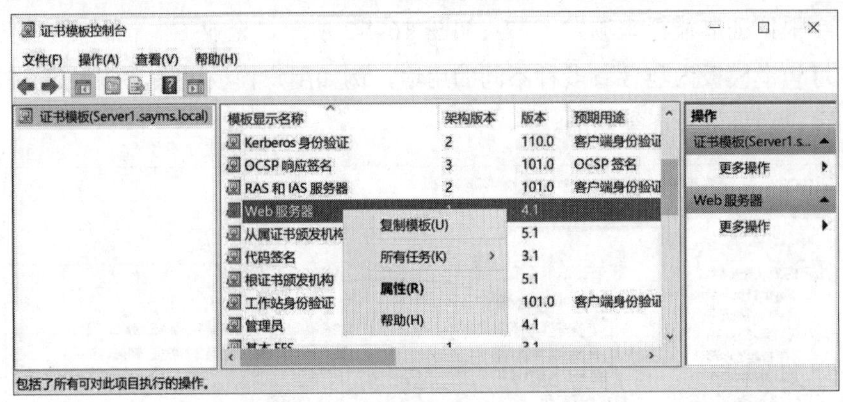

图 16-4-4

16.4.3 自动或手动颁发证书

用户向企业 CA 申请证书时，需要提供域用户名与密码。企业 CA 会通过 Active Directory 来查询用户的身份，并根据查询结果决定用户是否有权限申请该证书。如果用户授权，企业 CA 将自动将审核后的证书颁发给用户。

然而，独立 CA 不要求提供用户名称与密码，且独立 CA 默认并不会自动颁发用户申请的证书，而是需要由系统管理员来手动颁发此证书。手动或拒绝颁发的步骤为：打开**证书颁**

发机构控制台➲单击**挂起的申请**➲选中待颁发的证书后右击➲所有任务➲颁发（或拒绝）。

如果要更改自动或手动颁发设置，具体的步骤为：选中 CA 后右击➲属性➲在如图 16-4-5 所示的背景界面中单击**策略模块**选项卡➲单击属性按钮➲在前景界面中选择颁发的模式。

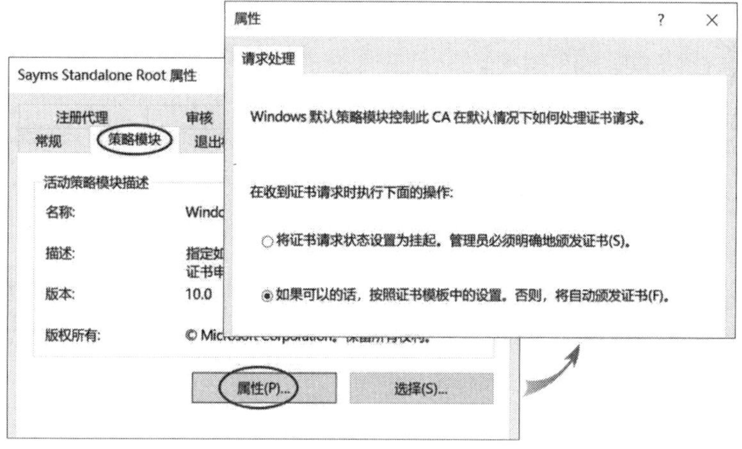

图 16-4-5

16.4.4　吊销证书与 CRL

虽然用户申请的证书有一定的有效期限，例如**电子邮件保护证书**为 1 年，但由于各种因素，例如员工离职，可能需要提前吊销尚未到期的证书。

1. 吊销证书

吊销证书的方法为：选择**颁发的证书**➲选中需要撤销的证书后右击➲所有任务➲吊销证书➲选取被吊销证书的原因、日期和时间➲单击是（Y）按钮，如图 16-4-6 所示。

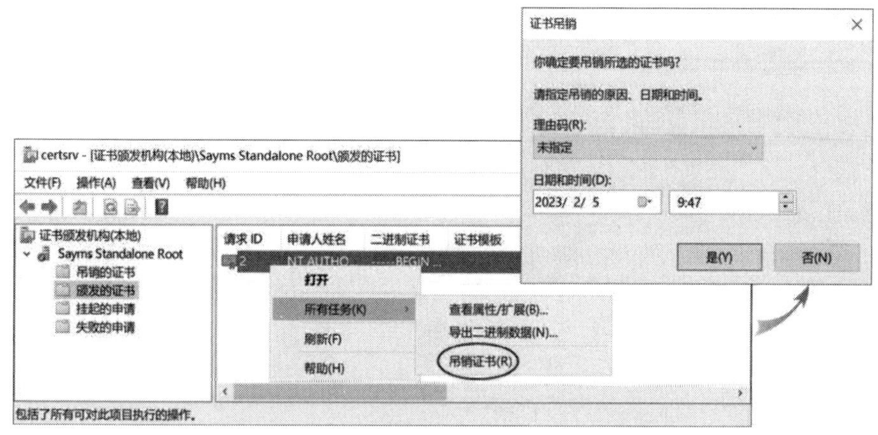

图 16-4-6

已吊销的证书会被放入**证书吊销列表**（certificate revocation list，CRL）中。可以在**吊销的证书**文件夹中查看这些证书，如果想要解除吊销证书（只有证书吊销理由为**证书待定**的证书才可以解除吊销）：选择**吊销的证书**后右击➲所有任务➲解除吊销证书，如图 16-4-7 所示。

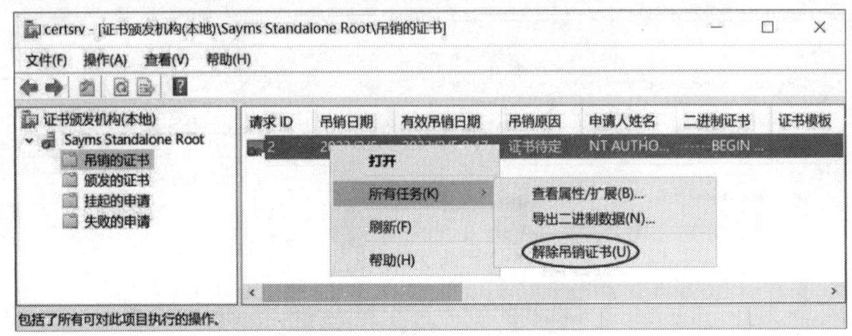

图 16-4-7

2. 发布 CRL

网络中的计算机想要知道哪些证书已经被吊销了，可以下载**证书吊销列表**（CRL）进行查看。为了实现这个目的，我们需要先发布 CA 的 CRL。CRL 的发布方式通常有以下两种选择：

- **自动发布**：通常情况下，CA会默认每隔1周发布一次CRL。如果要更改间隔时间，步骤为：在如图16-4-8所示的界面中选中**吊销的证书**右击➲属性。图中还有一个**发布增量CRL**，它是用于存储自从上一次发布CRL以来新增加的吊销证书。当网络计算机下载完整的CRL后，后续只需下载增量 CRL，以节省下载时间。

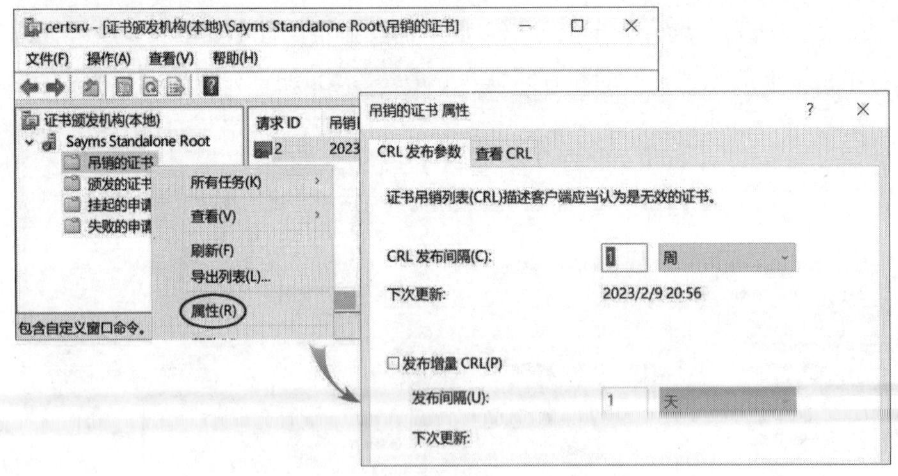

图 16-4-8

- **手动发布**：CA系统管理员可以选中**吊销的证书**，再右击➲所有任务➲发布➲选择发布新的**CRL**或**仅增量CRL**，如图16-4-9所示。

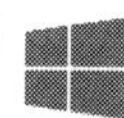

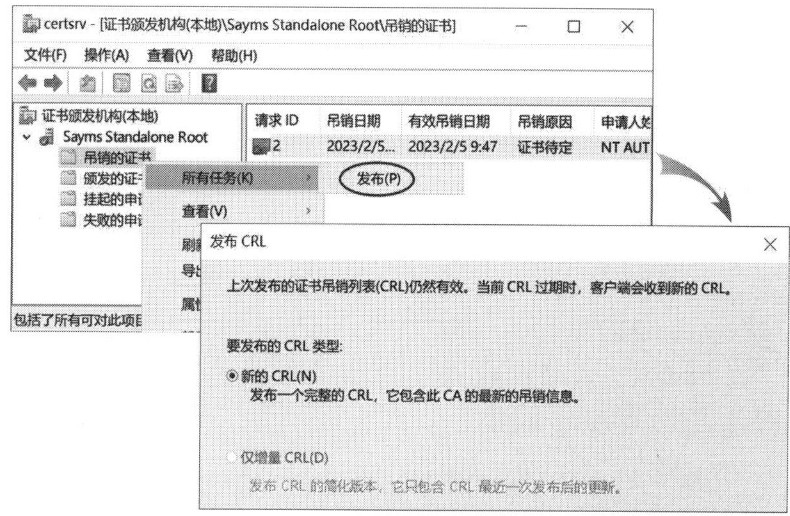

图 16-4-9

3. 下载 CRL

网络中的计算机可以通过自动或手动从 **CRL 发布点**下载 CRL：

- **自动下载**：以Windows 11的浏览器为例，要自动下载CRL，具体的操作步骤为：按⊞键+R键➲输入control后按Enter键➲网络和Internet➲Internet选项➲在如图16-4-10所示的界面中选择**高级**选项卡。

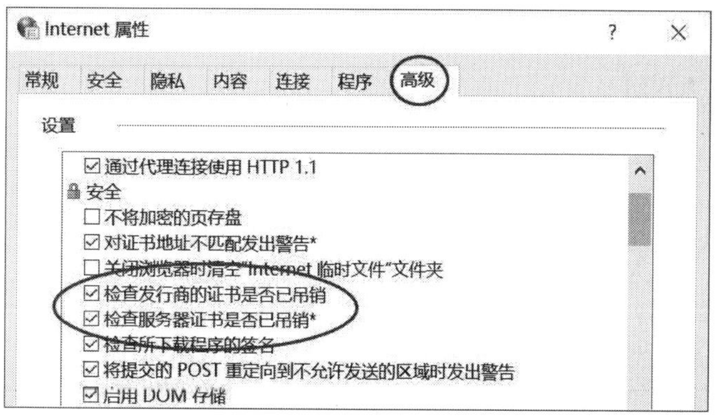

图 16-4-10

- **手动下载**：使用网页浏览器Microsoft Edge连接CA，然后选择**下载CA证书、证书链或CRL**，如图16-4-11所示。

接下来，安装证书，具体步骤为：单击下载 CA 证书链或下载最新的基 CRL➲单击保存按钮将其下载并存储到本地，接着在**文件资源管理器**内选中下载的文件，再右击➲安装 CRL，如图 16-4-12 所示。

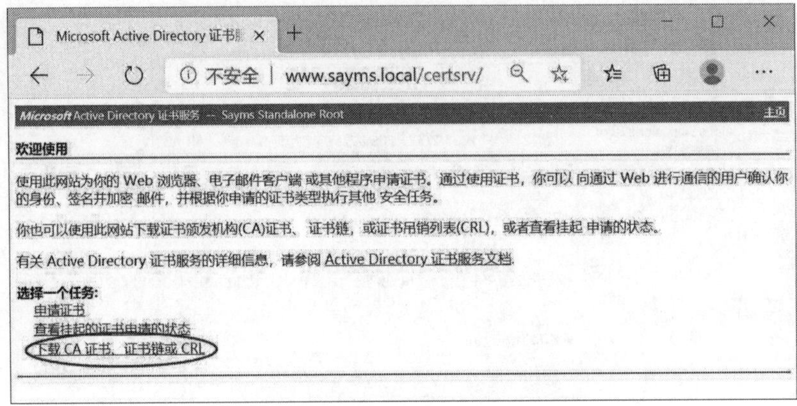

图 16-4-11

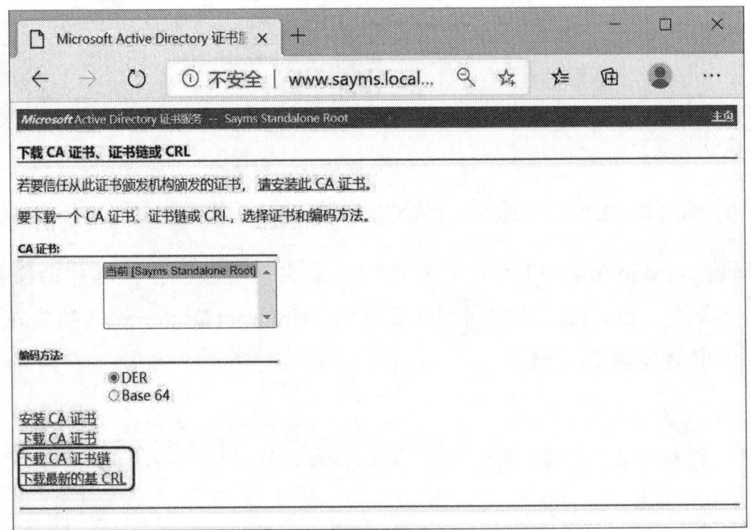

图 16-4-12

16.4.5 导出与导入网站的证书

我们可以将申请的证书导出并保存作为备份。这样，在系统重装时，可以将备份的证书导入新系统中。导出保存的内容通常包含证书、私钥与证书路径。不同扩展名的文件存储的数据也不同（详见表 16-4-1）。

表 16-4-1 不同扩展名的文件存储数据

扩展名	.PFX	.P12	.P7B	.CER
证书	4	4	4	4
私钥	4	4	8	8
证书路径	4	8	4	8

表中的**证书**包含公钥，而**证书路径**是类似图 16-4-13 所示的信息。图中显示该证书（颁

发给 Default Web Site 的证书）是向中继证书颁发机构 Sayms Standalone Subordinate 申请的，而这个中继证书颁发机构位于根证书授权单位 Sayms Enterprise Root 下。

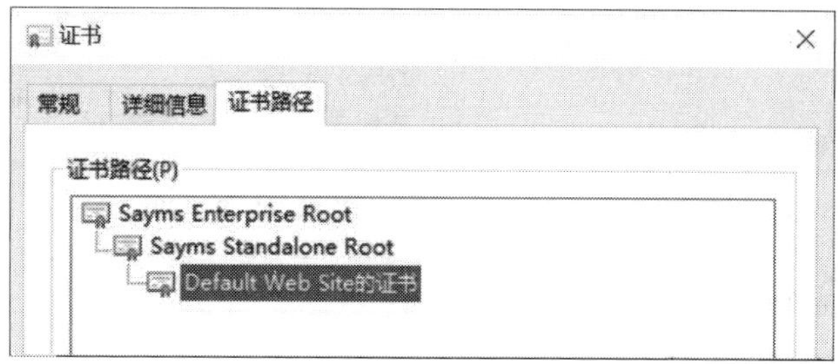

图 16-4-13

我们可以通过以下两种方法来导出、导入 IIS 网站的证书：

- **使用IIS管理器**：在图16-4-14所示的界面中单击计算机➲双击**服务器证书**➲单击网站的证书（例如Default Web Site的证书）➲导出➲设置文件名与密码，它的文件扩展名为.pfx。可以通过前景界面右上方的**导入...**功能来导入证书。

图 16-4-14

- **使用“证书”管理控制台**：选择左下角的**开始**图标⊞，再右击➲运行➲输入**mmc**后单击确定按钮➲选择**文件**菜单➲添加/删除管理单元➲从中选择**证书**后单击添加按钮➲单击**计算机账户**➲……，以创建**证书**控制台。然后展开**证书（本地计算机）**➲个人➲证书➲选择证书右击➲所有任务➲导出，如图16-4-15所示。如果要导入证书，步骤为：选中**证书**，再右击➲所有任务➲导入。

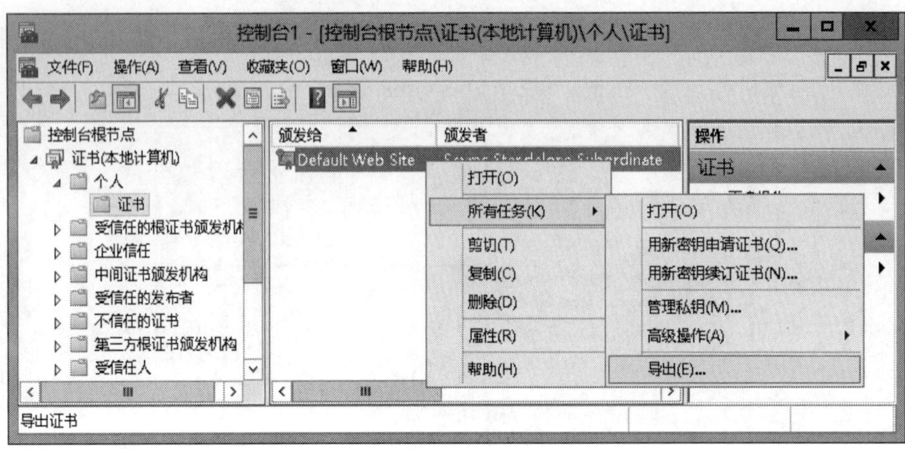

图 16-4-15

16.4.6 续订证书

每个 CA 自己的证书与由 CA 颁发的证书都有一定的有效期限（见表 16-4-2）。在证书到期之前，必须续订证书，否则该证书将失效。

表 16-4-2 证书种类及有效期限

证书种类	有效期限
根 CA	在安装时设置，默认为 5 年
从属 CA	默认最多为 5 年
其他的证书	不一定，但大部分为 1 年

可以通过**证书颁发机构**的控制台来续订 CA 证书，如图 16-4-16 所示。在接下来的界面中，我们可以选择是否要重新生成一组新的密钥（包括公钥与私钥）。

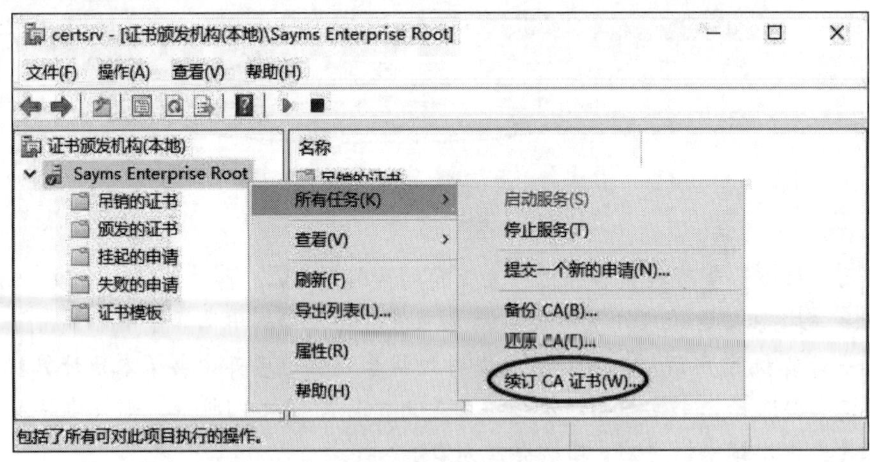

图 16-4-16

如果要续订网站的证书，续订步骤为：在 **IIS 管理器**界面中单击计算机名 WEB1➲单击界面中的**服务器证书**➲参照图 16-4-17 所示的操作。

图 16-4-17

第 17 章　Web Farm 与网络负载平衡

通过将多台 IIS Web 服务器组成 Web Farm 的方式，可以提供一个具备容错与负载平衡的高可用性网站。本章将详细分析 Web Farm 与关键性技术 Windows 网络负载平衡（Windows Network Load Balancing，简称 Windows NLB 或 WNLB）。

- Web Farm与网络负载平衡概述
- Windows系统的网络负载平衡概述
- IIS Web服务器的Web Farm实例演练
- Windows NLB群集的高级管理

17.1 Web Farm与网络负载平衡概述

企业内部多台 IIS Web 服务器组成 Web Farm 后，这些服务器将同时对用户提供一个可靠的、不间断的网站服务器。当 Web Farm 接收到不同用户的连接网站请求时，这些请求会被分散给 Web Farm 中不同 Web 服务器来处理，从而提高网页访问效率。如果 Web Farm 中有某个 Web 服务器因故无法对用户提供服务，其他仍然正常运行的服务器将继续对用户提供服务，因此 Web Farm 具备容错功能。

17.1.1 Web Farm 的架构

图 17-1-1 为一般的 Web Farm 架构的示例。为了避免单点故障对 Web Farm 正常运行的影响，每一个节点（例如防火墙、负载平衡设备、IIS Web 服务器和数据库服务器等）都配置了多台设备，以提供容错和负载平衡的功能。

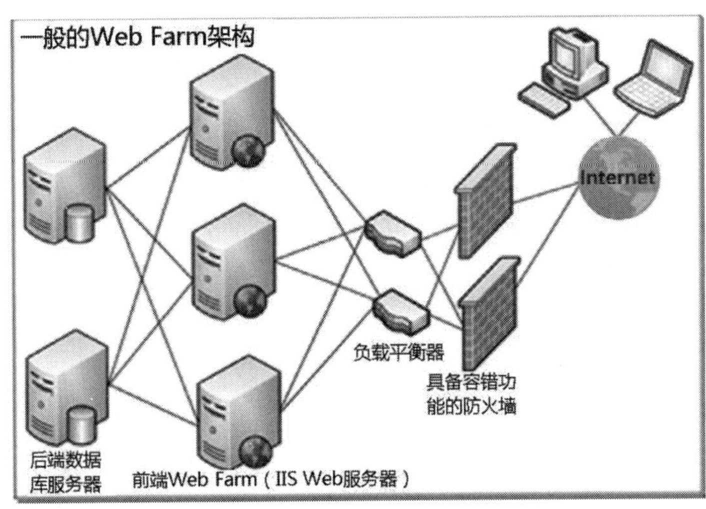

图 17-1-1

- **防火墙**：可确保内部计算机与服务器的安全。
- **负载平衡器**：将连接网站的请求分发到Web Farm中的不同Web服务器。
- **前端Web Farm（IIS Web服务器）**：由多台IIS Web服务器组成Web Farm，用于为用户提供网页访问服务。
- **后端数据库服务器**：用于存储网站的设置、网页或其他数据。

Windows Server 2022 已经内置了网络负载平衡功能（Windows NLB），因此可以取消负载平衡器，如图 17-1-2 所示。可以在启用了 Windows NLB 的前端 Web Farm 上实现负载平衡和容错功能。

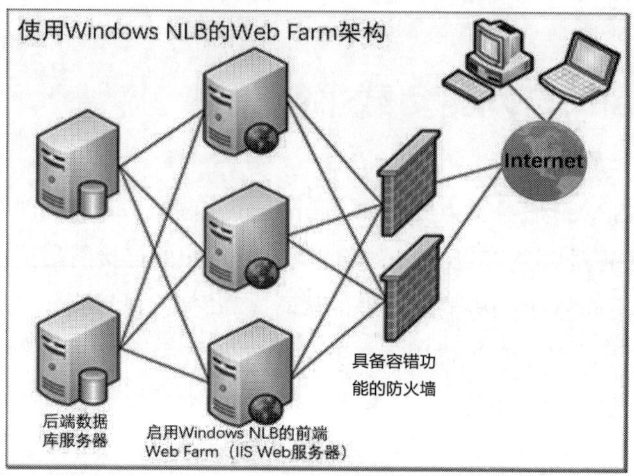

图 17-1-2

由于 Microsoft ISA Server 或 Microsoft Forefront Threat Management Gateway（TMG）的防火墙可以通过规则来支持 Web Farm，因此可以按照图 17-1-3 所示的方式来构建 Web Farm 环境。

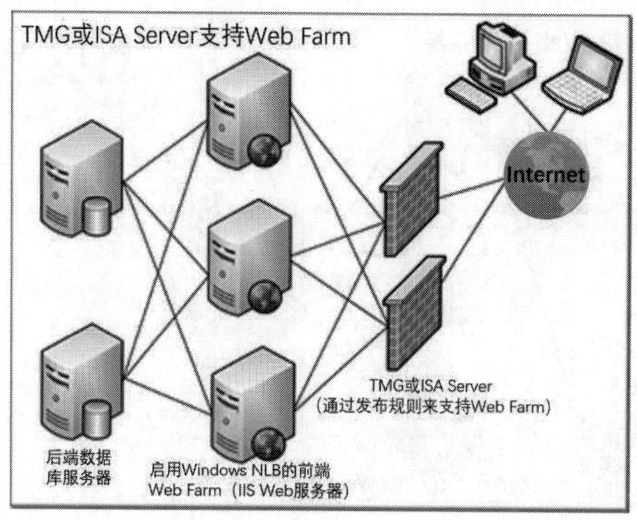

图 17-1-3

当图中的 TMG 或 ISA Server 接收到来自防火墙外部的连接请求时，根据防火墙规则的设置，它们会将此请求转发给 Web Farm 中的一台 Web 服务器进行处理。TMG 或 ISA Server 还具备自动检测 Web 服务器是否停止服务的功能，因此它们只会将请求转给仍然正常运行的 Web 服务器。

17.1.2 网页内容的存储地点

如图 17-1-4 所示，网页内容存储在每台 Web 服务器的本地磁盘内（防火墙与负载平衡器

被简化为一台设备）。为了确保每台 Web 服务器内存储的网页内容相同，可以通过手动复制的方式将网页文件复制到每台 Web 服务器。然而，建议采用分布式文件系统（DFS）来实现自动复制。使用 DFS，只要更新其中一台 Web 服务器的网页文件，**DFS 复制**功能将自动把更新内容复制到其他 Web 服务器上。

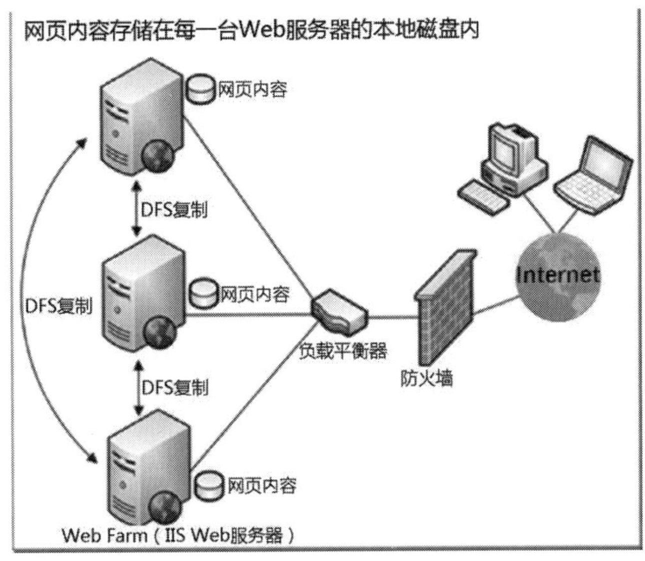

图 17-1-4

也可以将网页存储到 SAN（Storage Area Network） 或 NAS （Nctwork Attached Storage）等存储设备内，如图 17-1-5 所示，并使用它们来提供网页内容的容错功能。

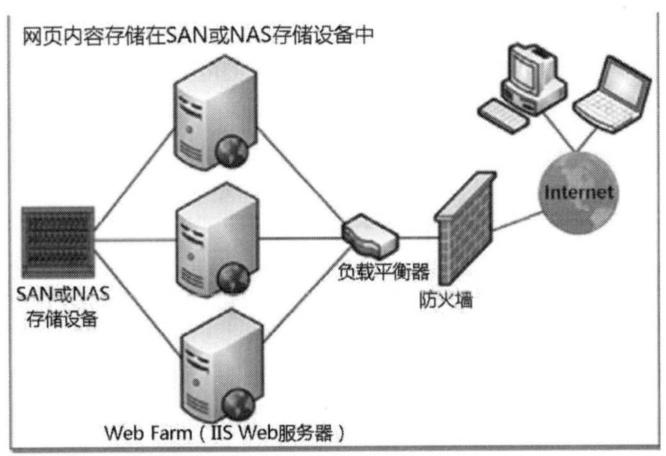

图 17-1-5

也可以参照图 17-1-6，将网页内容存储到文件服务器中。为了提供容错功能，应该搭建多台文件服务器，并确保所有服务器内的网页内容保持一致。可以使用 **DFS 复制**功能来自动同步每台文件服务器中存储的网页内容，以确保网页内容的一致性和可靠性。

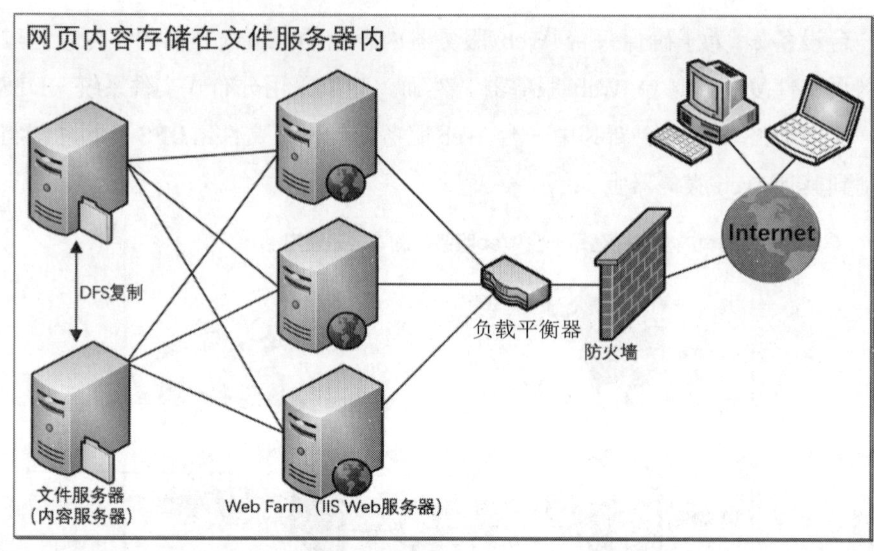

图 17-1-6

17.2 Windows系统的网络负载平衡概述

由于 Windows Server 已经内置了网络负载平衡功能（Windows NLB），因此我们可以直接使用 Windows NLB 来搭建 Web Farm 环境。例如，在图 17-2-1 中，Web Farm 内的每台 Web 服务器都有一个**固定 IP 地址**分配给其网卡，这些服务器通过固定的 IP 地址发送流量。在搭建了 NLB 群集（NLB cluster）、启用了网卡的 Windows NLB 并将 Web 服务器加入 NLB 群集后，它们将共享一个相同的**群集 IP 地址**（也称为**虚拟 IP 地址**），并通过此群集 IP 地址接收外部的上网请求。NLB 群集接收到这些请求后，会将它们分散交给群集中的 Web 服务器来处理，从而达到负载平衡的目的，提高运行效率。

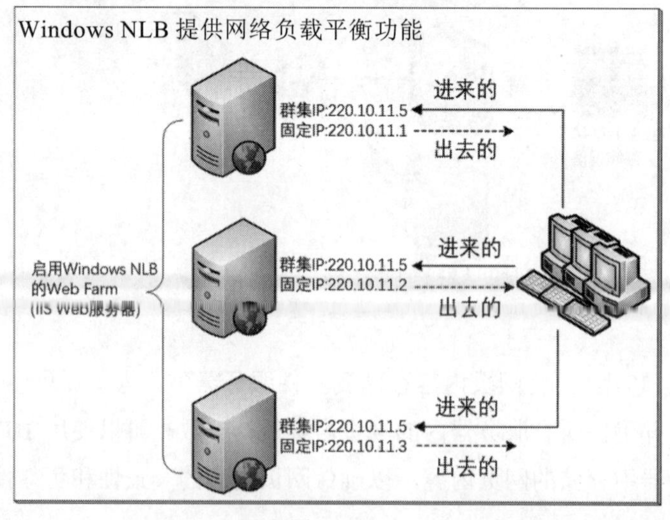

图 17-2-1

17.2.1 Windows NLB 的容错功能

如果 Windows NLB 群集中的服务器成员发生变动，例如服务器故障、服务器脱离群集或增加新服务器，此时 NLB 会启动一个称为**聚合**（convergence）的程序，以确保 NLB 群集中的所有服务器拥有一致的状态并重新分配工作负载。

举例来说，NLB 群集中的服务器会不断监听其他服务器的“**心跳**（heartbeat）”状态，以检测是否有其他服务器发生故障。如果有服务器发生故障，检测到此情况的服务器会启动**聚合**程序。在**聚合**程序执行过程中，正常运行的服务器仍然会继续提供服务，并且正在处理中的请求也不会受到影响。完成**聚合**程序后，所有连接 Web Farm 网站的请求将重新分配给仍然正常运行的 Web 服务器。例如，在图 17-2-2 中，如果最上方的服务器发生故障，接下来所有由外部发来的连接 Web Farm 网站的请求都会重新分配给其他两台仍然正常运行的 Web 服务器来处理。

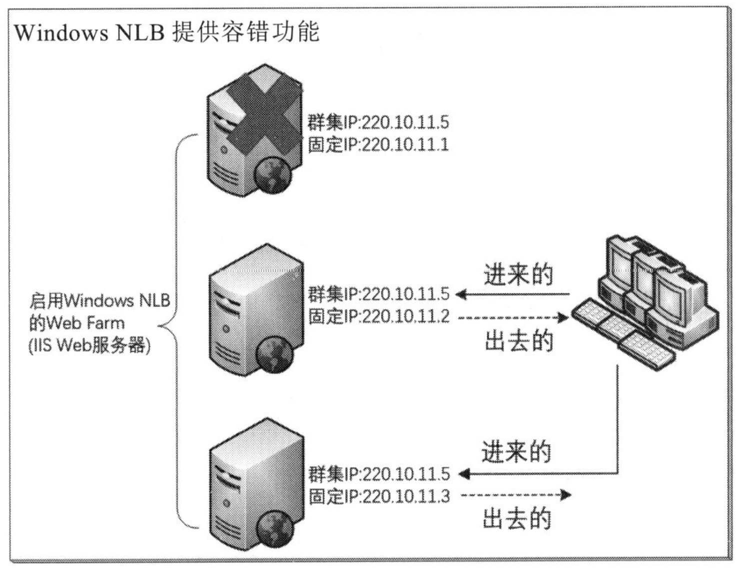

图 17-2-2

17.2.2 Windows NLB 的关联性

关联性（affinity）用来定义源主机与 NLB 群集成员之间的关系。举例来说，如果群集中有 3 台 Web 服务器，当外部主机（源主机）要连接 Web Farm 时，该请求将由 Web Farm 中的哪台服务器负责处理呢?这是根据 Windows NLB 所提供的以下 3 种关联性来决定的：

- **无（None）**：在这种情况下，NLB根据源主机的“IP地址与连接端口”将请求分配给群集中的一台服务器进行处理。群集中每台服务器都有一个**主机ID**（host ID），NLB根据源主机的IP地址与连接端口计算出的哈希值（hash）与**主机ID**相关联。因此，

NLB群集会根据哈希值将请求转发给具有关联性的**主机ID**的服务器来处理。
由于同时考虑了源主机的IP地址与连接端口，因此来自同一台源主机的多个连接Web Farm请求（具有相同的源主机IP地址但不同的TCP端口）可能会被分配给不同的Web服务器进行处理。

- **单一（Single）**：在这种情况下，NLB仅根据源主机的IP地址将请求分配给群集中的一台Web 服务器进行处理。因此，来自同一台外部主机所的所有连接Web Farm的请求都会由同一台服务器处理。
- **网络（Network）**：根据源主机的Class C网络地址将请求分配给群集中的一台Web服务器进行处理。也就是说，IP地址中最高3个字节相同的所有外部主机，它们所发起的连接Web Farm的请求将由同一台Web服务器处理。例如，IP地址为201.11.22.1到201.11.22.254（它们的最高3个字节都是201.11.22）的外部主机的请求将由同一台Web服务器处理。

虽然 Windows NLB 默认是通过关联性来将客户端的请求指派给其中一台服务器来处理，但我们可以通过**端口规则**（Port rule）来改变关联性。例如，可以在端口规则中将特定流量指定由优先级较高的单一台服务器来负责处理。在这种情况下，该流量将不再具备负载平衡功能。系统默认的端口规则包含所有流量（即所有端口），并会按照所设置的关联性将客户端的请求指派给某台服务器来负责处理。也就是说，在默认情况下，所有流量都具备网络负载平衡与容错功能。

17.2.3 Windows NLB 的操作模式

Windows NLB 的操作模式分为**单播模式**与**多播模式**两种。

1. 单播模式（unicast mode）

在单播模式下，NLB 群集内每一台 Web 服务器的网卡的 MAC 地址（物理地址）都会被替换成一个相同的**群集 MAC 地址**，它们通过此群集 MAC 地址来接收来自外部的连接 Web Farm 的请求。发送到此群集 MAC 地址的请求会被发送到群集中的每一台 Web 服务器中。然而，采用单播模式可能会遇到一些问题，下面列出这些问题与解决方案。

1）第二层交换机的每个端口所记录的集群 MAC 地址必须唯一

图 17-2-3 中有两台 IIS Web 服务器连接到第二层交换机（Layor 2 Switch）的两个端口上，这两台服务器的集群 MAC 地址都被改为相同的群集 MAC 地址 02-BF-11-22-33-44。当这两台服务器的**数据包**发传送到交换机时，该交换机应该将它们的集群 MAC 地址记录在所连接的端口上。然而，这两个数据包内的集群 MAC 地址都相同。根据交换机的工作原理，每个端口所记录的集群 MAC 地址必须是唯一的，即不允许两个端口记录相同的 MAC 地址。

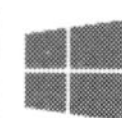

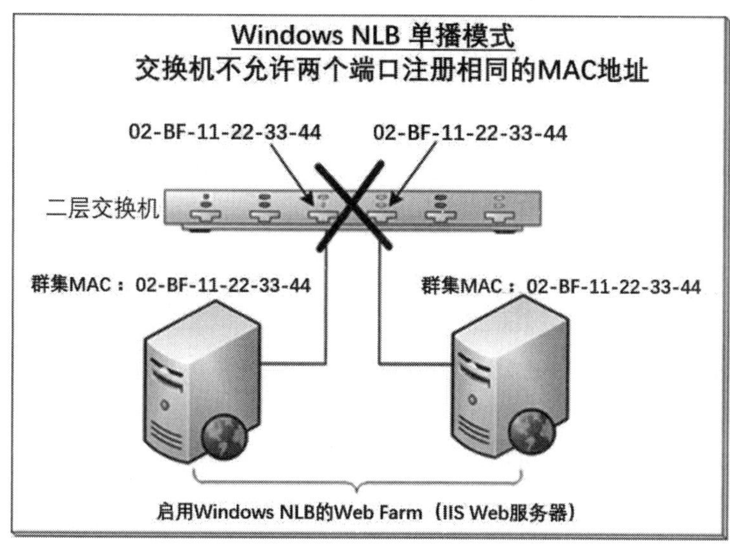

图 17-2-3

Windows NLB 可以通过 **MaskSourceMAC** 功能来解决这个问题。它会根据每台服务器的**主机 ID**（host ID）来修改发送数据包的以太帧头部的源 MAC 地址。具体来说，它会将群集 MAC 地址中最高的第 2 组字符替换为**主机 ID**，然后将此修改过的 MAC 地址作为源 MAC 地址。

例如，图 17-2-4 中的群集 MAC 地址为 02-BF-11-22-33-44，而第 1 台服务器的**主机 ID** 为 01，因此，当第 1 台服务器**发送数据包**时，其源 MAC 地址将被修改为 02-**01**-11-22-33-44。当交换机接收到此**数据包**后，相应端口所记录的 MAC 地址将为 02-**01**-11-22-33-44。类似地，第 2 台服务器的 MAC 地址将为 02-**02**-11-22-33-44。这样一来，就不会出现两个端口记录相同 MAC 地址的问题了。

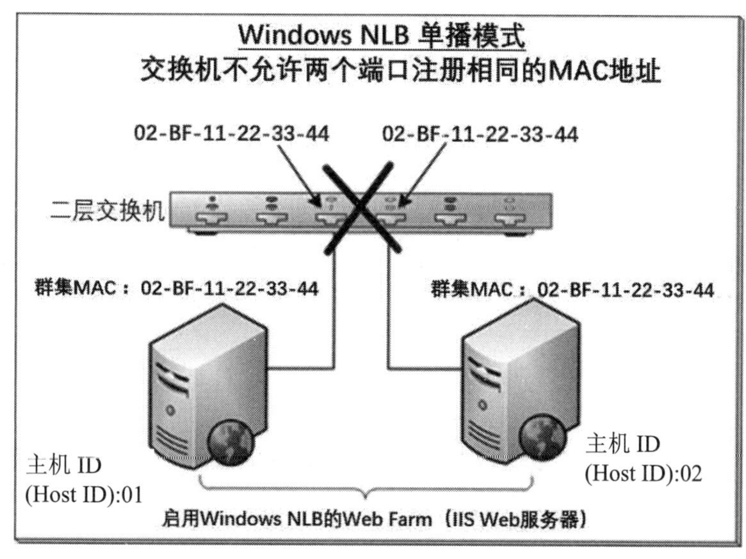

图 17-2-4

2）Switch Flooding 的现象

NLB 单播模式还有另一个被称为 **Switch Flooding**（交换机泛洪）的现象，以图 17-2-5 为例，虽然交换机的每个端口记录的 MAC 地址是唯一的，但当路由器收到要发送到群集 IP 地址 220.10.11.5 的**数据包**时，它会使用 ARP 通信协议查询 220.10.11.5 的群集 MAC 地址。然而，当它收到 **ARP 回复**（ARP reply）**数据包**时，其中包含的 MAC 地址是群集 MAC 地址 02-BF-11-22-33-44。因此，它将该**数据包**发送到 MAC 地址 02-BF-11-22-33-44，然而交换机上没有任何端口记录此 MAC 地址。因此，当交换机收到此**数据包**时，它将广播该数据包到所有的端口，这就是交换机泛洪的现象（请参阅后面的**注意**事项）。

NLB 单播模式下的交换机泛洪可以被视为正常现象，因为它确保了发送到群集 MAC 地址的**数据包**能够被群集中的每台服务器接收（这是我们期望的）。然而，如果在该交换机上还连接了不属于该群集的计算机，交换机泛洪将对这些计算机造成额外的网络负担。此外，由于其他计算机也会收到专属于该群集的机密**数据包**，这可能导致安全隐患。

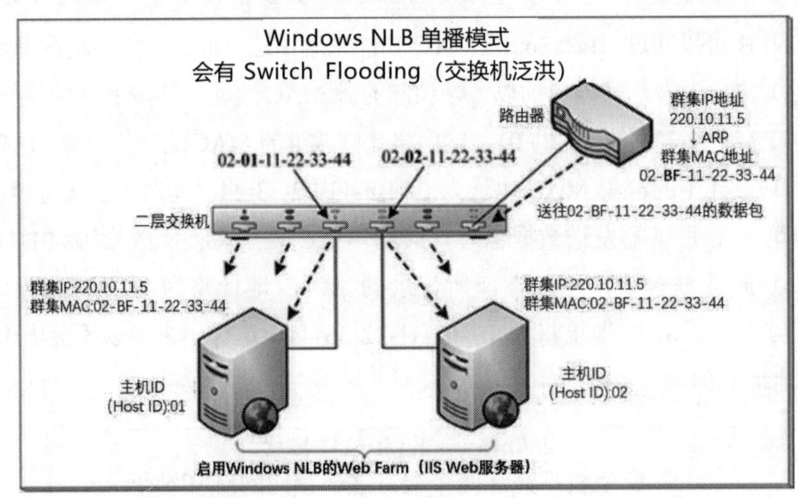

图 17-2-5

有一种交换机泛洪的网络攻击行为，该攻击会向交换机发送大量的以太帧**数据包**，旨在占据交换机中存储 MAC 与端口对照表的有限内存空间，使得其内存空间中正确的 MAC 数据将被清除，导致之后接收到的**数据包**被发送到所有端口。这使得交换机失去提高网络性能的特点，变成与传统集线器（hub）相同。此外，机密性的**数据包**也会被发送到所有端口，给不良分子窃取**数据包**内的机密资料提供了机会。

可以通过使用交换机的 VLAN（虚拟局域网）技术来解决交换机泛洪问题。具体做法是将 NLB 群集内所有服务器所连接的端口配置为同一个 VLAN，这样 NLB 群集的流量就会被限制在该 VLAN 内发送，不会发送到交换机中不属于该 VLAN 的端口。

3）群集服务器之间无法相互通信的问题

如果将网页内容直接放在 Web 服务器内，并使用 **DFS 复制**功能来保持服务器之间网页内容的一致性，那么采用 NLB 单播模式将会导致另一个的问题：群集服务器之间无法进行通信。因此，群集服务器将无法通过 **DFS 复制**功能来保持网页内容的一致性。

以图 17-2-6 为例，当左边的服务器要与右边固定 IP 地址为 220.10.11.2 的服务器进行通信时，它会发送 **ARP 请求**（ARP Request）**数据包**来询问目标主机的 MAC 地址。然而，右边的服务器回复的 MAC 地址是群集 MAC 地址 02-BF-11-22-33-44，与左边服务器的 MAC 地址相同。因此，左边的服务器无法与右边的服务器相互通信。

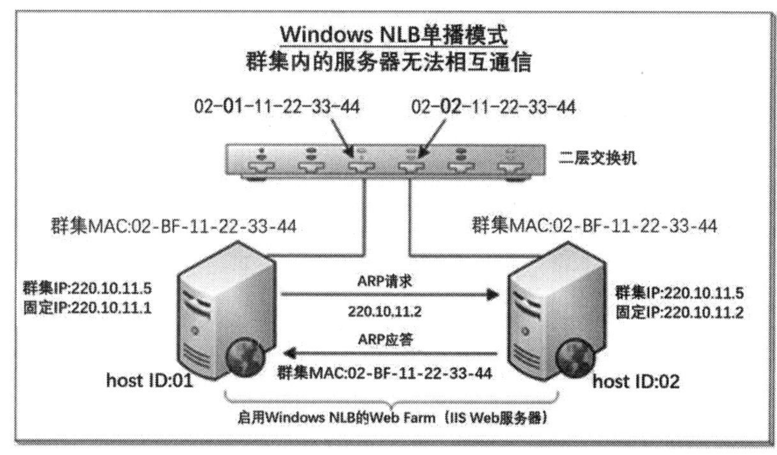

图 17-2-6

解决群集服务器之间无法相互通信的方法：如图 17-2-7 所示，在每台服务器上各安装一块未启用 Windows NLB 的网卡，这样每台服务器上的这块网卡将保留原来的 MAC 地址。通过这块网卡，服务器之间可以进行相互通信。

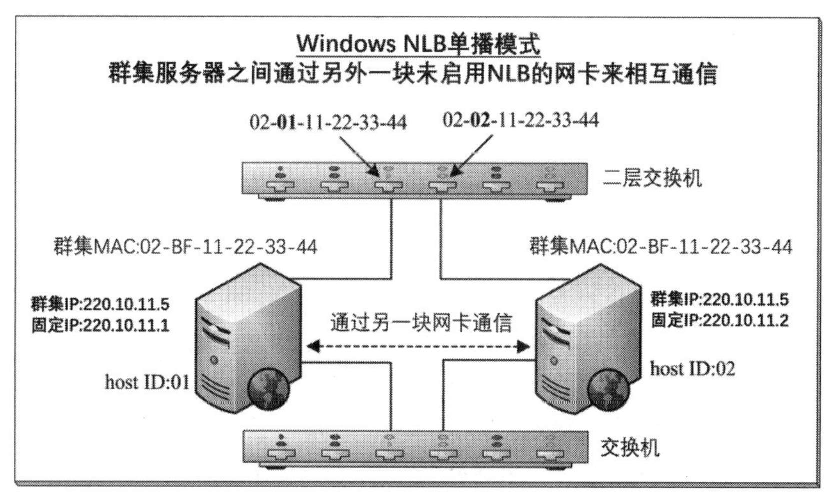

图 17-2-7

2. 多播模式（multicast mode）

多播模式的**数据包**会同时被发送给多台计算机，这些计算机都隶属于同一个**多播组**，它们共享一个**多播 MAC 地址**。多播也称为组播，多播模式具备以下特性：

- NLB群集内的每台服务器的网卡仍然会保留原有的唯一MAC地址（见图17-2-8）。因此，群集成员之间可以正常通信，并且交换机内每个交换机端口所记录的MAC地址都是每台服务器的唯一MAC地址。

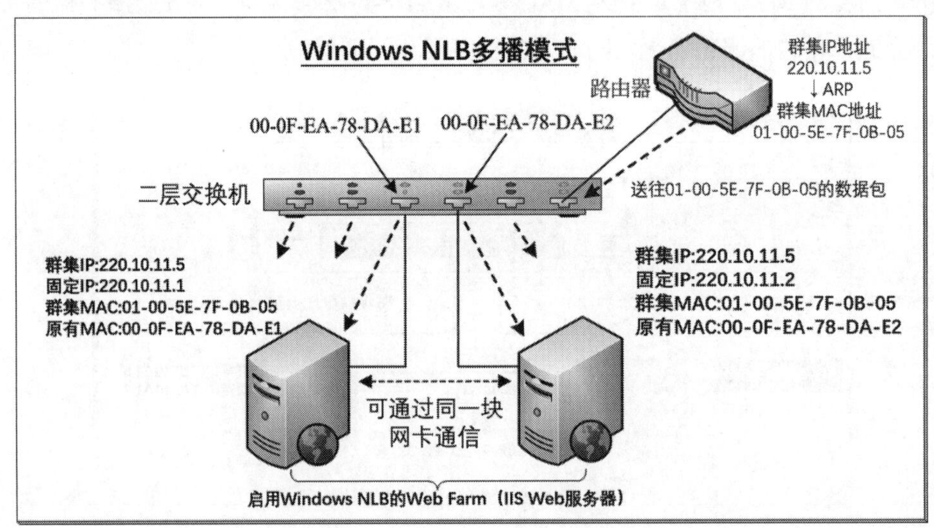

图 17-2-8

- NLB群集内的每台服务器还会有一个共享的**群集MAC地址**，这个MAC地址是一个**多播MAC地址**，群集内所有服务器都是属于同一个**多播组**，并通过这个**多播**（群集）**MAC地址**来接收外部的请求。

多播模式的缺点如下：

- **路由器可能不支持**：以图17-2-8右上角的路由器为例，当路由器接收到要送往群集IP地址220.10.11.5的**数据包**时，它会通过ARP通信协议来查找220.10.11.5的MAC地址。然而，从**ARP回复数据包**所获得的MAC地址是**多播**（群集）**MAC地址**01-00-5E-7F-0B-05。路由器需要解析的是“**单点**”传输地址220.10.11.5，但所解析到的却是“**多点**”**传输MAC地址**。这种情况下，一些路由器可能无法接受这样的结果。

  解决此问题的方法是在路由器内建立静态的ARP对照项目，以便将群集IP地址220.10.11.5对应到**多播MAC地址**。但如果路由器也不支持建立这种类型的静态数据，那么可能需要考虑更换路由器或改用单播模式来解决。
- **仍然会出现交换机泛洪现象**：以图17-2-8为例，虽然交换机的每个端口所记录的MAC地址是唯一的，但当路由器接收到要送往群集IP地址220.10.11.5的**数据包**时，它通过ARP通信协议来查找220.10.11.5的MAC地址，所获得的是**多播MAC地址**01-00-5E-7F-0B-05。因此，它会将此**数据包**发送到MAC地址01-00-5E-7F-0B-05。然

而，交换机内并没有任何一个端口记录此MAC地址，因此当交换机接收到此**数据包**时，它会将其广播到所有端口，从而导致交换机泛洪现象的发生。

在多播模式下，可以通过支持**IGMP snooping**（Internet Group Membership Protocol监听）的交换机来解决交换机泛洪的现象。这种类型的交换机会监听路由器与NLB群集服务器之间的IGMP**数据包**（加入组、脱离组的**数据包**），从而得知哪些交换机端口连接的服务器隶属于该多播组。当交换机收到要发送到该多播组的**数据包**时，它只会将数据包发送到那些隶属于多播组的交换机端口，避免了将数据包广播到所有端口的问题。

如果 IIS Web 服务器只有一块网卡，则可选用多播模式。如果 IIS Web 服务器拥有多块网卡或网络设备（例如二层交换机与路由器）不支持多播模式，则可以采用单播模式。

17.2.4 IIS 的共享设置

Web Farm 内所有 Web 服务器的设置应该保持同步。在 Windows Server 的 IIS 中，可通过**共享设置**功能将 Web 服务器的配置文件存储到远程计算机的共享文件夹内，然后让所有的 Web 服务器都使用这个相同的配置文件。这些配置文件包含以下内容：

- **ApplicationHost.config**：IIS的主要配置文件，它存储着IIS服务器内所有站点、应用程序、虚拟目录、应用程序池等设置，以及服务器的通用默认值。
- **Administration.config**：存储着委派管理的设置。IIS采用模块化设计，Administration.config中也存储着这些模块的相关数据。
- **ConfigEncKey.key**：在IIS内搭建ASP.NET环境时，一些数据会被ASP.NET加密，例如ViewState、Form Authentication Tickets（表单身份验证票据）等。为了确保在Web Farm内的每台服务器上使用相同的计算机密钥（machine key），否则当其中一台服务器使用专有密钥将数据加密后，其他使用不同密钥的服务器就无法将其解密。这些共享密钥被存储在ConfigEncKey.key文件内。

17.3 IIS Web服务器的Web Farm实例演练

我们将使用图 17-3-1 来说明如何建立一个由 IIS Web 服务器组成的 IIS Web Farm，假设其网址为 www.sayms.local。我们将直接在图中的两台 IIS Web 服务器上启用 Windows NLB，并且选择多播模式作为 NLB 的操作模式。

在某些虚拟化软件中，如果虚拟机内选用单播模式，可能会导致 NLB 无法正常运行。在这种情况下，建议选择多播模式或使用 Hyper-V 来解决问题。

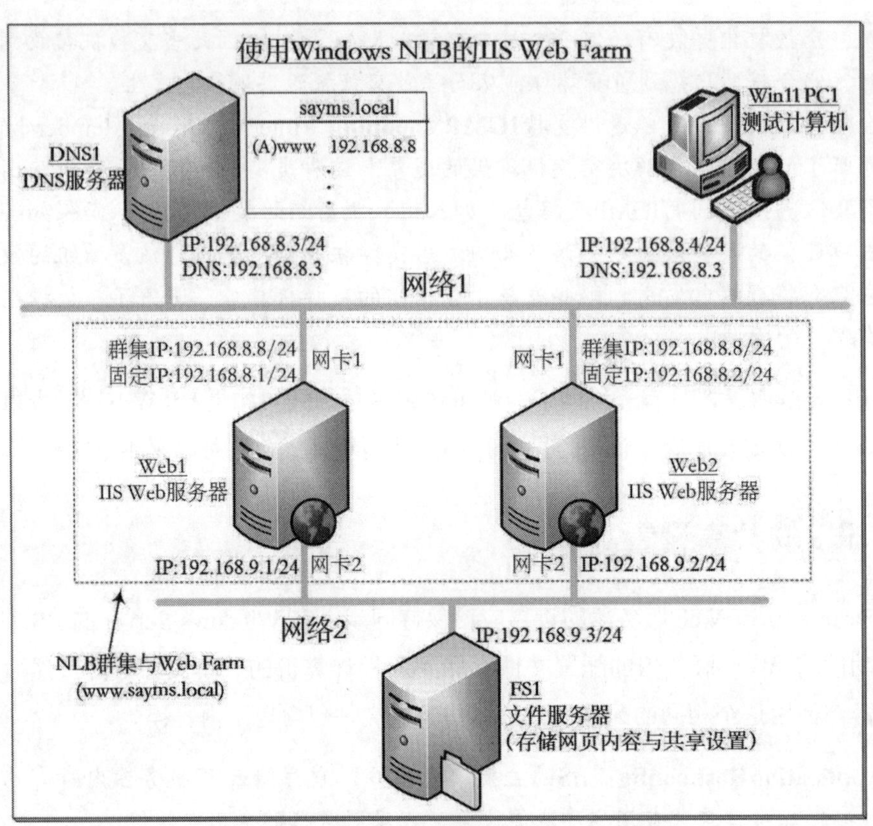

图 17-3-1

17.3.1 Web Farm 的软硬件需求

要搭建图 17-3-1 中的 IIS Web Farm 环境，该环境的软硬件配备需要符合以下的要求（建议使用 Hyper-V 或 VMware 的虚拟环境来练习）：

- **IIS Web服务器Web1与Web2**：这两台服务器将组成Web Farm的服务器。它们都是安装了**Web服务器（IIS）**角色的Windows Server 2022 Enterprise。同时，我们需要搭建一个Windows NLB群集，并将这两台服务器都加入该群集中。这两台服务器各有两块网卡，一块网卡连接**网络1**、一块网卡连接**网络2**，其中只有**网卡1**会启用Windows NLB，因此**网卡1**除了原有的固定IP地址（192.168.8.1、192.168.8.2）之外，它们还有一个共同的群集IP地址（192.168.8.8），并通过这个群集IP地址来接收由测试计算机Win11PC1发送的访问请求（http://www.sayms.local/）。
- **文件服务器FS1**：这台Windows Server 2022服务器用于存储Web服务器的网页内容，也就是两台Web服务器的主目录都存储在这台文件服务器（FS1）的同一文件夹中。两台Web服务器还需要使用相同的设置，而这些共享设置也是存储在这台文件服务器上。

由于我们的重点是对 Web Farm 进行设置，因此将测试环境简化为仅搭建一台文件服务器。因此，网页内容与共享设置并没有容错功能。我们可以自行搭建多台文件服务器，然后使用 **DFS 复制**来同步网页内容与共享设置，以实现容错功能。

- **DNS服务器DNS1**：使用这台Windows Server 2022 DNS服务器来解析Web Farm网址www.sayms.local的IP地址。
- **测试计算机Win11PC1**：将在这台Windows 11计算机上访问网址http://www.sayms.local/来测试是否可以正常连接Web Farm网站。如果要简化测试环境，可以省略此计算机，直接改在DNS1上进行测试即可。

17.3.2 准备网络环境与计算机

我们将练习如何搭建图 17-3-1 中的 Web Farm 环境，请按照以下的步骤来练习，以减少出错的概率。

- 将DNS1与Win11PC1的网卡连接到网络1，将Web1与Web2的网卡1连接到网络1，网卡2连接到网络2，而FS1的网卡连接到网络2。如果使用 Hyper-V虚拟环境，请创建两个虚拟交换机来代表网络1与网络2；如果使用VMware Workstation虚拟环境，则选择两个尚未使用的虚拟网络来代表网络1与网络2。
- 在这个网络拓扑中的5台计算机上安装操作系统：除了计算机Win11PC1安装Windows 11之外，其他计算机都安装Windows Server 2022 Enterprise，并将它们的计算机名分别改为DNS1、Win11PC1、Web1、Web2与FS1。
  如果使用虚拟机，并且其中的4台服务器是通过复制现有虚拟机创建的，请在这4台服务器上运行Sysprep.exe程序（通常位于C:\Windows\System32\Sysprep文件夹中）来更改其SID，并确保勾选**常规化**选项。
- 建议更改两台Web服务器的2块网卡名称，以便更容易识别。由图17-3-2可知，它们分别是连接到网络1与网络2的网卡，具体步骤为：单击⊞键+X键➲文件资源管理器➲选中左侧的**网络**，再右击➲属性➲单击**更改适配器设置**➲分别选中两个网络连接，再右击➲重命名，分别将它们改名为网络1与网络2。

图 17-3-2

- 参照图17-3-1来设置5台计算机的网卡IP地址、子网掩码、首选DNS服务器（暂时不需要设置群集IP地址，待创建NLB群集时再设置，否则IP地址会冲突），具体的操作步骤为：单击⊞键+R键➲输入control后按Enter键➲网络和Internet➲网络和共享中心➲单击**以太网**（或**网络1**、**网络2**）➲单击属性按钮➲**Internet 协议版本 4（TCP/IPv4）**。本示例采用IPv4。
- 暂时关闭这5台计算机的**Windows Defender防火墙**（否则下一个测试步骤会被禁止），具体的操作步骤为：单击⊞键+R键➲输入control后按Enter键➲系统和安全➲Windows Defender防火墙➲单击**开启或关闭Windows Defender防火墙**➲将计算机所在网络位置的**Windows Defender防火墙**关闭。
- 我们可以执行以下步骤来测试同一个子网内的计算机之间是否可以正常通信，以减少后面调试的难度：
  - 到 DNS1 服务器上分别使用 ping 192.168.8.1、ping 192.168.8.2 与 ping 192.168.8.4 来测试是否可以和 Web1、Web2 以及 Win11PC1 相互通信。
  - 到 Win11PC1 计算机上分别使用 ping 192.168.8.1、ping 192.168.8.2 与 ping 192.168.8.3 来测试是否可以和 Web1、Web2 以及 DNS1 相互通信。
  - 到 Web1 服务器上分别使用 ping 192.168.8.2（与 ping 192.168.9.2）、ping 192.168.8.3、ping 192.168.8.4（与 ping 192.168.9.3）来测试是否可以和 Web2、DNS1、Win11PC1 以及 FS1 相互通信。
  - 到 Web2 服务器上分别使用 ping 192.168.8.1（与 ping 192.168.9.1）、ping 192.168.8.3、ping 192.168.8.4（与 ping 192.168.9.3）来测试是否可以和 Web1、DNS1、Win11PC1 以及 FS1 相互通信。
  - 到 FS1 服务器上分别使用 ping 192.168.9.1 与 ping 192.168.9.2 来测试是否可以和 Web1 与 Web2 相互通信。
- 测试完成后重新启动这5台计算机的Windows Defender防火墙即可。

17.3.3 DNS服务器的设置

DNS 服务器 DNS1 用于解析 Web Farm 网址 www.sayms.local 的 IP 地址。要在这台计算机上安装 DNS 服务器，具体的步骤为：开启**服务器管理器**➲单击**仪表板**处的**添加角色和功能**➲……➲在选择**服务器角色**界面上勾选 **DNS 服务器**➲……。

安装完成后，通过单击**服务器管理器**右上角的**工具**菜单➲DNS➲选中**正向查找区域**右击➲新建区域，以添加一个名为 sayms.local 的主要区域，并在这个区域内添加一条 Web Farm 网址的主机记录，如图 17-3-3 所示，图中假设网址为 www.sayms.local，注意它的 IP 地址是群集 IP 地址 192.168.8.8。

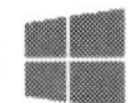

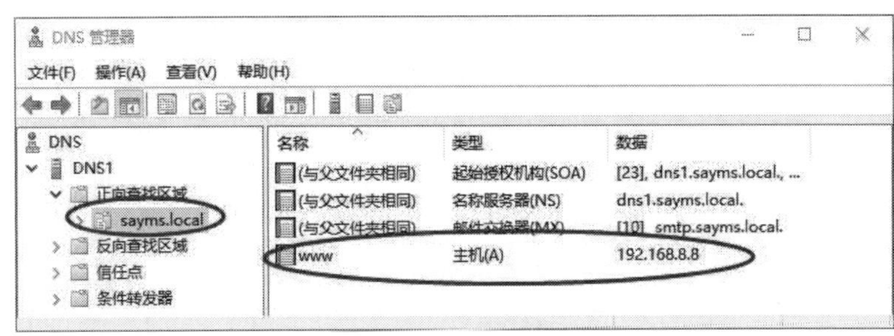

图 17-3-3

然后到测试计算机 Win11PC1 上测试是否可以解析到 www.sayms.local 的 IP 地址，图 17-3-4 所示为成功解析到群集 IP 地址 192.168.8.8 的界面。

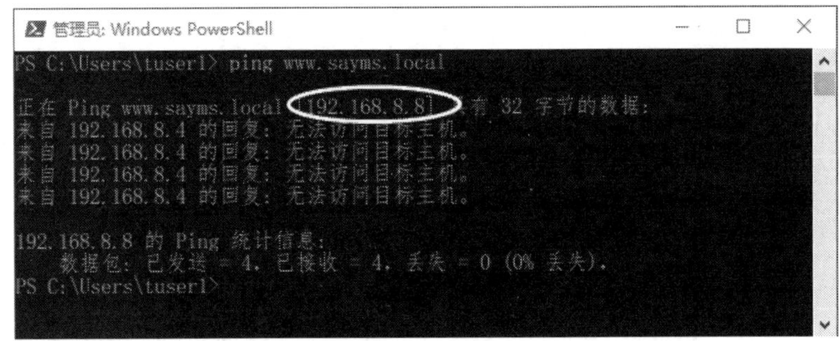

图 17-3-4

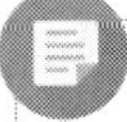

虽然成功解析到 Web Farm 网站的群集 IP 地址，但是我们还没有创建群集，也尚未设置群集 IP 地址，因此会出现类似图中无法访问目标主机的信息。即使群集与群集 IP 地址都创建完成了，如果没有关闭 **Windows Defender 防火墙**，因为该防火墙会阻挡 ping 指令的**数据包**，所以还是会出现类似无法访问目标主机的情况。

17.3.4　文件服务器的设置

这台 Windows Server 2022 文件服务器用于存储 Web 服务器的共享设置与共享网页内容。请先在这台服务器的本地安全性数据库中创建一个用户账户，以便于两台 Web 服务器可以使用此账户来连接文件服务器，具体的步骤为：单击**服务器管理器**右上角的**工具**菜单➲计算机管理➲展开**本地用户和组**➲选中**用户**后右击➲新用户➲在如图 17-3-5 所示的界面中输入用户名（假设为 WebUser）、密码等数据，取消勾选**用户下次登录时须更改密码**并勾选**密码永不过期**➲单击创建按钮。

如果此文件服务器已经加入 Active Directory 域，也可以使用域用户账户登录。

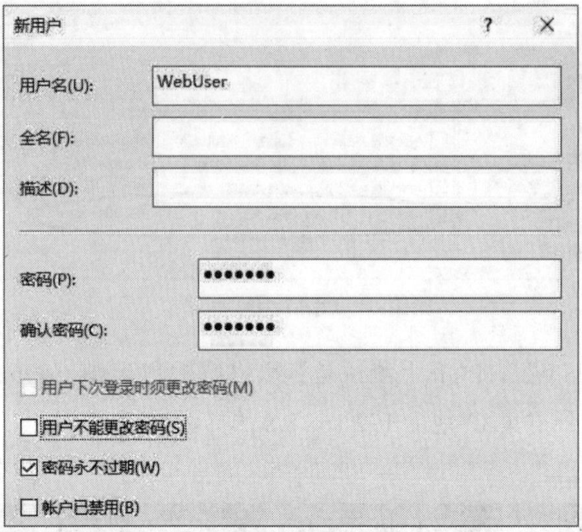

新用户 ? ×

用户名(U): WebUser

全名(F):

描述(D):

密码(P): ●●●●●●●

确认密码(C): ●●●●●●●

☐ 用户下次登录时须更改密码(M)

☐ 用户不能更改密码(S)

☑ 密码永不过期(W)

☐ 帐户已禁用(B)

图 17-3-5

在该文件服务器内创建用于存储 Web 服务器共享设置与共享网页内容的文件夹，假设为 C:\WebFiles，创建好文件夹后，选中 WebFiles 文件夹，再右击➲授予访问权限，以便将其设置为共享文件夹（假设共享名为默认的 WebFiles），并开放**读取/写入**权限给用户 WebUser，如图 17-3-6 所示。如果出现**网络发现和文件共享**窗口，单击**是，启用所有公用网络的网络发现和文件共享**。

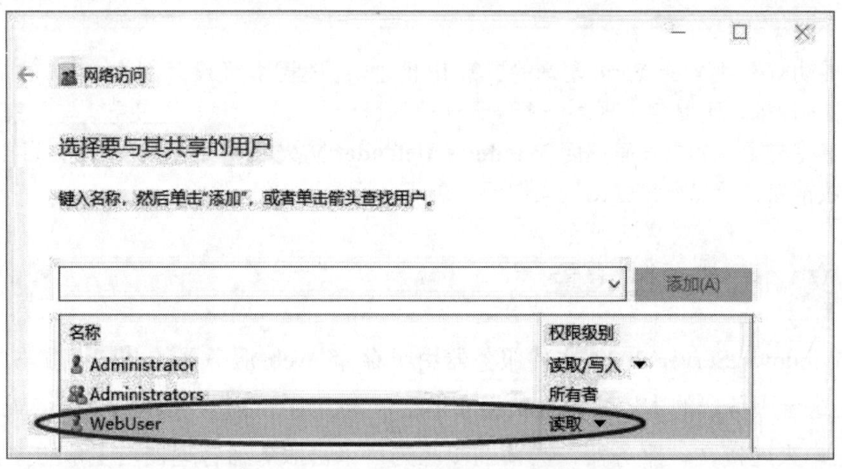

图 17-3-6

接着在此文件夹内分别创建两个子文件夹，一个文件夹用于存储共享设置、一个文件夹用于存储共享网页内容（网站的主目录），假设这两个文件夹的名称分别是 Configurations 和 Contents，图 17-3-7 为完成后的界面。

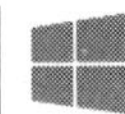

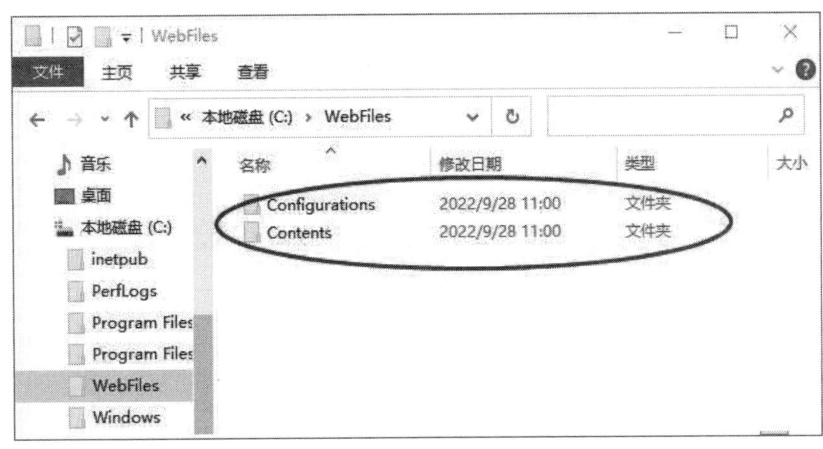

图 17-3-7

17.3.5　Web 服务器 Web1 的设置

我们将在 Web 服务器 Web1 上安装 **Web 服务器（IIS）角色**，同时假设网页程序为针对 ASP.NET 所编写的程序，因此还需要安装 **ASP.NET** 角色服务，具体的操作步骤为：打开**服务器管理器**➲单击**仪表板**处的**添加角色和功能**➲持续单击下一步按钮，直到出现**选择服务器角色**界面时勾选 **Web 服务器（IIS）**➲单击添加功能按钮➲持续单击下一步按钮，直到出现如图 17-3-8 所示的**选择角色服务**界面时展开**应用程序开发**➲勾选 **ASP.NET 4.8**➲……。完成安装后，我们将使用内置的 Default Web Site 来作为测试环境的网站。

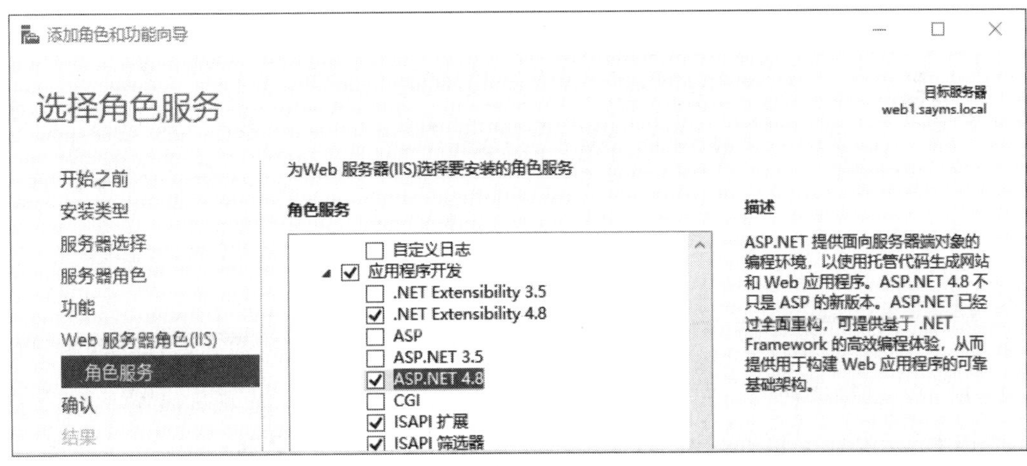

图 17-3-8

接下来需要创建一个用于测试用的首页，假设其文件名为 default.aspx，内容如图 17-3-9 所示。请先将此文件放到网站默认的主目录%*SystemDrive*%\inetpub\wwwroot 下，其中的%*SystemDrive*%通常指代 C：盘。

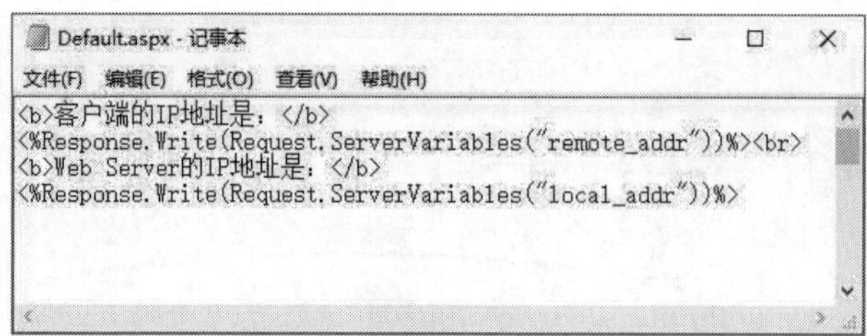

图 17-3-9

我们可以设置网站读取默认文件的优先级，以便让网站优先读取 default.aspx。设置方法为：单击**服务器管理器**右上角的**工具**菜单➲ Internet Information Services（IIS）➲如图 17-3-10 所示单击 Default Web Site➲单击中间的**默认文档**➲选择 Default.aspx➲通过单击右侧**操作**窗口的**上移**来将 default.aspx 调整到列表的最上方。这样做可以提高首页存取效率，避免网站浪费时间去尝试读取其他文件。

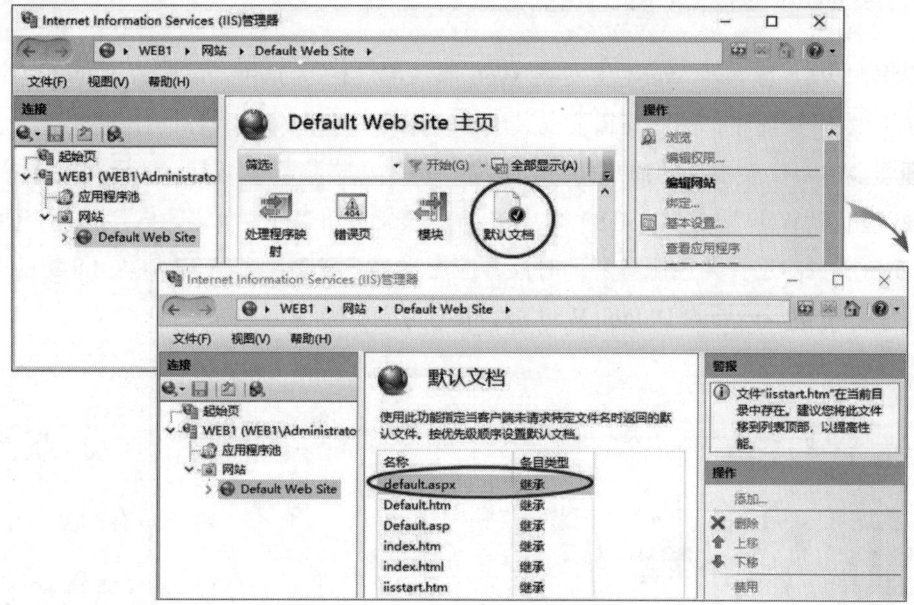

图 17-3-10

接着，我们在测试计算机 Win11PC1 上使用浏览器测试是否可以正常连接网站。如图 17-3-11 所示，连接成功的界面显示我们直接使用 Web1 的固定 IP 地址 192.168.8.1 连接 Web1。用于尚未启用 Windows NLB，因此无法使用群集 IP 地址来连接网站。

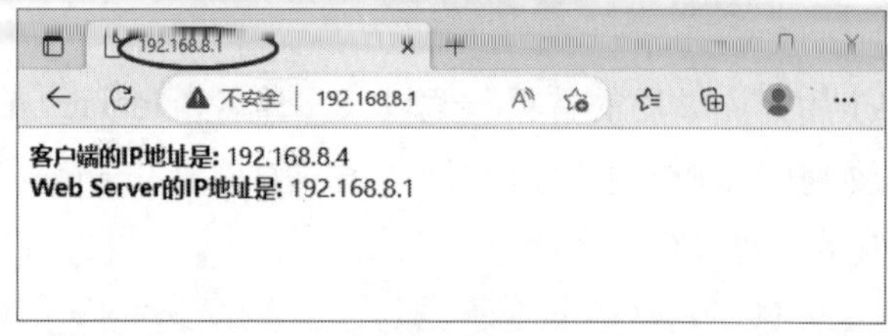

图 17-3-11

17.3.6　Web 服务器 Web2 的设置

Web 服务器 Web2 的设置步骤与 Web1 的设置步骤大致相同，以下仅列出部分：

- 在Web2上安装Web 服务器（IIS）角色与ASP.NET 4.8角色服务。
- **不需要**创建default.aspx，也**不需要**将default.aspx复制到主目录。
- 直接在测试计算机Win11PC1上使用http://192.168.8.2/来测试Web2网站是否正常运行。由于Web2没有单独建立Default.aspx作为首页，因此在Win11PC1计算机上进行测试时，所看到的是默认首页，如图17-3-12所示。

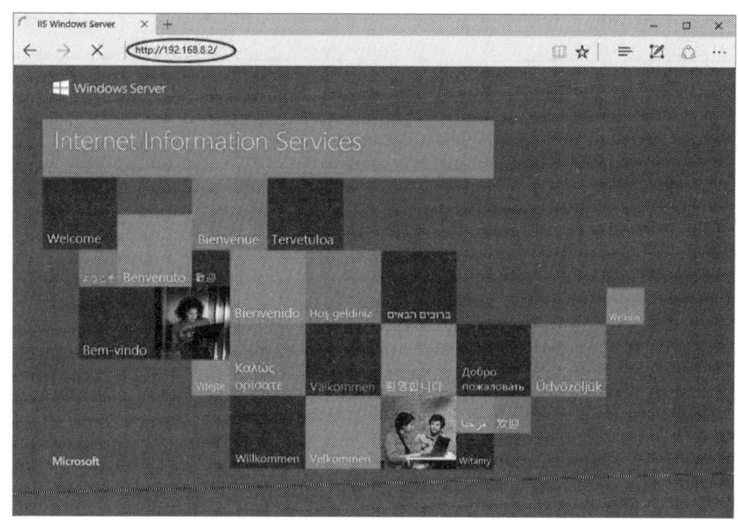

图 17-3-12

如果所搭建的 Web Farm 是 SSL 网站，则需要在 Web1 中完成 SSL 证书申请与安装步骤，并将 SSL 证书导出保存，再到 Web2 上通过**凭证** MMC 管理控制台来将此证书导入到 Web2 的网站。

17.3.7　共享网页与共享设置

接下来我们要让两个网站来使用存储在文件服务器 FS1 中的共享网页与共享设置。

1. Web1 共享网页的设置

我们将以 Web 服务器 Web1 的网页作为两个网站的共享网页，因此先将 Web1 主目录 C:\inetpub\wwroot 内的测试首页 default.aspx 通过网络复制到文件服务器 FS1 的共享文件夹 \\FS1\WebFiles\Contents 中，具体步骤为：在 Web1 上选择并复制 default.aspx 文件➲单击⊞键+R键➲输入\\FS1\WebFiles\Contents 后单击确定按钮➲粘贴 default.aspx 文件。如图 17-3-13

所示，已将 Default.aspx 复制到此共享文件夹内。

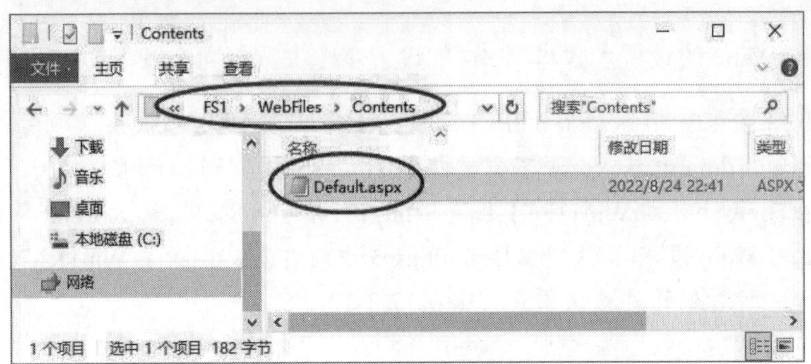

图 17-3-13

接下来将 Web1 的主目录指定到\\FS1\WebFiles\Contents 共享文件夹，并使用创建在文件服务器 FS1 内的本地用户账户 WebUser 来连接此共享文件夹。但是在 Web1 上也必须创建一个相同名称与密码的用户账户（请取消勾选**用户下次登录时须更改密码**并勾选**密码永不过期**），且必须将其加入 **IIS_IUSRS** 群组内，如图 17-3-14 所示。

图 17-3-14

将 Web1 主目录指定到\\FS1\WebFiles\Contents 共享文件夹的步骤为：

STEP 1　单击 Default Web Site 右侧的**基本设置...**，如图 17-3-15 所示。

图 17-3-15

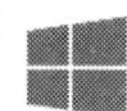

STEP 2　在**物理路径**处输入\\FS1\WebFiles\Contents，然后单击连接为按钮，如图 17-3-16 所示。

图 17-3-16

STEP 3　指定用来连接共享文件夹的账户 WebUser，而后单击确定按钮（请通过单击设置按钮来输入用户名 WebUser 与密码），如图 17-3-17 所示。

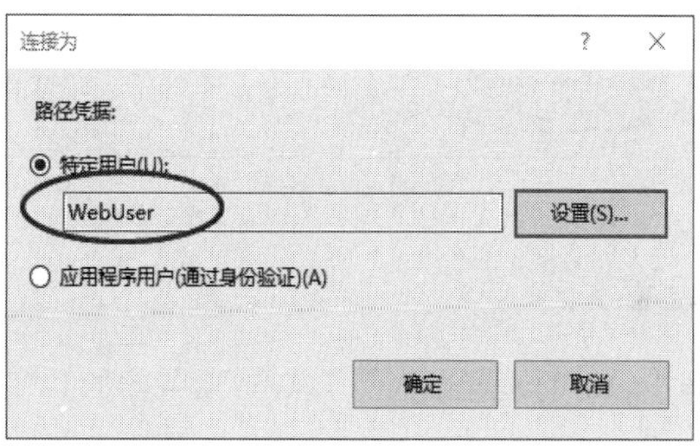

图 17-3-17

STEP 4　单击测试设置按钮，如图 17-3-18 所示，以便测试是否可以正常连接上述共享文件夹，如前景界面所示为正常连接的界面。单击关闭按钮，然后单击确定按钮。

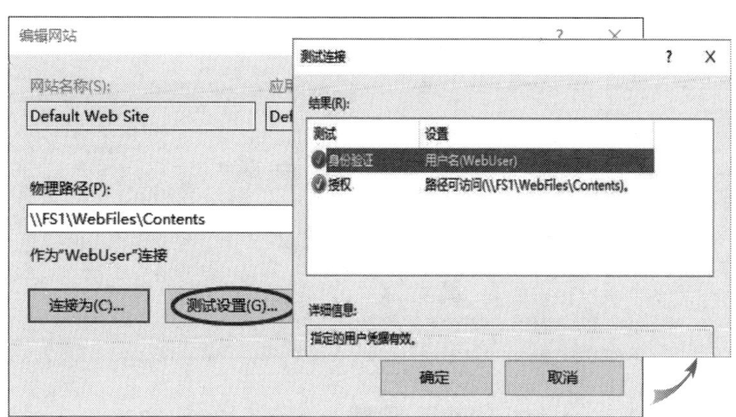

图 17-3-18

完成后，在测试计算机 Win11PC1 上使用 http://192.168.8.1/来测试（建议先将浏览器的缓存清除），此时可以看到 default.aspx 的网页。

如果网站运行不正常或安全性设置异常，可能需要针对网站所在的应用程序池任务窗口执行**回收**（recycle）操作，以使网站恢复正常或获取最新的安全设置值。例如，如果 Default Web Site 的应用程序池为 **DefaultAppPool**，要执行**回收**操作，单击 **DefaultAppPool** 右侧的回收...按钮，如图 17-3-19 所示。

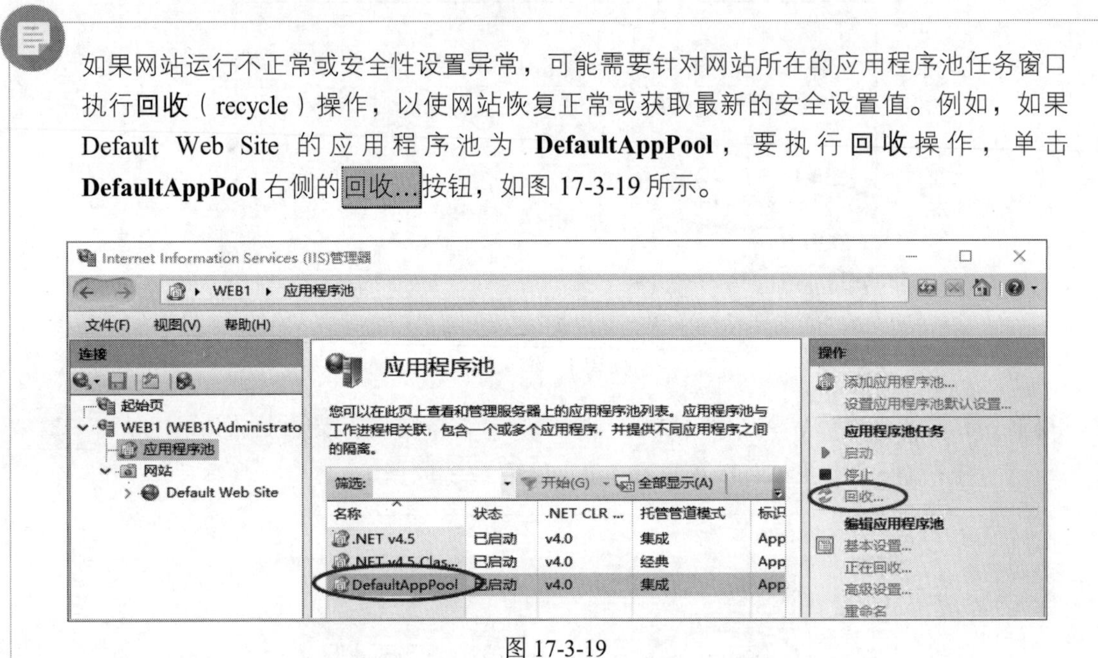

图 17-3-19

2. Web1 的共享设置

我们将以 Web 服务器 Web1 的设置作为两个 Web 服务器的共享设置，因此先将 Web1 的设置与密钥导出到\\FS1\WebFiles\Configurations 共享文件夹，然后再指定 Web1 使用位于\\FS1\WebFiles\Configurations 共享文件夹中的这份设置。

STEP 1 将 Web1 的设置导出，存储到\\FS1\WebFiles\Configurations 文件夹内。双击服务器 Web1 界面中的 Shared Configuration，如图 17-3-20 所示。

图 17-3-20

STEP 2　单击右侧的 ExPort Configuration…（导出设置…），如图 17-3-21 所示。

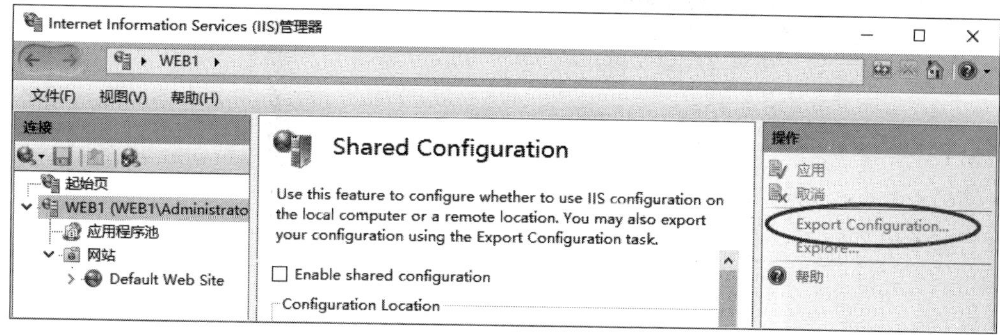

图 17-3-21

STEP 3　在 Physical path 中输入用来存储共享设置的共享文件夹➲单击 Connect As 按钮➲输入有权限连接此共享文件夹的用户名（WebUser）与密码➲单击确定按钮，如图 17-3-22 所示。

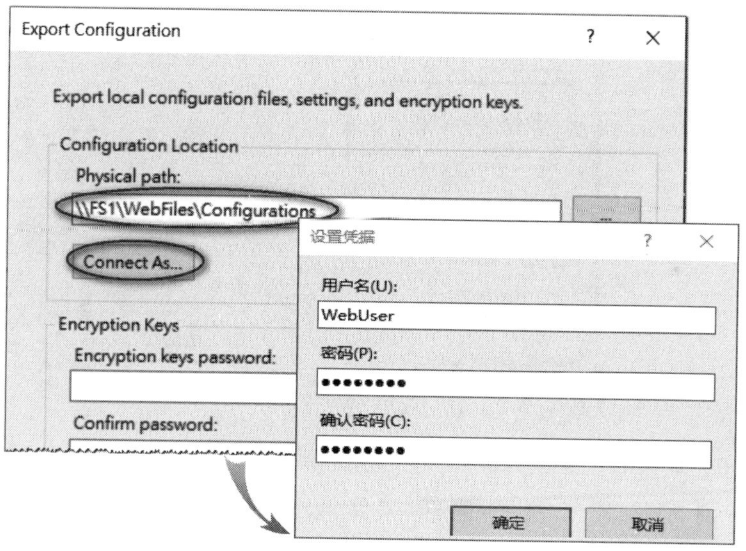

图 17-3-22

STEP 4　设置加密密钥的密码➲单击确定按钮➲再次单击确定按钮。密码至少 8 个字符，且需包含数字、特殊符号、英文大小写字母，如图 17-3-23 所示。

STEP 5　启用 Web1 的共享设置功能，具体步骤为：在如图 17-3-24 所示的界面中勾选 **Enable shared configuration**➲在 **Physical path** 中输入存储共享设置的路径➲输入有权限连接此共享文件夹的用户名称（WebUser）与密码➲单击**应用**➲在前景界面中输入加密密钥的密码➲单击确定按钮。

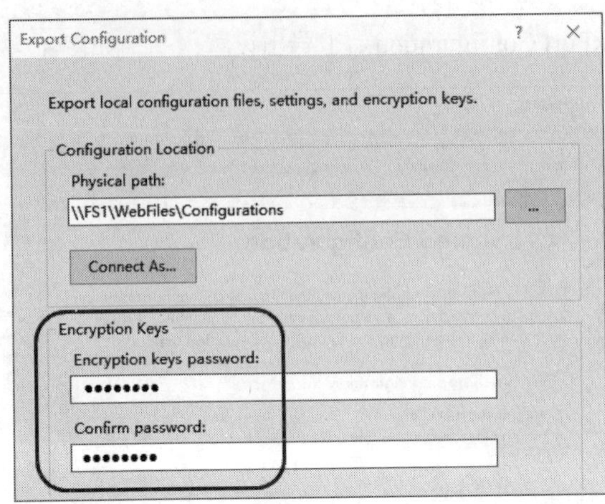

图 17-3-23

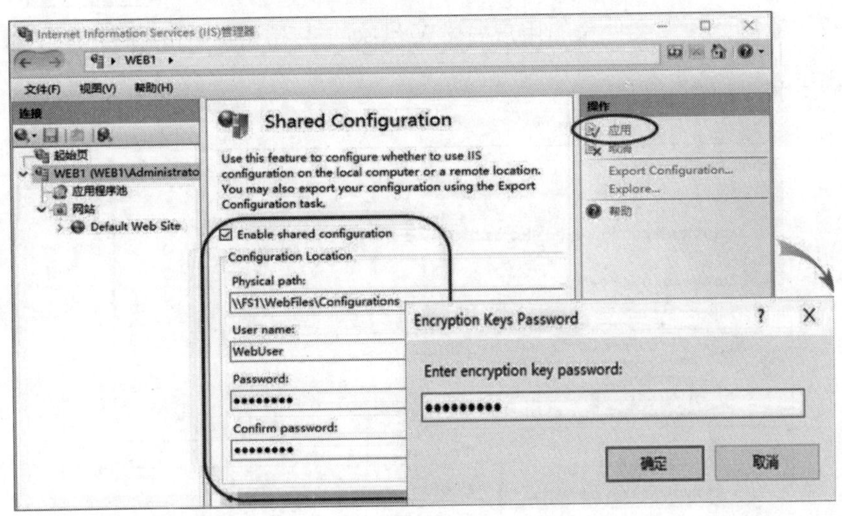

图 17-3-24

STEP 6 持续单击**确定**按钮来完成设置，并重新启动 IIS 管理员。Web1 的现有加密密钥将被备份到本地计算机内用于存储设置的目录中（%*Systemroot*%\System32\inetsrv\config）。

完成后，请到测试计算机 Win11PC1 上使用 http://192.168.8.1/来测试（建议先清除浏览器的缓存），此时我们可以看到 default.aspx 的网页。

3. Web2 共享网页的设置

我们要将 Web 服务器 Web2 的主目录指定到文件服务器 FS1 的共享文件夹 \\FS1\WebFiles\Contents 下，并使用创建在 FS1 内的本地用户 WebUser 来连接此共享文件夹。但在 Web2 上也必须建立一个相同名称与密码的用户账户（此处需要取消勾选**用户下次登录时须更改密码**并勾选**密码永不过期**），且必须将其加入 **IIS_IUSRS** 群组内，如图 17-3-25 所示。

图 17-3-25

将 Web 服务器 Web2 的主目录指定到\\FS1\WebFiles\Contents 共享文件夹的步骤与 Web1 完全相同，此处不再重复介绍，仅以图 17-3-26 与图 17-3-27 来说明。

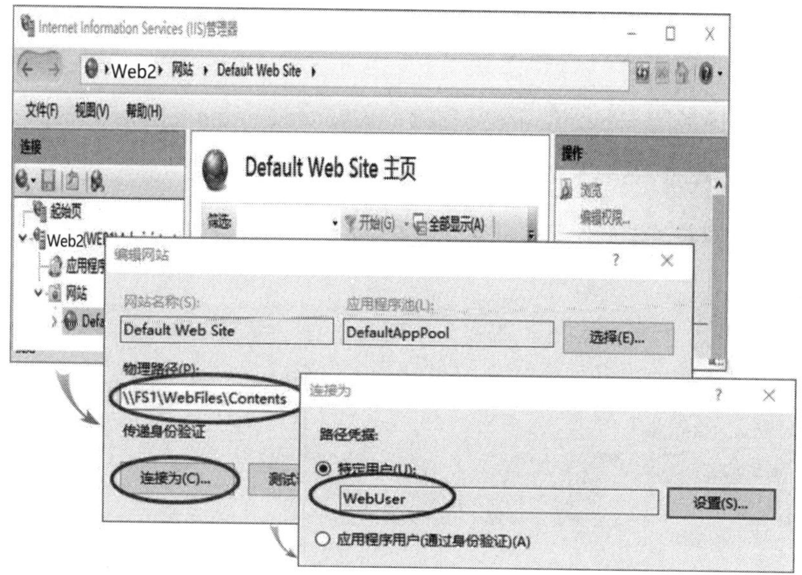

图 17-3-26

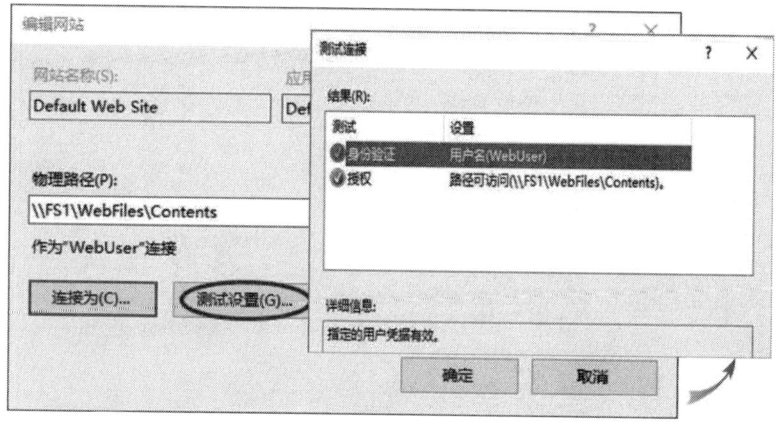

图 17-3-27

完成后，在测试计算机 Win11PC1 上使用 http://192.168.8.2/来测试（建议先清除浏览器的缓存），此时我们可以看到 default.aspx 的网页，如图 17-3-28 所示。建议还可以改变 Web2 默认文件的优先级（将 default.aspx 移动到最上面），以提高首页读取效率，避免浪费时间去尝试读取其他文件。

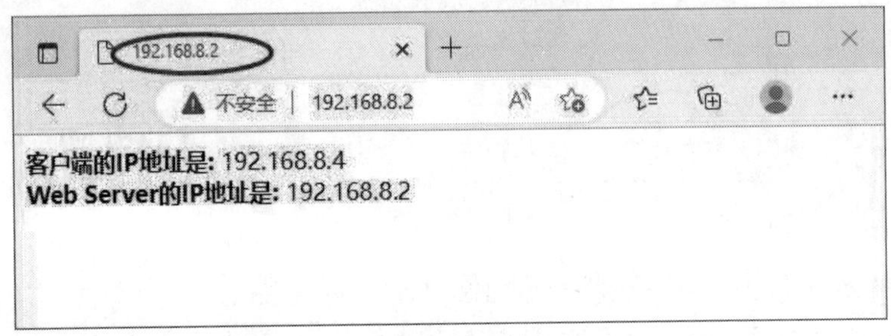

图 17-3-28

4. Web2 的共享设置

我们要让 Web 服务器 Web2 使用位于\\FS1\WebFiles\Configurations 内的共享设置（这些设置是之前从 Web1 导出到此处的），其步骤如下：

STEP 1 双击服务器 Web2 中的 Shared Configuration，如图 17-3-29 所示。

图 17-3-29

STEP 2 勾选 Enable Shared Configuration➲在 Physical path 中输入存储共享设置的路径 **\\FS1\WebFiles\Configurations**➲输入有权限连接此共享文件夹的用户名（WebUser）与密码➲单击**应用**➲在前景界面中输入加密密钥的密码➲单击确定按钮，如图 17-3-30 所示。

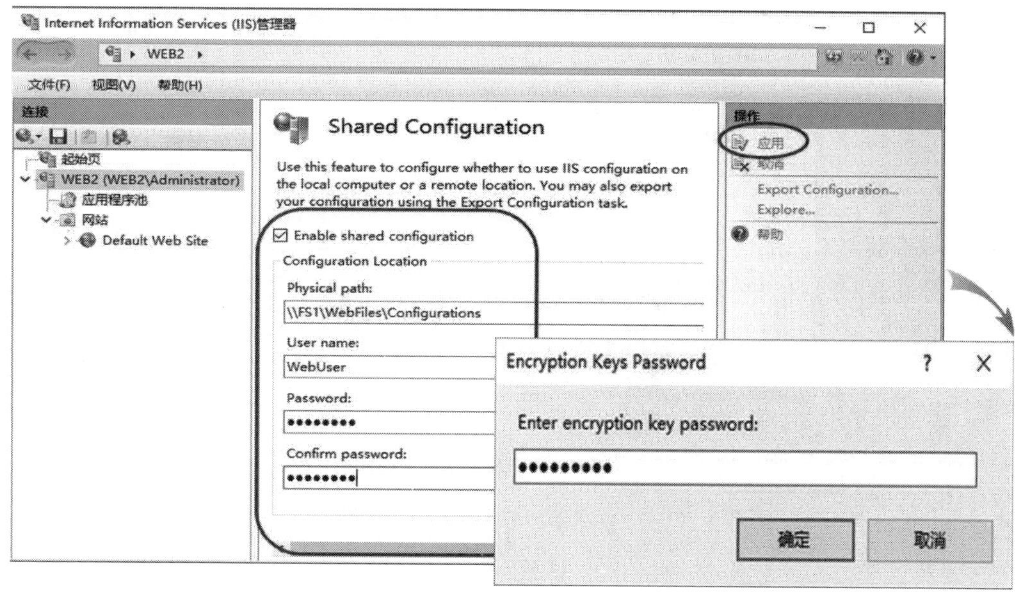

图 17-3-30

STEP 3 持续单击确定按钮来完成设置，并重新启动 IIS 管理员。Web2 的现有加密密钥将被备份到本地计算机内用于存储设置的目录中（%*Systemroot*%\System32\inetsrv\config）。

完成后，在测试计算机 Win11PC1 上使用 http://192.168.8.2/来测试（建议先清除浏览器的缓存），此时我们可以看到 default.aspx 的网页。

我们已经成功配置好了 Web 服务器 Web1 与 Web2，使它们可以使用位于 FS1 上的共享设置与共享网页。接下来，我们将启用 Windows NLB 群集，以提供容错与负载平衡的高可用性功能。

17.3.8 创建 Windows NLB 群集

要在图 17-3-31 中 Web1 与 Web2 两台 IIS Web 服务器上启用 **Windows 网络负载平衡**（Windows NLB），我们需要分别在这两台服务器上安装**网络负载平衡**功能。

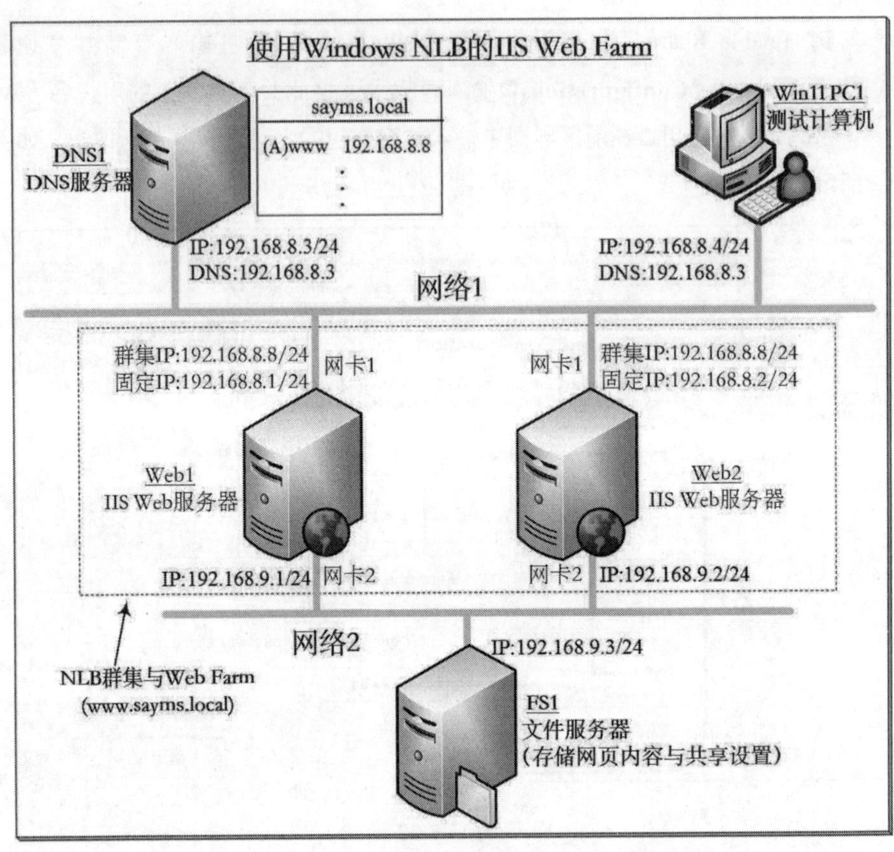

图 17-3-31

创建 Windows NLB 群集的步骤如下：

STEP 1 分别到 Web1 与 Web2 上安装**网络负载平衡**功能，具体的步骤为：打开**服务器管理器**➲单击**仪表板**处的**添加角色和功能**➲持续单击下一步按钮，直到出现如图 17-3-32 所示的**选择功能**界面，再勾选**网络负载平衡**➲……。

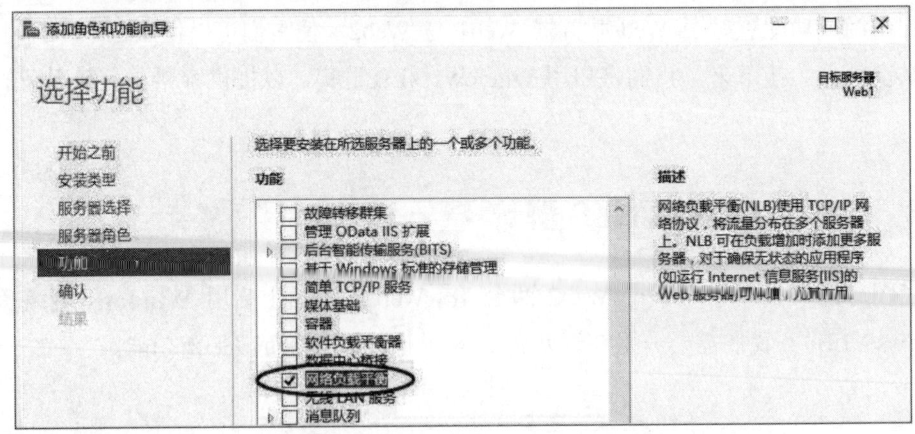

图 17-3-32

STEP **2**　在 Web1 上单击左下角的**开始**图标⊞➲Windows 管理工具➲网络负载平衡管理器➲在如图 17-3-33 所示的界面中选中**网络负载平衡**群集，再右击➲新建群集。

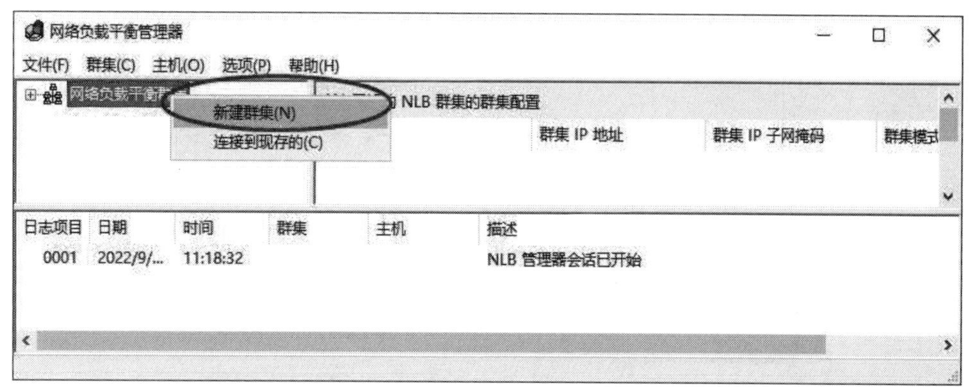

图 17-3-33

STEP **3**　在如图 17-3-34 所示界面中的**主机**处输入要加入群集的第 1 台服务器的计算机名 Web1，随后单击连接按钮，接着从界面下方选择 Web1 内要启用 NLB 的网卡，再单击下一步按钮。我们选择连接在网络 1 的网卡上，如图 17-3-34 所示。

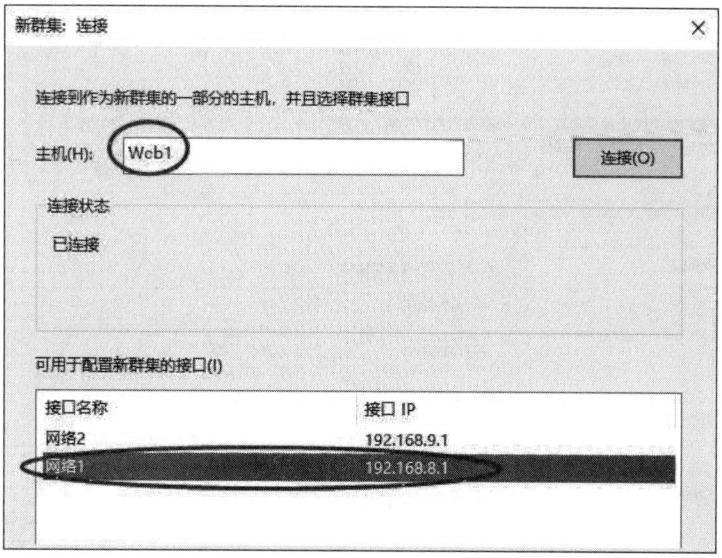

图 17-3-34

STEP **4**　直接单击下一步按钮即可，如图 17-3-35 所示。图中的**优先级（单一主机标识符）**就是 Web1 的主机 ID（每台服务器的主机 ID 必须是唯一的）。如果群集接收到的**数据包**未定义在**端口规则**内，那么它会将此**数据包**转发给优先级较高（host ID 数字较小）的服务器去处理。也可以在此界面为该网卡添加多个固定 IP 地址。

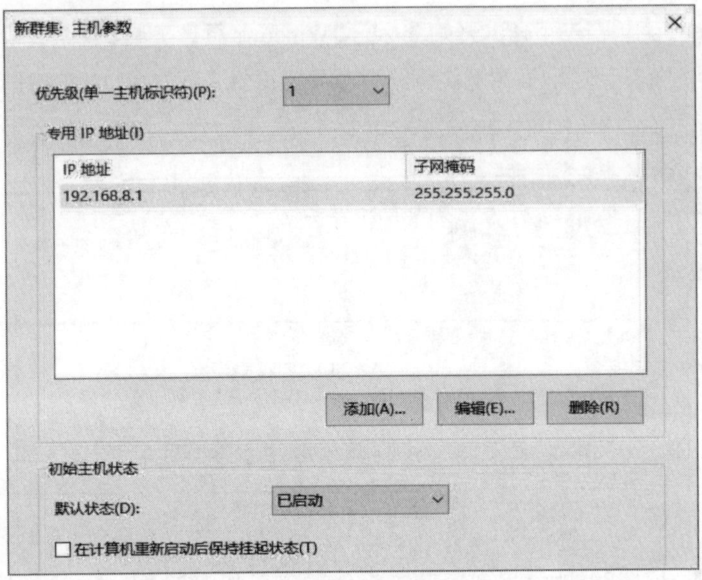

图 17-3-35

STEP 5 单击添加按钮，设置群集 IP 地址（例如 192.168.8.8）与子网掩码（255.255.255.0）后单击确定按钮，如图 17-3-36 所示。

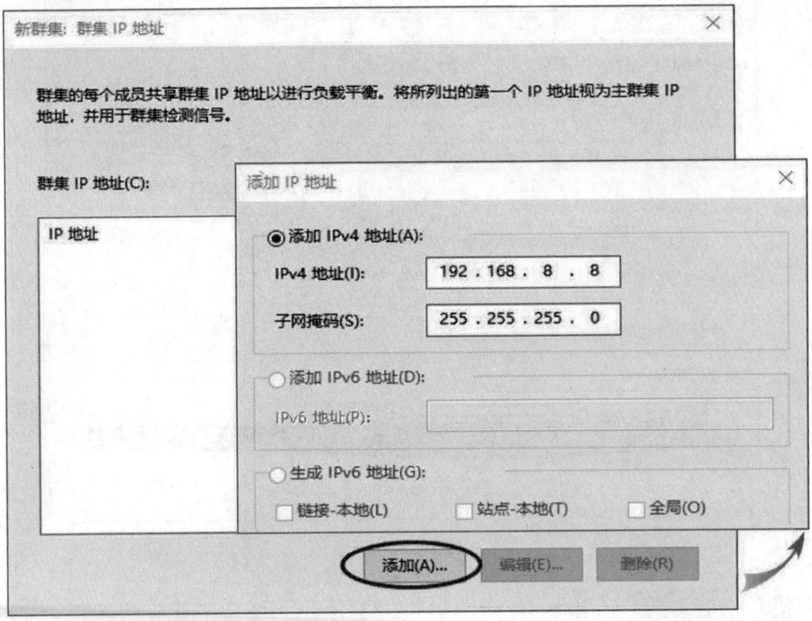

图 17-3-36

STEP 6 回到**新建**群集：添加群集 **IP 地址**，然后单击下一步按钮（也可以在此处添加多个群集 IP 地址）。

STEP 7 在**群集操作模式**处选择**多播**模式后单击下一步按钮，如图 17-3-37 所示。

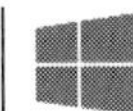

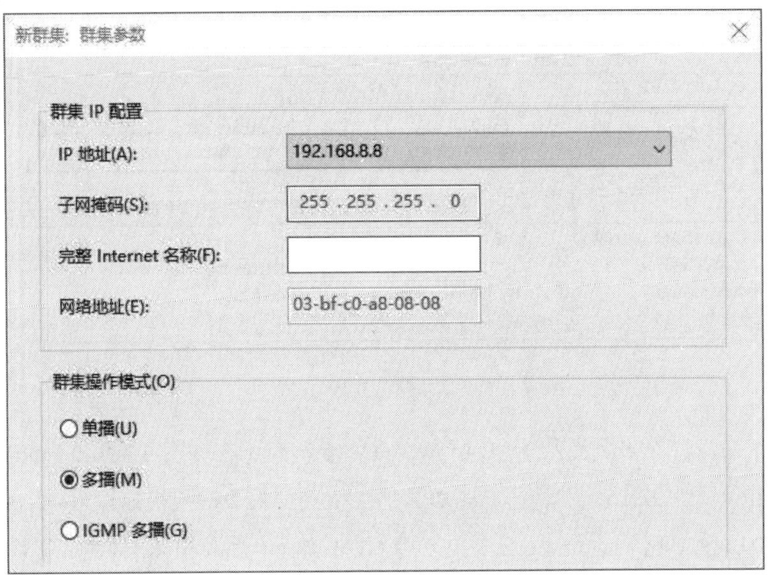

图 17-3-37

也可以选择**单播模式**或 **IGMP 多播模式**。如果选择 **IGMP 多播模式**，群集中的每台服务器会定期发送 **IGMP 加入群组**的信息。当支持 **IGMP Snooping** 的交换机收到此信息时，就能知道这些隶属于相同多播群组的群集服务器连接在哪些端口上。这样，传送给群集的**数据包**只会被发送到这些端口。

STEP 8　直接单击完成按钮以采用默认的端口规则，如图 17-3-38 所示。

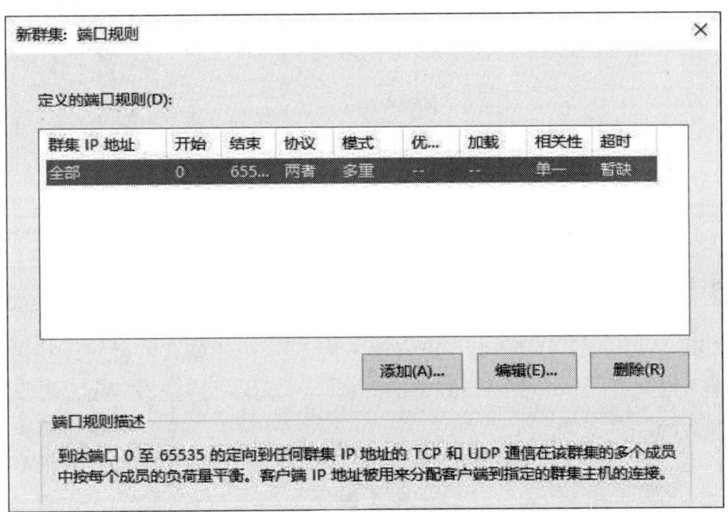

图 17-3-38

STEP 9　设置完成后，系统将进入**聚合**（convergence）程序。稍等片刻后，聚合程序将完成，并且图 17-3-39 中的**状态**区将更新为**已聚合**的状态。

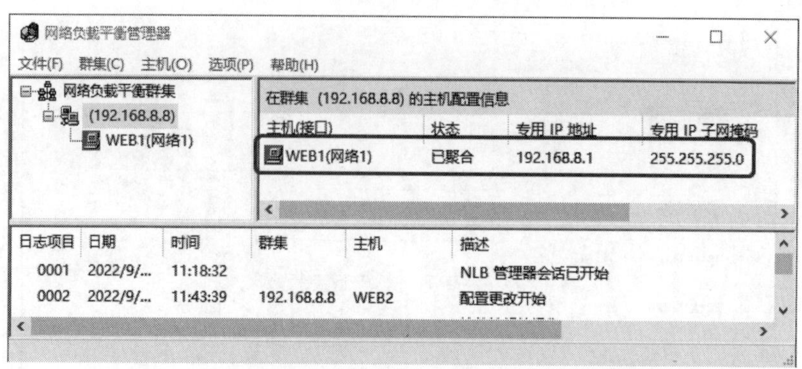

图 17-3-39

STEP 10 接下来，将 Web2 加入 NLB 群集，具体步骤为：在如图 17-3-40 所示的界面中选中群集 IP 地址 192.168.8.8，再右击➲添加主机到群集➲在**主机**处输入 Web2 后单击连接按钮➲从界面下方选择 Web2 内要启用 NLB 的网卡后单击下一步按钮（我们选择连接在网络 1 的网卡上，如图 17-3-40 所示）。

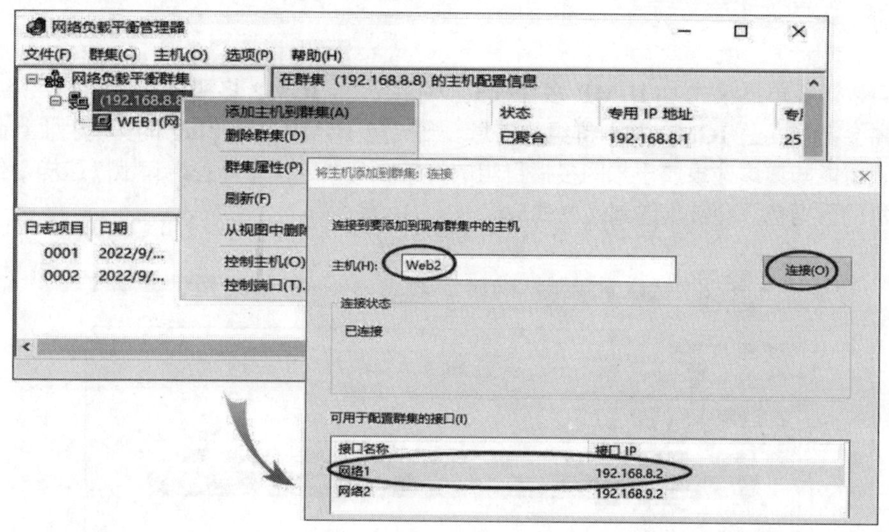

图 17-3-40

> 先将 Web2 的 **Windows Defender 防火墙**关闭或另外开放**文件及打印机共享**规则，否则会被防火墙禁用而无法解析到 Web2 的 IP 地址。如果不想更改 Web2 的防火墙设置，可以直接输入 Web2 的 IP 地址。

STEP 11 直接单击下一步按钮即可，它的**优先级（单一主机标识符）**为 2，也就是主机 ID 为 2，如图 17-3-41 所示。

将主机添加到群集：主机参数

优先级(单一主机标识符)(P)：2

专用 IP 地址(I)

IP 地址	子网掩码
192.168.8.2	255.255.255.0

添加(A)...　编辑(E)...　删除(R)

初始主机状态

默认状态(D)：已启动

☐在计算机重新启动后保持挂起状态(T)

图 17-3-41

STEP 12　直接单击完成按钮，如图 17-3-42 所示。

将主机添加到群集：端口规则

定义的端口规则(D)：

群集 IP 地址	开始	结束	协议	模式	优...	加载	相关性	超时
全部	0	655...	两者	多重	--	相等	单一	暂缺

图 17-3-42

STEP 13　设置完成后，系统会进入**聚合**（convergence）程序。稍等片刻后，聚合程序便会完成，并且图 17-3-43 中的**状态**区将更新为**已聚合**的状态。

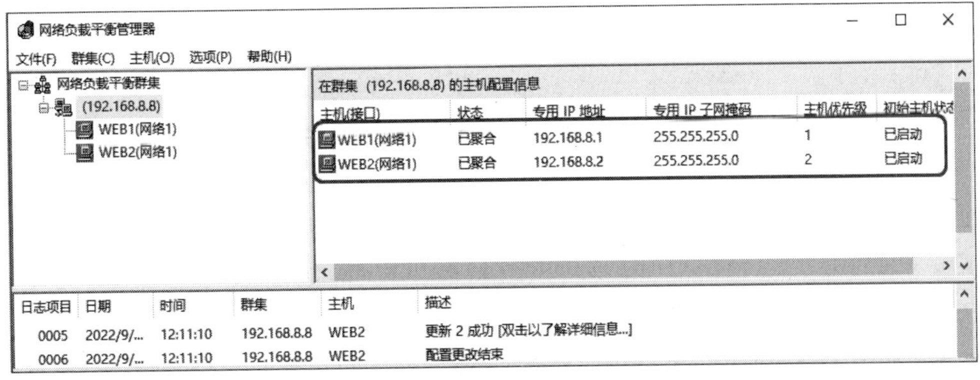

图 17-3-43

完成以上设置后，接下来可以在测试计算机 Win11PC1 上使用浏览器测试是否可以连接到 Web Farm 网站。我们将使用如图 17-3-44 所示的网址 www.sayms.local 来进行连接。在

DNS 服务器中，该网址记录的 IP 地址为群集的 IP 地址 192.168.8.8。因此，通过 NLB 群集来连接 Web Farm。当成功连接后，我们将看到如图 17-3-44 所示的界面。

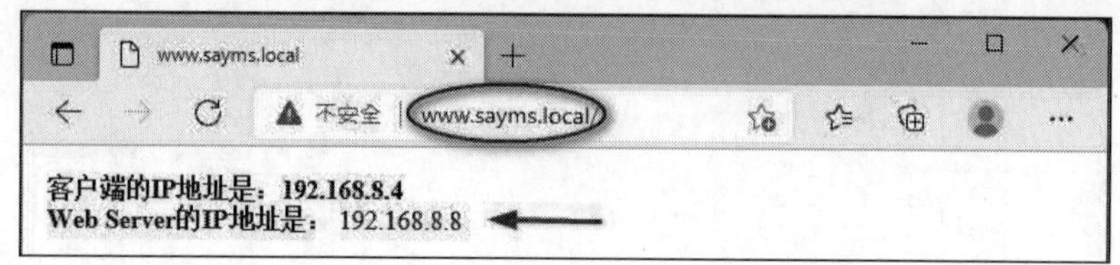

图 17-3-44

可以使用以下方式来进一步测试 NLB 与 Web Farm 功能：首先将 Web1 关机，但保持 Web2 开机，然后再测试是否可以连接 Web Farm 并查看网页；测试完成后，将 Web2 关机，但保持 Web1 开机，然后再次测试是否可以连接 Web Farm 并查看网页。为了避免浏览器的缓存对验证实验结果的干扰，每次测试前请先清除缓存或按 Ctrl+F5 组合键来刷新网页（这样可以忽略缓存）。

17.4 Windows NLB群集的高级管理

如果要更改群集设置，例如添加主机到群集或删除群集等操作，请参照如图 17-4-1，选中群集后右击，然后使用图中的选项来进行设置。

图 17-4-1

也可以针对单个服务器来更改其设置。具体的设置方法为：在如图 17-4-2 所示的界面中选中服务器后右击，然后通过图中的选项进行设置。图中的**删除主机**选项会将该服务器从群集中删除，并停用它的**网络负载平衡**功能。

如果在如图 17-4-1 所示的界面中选择**群集属性**，就可以更改群集 IP 地址、群集参数与端口规则，如图 17-4-3 所示为端口规则的界面。

此处我们针对端口规则进行进一步的说明。选择图中端口规则后，单击编辑按钮，此时会出现如图 17-4-4 所示的界面。

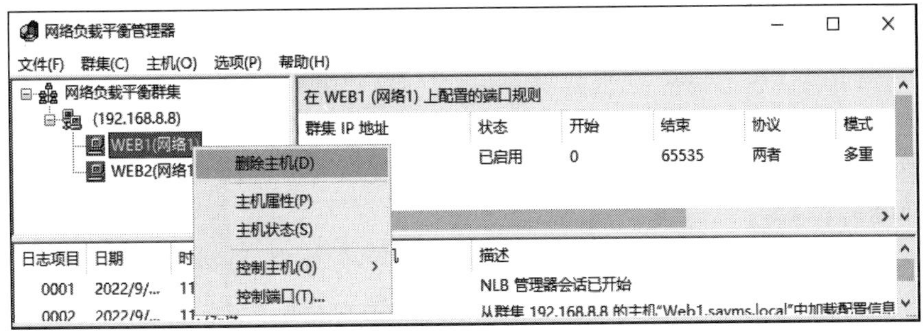

图 17-4-2

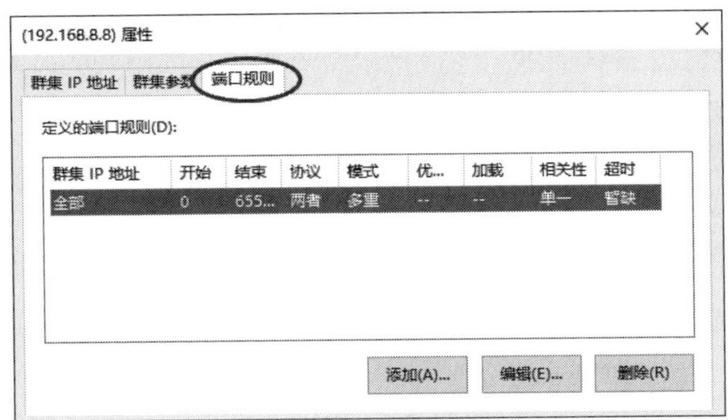

图 17-4-3

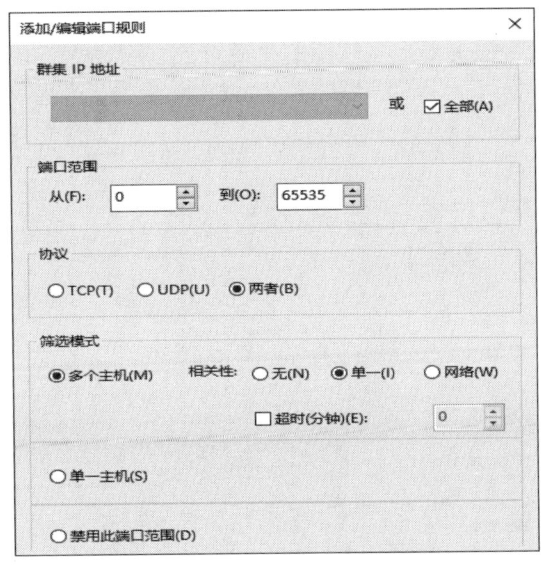

图 17-4-4

图 17-4-4 中各选项介绍如下：

- **群集IP地址**：通过此选项选择适用此端口规则的群集IP地址，只有通过此IP地址连接NLB群集时，才会应用此规则。
  如果勾选了**全部**，则所有群集IP地址都适用于此规则，这个规则将成为**通用端口规**

则。如果我们手动添加了其他端口规则，并且其设置与**通用端口规则**相冲突，则新添加的规则将优先生效。

- **端口范围**：此端口规则所涵盖的端口范围，默认为所有端口。
- **协议**：此端口规则所涵盖的通信协议，默认为同时包含TCP与UDP。
- **筛选模式**：
  - **多个主机与相关性**：群集内所有服务器都会处理进入群集的网络流量，也就是共同提供网络负载平衡与容错功能。根据相关性的设置，接收到的请求被转交给群集内的某台服务器去处理。有关相关性的原理，请参阅 **Windows NLB 的相关文档**。
  - **单一主机**：表示与此规则有关的流量都将交给单个服务器来处理，这台服务器具有较高的处理优先级（handling priority），处理优先级默认是根据主机 ID 来设置（数字较小的优先级越高）。可以更改服务器的处理优先级值（参考图 17-4-5 中的**处理优先级**设置）。
  - **禁用此端口范围**：所有与此端口规则有关的流量都将被 NLB 群集阻止。

如果图 17-4-4 中的**筛选模式**为“**多个主机与相关性**”，则对于此规则所涵盖的端口来说，群集中每台服务器的负载比率默认是相同的。如果要更改单个服务器的负载比率，采用的操作步骤为：选中该服务器后右击➲主机属性➲**端口规则**选项卡➲选择端口规则➲单击编辑按钮➲在如图 17-4-5 所示的界面中先取消勾选**相等**，再通过**负荷量**来调整相对比率。举例来说，如果群集中有 3 台服务器，且它们的**负荷量**分别设置为 50、100、150，则它们的负载比率为 1：2：3。

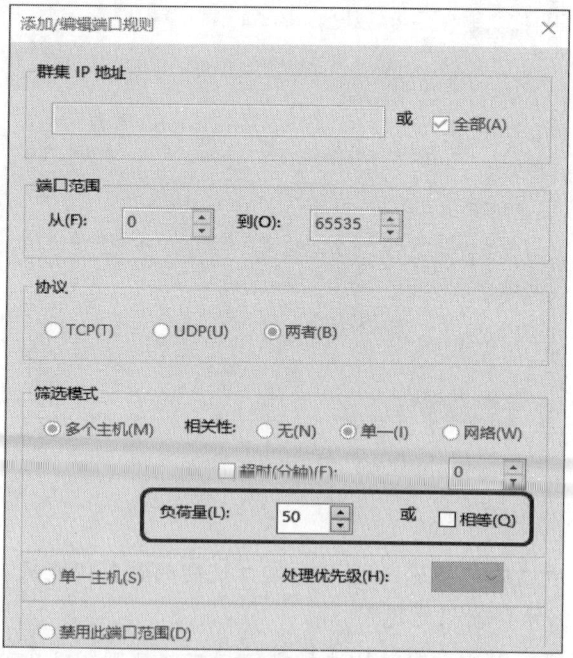

图 17-4-5

可以通过以下步骤来启动（开始）、停止、排出停止、挂起与继续该服务器的服务：在如图 17-4-6 所示的界面中选中服务器后右击➲控制主机。其中，**停止**操作将使该服务器停止处理所有网络流量请求，包括正在处理中的请求；而**排出停止**操作只会停止处理新的网络流量请求，但是不会停止正在处理中的请求。

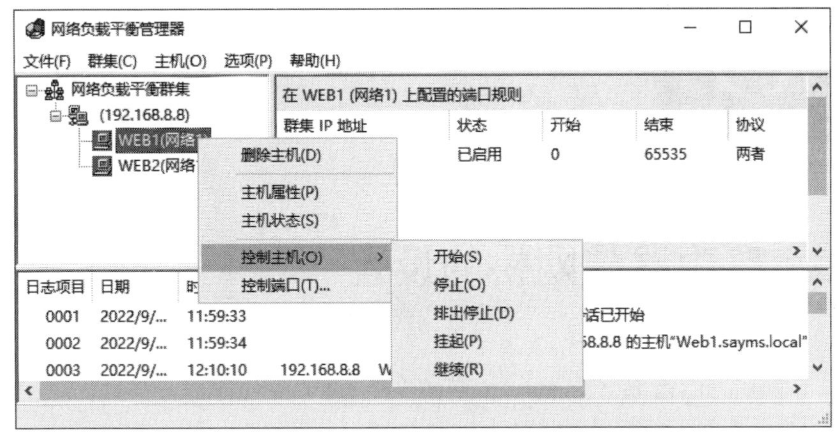

图 17-4-6

可以通过以下步骤来启用、禁用或排出该端口规则：在如图 17-4-7 所示的界面中选中服务器后右击➲控制端口➲选择端口规则。其中的**禁用**操作表示此服务器不再处理与此端口规则有关的网络流量，包含正在处理中的请求；而**排出**操作只会停止处理新的网络流量请求，但是不会停止正在处理中的请求。

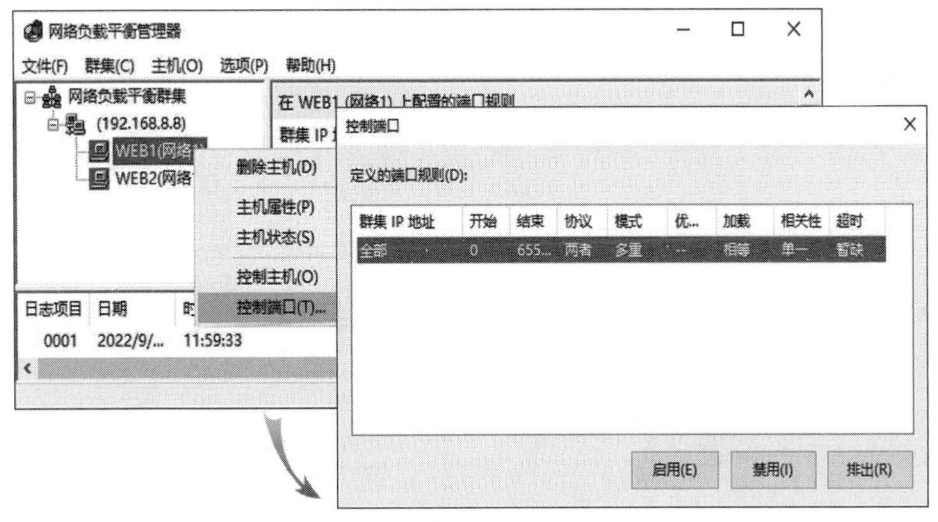

图 17-4-7

第 18 章　路由器与网桥的设置

不同网络之间通过路由器（router）或网桥（bridge）进行连接，可以让位于不同网络内的计算机进行通信。

- 路由器的原理
- 设置Windows Server 2022路由器
- 筛选进出路由器的数据包
- 动态路由RIP
- 网桥的设置

18.1　路由器的原理

不同网络之间的计算机可以通过路由器进行通信。可以使用硬件路由器来连接不同的网络，也可以让 Windows Server 计算机扮演路由器的角色。

以图 18-1-1 为例，图中甲、乙、丙三个网络通过两个 Windows Server 路由器进行连接。当甲网络内的计算机 1 要与丙网络内的计算机 6 进行通信时，计算机 1 会将数据包（packet）发送到路由器 1，路由器 1 会将其发送给路由器 2，最后再由路由器 2 将数据包发送给丙网络内的计算机 6。

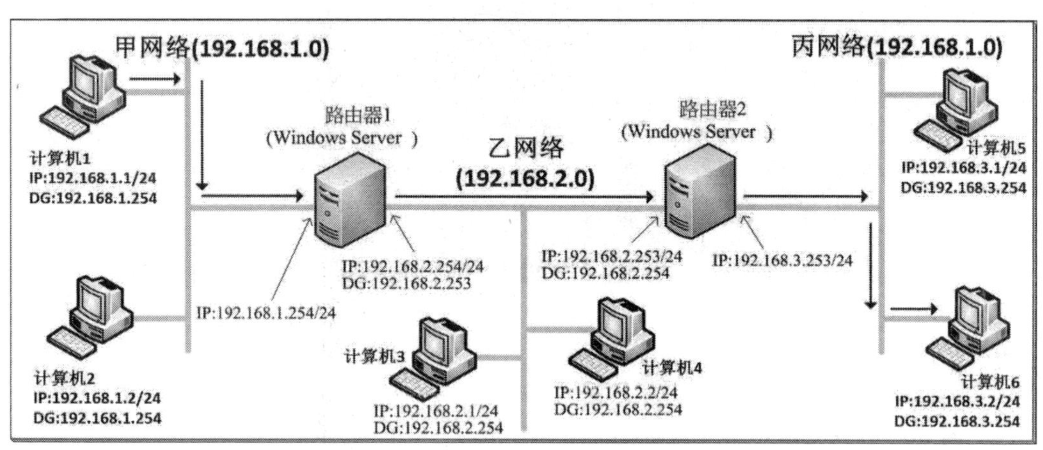

图 18-1-1

然而，当计算机 1 要发送数据包给计算机 6 时，它如何知道要通过路由器 1 来转发呢？而路由器 1 又如何知道要将数据包转发给路由器 2 呢？答案是**路由表**（routing table）。普通计算机与路由器内的路由表提供了数据包发送的路由信息，使它们能够将数据包正确地发送到目标地址。

> 建议使用虚拟环境来构建图 18-1-1 的测试环境，以便测试本章所叙述的理论。至少需要构建图中的计算机 1、路由器 1、计算机 3、路由器 2 和计算机 6 这五个设备。在各个计算机上完成 IP 地址的设置后，可以暂时关闭这些计算机中的 **Windows Defender 防火墙**，然后使用 ping 命令来测试同一个网络内的计算机是否可以正常通信。等启用了路由器功能后，再测试不同网络内的计算机是否可以正常通信。

18.1.1　普通计算机的路由表

以图 18-1-1 为例，计算机 1 内的路由表如图 18-1-2 所示，图中的路由表包含多条路由信息。我们首先对每个字段的定义进行简单介绍，然后详细解释其中几条路由数据的意义，最后通过示例来说明。首先，在计算机 1 中打开 **Windows PowerShell**，并执行 **route print -4** 命令，得到图 18-1-2 所示的界面。

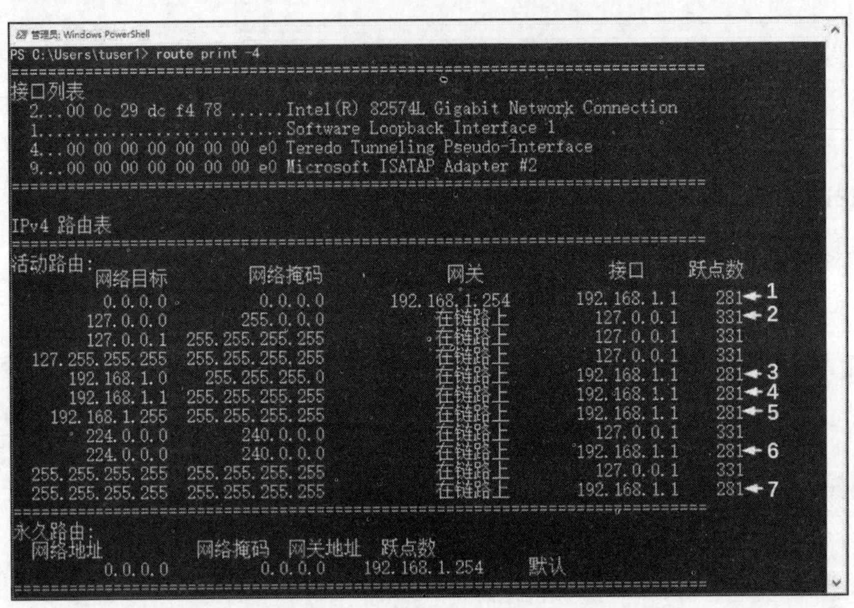

图 18-1-2

图 18-1-2 中各路由数据的具体介绍如下：

- **网络目标**：可以是一个网络ID、一个IP地址、一个广播地址或多播地址等。
- **网络掩码**：也称为子网掩码（subnet mask）。
- **网关**：若目标计算机的IP地址与某个路由的**网络掩码**执行AND逻辑运算后的结果等于该路由的**网络地址**，则将数据包发送给该路由**网关**处的IP地址。

  若**网关**显示**在链路上**（on-link），表示计算机1可以直接与目标计算机进行通信（目标计算机与计算机1必须在同一个网络），无须通过路由器来转发。
- **接口**：表示数据包将从计算机1上具有此IP 地址的接口发送出去。
- **跃点数**：表示通过此路由器来发送数据包的成本，它代表发送速度的快慢、数据包从源到目的地需要经过多少个路由器以及这些路由器的稳定性等。
- **永久路由**：表示此路由不会因为计算机关机而消失，它存储在注册表（registry）数据库中，每次系统重新启动时会自动设置该路由。

下面介绍图 18-1-2 中几条路由数据的含义（同时参照图 18-1-1）：

- **1号箭头**：这是**默认路由**（default route）。当计算机1要发送数据包时，若在路由表中找不到其他可用于发送此数据包的路由时，则该数据包将通过**默认路由**发送，也就是说，数据包将从IP地址为192.168.1.1的**接口**发送，并发送到IP地址为192.168.1.254（路由器1的IP地址）的**网关**。

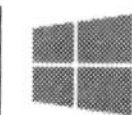

网络目标	网络掩码	网关	接口	跃点数
0.0.0.0	0.0.0.0	192.168.1.254	192.168.1.1	281

- **2号箭头**：这是**环回网络路由**（loopback network route）。当计算机1要发送数据包给IP地址是127.x.y.z的地址时，该数据包将从IP地址为127.0.0.1的**接口**发送给目标计算机，无须通过路由器转发（从**网关**处显示为**在链路上**可知）。IP地址127.x.y.z是计算机内部使用的IP地址，通过该地址，计算机可以将数据包发送给自己，通常使用的是127.0.0.1。

网络目标	网络掩码	网关	接口	跃点数
127.0.0.0	255.0.0.0	在链路上	127.0.0.1	331

- **3号箭头**：这是**直接连接的网络路由**（directly-attached network route）。**直接连接的网络**是指计算机1所在的网络，也就是网络ID为192.168.1.0的网络。该路由表示当计算机1要向192.168.1.0这个网络内的计算机发送数据包时，该数据包将从IP地址为192.168.1.1的**接口**发出。在**网关**处显示为**在链路上**表示该数据包将直接发送给目标计算机，无须通过路由器转发。

网络目标	网络掩码	网关	接口	跃点数
192.168.1.0	255.255.255.0	在链路上	192.168.1.1	281

- **4号箭头**：这是**主机路由**（host route）。当计算机1要将数据包发送到IP地址192.168.1.1（计算机1自己）时，该数据包将从IP地址为192.168.1.1的**接口**发送，然后发送给自己，无须通过路由器转发（从**网关**处显示为**在链路上**可知）。

网络目标	网络掩码	网关	接口	跃点数
192.168.1.1	255.255.255.255	在链路上	192.168.1.1	281

- **5号箭头**：这是**子网广播路由**（subnet broadcast route），表示当计算机1要将数据包发送给192.168.1.255（也就是要广播给192.168.1.0这个网络内的所有计算机）时，该数据包将通过IP地址为192.168.1.1的**接口**发送。在**网关**处显示为**在链路上**表示该数据包将直接发送给目标计算机，无须通过路由器转发。

网络目标	网络掩码	网关	接口	跃点数
192.168.1.255	255.255.255.255	在链路上	192.168.1.1	281

- **6号箭头**：这是**多播路由**（multicast route），表示当计算机1要发送**多播**数据包时，该数据包将通过IP地址为192.168.1.1的**接口**发送。在**网关**处显示为**在链路上**表示该数据包将直接发送给目标计算机，无须通过路由器转发。

网络目标	网络掩码	网关	接口	跃点数
224.0.0.0	240.0.0.0	在链路上	192.168.1.1	281

- **7号箭头**：这是**有限广播路由**（limited broadcast route），表示当计算机1要将广播数据包发送到255.255.255.255（**有限广播地址**）时，该数据包将通过IP地址为192.168.1.1的**接口**发送。在**网关**处显示为**在链路上**表示该数据包将直接发送给目标计算机（255.255.255.255），无须通过路由器转发。

网络目标	网络掩码	网关	接口	跃点数
255.255.255.255	255.255.255.255	在链路上	192.168.1.1	281

当要发送数据包给目标计算机 255.255.255.255（**有限广播地址**）时，此数据包将被发送给同一个物理网络内网络 ID 相同的所有计算机。

了解了路由表的属性后，接下来通过几个示例详细介绍计算机 1 如何使用路由表来选择发送数据包的路由（见图 18-1-3）：

- **发送给同一个网络内的计算机2，其IP地址为192.168.1.2**：计算机1会将计算机2的IP地址192.168.1.2与路由表内的每个路由的**网络掩码**进行AND逻辑运算，经计算后，发现192.168.1.2与第3号箭头的**网络掩码**255.255.255.0进行AND逻辑运算的结果与**网络目标**的192.168.1.0匹配。因此，计算机1会通过第3号箭头的路由发送数据包，这意味着数据包将从IP地址为192.168.1.1的**接口**发送出去，并且在**网关**处显示为**在链路上**表示该数据包将直接发送给目标计算机（192.168.1.2），无须通过路由器转发。

Q 当计算机 2 的 IP 地址 192.168.1.2 与第 1 号箭头的**网络掩码** 0.0.0.0 进行 AND 逻辑运算后，得到的结果与第 1 号箭头的**网络目标**的 0.0.0.0 相匹配，那为何计算机 1 不选择第 1 号箭头的路由来发送数据包呢？

A 若路由表中存在多个路由可用来发送数据包时，计算机 1 会选择**网络掩码**中位值为 1（二进制数）的数目最多的路由，第 1 号箭头的**网络掩码**为 0.0.0.0，转换成二进制数后，其位值为 1 的数目是 0 个，而第 3 号箭头的**网络掩码**为 255.255.255.0，其位值中有 24 个位是 1，因此计算机 1 会选择第 3 号箭头的路由器来发送数据包。

- **发送给丙网络内的计算机6，其IP地址为192.168.3.2**：计算机1会将计算机6的IP地址192.168.3.2与路由表内的每个路由的**网络掩码**进行AND逻辑运算，经过计算后，发现192.168.3.2与第1号箭头的**网络掩码**0.0.0.0进行AND逻辑运算的结果与**网络目标**0.0.0.0相匹配。因此，计算机1会通过第1号箭头的路由发送数据包。这意味着数据包将从IP地址为192.168.1.1的**接口**发送出去，然后发送到IP地址为192.168.1.254的**网关**，该地址就是路由器1的IP地址。然后，路由器1根据其内部的路由表来决定如何

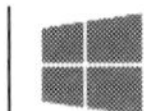

将数据包发送到计算机6。

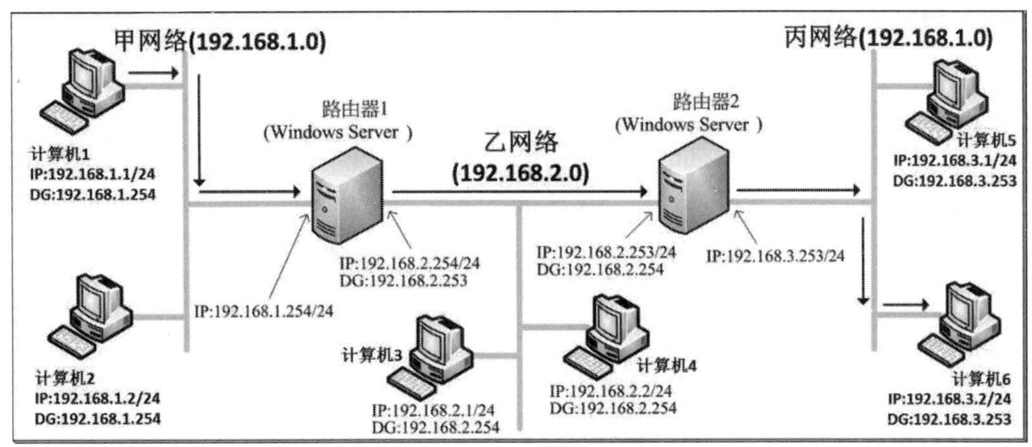

图 18-1-3

- **发送广播数据包给192.168.1.255**：也就是将数据包广播给网络ID为192.168.1.0的所有计算机。计算机1会将192.168.1.255与路由表内的每个路由的**网络掩码**进行AND逻辑运算，所得运算结果与第5号箭头的**网络目标** 192.168.1.255相匹配，因此会通过第5号箭头的路由来发送数据包，这意味着数据包将从IP地址为192.168.1.1的**接口**发送出去，在**网关**处显示为**在链路上**表示数据包将直接发送给目标计算机（192.168.1.255），无须通过路由器转发。

以图中的计算机 3 为例，以下是其选择发送路由的 3 个示例的简要说明：

- **如果要发送给甲网络内的计算机**：计算机3会先将数据包发送给它的默认网关，也就是路由器1（IP地址为192.168.2.254），再由路由器1将数据包转发给甲网络内的计算机。
- **如果要发送给乙网络内的计算机**：计算机3直接将数据包发送给乙网络内的目标计算机，无须经过路由器转发。
- **如果要发送给丙网络内的计算机**：计算机3会将数据包发送给它的默认网关，也就是路由器1（IP地址为192.168.2.254），再由路由器1将数据包转发给路由器1的默认网关，也就是路由器2（IP地址为192.168.2.253），最后再由路由器2将数据包发送给丙网络内的计算机。

18.1.2 路由器的路由表

以图 18-1-4 为例，除了路由器 1 与路由器 2 外，甲和乙两个网络还通过路由器 3 连接在一起。其中路由器 1 内的路由表如图 18-1-5 所示，由于它与一般主机的路由表类似，因此我们只针对**跃点数**（metric）进行详细说明。

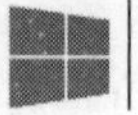

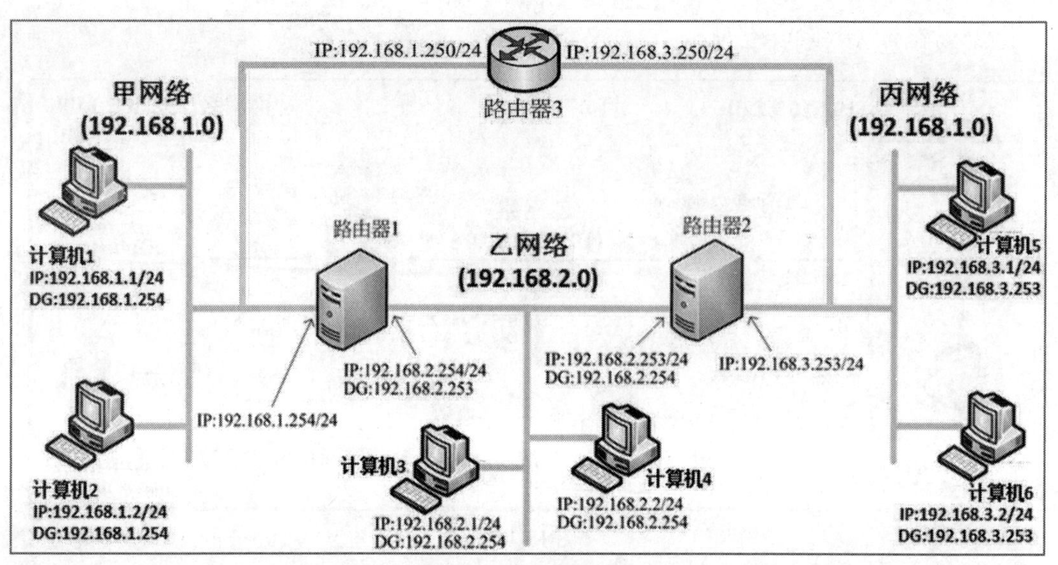

图 18-1-4

图 18-1-4 中路由器 1 的两块网卡都各自设置了默认网关（通常情况下，只有一块网卡需要指定默认网关，但为了方便解释，故将两块网卡都指定了默认网关），分别是 192.168.2.253 与 192.168.1.250。在图 18-1-5 中的箭头 1 与箭头 2 可以看到两个**默认路由**。如果路由器 1 要通过**默认路由**发送数据包时（例如将数据包发送到丙网络），那么它应该选择哪个路由呢？也就是说，它应该将数据包发送给路由器 2 还是路由器 3 呢？前面我们介绍过，路由器会选择**网络掩码**中（二进制数）位值为 1 最多的路由，可是这两个**默认路由**的**网络掩码**都是 0.0.0.0，那么路由器 1 该如何选择呢？这时需要由图 18-1-5 中最右边的**跃点数**（metric）字段值来解决。

跃点数用于表示通过特定路由发送数据包的成本，它反映了发送速度、中间经过的路由器数量以及此路由的稳定性等因素。根据这些因素，可以自行设置路由的**跃点数**。**跃点数**越低表示此路由越佳。因此，路由器会优先选择**跃点数**最低的路由来发送数据包。

Windows 系统具备自动计算**跃点数**的功能，是通过以下公式来自动计算每个路由的**跃点数**：

路由跃点数 = 接口跃点数 + 网关跃点数

接口跃点数是根据网络接口的速度进行计算的。以 Windows 11 为例，如果网络速度大于等于 200Mbps 且小于 2Gbps，则网卡的默认**接口跃点数**为 25。同时，**网关跃点数**默认为 256。因此，若此网卡指定了默认网关，那么在路由表中，**默认路由**的跃点数将为 25+256=281。

```
管理员: Windows PowerShell
PS C:\Users\Administrator> route print -4
===========================================================================
接口列表
 16...00 0c 29 f3 e2 66 ......Intel(R) 82574L Gigabit Network Connection
 14...00 0c 29 f3 e2 70 ......Intel(R) 82574L Gigabit Network Connection #2
  1...........................Software Loopback Interface 1
===========================================================================

IPv4 路由表
===========================================================================
活动路由:
网络目标        网络掩码          网关       接口   跃点数
          0.0.0.0          0.0.0.0    129.168.2.253    192.168.2.254    281 ←—— 1
          0.0.0.0          0.0.0.0    192.168.1.250    192.168.1.254    281 ←—— 2
        127.0.0.0        255.0.0.0            在链路上         127.0.0.1    331
        127.0.0.1  255.255.255.255            在链路上         127.0.0.1    331
  127.255.255.255  255.255.255.255            在链路上         127.0.0.1    331
      192.168.1.0    255.255.255.0            在链路上     192.168.1.254    281
    192.168.1.254  255.255.255.255            在链路上     192.168.1.254    281
    192.168.1.255  255.255.255.255            在链路上     192.168.1.254    281
      192.168.2.0    255.255.255.0            在链路上     192.168.2.254    281
    192.168.2.254  255.255.255.255            在链路上     192.168.2.254    281
    192.168.2.255  255.255.255.255            在链路上     192.168.2.254    281
      192.168.8.0    255.255.255.0            在链路上     192.168.1.254    281
      192.168.8.8  255.255.255.255            在链路上     192.168.1.254    281
    192.168.8.255  255.255.255.255            在链路上     192.168.1.254    281
        224.0.0.0        240.0.0.0            在链路上         127.0.0.1    331
        224.0.0.0        240.0.0.0            在链路上     192.168.2.254    281
        224.0.0.0        240.0.0.0            在链路上     192.168.1.254    281
  255.255.255.255  255.255.255.255            在链路上         127.0.0.1    331
  255.255.255.255  255.255.255.255            在链路上     192.168.2.254    281
  255.255.255.255  255.255.255.255            在链路上     192.168.1.254    281
===========================================================================
永久路由:
  网络地址          网络掩码  网关地址  跃点数
          0.0.0.0          0.0.0.0    129.168.2.253     默认
          0.0.0.0          0.0.0.0    192.168.1.250     默认
```

图 18-1-5

可以使用 netsh interface ip show address 命令来查看网络接口的网关跃点数与接口跃点数，如图 18-1-6 所示。

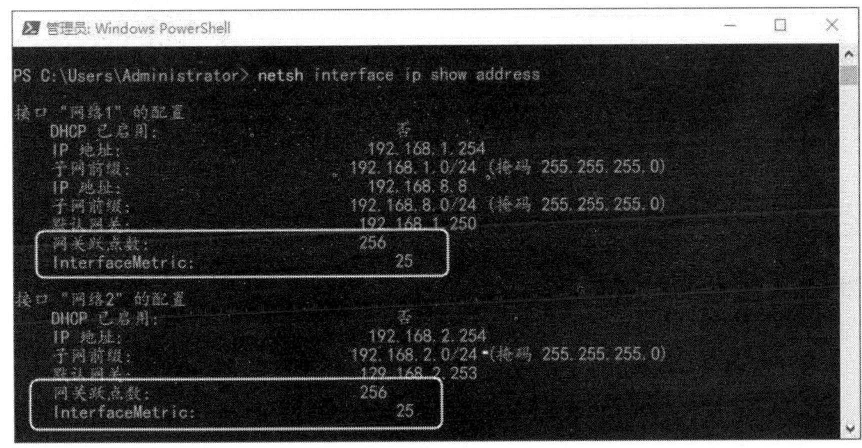

图 18-1-6

若要更改**接口跃点数**或**网关跃点数**的默认值，具体的操作步骤为：单击⊞键+R键➲输入 control 后单击确定按钮➲网络和 Internet➲网络和共享中心➲单击**更改适配器设置**➲选中网络连接，再右击➲属性➲单击 **Internet 协议版本 4（TCP/IPv4）**➲单击属性按钮➲单击高级按钮➲然后通过如图 18-1-7 所示的界面中的**默认网关**与**自动跃点**处来设置（也可以使用 Set-

NetIPInterface 命令来更改**接口跃点数**)。

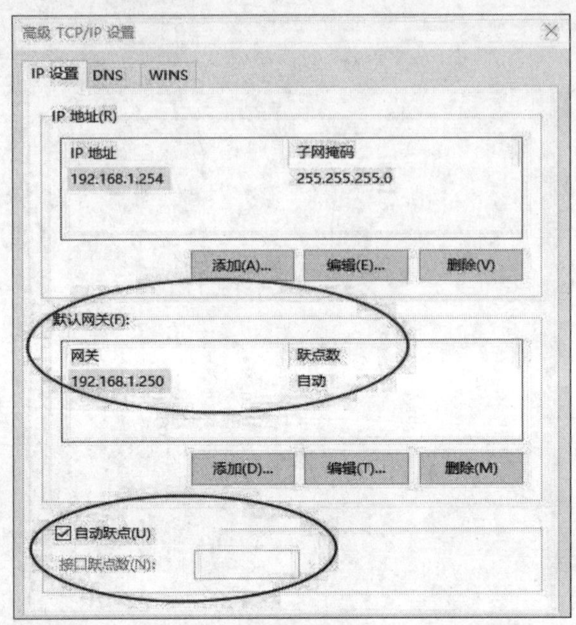

图 18-1-7

Windows 系统会自动检测网关是否正常。如果因故无法通过优先级较高的路由的网关发送数据包，系统将自动切换到其他可用的路由网关。

系统是通过登录参数 **DeadGWDetectDefault** 来决定是否要自动检测网关是否正常，此参数字位于以下注册路径：

HKEY_LOCAL_MACHINE\SYSTEM\CurrentControlSet\Services\Tcpip\Parameters

数据类型为 REG_DWORD，数值为 1 表示要进行检测，0 表示不进行检测。

18.2 设置Windows Server 2022路由器

我们将通过图 18-2-1 来说明如何将 Windows Server 2022 服务器设置为路由器（图中的路由器 1)。首先按照图中所示，设置好路由器 1、计算机 1 与计算机 2 的 IP 地址、默认网关等，并使用 ping 命令来确认计算机 1 与路由器 1、路由器 1 与计算机 2 之间可以正常通信。在进行设置之前，要确保将路由器 1、计算机 1 和计算机 2 这三台计算机的 **Windows Defender 防火墙**禁用（或启用**输入规则**中的**文件及打印机共享，即回显请求–ICMPv4-In**)，以免防火墙阻止 ping 命令所发送的数据包。

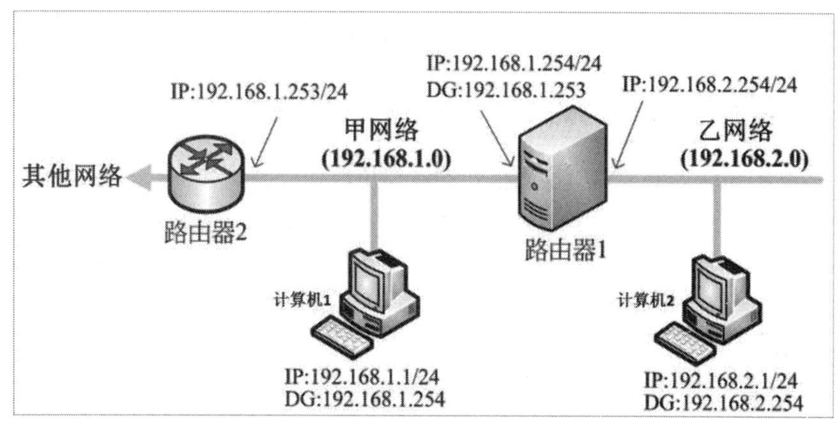

图 18-2-1

由于我们还没有启用路由器 1 的路由功能，因此计算机 1 与计算机 2 之间无法通过路由器进行通信。如果直接在计算机 1 上使用 ping 命令来与计算机 2 通信，将会出现无法访问目标主机的信息，如图 18-2-2 所示。

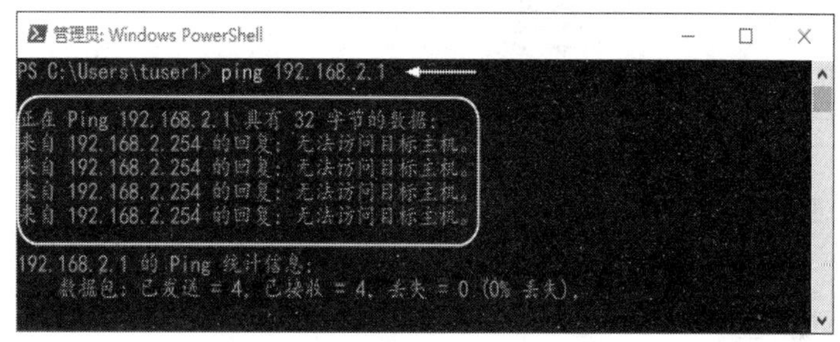

图 18-2-2

图中扮演路由器 1 角色的 Windows Server 2022 计算机内安装了两块网卡，这两块网卡所对应的连接名称默认分别是**以太网**与**以太网 2**。这两个连接分别代表连接到甲网络与乙网络。因此，我们通过单击左下角的**开始**图标⊞➲控制面板➲网络和 Internet➲网络和共享中心➲单击**更改适配器设置**➲分别选中**以太网**与**以太网 2** 右击➲重命名，如图 18-2-3 所示。

图 18-2-3

18.2.1 启用 Windows Server 2022 路由器

在扮演路由器 1 角色的 Windows Server 2022 计算机上执行以下步骤：

STEP 1 打开**服务器管理器**➲单击**仪表板**处的**添加角色和功能**➲持续单击下一步按钮，直到出现如图 18-2-4 所示的**选取服务器角色**界面，再勾选**远程访问**。

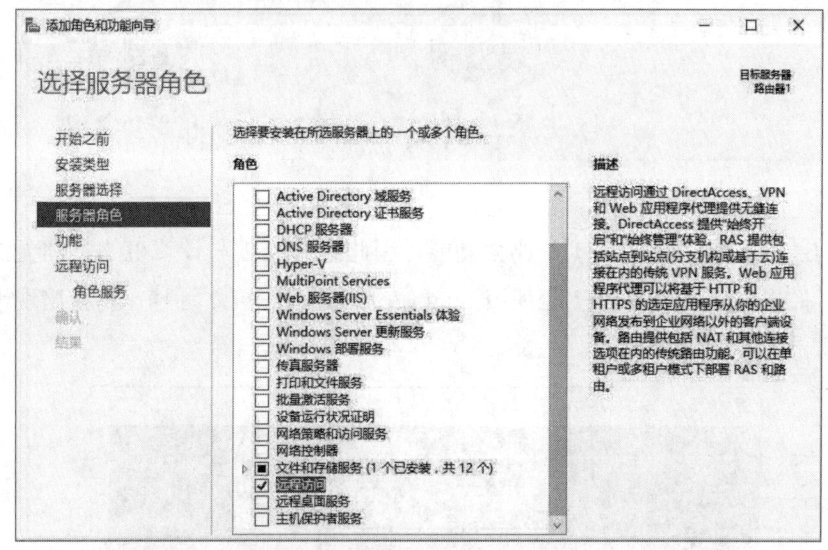

图 18-2-4

STEP 2 持续单击下一步按钮，直到出现如图 18-2-5 所示的**选择角色服务**界面，再勾选**路由**➲单击添加功能按钮。

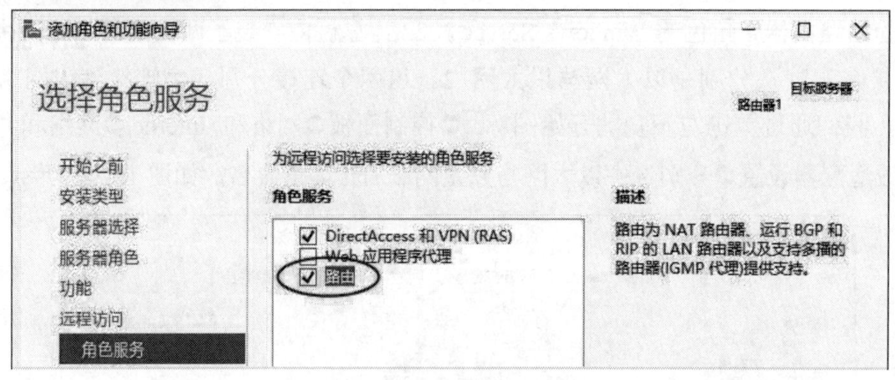

图 18-2-5

STEP 3 持续单击下一步按钮，直到出现**确认安装选项**界面，再单击安装按钮。

STEP 4 完成安装后单击关闭按钮。

STEP 5 单击**服务器管理器**右上方的**工具**菜单➲路由和远程访问➲在如图 18-2-6 所示的界面中选中路由器 1（本地），再右击➲配置并启用路由和远程访问。

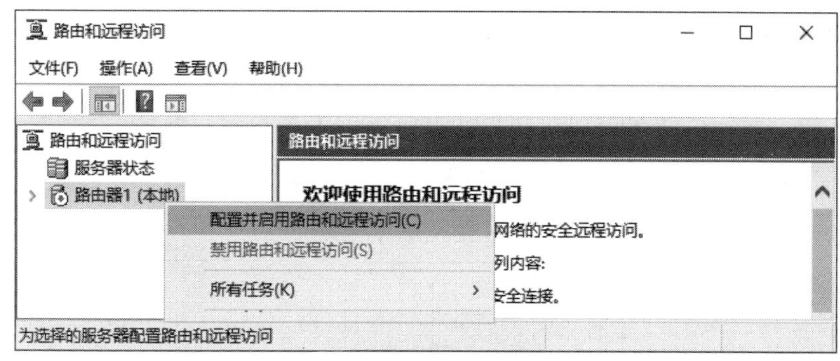

图 18-2-6

STEP 6　在欢迎使用路由和远程访问服务器安装向导界面中单击下一步按钮。

STEP 7　选中**自定义配置**➲单击下一步按钮➲勾选 **LAN 路由**➲单击下一步按钮，如图 18-2-7 所示。

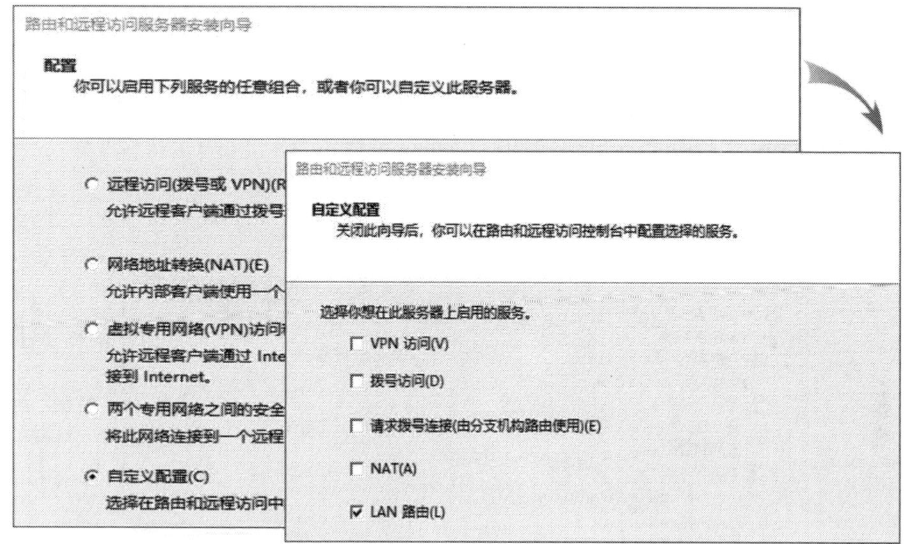

图 18-2-7

STEP 8　出现**完成路由和远程访问服务器安装向导**界面时单击完成按钮（若此时出现**无法启动路由和远程访问**提示界面，可不必理会，直接单击确定按钮）。

STEP 9　出现**启动服务**界面时单击启动服务按钮。

STEP 10　如果要确认此计算机已经具备路由器功能，则通过在如图 18-2-8 所示的界面中单击路由器 1（本地）➲单击上方**属性**图标➲确认前景界面中已勾选 **IPv4 路由器**。

若要停用**路由和远程访问服务**，则选中图 18-2-8 中背景界面中的**路由器 1（本地）**，再右击➲禁用路由和远程访问。

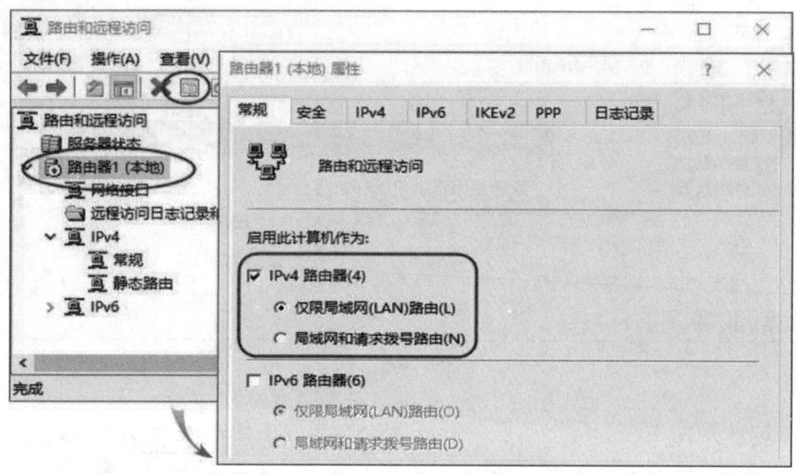

图 18-2-8

18.2.2 查看路由表

Windows Server 2022 路由器设置完成后，可以使用前面介绍过的 **route print -4**（或 **route print**，或 **netstat -r**）命令来查看路由表或通过路径来查看，如图 18-2-9 所示。

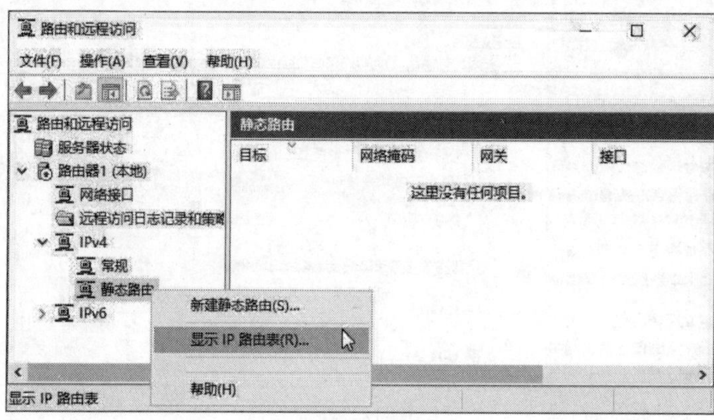

图 18-2-9

如图 18-2-10 所示，显示了图 18-2-2 中路由器 1 的默认路由表属性。从图中可以看出，与路由器直接连接的两个网络，即 192.168.1.0（甲网络）与 192.168.2.0（乙网络），它们的路由已经自动添加到路由表中。

图中**协议**字段是用来说明此路由是如何产生的：

- 若是通过**路由和远程访问**控制台手动建立的路由，则此处标记为**静态**（Static）。
- 若是通过其他方式手动建立的，例如使用**route add**命令或在网络连接（例如**以太网**）的TCP/IP中设置的，则此处标记为**网络管理**（Network Management）。
- 若是通过**RIP通信协议**从其他路由器学习到的路由，则此处标记为**RIP**。
- 若不属于以上情况，则此处标记为**本机**（Local）。

路由器1 - IP 路由表

目标	网络掩码	网关	接口	跃...	协议
0.0.0.0	0.0.0.0	192.168.1.250	网络1	281	网络管理
0.0.0.0	0.0.0.0	129.168.2.253	网络2	281	网络管理
127.0.0.0	255.0.0.0	127.0.0.1	Loopback	76	本地
127.0.0.1	255.255.255.255	127.0.0.1	Loopback	331	本地
192.168.1.0	255.255.255.0	0.0.0.0	网络1	281	本地
192.168.1.254	255.255.255.255	0.0.0.0	网络1	281	本地
192.168.1.255	255.255.255.255	0.0.0.0	网络1	281	本地
192.168.2.0	255.255.255.0	0.0.0.0	网络2	281	本地
192.168.2.254	255.255.255.255	0.0.0.0	网络2	281	本地
192.168.2.255	255.255.255.255	0.0.0.0	网络2	281	本地
192.168.8.0	255.255.255.0	0.0.0.0	网络1	281	本地
192.168.8.8	255.255.255.255	0.0.0.0	网络1	281	本地
192.168.8.255	255.255.255.255	0.0.0.0	网络1	281	本地
224.0.0.0	240.0.0.0	0.0.0.0	网络1	281	本地
255.255.255.255	255.255.255.255	0.0.0.0	网络1	281	本地

图 18-2-10

现在可以先将计算机 1 与计算机 2 的 **Windows Defender 防火墙**禁用，然后使用 ping 命令来测试计算机 1 与计算机 2 之间的通信，以验证路由器的功能是否正常。如果路由器功能正常，当计算机 1 使用 ping 命令与计算机 2 进行通信，应该会收到来自计算机 2 的响应。如图 18-2-11 所示，在计算机 1 上使用 ping 192.168.2.1 命令与计算机 2 进行通信，并成功收到了计算机 2 的回复。

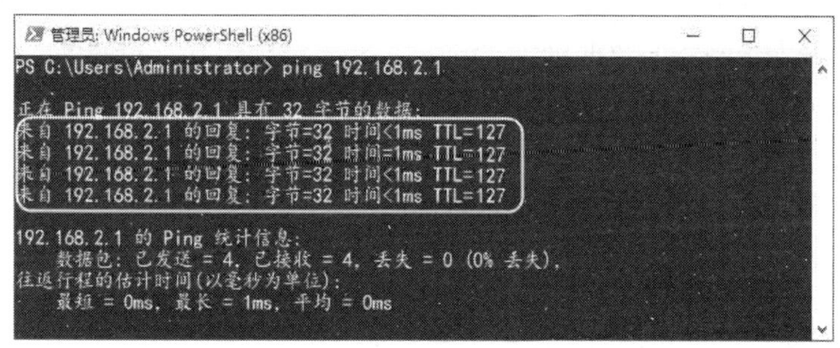

图 18-2-11

18.2.3　添加静态路由

我们将通过图 18-2-12 来说明如何添加静态路由。以图中的路由器 1 为例，当它接收到数据包时，会根据数据包的目标地址来决定发送路径。

- **若数据包的目标地址为甲网络内的计算机**：路由器1会使用IP地址为192.168.1.254的网卡直接将数据包发送给目标计算机。
- **若数据包的目标地址为乙网络内的计算机**：路由器1会使用IP地址为192.168.2.254的网卡直接将数据包发送给目标计算机。
- **若数据包的目标地址是丙网络内的计算机**：由于对路由器1来说，丙网络属于另一个网络区段，不是直接连接的网络。因此，路由器1会将数据包转发给默认网关，也就是通过 IP 地址为 192.168.1.254 的网卡将数据包发送给路由器 2 的 IP 地址

192.168.1.253，再由路由器2将数据包发送给目标计算机。

- **若数据包的目标地址为丁网络内的计算机**：由于对路由器1来说，丁网络属于另一个网络区段，不是直接连接的网络。因此，路由器1会将数据包转发给默认网关，也就是通过IP地址为192.168.1.254的网卡将数据包转发给路由器2的IP地址192.168.1.253。然而，对路由器2来说，丁网络也是另一个网络区段，因此路由器2会将数据包发送给它的默认网关192.168.1.254，也就是路由器1，路由器1又将数据包发送给路由器2……，如此循环下去，数据包将无法发送到目标计算机。

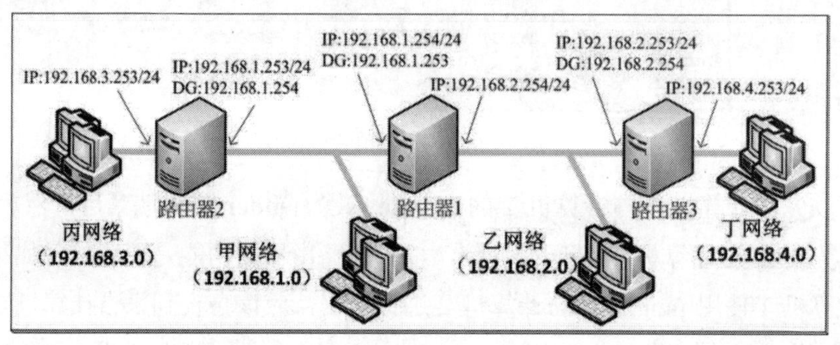

图 18-2-12

可以通过在路由器 1 添加静态路由的方式来解决上述第 4 点的问题。这个静态路由是要让路由器 1 将目标为丁网络的数据包转发给路由器 3 进行转发。我们可以通过**路由和远程访问**控制台或 **route add** 命令来添加静态路由。

1. 通过“路由和远程访问”控制台

如图 18-2-13 所示，具体的操作步骤为：展开 **IPv4**➲选中**静态路由**，再右击➲新建静态路由➲通过前景界面来设置新路由，图中示例表示发送给 192.168.4.0 网络（丁网络）的数据包，将通过连接**乙网络**的网络接口（也就是 IP 地址为 192.168.2.254 的网卡）发出，并且会发送给 IP 地址为 192.168.2.253 的网关（路由器 3），而此路由的**网关跃点数**为 256。

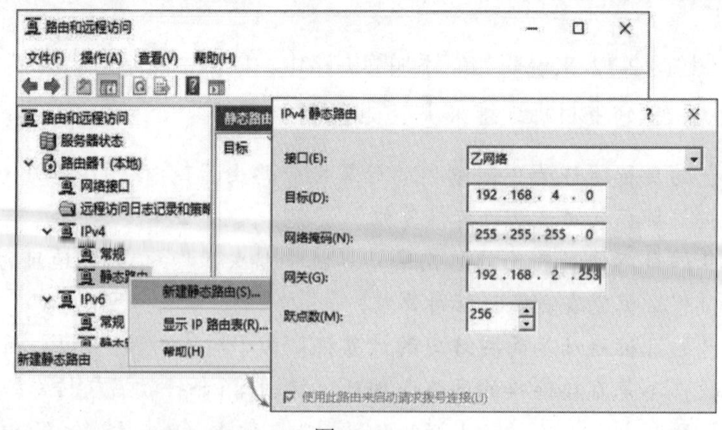

图 18-2-13

图 18-2-14 显示了路由器 1 的路由表，其中**目标**为 192.168.4.0 的路由就是刚才新建立的静态路由，其跃点数为**网关跃点数**＋**接口跃点数**= 256 + 25 = 281。

路由器1 - IP 路由表

目标	网络掩码	网关	接口	跃点数	协议
0.0.0.0	0.0.0.0	192.168.1.250	甲网络	281	网络管理
0.0.0.0	0.0.0.0	129.168.2.253	乙网络	281	网络管理
127.0.0.0	255.0.0.0	127.0.0.1	Loo...	76	本地
127.0.0.1	255.255.255....	127.0.0.1	Loo...	331	本地
192.168.1.0	255.255.255.0	0.0.0.0	甲网络	281	本地
192.168.1.254	255.255.255....	0.0.0.0	甲网络	281	本地
192.168.1.255	255.255.255....	0.0.0.0	甲网络	281	本地
192.168.2.0	255.255.255.0	0.0.0.0	乙网络	281	本地
192.168.2.254	255.255.255....	0.0.0.0	乙网络	281	本地
192.168.2.255	255.255.255....	0.0.0.0	乙网络	281	本地
192.168.4.0	255.255.255.0	192.168.2.253	乙网络	281	静态 (非请求拨号)
192.168.8.0	255.255.255.0	0.0.0.0	甲网络	281	本地
192.168.8.8	255.255.255....	0.0.0.0	甲网络	281	本地
192.168.8.255	255.255.255....	0.0.0.0	甲网络	281	本地
224.0.0.0	240.0.0.0	0.0.0.0	甲网络	281	本地
255.255.255.255	255.255.255....	0.0.0.0	甲网络	281	本地

图 18-2-14

建议在每个网络内各安装 1 台计算机，并为它们设置 IP 地址与默认网关。然后，使用 ping 命令来测试这些计算机（先禁用 **Windows Defender 防火墙**）之间是否可以正常通信，以验证所有路由器的路由功能是否正常工作。

2. 使用 route add 命令

也可以使用 **route add** 命令来添加静态路由。假设在图 18-2-12 右侧还有一个网络 ID 为 192.168.5.0 的网络，我们希望在路由器 1 内添加一个 IP 地址为 192.168.5.0 的静态路由。这意味着当路由器 1 要发送数据包到此网络时，它会通过**乙网络**的网络接口（具有 IP 地址为 192.168.2.254 的网卡）发出，并且会发送给 IP 地址为 192.168.2.253 的网关（即路由器 3）。假设这个静态路由的**网关跃点数**为 256。

请在路由器 1 上打开 **Windows PowerShell** 窗口，然后使用 **route print** 命令来查看 IP 地址为 192.168.2.254 的网络接口（网卡）序号。在输出结果中，找到与 IP 地址 192.168.2.254 相关的网络接口。我们可以通过右边的网卡名称或 MAC 地址进行比对，以确定序号。根据图 18-2-15 所示的信息，序号为 6。

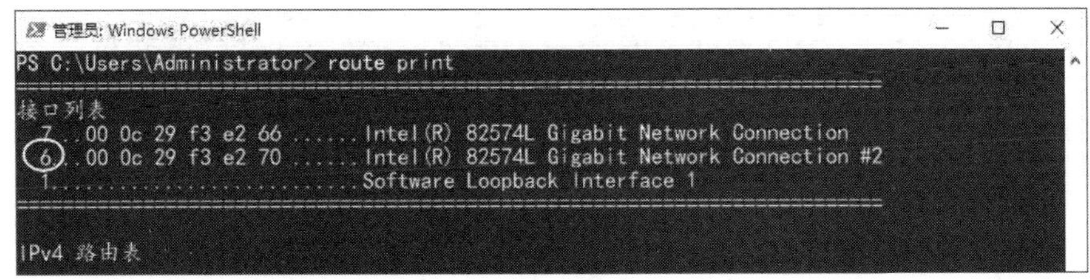

图 18-2-15

接着执行以下命令（见图 18-2-16）：

```
route -p add 192.168.5.0 mask 255.255.255.0 192.168.2.253 metric
256 if 6
```

其中，参数**-p** 表示添加永久路由，该路由将被存储在注册表数据库中，即使在下次重新启动时此路由仍然存在。图中的 192.168.4.0 与 192.168.5.0 是我们使用两种方法所建立的静态路由。图 18-2-17 为在**路由和远程访问**控制台中所看到的界面。

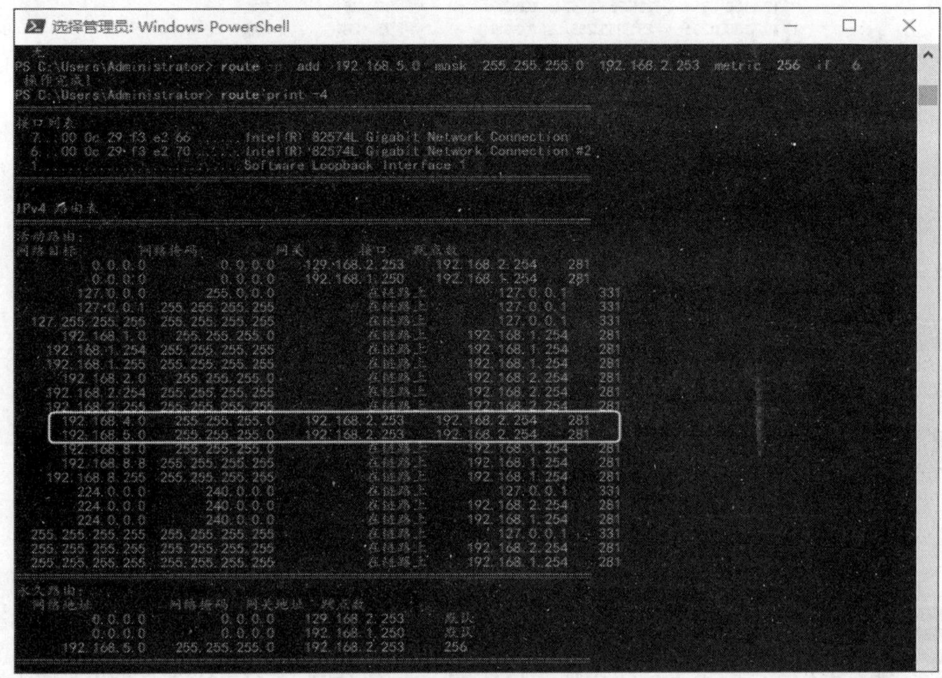

图 18-2-16

路由器1 - IP 路由表

目标	网络掩码	网关	接口	跃点数	协议
0.0.0.0	0.0.0.0	192.168.1.250	甲网络	281	网络管理
0.0.0.0	0.0.0.0	129.168.2.253	乙网络	281	网络管理
127.0.0.0	255.0.0.0	127.0.0.1	Loopback	76	本地
127.0.0.1	255.255.255.255	127.0.0.1	Loopback	331	本地
192.168.1.0	255.255.255.0	0.0.0.0	甲网络	281	本地
192.168.1.254	255.255.255.255	0.0.0.0	甲网络	281	本地
192.168.1.255	255.255.255.255	0.0.0.0	甲网络	281	本地
192.168.2.0	255.255.255.0	0.0.0.0	乙网络	281	本地
192.168.2.254	255.255.255.255	0.0.0.0	乙网络	281	本地
192.168.2.255	255.255.255.255	0.0.0.0	乙网络	281	本地
192.168.4.0	255.255.255.0	192.168.2.253	乙网络	281	静态 (非请求拨号)
192.168.5.0	255.255.255.0	192.168.2.253	乙网络	281	网络管理
192.168.8.0	255.255.255.0	0.0.0.0	甲网络	281	本地
192.168.8.8	255.255.255.255	0.0.0.0	甲网络	281	本地
192.168.8.255	255.255.255.255	0.0.0.0	甲网络	281	本地
224.0.0.0	240.0.0.0	0.0.0.0	甲网络	281	本地
255.255.255.255	255.255.255.255	0.0.0.0	甲网络	281	本地

图 18-2-17

如果要删除路由，可以使用 **route delete** 命令，假如要删除路由 192.168.5.0，则可以执行 **route delete 192.168.5.0** 命令。

18.3　筛选器的设置

Windows Server 路由器支持数据包筛选功能，通过设置**筛选规则**，我们可以决定哪些类型的数据包可以通过路由器发送，从而提高网络的安全性。每个路由器的网络接口都可以设置数据包筛选规则，例如：

- 以图18-3-1为例，可以通过**入站筛选器**让路由器拒绝接收甲网络内计算机发送的ICMP数据包，这样甲网络内的计算机将无法使用**ping**命令来与乙、丙两个网络内的计算机进行通信。

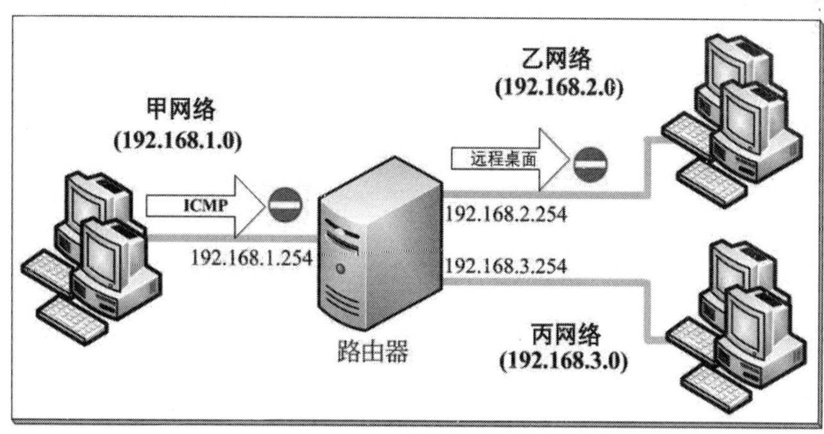

图 18-3-1

- 另外，可以通过**出站筛选器**让路由器拒绝将**远程桌面**的数据包发送到乙网络，这样甲、丙两个网络内的计算机将无法使用**远程桌面**与乙网络内的计算机进行通信。

18.3.1　入站筛选器的设置

我们以图 18-3-1 中的路由器为例来说明如何设置**入站筛选器**，以便拒绝接受从甲网络发送来的 ICMP 数据包，无论此数据包的目标为乙网络或是丙网络内的计算机，具体的步骤为：在如图 18-3-2 所示的界面中展开 **IPv4**➲常规➲选中网络接口**甲网络**➲单击上方的**属性**图标➲单击前景界面中的入站筛选器按钮。

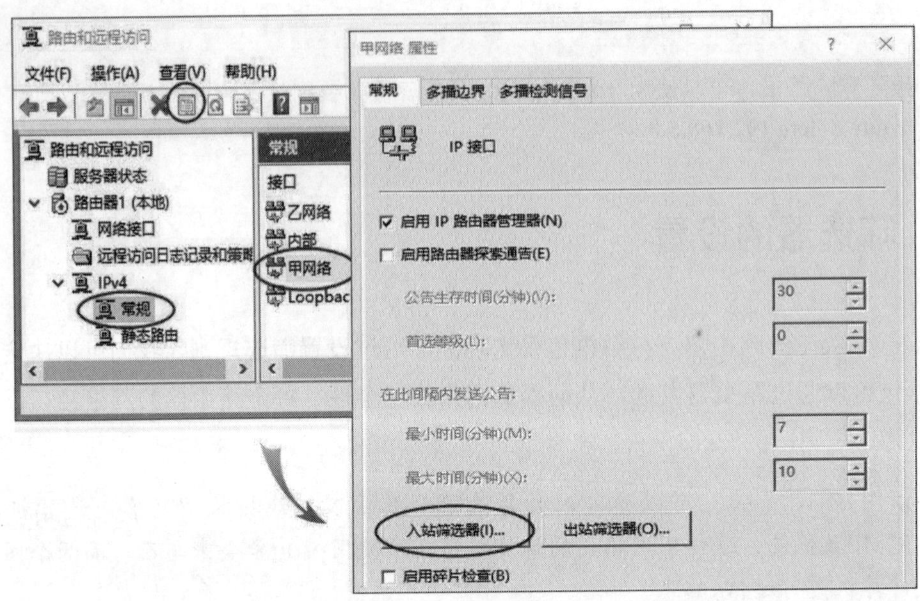

图 18-3-2

接着单击**新建**按钮并通过前景界面来设置，如图 18-3-3 所示。在设置中，将拒绝接收来自甲网络（源网络，192.168.1.0/24）的所有 ICMP 数据包。具体来说，只限制 **ICMP Echo Request** 数据包，即 ICMP 类型设置为 8，ICMP 代码设置为 0。因此，甲网络内的计算机将无法使用 ping 命令来与乙、丙两个网络内的计算机进行通信。

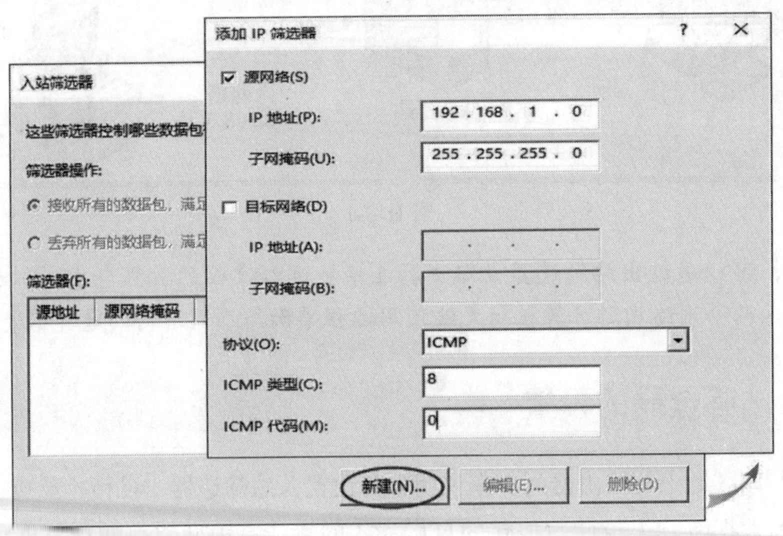

图 18-3-3

18.3.2 出站筛选器的设置

我们以图 18-3-1 中的路由器为例，说明如何设置**出站筛选器**，以拒绝将与远程桌面有关的数据包发送到乙网络。因此，甲、丙两个网络内的计算机将无法使用**远程桌面联机**与乙网

络内的计算机进行通信，具体的步骤为：在如图 18-3-4 所示的界面中展开 **IPv4**➲常规➲选择网络接口**乙网络**➲单击上方的**属性**图标➲单击前景界面中的出站筛选器按钮。

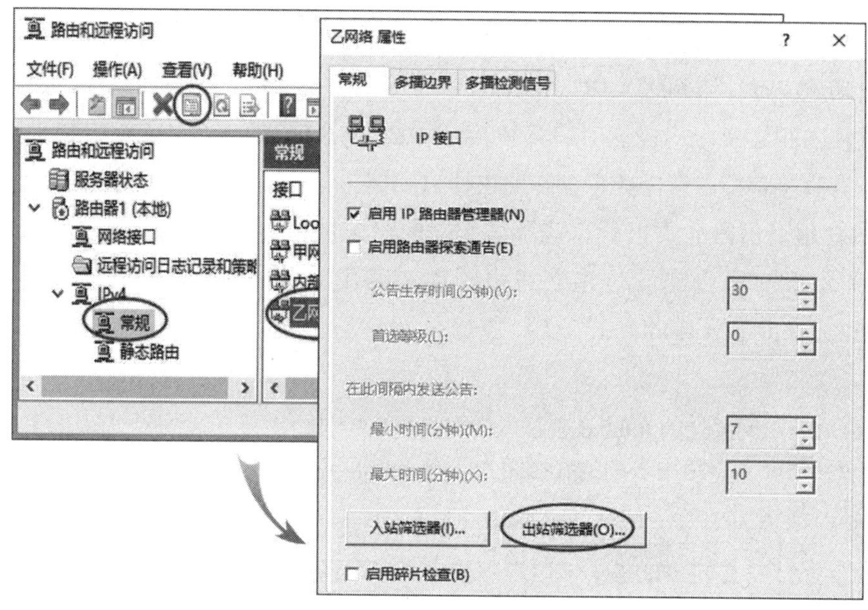

图 18-3-4

接下来，按照图 18-3-5 所示的步骤进行操作：单击新建按钮，在弹出的窗口通过前景界面进行设置。在设置中，无论从哪个网络发送来的**远程桌面**数据包（目标端口为 3389），都会被拒绝发送到目标网络 192.168.2.0/24（乙网络）。

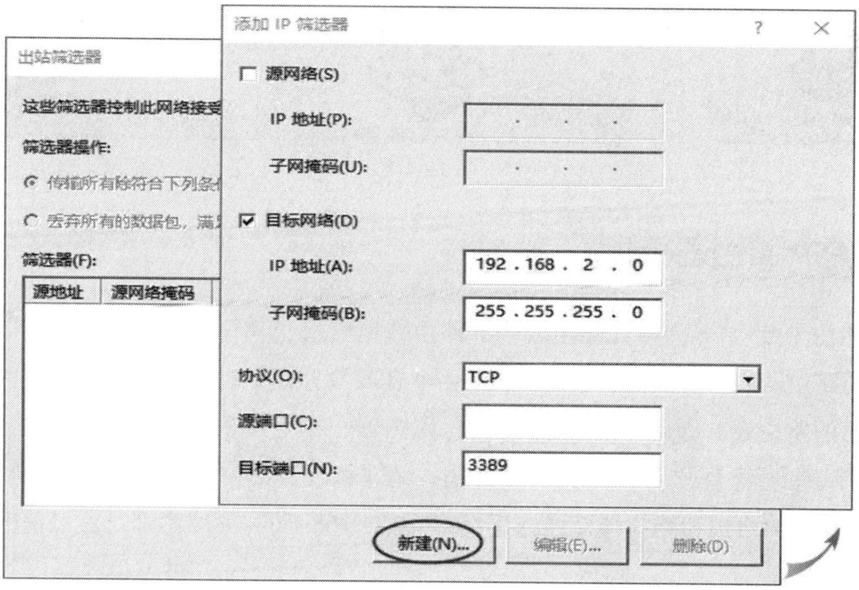

图 18-3-5

18.4 动态路由RIP

路由器会自动在路由表中建立与路由器直接连接的网络路由。例如，在图 18-4-1 中，路由器 1 会自动建立通往甲网络（192.168.1.0）与乙网络（192.168.2.0）的路由，而路由器 2 会自动建立通往乙网络（192.168.2.0）与丙网络（192.168.3.0）的路由。然而，如果甲网络与丙网络之间没有直接连接，就需要手动在路由器 1 中建立通往丙网络的网络路由。然而，手动建立会增加管理路由器的负担。这些手动建立的路由被称为**静态路由**（static route）。本节中，我们将介绍一种通过自动建立路由的**动态路由**（dynamic route）通信协议——RIP（Routing Information Protocol）。

图中路由表中**网关**处的 **0.0.0.0** 表示这个网络是直接与路由器连接的，也就是可以通过使用 **route print** 查看路由表中的**在链路上**（on-link）信息来确认。

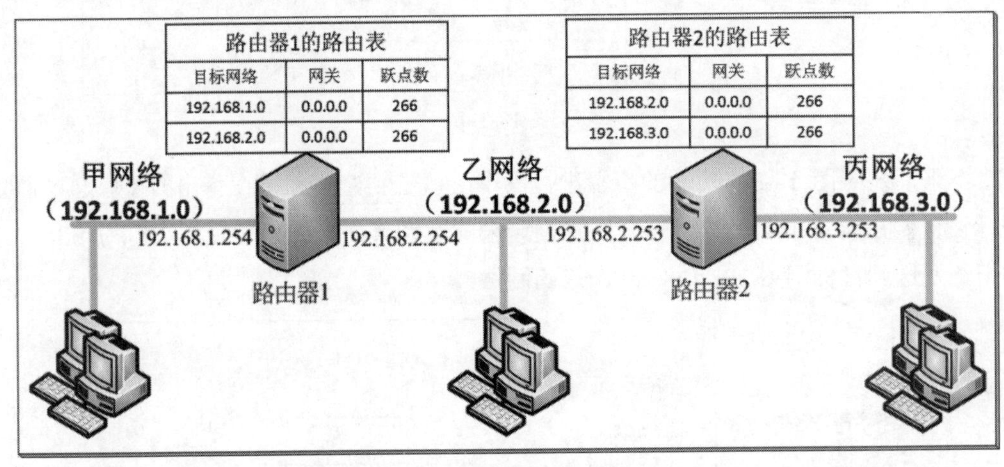

图 18-4-1

18.4.1 RIP 路由器概述

支持 RIP 的路由器会将其路由表中的路由数据广播给其他相邻的路由器（即连接在同一个网络的路由器）。其他也支持 RIP 的路由器在收到路由数据后，会根据这些路由数据自动调整自己的路由表。因此，所有使用 RIP 路由器在相互广播后，可以自动建立正确的路由表，无须系统管理员手动建立。例如，在图 18-4-2 中，路由器 1 通往丙网络（192.168.3.0）的路由和路由器 2 通往甲网络（192.168.1.0）的路由都是通过 RIP 相互交换学习得来的。

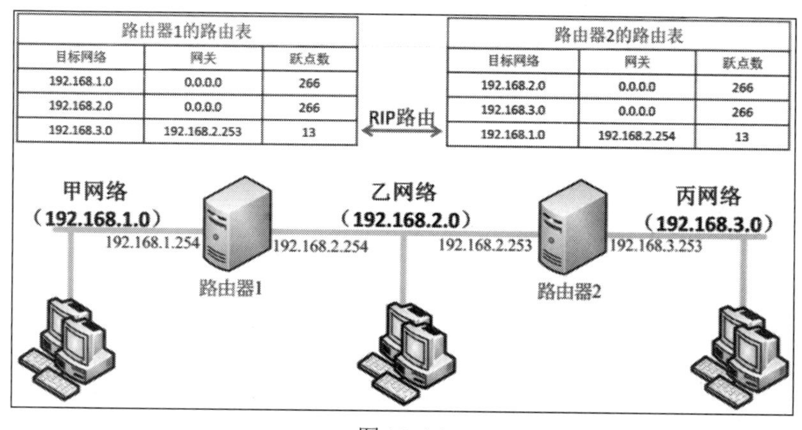

图 18-4-2

1. RIP 路由跃点数

RIP 路由器的**路由跃点数**（metric）是根据以下公式计算的：

RIP 路由跃点数 = 接口跃点数 + RIP 跃点数

在 Windows Server 2022 中，**接口跃点数**是根据以网络接口的速度来计算的。例如，若网络速度大于或等于 200Mbps 且小于 2Gbps，则网卡的默认**接口跃点数**为 25。

RIP 跃点数是根据数据包在发送过程中经过的路由器数量（hop count）来计算的，也就是每经过一个 RIP 路由器，该路由器就会将 **RIP 跃点数**加 1。

另外，Windows Server 2022 的 RIP 动态路由器在将路由表内的路由广播给相邻的其他路由器时，会将所有不是通过 RIP 学习到的路由的 **RIP 跃点数**固定设置为 2，包含直接连接的网络路由与静态路由。因此，当其他相邻路由器收到这些路由时，它们的 **RIP 跃点数**都会被设置为 2。

经过以上分析，若在图 18-4-2 中乙网络的**接口跃点数**为 25，则路由器 1 的 RIP 路由到 192.168.3.0 的 **RIP 路由跃点数**的计算公式如下：

RIP 路由跃点数 = 接口跃点数 + RIP 跃点数 = 25 + （2+1） = 28

其中 **RIP 跃点数（2+1）**中的 2 是路由器 2 所广播的跃点数，而 1 则代表自定义的 **RIP “增量值”**（参见图 18-4-7 的说明）。

2. RIP 的缺点

RIP 的设置非常容易，不过它只适用于中小型的网络，无法扩展到较大型的网络，因为它包含一些缺点，例如：

- RIP路由器所发送的数据包最多只能经过15个路由器。

- 每个RIP路由器定期进行路由通告操作，这会影响网络效率，尤其是在较大型网络中。这个通告操作通常采用广播（broadcast）或多播（multicast）的方式。
- 当某个路由器的路由发生变化时（例如某个网络中断），虽然它会通告相邻的其他路由器，然后由这些路由器再通告给它们相邻的路由器，但在较大型网络中，这些新的路由数据可能需要相当长的时间才能传播到所有其他远程路由器，这可能导致路由回路（routing loop）的情况发生，即数据包在路由器之间循环发送，从而导致无法正常在网络中传输数据。

18.4.2 启用 RIP 路由器

为了将普通的 Windows Server 2022 路由器更改为 RIP 路由器，我们需要采用**新增路由协议**的方式。以图 18-4-2 为例，我们需要分别将图中的路由器 1 与路由器 2 设置为 RIP 路由器，它们将通过乙网络来交换路由信息。

STEP 1 到路由器 1 执行以下的步骤：在如图 18-4-3 所示的界面中展开 **IPv4** 选中**常规**，再右击➲新增路由协议➲选中 RIP Version 2 for Internet Protocol➲单击确定按钮。

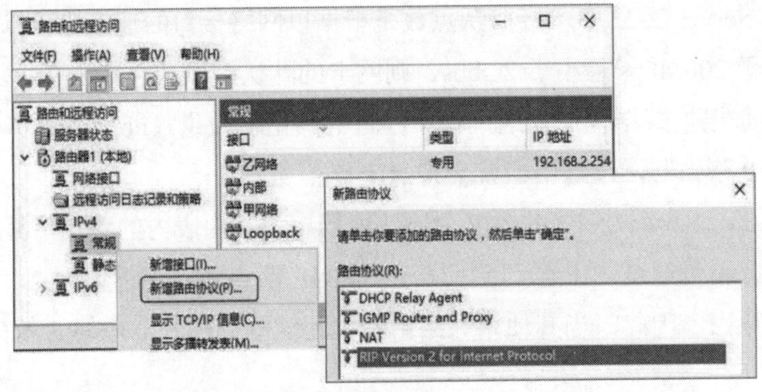

图 18-4-3

STEP 2 选中 **RIP** 后右击➲新增接口➲选择网络接口**乙网络**➲单击确定按钮，如图 18-4-4 所示。只有选中的网络接口才会使用 RIP 与其他路由器交换路由数据。

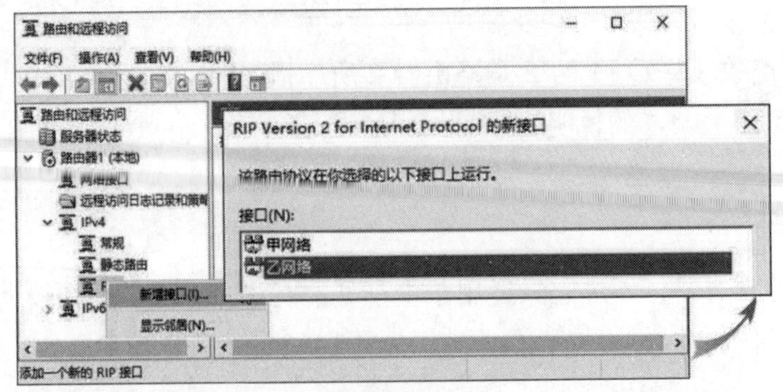

图 18-4-4

STEP 3　出现如图 18-4-5 所示的界面时直接单击确定按钮即可（后面再来介绍界面中的选项）。

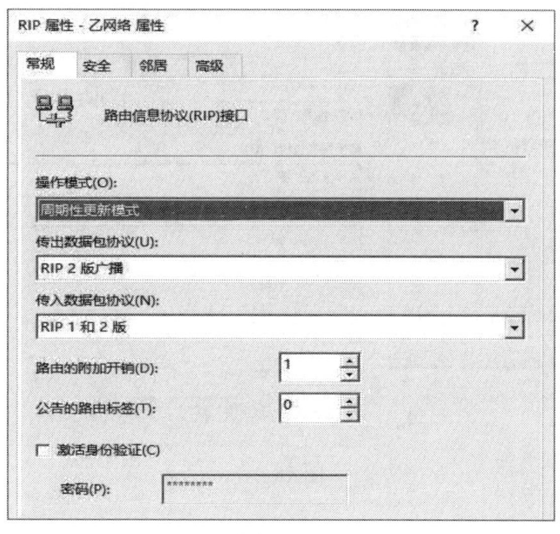

图 18-4-5

STEP 4　在路由器 2 上重复执行相同的步骤将其设置为 RIP 路由器。

STEP 5　稍等片刻，等两台路由器开始通告路由信息后，就可以查看路由表内的数据，如图 18-4-6 所示为路由器 1 的路由表，其中目标为 192.168.3.0 的路由是通过 RIP 的方式得来的，其跃点数为 18。

路由器1 - IP 路由表

目标	网络掩码	网关	接口	跃点数	协议
0.0.0.0	0.0.0.0	192.168.1.250	甲网络	281	网络管理
127.0.0.0	255.0.0.0	127.0.0.1	Loopback	76	本地
127.0.0.1	255.255.255.255	127.0.0.1	Loopback	331	本地
192.168.1.0	255.255.255.0	0.0.0.0	甲网络	281	本地
192.168.1.254	255.255.255.255	0.0.0.0	甲网络	281	本地
192.168.1.255	255.255.255.255	0.0.0.0	甲网络	281	本地
192.168.2.0	255.255.255.0	0.0.0.0	乙网络	281	本地
192.168.2.254	255.255.255.255	0.0.0.0	乙网络	281	本地
192.168.2.255	255.255.255.255	0.0.0.0	乙网络	281	本地
192.168.3.0	255.255.255.0	192.168.2.253	乙网络	18	RIP
224.0.0.0	240.0.0.0	0.0.0.0	乙网络	281	本地
255.255.255.255	255.255.255.255	0.0.0.0	乙网络	281	本地

图 18-4-6

18.4.3　RIP 路由接口的设置

RIP 路由器要如何与其他 RIP 路由器进行通信呢？我们可以对每个网络接口进行不同的设置。例如，要设置乙网络接口的 RIP 路由，具体的步骤为：在如图 18-4-7 所示的界面中选择乙**网络**➲单击上方的**属性**图标➲通过前景界面来设置。

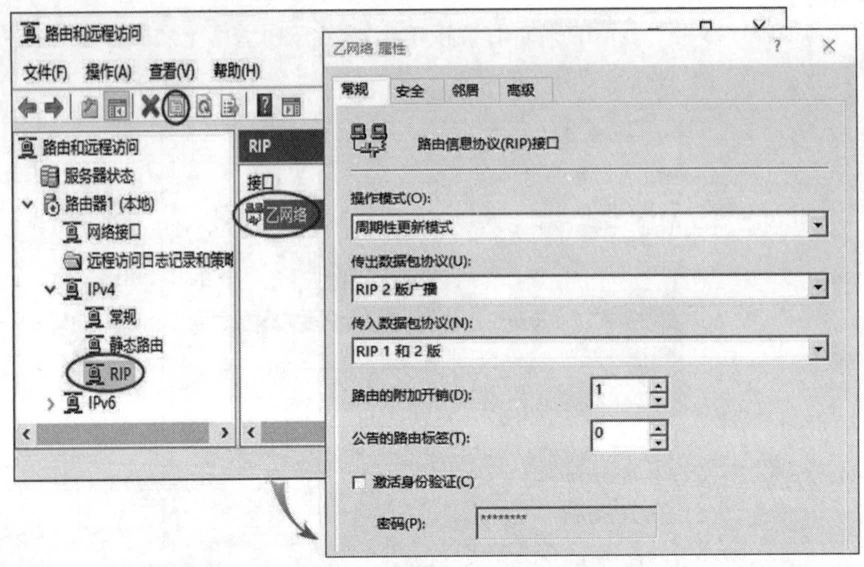

图 18-4-7

图中各选项介绍如下：

- **操作模式**：操作模式分为周期性更新模式与自动静态更新模式两种：
  - **周期性更新模式**：路由器会定期从这个接口发出 RIP 通告消息，以将路由数据发送给其他相邻的路由器。当路由器停止或重新启动时，从其他路由器学习而来的路由数据将从路由表中清除。
  - **自动静态更新模式**：路由器不会主动发送 RIP 通告消息，而是在其他路由器请求更新路由数据时才会发送 RIP 通告消息。从其他路由器学习而来的路由数据不会因为路由器停止或重新启动而从路由表中清除，除非手动清除。
- **传出数据包协议**：发送RIP通告消息时所采用的通信协议：
  - **RIP 1 版广播**：以广播方式发出 RIP 通告消息。
  - **RIP 2 版广播**：以广播方式发出 RIP 通告消息。若网络内有的路由器支持 **RIP 1 版广播**、有的支持 **RIP 2 版广播**，则选择此选项。
  - **RIP 2 版多播**：以多播的方式发出 RIP 通告消息。必须是所有相邻的路由器都使用 **RIP 2 版**的情况下才可以选择此选项，因为只支持 **RIP 1 版广播**的路由器无法处理 **RIP 2 版多播**消息。
  - **静态 RIP**（Silent RIP）：不会通过这个网络接口发出 RIP 通告消息。
- **传入数据包协议**：
  - **RIP 1 版和 2 版**：同时接收 RIP 1 和 2 版的通告消息。
  - **只有 RIP 1 版**：只接收 RIP 1 版的通告消息。
  - **只有 RIP 2 版**：只接收 RIP 2 版的通告消息。
  - **略过传入数据包**：忽略所有从其他路由器发送的 RIP 通告消息。
- **路由的附加开销**：就是**RIP跃点数的“跃点值”**，默认值为1，也就是RIP路由器收到其他路由器转发的路由数据时，会自动将它的**RIP跃点数**增加1。可以通过该选项

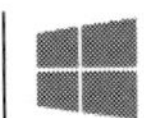

更改增量值，例如同时有两个网络接口可以将数据包发送到目标计算机，且这两个网络的速度是相同的，而希望路由器能够优先通过所指定的网络接口来发送，此时只要将另一个网络接口的**路由的附加开销**的数值增加即可。

- **公告的路由标签**：它会将所有通过这个网络接口发出的路由都加上一个标记，以便于系统管理员追踪、管理，此功能仅适用于**RIP 2版**。
- **激活身份验证**：**RIP 2版**支持验证计算机身份的功能。若勾选此选项，则所有与这台RIP路由器相邻的其他RIP路由器都必须要在此处设置相同的密码（1～16个字符，包含字母、数字、特殊字符等），它们才会相互接受对方送来的RIP通告消息。此处的密码包含字母大小写，但在发送密码时以明文方式发送，密码并没有加密。

18.4.4 RIP 路由筛选器

可以针对每个 RIP 网络接口设置**路由筛选器**，以决定要将哪些路由广播给其他的 RIP 路由器，或者要接收其他 RIP 路由器发送的哪些路由数据。我们可以选择如图 18-4-8 所示界面中的安全选项卡，在**操作**列表中选择**供传入路由**以筛选从其他 RIP 路由器发送的路由数据，或选择**供传出路由**来筛选要通告给其他 RIP 路由器的路由数据。

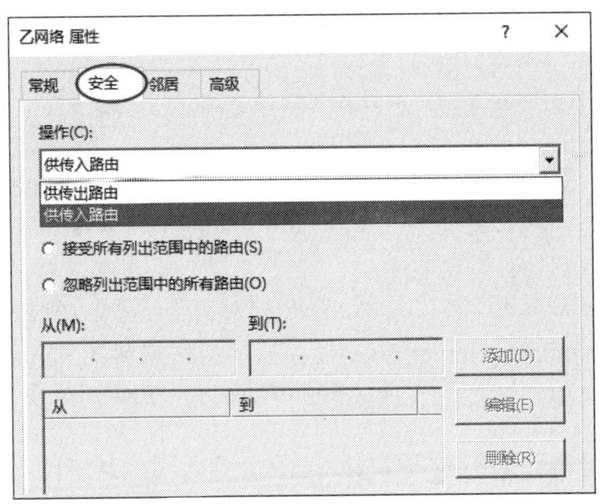

图 18-4-8

18.4.5 与邻接 RIP 路由器的相互作用

RIP 路由器默认使用**广播**或**多播**的方式将路由数据通告给相邻的 RIP 路由器。但是，可以修改这个默认值让 RIP 路由器以**单播**（unicast）的方式直接将 RIP 通告消息发送给指定的 RIP 路由器。这个功能特别适用于 RIP 网络接口连接了不支持广播消息的网络，例如 Frame Relay、X.25、ATM。在这种情况下，RIP 路由器必须通过这些网络以单播方式将 RIP 路由通告消息发送给指定的 RIP 路由器。

要进行这样的设置，单击图 18-4-9 中的邻居选项卡。在该选项卡中，我们可以直接修改，将路由数据通告给 IP 地址为 192.168.2.200 与 192.68.2.202 这两个路由器。图中提供了 3 种方式，分别是：只使用广播或多播；除了广播或多播之外，也使用邻居列表；使用邻居列表而不是广播或多播（勾选此项）。

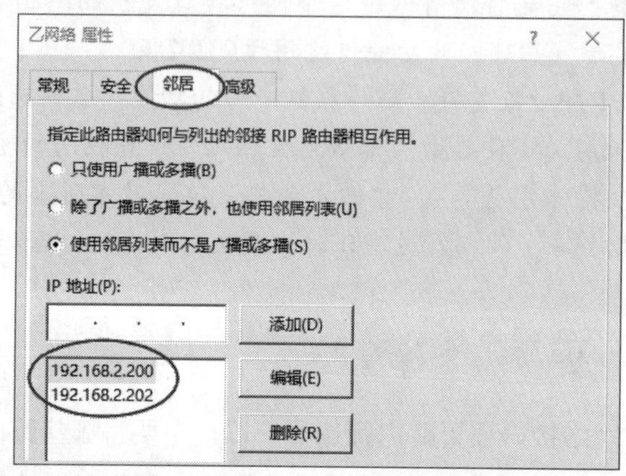

图 18-4-9

18.5 网桥的设置

一般来说，可以选用以下两种方法将多个网络连接在一起：

- **使用IP路由器**：此方法已在前面几节中介绍过，只是设置比较烦琐、费用也较高，但是功能较强大。路由器是在OSI（Open System Interconnect，开放式系统互连）模型中的第3层（网络层）工作的。
- **使用网桥**：此方法较经济实用，设置也相对简单，但功能较为有限。可以选购硬件网桥，或使用Windows Server 2022服务器的**网络网桥**（Network Bridge）功能来将该服务器设置为网桥。网桥是在OSI模型中的第2层（数据链路层）工作的。

例如，在图 18-5-1 中，甲网段和乙网段是两个以太网，其中的桌面计算机是通过带有无线网卡的笔记本电脑，它们通过 Windows Server 2022 的网络网桥桥接功能进行通信。在图中，每台计算机的 IP 地址的网络 ID 都是 192.168.1.0。

将 Windows Server 2022 设置为网络网桥的路径，具体步骤为：单击⊞键+R键➲输入 control 后按 Enter 键➲网络和 Internet➲网络和共享中心➲单击**更改适配器设置**➲按住 Ctrl 键不放➲选择要被包含在网桥内的所有网络接口（如图 18-5-2 中的甲网络、乙网络）➲在如图 18-5-2 所示的界面中选中其中一个网络接口，再右击➲桥接。

在进行网络桥接时，不能将**因特网联机共享**（Internet Connection Sharing，ICS，见第 19 章）的对外网络接口包含在网桥内。请注意，本示例使用的是 VMware Workstation 的虚拟环境。

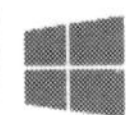

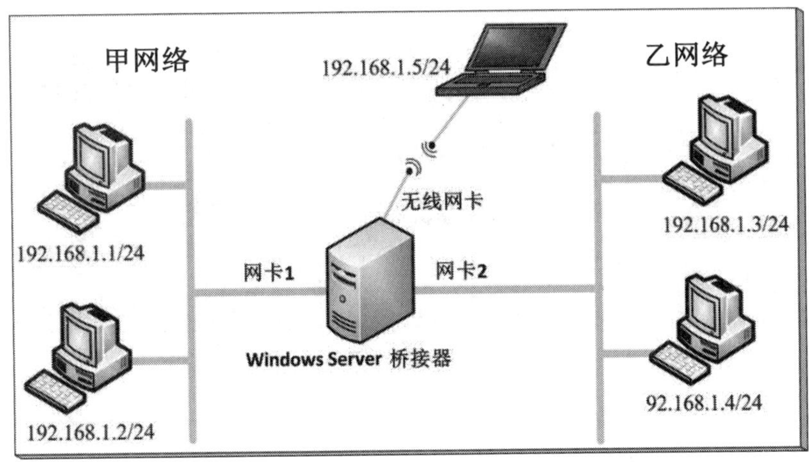

图 18-5-1

图 18-5-2

图 18-5-3 为完成后的界面，我们需要在图 18-5-1 所示的甲网络中的任意一台计算机上使用 ping 命令来测试是否可以与乙网络内的计算机进行通信（在测试之前先禁用 **Windows Defender 防火墙**）。图 18-5-4 所示为在甲网络内的计算机（192.168.1.1）使用 ping 命令成功与乙网络内的计算机（192.168.1.3）进行通信的界面。

图 18-5-3

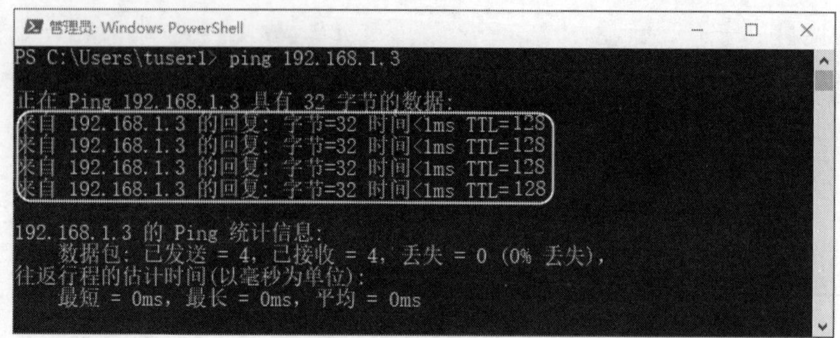

图 18-5-4

这台扮演网桥的计算机的 IP 地址可以设置在如图 18-5-3 所示的**网桥**属性中，默认情况下是自动获取 IP 地址的。**网桥**的 IP 地址设置不会影响其桥接功能。除了桥接功能之外，若想让其他计算机能够存取这台网桥计算机内的其他资源（如文件），则**网桥**需要拥有一个与其他计算机通信的 IP 地址。如果需要手动设置其 IP 地址，具体的步骤为：选中**网桥**后右击➲属性➲单击 **Internet 协议版本 4（TCP/IPv4）**➲单击属性按钮➲……。设置完成后，其他计算机便可以通过这个 IP 地址与这台扮演**网桥**角色的计算机进行通信了。

第 19 章　网络地址转换

Windows Server 2022 的**网络地址转换**（Network Address Translation，NAT）功能可以让位于内部网络的多台计算机共享一个公共 IP 地址，从而实现同时连接互联网、浏览网页与收发电子邮件等功能。

- NAT的功能与原理
- NAT服务器的设置
- DHCP分配器与DNS中继代理
- 开放Internet用户访问内部服务器
- Internet连接共享

19.1 NAT的功能与原理

在公司网络中，用户的计算机通常会使用私有 IP 地址。这种私有 IP 地址不需要向 IP 地址管理机构申请，而且数量很多。然而，私有 IP 地址仅限于内部网络使用，不能直接应用到 Internet 上。为了让使用私有 IP 地址的计算机可以连接 Internet，可使用具备**网络地址转换**（NAT）功能的设备，如防火墙、IP 共享器或宽带路由器等。

Windows Server 可以被设置为 NAT 服务器，它拥有以下功能：

- 支持多个位于内部局域网的计算机使用私有IP地址，并通过NAT服务器同时连接到Internet，只需要使用一个公共IP地址。
- 支持DHCP分配器功能，自动为内部网络的计算机分配IP地址。
- 支持**DNS中继代理**功能，代替内部局域网的计算机查询外部主机的IP地址。
- 支持TCP/UDP端口映射功能，使互联网用户能够访问位于内部网络的服务器，如网站、电子邮件服务器等。
- NAT服务器的外部网络接口可以使用多个公共IP地址，并通过地址映射功能，使互联网用户能够通过NAT服务器与内部网络的计算机进行通信。

19.1.1 NAT 的网络架构

Windows Server 的 NAT 服务器至少需要具备两个网络接口，一个用于连接 Internet，另一个用于连接内部网络。以下列举几种常见的 NAT 架构：

- 通过路由器连接Internet的NAT架构：如图19-1-1所示，NAT服务器至少需要两块网卡（内网卡）。其中一块连接内部网络（外网卡），另一块连接路由器，通过路由器连接Internet。外网卡需要手动输入IP地址、默认网关与DNS服务器等信息。

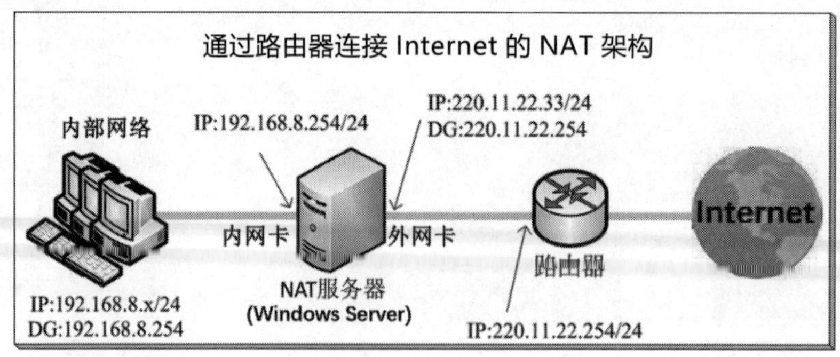

图 19-1-1

- 通过固接式（即固定接入式）xDSL连接Internet的NAT架构：如图19-1-2所示，NAT服务器至少需要两块网卡。其中一块连接内部网络，另一块连接xDSL（如ADSL、

VDSL）调制解调器，通过xDSL调制解调器连接Internet。外网卡的IP地址、默认网关与DNS服务器等信息由Internet服务提供商（ISP）分配。

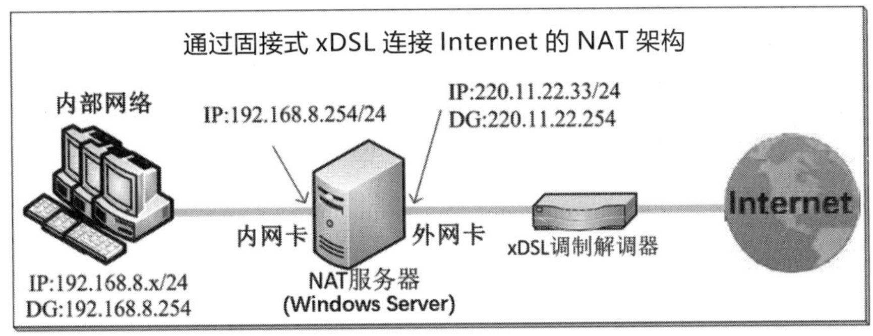

图 19-1-2

- 通过非固接式xDSL连接Internet的NAT架构：NAT服务器至少需要两块网卡，一块连接内部网络，一块连接xDSL调制解调器，并通过xDSL调制解调器连接Internet，如图19-1-3所示。NAT服务器通过建立**PPPoE请求拨号**连接来发送数据，该连接通过外网卡进行通信。通过PPPoE请求拨号成功连接到ISP后，ISP会自动分配IP地址、默认网关与DNS服务器等配置信息。

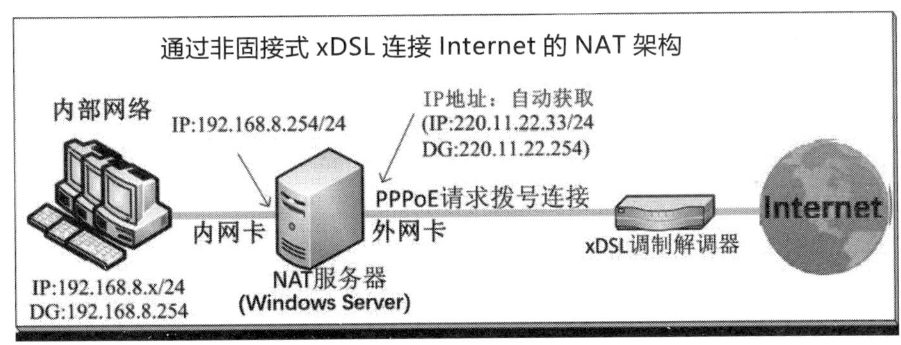

图 19-1-3

只使用一块网卡也可以扮演 NAT 服务器角色，通过该网卡建立 PPPoE 请求拨号连接。也就是说，NAT 服务器使用同一块网卡对内通信与对外通信，其中对外通信使用 PPPoE 接口。然而，这种架构的安全性与效率相对较差，故不建议采用这种架构。

- 通过电缆调制解调器（cable modem）连接Internet的NAT架构：NAT服务器通过电缆调制解调器连接互联网的架构如图19-1-4所示。该架构至少需要两块网卡，一块连接内部网络，一块连接电缆调制解调器。当成功通过电缆调制解调器连接到ISP后，ISP会自动分配IP地址、默认网关与DNS服务器等给NAT服务器的外网卡。

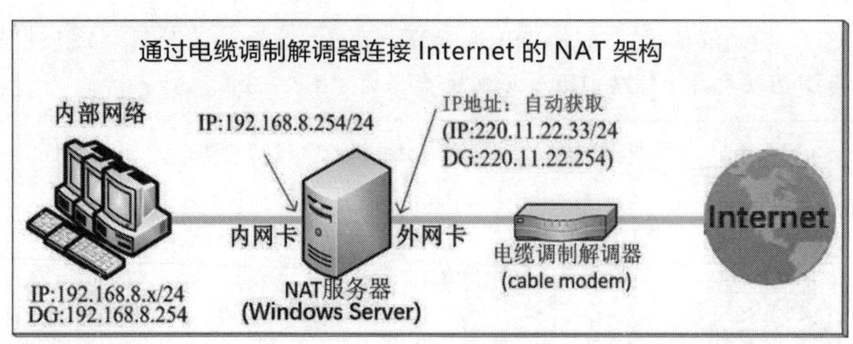

图 19-1-4

19.1.2 NAT 的 IP 地址

NAT 服务器的每个网络接口（PPPoE 请求拨号连接或网卡的以太网）都必须有一个 IP 地址，且不同接口的 IP 地址设置也不同：

- 如果是连接到Internet的公用网络接口，则它的IP地址必须是公共IP地址。
  如果是通过路由器或固接式xDSL连接Internet，则此IP地址由ISP事先分配，此时需要自行将此IP地址输入到网卡的TCP/IP设置处；如果是通过非固接式xDSL或电缆调制解调器连接Internet，IP地址则是由ISP动态分配的，不需要手动输入。
- 如果是连接内部网络的专用网络接口，则它的IP地址可使用私有IP地址。
  私有IP地址的范围如表19-1-1所示。我们在前面示例图中所采用的私有IP地址的网络ID为192.168.8.0、子网掩码为255.255.255.0。

表 19-1-1 私有 IP 地址的范围

网络 ID	默认子网掩码	私有 IP 地址范围
10.0.0.0	255.0.0.0	10.0.0.1～10.255.255.254
172.16.0.0	255.240.0.0	172.16.0.1～172.31.255.254
192.168.0.0	255.255.0.0	192.168.0.1～192.168.255.254

19.1.3 NAT 的工作原理

支持 TCP 或 UDP 通信协议的服务都有一个或多个用于标识该服务的端口号（Port Number）。表 19-1-2 中列出了一些常见的服务器服务名称与端口号。而客户端应用程序（例如网页浏览器）的端口号是由系统动态分配的。例如，当用户在浏览器 Microsoft Edge 内输入类似 http://www.microsoft.com/的 URL 路径上网时，系统会为 Microsoft Edge 分配一个端口号。

如果已经连网，可以使用 **netstat –n** 命令来查看浏览器和网站所使用的端口号。也可以使用 Power Shell 命令 **Get-NetTcPConnection** 来查看。

表 19-1-2 常见的服务器名称与端口

服务名称	TCP 端口号
HTTP	80
HTTPS	443
FTP 控制通道	21
FTP 数据信道	20
SMTP	25
POP3	110
远程桌面连接	3389

在介绍 NAT 原理之前，我们先简单介绍一般浏览网页的过程。两台计算机中支持 TCP 或 UDP 的应用程序通过 IP 地址与端口号相互通信。例如，在图 19-1-5 中，右侧的服务器 A 同时还兼具着网站（80）、FTP 站点（21）与 SMTP 服务器（25）的角色。如果计算机 A 上的用户使用浏览器连接图中的 Web 站点，则计算机 A 与服务器 A 之间的互动如下所示（假设浏览器的端口号为 2222）：

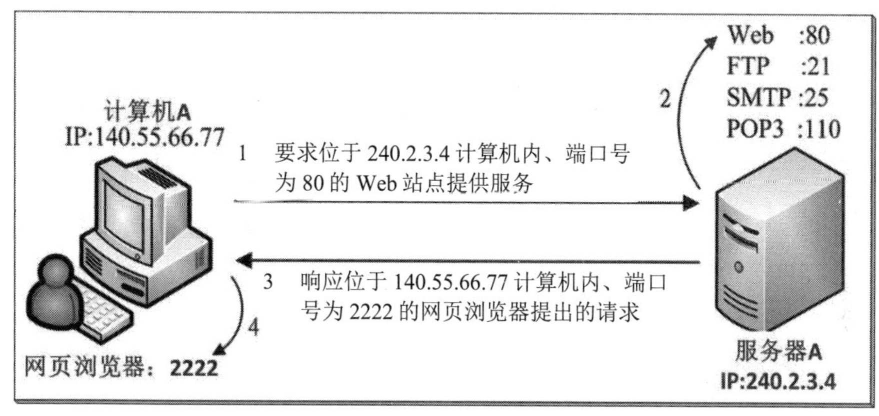

图 19-1-5

- 端口号为2222的网页浏览器向计算机A发出浏览网页的请求后，计算机A会将该请求发送到IP地址为240.2.3.4的服务器A，并指定要交给监听端口号为80的Web站点处理。
- 服务器A接收到该请求后，由监听端口号为80的Web站点负责处理该请求。
- 服务器A的网站将网页发送给IP地址为140.55.66.77的计算机A，并指定要交给监听端口号为2222的网页浏览器。
- 计算机A收到浏览网页的请求后，由支持端口号2222的网页浏览器负责显示网页。

NAT（Network Address Translation）工作的基本程序是执行 IP 地址与端口号的转换。NAT 服务器至少需要两个网络接口，其中连接 Internet 的网络接口需要使用公共 IP 地址，而连接内部网络的网络接口则可以使用私有 IP 地址。例如，在图 19-1-6 中，NAT 服务器的外网卡与内网卡的 IP 地址分别是公共 IP 地址 220.11.22.33 与私有 IP 地址 192.168.8.254。

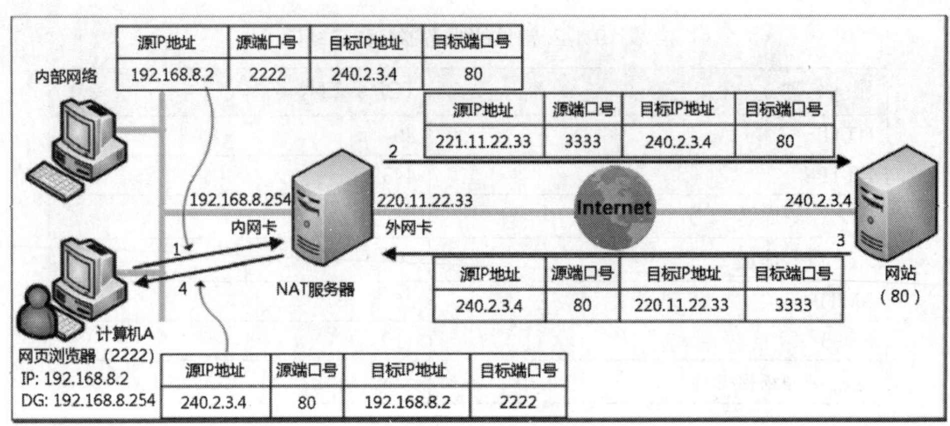

图 19-1-6

我们以图中内部网络的计算机 A 的用户通过 NAT 服务器连接外部网站为例来说明 NAT 的工作过程。假设计算机 A 的网页浏览器端口号为 2222，而 Web 站点的端口号为默认的 80。

- 计算机A将连接外部网站的数据包发送给NAT服务器。在该数据包的Header中，源IP地址为192.168.8.2，源端口号为2222，目标IP地址为240.2.3.4、目标端口号为80。

源 IP 地址	源端口号	目标 IP 地址	目标端口号
192.168.8.2	2222	240.2.3.4	80

- NAT服务器收到数据包后，会将数据包Header中的源IP地址与源端口号替换为NAT服务器外网卡的IP地址与端口号。IP地址就是公共IP地址220.11.22.33，而端口号是动态生成的，假设是3333。然而，NAT服务器不会改变该数据包中的目标IP地址与目标端口号。

源 IP 地址	源端口号	目标 IP 地址	目标端口号
220.11.22.33	3333	240.2.3.4	80

同时，NAT服务器会建立一个映射表，用于将从网站获取的网页内容转发给计算机A的网页浏览器。该映射表被称为**NAT**表，具体格式如下所示。

源 IP 地址	源端口号	更改后的源 IP 地址	更改后的源端口号
192.168.8.2	2222	220.11.22.33	3333

- Web网站收到浏览网页的数据包后，会根据数据包内的源IP地址与端口号将网页发送给NAT服务器。例如，该网页数据包的源IP地址为240.2.3.4，源端口号为80，目标IP地址为220.11.22.33，目标端口号为3333。

源 IP 地址	源端口号	目标 IP 地址	目标端口号
240.2.3.4	80	220.11.22.33	3333

- NAT服务器收到网页数据包后，会根据映射表将数据包中的目标IP地址更改为192.168.8.2，目标端口号更改为2222，但不会更改源IP地址与源端口号。然后，NAT服务器将修改后的网页数据包发送给计算机A的网页浏览器进行处理。

源 IP 地址	源端口号	目标 IP 地址	目标端口号
240.2.3.4	80	192.168.8.2	2222

NAT 服务器通过 IP 地址与端口的转换，使得位于内部网络的计算机只需要使用私有 IP 地址就可以上网。基于以上分析可知：NAT 服务器会隐藏内部计算机的 IP 地址，外部计算机只能够接触到 NAT 服务器外网卡的公共 IP 地址，无法直接与内部使用私有 IP 地址的计算机进行通信。因此，这种机制可以增强内部计算机的安全性。

19.2　NAT服务器的设置

本节将列举两个示例来说明如何设置 NAT 服务器与客户端计算机。

19.2.1　路由器、固接式 xDSL 或电缆调制解调器环境的 NAT 设置

我们以图 19-2-1 中的路由器、固接式 xDSL 或电缆调制解调器为例，来说明如何设置 Windows Scrver 2022 计算机作为 NAT 服务器。

只要 NAT 服务器可以上网，则不论 NAT 服务器的外网卡是连接到路由器还是连接到其他 NAT 设备，都可以让连接在内网卡的内部网络用户通过这台 NAT 服务器连接 Internet。因此，外网卡的 IP 地址需要根据实际的网络环境进行设置。

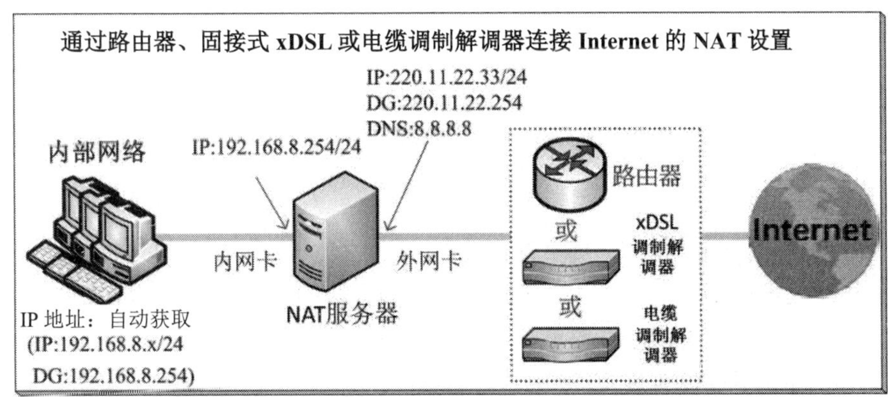

图 19-2-1

图中的 NAT 服务器内安装了两块网卡，一块连接路由器、xDSL 调制解调器或电缆调制

解调器，另一块连接内部网络。默认情况下，这两块网卡的网络连接名称为**以太网**与**以太网 2**。为了方便识别，可以将它们更改为易于识别的名称，在图 19-2-2 中将它们分别更改为**内网卡**和**外网卡**。更改方法为：打开**服务器管理器**➲单击**本地服务器**右侧**以太网**处的设置值➲选中所选网络连接后右击➲重命名。

图 19-2-2

STEP 1 打开**服务器管理器**➲单击**仪表板**处的**添加角色和功能**➲持续单击下一步按钮，直到出现如图 19-2-3 所示的**选择服务器角色**界面，再勾选**远程访问**。

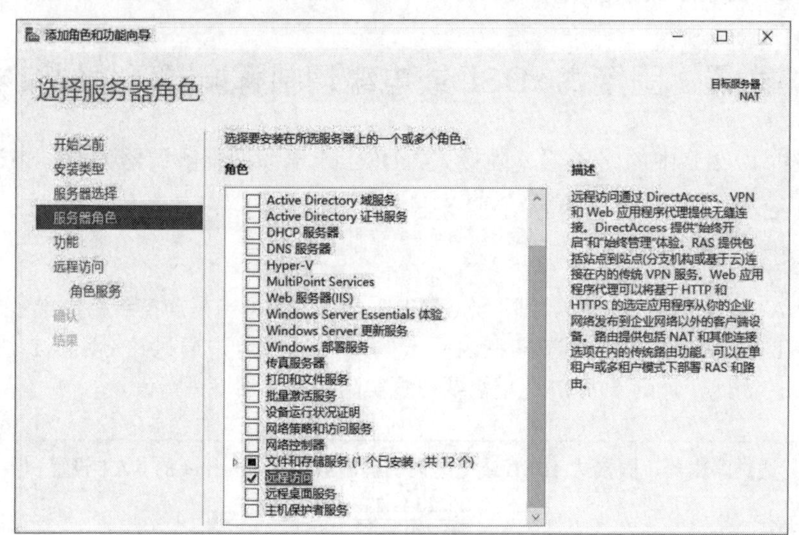

图 19-2-3

STEP 2 持续单击下一步按钮，直到出现如图 19-2-4 所示的**选择角色服务**界面，再勾选**路由**后单击添加功能按钮。

STEP 3 持续单击下一步按钮，直到出现**确认安装选项**界面，再单击安装按钮。

STEP 4 完成安装后单击关闭按钮。

STEP 5 单击**服务器管理器**右上方**工具**菜单➲路由和远程访问➲在如图 19-2-5 所示的界面中选中 NAT（本地），再右击➲配置并启用路由和远程访问。

STEP 6 在欢迎使用路由和远程访问服务器安装向导界面中单击下一步按钮。

STEP 7　单击**网络地址转换（NAT）**后单击下一步按钮➲选择用来连接 Internet 的网络接口（外网卡）后单击下一步按钮，如图 19-2-6 中所示。

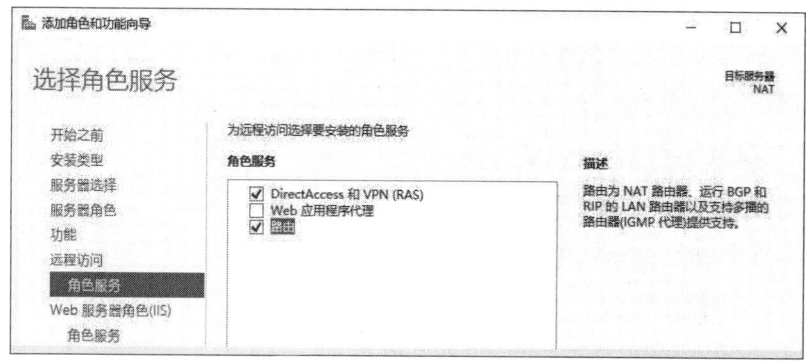

图 19-2-4

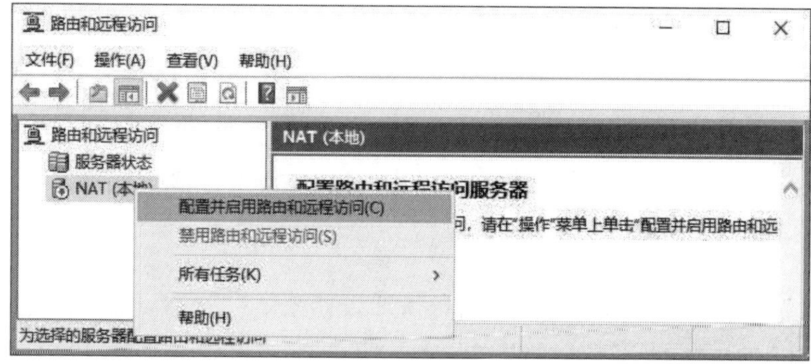

图 19-2-5

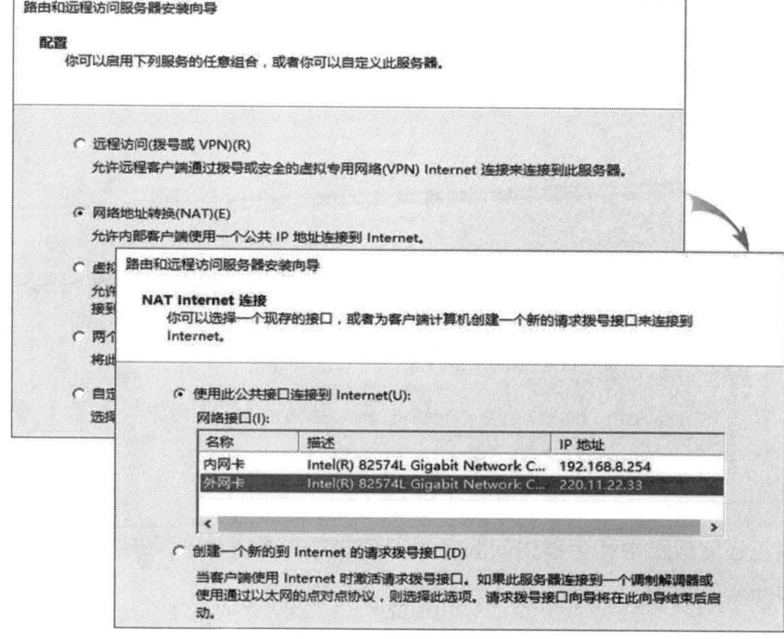

图 19-2-6

如果存在多个内部网络，则需要选择其中一个网络来通过 NAT 访问 Internet。

STEP 8 如果安装向导未能检测到内部网络（**内网卡**所连接的网络）中的名称和地址服务 DNS 与 DHCP，将会出现图 19-2-7 所示的界面。在此情况下，我们可以选择**启用基本的名称和地址服务**后单击下一步按钮。此时，内部网络用户的 IP 地址只需设置为自动获取即可。

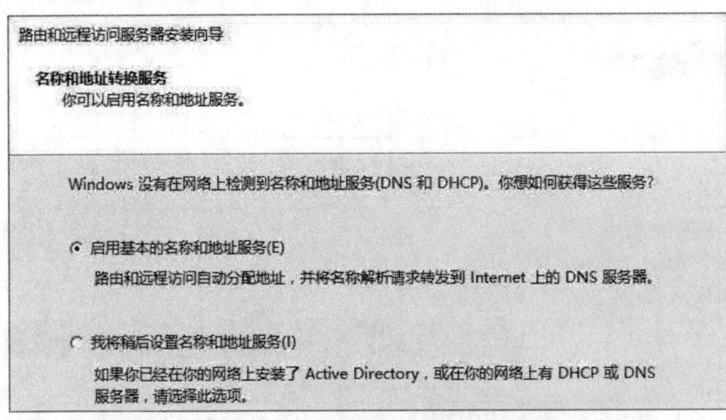

图 19-2-7

STEP 9 由图 19-2-8 可以看出，NAT 服务器通过网络适配器的 IP 地址生成网络 ID 为 192.168.8.0 的 IP 地址给内部网络的客户端。此网络 ID 是根据图 19-2-1 中的网卡的 IP 地址（192.168.8.254）定义的，我们可以对此设置进行修改。

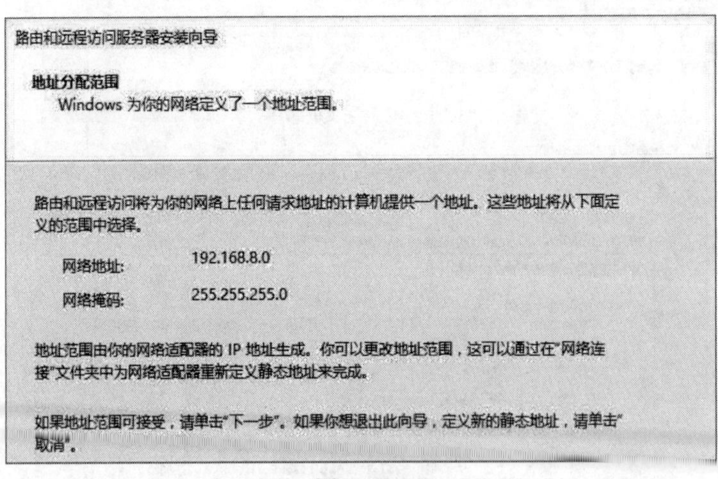

图 19-2-8

STEP 10 出现**正在完成路由和远程访问服务器安装向导**界面时单击完成按钮（如果此时出现与防火墙有关的警告信息，直接单击确定按钮即可）。

STEP 11 图 19-2-9 为完成后的界面。可以双击界面右侧的内网卡或外网卡来更改它们的设置。

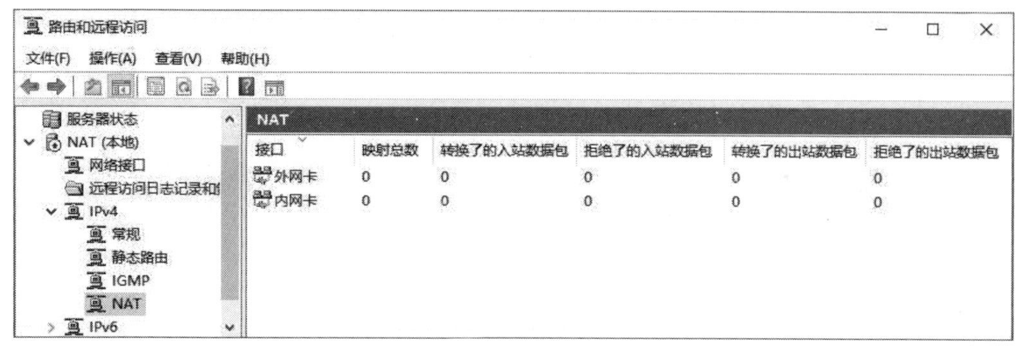

图 19-2-9

STEP 12 虽然 NAT 服务器具备 DNS 中继代理功能，可以替内部客户端查询 DNS 主机的 IP 地址，但仍然需要在 NAT 服务器的 **Windows Defender 防火墙**中开放 DNS 流量（端口号为 UDP 53），以便接受客户端传来的 DNS 查询请求，具体步骤为：单击左下角的**开始**图标⊞➲Windows 系统管理工具➲**高级安全 Windows Defender 防火墙**➲单击**入站规则**右侧的**添加规则**……➲选择**端口**后单击下一步按钮➲在如图 19-2-10 所示的界面中将协议和端口设置为 UDP 53➲……。

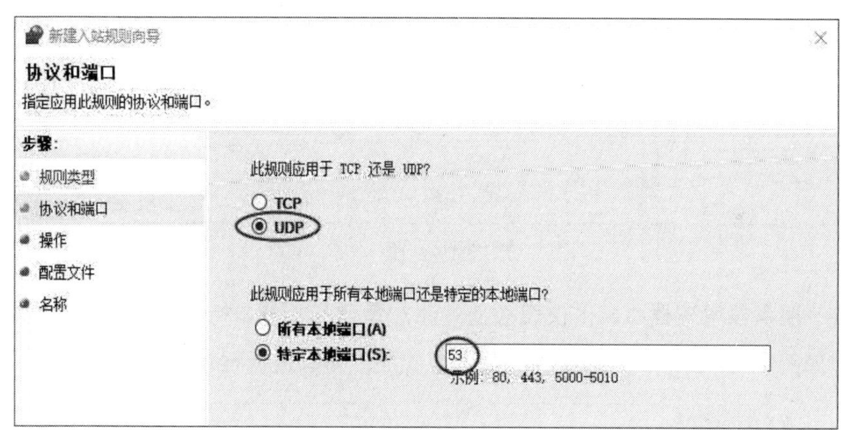

图 19-2-10

完成以上设置后，如果 NAT 服务器已经成功连接上 Internet，当内部网络用户发送连接 Internet 的请求（例如上网）到 NAT 服务器时，NAT 服务器将帮客户端与 Internet 建立连接。

如果需要重新启用或停止**路由和远程访问**服务，在**路由和远程访问**控制台中选中 NAT（本地），再右击即可。

19.2.2 非固接式 xDSL 环境的 NAT 设置

我们以图 19-2-11 中的非固接式 xDSL 为例，来说明如何在 Windows Server 2022 计算机中设置 NAT 服务器。

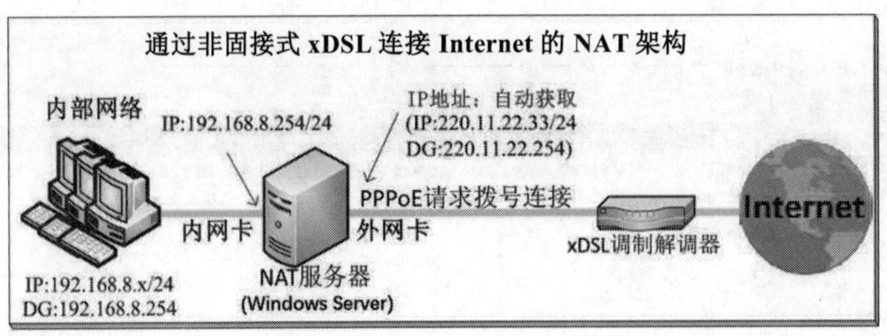

图 19-2-11

图中 NAT 服务器内安装了两块网卡，一块连接 xDSL 调制解调器，另一块连接内部网络。在默认情况下，这两块网卡的网络连接名称为**以太网**与**以太网 2**。为了方便识别，建议将其更改为易于识别的名称，例如在图 19-2-12 中将它们分别改名为**内网卡**与**外网卡**，更改的方法为：打开**服务器管理器**➲单击**本地服务器**右侧**以太网**处的设置值➲选中所选网络连接，再右击➲重命名。

图 19-2-12

STEP 1 打开**服务器管理器**➲单击**仪表板**处的**添加角色和功能**➲持续单击下一步按钮，直到出现如图 19-2-13 所示的**选择服务器角色**界面，再勾选**远程访问**。

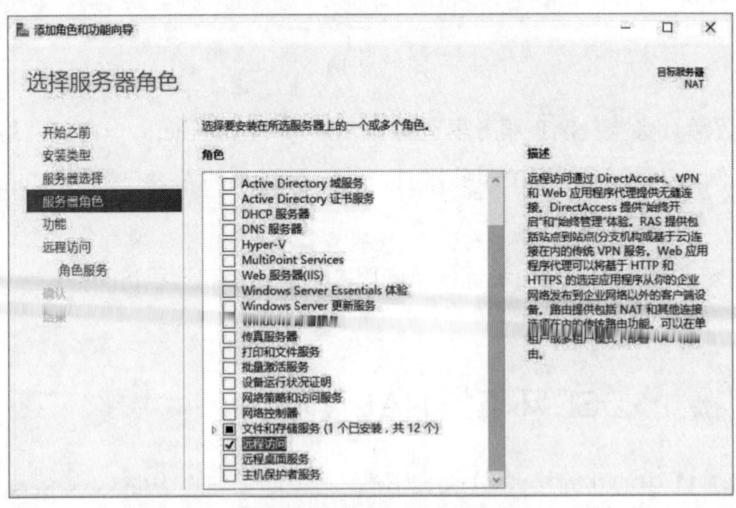

图 19-2-13

STEP 2　持续单击下一步按钮，直到出现如图 19-2-14 所示的**选择角色服务**界面时勾选**路由**，再单击添加功能按钮。

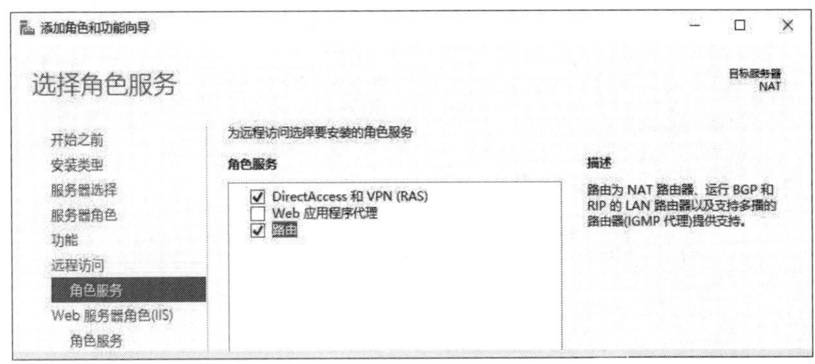

图 19-2-14

STEP 3　持续单击下一步按钮，直到出现**确认安装选项**界面时单击安装按钮。

STEP 4　完成安装后单击关闭按钮。

STEP 5　单击**服务器管理器**右上方**工具**菜单➲路由和远程访问➲在如图 19-2-15 所示的界面中选中 NAT（本地），再右击➲配置并启用路由和远程访问。

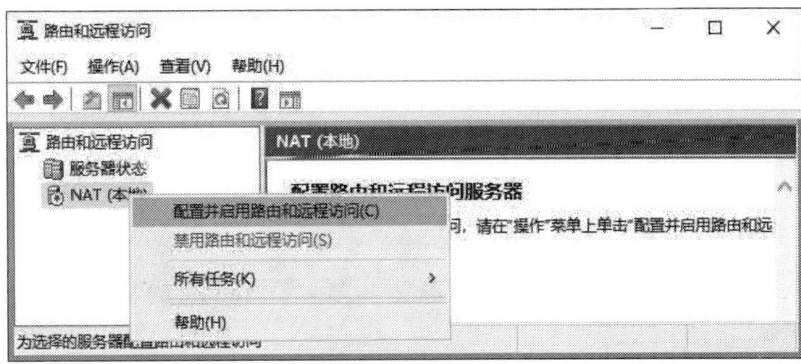

图 19-2-15

STEP 6　在**欢迎使用路由和远程访问服务器安装向导**界面中单击下一步按钮。

STEP 7　选中**网络地址转换（NAT）**后单击下一步按钮➲选中**创建一个新的到 Internet 的请求拨号接口**后单击下一步按钮，如图 19-2-16 所示。

STEP 8　在选择允许通过 NAT 服务器连接 Internet 的内部网络后，单击下一步按钮，如图 19-2-17 所示。在图中选择**内网卡**作为可访问 Internet 的网络接口。

STEP 9　如果安装向导未能检测到内部网络（**内网卡**所连接的网络）中的名称和地址服务 DNS 与 DHCP，将会出现图 19-2-18 所示的界面。在此情况下，我们可以选择**启用基本的名称和地址服务**，再单击下一步按钮。此时，内部网络用户的 IP 地址只需设置为自动获取即可。

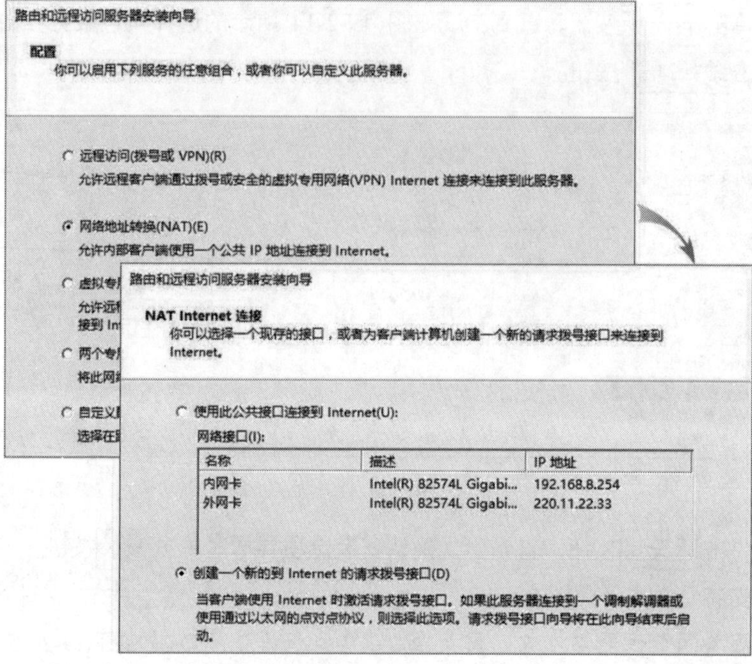

图 19-2-16

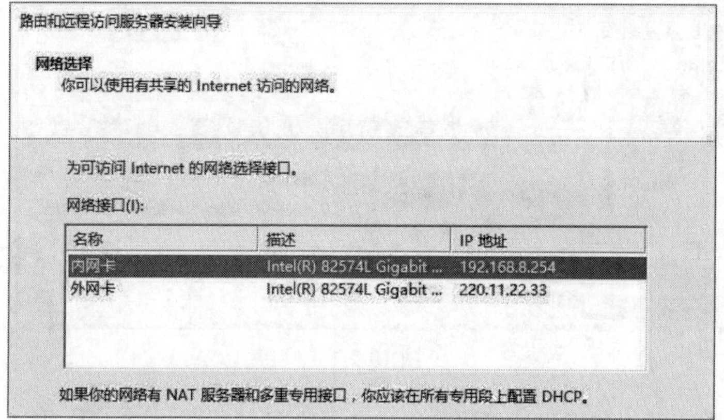

图 19-2-17

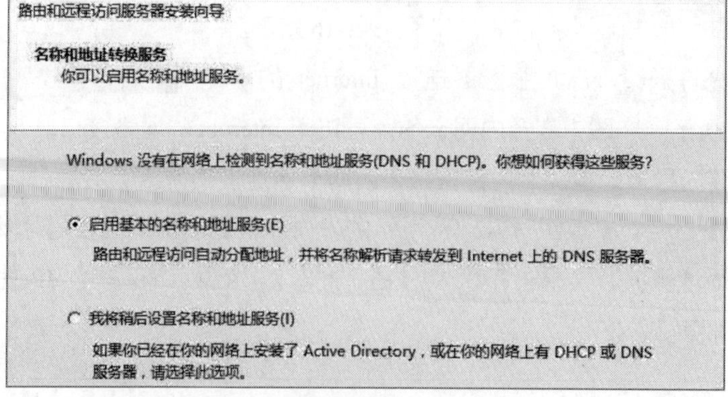

图 19-2-18

STEP 10　由图 19-2-19 可以看出，NAT 服务器通过网络适配器的 IP 地址生成一个网络 ID 为 192.168.8.0 的 IP 地址给内部网络的客户端。此网络 ID 是根据图 19-2-11 中内网卡的 IP 地址（192.168.8.254）定义的，我们可以对此设置进行修改。

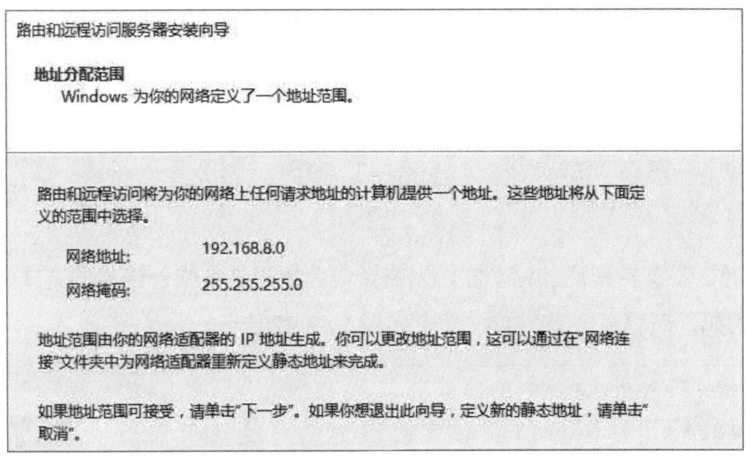

图 19-2-19

STEP 11　出现**欢迎使用请求拨号接口向导**界面时单击下一步按钮（如果此时出现与防火墙有关的警告信息，直接单击确定按钮即可）。

STEP 12　出现**欢迎使用请求拨号接口向导**界面时单击下一步按钮。

STEP 13　在图 19-2-20 中，为此请求拨号接口设置名称，例如 Hinet，然后选择**使用以太网上的 PPP（PPPoE）连接**来连接 Internet。

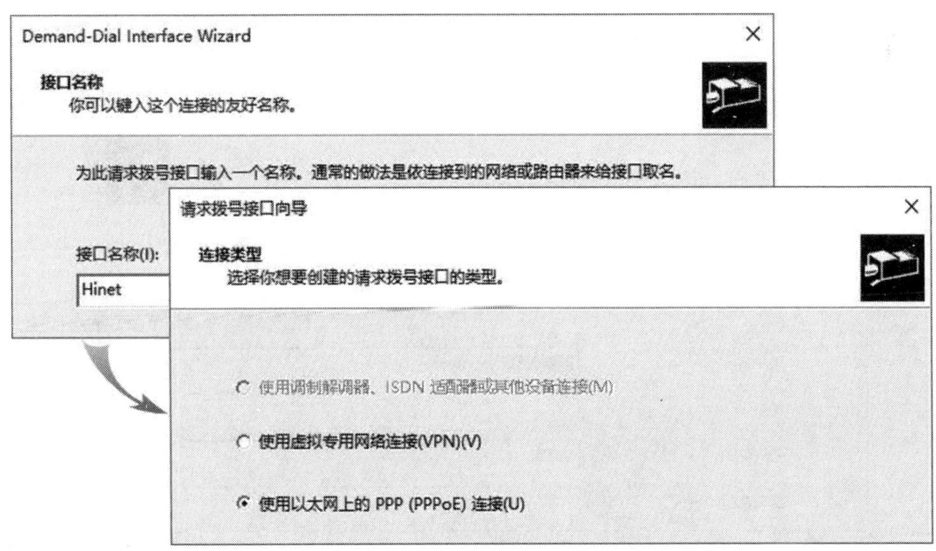

图 19-2-20

STEP 14　在图 19-2-21 中单击下一步按钮。**服务名称**保留空白或按照 ISP（Internet 服务提供厂商）提示来设置，请勿随意设置，否则可能无法连接。

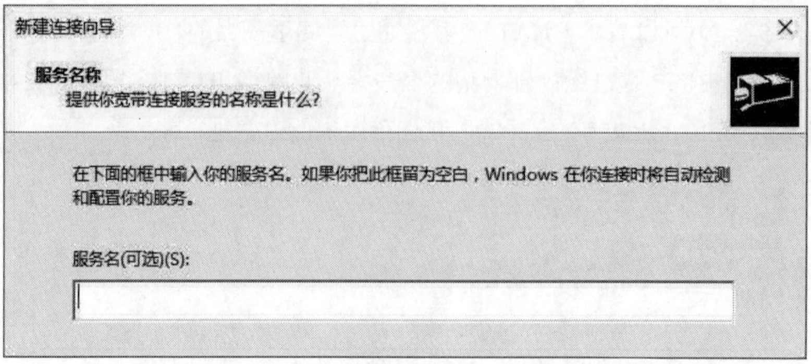

新建连接向导

服务名称
提供你宽带连接服务的名称是什么?

在下面的框中输入你的服务名。如果你把此框留为空白，Windows 在你连接时将自动检测和配置你的服务。

服务名(可选)(S):

图 19-2-21

STEP **15** 如果 ISP 不支持密码加密功能，则需要勾选**如果这是唯一连接的方式的话，就发送纯文本密码**，而后单击下一步按钮，如图 19-2-22 所示。

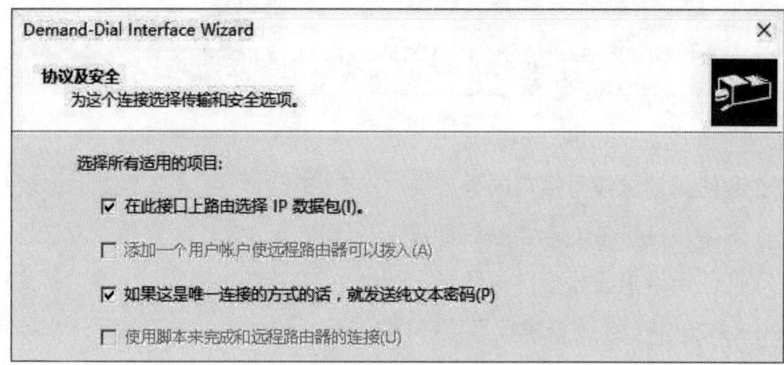

图 19-2-22

STEP **16** 输入用来连接到 ISP 的用户名与密码后单击下一步按钮，如图 19-2-23 所示。

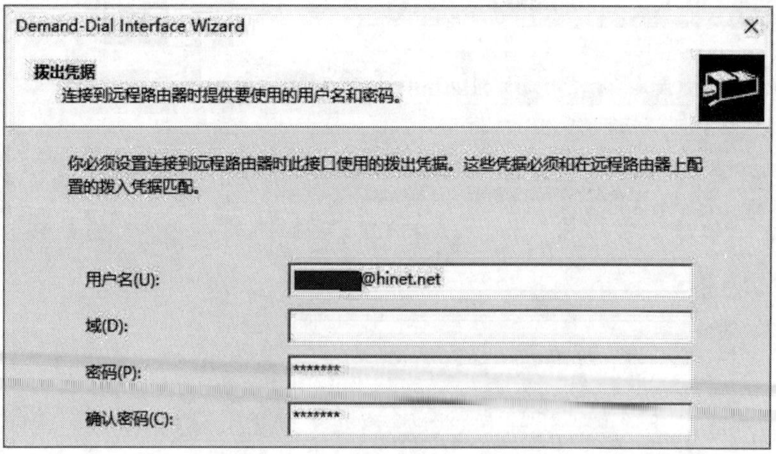

Demand-Dial Interface Wizard

拨出凭据
连接到远程路由器时提供要使用的用户名和密码。

你必须设置连接到远程路由器时此接口使用的拨出凭据。这些凭据必须和在远程路由器上配置的拨入凭据匹配。

用户名(U): @hinet.net

域(D):

密码(P): *******

确认密码(C): *******

图 19-2-23

STEP **17** 出现**完成请求拨号接口向导**界面时单击完成按钮。

STEP **18** 出现**完成路由和远程访问服务器安装向导**界面时单击完成按钮。

STEP 19　在如图 19-2-24 所示的界面中展开到 **IPv4**➲选中**静态路由**，再右击➲新建静态路由。

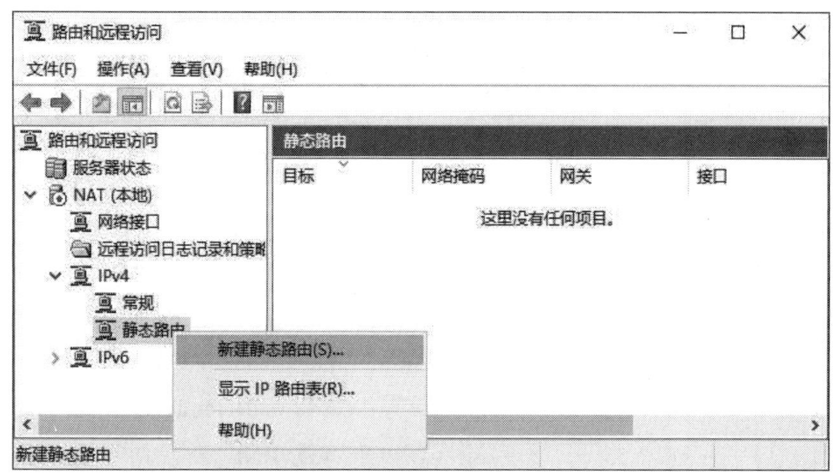

图 19-2-24

STEP 20　在如图 19-2-25 所示的界面中，为 NAT 服务器添加一个默认网关（**目的地**与**网络屏蔽**都为 0.0.0.0），以便在 NAT 服务器连接 Internet 时，通过 PPPoE 请求拨号接口 Hinet 来连接 ISP 与 Internet。

IPv4 静态路由
接口(E): Hinet
目标(D): 0 . 0 . 0 . 0
网络掩码(N): 0 . 0 . 0 . 0
网关(G):
跃点数(M): 1
☑ 使用此路由来启动请求拨号连接(U)

图 19-2-25

在第 17 章中介绍过，如果有多个路径可供选择，系统会选择**路径计量值**较低的路径。根据 Windows Server 2022 的规定，当 NAT 服务器的网络适配器指定了**默认网关**，并且网络速度大于或等于 200Mbps 且小于 2Gbps 时，默认的**路径计量值**为 281。在图 19-2-25 中，我们将 PPPoE 请求拨号的**计量值**（**网关计量值**）更改为 1，而 PPPoE 的**界面计量值**默认为 50，因此 PPPoE 请求拨号的**路径计量值**为**接口计量值**+**网关计量值**= 51。由于它比网卡的**路径计量值** 281 要低，因此当 NAT 服务器接收到内部计算机的上网请求时，会选择请求拨号接口 Hinet 来自动连接 Internet。

STEP 21　图 19-2-26 为完成后的界面。

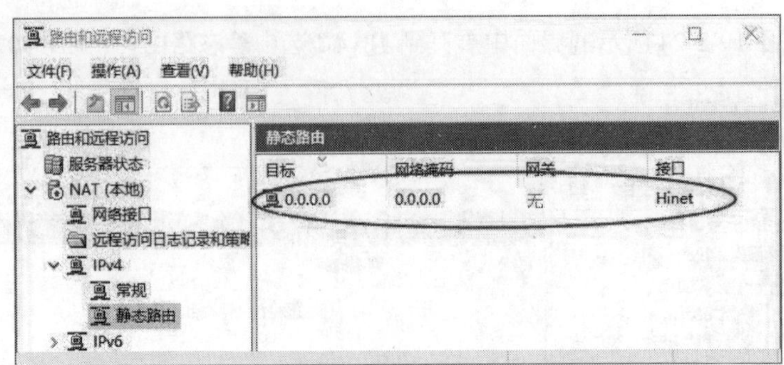

图 19-2-26

STEP 22 虽然 NAT 服务器的 DNS 中继代理功能，可以代替内部网络客户端来查询 DNS 主机的 IP 地址，但仍然需要在 NAT 服务器的 **Windows Defender 防火墙**中开放 DNS 流量（端口号为 UDP 53），以便接收客户端传来的 DNS 查询请求，具体步骤为：单击左下角的**开始**图标⊞➲Windows 系统管理工具➲高级安全 Windows 防火墙➲单击**入站规则**右侧的**添加规则**……➲选择**端口**后单击下一步按钮➲在如图 19-2-27 所示的界面中将协议和端口设置为 UDP 53➲……。

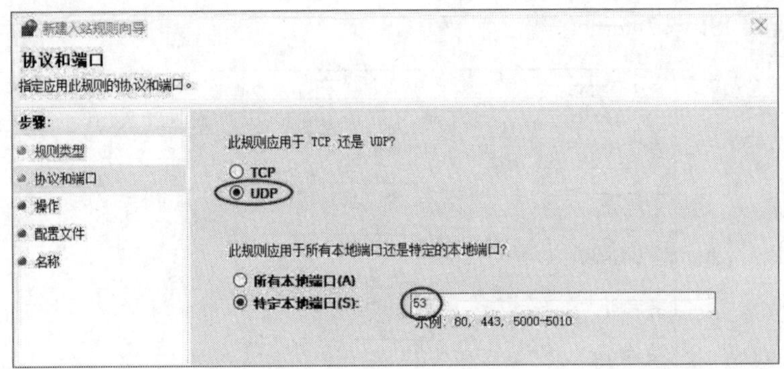

图 19-2-27

完成设置后，当内部网络客户端用户的连接 Internet 请求（例如上网、收发电子邮件等）被发送到 NAT 服务器后，NAT 服务器将自动通过 PPPoE 请求拨号来连接 ISP 与 Internet。

19.2.3 内部网络包含多个子网

如果内部网络包含多个子网，需要确保各个子网的上网请求会被发送到 NAT 服务器。例如，在图 19-2-28 中，内部网络包含**子网 1**、**子网 2** 和**子网 3**。当**路由器 2** 收到**子网 3** 发送的上网请求时，它会将该请求发送给**路由器 1**（必要时可能要手动在路由表中建立路由），然后由**路由器 1** 将请求发送给 NAT 服务器，否则**子网 3** 内的计算机无法通过 NAT 服务器直接连接 Internet。

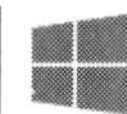

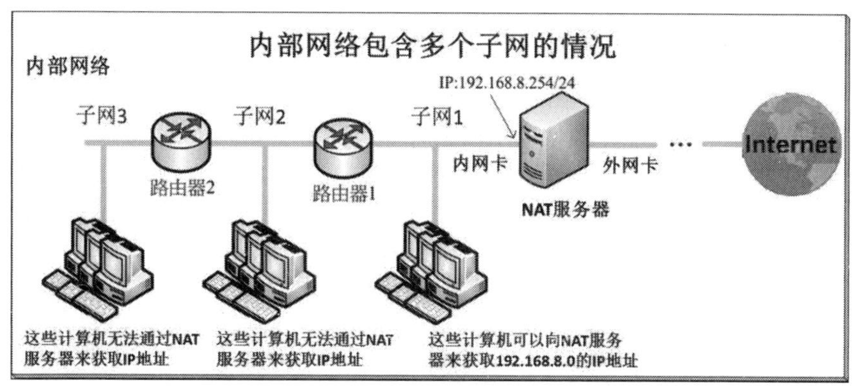

图 19-2-28

另外，NAT 服务器只会为一个子网分配 IP 地址。例如，在图 19-2-28 中，NAT 服务器只会将 192.168.8.0 的 IP 地址分配给**子网 1** 内的计算机，无法将 IP 地址分配给**子网 2** 与**子网 3** 内的计算机。因此，**子网 1** 和**子网 3** 内的计算机需要手动设置 IP 地址或通过其他 DHCP 服务器进行分配。

19.2.4　添加 NAT 网络接口

如果 NAT 服务器具有多个网络接口（例如多块网卡），这些网络接口分别连接到不同的网络。其中，连接 Internet 的接口被称为**公用接口**，连接内部网络的接口被称为**专用接口**。系统默认只开放一个内部网络的计算机可以通过 NAT 服务器连接 Internet。如果要开放其他内部网络，则具体的步骤为：在如图 19-2-29 所示的界面中展开到 **IPv4**➲选中 **NAT**，再右击➲新增接口➲选择连接该网络的专用网接口（假设是**内网卡 2**）➲选择**专用接口连接到专用网络**➲……。

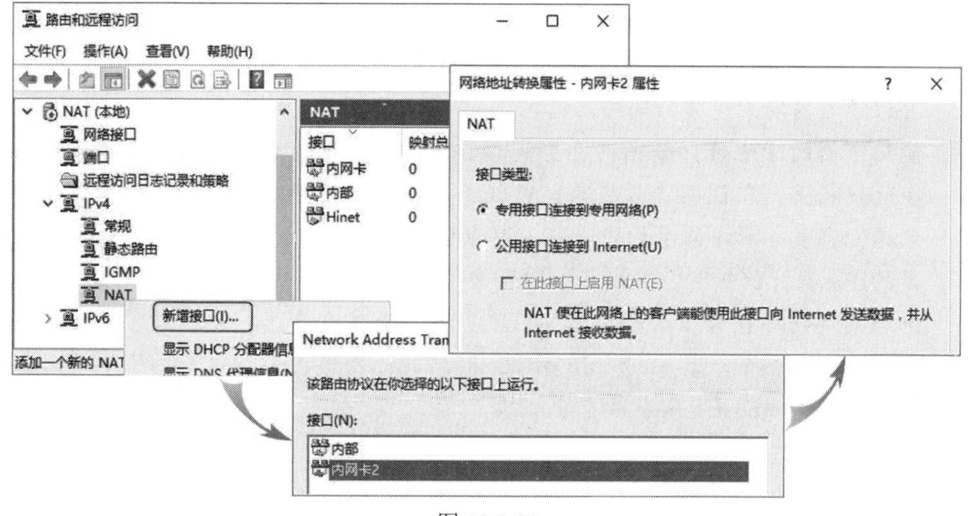

图 19-2-29

如果 NAT 服务器具有多个**专用接口**，例如图 19-2-30 中的内部网络有 3 个**专用接口**，由于 NAT 服务器只会为其中一个网络分配 IP 地址，因此只有一个网络内的计算机可以通过 NAT 服务器自动获取 IP 地址。其他网络内的计算机需要手动设置 IP 地址或通过其他 DHCP 服务器进行分配。

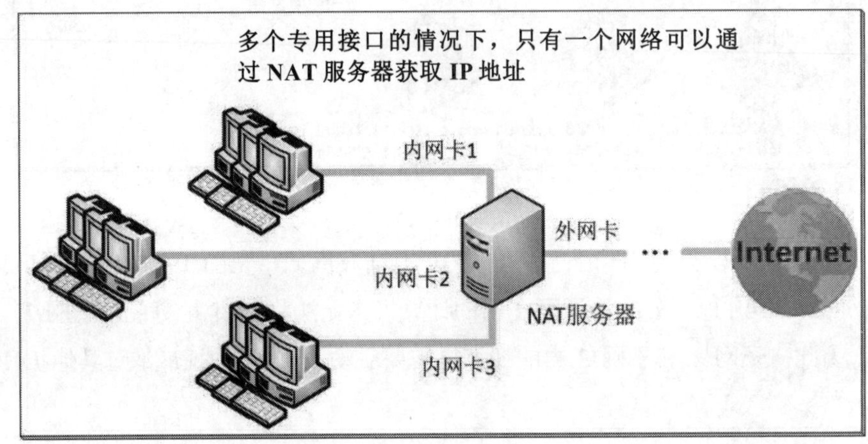

图 19-2-30

19.2.5 内部网络的客户端设置

内部网络用户（参见图 19-2-11）的 IP 地址设置必须正确，才能够通过 NAT 服务器连接 Internet。以 Windows 11 或 Windows 10 为例，其设置方法为：单击⊞键+R键➲输入 control 后单击确定按钮➲网络和 Internet➲网络和共享中心➲单击**以太网**➲单击属性按钮➲单击 **Internet 协议版本 4（TCP/IPv4）**➲单击属性按钮，然后选择：

- **自动获得IP地址**：如图19-2-31所示，此时客户端会自动向NAT服务器或其他DHCP服务器获取IP地址、默认网关与DNS服务器地址等设置。如果向NAT服务器申请IP地址，由于NAT服务器只会分配与内网卡相同网络ID的IP地址，因此这些客户端需要位于与内网卡连接的同一网络内。
- **使用下面的IP地址**：如图19-2-32所示，图中IP地址的网络ID与NAT服务器内网卡的IP地址相同，默认网关设置为NAT服务器内网卡的IP地址。首选DNS服务器可以指定为NAT服务器内网卡的IP地址（因为它具备DNS中继代理功能），或其他DNS服务器的IP地址（例如8.8.8.8）。

如果内部网络包含多个子网或NAT服务器拥有多个专用接口，由于NAT服务器只会为一个网络内的计算机分配IP地址，因此其他网络内的计算机的IP地址需要手动设置或通过其他DHCP服务器进行分配。

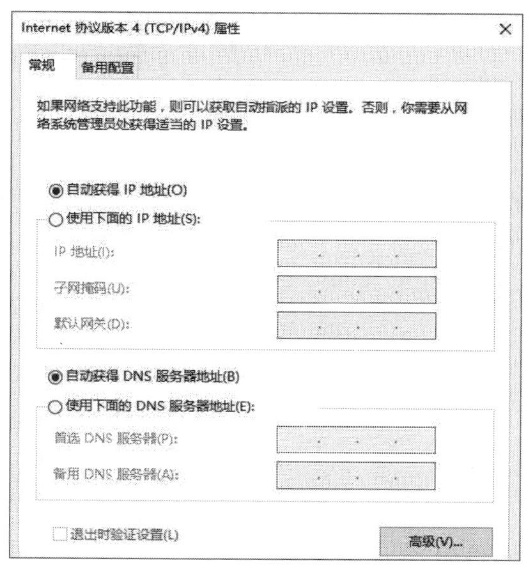

图 19-2-31

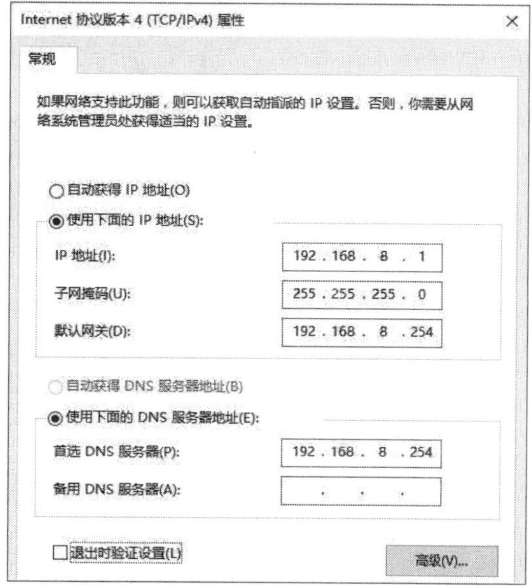

图 19-2-32

19.2.6　连接错误排除

如果 PPPoE 请求拨号无法成功连接 ISP，可以使用手动拨号连接的方式来查找原因。具体的步骤为：在如图 19-2-33 所示的界面中单击**网络接口**➲选中 **PPPoE 请求拨号**接口（例如 Hinet），再右击➲连接，也可以通过图中的**设置凭据**选项来更改账户与密码：

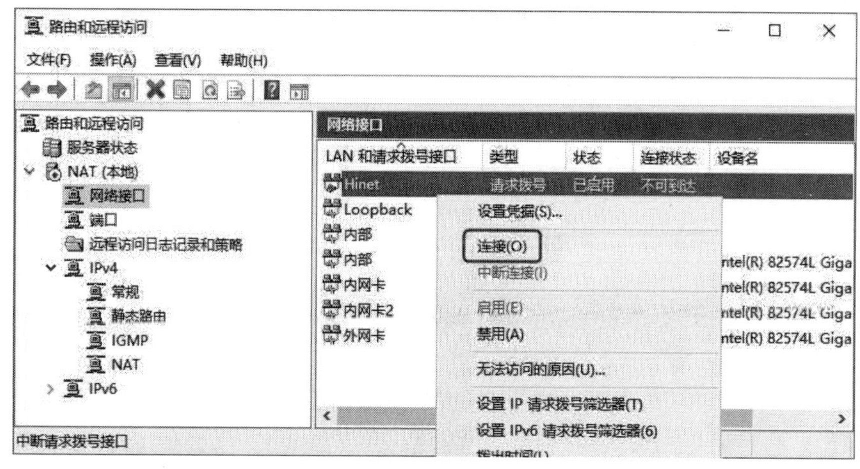

图 19-2-33

- 如果出现类似“在连接接口时发生错误...”界面，可能是ISP端不支持密码加密功能。在这种情况下，选中**PPPoE请求拨号**界面（Hinet），再右击➲属性➲在如图19-2-34所示的界面中进行选择。
- 如果PPPoE请求拨号成功连接ISP，但是NAT服务器与客户端却无法连接Internet，则需要检查图19-2-26中是否存在自行建立的静态路由。

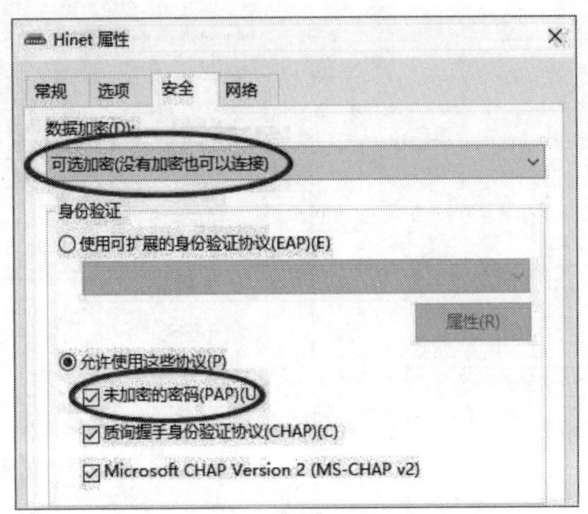

图 19-2-34

19.3 DHCP分配器与DNS中继代理

Windows Server 2022 NAT 服务器还具备以下两个功能：

- **DHCP分配器**：用于为内部网络的客户端计算机分配IP地址。
- **DNS中继代理**：可以代替内部计算机向DNS服务器查询DNS主机的IP地址。

19.3.1 DHCP 分配器

DHCP 分配器（DHCP Allocator）扮演着类似 DHCP 服务器的角色，用来为内部网络的客户端计算机分配 IP 地址。如果需要更改 DHCP 分配器的设置，具体的步骤为：在如图 19-3-1 所示的界面中展开到 **IPv4**➲单击 **NAT**➲单击上方的**属性**图标➲单击前景界面中的**地址分配**选项卡。

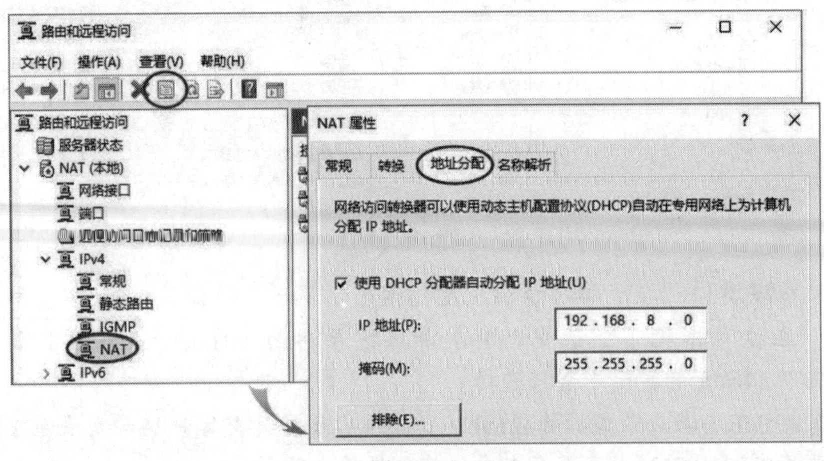

图 19-3-1

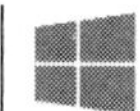

在搭建 NAT 服务器时，如果系统检测到内部网络已有 DHCP 服务器，那么它将不会自动启动 DHCP 分配器。

图中 DHCP 分配器为客户端分配的 IP 地址的网络 ID 为 192.168.8.0。该默认值是根据 NAT 服务器内网卡的 IP 地址（192.168.8.254）自动生成的。可以更改此默认值，但必须与 NAT 服务器内网卡的 IP 地址一致，即网络 ID 必须相同。

如果内部网络内的某些计算机的 IP 地址是手动输入的，并且这些 IP 地址位于上述 IP 地址范围内，则需要通过单击界面中的排除按钮将这些 IP 地址排除，以避免将这些 IP 地址分配给其他客户端计算机，从而导致客户端 IP 地址重复的情况。

如果内部网络包含多个子网或 NAT 服务器具有多个专用接口，由于 NAT 服务器的 DHCP 分配器只能够分配一个内部网络计算机的 IP 地址，因此其他网络内的计算机的 IP 地址需要手动设置或通过其他 DHCP 服务器进行分配。

19.3.2 DNS 中继代理

当内部计算机需要查询主机的 IP 地址时，它们可以将查询请求发送到 NAT 服务器。然后，NAT 服务器的 **DNS 中继代理**（DNS Proxy）将代替它们进行 IP 地址的查询。通过图 19-3-2 中的**名称解析**选项卡，可以启动或更改 DNS 中继代理的设置。勾选**使用域名系统（DNS）的客户端**表示启用 DNS 中继代理的功能。此后，只要客户端想要查询主机的 IP 地址时（这些主机可能位于 Internet 或内部网络），NAT 服务器的 DNS 中继代理都可以代替客户端向 DNS 服务器发起查询。

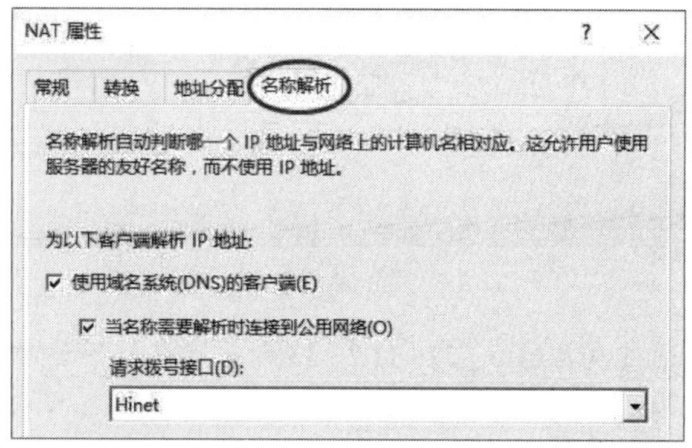

图 19-3-2

NAT 服务器的 DNS 中继代理会向哪一台 DNS 服务器查询呢？它会向其 TCP/IP 设置中指定的**首选 DNS 服务器（其他 DNS 服务器）**进行查询。如果此 DNS 服务器位于 Internet 中，并且 NAT 服务器是通过 **PPPoE 请求拨号**连接到 Internet 的，则需要勾选图 19-3-2 中**当名称**

需要解析时连接到公用网络选项，以便让 NAT 服务器可以自动使用 PPPoE 请求拨号接口（例如图中的 Hinet）来连接到 Internet。

19.4 开放Internet用户访问内部服务器

NAT 服务器可以通过设置让内部计算机连接 Internet，不过由于内部计算机使用的是私有 IP 地址，这些 IP 地址不能暴露在 Internet 上。外部用户只能访问 NAT 服务器的公共 IP 地址，即外网卡的地址。因此，如果要使外部计算机能够连接内部服务器（如内部网站），需要通过设置端口映射和地址映射功能来让 NAT 服务器进行转发。

19.4.1 端口映射

通过 TCP/UDP 端口映射功能（Port Mapping），可以让 Internet 用户连接到使用私有 IP 地址的内部网站服务器。以图 19-4-1 为例，内部网站的 IP 地址为 192.168.8.1，连接端口为 80；SMTP 服务器的 IP 地址为 192.168.8.2，连接端口为 25。要使外部用户能够访问该网站与 SMTP 服务器，需要将网站与 SMTP 服务器的 IP 地址设置为 NAT 服务器的外网卡的 IP 地址 220.11.22.33，并在 DNS 服务器中注册该 IP 地址：

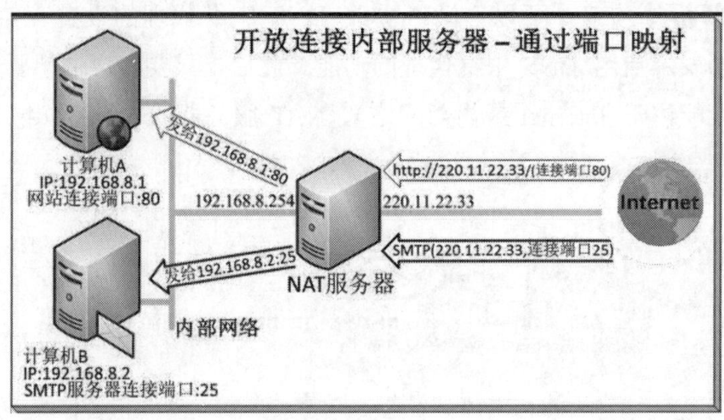

图 19-4-1

- 当Internet用户通过类似**http://220.11.22.33/**的路径连接网站时，NAT服务器将该请求转发到内部计算机A上的网站。网站将所需的网页发送给NAT服务器，然后NAT服务器将其转发给Internet用户。
- 当Internet用户通过IP地址**220.11.22.33**连接SMTP服务器时，NAT服务器将该请求转发到内部计算机B上的SMTP服务器。

以图 19-4-1 为例，将 Internet 用户发送的上网请求转发到内部计算机 A 的设置方法为：在如图 19-4-2 所示的界面中展开到 **IPv4**➲单击 **NAT**➲选中**外网卡**，再右击➲属性。

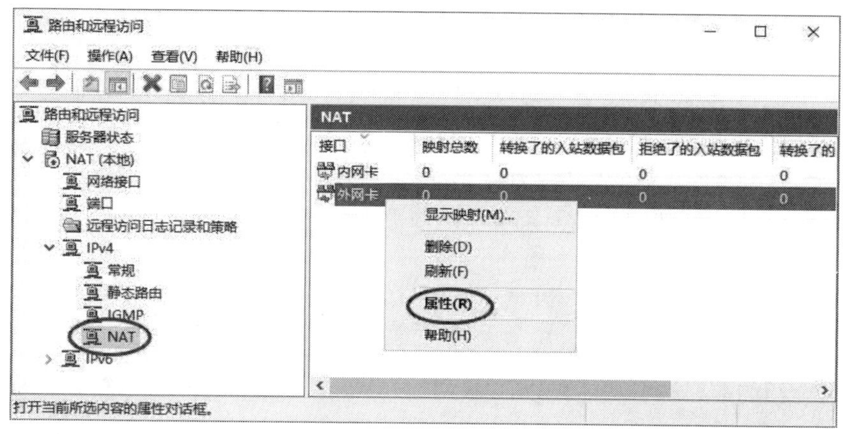

图 19-4-2

然后，在如图 19-4-3 所示的界面中选择**服务和端口**选项卡➲单击 Web **服务器（HTTP）**➲在前景界面的**专用地址**处输入内部网站的 IP 地址 192.168.8.1➲……，在图中**公用地址**（Public address）处，默认选择**在此接口**选项，该选项表示 NAT 服务器外网卡的 IP 地址。以图 19-4-1 为例，外网卡的 IP 地址就是 220.11.22.33。整个顺序为：当从 Internet 发送给 IP 地址 220.11.22.33（**公用地址**）、端口号 80（**传入端口**）的 TCP 数据包（**通信协议**）时，NAT 服务器会将其转发给 IP 地址为 192.168.8.1（**专用地址**）、端口号为 80（**传出端口**）的服务去处理。

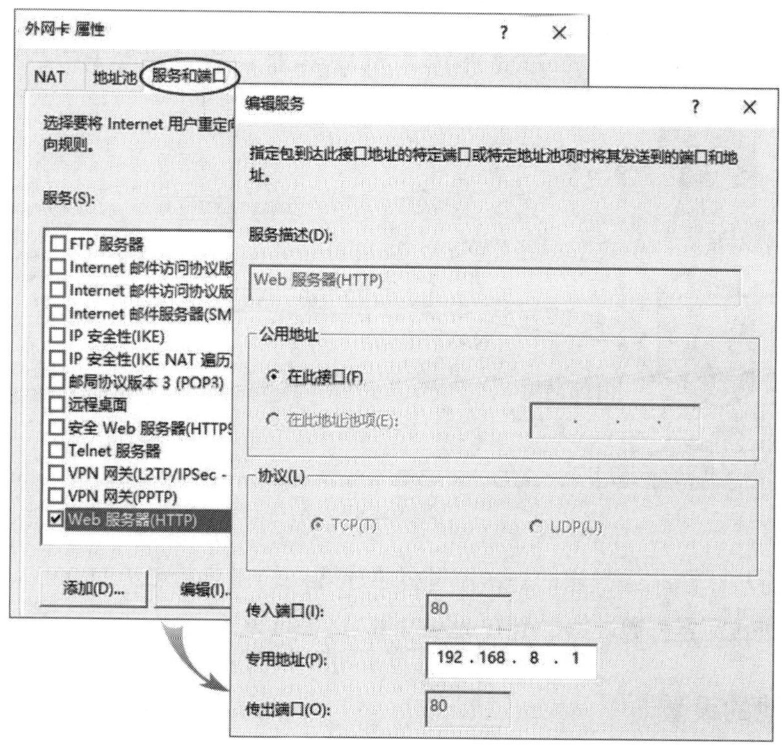

图 19-4-3

在图 19-4-3 中，默认情况下无法更改默认服务的传入端口与传出端口号。如果需要使用非标准端口号，则需要通过单击背景界面中的添加按钮来创建新的服务。

另外，如果 NAT 服务器的外网卡拥有多个公共 IP 地址，我们可以从**在这个地址池项目**来选择其他公共 IP 地址（将在后面介绍如何进行选择）。

19.4.2 地址映射

前一小节介绍的端口映射功能可以在 NAT 服务器上对从 Internet 发送到外网卡的不同类型请求进行分类，并将其转发给内部不同的计算机进行处理。举例来说，这个功能可以将接收到的 HTTP 请求转发给计算机 A 处理，将 SMTP 请求转发给计算机 B 进行处理。NAT 服务器的外网卡 IP 地址为 220.11.22.33。

如果 NAT 服务器外网卡使用多个 IP 地址，那么我们可以使用**地址映射**（Address Mapping）方式为内部特定的计算机保留特定的 IP 地址。例如，在图 19-4-4 中，NAT 服务器外网卡有两个公共 IP 地址：220.11.22.33 和 220.11.22.34。在这种情况下，我们可以将第一个 IP 地址 220.11.22.33 分配给计算机 A，将第二个 IP 地址 220.11.22.34 分配给计算机 B。之后，所有发送到第一个 IP 地址 220.11.22.33 的流量都会转发给计算机 A，所有送到第二个 IP 地址 220.11.22.34 的流量都会转发给计算机 B。

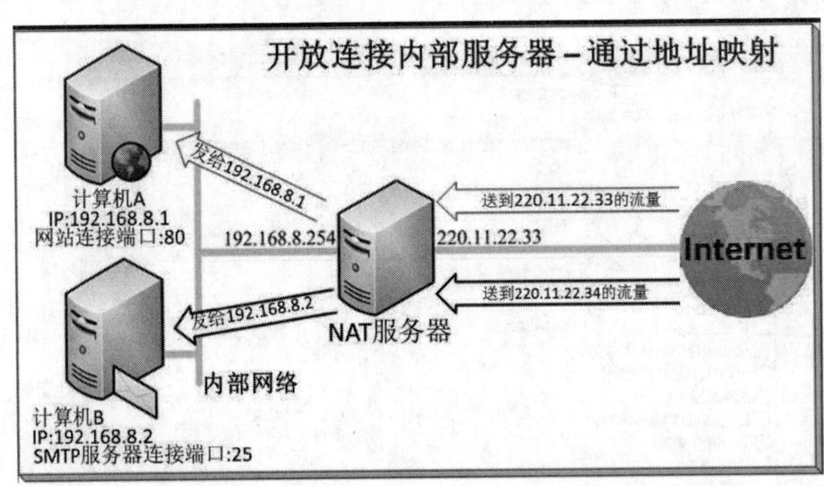

图 19-4-4

同时，所有从计算机 A 发出的外送流量会通过第一个 IP 地址 220.11.22.33 发送，而从计算机 B 发出的外送流量将通过第二个 IP 地址 220.11.22.34 发送。

1. 地址池的设置

NAT 服务器需要使用多个公共 IP 地址才可以使用地址映射的功能。假设 NAT 服务器外

网卡除了原有的 IP 地址 220.11.22.33 之外，还需要添加另外一个 IP 地址 220.11.22.34，那么需要执行以下操作：

- **在外网卡的TCP/IP配置处添加第二个IP地址**，具体的操作步骤为：打开**服务器管理器**➲单击**本地服务器**右侧任何一块网卡（例如**内网卡**或**外网卡**）处的设置值➲选中代表外网卡的连接，再右击➲属性➲单击**Internet协议版本4（TCP/IPv4）**➲单击属性按钮➲单击高级按钮➲单击**IP地址**处的添加按钮➲……，如图19-4-5所示为完成后的界面。

图 19-4-5

- **添加地址池**，具体的步骤为：打开**路由和远程访问**控制台➲展开到**IPv4**➲单击**NAT**➲选中**外网卡**，再右击➲属性➲在如图19-4-6所示的界面中单击**地址池**选项卡下的添加按钮➲输入NAT服务器外网卡的起始地址、掩码和结束地址➲……。

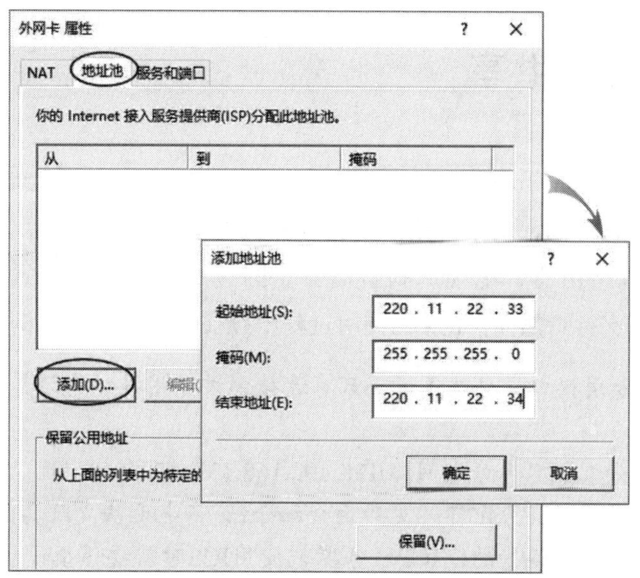

图 19-4-6

2. 地址保留的设置

首先单击图 19-4-6 中背景界面右下方的保留按钮，然后在图 19-4-7 中进行地址保留的设置。在图中，我们将地址池中的公共 IP 地址 220.11.22.33 分配给内部使用私有 IP 地址 192.168.8.1 的计算机 A 使用（参考图 19-4-4）。

完成地址保留设置后，所有由计算机 A（192.168.8.1）发出的外送流量都会使用 NAT 服务器的 IP 地址 220.11.22.33 进行发送。同时，由于我们勾选了**允许将会话传入到此地址**，因此，所有发送至 NAT 服务器 IP 地址 220.11.22.33 的数据包都会被 NAT 服务器转发至内部网络上 IP 地址为 192.168.8.1 的计算机 A。

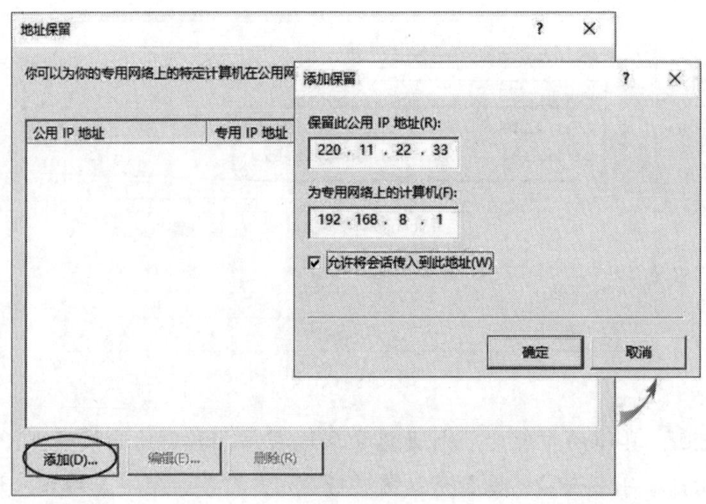

图 19-4-7

19.5 Interne连接共享

Internet 连接共享（Internet Connection Sharing，ICS）是一个功能较简单的网络地址转换（NAT）工具。通过 ICS，内部网络中多台计算机可以同时使用一组公共 IP 地址来连接 Internet。无论是通过路由器、电缆调制解调器、固接式还是非固接式 xDSL 等方式连接 Internet，都可以得到支持。然而，ICS 在使用过程中存在一些局限性，例如：

- 只支持一个专用接口，也就是说，只有连接到该专用接口的计算机才能通过ICS连接到Internet。
- ICS的DHCP分配器只会分配网络ID为192.168.137.0/24的IP地址。
- 无法禁用ICS的DHCP分配器（见后面详细介绍），也无法更改其设置。因此，如果内部网络已经有正在运行的DHCP服务器，使用ICS时需要谨慎设置（或将ICS禁用），以避免DHCP服务器分配的IP地址冲突。

- ICS只支持一个公共IP地址，因此无**地址映射**的功能。

ICS 功能不能与**路由和远程访问**服务同时启用。因此，如果**路由和远程访问**服务已经启用，需要先将其禁用，具体步骤为：打开**路由和远程访问**控制台➲选中 NAT（本地），再右击➲禁用路由和远程访问。

启用 ICS 功能的步骤为：打开**服务器管理器**➲单击**本地服务器**右侧任何一块网卡（例如**内网卡或外网卡**）处的设置值➲在如图 19-5-1 所示的界面中选中**外网卡**，再右击➲属性➲勾选**共享**选项卡下的**允许其他网络用户通过此计算机的 Internet 连接来连接**➲单击确定按钮。

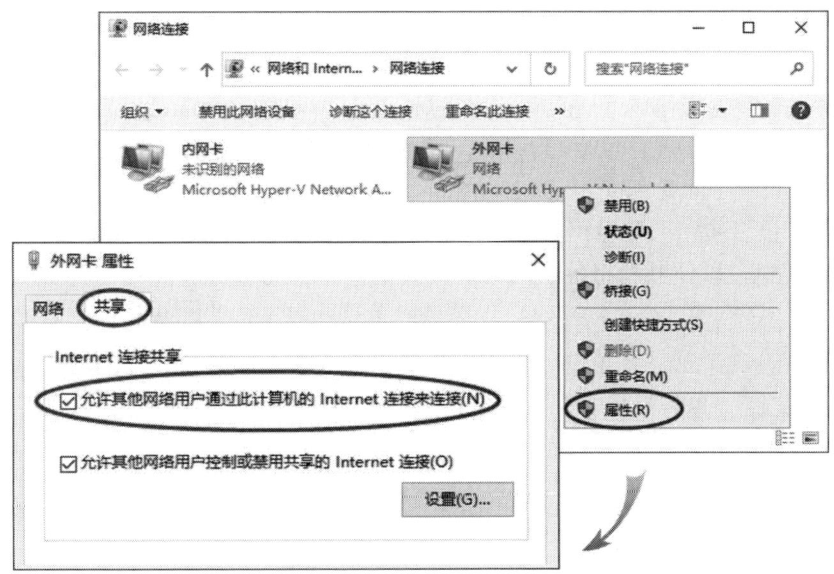

图 19-5-1

如果 ICS 计算机拥有两个或更多专用接口，那么在图 19-5-1 中的前景界面中，会要求选择一个专用接口。只有从选定接口发送的请求才能通过 ICS 计算机连接到 Internet。

在启用 ICS 后，系统将出现如图 19-5-2 所示的界面。此时，系统会将内网卡的 IP 地址更改为 192.168.137.1/24。因此，连接到该网络接口的计算机的 IP 地址的网络 ID 也必须是 192.168.137.0/24，否则将无法通过 ICS 计算机连接到 Internet。

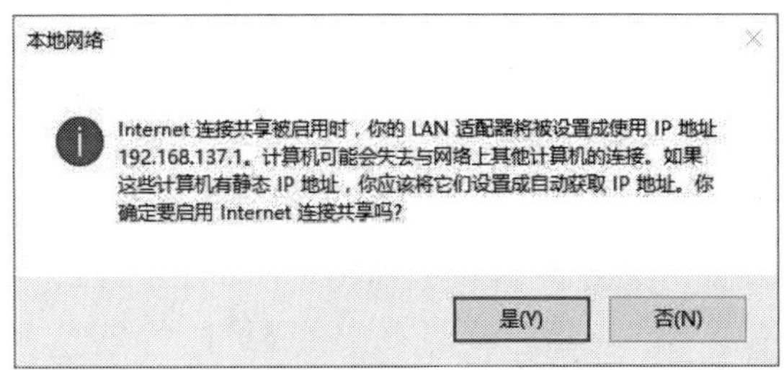

图 19-5-2

ICS 客户端的 TCP/IP 设置方法与 NAT 客户端相同。通常情况下，客户端的 IP 地址应设置为自动获取，这样它们可以自动从 ICS 计算机获取 IP 地址、默认网关和首选 DNS 服务器等设置。这些 IP 地址将采用 192.168.137.0 的格式，而默认网关与首选 DNS 服务器都将被设置为 ICS 计算机内网卡的 IP 地址，即 192.168.137.1。

如果希望客户端使用非 192.168.137.0 格式的 IP 地址，就需要手动配置 ICS 计算机的内网卡和客户端计算机的 IP 地址（网络 ID 必须相同）。同时，客户端的默认网关必须设置为 ICS 计算机内网卡的 IP 地址，而首选 DNS 服务器可以设置为 ICS 内网卡的 IP 地址或任何其他 DNS 服务器的 IP 地址（例如 8.8.8.8）。

如果 ICS 计算机的内网卡的 IP 地址是手动输入的，并且不在 **DHCP 分配器**分配 IP 地址的范围内（即 192.168.137.0/24 网段），那么系统将自动禁用 **DHCP 分配器**。

如果专用接口所连接的网络中包含多个子网地址，确保各子网的上网请求都通过路由器发送到 ICS 计算机，以便顺利将各子网的上网数据包传送到 ICS 计算机。为实现这一目的，需要手动在路由器的路由表中设置路径。

第 20 章　Server Core、Nano Server 与 Container

在安装 Windows Server 时，我们可以选择一种小型化版本的 Windows Server，它称为 **Server Core 服务器**。Server Core 服务器支持大部分的服务器角色，可以降低硬盘使用量并减少被攻击面。**Nano Server** 类似于 Server Core 服务器，但它更小型化。**Container**（容器）是一种虚拟化技术，其中包含了执行应用程序所需的所有组件，它的体积小、加载速度快，非常适合云应用程序。

- Server Core服务器概述
- Server Core服务器的基本设置
- 在Server Core服务器内安装角色和功能
- Server Core应用兼容性按需功能FOD
- 远程管理Server Core服务器
- Windows容器与Docker

20.1 Server Core服务器概述

在安装 Windows Server 2022 时，如果选择 Windows Server 2022 Standard 或 Windows Server 2022 Datacenter 版本，将安装 Server Core 服务器，如图 20-1-1 所示。

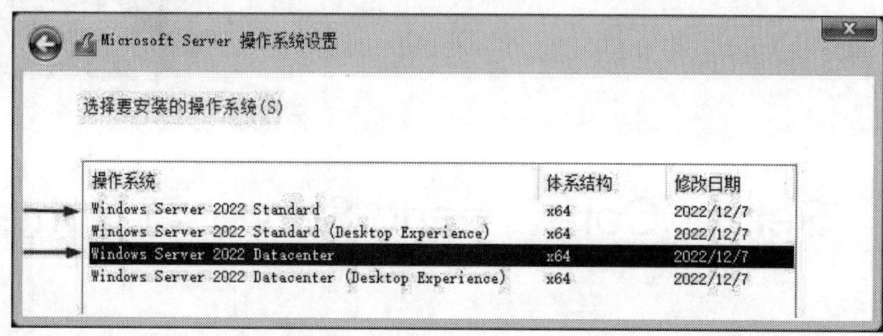

图 20-1-1

Server Core 服务器提供了一个小型化的运行环境，可以降低系统维护与管理需求，减少硬盘使用量、减少被攻击面。Server Core 服务器支持以下服务器角色：

- Active Directory证书服务（AD CS）
- Active Directory域服务（AD DS）
- Active Directory轻型目录服务（AD LDS）
- Active Directory Rights Management Services（ADRMS）
- DHCP服务器
- DNS服务器
- 文件服务
- Hyper-V
- IIS Web 服务器（包含支持ASP.NET子集）
- 打印和文件服务
- Routing and Remote Access Services（RRAS）
- 流媒体服务
- Windows Server Update Services（WSUS）

20.2 Server Core服务器的基本设置

Server Core 服务器不提供 Windows 图形用户界面（GUI），而是 PowerShell 窗口作为 **Server Core 服务器**的图形用户界面。在这个环境下，可以使用命令来管理 **Server Core 服务器**。在登录后，系统会自动执行**服务器设置工具**程序 Sconfig，如图 20-2-1 所示。通过

Sconfig 工具程序，可以更轻松地执行一些基本的管理工作。

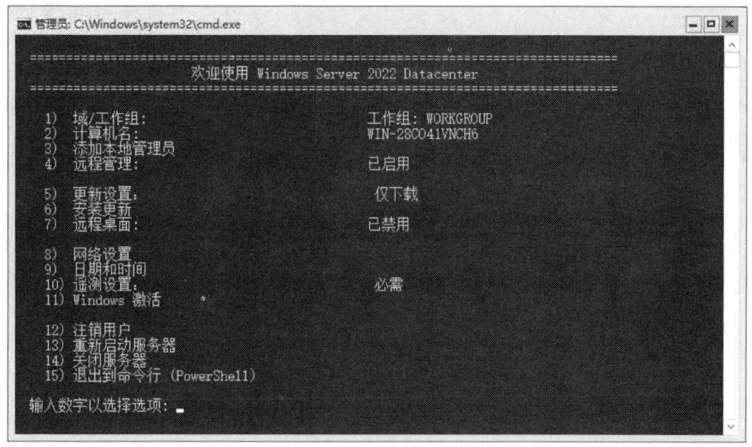

图 20-2-1

在图 20-2-1 中，可以更改基本的设置。例如通过选项 2）可以更改计算机名，通过选项 8）可以更改 IP 地址，还可以通过选项 1）将此计算机加入域（例如有配置域服务）。

如果希望在登录时不自动启动 Sconfig，可选择图 20-2-1 中的选项 15）返回 PowerShell 环境，然后执行 **Set-SConfig -AutoLaunch $False** 命令。如果希望登录时自动启动 Sconfig，则执行 **Set-SConfig -AutoLaunch $True** 命令。

如果用户要注销，请选择选项 12)。也可以在 PowerShell 环境下执行 **Logoff** 命令来注销用户。如果本机内有多个用户账户或此计算机已经加入域，则可以选择使用这些本机账户或域用户账户来登录。例如，使用域用户账户登录，则需要在输入密码的登录界面上按两次 Esc 键，然后会出现如图 20-2-2 所示的选择**其他用户**选项。接着，在图 20-2-3 中输入域用户名与密码，例如 sayms\administrator 或 sayms.local\administrator。

图 20-2-2

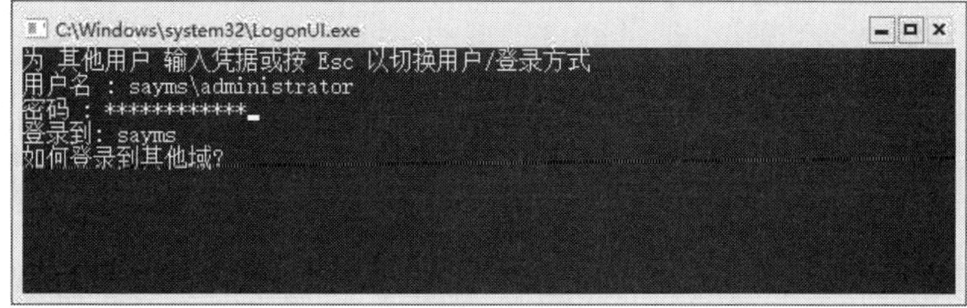

图 20-2-3

如果使用的是 Hyper-V 虚拟机，可能需要在 **Hyper-V 管理工具**内单击**查看**菜单，并取消勾选**加强的会话**选项。之后按 Esc 键才能恢复正常。

20.2.1 更改计算机名与 IP 设置值

我们可以使用 Sconfig 来更改计算机名与 IP 设置值等，如果要在 PowerShell 窗口中更改计算机名与 IP 设置值，对应的 PowerShell 命令分别为：

- 更改计算机名：

  Rename-Computer -ComputerName ServerCoreBase -NewName ServerCore1 -Restart

  其中**-ComputerName**为原计算机名、**-NewName**为新计算机名、**-Restart**表示更改完成后重新启动计算机。

  如果命令中未加**-Restart**参数，可执行**Restart-Computer**命令来重新启动计算机。如果要关闭计算机，可以执行**Stop-Computer**命令。

- 设置静态IP地址（假设是192.168.8.41/24）、默认网关（假设是192.168.8.254）：

  先执行Get-NetIPConfiguration命令来取得网卡的InterfaceIndex值，假设是5，然后执行**New-NetIPaddress**命令：

```
Get-NetIPConfiguration
New-NetIPAddress  -InterfaceIndex  5  -IPAddress 192.168.8.41
-PrefixLength  24
  -DefaultGateway 192.168.8.254
```

  如果要修改IP设置值，可执行Set-NetIPAddress命令。

- 改回动态获取IP地址：

```
Set-NetIPInterface  -InterfaceIndex  5  -Dhcp  Enabled
```

- 删除默认网关192.168.8.254：

```
Remove-NetRoute  -Interfaceindex  5  -NextHop  192.168.8.254
```

- 指定DNS服务器（假设将其指定到192.168.8.1）：

```
Set-DnsClientServerAddress -InterfaceIndex 5 -ServerAddresses 192.168.8.1
```

- 改回动态设置DNS服务器：

```
Set-DnsClientServerAddress  -InterfaceIndex  5  -ResetServerAddresses
```

20.2.2 激活 Server Core 服务器

可用以下方法来激活 **Server Core 服务器**。先执行以下命令来输入产品密钥：

```
slmgr.vbs  -ipk  <25个字符的密钥字符串>
```

完成后，再执行以下的命令来激活 **Server Core 服务器**：

```
slmgr.vbs  -ato
```

屏幕上并不会显示激活成功的信息，但是会显示失败的信息。

20.2.3　加入域

假设我们要将本地计算机加入 AD DS 域 sayms.local，可执行以下命令：

```
Add-Computer -DomainName  sayms.local -Restart
```

然后在弹出的界面上输入要加入域的计算机的用户账户与密码，例如域系统管理员 sayms\Administrator（或 sayms.local\Administrator）。

如果需要指定用户账户，例如域 sayms.local 的 Administrator，可执行如下命令：

```
Add-Computer  -DomainName  sayms.local -Credential  sayms\Administrator
-Restart
```

如果要脱离域、加入工作组，可执行以下命令（假设工作组名为 TestGroup）：

```
Add-Computer  -WorkgroupName  TestGroup  -Restart
```

20.2.4　添加本地用户与组账户

假设要添加本地用户账户 Jackie，全名为 Jack Wang，可执行以下命令:

```
$Password = Read-Host  -AsSecureString
New-LocalUser  -Name Jackie  -Password  $Password  -FullName  "Jack Wang"
```

上面第一行命令中的 Read-Host 参数是用来要求输入密码的，因为命令中带有 -AsSecureString 参数，所以密码不会显示在屏幕上（用*符号代替），然后将所输入的密码保存到变量$Password 中。

上面第二行命令用来添加用户账户 Jackie，全名为 Jack Wang（字符串之间有空格，前后需要加双引号）。可执行以下命令来查看当前的一些用户账户：

```
Get-LocalUser
```

如果要将上述的用户账户 Jackie 删除，可执行以下命令：

```
Remove-LocalUser  -Name  Jackie
```

如果要添加组 SALES，可执行以下命令：

```
New-LocalGroup  -Name  SALES
```

如果要将上述的组 SALES 删除，可执行以下命令：

```
Remove-LocalGroup  -Name  SALES
```

如果要在 Active Directory 数据库内添加用户与组账户，可执行 New-ADUser 与 New-ADGroup 命令。

20.2.5 将用户加入本地 Administrators 组

可以将域用户账户加入本地系统管理员组 Administrators 中，例如要将域 sayms.local 内的用户 peter 加入本地 Administrators 组，可执行如下命令：

```
Add-LocalGroupMember  -Group Administrators  -Member  sayms.local\peter
```

完成后，可执行以下命令来查看 Administrators 组的成员：

```
Get-LocalGroupMember  -Group  Administrators
```

也可以通过 Sconfig 命令将上述域 sayms.local 内的用户 Peter 加入本地 Administrators 组（在图 20-2-1 中选择 3)）。

20.3 在Server Core服务器内安装角色和功能

完成 Server Core 服务器的基本设置后，接着可安装服务器角色（Server Role）和功能（Feature），在 Server Core 服务器内仅支持部分的服务器角色（见 20.1 节）。

20.3.1 查看所有角色和功能的状态

可以先执行 PowerShell 命令 **Get-WindowsFeature** 来查看 Server Core 服务器所支持的角色或功能的名称，如图 20-3-1 所示，然后再执行 **Install-WindowsFeature<角色或功能名称>** 命令来安装。如果要同时安装多个角色或功能，在这些角色或功能名称之间要用逗号隔开。如果要删除角色或功能，可执行 **Uninstall-WindowsFeature** 命令。

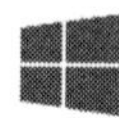

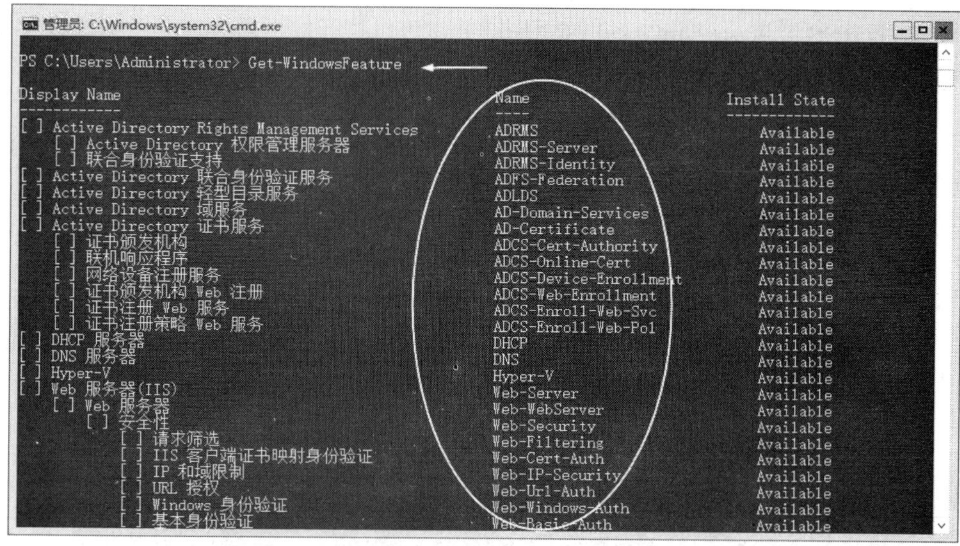

图 20-3-1

20.3.2 安装 DNS 服务器角色

要安装 DNS 服务器角色（包含管理 DNS 服务器的工具），可执行以下命令：

```
Install-WindowsFeature  DNS  -IncludeManagementTools
```

安装后可以执行 **Get-WindowsFeature** 命令来查看安装信息，图 20-3-2 表示已经安装完成。

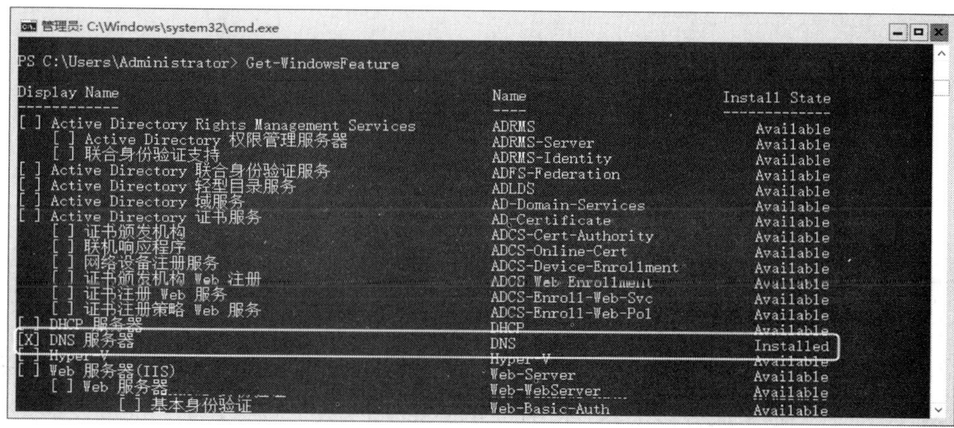

图 20-3-2

然后执行 **Add-DnsServerPrimaryZone** 命令来创建一个主要正向查找区域（假设区域名称是 saycore.local）：

```
Add-DnsServerPrimaryZone  -Name  saycore.local  -ZoneFile
saycore.local.dns
```

如果要在 DNS 区域 saycore.local 内添加记录，可以执行以下命令，命令中假设要添加 A 资源记录，其主机名为 Win11PC5、IP 地址为 192.168.8.5：

```
Add-DnsServerResourceRecordA  -Name  Win11PC5  -ZoneName  saycore.local
-IPv4Address 192.168.8.5
```

如果要查看 saycore.local 区域内的记录，可执行以下命令（见图 20-3-3）：

```
Get-DnsServerResourceRecord  -ZoneName  saycore.local
```

```
管理员: C:\Windows\system32\cmd.exe
PS C:\Users\Administrator> Add-DnsServerPrimaryZone -Name saycore.local -ZoneFile saycore.local.dns
PS C:\Users\Administrator> Add-DnsServerResourceRecordA -Name Win11PC5 -ZoneName saycore.local -IPv4Address
192.168.8.5
PS C:\Users\Administrator> Get-DnsServerResourceRecord -ZoneName saycore.local

HostName         RecordType Type   Timestamp     TimeToLive    RecordData
--------         ---------- ----   ---------     ----------    ----------
@                NS         2      0             01:00:00      win-28co41vnch6.
@                SOA        6      0             01:00:00      [2][win-28co41vnch6...
Win11PC5         A          1      0             01:00:00      192.168.8.5

PS C:\Users\Administrator>
```

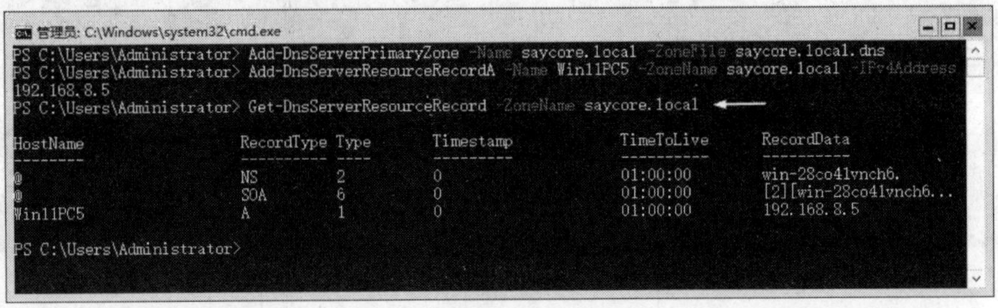

图 20-3-3

如果要停止、启动或重新启动 DNS 服务器，可以执行 Stop-Service DNS、Start-Service DNS 或 Restart-Service DNS 命令。

如果要删除 DNS 服务器角色，可执行以下命令：

```
UnInstall-WindowsFeature  DNS  -IncludeManagementTools
```

如果想要查看与 DNS 服务器相关的功能信息，可执行以下命令（见图 20-3-4）：

```
Get-WindowsFeature *DNS*
```

```
管理员: C:\Windows\system32\cmd.exe
PS C:\Users\Administrator> Get-WindowsFeature *DNS*

Display Name                                            Name                       Install State
------------                                            ----                       -------------
[X] DNS 服务器                                          DNS                            Installed
        [ ] DNS 服务器工具                              RSAT-DNS-Server                Available


PS C:\Users\Administrator> _
```

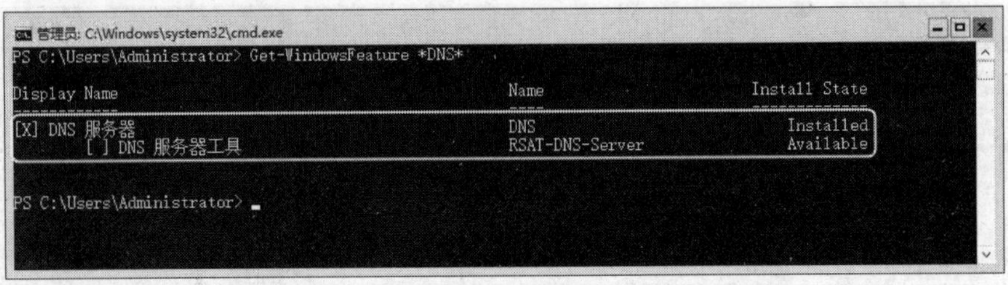

图 20-3-4

从图 20-3-4 中可知，有两个与 DNS 服务器有关的角色或功能，其中的 **DNS 服务器**已经安装完成，另一个 **DNS 服务器工具**“RSAT-DNS-Server”还未安装，如果想要安装，可执行以下命令：

```
Install-WindowsFeature  RSAT-DNS-Server
```

20.3.3 安装 DHCP 服务器角色

要安装 DHCP 服务器角色，可执行以下命令：

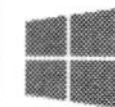

```
Install-WindowsFeature  DHCP  -IncludeManagementTools
```

如果 DHCP 服务器搭建在 AD DS 域环境中，则还需经过授权。可以执行以下命令来授权。假设此计算机的 IP 地址为 192.168.8.41，且已经加入 sayms.local 域。那么需要利用域 sayms.local 的系统管理员登录才有权限执行授权工作（命令中的参数**–IPAddress 192.168.8.41** 可以省略，可让系统自行通过 DNS 服务器去寻找 IP 地址）：

```
Add-DhcpServerInDC  -DNSName  ServerCore1.sayms.local  -IPAddress
192.168.8.41
```

完成后可执行以下命令来查看结果（见图 20-3-5）：

```
Get-DhcpServerInDC
```

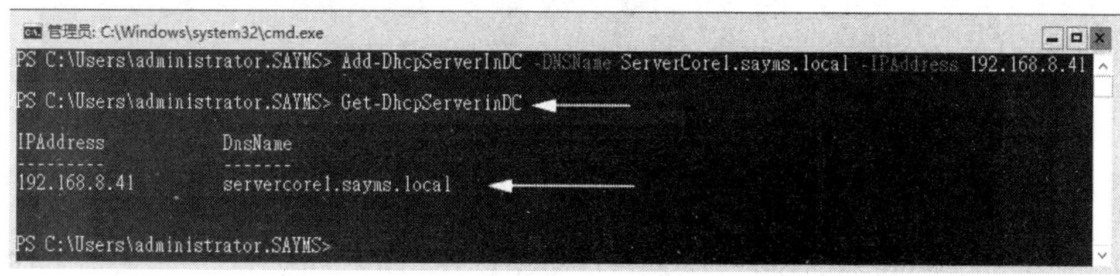

图 20-3-5

如果想要解除授权，可执行以下命令：

```
Remove-DhcpServerInDC  -DNSName  ServerCore1.sayms.local  -IPAddress
192.168.8.41
```

如果要停止、启动或重新启动 DNS 服务器，可执行 Stop-Service DHCPServer、Start-Service DHCPServer 或 Restart-Service DHCPServer 命令。

20.3.4　安装其他常见的角色

1. 安装 Hyper-V 角色

要安装 Hyper-V 角色，可执行以下命令：

```
Install-WindowsFeature  Hyper-V
```

安装完成后，可在其他计算机使用 Hyper-V 管理工具来管理，例如在 Windows Server 2022 GUI 模式内使用 **Hyper-V 管理器**控制台（需安装 **Hyper-V 管理工具**这个角色管理工具来拥有 Hyper-V 管理器）。

2. 安装 Active Directory 域服务（AD DS）

要安装 **Active Directory 域服务**（AD DS）角色，可执行以下命令：

```
Install-WindowsFeature  AD-Domain-Services  -IncludeManagementTools
```

安装完成 **Active Directory 域服务**（AD DS）角色后，再执行以下命令可创建第一个域和第一台域控制器，如图 20-3-6 所示，图中会另外要求设置目录服务还原模式中的系统管理员密码（图中假设域名是 sayms2.local，其他设置都用默认值；同时假设此计算机的 **DNS 服务器**的 IP 地址指到自己）：

```
Install-ADDSForest  -DomainName  sayms2.local
```

```
管理员: C:\Windows\system32\cmd.exe
PS C:\Users\Administrator> Install-ADDSForest -DomainName sayms2.local
SafeModeAdministratorPassword: ************
确认 SafeModeAdministratorPassword: ************
```

图 20-3-6

3. 安装 Active Directory 证书服务（AD CS）角色

首先使用 **Get-WindowsFeature *AD*** 命令来查看 Active Directory 证书服务（AD CS）包含的服务名称，如图 20-3-7 所示可知 AD CS 角色、证书颁发机构和证书颁发机构 Web 注册角色服务的名称，假设这 3 个都是我们要安装的（参见第 16 章图 16-2-4），因此请执行以下命令（安装完成后可再执行 **Get-WindowsFeature *AD*** 命令来查看）：

```
Install-WindowsFeature  AD-Certificate,ADCS-Cert-Authority,ADCS-Web-Enrollment
```

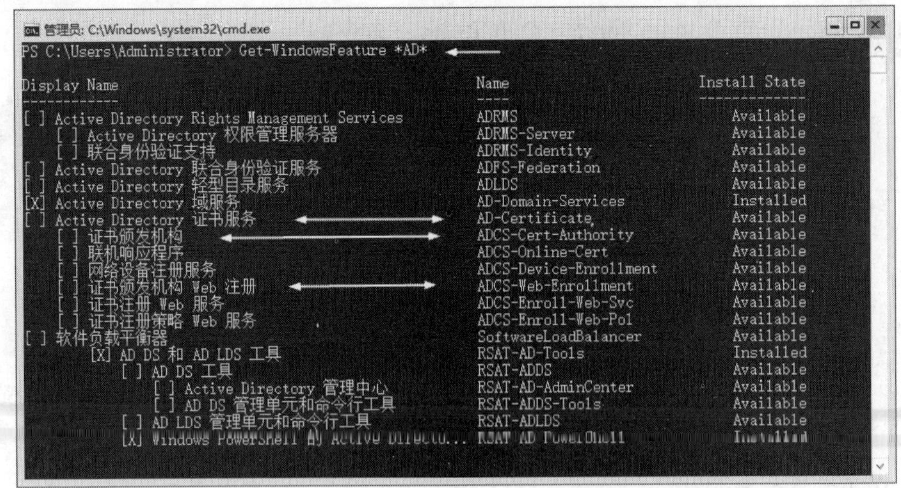

图 20-3-7

接下来，假设我们要将其设置为独立的根 CA，CA 的名称为 SaymsTestCA。可执行以下命令：

```
Install-AdcsCertificationAuthority  -CAType  StandaloneRootCa -
CACommonName  SaymsTestCA
```

4. 安装 Web 服务器（IIS）

如果要采用默认安装选项来安装 **Web 服务器（IIS）**，可执行以下命令：

```
Install-WindowsFeature  -Name  Web-Server  -IncludeManagementTools
```

如果想要一并安装其他功能，可先执行 **Get-WindowsFeature *Web***命令来查看其名称，而后再安装。例如，要一并安装**基本身份验证**功能，从图 20-3-8 可知此功能的名称是 Web-Basic-Auth，因此在安装 **Web 服务器（IIS）**时，则改用以下命令：

```
Install-WindowsFeature  -Name  Web-Server,Web-Basic-Auth
-IncludeManagementTools
```

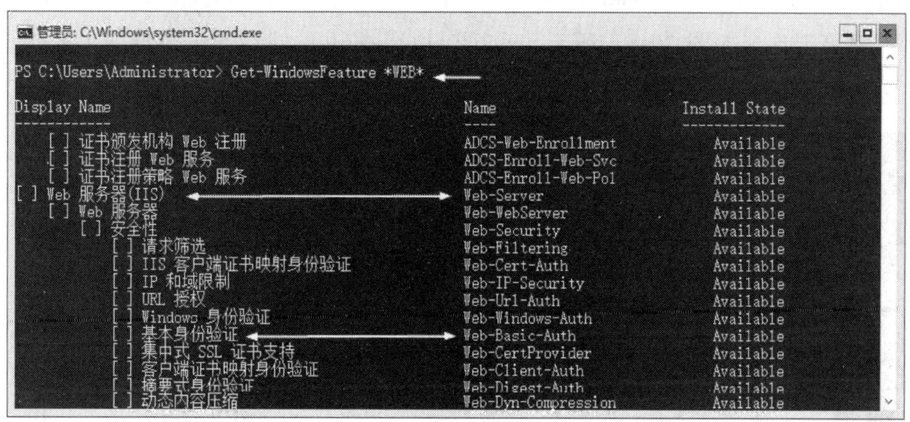

图 20-3-8

20.4 Server Core服务器应用兼容性按需功能（FOD）

有些应用程序需要图形用户界面（GUI）环境，例如需要与用户互动。为了提高应用程序在 Server Core 服务器环境下的兼容性，Windows Server 2022 Server Core 引入了一项名为 **Server Core 服务器应用兼容性按需功能（FOD）**的功能，即 Feature-on-Demand，按需功能。FOD 提供了一些组件，使系统管理员可以通过图形用户界面（GUI）更轻松地管理服务器：

- Microsoft管理控制台（mmc.exe）
- 事件查看器（Eventvwr.msc）
- 性能监视器（PerfMon.exe）
- 资源监视器（Resmon.exe）
- 设备管理器（Devmgmt.msc）

- 文件资源管理器（Explorer.exe）
- Windows PowerShell（Powershell_ISE.exe）
- 磁盘管理（Diskmgmt.msc）
- Hyper-V管理器（virtmgmt.msc）
- 任务计划程序（taskschd.msc）

如果 Server Core 服务器可以上网连接到 Windows Update 网站，则可使用以下命令直接下载并安装**语言和可选功能** ISO 文件（在旧版的 Windows Server 中称为 **Server Core 服务器应用兼容性按需功能 FOD** ISO 文件）：

```
Add-WindowsCapability  -Online  -Name  ServerCore.AppCompatibility~~~~0.0.1.0
```

完成后，可执行 **Restart-Computer** 命令来重新启动计算机，接下来可以执行 Eventvwr.msc、Explorer.exe、Diskmgmt.msc 来打开图形界面的**事件查看器**、**文件资源管理器**、**磁盘管理**等工具，如图 20-4-1 所示。也可以执行 mmc，然后通过添加**嵌入式管理单元**的方式来自定义图形化的管理工具。

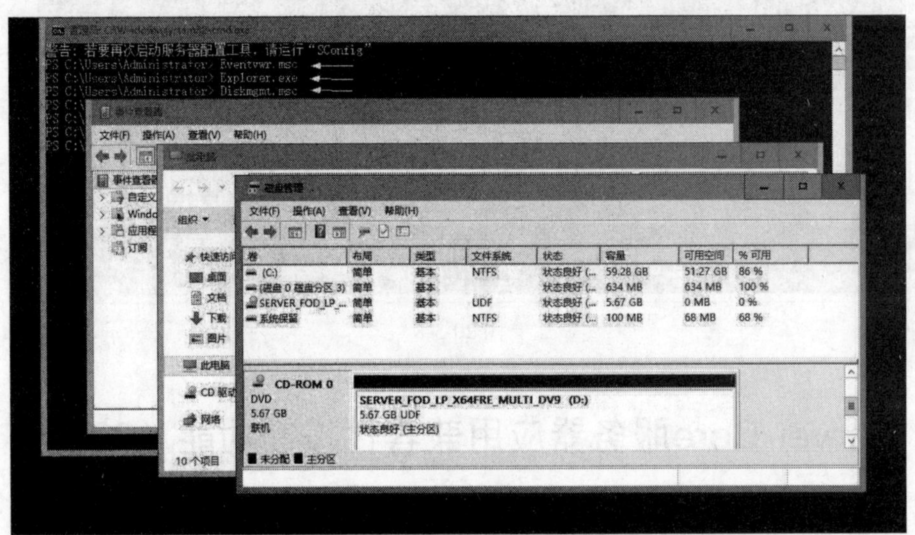

图 20-4-1

如果 Server Core 服务器无法连接 Windows Update 网站，则需要使用另一台计算机连接到以下网站来下载**语言和可选功能** ISO 文件：

https://www.microsoft.com/zh-cn/evalcenter/evaluate-windows-server-2022

然后，将此 ISO 文件保存到网络上任意一台计算机的共享文件夹中。假设我们要将其保存到\\dc1\tools，因此需要到 dc1 计算机上创建一个名为 tools 的文件夹。然后，选中此文件夹，再右击➲授予存取权限，来将其设置为共享文件夹，并将权限设置为 Everyone 读取。接下来，将 ISO 文件复制到这个文件夹中。假设我们已经将 ISO 文件名改为 ServerCoreFOD.ISO。

接下来，在 Server Core 服务器上执行以下两行命令（参见图 20-4-2），分别挂载 ISO 文件并安装 **Server Core 服务器应用兼容性按需功能（FOD）**。但是，在执行这些命令之前，需要确保当前登录的账号具有连接到\\dc1\tools 共享文件夹的权限。同时，假设第一个命令 **Mount-DiskImage** 是将 ISO 文件挂载在 E:磁盘（执行完成 **Mount-DiskImage** 命令后，可执行 **Get-volume** 命令来查看具体挂载在哪个磁盘上）。

```
Mount-DiskImage  -ImagePath  \\dc1\tools\ServerCoreFOD.ISO

Add-WindowsCapability -Online  -Name
ServerCore.AppCompatibility~~~~0.0.1.0
 -Source E:\LanguagesAndOptionalFeatures\  -LimitAccess
```

完成上述步骤后，执行 **Restart-Computer** 命令来重新启动计算机，我们就可以执行 Eventvwr.msc、Explorer.exe、Diskmgmt.msc 等命令来打开图形界面的**事件查看器**、**文件资源管理器**和**磁盘管理**等工具（参见图 20-4-1）。

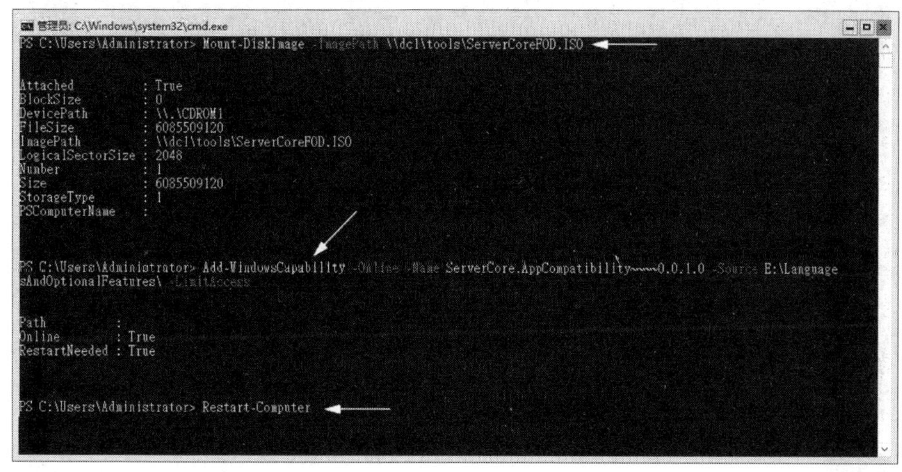

图 20-4-2

如果要安装浏览器 Internet Explorer，则执行以下命令来挂载 ISO 文件（假设被挂载在 E:磁盘）与安装 Internet Explorer（其中使用变量**$package_path** 来代表 Internet Explorer 安装文件的路径），最后按 Y 键来重新启动计算机（参见图 20-4-3）：

```
Mount-DiskImage  -ImagePath  \\dc1\tools\ServerCoreFOD.ISO
$package_path="E:\LanguagesAndOptionalFeatures\Microsoft-Windows-
InternetExplorer-Optional-Package~31bf3856ad364e35~amd64~~.cab"
Add-WindowsPackage  -Online  -PackagePath  $package_path
```

计算机重新启动后，我们可以使用 **start iexplore** 命令来启动浏览器 Internet Explorer，如图 20-4-4 所示。

```
选择管理员: C:\Windows\system32\cmd.exe
警告: 若要再次启动服务器配置工具，请运行 "SConfig"
PS C:\Users\Administrator> Mount-DiskImage -ImagePath \\dc1\tools\ServerCoreFOD.ISO

Attached          : True
BlockSize         : 0
DevicePath        : \\.\CDROM1
FileSize          : 6085509120
ImagePath         : \\dc1\tools\ServerCoreFOD.ISO
LogicalSectorSize : 2048
Number            : 1
Size              : 6085509120
StorageType       : 1
PSComputerName    :

PS C:\Users\Administrator> $package_path="d:\LanguagesAndOptionalFeatures\Microsoft-Windows-InternetExplorer-Optional-Package 31bf3856ad364e35 amd64 .cab"
PS C:\Users\Administrator> Add-WindowsPackage -Online -PackagePath $package_path
是否立即重启计算机以完成此操作?
[Y] Yes  [N] No  [?] 帮助 (默认值为 "Y"): Y
```

图 20-4-3

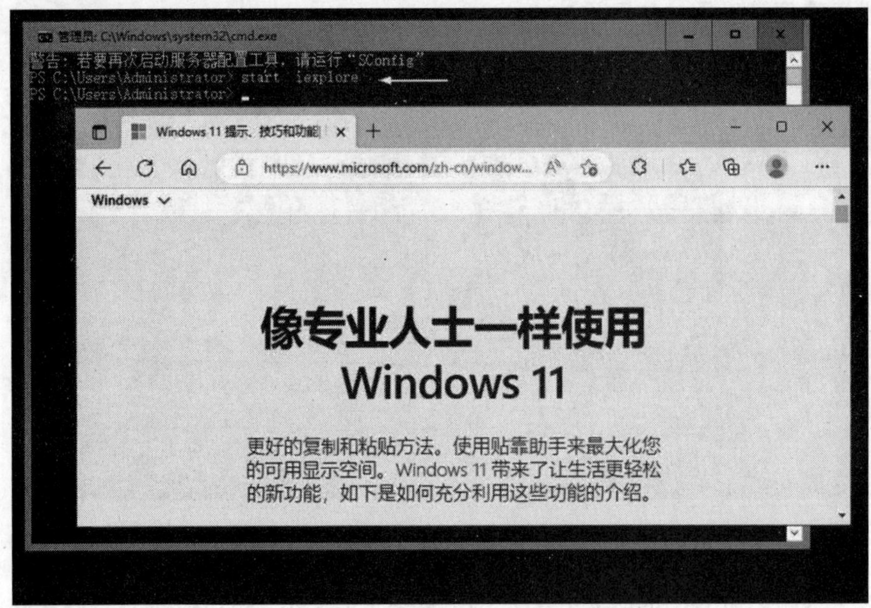

图 20-4-4

20.5 远程管理Server Core服务器

可以通过使用**服务器管理器**、**MMC 管理控制台**或**远程桌面**从其他计算机（在这里称为源计算机）来远程管理 Server Core 服务器。

20.5.1 通过服务器管理器来管理 Server Core 服务器

可以在一台运行 Windows Server 2022 桌面体验服务器（GUI 图形用户界面模式）的源计

算机上，通过**服务器管理器**来连接与管理 **Server Core 服务器**。以下假设源计算机与 **Server Core 服务器**都是 AD DS 域成员，并且 **Server Core 服务器**的计算机名为 ServerCore1。

在运行远程管理之前，需要在 **Server Core 服务器**上使用 Sconfig 或 PowerShell 命令来允许源计算机通过**服务器管理器**远程管理此 **Server Core 服务器**。

1. 使用 Sconfig 来允许“服务器管理器”远程管理

Server Core 服务器默认已经允许远程计算机通过**服务器管理器**来管理。如果需要更改这些设置，具体的操作步骤为：在图 20-5-1 所示的界面中选择 **4）设置远程管理**，而后按 Enter 键➲通过图 20-5-2 来设置。除了可以用来启用、禁用远程管理，还可以启用远程计算机来 ping 此台 **Server Core 服务器**。

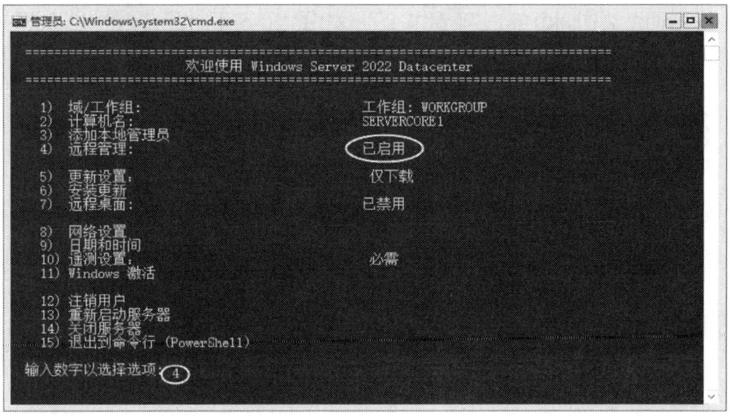

图 20-5-1

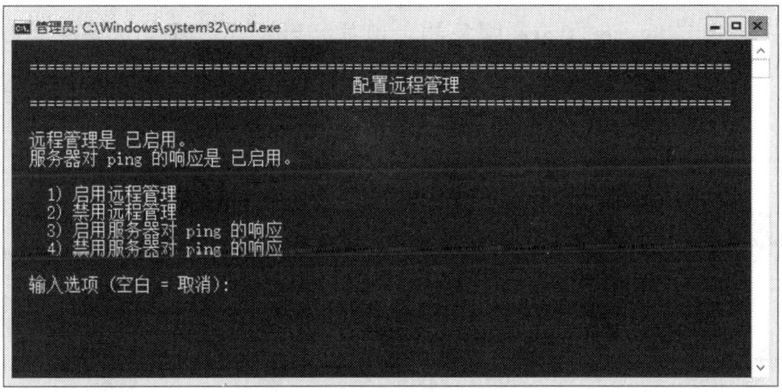

图 20-5-2

也可以通过运行 Configure-SMRemoting.exe -enable 命令来启用远程管理，通过运行命令 Configure-SMRemoting.exe -disable 来禁用远程管理。

启用远程管理之后，可以按照以下步骤在一台 Windows Server 2022 桌面体验服务器上远程管理 **Server Core 服务器**（假设是 ServerCore1）：

STEP 1　打开**服务器管理器**➲选中如图 20-5-3 所示的界面中的**所有服务器**，再右击➲添加服务器。

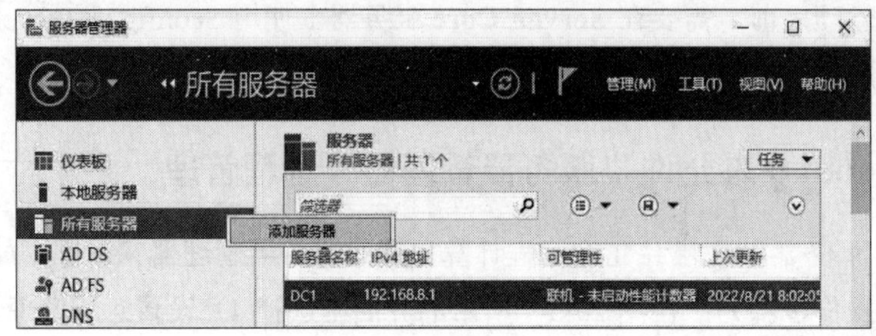

图 20-5-3

STEP 2　在**名称**处输入 ServerCore1 后按 Enter 键（或通过单击立即查找按钮），单击 ServerCore1 后单击▶➲单击确定按钮，如图 20-5-4 所示。

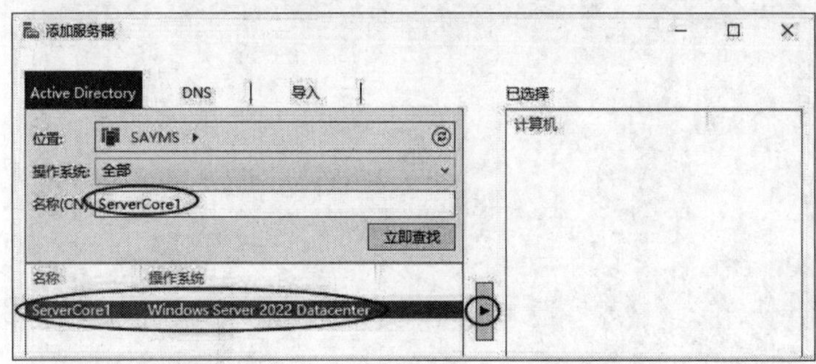

图 20-5-4

STEP 3　之后，我们可以在如图 20-5-5 所示的界面中选中 ServerCore1，再右击，通过图中的选项来管理此 **Server Core 服务器**。例如，我们可以添加角色和功能、重新启动服务器、打开 Windows PowerShell 等（但如果要通过菜单中的**计算机管理**、**远程桌面连接**等功能来管理 Server Core 服务器，则还有其他设置需要完成，将在后面介绍）。

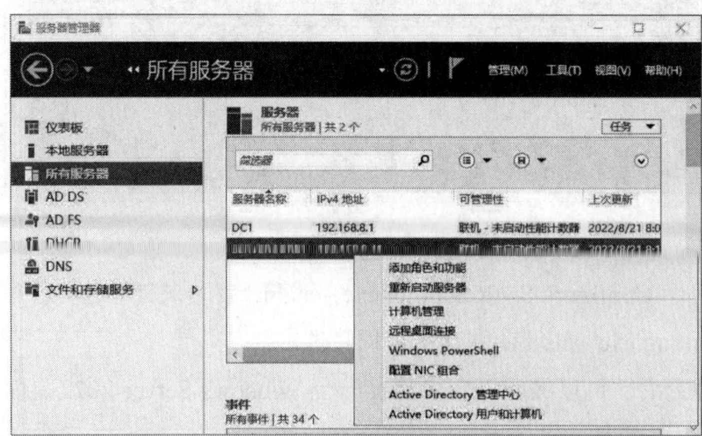

图 20-5-5

2. 在 Windows 11 上通过“服务器管理器”来远程管理

在 Windows 11 计算机上安装**服务器管理器**的方法为：单击左下角的**开始**图标■➲单击**设置**图标⚙➲单击左侧应用后选择右侧的**可选功能**➲单击**添加功能**➲选择添加**可选功能**处的**查看功能**➲勾选 **RSAT：服务器管理器**➲单击下一步按钮➲单击安装按钮。

如果 Windows 11 计算机未加入域，则还需要的操作步骤为：选中左下角的**开始**图标■，再右击➲Windows 终端（系统管理员）➲执行以下命令（见图 20-5-6）：

```
set-item  wsman:\localhost\Client\TrustedHosts  -value  ServerCore1
```

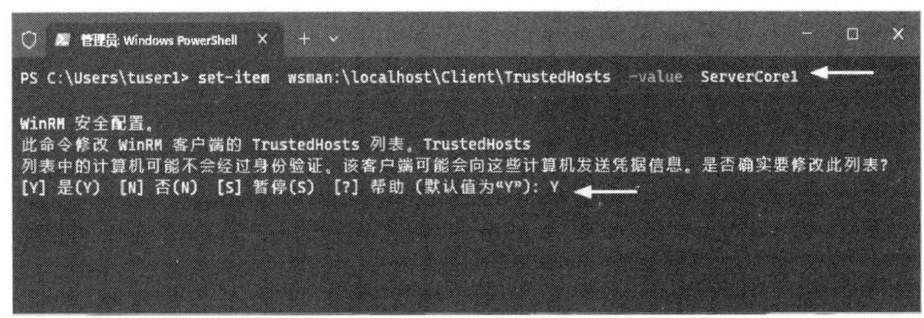

图 20-5-6

之后，我们可以按照以下步骤来查找和选择 ServerCore1 服务器：单击左下角的**开始**图标■➲单击右上角的**所有应用**➲服务器管理器➲选中**所有服务器**，再右击➲添加服务器➲如图 20-5-7 所示（图中是通过 DNS 名称来查找的，如果已经加入域，则可以通过 **Active Directory** 选项卡来查找）➲单击确定按钮，接下来使用与图 20-5-5 相同的方法来管理 Server Core 服务器。

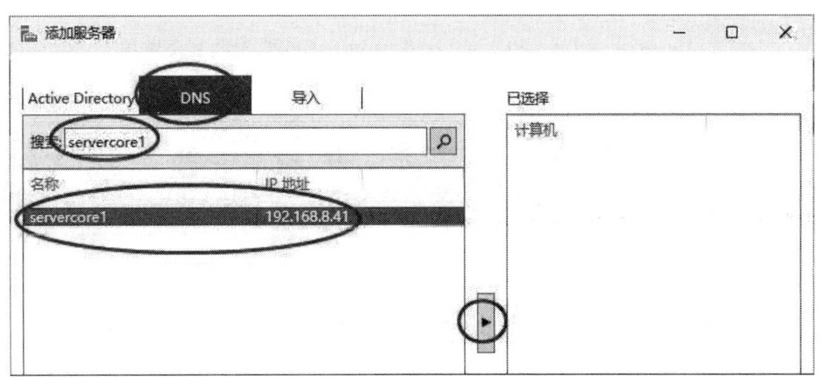

图 20-5-7

如果该 Windows 11 计算机未加入域，我们还需要执行以下步骤来远程管理 ServerCore1 服务器：选中 ServerCore1 服务器，再右击➲管理方式➲输入有权限远程管理 ServerCore1 服务器的用户账户与密码，如图 20-5-8 所示，图中输入 Servercore1\administrator，表示使用 ServerCore1 服务器的本地系统管理员账户与密码来连接 ServerCore1。

图 20-5-8

20.5.2 通过 MMC 管理控制台来管理 Server Core 服务器

可以通过 MMC 管理控制台来连接与管理 **Server Core 服务器**，以下假设源计算机与 **Server Core 服务器**都是 AD DS 域成员。

例如，如果想要在源计算机上使用计算机管理控制台来远程管理 Server Core 服务器，则可以通过以下 Windows PowerShell 命令在 Server Core 服务器上打开 Windows Defender 防火墙的远程事件日志管理规则（见图 20-5-9）：

```
Enable-NetFirewallRule  -DisplayGroup  "远程事件日志管理"
```

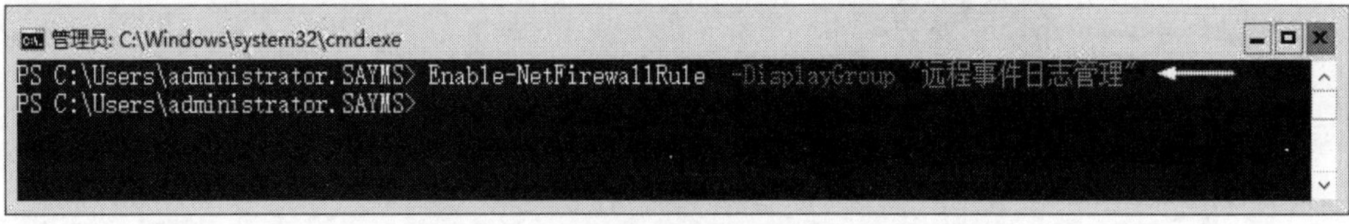

图 20-5-9

如果要禁用此规则，请将命令中的 **Enable** 改为 **Disable**。

在撰写本书时，Server Core 服务器内无法输入中文，暂时的解决方法为执行以下命令：

```
Get-NetFirewallRule -DisplayGroup *
```

然后从界面来查找**远程事件日志管理**中文，再将其复制（选择文字后按 Enter 键）并粘贴到 **Enable-NetFirewallRule** 命令行中。

接下来，在源计算机（假设为 Windows Server 2022）上，单击左下角的**开始**图标⊞➲Windows 系统管理工具➲计算机管理，以打开**计算机管理**控制台（Windows 11 中可以选中左下角的**开始**图标■，再右击➲计算机管理，然后在如图 20-5-10 所示的界面中：选中**计算机管理（本地）**，再右击➲连接到另一台计算机➲输入 **Server Core 服务器**的计算机名或 IP 地址来连接与管理 **Server Core 服务器**，如图 20-5-11 所示。

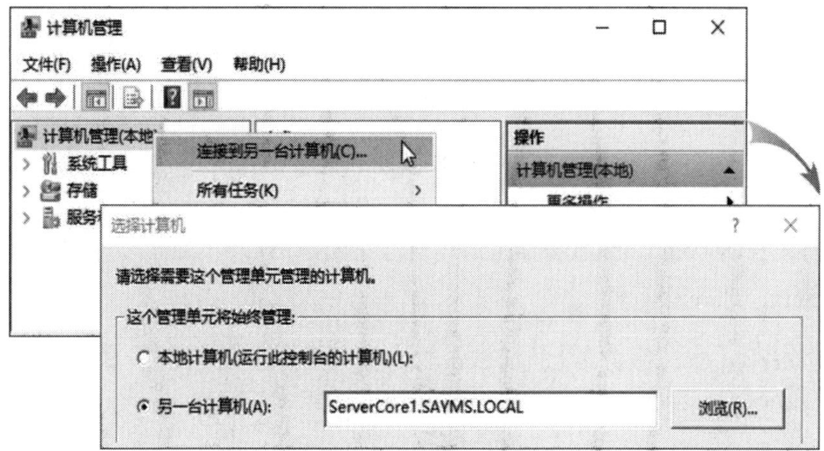

图 20-5-10

图 20-5-11

如果源计算机不是属于 AD DS 域，则可能需要在源计算机上先通过以下命令来指定连接 **Server Core 服务器**的用户账户，再通过 MMC 管理控制台来连接与管理 **Server Core 服务器**。以下假设要连接的 **Server Core 服务器**的计算机名为 ServerCore1，要用来连接的账户为 Administrator（或其他属于 **Server Core 服务器**的本地 Administrators 组的用户），它的密码为 111aaAA：

```
Cmdkey /add:ServerCore1.sayms.local /user:Administrator /pass:111aaAA
```

也可在源计算机上，通过后续的操作步骤：按⊞键+R键➲输入 control 后按 Enter 键➲单击**用户账户**➲单击**管理 Windows 凭据**➲单击**添加 Windows 凭据**，来指定用于连接 **Server**

Core 服务器的用户账户与密码。

① 如果使用 NetBIOS 计算机名 ServerCore1 或 DNS 主机名 ServerCore1.sayms.local 来连接 **Server Core 服务器**，但却无法解析它的 IP 地址，可以改用 IP 地址来连接。

② 在图 20-5-10 中，**另一台计算机**处输入的名称必须与在 **Cmdkey** 命令中（或控制面板）输入的名称相同。例如，在前面的示例命令 **Cmdkey** 中是输入 ServerCore1.sayms.local，则在图 20-5-10 中的**另一台计算机**处就必须输入 ServerCore1.sayms.local，而不能输入 ServerCore1 或 IP 地址。

20.5.3 通过远程桌面来远程管理 Server Core 服务器

我们需要先在 Server Core 服务器上启用远程桌面，然后通过源计算机的远程桌面连接来连接与管理 Server Core 服务器。

STEP 1 在 **Server Core 服务器**上执行 Sconfig 命令来启用**远程桌面**，具体操作步骤为：在如图 20-5-12 所示的界面中选择 **7）远程桌面**，随后按 Enter 键➲输入 **E** 键后按 Enter 键➲输入 **1** 或 **2** 后按 Enter 键➲……。

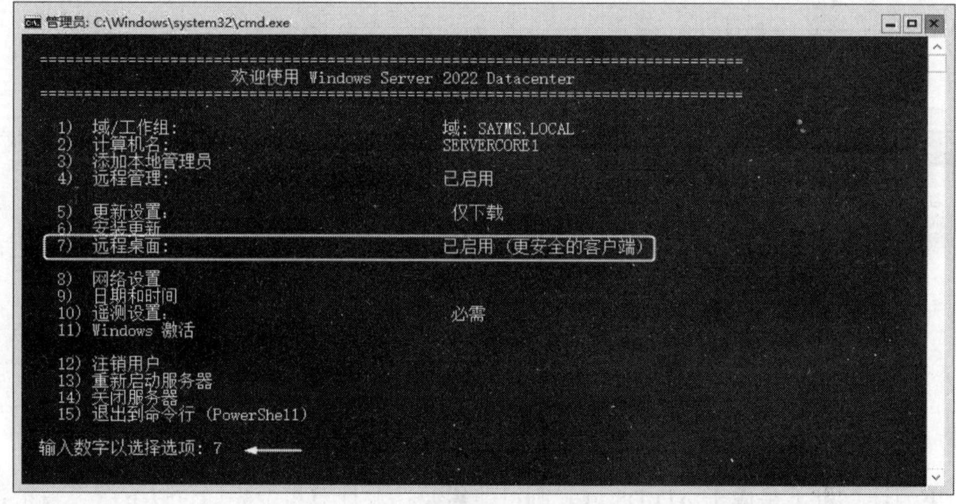

图 20-5-12

STEP 2 到源计算机，进行操作：按⊞键+R键➲输入 **mstsc**➲单击确定按钮。

STEP 3 输入 **Server Core 服务器**的 IP 地址（或主机名）➲单击连接按钮➲输入 Administrator 与密码➲单击确定按钮，如图 20-5-13 所示。

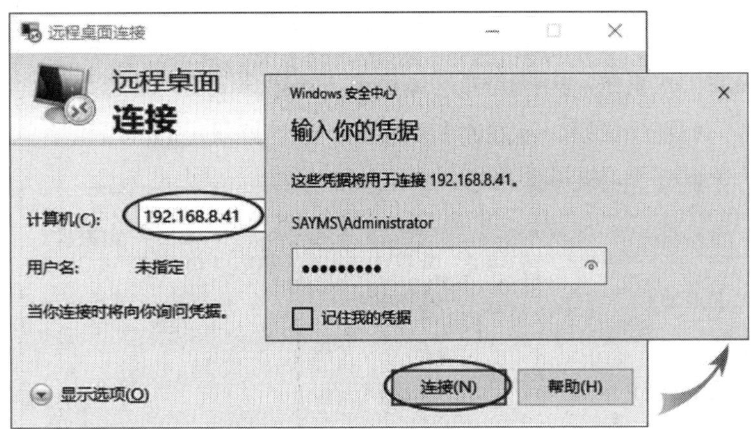

图 20-5-13

STEP 4　可以管理此 **Server Core 服务器**了，如图 20-5-14 所示。

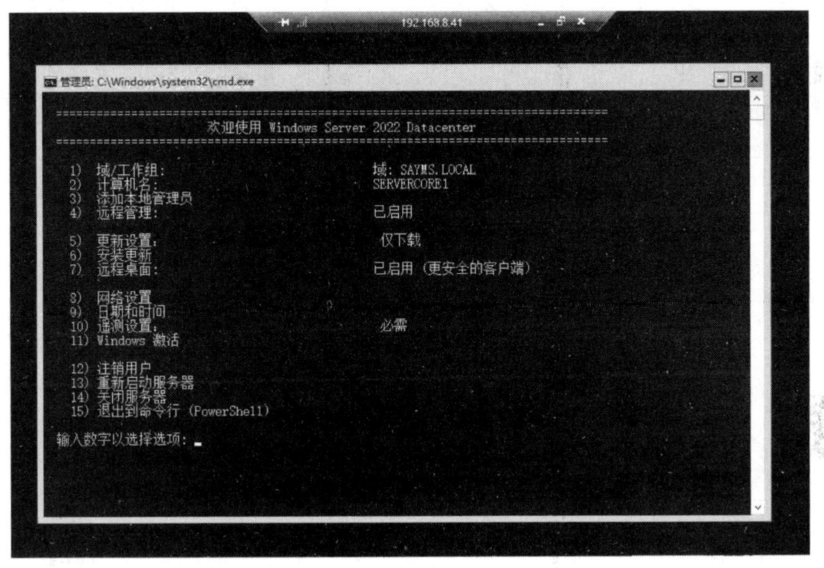

图 20-5-14

STEP 5　完成管理工作后，请输入 **logoff** 命令以结束远程桌面连接。

20.6　容器与Docker

我们在第 5 章介绍了虚拟环境与虚拟机的概念，它的架构如图 20-6-1 所示，在一台安装了 Windows Server 2022 的计算机（主机）上，通过提供虚拟环境的软件创建虚拟机，每个虚拟机都需要安装来宾操作系统（例如 Windows 11），然后在此独立的操作系统内执行应用程序。

与此不同，容器（container）的架构如图 20-6-2 所示，在一台安装了 Windows Server

2022 的计算机上，通过 Docker 创建与管理容器，应用程序在独立的容器内执行。在 Docker 环境下不需要来宾操作系统，因此容器的体积小、加载速度快。容器内包含了执行应用程序所需的所有组件，如程序代码、函数库和环境配置等。容器化的应用程序具备可移植性，因此可以在其他的计算机（主机）上执行。

虚拟机1
应用程序1
来宾操作系统
(例如 Windows 11)

虚拟机2
应用程序2
来宾操作系统
(例如 Windwos Server 2022)

虚拟机3
应用程序3
来宾操作系统
(例如 Linux)

HyperVisor
主机操作系统
(例如 Windows Server 2022)
主机(Host)

图 20-6-1

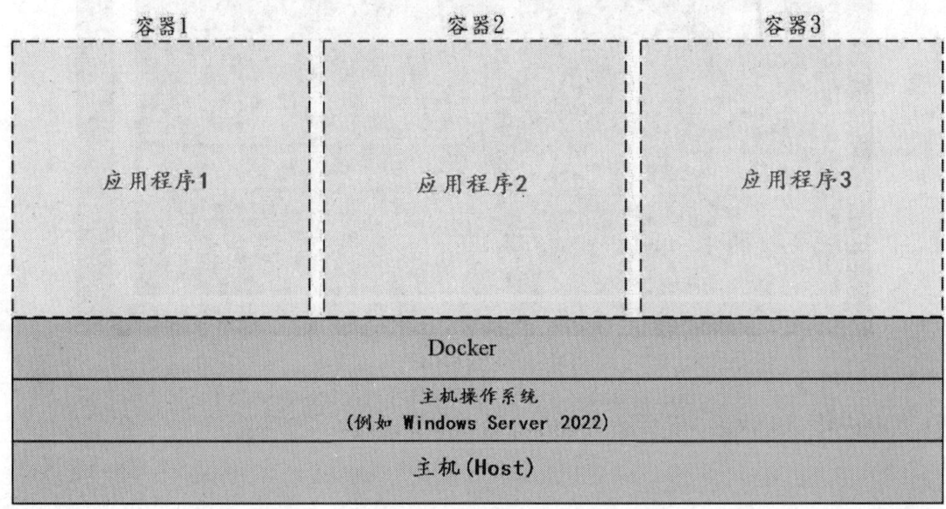

图 20-6-2

微软支持两种不同的容器：Windows Server Container 与 Hyper-V Container。Windows Server Container 类似图 20-6-2 的架构，它们共享主机操作系统核心，体积较小、运行速度较快。而 Hyper-V Container 在具有独立 Windows 核心的隔离环境中运行，体积较大、运行速度较慢，但相对更安全。Windows Server 2022 支持这两种容器，而 Windows 11（专业版/企业版）仅支持 Hyper-V 容器。

20.6.1 安装 Docker

我们要将一台 Windows Server 2022 计算机作为容器主机（container host），首先需要在这台计算机上安装 Docker，通过安装 Docker，我们可以用它来管理容器、管理映像文件（image）以及执行容器内的应用程序等操作。

安装方法：单击左下角的**开始**图标⊞➲Windows PowerShell，以打开 PowerShell 窗口，执行以下命令后输入 y，它会从 PowerShell Gallery 来安装 Docker-Microsoft PackageManagement Provider（见图 20-6-3）：

```
Install-Module -Name DockerMsftProvider -Repository  PSGallery -Force
```

接着执行 PackageManagement PowerShell 模块提供的以下命令，随后输入 A，它会安装最新版的 Docker（见图 20-6-3）：

```
Install-Package -Name Docker -ProviderName DockerMsftProvider
```

安装完成后，可执行 **Restart-Computer** 来重新启动计算机。

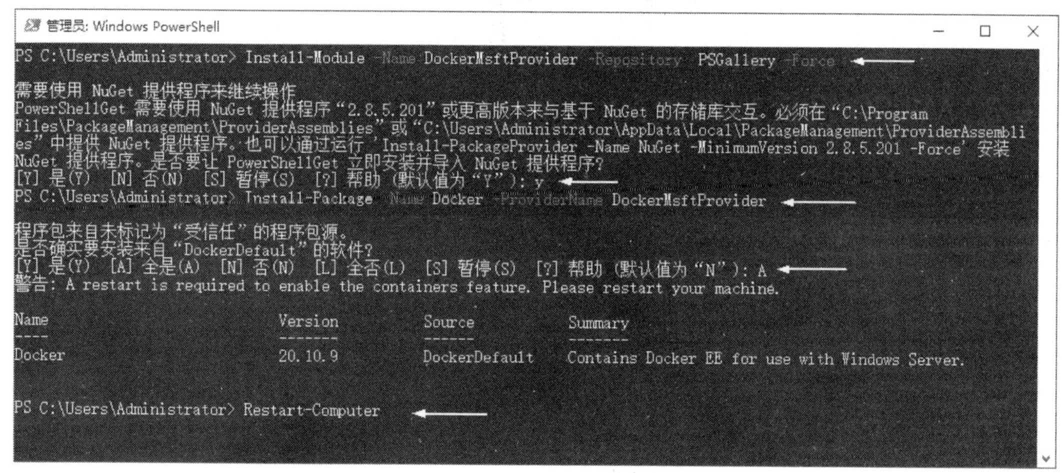

图 20-6-3

重新启动计算机后，再次打开 PowerShell 窗口，然后分别使用 Docker version 与 Docker info 两个命令来查看 Docker 版本与更多信息，如图 20-6-4 所示。

也可执行以下命令来查看所安装的 Docker 版本（见图 20-6-5）：

```
Get-Package -Name Docker -ProviderName DockerMsftProvider
```

以后也可以执行以下命令来查找是否有新版本的 Docker 可供安装：

```
Find-Package -Name Docker -ProviderName DockerMsftProvider
```

如果找到新版本，可执行以下两个命令来安装更新与重新启动 Docker 服务：

```
Install-Package  -Name  Docker  -ProviderName  DockerMsftProvider  -Update
```

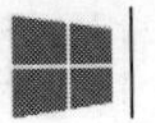


```
-Force
Start-Service Docker
```

```
管理员: Windows PowerShell
PS C:\Users\Administrator> Docker version
Client: Mirantis Container Runtime
 Version:           20.10.9
 API version:       1.41
 Go version:        go1.16.12m2
 Git commit:        591094d
 Built:             12/21/2021 21:34:30
 OS/Arch:           windows/amd64
 Context:           default
 Experimental:      true

Server: Mirantis Container Runtime
 Engine:
  Version:          20.10.9
  API version:      1.41 (minimum version 1.24)
  Go version:       go1.16.12m2
  Git commit:       9b96ce992b
  Built:            12/21/2021 21:33:06
  OS/Arch:          windows/amd64
  Experimental:     false
PS C:\Users\Administrator> Docker info
Client:
 Context:    default
 Debug Mode: false
 Plugins:
  app: Docker App (Docker Inc., v0.9.1-beta3)
  cluster: Manage Mirantis Container Cloud clusters (Mirantis Inc., v1.9.0)
  registry: Manage Docker registries (Docker Inc., 0.1.0)
```

图 20-6-4

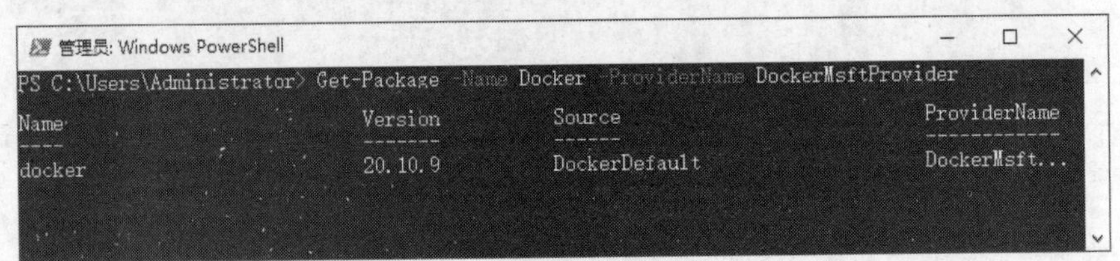

图 20-6-5

为了确保容器主机的 Windows 操作系统是最新的，上网更新系统的步骤为：单击左下角的**开始**图标⊞➲单击**设置**图标⚙➲单击**更新和安全性**➲单击检查更新。如果容器主机是 Server Core 服务器，则可执行 sconfig 命令，然后选择 **6）下载并安装更新**。

如果要在 Windows 11 中练习容器，请先到以下网址下载与安装 **Docker Desktop for Windows**：

https://hub.Docker.com/editions/community/Docker-ce-desktop-windows

安装完成后，选中右下方的 Docker Desktop 图标，再右击，单击 Switch to Windows containers…，然后执行以下章节的操作。

20.6.2 部署第一个容器

本练习使用以下 Docker run 命令从 Docker Hub 下载所需的镜像文件（image），然后通过部署容器来执行镜像文件中的 Hello World 应用程序（见图 20-6-6）：

```
Docker  run  hello-world
```

执行此命令时，首选会在本地硬盘上查找是否有此镜像文件。如果有的话，则直接使用此镜像文件。如果没有，将显示类似 Unable to find image 'hello-world:latest' locally…的信息（见图 20-6-6 中的第 2 行）。然后，从 Docker Hub 下载该镜像文件，下载完成后，将其打包到容器内并执行（同时还会将镜像文件另存一份在本地硬盘中，默认存储在 C:\ProgramData\Docker\windowsfilter 文件夹内）。

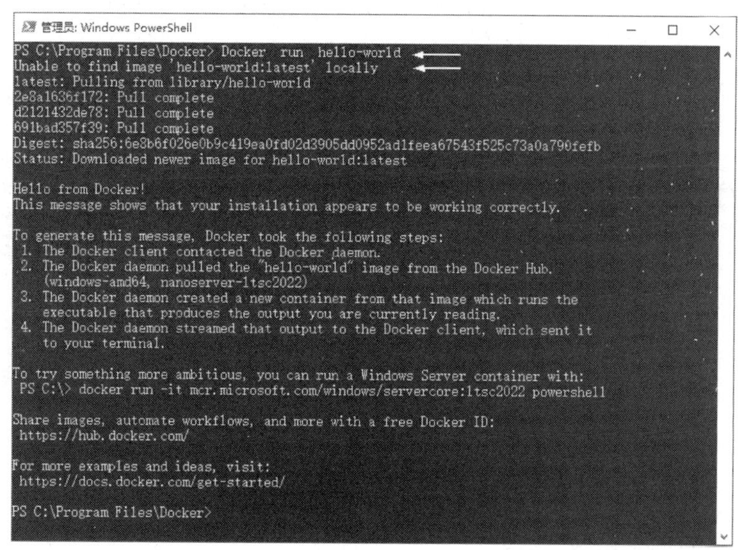

图 20-6-6

我们可以分别执行 Docker images 与 Docker ps -a 命令来查看现存的镜像文件与容器。如图 20-6-7 所示，图中显示了一个名为 hello-world 的镜像文件与一个使用此镜像文件的容器。

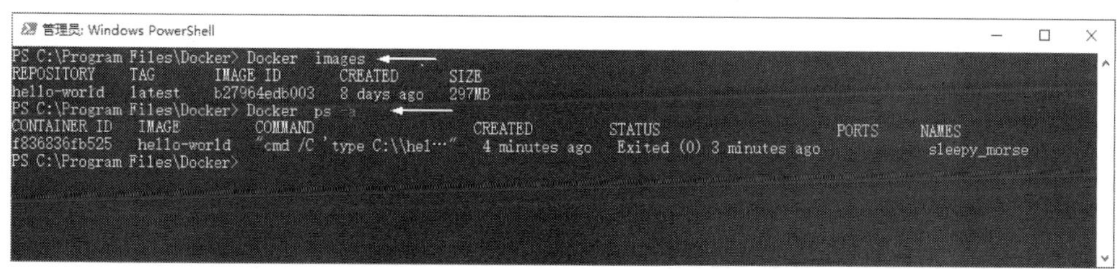

图 20-6-7

如果要删除容器，可执行 Docker rm *<容器 ID>*，以图 20-6-7 为例，它的容器 ID（CONTAINER ID）为 f836836fb525，因此可执行以下命令来删除此容器：

```
Docker  rm  f836836fb525
```

如果要删除镜像文件，可执行 Docker rmi *<镜像文件 ID>*，以图 20-6-7 为例，它的镜像文件 ID（IMAGE ID）为 b27964edb003，因此可使用以下命令来删除此镜像文件：

```
Docker  rmi  b27964edb003
```

已经在容器中使用的镜像文件无法删除，需要先删除容器，再来删除镜像文件。

也可以使用 Docker pull hello-world 命令事先将镜像文件下载、存储到本地硬盘，事后再执行 Docker run hello-world 命令，如图 20-6-8 所示（假设已经将之前练习的容器与镜像文件都删除了，可使用 Docker images 与 Docker ps -a 命令来确认是否删除成功）。

```
管理员: Windows PowerShell
PS C:\Program Files\Docker> Docker images
REPOSITORY   TAG       IMAGE ID   CREATED   SIZE
PS C:\Program Files\Docker> Docker pull hello-world
Using default tag: latest
latest: Pulling from library/hello-world
2e8a1636f172: Pull complete
d2121432de78: Pull complete
691bad357f39: Pull complete
Digest: sha256:6e8b6f026e0b9c419ea0fd02d3905dd0952ad1feea67543f525c73a0a790fefb
Status: Downloaded newer image for hello-world:latest
docker.io/library/hello-world:latest
PS C:\Program Files\Docker> Docker images
REPOSITORY    TAG       IMAGE ID       CREATED      SIZE
hello-world   latest    b27964edb003   8 days ago   297MB
PS C:\Program Files\Docker> Docker run hello-world

Hello from Docker!
This message shows that your installation appears to be working correctly.
```

图 20-6-8

20.6.3 Windows 基础镜像文件

Windows **基础镜像文件**（base image）为容器提供了操作系统环境，此镜像文件的内容无法修改。微软目前提供了四个基础镜像文件，分别是：

- Nano Server：超轻型版本，支持.NET core应用程序。其内未含PowerShell。
- Windows Server Core：支持.NET framework应用程序。适合需要迁移到不同环境执行的应用程序。
- Windows：具有完整的API支持，查询程序的支持度比Windows Server Core 服务器更高。映像文件最庞大。
- Windows Server：具有完整的API支持。支持GPU加速、IIS连接数没有限制等。镜像文件比Windows略小。

这四个镜像文件的相关信息可参考以下网址：

```
https://hub.Docker.com/_/microsoft-windows-nanoserver
https://hub.Docker.com/_/microsoft-windows-servercore
https://hub.Docker.com/_/microsoft-windows
https://hub.Docker.com/_/microsoft-windows-server/
```

如果要下载这四个镜像文件，可以使用以下命令（假设是 ltsc2022 版，不过其中 Windows 容器不支持 ltsc2022 版，因此改用 20H2。可到上述网址查看所支持的版本）：

```
Docker  pull  mcr.microsoft.com/windows/nanoserver:ltsc2022
Docker  pull  mcr.microsoft.com/windows/servercore:ltsc2022
Docker  pull  mcr.microsoft.com/windows:20H2
Docker  pull  mcr.microsoft.com/windows/server:ltsc2022
```

我们将使用以下命令来启动 Windows Server Core 服务器 ltsc2022 版容器，启动后立刻打开**命令提示符**（**cmd**）窗口，如图 20-6-9 所示。

```
Docker  run  -it  mcr.microsoft.com/windows/servercore:ltsc2022  cmd
```

需要增加-it（interactive）命令，否则 Server Core 服务器启动后会立即结束执行，并跳回容器主机的 PowerShell 窗口，而不会停留在**命令提示符窗口**。如果希望使用 PowerShell 命令来管理容器内的 Windows 系统，则将命令中的 **cmd** 改为 **PowerShell**。

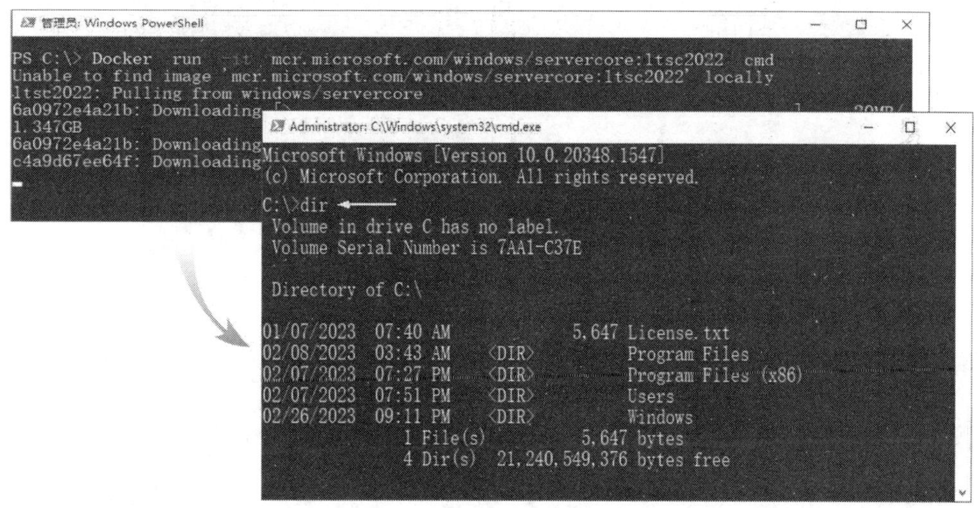

图 20-6-9

在**命令提示符窗口中**我们执行了 dir 命令。如果这时不小心单击了窗口右上角的 X 按钮而关闭了窗口，那么按住 Ctrl 键不放，再按 P 键、Q 键以跳回容器主机的 PowerShell 窗口，此时容器还会继续执行，只是会中断到此容器的连接而已。

可以按住 Ctrl 键不放，再按 P 键、Q 键来测试，在跳回 PowerShell 窗口后，执行 Docker ps -a 命令来查看此容器的状态，如图 20-6-10 所示，STATUS 字段的 Up 12 minutes 表示已经持续执行 7 分钟了（图中的**容器 ID** 是 46f9b191bbbb）。

如果想要重新连接此容器，执行 Docker attach <*容器 ID*>，如图 20-6-11 所示，连接完成后会回到**命令提示符**界面（即刚才执行 dir 的界面）。

如果在容器的**命令提示符**下执行 exit 命令（见图 20-6-12），则会停止执行此容器，我们可以通过执行 Docker ps –a 命令来查看容器的状态，在 STATUS 字段中显示的 Exited，表示容器已停止执行。

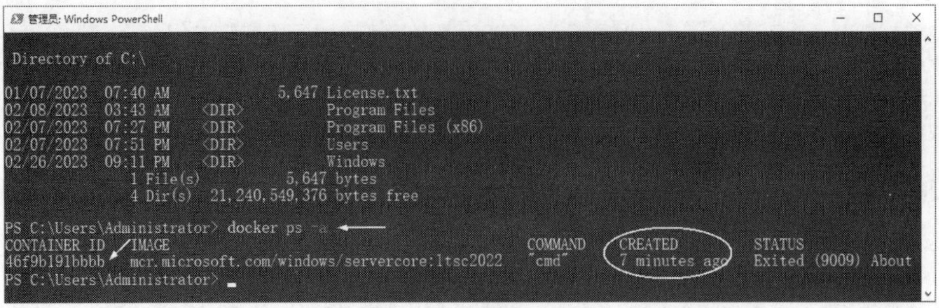
管理员: Windows PowerShell
Directory of C:\
01/07/2023 07:40 AM 5,647 License.txt
02/08/2023 03:43 AM <DIR> Program Files
02/07/2023 07:27 PM <DIR> Program Files (x86)
02/07/2023 07:51 PM <DIR> Users
02/26/2023 09:11 PM <DIR> Windows
1 File(s) 5,647 bytes
4 Dir(s) 21,240,549,376 bytes free
PS C:\Users\Administrator> docker ps -a
CONTAINER ID IMAGE COMMAND CREATED STATUS
46f9b191bbbb mcr.microsoft.com/windows/servercore:ltsc2022 "cmd" 7 minutes ago Exited (9009) About
PS C:\Users\Administrator>

图 20-6-10

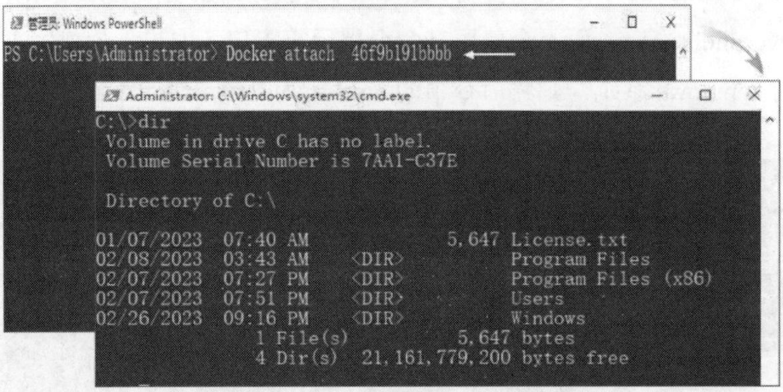
管理员: Windows PowerShell
PS C:\Users\Administrator> Docker attach 46f9b191bbbb
Administrator: C:\Windows\system32\cmd.exe
C:\>dir
Volume in drive C has no label.
Volume Serial Number is 7AA1-C37E
Directory of C:\
01/07/2023 07:40 AM 5,647 License.txt
02/08/2023 03:43 AM <DIR> Program Files
02/07/2023 07:27 PM <DIR> Program Files (x86)
02/07/2023 07:51 PM <DIR> Users
02/26/2023 09:16 PM <DIR> Windows
1 File(s) 5,647 bytes
4 Dir(s) 21,161,779,200 bytes free

图 20-6-11

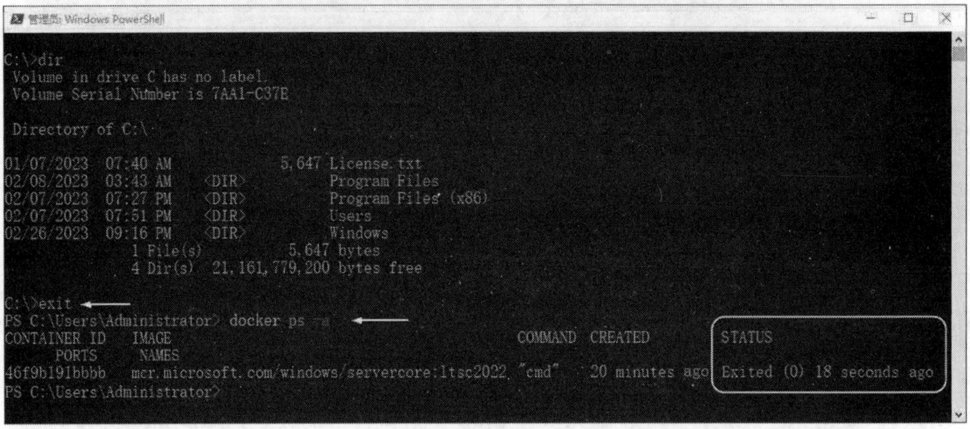
管理员: Windows PowerShell
C:\>dir
Volume in drive C has no label.
Volume Serial Number is 7AA1-C37E
Directory of C:\
01/07/2023 07:40 AM 5,647 License.txt
02/08/2023 03:43 AM <DIR> Program Files
02/07/2023 07:27 PM <DIR> Program Files (x86)
02/07/2023 07:51 PM <DIR> Users
02/26/2023 09:16 PM <DIR> Windows
1 File(s) 5,647 bytes
4 Dir(s) 21,161,779,200 bytes free
C:\>exit
PS C:\Users\Administrator> docker ps -a
CONTAINER ID IMAGE COMMAND CREATED STATUS
PORTS NAMES
46f9b191bbbb mcr.microsoft.com/windows/servercore:ltsc2022 "cmd" 20 minutes ago Exited (0) 18 seconds ago
PS C:\Users\Administrator>

图 20-6-12

可以执行 Docker start <*容器 ID*> 命令来重新启动此容器（如果要停止此容器，可执行 Docker stop 命令），然后再执行 Docker attach <*容器 ID*>命令来连接此容器（见图 20-6-13）。

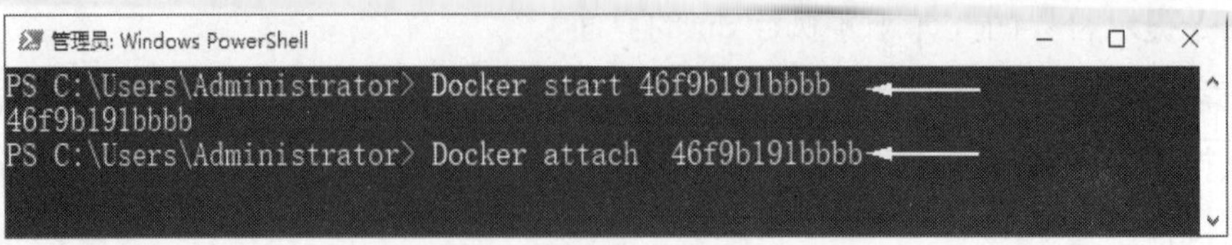
管理员: Windows PowerShell
PS C:\Users\Administrator> Docker start 46f9b191bbbb
46f9b191bbbb
PS C:\Users\Administrator> Docker attach 46f9b191bbbb

图 20-6-13

但如果重新执行 Docker run 命令，它将创建并执行一个新的容器，这样会存在两个容器（可执行 Docker ps –a 命令来查看）。由于前一个容器在执行期间所做的任何更改被存储在沙盒（sandbox）中，不会更改到镜像文件中，因此新容器的环境仍然与原镜像文件相同。

我们可以执行 docker commit 命令使用现有容器的内容创建一个新的镜像文件。我们以前面的容器为例来说明。先连接到此容器，然后执行 md testdir 命令创建一个名为 testdir 的文件夹，使用 dir 命令确认此文件夹创建成功后，执行 exit 命令来结束此容器的执行，如图 20-6-14 所示。

```
管理员: Windows PowerShell
Microsoft Windows [Version 10.0.20348.1547]
(c) Microsoft Corporation. All rights reserved.

C:\>md testdir

C:\>dir
 Volume in drive C has no label.
 Volume Serial Number is 7AA1-C37E

 Directory of C:\

01/07/2023  07:40 AM             5,647 License.txt
02/08/2023  03:43 AM    <DIR>          Program Files
02/07/2023  07:27 PM    <DIR>          Program Files (x86)
02/26/2023  09:42 PM    <DIR>          testdir
02/07/2023  07:51 PM    <DIR>          Users
02/26/2023  09:16 PM    <DIR>          Windows
               1 File(s)          5,647 bytes
               5 Dir(s)  21,160,914,944 bytes free

C:\>exit
```

图 20-6-14

先执行 Docker ps –a 命令来查看此容器的**容器 ID**（图 20-6-15 中是 46f9b191bbbb）。接着执行如下所示的 Docker commit 命令，以便使用此容器的内容创建新的镜像文件。假设镜像文件的名称是 newdir（此镜像文件的 C:磁盘内会有文件夹 testdir），接着执行 Docker images 命令来查看刚刚创建的镜像文件。

```
Docker  commit  46f9b191bbbb  newdir
```

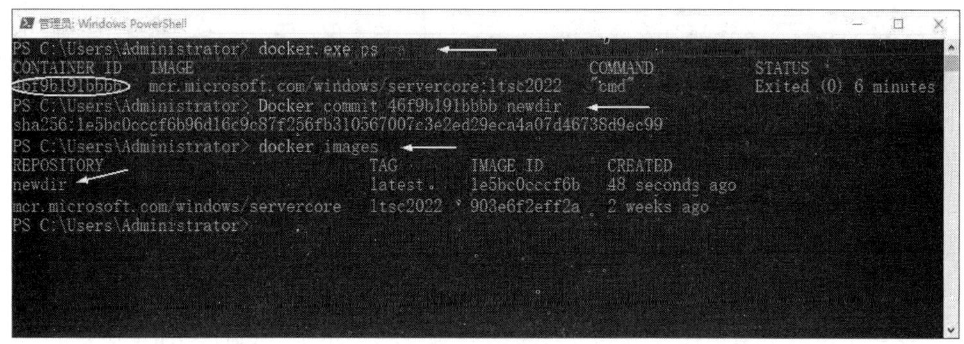

图 20-6-15

最后我们执行 Docker run 命令来创建与执行内含此新镜像文件的容器，接着使用 dir 命令来验证 C:磁盘内确实有 testdir 文件夹，如图 20-6-16 所示。

```
Docker run -it newdir
```

```
Administrator: C:\Windows\system32\cmd.exe
Microsoft Windows [Version 10.0.20348.1547]
(c) Microsoft Corporation. All rights reserved.

C:\>dir
 Volume in drive C has no label.
 Volume Serial Number is 7AA1-C37E

 Directory of C:\

01/07/2023  07:40 AM             5,647 License.txt
02/08/2023  03:43 AM    <DIR>          Program Files
02/07/2023  07:27 PM    <DIR>          Program Files (x86)
02/26/2023  09:42 PM    <DIR>          testdir
02/07/2023  07:51 PM    <DIR>          Users
02/26/2023  09:16 PM    <DIR>          Windows
               1 File(s)          5,647 bytes
               5 Dir(s)  21,293,297,664 bytes free
```

图 20-6-16

20.6.4 复制文件到 Docker 容器

如果要将文件复制到容器内，可以使用 **Docker** cp 命令。假设容器主机的 C：磁盘内有一个名为 testfile.txt 的文件，而我们希望将该文件复制到容器的 C:\testdir 文件夹内，如图 20-6-16 所示。

在图 20-6-16 的界面中，按住 Ctrl 键不放，再按 P 键、Q 键以跳回容器主机的 PowerShell 窗口，然后执行 Docker ps –a 命令来查看上述容器的**容器 ID**（见图 20-6-17），容器 ID 为 359ea0357002，并确认其在执行中（STATUS 字段有 Up）。接着执行以下命令来复制文件：

```
Docker cp  C:\testfile.txt  359ea0357002:C:\testdir
```

图 20-6-17

在完成文件复制后，再执行 Docker attach 359ea0357002 命令来连接此容器，然后在**命令提示符**下使用 dir testdir 命令来确认此文件是否复制成功，如图 20-6-18 所示可以看到复制过来的文件。

反过来也可以将容器内的文件和文件夹复制到容器主机上。例如，如果要将刚才容器内的 C:\testdir 整个文件夹复制到容器主机的 C:\，可执行以下命令：

```
Docker  cp  359ea0357002:C:\testdir  C:\
```

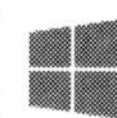

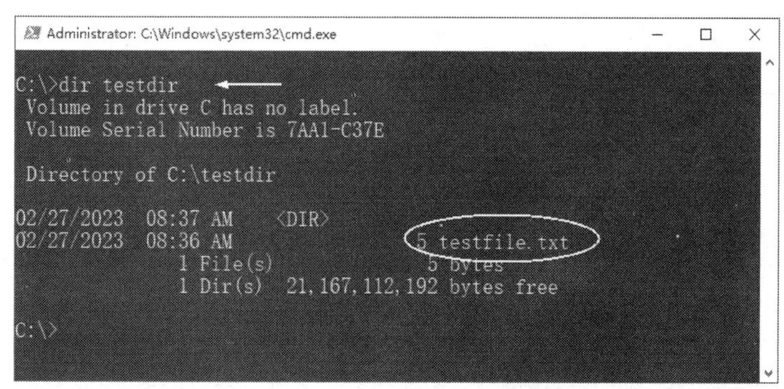

图 20-6-18

20.6.5　自定义镜像文件

前面已经介绍过，可以执行 docker commit 命令来创建新的镜像文件，该命令是基于现有容器的内容创建的。另外，还可以使用 Dockerfile 文件与 docker build 命令来自定义镜像文件。Dockerfile 是一个文本文件，用于记录创建镜像文件的命令。其中主要包含以下部分：

- 使用FROM命令指定要使用的**基础镜像**文件（base image）。
- 使用LABEL命令注册此**镜像**文件的维护者。
- 使用RUN命令指定在**镜像**文件创建过程中需要执行的命令。
- 使用CMD命令指定在完成部署**镜像**文件的容器时，需要执行的命令。

图 20-6-19 展示了一个 Dockerfile 的示例，文件名为 Dockerfile，没有扩展名（如果使用**记事本**创建此文件，在文件名前后加上双引号" "，则不会自动添加扩展名.txt）。文件以#开头的行表示该行是注释，具体命令的说明请参考图中的注释说明。

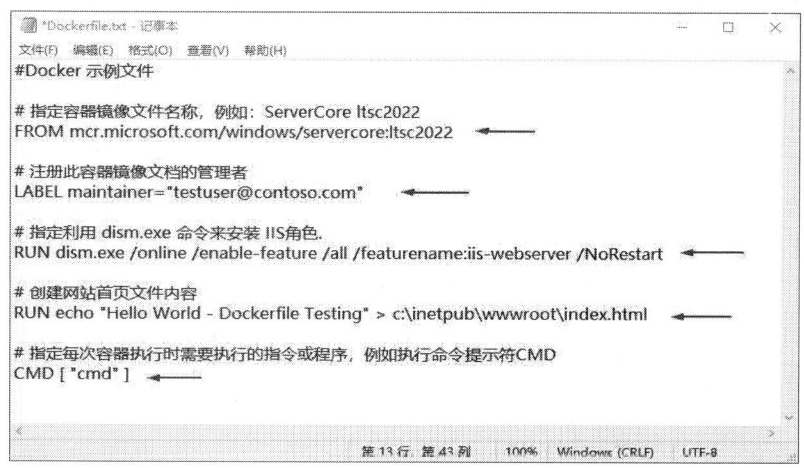

图 20-6-19

假设我们已经将此 Dockerfile 文件复制到容器主机的 C:\test 文件夹下，可执行如下命令（见图 20-6-20）：

```
Docker  build  -t  myiis  C:\test
```

其中使用 -t 参数将镜像文件命名为 myiis，C:\test 表示 Dockerfile 的路径在 C:\test 文件夹内。在图中最后可以看到成功地创建了镜像文件。

```
管理员: Windows PowerShell
PS C:\Users\Administrator> Docker  build  -t  myiis  c:\test
Sending build context to Docker daemon  2.56kB
Step 1/5 : FROM mcr.microsoft.com/windows/servercore:ltsc2022
 ---> 903e6f2eff2a
Step 2/5 : LABEL maintainer="testuser@contoso.com"
 ---> Running in 63c510cfbf04
Removing intermediate container 63c510cfbf04
 ---> f59a3a31f0c1
[========================99.0%========================]
[========================100.0%========================]
The operation completed successfully.
Removing intermediate container 45c2ce8f8fe9
 ---> 01d7e09ef05e
Step 4/5 : RUN echo "Hello World - Dockerfile Testing" > c:\inetpub\wwwroot\index.html
 ---> Running in 4113711322d3
Removing intermediate container 4113711322d3
 ---> 08f4701194f9
Step 5/5 : CMD [ "cmd" ]
 ---> Running in b14a3492344f
Removing intermediate container b14a3492344f
 ---> 858734bee3f8
Successfully built 858734bee3f8
Successfully tagged myiis:latest
PS C:\Users\Administrator>
```

图 20-6-20

接着，如图 20-6-21 所示，使用 docker images 命令来查看新创建的镜像文件 myiis，然后执行 docker run –it myiis 命令创建与执行包含此镜像文件的容器。

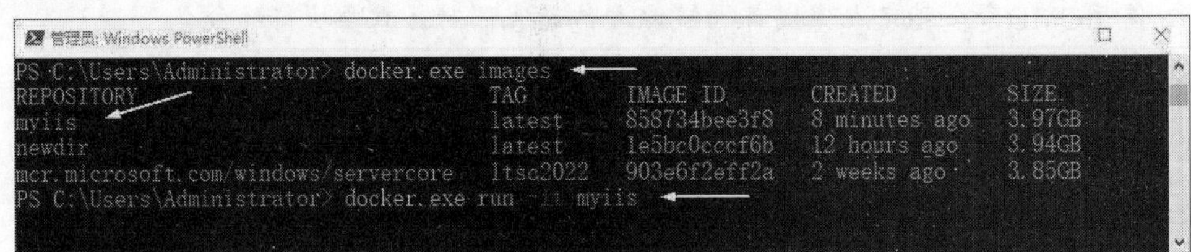

图 20-6-21

由于该镜像文件中包含 IIS 网站，其首页将显示"Hello World - Dockerfile Testing"文字。因此，要通过浏览器连接该网站，首先需要在容器的**命令提示符**窗口中使用 ipconfig 命令查看其 IP 地址。然后，在容器主机上打开浏览器 Microsoft Edge，并输入 IP 地址以连接到该网站，如图 20-6-22 所示。

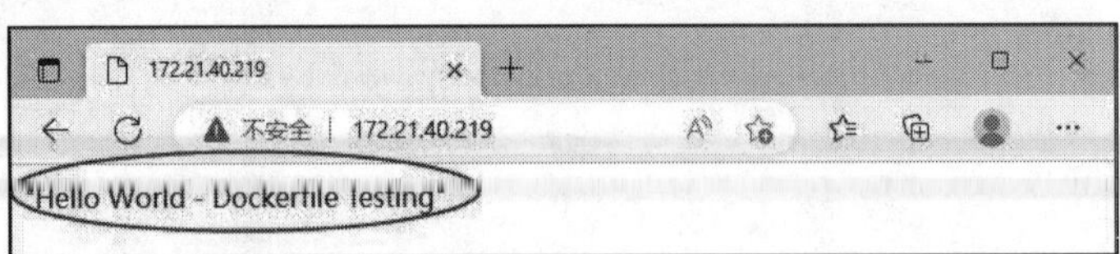

图 20-6-22

20.6.6 使用 Windows Admin Center 管理容器与映像

要使用 Windows Admin Center 来管理容器与映像，首先到微软网站下载 Windows Admin

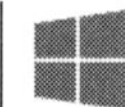

Center，然后将其安装到容器主机上，接着在另外一台计算机上（以 Windows 11 为例），打开 Microsoft Edge 浏览器，执行后续的步骤：输入 **https://*容器主计算机名*/**（忽略**与此站点的连接不安全的警告**信息）➲输入系统管理员账户与密码➲从**名称**处单击容器主机的计算机名称➲单击右上角的**设置**图标➲在如图 20-6-23 所示的界面中单击左侧**网关**选项下的**扩展**➲从**可用扩展**列表中选中 Containers➲单击上方的**安装**。

图 20-6-23

安装完成后，选择如图 20-6-24 所示界面中上方**设置**选项卡中的**服务器管理器**➲回到**服务器连接**界面后单击容器主机的计算机名➲在如图 20-6-25 所示的界面中来管理容器与映像（如果**工具**被折叠起来，请先展开）。

图 20-6-24

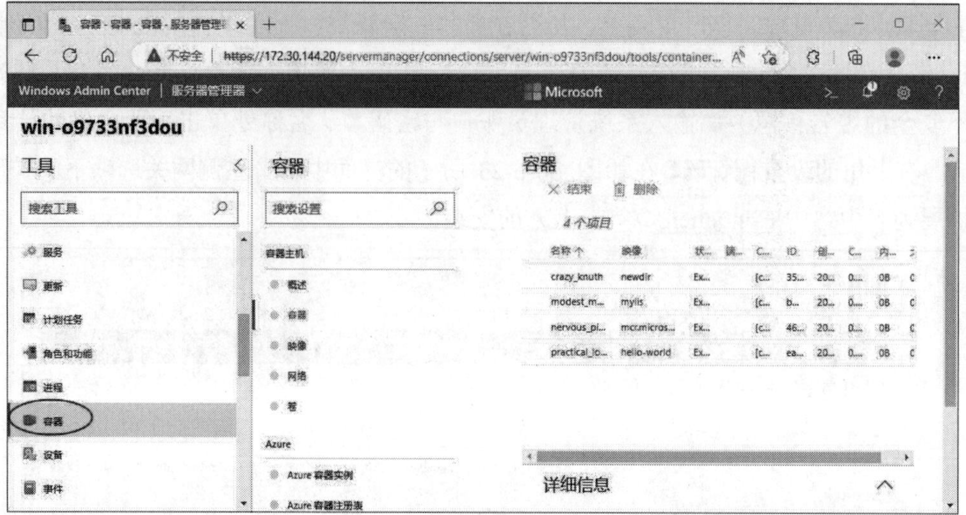
Windows Admin Center | 服务器管理器
Microsoft
win-o9733nf3dou
工具
搜索工具
服务
更新
计划任务
角色和功能
进程
容器
设备
事件
容器
搜索设置
容器主机
概述
容器
映像
网络
卷
Azure
Azure 容器实例
Azure 容器注册表
容器
结束
删除
4 个项目
名称
映像
crazy_knuth
newdir
modest_m...
mylis
nervous_pi...
mcr.micros...
practical_lo...
hello-world
详细信息

图 20-6-25

附录 A IPv6 基本概念

在 20 世纪末期，业界曾经面临 IPv4 地址不足的问题。尽管后来通过引入无类寻址（classless addressing）、网络地址转换（NAT）等技术暂时解决了这个问题。然而，由于 IPv6 提供了更多 IP 地址、更高的效率和更好的安全性，因此 IPv6 正在逐渐被采用并得到广泛应用。

- IPv6地址的表示法
- IPv6地址的分类
- IPv6地址的自动设置

A.1 IPv6地址的表示法

IPv4 地址是 32 位 IP 地址，共占用 32 位（bit）。它被分为 4 个区块，每个区块占用 8 个位，区块之间使用句点（.）分隔。IPv4 地址以十进制表示每个区块内的数值，例如 192.168.1.31。

IPv6 地址则是 128 位 IP 地址，共占用 128 位，它被分为 8 个区块，每个区块占用 16 个位，区块之间使用冒号（:）分隔。IPv6 地址以十六进制表示每个区块内的数值。由于每个区块占用 16 个位，因此每个区块共有 4 个十六进制的数值。举例来说，假设一个 IPv6 地址的二进制表示法为（128 位）：

0010000000000001 0000000000000000 0100000100110110 1110001110001100

0001010011011001 0001001000100101 0011111101010111 1111011101011001

则 IPv6 地址的十六进制表示法为（参考图 A-1-1）：

2001:0000:4136:E38C:14D9:1225:3F57:F759

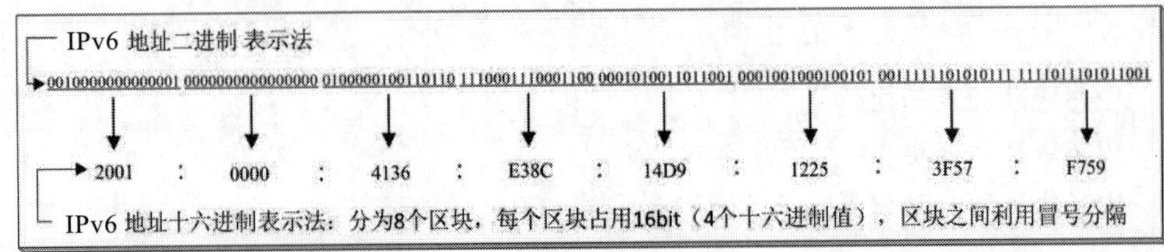

图 A-1-1

A.1.1 省略前导 0

为了简化 IPv6 地址的表示方式，可以省略某些区块中数字为 0 的部分。例如，在图 A-1-2 中的原 IPv6 地址 21DA:00D4:0000:E38C:03AC:1225:F570:F759 可以改写为 21DA:D4:0:E38C:3AC:1225:F570:F759，其中的 00D4 被改写为 D4、0000 被改写为 0、03AC 被改写为 3AC。

需要注意的是，只有靠左边的 0 可以被省略，而靠右边或中间的 0 不可以省略。例如 F570 不可以改写为 F57。

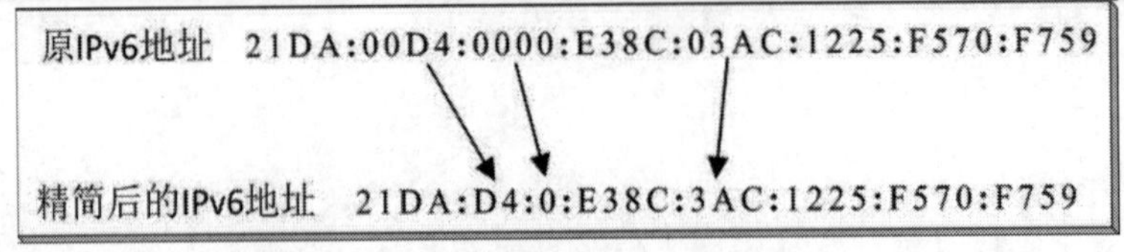

图 A-1-2

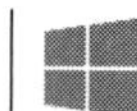

A.1.2 连续的 0 区块可以缩写

在 IPv6 地址中，如果有连续数个区块都是 0，则可以使用双冒号（::）来缩写这些连续区块。例如，在图 A-1-3 中的 IPv6 地址 FE80:0:0:0:10DF:D9F4:DE2D:369B 可以被缩写为 FE80::10DF:D9F4:DE2D:369B。

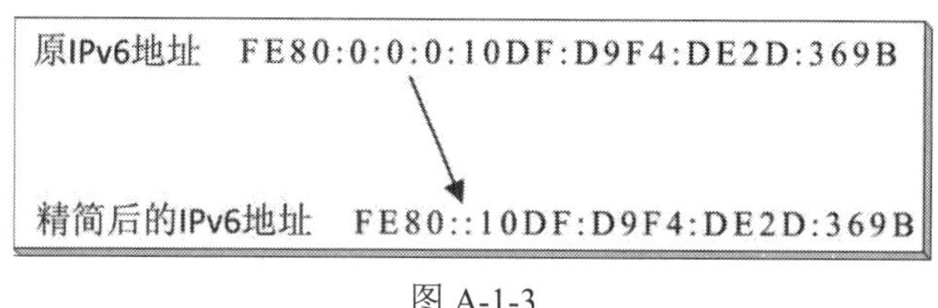

图 A-1-3

在 IPv6 地址中，可以使用双冒号来表示连续 3 个为 0 的区块。例如，在图 A-1-4 中的地址 FE80:0:0:0:10DF:0:0:369B 中有两个连续 0 区块，即 0:0:0 与 0:0。我们可以将其中的 0:0:0 或 0:0 缩写，因为这种缩写方式只能够使用一次，也就是说，此地址可以缩写为 FE80::10DF:0:0:369B 或 FE80:0:0:0:10DF::369B 的方式来表示。

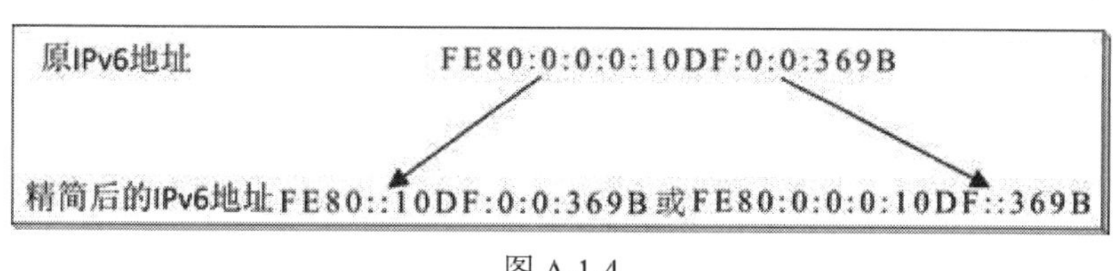

图 A-1-4

注意，在 IPv6 地址中，不能同时将 0:0:0 与 0:0 都缩写。如果将图 A-1-4 中的地址缩写为 FE80::10DF::369B，那么无法准确判断其中两个双冒号（::）各自代表多少个 0 区块。

A.1.3 IPv6 的前缀

IPv6 的前缀（prefix）是 IPv6 地址的一部分，其前缀的表示方式与 IPv4 的 CIDR 表示方式相同，都是用于表示 IP 地址中某些位是固定的值，或反映所代表的子网。IPv6 前缀的表示法为“**地址/前缀长度**“，例如 21DA:D3:0:2F3B::/64 表示一个 IPv6 地址的前缀，其中最左边 64 个位固定为 21DA:D3:0:2F3B。与 IPv4 不同，IPv6 不再使用子网掩码。

A.2 IPv6地址的分类

IPv6 地址支持三种类型的地址：单播地址（**unicast address**）、多播地址（**multicast address**）与任播地址（**anycast address**）。表 A-2-1 列出了 IPv4 地址与 IPv6 地址的区别。

表 A-2-1 IPv4 地址与 IPv6 地址的区别

IPv4 地址	IPv6 地址
Internet 地址类别式分类	不分等级
公共 IP 地址	全局单播地址
私有 IP 地址（10.0.0.0/8、172.16.0.0/12 与 192.168.0.0/16）	本地站点地址（FEC0::/10）或本地唯一地址（FD00::/8）
APIPA 自动设置的 IP 地址（169.254.0.0/16）	本地链路地址（FE80::/64）
环回地址为 127.0.0.1	环回地址为::1
未指定地址为 0.0.0.0	未指定地址为::
广播地址	不支持广播
多播地址（224.0.0.0/4）	IPv6 多播地址（FF00::/8）

A.2.1 单播地址

单播地址用来代表单一网络接口，例如每一块网卡可以有一个单播地址。当数据包的发送目的地是单播地址时，该数据包将被送到拥有此单播地址的网络接口（节点）。IPv6 的单播地址包含以下六种类型：

- 全局单播（Global unicast）地址
- 本地链路（Link-local）地址
- 本地站点（Site-local）地址
- 本地唯一（Unique Local）地址
- 特殊地址
- 兼容地址

1. 全局单播地址

IPv6 的全局单播地址类似于 IPv4 的公共 IP 地址，可以被路由器路由到 Internet，因此使用此类地址的主机可以连上 Internet。图 A-2-1 为全局单播地址的结构图，它包含以下四个字段：

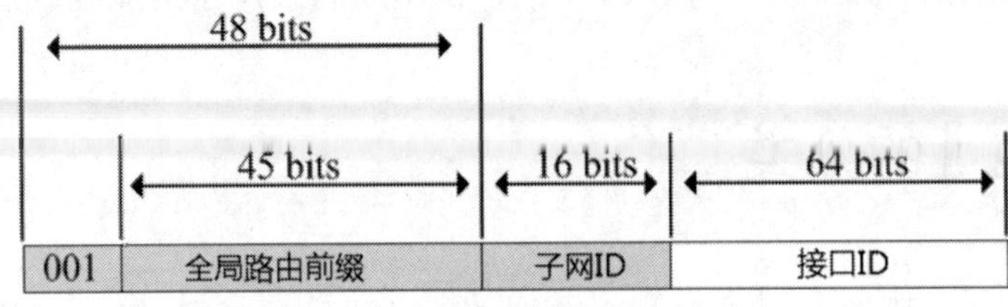

图 A-2-1

- 最左边3个位固定为001。当前分配给全局单播地址的前缀为**2000::/3**，其最左边4个

十六进制值的范围是从2000到3FFF。

- 全局路由前缀（Global Routing Prefix）是企业网络内的站点（Site）的路由前缀，类似于IPv4的网络ID。前缀固定的3个位为001，加上45个位的全局路由前缀，共48个位被用于分配给企业内的站点。当Internet的IPv6路由器接收到前缀符合这48个位格式的数据包时，会将此数据包路由到拥有此前缀的站点。
- 子网标识符（Subnet ID）用于区分站点内的子网，通过这个16位的子网ID，企业可以在一个站点内建立最多2^{16} = 65536个子网。
- 接口标识符（Interface ID）用于表示子网内的一个网络接口（例如网卡），它相当于IPv4的主机ID。接口ID可以通过以下两种方式之一生成：
  - **根据网卡的 MAC 地址生成接口 ID**：如图 A-2-2 中的 1 号箭头所示，首先将 MAC 地址（物理地址）转换为标准的 EUI-64（Extended Unique Identifier-64）地址，然后将此 EUI-64 地址修改为图中 2 号箭头所示的 0 更改为 1（在标准的 IEEE 802 网卡中，此位为 0），最后将修改后的 EUI-64 地址作为 IPv6 的接口 ID。Windows Server 2003 与 Windows XP 默认使用此方式自动设置 IPv6 地址。

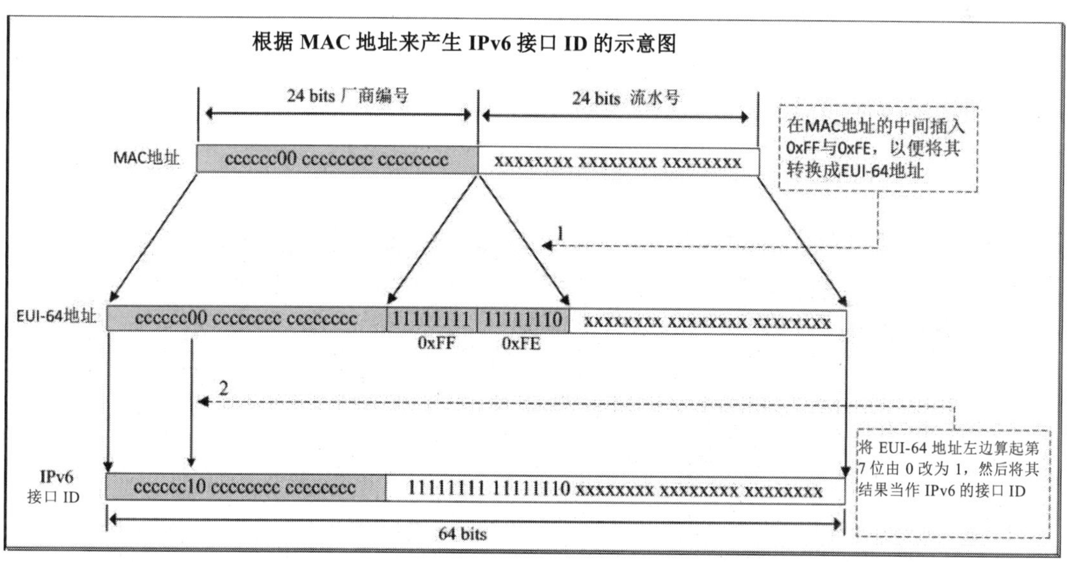

图 A-2-2

  - **随机数生成接口 ID**：客户端系统自 Windows Vista 起，服务器系统自 Windows Server 2008 起，默认采用自动设置 IPv6 地址的方式。

2. 本地链路地址

拥有本地链路地址的节点使用该地址来与同一**链接**（Link）上的邻近节点通信。IPv6 节点（例如 Windows Server 2022 计算机）会自动设置其本地链路地址。

节点是指任何一个具有 IP 地址的设备，如计算机、打印机、路由器等。一个站点由一个或多个子网构成，这些子网通过路由器等设备连接在一起。每个子网包含多个节点，这些节点通过网络接口（network interface，例如网卡）连接到该子网上，也就是说，这些节点位于同一个**链路**上。

本地链路地址在 IPv6 中类似于 IPv4 中使用 APIPA 机制获取的 IP 地址 169.254.0.0/16。IPv6 节点会自动设置本地链路地址。本地链路地址只能在同一个链路中使用，并与链路内的节点进行通信。图 A-2-3 展示了本地链路地址的结构图。

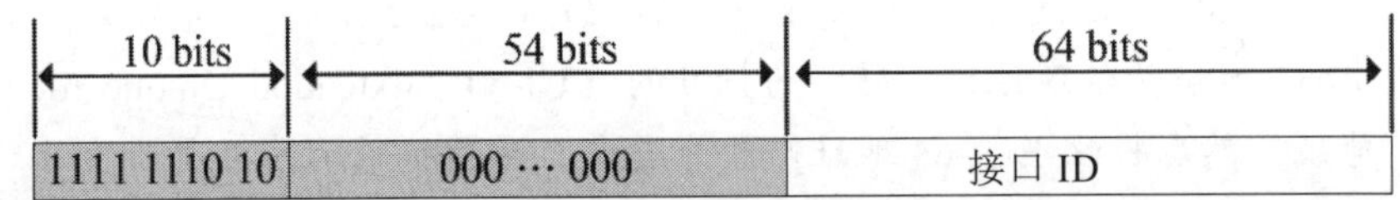

图 A-2-3

本地链路地址以 **FE80** 开头，前缀为 **FE80::/64**。发送到本地链路地址的数据包仅限于链路本地。图 A-2-4 最下方箭头所指的部分就是 Link-local 地址，可执行 **netsh interface ipv6 show address** 命令查看关于本地链路地址的相关信息（包括 Teredo 地址和 ISATAP 地址的设置说明）。

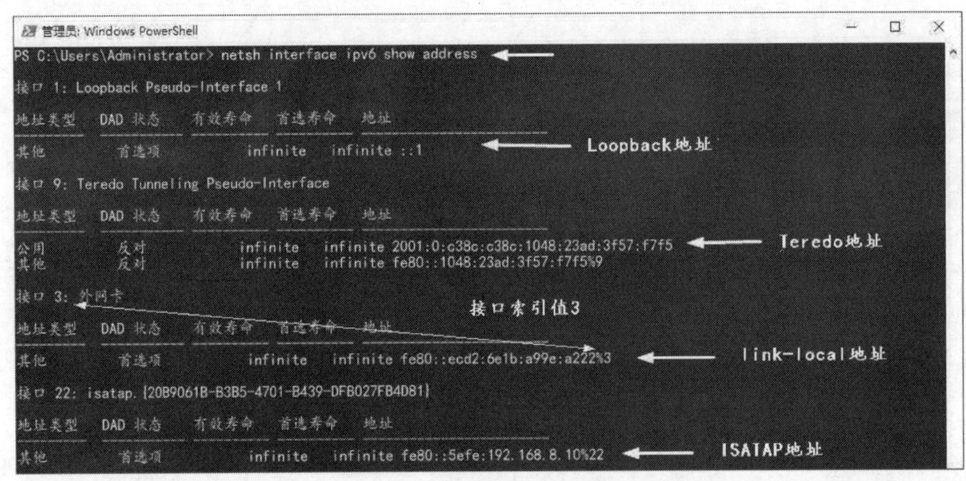

图 A-2-4

图中本地链路地址结尾%后面的数字 3 是网络**接口索引值**（interface index）。添加网络接口索引值是为了解决本地链路地址（以及本地站点地址）在站点内的所有链路上重复使用时可能导致的混淆问题。举例来说，在图 A-2-5 中，服务器有两张网卡，分别连接到连接 1 和连接 2。连接 1 中有一台计算机，连接 2 中有两台计算机。所有设备使用相同的本地链路地址。如果要通过服务器从连接 2 内的计算机 2 发送命令进行通信，数据包必须从网卡 2 发送。为了正确发送数据包，需要在 ping 命令后面加上该网络接口的索引值（此例中为 3），即

Ping FE80::10DF:D9F4:DE2D:3691%3。

上述命令表示此服务器通过网络接口索引值为 3 的网卡 2（位于连接 2）将数据包发送。如果将此 ping 命令最后的网络接口索引值改为 11，那么会通过网卡 1（位于连接 1）将数据包发送给计算机 1。

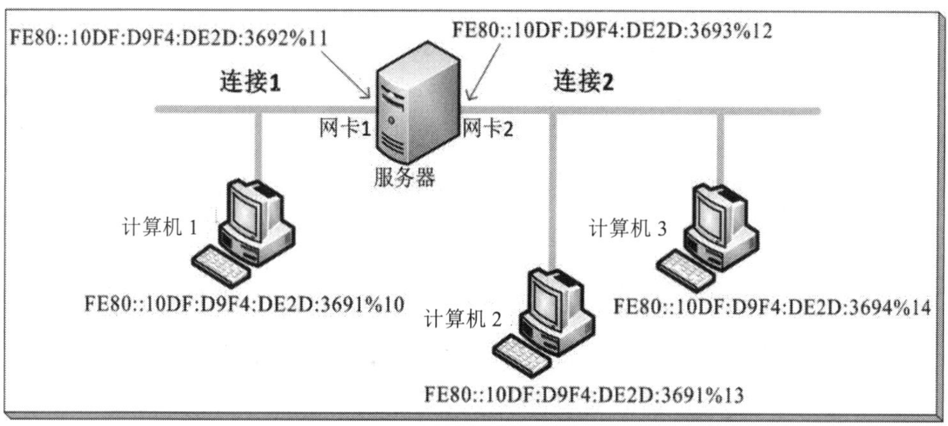

图 A-2-5

每一台 Windows 主机都会为自己的网络接口分配不同的索引值，即使在同一个连接中的计算机，它们的接口索引值也会不相同。在%后的数字被称为区域 ID（也称为站点 ID）。对于本地链路地址，区域 ID 即是接口索引值；对于本地站点地址，区域 ID 即是站点 ID。

同理，每一台主机站点内的所有链路也需要通过区域 ID（或者站点 ID）来进行区分。如果该主机只连接到 1 个站点，那么它的默认站点 ID 为 1。

可以通过如图 A-2-6 所示的 ipconfig 或 ipconfig/all 命令来查看详细信息，也可以使用 PowerShell 命令 Get-NetIPAddress -AddressFamily IPv6。

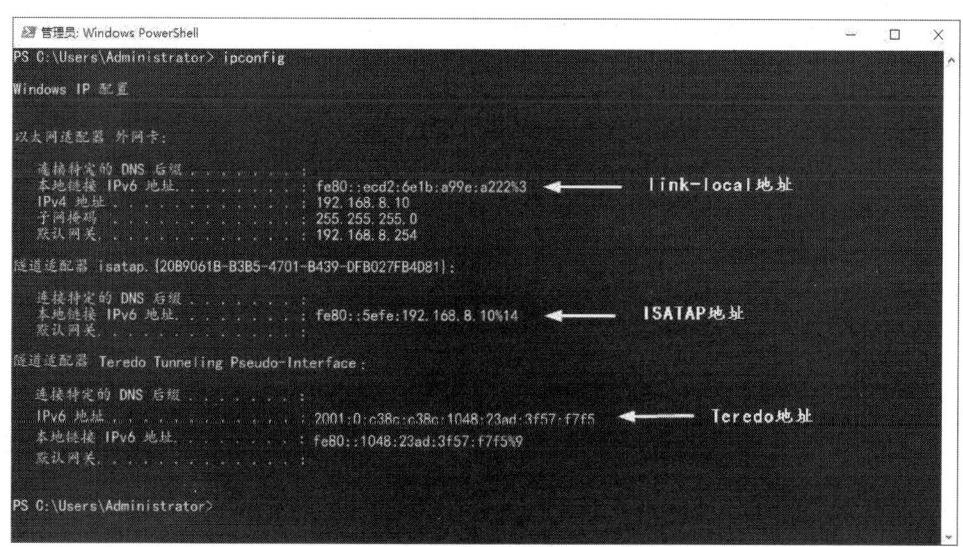

图 A-2-6

3. 本地站点地址

本地站点地址类似于 IPv4 中的私有 IP 地址（10.0.0.0/8、172.16.0.0/12 与 192.168.0.0/16），本地站点地址的使用范围限定在该节点所连接的站点内，用于同一站点（内含一个或多个子网）中的节点之间的通信。路由器不会将使用本地站点地址的数据包转发到其他站点，因此一个站点内的节点无法使用本地站点地址与其他站点内的节点进行通信。

与 IPv6 节点自动设置本地链路地址不同，本地站点地址必须通过路由器、DHCPv6 服务器或手动配置来设置。

图 A-2-7 展示了本地站点地址的结构图。本地站点地址的前缀为 **FEC0::/10**，占用了 10 个位，每个站点可以通过 16 位的子网 ID 来划分子网。当 IPv6 路由器在收到目标地址为本地站点地址的数据包时，它不会将其路由到区域站点（local Site）之外的其他站点。

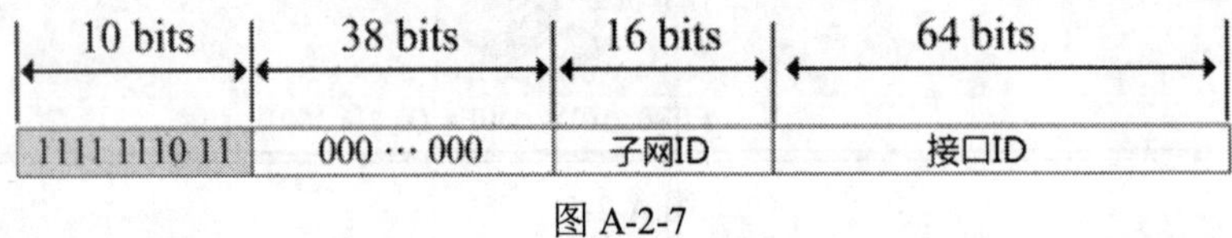

图 A-2-7

RFC 3879 不建议在新建的 IPv6 网络中使用本地站点地址，而是推荐使用要介绍的 **Unique Local 地址**作为替代。然而，现有的 IPv6 环境仍然可以继续使用本地站点地址。

4. 本地唯一地址

本地唯一地址取代了本地站点地址，类似于 IPv4 中的私有 IP 地址（10.0.0.0/8、172.16.0.0/12 和 192.168.0.0/16）。图 A-2-8 显示了本地唯一地址的结构图。其前缀为 **FC00::/7**，其中 L（Local）标志位为 1 表示它是一个本地地址（L 为 0 是未来使用的保留位）。将 L 标志位设置为 1 后，本地唯一地址的前缀为 **FD00::/8**。其中的 Global ID 用于区分企业内中每个站点，它是一个 40 位的随机数。子网 ID 用于区分站点内的子网，通过这个 16 位的子网 ID，企业可以在一个站点内建立多达 65536 个子网。

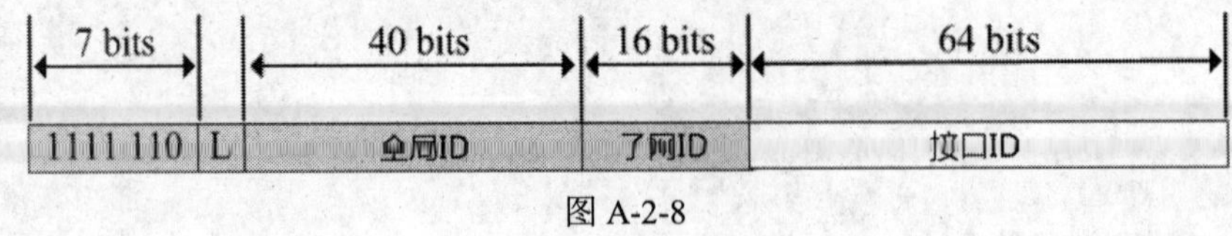

图 A-2-8

IPv6 节点可以自动设置其本地链路地址，而本地唯一地址必须通过路由器、DHCPv6 服务器或手动来设置本地链路地址。

5. 特殊地址

IPv6 有两个特殊的地址：

- **未指定地址（unspecified address）**：它相当于IPv4的0:0:0:0，即**0:0:0:0:0:0:0:0**或**::**，此地址不会被指定给任何网络接口，也不会用作数据包的目的地址。当一个节点要确认其网络接口的暂时地址（tentative address）是否唯一时，它会发送一个确认数据包，该数据包的源地址会使用**未指定地址**。
- **环回地址（loopback address）**：它相当于IPv4的127.0.0.1，即**0:0:0:0:0:0:0:1**或简写为**::1**。环回地址可以用于执行环回测试，以检查网卡和驱动程序是否正常工作。发送到环回地址的数据包不会被发送到链路上。

6. 兼容地址与自动隧道技术

目前，大多数网络仍在使用 IPv4，但将这些网络过渡到 IPv6 是一项漫长而具有挑战性的工作。为了使过渡工作更加顺利，IPv6 提供了多种自动隧道技术（automatic tunneling technology）和兼容地址，以协助从 IPv4 过渡到 IPv6。

自动隧道技术无须手动建立，而是由系统自动建立。在两台同时支持 IPv6 与 IPv4 的主机之间进行 IPv6 通信时，由于它们之间的网络是基于 IPv4 架构的，无法直接传输 IPv6 数据包。通过建立隧道，即将 IPv6 数据包封装到 IPv4 数据包内，然后通过 IPv4 网络来发送。这样，IPv6 数据包可以通过 IPv4 网络传输，从而实现两个 IPv6 主机之间的通信。图 A-2-9 所示为 IPv6 通过 IPv4 隧道传输的示意图。

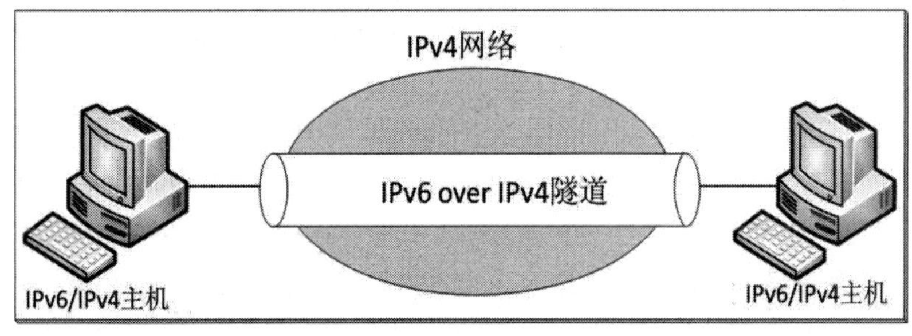

图 A-2-9

IPv6 支持多个兼容地址，以便隧道两端的主机或路由器可以使用这些地址来通信：

- **ISATAP地址**：ISATAP（Intra-Site Automatic Tunnel Addressing Protocol）地址是用于通过隧道通信的IPv6地址，用于在具有IPv6和IPv4支持的主机、主机-路由器和路由器-主机之间进行通信，让它们在IPv4局域网络上使用IPv6进行通信。ISATAP地址的接口ID格式为::0:5EFE:w.x.y.z，其中w.x.y.z是一个单播IPv4地址（公共或私有）。任何可用于单播地址的64位前缀都可以用作ISATAP地址的前缀。例如，FE80::5EFE:192.168.8.128是一个Link-local ISATAP地址。拥有Link-local ISATAP地址的两台主机可以各自使用它们的ISATAP地址通过IPv4网络进行通信。

- 可以参考图A-2-4中的示例，其中的ISATAP地址是在执行PowerShell命令Set-NetIsatapConfiguration -state enabled后生成的结果。也可以使用Get-NetIsatapConfiguration命令查看ISATAP的状态或使用Get-NetIPAddress -AddressFamily IPv6命令查看所有IPv6状态。
- **6to4地址**：6to4地址允许IPv6主机或路由器通过IPv4网络进行通信。6to4地址使用2002:wwxx:yyzz::/48前缀，其中“wwxx:yyzz”来自于IPv4地址的前两个字节和后两个字节。例如，如果IPv4地址是192.0.2.1，那么对应的6to4地址为2002:c000:0201::/48。这个地址可以表示一个全局单播地址，可以用于路由器到路由器、主机到路由器以及路由器到主机的通信。6to4地址需要使用一个IPv6-in-IPv4隧道，将IPv6数据包封装在IPv4数据包中进行传输。这个隧道可以由路由器或者主机创建，通过IPv4网络将IPv6数据包传输到另一个IPv6设备。虽然6to4地址可以使得IPv6设备通过IPv4网络进行通信，但是在实际应用中，隧道技术会带来一定的性能问题。因此，在网络条件允许的情况下，最好直接使用原生的IPv6路由器和主机进行通信。

  Teredo地址用于在IPv4网络上进行IPv6通信。它通常被用在支持IPv4和IPv6的主机连接到IPv4 NAT网关之后的情况下。Teredo地址的前缀是2001::/32。由于IPv4 NAT网关无法直接处理IPv6数据包，Teredo地址需要在IPv6数据包中使用IPv4数据包进行封装，以便在IPv4网络上进行传输。这个封装过程被称为“隧道传输（tunneling）”。在Teredo隧道上，Teredo客户端和Teredo服务器之间交换数据包以建立和维护隧道会话。Teredo客户端使用Teredo服务器提供的IPv6前缀和其在IPv4网络中的公共IPv4地址来生成Teredo地址。然而，Teredo隧道技术在某些情况下可能会带来一些性能问题，如延迟和数据包损失等。因此，建议在IPv4网络和IPv6网络直接连接时使用原生IPv6地址。
- **IPv4-compatible地址**：IPv4-compatible地址由一个IPv6前缀（::FFFF:0:0/96）和IPv4地址组成，格式为0:0:0:0:0:0:w.x.y.z或::w.x.y.z，其中w.x.y.z是IPv4地址。IPv4-compatible地址仅适用于IPv6主机之间与IPv4主机之间进行通信。当IPv6主机尝试向Internet上的IPv4主机发送数据时，它将IPv4包打包到IPv6包中并通过IPv6网络发送。IPv4-compatible地址会作为IPv6地址的一部分出现在IPv6包中，以便IPv6主机可以将包发送到IPv4主机。IPv4-compatible地址通常用于自动隧道技术，这种技术可在IPv4网络上建立IPv6隧道，从而在IPv4网络环境下实现IPv6通信。虽然IPv4-compatible地址在这种场景下起到重要作用，因为它可以在IPv6通信中使用IPv4地址，但由于其存在一些安全问题和潜在的问题，IPv4-compatible地址已经不再被广泛使用。在IPv6网络中，推荐使用其他类型的IPv6地址，例如状态转换地址和IPv6-over-IPv4隧道地址。

A.2.2 多播地址

IPv6 中的多播地址与 IPv4 类似，用于表示一组网络接口，这些接口属于同一多播组，并

可以使用共同的多播地址来接收多播消息。一个节点可以加入多个多播组，因此它可以同时使用多个多播地址来接收多播数据流。在此过程中，多个节点可以共享相同的多播组并通过使用同一多播地址来交换数据。图 A-2-10 是 IPv6 多播地址的结构图。

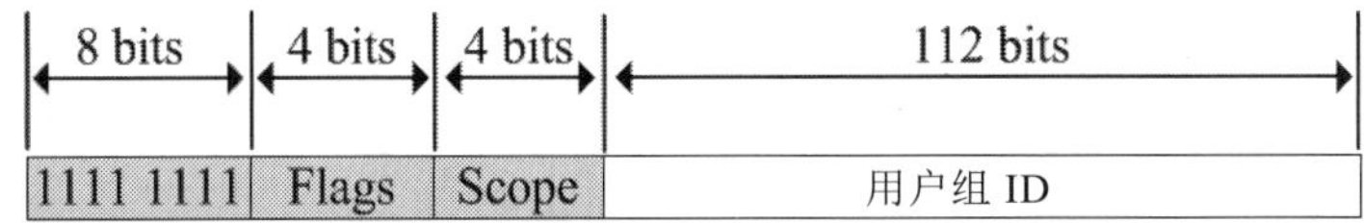

图 A-2-10

- IPv6多播地址的最高8位固定为11111111，也就是十六进制的FF。
- **Flags**：如果被设置为0000，表示该多播地址已由IANA（Internet Assigned Numbers Authority）分配给多播地址；如果被设置为0001，表示该多播地址是临时多播地址，尚未被IANA分配并保留用于特定的用途。
- **Scope**：用于表示此多播地址可发送的范围。当路由器收到多播地址的数据包时，它告诉路由器或节点是否需要广播或多播此数据包。Scope最常见的值包括：
  1：表示node-local scope，发送范围为节点自己（例如FF01::1）。
  2：表示Link-local scope，发送范围为区域链接（例如FF02::2）。
  5：表示Site-local scope，发送范围为区域站点（例如FF05::2）。当路由器收到多播数据包时，它会检查该地址的Scope值并决定是否将该数据包转发到其他链路。如果Scope值越小，则该地址的发送范围越小。换句话说，Scope值越小的多播地址只传输到更少的节点，使路由器可以更有效地传输多播数据包，并节省网络带宽。
- **用户组ID**：用于表示此群组的唯一群组标识符，占用112位。

从 FF01::到 FF0F::是保留地址，例如（其中最右边的 **Group ID** 值为 1 表示所有节点、为 2 表示所有路由器）：

- FF01::1（数据包的目的地为节点自己）
- FF02::1（数据包的目的地为区域链接内的所有节点）
- FF01::2（数据包的目的地为路由器自己）
- FF02::2（数据包的目的地为区域链接内的所有路由器）
- FF05::2（数据包的目的地为区域站点内的所有路由器）

被请求节点组播地址（Solicited-node multicast 地址）

在 IPv4 中，IP 地址解析工作是通过发送 ARP 请求来完成的。由于 ARP 请求是基于 MAC 地址的广播数据包，因此会对该网络段内的所有节点产生干扰。相比之下，在 IPv6 中，节点使用邻居请求（Neighbor Solicitation）消息来执行 IP 地址解析，从而避免对网络中其他节点的干扰。为了减少组播地址带来的干扰，IPv6 采用了被请求节点组播地址。这个地址是通过节点的单播地址转换而来的。具体来说，它的前缀为 FF02::1:FF00:0/104，而最后的 24 位则是从节点的单播地址中的接口 ID 的最右边 24 位中提取的，图 A-2-11 中展示了这个转换过程。

IPv6 不再使用广播地址，所有原先在 IPv4 中使用广播地址的方式，在 IPv6 中都改采用多播地址。

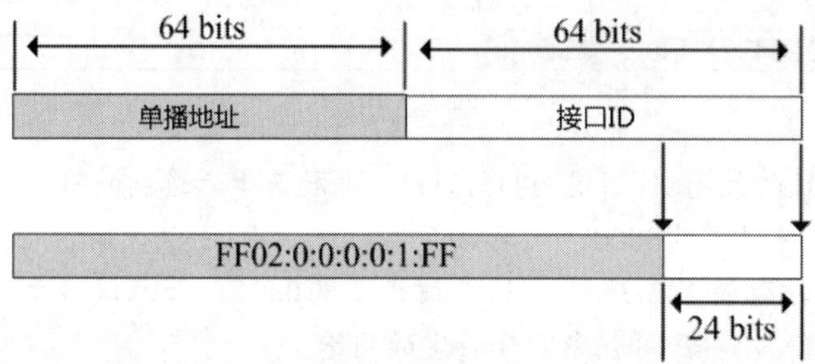

图 A-2-11

举例来说，假设一台主机的网络接口的 IPv6 本地链路地址是 FE80::10DF:D9F4:DE2D:369B。由于这个地址的接口 ID 的最右边 24 位是 2D:369B，因此该主机的节点多播地址是 FE02::1:FF2D:369B。该主机会向网络注册它拥有这个地址，并通过这个地址来接收 IP 地址解析请求，以获取链路层地址（例如，在以太网络上即 MAC 地址）。

A.2.3 任播地址

任播地址和多播地址相似，可以分配给多个网络节点使用。然而，与多播地址不同的是，发送到任播地址的数据包不会被发送到所有使用该任播地址的节点，而是会被发送到距离最近的那个节点（根据路由距离计算）。

目前，在 IPv6 中，任播地址只能作为数据包的目的地址，并且只能分配给路由器使用。尽管任播地址没有自己的 IPv6 格式，但可以使用单播地址的格式来表示。在将任播地址分配给路由器使用时，需要声明其为任播地址。其中，子网-路由任播地址是其中一种被定义的任播地址，它是一种路由器必须支持的地址，并且用于向子网中的一个路由器发送数据包。通过发送子网-路由任播数据包，客户端可以查找路由器。子网-路由任播地址的格式如图 A-2-12 所示，其中子网前缀取自网络接口所在的连接的前缀，其长度根据特定的单播地址而有所不同，剩余的位为 0。

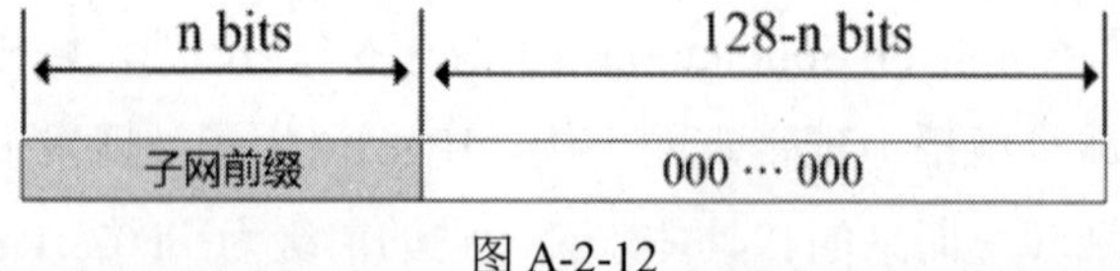

图 A-2-12

A.3 IPv6地址的自动设置

IPv6 最有用的功能之一是主机能够自动配置获得自己的 IPv6 地址，而无须依赖 DHCPv6 通信协议进行手动配置。

A.3.1 自动设置 IPv6 地址的方法

IPv6 主机可以自动为每个网络接口设置本地链路地址。此外，如果 IPv6 主机能够找到路由器，它可以根据路由器的设置获取更多的 IPv6 地址和选项，并使用这些地址连接到 Internet（如果是全局地址）或连接到同一站点内的其他子网（如果是 Site-local 或本地唯一地址）。为了查找路由器，IPv6 主机会发送路由器探求消息（Router Solicitation），路由器会响应路由器公告消息（Router Advertisement），其中包含以下信息：

- **一或多个额外的前缀**：IPv6主机可以根据这些额外的前缀（可能是global或local前缀）来创建一个或多个IPv6地址。
- **Managed Address Configuration（M）标志**：如果此标志被设置为1，表示使用DHCPv6来获取IPv6地址。
- **Other Stateful Configuration（O）标志**：如果此标志被设置为1，表示使用DHCPv6可获取其他选项，如DNS服务器的IPv6地址。

IPv6 主机在接收到路由器发送的路由器公告消息时，根据 M 与 O 标志的不同组合来确定如何配置其他 IPv6 地址和选项，常见的有以下几种情况：

- **M=0 & O=0**：IPv6主机仅根据路由器传递的前缀创建一个或多个IPv6地址，而其他方式选项需要通过其他方式进行配置（例如手动输入）。
- **M=0 & O=1**：IPv6主机根据路由器传递的前缀创建一个或多个IPv6地址，并通过DHCPv6获取其他选项。
- **M=1 & O=0**：IPv6主机通过DHCPv6获取其他IPv6地址，而其他选项需要通过其他方式进行配置（例如手动输入）。
- **M=1 & O=1**：IPv6主机通过DHCPv6获取其他IPv6地址与选项。

当 IPv6 主机根据路由器传递的前缀创建一个或多个 IPv6 地址时，这种情况被称为**无状态地址自动配置**（stateless address autoconfiguration）；当 IPv6 主机通过 DHCPv6 获取其他 IPv6 地址时，这种情况被称为**有状态地址自动配置**（stateful address autoconfiguration）。

A.3.2 自动设置 IPv6 地址的状态分类

无论是 IPv6 主机自动配置的本地链路地址，还是基于路由器传递的前缀创建的全局或本地地址，或是通过 DHCPv6 获取的 IPv6 地址，这些地址在不同的时机都具有不同的状态。图 A-3-1 显示了这些状态。

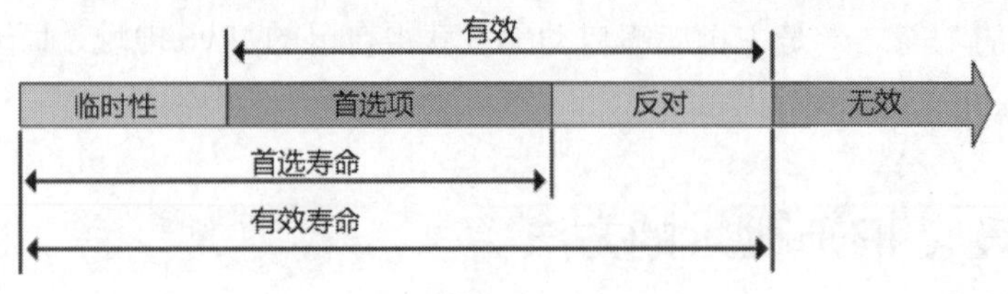

图 A-3-1

- **Tentative（临时性）**：当生成一个新的IPv6地址时，它处于tentative（临时性）状态。IPv6主机会通过发送邻居请求消息来执行DAD（Duplicate Address Detection，重复地址检测）程序，以检测此地址是否已被重复使用。如果IPv6主机收到路由器的邻居公告（Neighbor Advertisement）消息响应，表示此地址已被重复使用。
- **Preferred（首选项）**：如果确认了此IP地址的唯一性（IPv6主机未接收到邻居公告响应消息），则此地址的状态将被更改为Preferred（请参见图A-3-2中的“首选项”）。此时，它将成为一个有效的（valid）IPv6地址，IPv6主机可以使用此地址来接收和发送数据包。
- **Deprecated（反对）**：一个状态为Preferred的IPv6地址具有一定的使用期限。一旦期限过后，其状态将被更改为Deprecated。此时，它仍然是一个有效的地址，现有的连接可以继续使用此地址。然而，新的连接不应该使用Deprecated地址。
- **Invalid（无效的）**：处于Deprecated状态的地址经过一段时间后会变成无效的地址。在这种情况下，使用此地址将无法接收或发送数据包。

图 A-3-2

另外，在图中最左边的地址类型字段中出现了“公用”（Public）一词。这是因为 IPv6 地址可以进一步分类为**公共地址**（Public）、**临时地址**（Temporary）和其他类型的地址。其中，公共地址和临时地址的解释如下：

- **公用IPv6地址**：公共IPv6地址是全局唯一的地址，可以用于接收入站连接，例如网站。这种地址需要在DNS服务器中进行注册。公共IPv6地址的接口ID可以是EUI-64地址，也可以通过使用随机数生成。
- **临时IPv6地址**：临时IPv6地址主要由客户端应用程序在开始连接时使用，例如网页浏览器可以使用这种地址来连接网站。与公共IPv6地址不同，临时地址不需要在DNS服务器中注册。临时IPv6地址的接口ID是随机生成的，这是为了安全考虑。由于它们是随机的，因此每次IPv6通信协议启动时，它的IPv6地址都不同。这样可以防止用户的上网行为被跟踪。

为了增强安全性，自 Windows Vista（客户端系统）和 Windows Server 2008（服务器系统）起，默认使用随机数生成接口 ID，而不是使用 EUI-64 地址。可以使用 PowerShell 命令“Get-NetIPv6Protocol”来查看系统是否已启用此功能。在图 A-3-3 中的示例中，该功能已被启用。

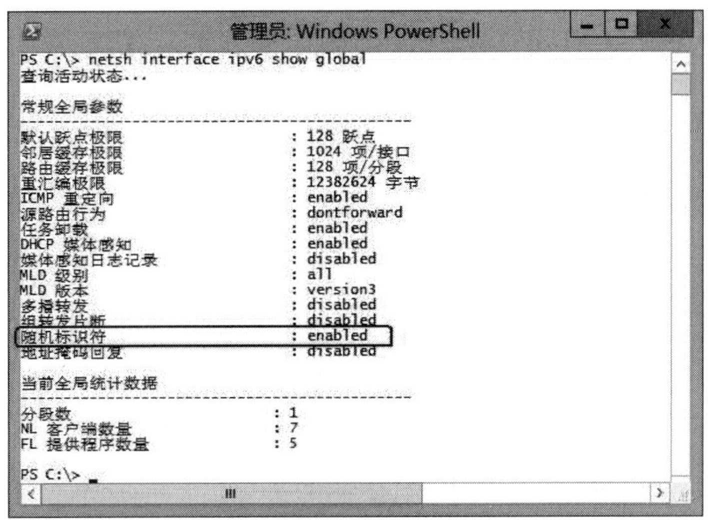

图 A-3-3

可以执行以下命令来停用随机数生成接口 ID：

```
Set-NetIPv6Protocol  -Randomizeidentifiers  disabled
```

或是执行以下命令来启用随机数生成接口 ID：

```
Set-NetIPv6Protocol  -Randomizeidentifiers  enabled
```